Umwidmung und Weiterverwendung von Traktionsbatterien

Jörg Becker · Daniel Beverungen ·
Martin Winter · Sebastian Menne
(Hrsg.)

Umwidmung und Weiterverwendung von Traktionsbatterien

Szenarien, Dienstleistungen und Entscheidungsunterstützung

Springer Vieweg

Hrsg.

Jörg Becker
Lehrstuhl für Wirtschaftsinformatik und Informationsmanagement
Westfälische Wilhelms-Universität Münster
Münster, Deutschland

Daniel Beverungen
Lehrstuhl für Wirtschaftsinformatik, insb. Betriebliche Informationssysteme, Fakultät für Wirtschaftswissenschaften
Universität Paderborn
Paderborn, Deutschland

Martin Winter
Forschungszentrum Jülich GmbH
Helmholtz-Institut Münster (HI MS)
Münster, Deutschland
MEET Batterieforschungszentrum, Institut für Physikalische Chemie
Westfälische Wilhelms-Universität Münster (WWU)
Münster, Deutschland

Sebastian Menne
P3 Energy & Storage GmbH
Aachen, Deutschland

ISBN 978-3-658-21020-5 ISBN 978-3-658-21021-2 (eBook)
https://doi.org/10.1007/978-3-658-21021-2

Die Deutsche Nationalbibliothek verzeichnet diese Publikation in der Deutschen Nationalbibliografie; detaillierte bibliografische Daten sind im Internet über http://dnb.d-nb.de abrufbar.

Springer Vieweg

Verantwortlich im Verlag: Markus Braun

Springer Vieweg ist ein Imprint der eingetragenen Gesellschaft Springer Fachmedien Wiesbaden GmbH und ist ein Teil von Springer Nature.
Die Anschrift der Gesellschaft ist: Abraham-Lincoln-Str. 46, 65189 Wiesbaden, Germany

Vorwort

Elektromobilität, d. h. das Bestreben, individuelle Mobilitätsbedürfnisse durch den Einsatz von Fahrzeugen mit Elektroantrieb und Batteriespeichern zu lösen, ist wahrlich kein exklusives Phänomen des 21. Jahrhunderts. Bereits Ende des 19. Jahrhunderts gab es erste Elektroautos, die in Gehäuse verbaute oder verkleidete Traktionsbatterien als Energiequelle nutzten. Um die Jahrhundertwende kamen zu den bis dahin primär eingesetzten Bleiakkumulatoren weitere Zellchemien hinzu, so dass Traktionsbatterien auf Basis von Nickel-Eisen-Akkumulatoren und Nickel-Cadmium-Akkumulatoren möglich wurden. Wären Fords Bestrebungen zur Veröffentlichung eines elektrischen Model T nicht durch ein Feuer gestoppt worden und hätten Automobile mit Verbrennungsmotor durch die Erfindung des elektrischen Anlassers nicht erheblich an Komfort gewonnen, wer weiß, wie weit die Elektrifizierung des Individualverkehrs heute bereits fortgeschritten wäre.

In der Gegenwart erweckt der Klimawandel durch die Zunahme der Frequenz von Extremwetterlagen wie starken Unwettern und Überflutungen oder ungewöhnlich langanhaltenden Hitzeperioden zunehmend das Interesse der breiten Bevölkerung. Durch umfassende Berichte über Abgastestmanipulationen und überschrittene Stickoxid-Grenzwerte in vielen Großstädten, KFZ-Rückrufe und Anzeichen für durch hohe CO_2-Belastung verursachte Umweltschäden sind Diskussionen über die Mobilität von Morgen breitenwirksam in den Wohnzimmern, Hörsälen und Chefetagen angekommen.

Trotz aller Empörung von Seiten der Verbraucher, Kritik von Seiten der Politik, Schlichtungsversuche von Seiten der betroffenen Unternehmen und trotz unzähliger Lösungsvorschläge wird Deutschland die für 2020 selbst gesetzten Klimaschutzziele (z. B. 40 % Minderung der Treibhausgasemissionen gegenüber 1990[1]) wohl deutlich verfehlen. Auch dem Verkehrssektor muss in diesem Zusammenhang eine große Bedeutung beigemessen werden. Während beispielsweise im Jahr 2017 die Emissionen der Energiewirtschaft gegenüber 2016 gesunken sind (um 4,1 % bzw. 13,7 Mio. t), verzeichnete der Verkehrssektor einen deutlichen Anstieg (um 2,3 % bzw. 3,8 Mio. t)[2] und verantwortet

[1] Umweltbundesamt (2018) Klimaschutzziele Deutschlands. https://www.umweltbundesamt.de/daten/klima/klimaschutzziele-deutschlands. Zugegriffen: 31. Juli 2018.

[2] Umweltbundesamt (2018) Klimabilanz 2017: Emissionen gehen leicht zurück. https://www.umweltbundesamt.de/presse/pressemitteilungen/klimabilanz-2017-emissionen-gehen-leicht-zurueck. Zugegriffen: 31. Juli 2018.

rund 1/5 der Gesamtemissionen in Deutschland. Dabei soll gerade die Elektrifizierung des Individualverkehrs zur Senkung der Treibhausgasemissionen beitragen. Von dem 2011 formulierten Ziel, bis 2020 1 Mio. Elektroautos auf deutschen Straßen vorzufinden, musste die Bundesregierung mittlerweile jedoch aufgrund von gerade einmal 53.861 im Januar 2018 zugelassenen Elektro-PKW, 44.419 Plug-In-Hybridfahrzeugen und 236.710 Hybridfahrzeugen, trotz signifikanter Steigerungen bei den Neuzulassungen, abrücken[3]. Bedenken bezüglich der Fahrzeugreichweite, eine unzureichende Ladeinfrastruktur, lange Ladevorgänge, hohe Anschaffungskosten und eine beschränkte Modellpalette gehören dabei zu den häufigsten Vorbehalten gegen die Anschaffung von Elektroautos[4].

Als Kernkomponente der Elektroautos ist die heute in der Regel auf Lithium-Ionen-Chemien basierende Traktionsbatterie nicht nur für einen Großteil der Mehrkosten der Fahrzeuge im Vergleich zu konventionellen Automobilen mit Verbrennungsmotor verantwortlich, sie determiniert auch die (elektrische) Reichweite der Automobile, die Beschleunigung und das Ladeverhalten. Bedingt durch die Lade- und Entladezyklen während der Benutzung und durch die fortschreitende Zeit altern die Batterien. Diese Alterung zeigt sich für die Nutzer etwa in einer stetig abnehmenden Reichweite, einer verringerten Beschleunigungswirkung und einer eingeschränkten Schnellladefähigkeit. Nach etwa 120.000 bis 180.000 gefahrenen Kilometern bzw. nach sechs bis zehn Betriebsjahren erreichen die Traktionsbatterien nur noch etwa 70 % bis 80 % ihrer ursprünglichen Kapazität. Nur durch den Austausch der gebrauchten Batterien lässt sich die ursprüngliche Leistung der Elektroautos dann wiederherstellen.

Die Beurteilung, ob und unter welchen Bedingungen die Anschaffung eines Elektroautos wirtschaftlich ist und ob durch die breite Elektrifizierung des Individualverkehrs tatsächlich die Treibhausgasemissionen signifikant gesenkt werden können, setzt nicht zuletzt eine ganzheitliche Betrachtung des Lebenszyklus von Elektroautos und ihren Herzstücken, den Traktionsbatterien, voraus. Mit der Umwidmung und Weiterverwendung steht neben der aktuell eher Kosten und Emissionen verursachenden Wieder- und Weiterverwertung nach dem Ausbau der Traktionsbatterie aus dem Elektroauto eine vielversprechende End-of-Life-Strategie zur Diskussion. Zum einen stellt diese Strategie zusätzliche Einnahmen durch den Verkauf oder die Verwendung der Batterien nach ihrem automobilen Leben in Aussicht. Zum anderen könnte durch die Weiterverwendung der gebrauchten Batterien, etwa als Pufferspeicher im öffentlichen Stromnetz oder im Hausstromnetz, auch ein wichtiger Beitrag zur Energiewende geleistet werden. So lassen sich durch erneuerbare Energieträger verursachte Schwankungen im Energieangebot mittels Second-Life-Batteriespeicher ausgleichen und dem kostspieligen Ausbau der Stromnetze (und auch den Verlusten bei der Stromtransformation und -Übertragung speziell im Hochspannungsnetz) kann durch Unterstützung des Aufbaus einer um Second-Life-Batteriespeicher ergänzten

[3] Kraftfahrt-Bundesamt (2018) Jahresbilanz des Fahrzeugbestandes am 1. Januar 2018. https://www.kba.de/DE/Statistik/Fahrzeuge/Bestand/b_jahresbilanz.html. Zugegriffen: 31. Juli 2018.

[4] Brzeski C, Burk I (2017) Sechs Millionen Elektroautos im Jahr 2030 – Illusion oder Realität? ING DiBa, Frankfurt am Main.

dezentralen Stromerzeugung entgegengewirkt werden. Die im Rahmen der Herstellung der Traktionsbatterien anfallenden Kosten und Emissionen verteilen sich somit auf eine erheblich längere Nutzungsdauer und mit der Weiterverwendung in Verbindung stehende erwartete Einnahmen könnten (teilweise) zum Ausgleich der Anschaffungskosten von Elektroautos eingesetzt werden.

Aufgrund ihres modularen Aufbaus bieten gebrauchte Traktionsbatterien dabei eine hohe Flexibilität für den Einsatz in verschiedenen stationären aber auch mobilen Weiterverwendungsszenarien. Im Vergleich zur automobilen Erstverwendung zeichnen sich die Weiterverwendungsszenarien durch eine in der Regel verringerte Beanspruchung der Batterien aus, so dass diese nach ihrer Umwidmung für eine weitere, schätzungsweise mindestens 6- bis 10-jährige Weiterverwendung in Second-Life-Szenarien in Frage kommen. Unter Berücksichtigung aktueller und prognostizierter Verkaufszahlen stehen ab Mitte der 2020er Jahre so jährlich mehrere hunderttausend gebrauchte Traktionsbatterien aus Elektroautos zur Verfügung. Erste prototypische Installationen deuten dabei die technische Realisierbarkeit ausgewählter Weiterverwendungsoptionen an.

Allerdings existieren zum jetzigen Zeitpunkt noch kaum marktreife Second-Life-Energiespeichersysteme, etablierte Geschäftsmodelle und erprobte Prozesse für die Umwidmung und den Vertrieb der Systeme. Als zentrale Gründe sind hierfür etwa fehlende langfristige Erfahrungen hinsichtlich der Alterung der Batterien in der automobilen Erstverwendung sowie in der Zweitverwendung aufzuführen. Weiterhin sind auch die exakten Anforderungen möglicher Second-Life-Szenarien noch überwiegend unbekannt, so dass eine leistungs- und potentialbasierte Zuordnung von Batterien zu Second-Life-Szenarien aktuell nur schwer möglich ist. Auch die Wertschöpfungsketten für gebrauchte Traktionsbatterien vom Ausbau aus dem Elektroauto über die Umwidmung und Weiterverwendung bis hin zum Recycling sind bislang noch weitestgehend unerforscht. In diesem Zusammenhang stellt sich ebenfalls die Frage nach geeigneten Geschäftsmodellen für die Vermarktung umgewidmeter Traktionsbatterien. Dabei müssen insbesondere die funktionalen Einschränkungen der gebrauchten Batterien im Vergleich zu regulären Batteriespeichern sowie stetig fallende Preise für Neubatterien und technologische Weiterentwicklungen adressiert werden. Zudem wurde die Nutzung von Informationssystemen zur Unterstützung zentraler Prozesse während der Umwidmung bisher kaum untersucht, obwohl die Informationssystemunterstützung Effizienzsteigerungen verspricht und somit ausschlaggebend für die Wirtschaftlichkeit der Weiterverwendung von Traktionsbatterien aus Elektroautos sein kann.

Im Rahmen des im Förderschwerpunkt *Dienstleistungsinnovationen für die Elektromobilität* verorteten und vom Bundesministerium für Bildung und Forschung (BMBF) geförderten Verbundforschungsprojektes EOL-IS (FKZ: 01FE13022-01FE13025 und 02K12A041-02K12A042) haben sich die Westfälische Wilhelms-Universität Münster, die P3 Energy & Storage GmbH und die Hellmann Process Management GmbH & Co. KG gemeinsam mit weiteren Partnern dieser Herausforderungen angenommen und neue Konzepte und Software-Lösungen für die Umwidmung und Weiterverwendung von Traktionsbatterien aus Elektrofahrzeugen entwickelt. Dieses Buch stellt zentrale Konzepte und Lösungsbeiträge dieser Projektarbeit vor.

Das Fachbuch integriert hierzu technische Grundlagen der Batterieforschung, eine wirtschaftswissenschaftliche Betrachtung der Umwidmung und Weiterverwendung sowie die Konzeption und Implementierung prototypischer Software-Lösungen. Die End-of-Life-Strategie der Umwidmung und Weiterverwendung wird somit einer ganzheitlichen Betrachtung unterzogen und neue Impulse zur Unterstützung der Energiewende werden vorgestellt. Im Detail werden zunächst mit der Wiederinstandsetzung für die Wiederverwendung, der Umwidmung für die Weiterverwendung und der Wieder- und Weiterverwertung drei zentrale Strategien für gebrauchte Traktionsbatterien mitsamt überblicksartiger rechtlicher Rahmenbedingungen, möglicher prozessualer Ausprägungen auf Basis des Standes der Forschung und zentraler Herausforderungen vorgestellt. Anschließend folgt eine Vertiefung der Strategie der Umwidmung und Weiterverwendung für gebrauchte Traktionsbatterien, die auch die übrigen Kapitel des vorliegenden Buches prägt. Zunächst steht hierbei die Vermittlung von Grundkenntnissen in Bezug auf die Alterung und Zustandsanalyse von Traktionsbatterien im Vordergrund. Auf diesen aufbauend wird das Konzept des eEOL-Passes vorgestellt, mit dem sich für die Weiterverwendungsentscheidung relevante Daten bereits während des ersten automobilen Lebens einer Batterie speicherplatzsparend erfassen lassen. Unter Einbezug dieses Konzeptes werden detaillierte Prozesse für die Umwidmung von Traktionsbatterien vorgestellt. Anschließend bildet die Vermarktung umgewidmeter Traktionsbatterien den Betrachtungsschwerpunkt. Ausgehend von allgemeinen Herausforderungen beim Handel mit gebrauchten Gütern werden Vermarktungspotentiale für gebrauchte Traktionsbatterien und mit diesen einhergehenden Herausforderungen in Bezug auf die Etablierung von Wertschöpfungsketten erläutert. Weiterhin werden ausgewählte Weiterverwendungsszenarien und Geschäftsmodellentwürfe detailliert und die Bedeutung von Dienstleistungen für die Vermarktung gebrauchter Traktionsbatterien wird unter anderem anhand der Ergebnisse einer Zahlungsbereitschaftsanalyse diskutiert. Im Folgenden steht dann die Unterstützung der Umwidmung und Vermarktung durch Informationssystemkonzepte und prototypische Software-Lösungen im Vordergrund. Dafür wird zunächst das im Rahmen der Umwidmung zu erfolgende Matching zwischen gebrauchten Traktionsbatterien und Weiterverwendungsszenarien als Entscheidungsproblem modelliert und der Entscheidungsprozess und das diesen Prozess umsetzende Entscheidungsunterstützungssystem werden beschrieben. Der im Rahmen der Vermarktung umgewidmeter Traktionsbatterien bestehende Bedarf zur situativen Komplementierung der Batterien mit Dienstleistungen wird durch die Erörterung eines weiteren Entscheidungsproblems und die Präsentation eines Leistungskonfigurators mit Empfehlungssystem adressiert. Abschließend wird das die Komponenten integrierende EOL-IS-Softwaresystem zur Unterstützung der Umwidmung und Vermarktung gebrauchter Traktionsbatterien präsentiert und kurz anhand ausgewählter Kriterien diskutiert.

Diese und weitere Ergebnisse des Verbundprojektes sind das Resultat einer interdisziplinären Zusammenarbeit von Forschern und Praktikern verschiedener geförderter und nicht geförderter Unternehmen und Hochschulstandorte. An dieser Stelle sprechen wir speziell unseren zahlreichen Anwendungs-, Evaluations- und Disseminationspartnern unseren großen Dank aus. Aufgrund der vielfältigen Anregungen, intensiven Diskussionen der (Zwischen-)Ergebnisse und weitervermittelten Kontakte konnten für Wissenschaft und Praxis relevante Ergebnisse erzielt werden, die eine fundierte Basis für die weitere wissenschaftliche und wirtschaftliche Verwertung darstellen. Hervorzuheben sind in diesem Zusammenhang insbesondere Hellmann Process Management, LION Engineering, Daimler, Voltabox, LION Smart, die Wellergruppe, ASSISTEC Schaltanlagen, VDE Verband der Elektrotechnik Elektronik Informationstechnik und weitere Partner des ERCIS-Netzwerks.

Auch danken wir den zahlreichen Studentinnen und Studenten sowie den Hilfskräften an der Westfälischen Wilhelms-Universität Münster, die unsere Forschung im Rahmen von Seminaren, Projektseminaren und wissenschaftlichen Abschlussarbeiten als kreative und kritische Begleiter hinterfragt und wertvolle Beiträge für die Entwicklung und Weiterentwicklung der Konzepte und Software-Lösungen geleistet haben.

Unser besonderer Dank gebührt dem Bundesministerium für Bildung und Forschung für die Finanzierung des Verbundforschungsprojektes EOL-IS.

Den Mitarbeiterinnen und Mitarbeitern des Projektträgers Arbeitsgestaltung und Dienstleistungen im Deutschen Zentrum für Luft- und Raumfahrt e. V., insbesondere Annette Rautenberg, Enrico Moch, Thorsten Philipp und Katharina Chortani, danken wir für die äußerst kompetente, engagierte und freundliche Unterstützung und Beratung während der Projektbeantragung und in den ersten Projektjahren. Den Mitarbeiterinnen und Mitarbeitern des Projektträgers Karlsruhe, Produktion, Dienstleistung und Arbeit im Karlsruher Institut für Technologie, insbesondere Herrn Claudius Noll, danken wir für die hervorragende Fortsetzung der Betreuung des Forschungsprojektes.

Münster, Paderborn und Aachen

Jörg Becker
Daniel Beverungen
Martin Winter
Sebastian Menne

Abkürzungsverzeichnis

ADR	Accord européen relatif au transport international des marchandises Dangereuses par Route (Europäisches Übereinkommen über die internationale Beförderung gefährlicher Güter auf der Straße)
AltfahrzeugV	Altfahrzeug-Verordnung
APRA	Automotive Parts Remanufacturers Association
BAM	Bundesanstalt für Materialforschung und -prüfung
BattG	Batteriegesetz
BattGDV	Verordnung zur Durchführung des Batteriegesetzes
BEV	Battery Electric Vehicle (Elektrofahrzeug)
BMC	Business Model Canvas
BMS	Batteriemanagementsystem
BMU	Bundesministerium für Umwelt, Naturschutz und nukleare Sicherheit
BPMN	Business Process Model and Notation
CAN	Controller Area Network
DLC	Data Link Connector
DOD	Depth-of-Discharge (Entladetiefe)
DOT	Department of Transportation
DSM	Demand Side Management (Laststeuerung)
EEG	Erneuerbare Energien Gesetz
eEOL-Pass	elektronischer End-Of-Life-Pass
EfbV	Entsorgungsfachbetriebeverordnung
EG	Europäische Gemeinschaft
EOL	End-of-Life (Lebensende eines Produktes)
EUS	Entscheidungsunterstützungssystem
EV	Electric Vehicle (Elektrofahrzeug)
EVB	Electric Vehicle Battery (Traktionsbatterie eines Elektrofahrzeuges)
GGVSEB	Gefahrgutverordnung Straße, Eisenbahn und Binnenschifffahrt
GRS	Gemeinsames Rücknahmesystem Batterien
HEV	Hybrid Electric Vehicle (Hybridelektrokraftfahrzeug)
HSS	Hausspeichersystem
HSSO	Hausspeichersystem ohne erneuerbare Energie

IATA	International Air Transport Association (Internationale Luftverkehrs-Vereinigung)
IMDG	International Maritime Code for Dangerous Goods (Gefahrgutkennzeichnung für gefährliche Güter im Seeschiffsverkehr)
IPA	Fraunhofer-Institut für Produktionstechnik und Automatisierung
ISO	International Organization for Standardization (Internationale Organisation für Normung)
KrWG	Kreislaufwirtschaftsgesetz
LCA	Life Cycle Assessment (Lebenszyklusanalyse)
LEV	Light Electric Vehicle (Elektrofahrzeuge mit geringem Gewicht)
LFP	Lithium-Eisen-Phosphat, $LiFePO_4$
LIB	Lithium-Ionen-Batterie
LITB	Lithium-Ionen-Traktionsbatterie
LIZ	Lithium-Ionen-Zelle
LMO	Lithium-Mangan-Oxid, $LiMn_2O_4$
LTO	Lithium-Titanat, $Li_4Ti_5O_{12}$
NCA	Lithium-Nickel-Cobalt-Aluminum-Oxid, $LiNi_xCo_yAl_zO_2$
NIMH	Nickel-Metallhydrid
NMC	Lithium-Nickel-Mangan-Cobalt-Oxid, $LiNi_xCo_yMn_zO_2$
NMP	N-Methyl-Pyrrolidon, C_5H_9NO
OBD	On-Board-Diagnose
OEM	Original Equipment Manufacturer (Originalausrüstungshersteller)
PHEV	Plug-In Hybrid Electric Vehicle
PLC	Power-Line Communication
PRL	Primärregelleistung
PV	Photovoltaik
REEV	Range-Extended Electric Vehicle
RID	Règlement concernant le transport international ferroviaire de marchandises dangereuses (Regelung zur Ordnung für die internationale Eisenbahnbeförderung gefährlicher Güter)
SEI	Solid-Elektrolyte Interphase
SOC	State-of-Charge (Ladezustand)
SOH	State-of-Health (Gesundheitszustand)
SOP	Start-of-Production (Beginn der Serienproduktion)
SPCA	ServPay Conjoint-Analyse
SPI	Solid-Permeable Interphase
SV	Sondervorschrift
UN	United Nations (Vereinten Nationen)
ÜNB	Übertragungsnetzbetreiber
VDI	Verein Deutscher Ingenieure
VNB	Verteilnetzbetreiber

Inhaltsverzeichnis

Herausgeber- und Autorenverzeichnis

Die Herausgeber

Prof. Dr. Dr. h.c. Dr. h.c. Jörg Becker Tätigkeits- und Themenschwerpunkte:

Geschäftsprozessmanagement, Hybride Wertschöpfung, Handelsinformationssysteme, E-Government, Prozess- und Datenmodellierung

Prof. Dr. Daniel Beverungen Tätigkeits- und Themenschwerpunkte:

Digitale Dienstleistungssysteme, Geschäftsprozessmanagement, Informationsmodellierung, ERP-Systeme

Prof. Dr. Martin Winter Tätigkeits- und Themenschwerpunkte:

Professor am Institut für Physikalische Chemie der WWU Münster, Gründungsdirektor des Helmholtz-Institut Münster HI MS „Ionics in Energy Storage", Wissenschaftlicher Leiter des MEET Batterieforschungszentrums der WWU Münster, Leiter des Kompetenzzentrums Batterie im Rahmen von ElektroMobilität NRW, Sprecher: Deutsche Batterieforschung

Dr. Sebastian Menne Tätigkeits- und Themenschwerpunkte:

Batteriespeicher, Alterungsverhalten von Batterien, Kosten von Batteriezellen und -Packs

Die Autoren

Dr. Sebastian Bräuer Tätigkeits- und Themenschwerpunkte:

Dienstleistungsforschung, speziell im Bereich der hybriden Wertschöpfung und der Weiterverwendung von Elektroautobatterien

Christoph Hindersmann, B.Eng. Tätigkeits- und Themenschwerpunkte:

Geschäftsmodelle und Anwendungsfälle von stationären Speichern, stationäre Solar-Speichersysteme, Fehleranalyse von Second-Life-Batteriespeichern, Batteriespeicher am Regelenergiemarkt

Dr. Benjamin Klör Tätigkeits- und Themenschwerpunkte:

Business Intelligence, Modellgetriebene Entscheidungsunterstützungssysteme, Operations Research, Software Engineering

Robert Mittmann, M.Sc. Tätigkeits- und Themenschwerpunkte:

Geschäftsmodelle und Anwendungsfälle von stationären Speichern, thermischeSpeicher, Wirtschaftlichkeitsbetrachtung von stationären Speichern in Gewerbe und Industrie

Dr. Markus Monhof Tätigkeits- und Themenschwerpunkte:

Elektromobilität, Entscheidungsunterstützung, Dienstleistungsforschung,Softwareentwicklung

Dr. Sascha Nowak Tätigkeits- und Themenschwerpunkte:

Batterierecycling, 2nd Life, Alterungsverhalten von Batterien: insbesondereElektrolytalterung und -Toxizität, Analytik und Charakterisierung von Batterien

Dr. Shamahmood Obeidi

Dr. Florian Plenter Tätigkeits- und Themenschwerpunkte:

Elektromobilität, Sharing Economy, Dienstleistungsforschung,Energieökonomik

Dipl.-Ing. Alexander Stieger Tätigkeits- und Themenschwerpunkte:

Batterierecycling, Traktionsbatterien, Elektromobilität

Johannes Voscort, M.Sc. Tätigkeits- und Themenschwerpunkte:

Softwareentwicklung, Elektromobilität, Entscheidungsunterstützung

1 Einführung in die Umwidmung und Weiterverwendung von Traktionsbatterien

Daniel Beverungen, Sebastian Menne, Sascha Nowak, Shamahmood Obeidi, Florian Plenter und Christoph Hindersmann

1.1 Dienstleistungsinnovationen für die Elektromobilität

Elektromotoren zum Antrieb von Fahrzeugen haben im Vergleich zu Verbrennungsmotoren einige Vorteile, wie geringere Geräuschemissionen und einen höheren Wirkungsgrad (Wachter 2009; Govindswamy und Eisele 2011; Marx 2015; Hagman et al. 2016). Der Hauptvorteil wird generell jedoch in der Vermeidung des CO_2-Ausstoßes durch die Substitution von fossilen Brennstoffen durch elektrischen Strom gesehen. Elektromobilität

D. Beverungen (✉)
Lehrstuhl für Wirtschaftsinformatik, insb. Betriebliche Informationssysteme, Fakultät für Wirtschaftswissenschaften, Universität Paderborn
Paderborn, Deutschland
E-Mail: daniel.beverungen@uni-paderborn.de

S. Menne
P3 Energy & Storage GmbH
Aachen, Deutschland
E-Mail: sebastian.menne@p3-group.com

S. Nowak · S. Obeidi
MEET Batterieforschungszentrum, Westfälische Wilhelms-Universität Münster
Münster, Deutschland
E-Mail: sascha.nowak@uni-muenster.de

F. Plenter
Lehrstuhl für Wirtschaftsinformatik und Informationsmanagement, Westfälische Wilhelms-Universität Münster
Münster, Deutschland
E-Mail: florian.plenter@ercis.uni-muenster.de

C. Hindersmann
Consultant, P3 Energy & Storage GmbH
Aachen, Deutschland
E-Mail: christoph.hindersmann@p3-group.com

J. Becker et al. (Hrsg.), *Umwidmung und Weiterverwendung von Traktionsbatterien*,
https://doi.org/10.1007/978-3-658-21021-2_1

ist jedoch nur dann eine saubere und umweltfreundliche Art der Fortbewegung, wenn der benötigte Strom aus erneuerbaren Energien, wie zum Beispiel Solar oder Windkraft, stammt. In Deutschland wurden im Jahr 2016 29,5 % des Stroms aus erneuerbaren Energiequellen erzeugt und dieser Anteil soll bis 2025 auf 40–45 % steigen (Strom-Report 2016). Elektrofahrzeuge in Deutschland fahren heute also mit Strom, der noch zu rund 70 % aus konventionellen Quellen (fossile Brennstoffe, Kernenergie) stammt und tragen entsprechend indirekt zu CO_2-Emissionen bei. So beträgt der CO_2-Ausstoß des Nissan Leaf, einem derzeit sehr beliebten Elektrofahrzeug, im deutschen Strommix noch immer ca. 106 g/km (Schwarzer 2014). Aufgrund der Potenziale zur Reduktion des CO_2-Ausstoßes und der Unabhängigkeit von fossilen Brennstoffen wird die Elektromobilität weltweit jedoch sehr positiv gesehen und in vielen Ländern entsprechend durch die öffentliche Hand gefördert.

So hat auch die Bundesregierung im Jahr 2011 das Ziel ausgegeben, bis zum Jahr 2020 eine Million Elektrofahrzeuge auf Deutschlands Straßen zu bringen und Deutschland zum Leitmarkt und Leitanbieter für Elektrofahrzeuge zu machen (Bundesregierung 2011). Die Entwicklung der letzten Jahre und die aktuellen Zahlen hingegen sind jedoch eher ernüchternd: So waren zum 1. Januar 2018 erst 53.861 batterieelektrische Fahrzeuge und 44.419 Plug-In-Hybridfahrzeuge zugelassen, während der Bestand an Hybrid-PKW immerhin 236.710 Fahrzeuge betrug (Kraftfahrt-Bundesamt 2018).

Allgemein werden drei Hauptursachen für die geringe Verbreitung von Elektrofahrzeuge ausgemacht: Zu *hohe Gesamtkosten*, insbesondere verursacht durch den hohen Anschaffungspreis, die *geringe Verbreitung und Dichte von öffentlich zugänglichen Lademöglichkeiten*, sowie die *geringere Reichweite* von Elektrofahrzeugen führen zu einer schlechten *Akzeptanz* von Elektrofahrzeugen beim Kunden (Pedersen et al. 2012; King et al. 2014; Nationale Plattform Elektromobilität 2014; Nykvist und Nilsson 2015). Dies ist insbesondere deshalb der Fall, weil die Nutzendifferenz des Gesamtpakets *Elektrofahrzeug* gegenüber dem Vergleichsangebot *Fahrzeug mit Verbrennungsmotor* für die Mehrzahl der Verbraucher (noch) negativ ausfällt.

Die verfügbare Batterietechnologie bedingt mehrere dieser Hindernisse, da die Traktionsbatterie nicht nur die Reichweite des Elektrofahrzeugs bestimmt, sondern auch ein entscheidender Kostentreiber ist. Neue Entwicklungen bei der Batterietechnologie sowie Skaleneffekte und Lernkurven in der Produktion ermöglichen es jedoch, immer leistungsfähigere Traktionsbatterien zu günstigeren Preisen herzustellen (Nykvist und Nilsson 2015). Die von der Automobilindustrie und Verbänden viel geforderte Kaufprämie für Elektrofahrzeuge der Bundesregierung vom Juli 2016, wonach bis zu 4000 € Zuschuss beim Kauf eines Elektrofahrzeuge möglich sind (Bundesministerium für Wirtschaft und Energie 2016), führte hingegen bisher nicht zu dem erhofften Schub der Verkaufszahlen für Elektrofahrzeuge, da bis zum Januar 2017 lediglich ca. 9000 Förderungen beantragt wurden (Handelsblatt 2017).

Gleichwohl deuten andere Entwicklungen darauf hin, dass die Elektromobilität sich langfristig durchsetzen könnte. So verfolgt etwa die chinesische Regierung das Ziel, eine Quote von 8 % für elektrisch betriebene Fahrzeuge einzuführen, die Automobilhersteller erfüllen müssen (Michael und Shirouzu 2017). Auch in der europäischen Union könnten solche Quoten beschlossen werden (Floemer 2017) und im Bundestagswahlkampf 2017 werden entsprechende Überlegungen auch für Deutschland angestellt (Eckl-Dorna 2017). Gleichzeitig könnten Elektrofahrzeuge zu einem Statussymbol werden; so lagen beim Start der Serienfertigung des neuen Tesla-Modells 3 im Juli 2017 (nach Angaben des Herstellers) bereits über 500.000 Vorbestellungen vor (rp-online 2017). Auch traditionellere Automobilkonzerne wenden sich inzwischen stärker Elektrofahrzeugen zu. So kündigte Volvo an, ab 2019 nur noch Fahrzeuge neu auf den Markt zu bringen, die elektrisch angetrieben werden (Vetter 2017). Auch die von der Bundesregierung gesetzten Klimaziele sind nur dann realistisch zu erreichen, wenn der Straßenverkehr nahezu ohne fossile Energieträger auskommt (Zeit Online 2017).

Aus diesen Entwicklungen lässt sich schließen, dass die Elektromobilität sich langfristig durchsetzen wird. Jedoch erfolgt der Wandel bisher zu langsam, um mit den ambitionierten politischen und ökologischen Zielen Schritt zu halten. Es werden daher weitere Maßnahmen benötigt, um der Elektromobilität schon früher den Durchbruch zum Massenmarkt zu ermöglichen.

Dienstleistungen bieten die Möglichkeit, den Nutzen einer Lösung aus Kundensicht zu verbessern und diese Lösung somit für den Kunden attraktiver zu machen. Hierzu werden Sachleistungen und Dienstleistungen zu Gesamtlösungen – zu sog. hybriden Leistungsbündeln (Becker et al. 2008; Deutsches Institut für Normung (DIN) 2010) – kombiniert. Innovative Dienstleistungen können somit dazu beitragen, die noch bestehenden Diffusionshindernisse der Elektromobilität abzubauen und das Wertangebot spezifischer auf die bestehenden Kundenbedürfnisse auszurichten. Hierdurch wird die Verbreitung der Elektromobilität in Deutschland gefördert.

Betrachtet man die Ausgangslage vor dem Hintergrund des relativen Kundenvorteils bzw. der Netto-Nutzen-Differenz zwischen verschiedenen konkurrierenden Alternativen (Backhaus et al. 2010, S. 13 ff.), so zeigt sich ein doppelter Grund für die geringe Diffusionsgeschwindigkeit der Elektromobilität (Abb. 1.1): Einerseits führen die höheren Anschaffungsauszahlungen von Elektrofahrzeugen (Alternative A in Abb. 1.1) zu einem Angebotspreis, der höher ist als der Angebotspreis eines vergleichbaren konventionellen Fahrzeugs (Alternative K in Abb. 1.1). Andererseits fällt aus Nachfragersicht sowohl die Kostendifferenz als auch die Nutzendifferenz eines Elektrofahrzeugs gegenüber konventionell betriebenen Fahrzeugen unvorteilhaft aus. Die Alternative K erscheint damit für Nachfrager vorteilhafter als die Alternative A, was sich in einer geringen Anzahl von Elektrofahrzeugen in Deutschland ausdrückt. Selbst die bisher durch den Staat geschaffenen Kaufprämien für Elektrofahrzeuge konnten diese Differenz aus Sicht vieler Nachfrager bisher nicht vollständig ausgleichen.

Dienstleistungen können dazu beitragen, einerseits die Kosten für Elektrofahrzuge zu senken und andererseits den empfundenen Nutzen aus Kundensicht zu verbessern (Angebot B in Abb. 1.1). Der Wirkmechanismus verläuft dabei zweistufig. Zunächst können Dienstleistungen die sogenannte Netto-Nutzen Differenz des Angebots aus Kundensicht (bei nicht in gleichem Maße steigendendem Angebotspreis) vergrößern und somit das

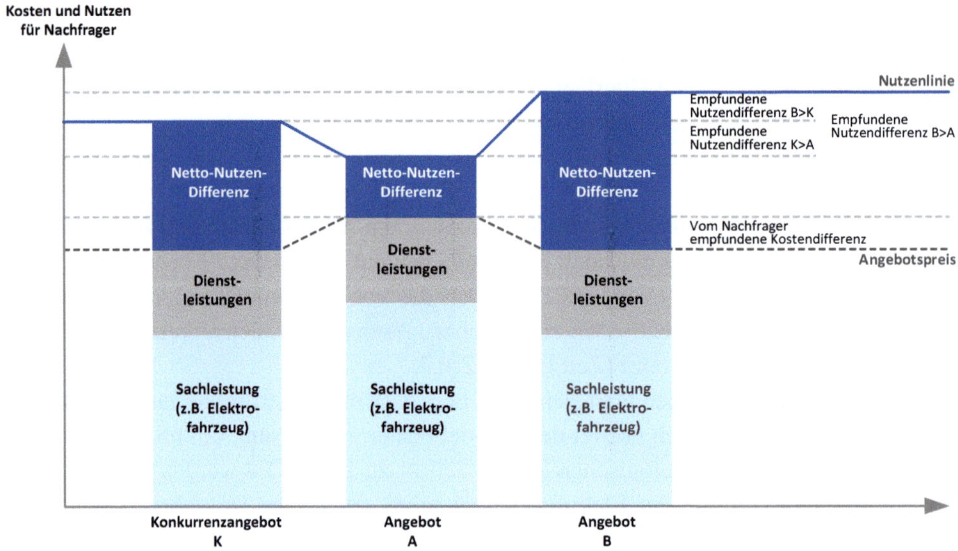

Abb. 1.1 Erhöhung der Netto-Nutzendifferenz eines Angebots mithilfe von Dienstleistungen. (In Anlehnung an Backhaus et al. 2010, S. 14)

Angebot für Kunden attraktiver machen. Ein steigender Nutzen würde zudem die Zahlungsbereitschaft des Kunden für die in Anspruch genommene Leistung vergrößern. Dies kann die Nutzendifferenz der Lösung gegenüber bestehenden Konkurrenzangeboten verbessern und Elektrofahrzeuge damit für Nachfrager attraktiver machen als konventionell betriebene Fahrzeuge.

Gleichwohl muss angemerkt werden, dass die empfundene Nutzendifferenz von den individuellen Präferenzen der Nachfrager abhängig ist. Mit anderen Worten ist die Nutzenlinie in Wirklichkeit für jeden einzelnen Nachfrager verschieden. Solange es also nicht gelingt, durch Dienstleistungen und die damit zusätzlich geschaffene Netto-Nutzen-Differenz die ggf. noch immer höheren Gesamtkosten von Elektrofahrzeugen zu kompensieren, wird ein bzgl. der Technologie indifferenter Nachfrager sich weiter für konventionell betriebene Fahrzeuge entscheiden. Auf der anderen Seite ist anzunehmen, dass Elektrofahrzeuge überdurchschnittlich umweltbewussten Nachfragern einen höheren Nutzen stiften als konventionelle Fahrzeuge, was die Nettonutzendifferenz zugunsten der Alternative B verschiebt und Elektrofahrzeuge für dieses Kundensegment attraktiver macht.

Anwendungsbeispiele für Dienstleistungen, mit denen Anbieter die Nutzenlinie für Elektrofahrzeuge aus Nachfragersicht positiv beeinflussen wollen, sind am Markt bereits dokumentiert. So bieten verschiedene Automobilhersteller ihren Kunden u. a. an, Elektrofahrzeuge für bestimmte Zeiträume gegen Fahrzeuge mit Verbrennungsmotoren eintauschen zu können, z. B. um Urlaubsreisen ohne längere Ladepausen durchführen zu können (Diffusionshindernis: Reichweite).

Weitergehende Lösungen wurden im durch das Bundesministerium für Bildung und Forschung (BMBF) ausgerichteten Förderschwerpunkt *Dienstleistungsinnovationen für die Elektromobilität* entwickelt und in eine erste industrielle Anwendung gebracht. Ausgewählte Verbundforschungsprojekte dieser Förderlinie[1] haben etwa die Bereitstellung zusätzlicher privater Ladeinfrastruktur (Diffusionshindernis: Ladeinfrastruktur) (Crowd-Strom), die Beratung von Kunden zur verstärkten Nutzung der Elektromobilität (ProMobiE) oder die Elektrifizierung von Logistiksystemen (GeNaLog) betrachtet (Diffusionshindernis: Akzeptanz) und somit vielfältige Ansatzpunkte für die Abschwächung der Diffusionshindernisse der Elektromobilität durch innovative Dienstleistungen entwickelt.

Vor dem Hintergrund der Zusammenstellung der Projekte im Förderschwerpunkt nimmt das hier fokussierte Forschungsprojekt EOL-IS eine besondere Betrachtungsperspektive ein, da hier die Nachnutzungsphase von Traktionsbatterien aus Elektrofahrzeugen (Diffusionshindernis: Gesamtkosten) betrachtet wird. Gegenstand des Projekts war es, neue Konzepte und Informationssysteme zu entwickeln, um Traktionsbatterien über ihren Einsatz in Elektrofahrzeugen hinaus als Energiespeicher einzusetzen, um zusätzliche Einnahmen zu generieren, die die Gesamtkosten für die Batterien – und damit die Gesamtkosten der Elektrofahrzeuge – reduzieren.

Diese Perspektive verweist auf das Prinzip der Lebenszyklusorientierung, das bereits heute in Entscheidungen zum Kauf eines Fahrzeugs einbezogen werden sollte: Entscheidend für die Wirtschaftlichkeit eines Fahrzeugs sind schließlich nicht primär die zu tätigenden Anschaffungsauszahlungen (d. h. der Kaufpreis des Fahrzeugs), sondern die Gesamtkosten und der Nutzen des Fahrzeugs in einem Lebenszyklus von vielen Jahren. Während in der populären Presse häufig die vergleichsweisen hohen Anschaffungsauszahlungen für den Kauf eines Elektrofahrzeugs in den Vordergrund gestellt werden und nachfolgend von einem Kauf eines Elektrofahrzeugs abgeraten wird, sollte man nicht unberücksichtigt lassen, dass eine „Tankfüllung" für ein Elektrofahrzeug nur wenige Euro kostet und dass durch das Vorhandensein sehr weniger beweglicher Teile in einem Elektromotor auch ein vergleichsweise geringer Verschleiß des Fahrzeugs (verbunden mit entsprechend geringeren Wartungskosten) zu erwarten ist, der sich günstig auf die Lebenszykluskosten auswirkt.

Eine spezielle Herausforderung bleibt jedoch weiterhin die erwartete Lebensdauer der Traktionsbatterie. Falls diese nach einigen Jahren doch ausgetauscht werden muss, um die ursprüngliche Reichweite und Beschleunigungswirkung des Fahrzeugs wiederherzustellen, kann dies je nach Geschäftsmodell des Automobilanbieters mit hohen zusätzlichen Kosten verbunden sein. Jedoch handelt es sich bei Traktionsbatterien um hochwertige Energiespeicher, deren Weiterverwendung in weniger anspruchsvollen Szenarien auch nach einem Ausbau realistisch sein kann. Eine Verwendung in einem Elektrofahrzeug stellt vergleichsweise hohe Ansprüche an die Batterie, u. a., weil vergleichsweise viel Energie punktuell verfügbar gemacht werden muss und die Einsatzbedingungen von Fahrzeugen, z. B. im Hinblick auf die Umgebungstemperaturen und das individuelle Fahr-

[1] Für weitere Informationen siehe: http://www.elektromobilitaet-dienstleistungen.de/.

verhalten, schwer abzusehen sind. Andere Anwendungsszenarien können hingegen deutlich kontrollierbarere, gleichförmigere und weniger energieintensive Einsatz- und Umgebungsbedingungen bieten, die durchaus zu den Eigenschaften gealterter Traktionsbatterien passen können.

Die Entscheidung, ob eine Traktionsbatterie nach ihrem Ausbau aus dem Fahrzeug weiterverwendet werden sollte, stellt sich bei näherer Betrachtung als komplizierter dar als zunächst vermutet. Einerseits ist das Forschungsfeld noch so neu, dass selbst Experten nicht immer genau einschätzen können, ob und inwiefern eine gebrauchte Traktionsbatterie überhaupt für die Anforderungen eines spezifischen Weiterverwendungsszenarios geeignet ist, zumal manche Szenarien es auch erforderlich machen, eine Batterie nur teilweise weiterzuverwenden oder aber mehrere (bis viele) Traktionsbatterien zu großen Speichersystemen zusammenzufassen. Beide Anwendungsfälle können eine Komplexität aufweisen, die mit der Neuentwicklung eines Batteriesystems vergleichbar ist. Andererseits gebietet eine betriebswirtschaftlich und technisch sinnvolle Weiterverwendung, dass jede Batterie möglichst in dem am besten geeigneten Szenario weiterverwendet werden sollte. Die Lösung dieses komplexen Zuordnungsproblems erfordert daher nicht nur batterietechnischen Sachverstand, sondern auch eine Berücksichtigung und Lösung der relevanten betriebswirtschaftlichen, volkswirtschaftlichen und informationstechnischen Einflussfaktoren der Weiterverwendung.

Im Zuge des Forschungsprojekts EOL-IS wurde daher ein multiperspektivischer Lösungsansatz gewählt, um die Anforderungen ausgewählter Weiterverwendungsszenarien zu explorieren sowie Methoden und Softwarewerkzeuge zu entwickeln, mit deren Hilfe die *beste Traktionsbatterie für ein Weiterverwendungsszenario* (und auch umgekehrt) gefunden und zum Einsatz gebracht werden kann.

1.2 Einführung in Traktionsbatterien

1.2.1 Kenngrößen von Lithium-Ionen-Batterien

Im Gegensatz zu Batterien, die aus Primärzellen bestehen, gehören Lithium-Ionen-Akkumulatoren zu den Sekundärzellen, d. h. sie sind wiederaufladbare elektrochemische Speicher. Allerdings hat sich der Begriff Batterie auch für den Akkumulator etabliert, so dass man von Lithium-Ionen-Batterien (LIB) spricht. Im Folgenden werden die wichtigen Kenngrößen einer Batterie definiert und anschließend wird der prinzipielle Aufbau einer LIB beschrieben.

Die Nennspannung: Die Nennspannung U_N ist eine geeignete Größe zur Kennzeichnung einer Batterie und entspricht etwa der mittleren Entladespannung, die sich unter Nennbedingungen einstellt. Für gängige Lithium-Ionen-Systeme, wie Lithiumkobaltdioxid/Graphit beträgt sie 3,7 Volt (V) und kann sich für zukünftige Systeme auch ändern.

Die Nennkapazität: Die Nennkapazität C_N entspricht derjenigen elektrischen Ladung, die von einer vollgeladenen Batterie beim Nennstrom I_N und bei der Nenntemperatur

T_N geliefert wird. Die Spannungswerte bis zu denen geladen bzw. entladen wird, werden Ladeschluss- bzw. Entladeschlussspannung genannt. Die tatsächliche Kapazität einer vollgeladenen Batterie hängt vom Entladestrom, der Temperatur, dem Batteriealter und der Vorgeschichte der Batterie ab. Die Kapazität hängt allgemein auch von der Art und Menge der Aktivmaterialien ab. Aktivmaterialien sind Hauptbestandteile der Elektroden, die an der Redoxreaktion teilnehmen. Die Einheit der Kapazität ist Amperestunden (Ah).

Die Stromstärke: Für die Angabe der Stromstärke wird oft die sogenannte C-Rate verwendet. Dabei teilt man die Nennkapazität durch eine Stunde. So hat eine Batterie mit einer Nennkapazität von 5 Ah eine 1C-Rate von 5 A, d. h. die Batterie wird mit einer Stromstärke von 5 Ampere (A) in einer Stunde vollständig geladen bzw. entladen. Eine 0,2C-Rate (C/5-Rate) entspricht einer Stromstärke von 1 A, mit der die Batterie in 5 h vollständig geladen bzw. entladen wird. Analog bedeutet eine 10C-Rate, dass die Batterie mit einer Stromstärke von 50 A in 0,5 h vollständig geladen bzw. entladen wird.

Die Energie: Der nutzbare Energieinhalt E_N ergibt sich aus dem Produkt aus Nennspannung und Nennkapazität: $E_N = U_N \cdot C_N$. Die Einheit der Energie ist Wattstunden (Wh). Die gravimetrische Energiedichte einer Batterie, auch spezifische Energie genannt, bezieht sich auf die Masse der Batterie mit der Einheit Wh/kg. Die volumetrische Energiedichte einer Batterie, auch nur Energiedichte genannt, bezieht sich auf das Volumen der Batterie und hat die Einheit Wh/l.

Die Leistung: Die Leistung *P* ist das Produkt aus Spannung und Strom und hat die Einheit Watt (W). Analog zur Energiedichte spricht man von gravimetrischer und volumetrischer Leistungsdichte bzw. spezifischer Leistung und Leistungsdichte der Batterie.

1.2.2 Von der Zelle zum System

Zelle

LIB können aus einer oder mehreren Lithium-Ionen-Zellen (LIZ) bestehen. Eine LIZ besteht im Prinzip aus zwei unterschiedlichen Elektroden (der negativen Anode und der positiven Kathode), dem Elektrolyten, der für die Ionenleitung zwischen den Elektroden zuständig ist, und dem Separator, der die Elektroden physisch voneinander trennt. Im Falle der Anode ist Graphit das meistverwendete Aktivmaterial, das zusammen mit einem Leitruß und einem Binder auf einer Kupferfolie aufgebracht wird. Es nimmt beim Laden die aus der Kathode kommenden Li-Ionen auf. Eine besonders leistungsfähige und sichere Alternative stellt das Lithium-Titanat $Li_4Ti_5O_{12}$ (LTO) dar, das jedoch unter einer geringeren Energiedichte (Energie pro Masseneinheit) und zu hohen Kosten leidet (Wurm et al. 2013). Bei den Kathoden werden meist Mischoxide der Übergangsmetalle Co, Mn, Ni sowie Al als Aktivmaterialien verwendet und ebenfalls gemischt mit einem Leitruß und Binder auf einer Aluminiumfolie aufgebracht. Beispiele hierfür sind $LiNi_xCo_yMn_zO_2$ (NCM), $LiMn_2O_4$ (LMO), $LiCoO_2$ (LCO) und $LiNi_xCo_yAl_zO_2$ (NCA). Die Oxidschicht fungiert beim Laden als Lithiumquelle. Eine umweltfreundlichere und sichere Alternative stellt das Lithium-Eisen-Phosphat $LiFePO_4$ (LFP) dar, das jedoch eine niedrigere Ener-

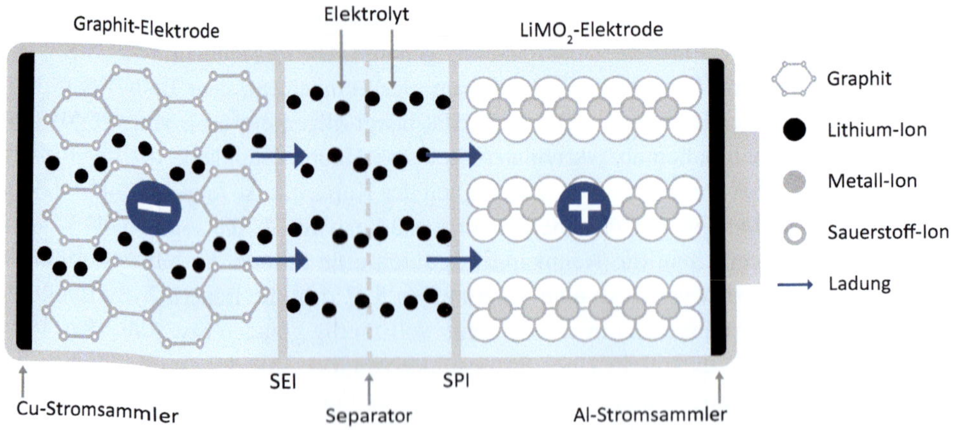

Abb. 1.2 Schematische Darstellung einer LIZ mit Graphitanode und Lithium-Metall-Oxid-Kathode. (In Anlehnung an Rahimzei et al. 2015)

giedichte und niedrigere Spannung besitzt. Das Ein- und Auslagern der Lithium-Ionen in die bzw. aus den Kristallgittern der Aktivmaterialien wird als Interkalation bzw. Deinterkalation bezeichnet.

Die derzeit in Lithium-Ionen-Traktionsbatterien (LITB) eingesetzten Elektrolyte sind in einem Spannungsbereich von 0 bis 4,5 V stabil und besitzen eine hohe ionische Leitfähigkeit in einem Temperaturbereich von −40 bis +80 °C (Hartnig und Schmidt 2013). Sie sind flüssig und bestehen aus einem leitfähigen Lithiumsalz (z. B. $LiPF_6$) und einem organischen Lösungsmittel. Sie dürfen kaum Feuchtigkeit aufweisen, da das Leitsalz hochreaktiv sind und es daher zur Bildung von Flusssäure kommen kann, welche schädlich ist für die Leistungsfähigkeit.

Da der Separator die beiden Elektroden physisch und elektronisch voneinander trennt, muss er hohen Anforderungen genügen (Pankaj Arora und Zhang 2004). Als Separatoren werden teilweise Polymermembrane eingesetzt, die eine hohe mechanische Stabilität besitzen, jedoch eine geringe Temperaturbeständigkeit aufweisen (ca. 165 °C). Im Vergleich dazu sind keramische Separatoren bei erheblich höheren Temperaturen stabil, dafür mechanisch weniger stabil als die Polymermembrane. Abb. 1.2 zeigt eine schematische Darstellung einer LIZ. Dabei sind SEI und SPI Grenzschichten, die zwischen den jeweiligen Elektroden und dem Elektrolyten entstehen. Das LMO_2 bedeutet Lithium-Metall-Oxid, wobei als Metall die oben genannten Übergangsmetalle gemeint sind.

Modul/Pack

Je nach Kombination der Aktivmaterialien für die beiden Elektroden liegt die Spannung einer einzigen Zelle bei den heutigen Systemen zwischen 2,2 und 4,5 V. Diese Spannungen reichen für den praktischen Einsatz im Bereich der Elektromobilität nicht aus. Daher werden je nach Bedarf mehrere Zellen in einer Reihenschaltung (Addition der Spannungen) zu einem Modul zusammengeschlossen und dadurch wird eine höhere Spannung erreicht. Der Zusammenschluss von mehreren Modulen wird Pack genannt. Bei einer Parallelschaltung erhöhen sich die Kapazität und der maximale Strom bei gleichbleibender Spannung. Je nach Anwendung bzw. erforderlicher Kapazität wird eine bestimmte Anzahl an Zellen oder Modulen parallelgeschaltet.

System

Damit ein Batteriepack einsatzbereit ist, benötigt es noch einige mechanische und elektronische Komponenten wie das Batterie-Management-System (BMS) und das Gehäuse.

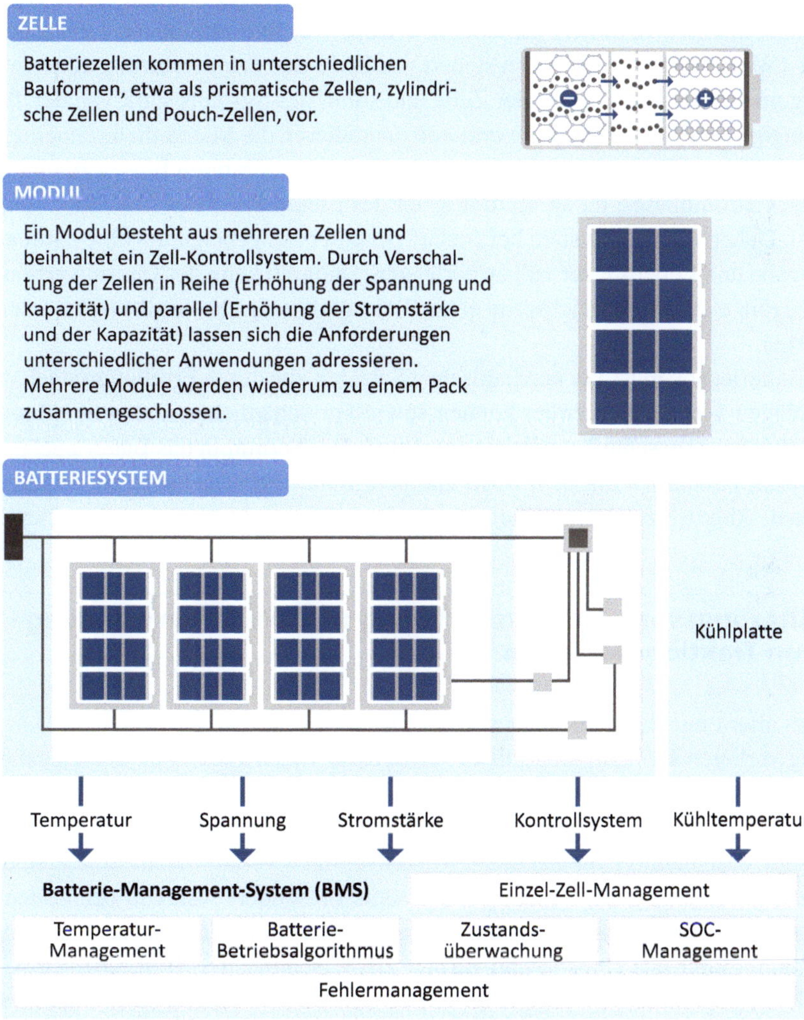

Abb. 1.3 Schematische Darstellung eines Batteriesystems. (In Anlehnung an Rahimzei et al. 2015)

Das BMS steuert und überwacht beim Be- und Entladen den Ladezustand SOC (engl. *State-of-Charge*) auf Zell- und Systemebene und fungiert als Schnittstelle zwischen Elektrofahrzeug- und Batteriekommunikation. Es enthält Sensoren zur Messung und Regelung von Strom, Spannungen und Temperaturen der Einzelzellen und des Gesamtsystems. Außerdem ermöglicht das BMS als ein zentraler Bestandteil der Sicherheit das Zu- und Abschalten des Systems und die Fehlerprotokollierung (Köhkler 2013).

Fertigungsbedingt können einzelne Zellen unterschiedliche Kapazitäten und Innenwiderstände haben. Diese Unterschiede können in einem Zellenverbund zu unterschiedlichem Be- und Entladen der Zellen und somit vereinzelt zu Tiefentladungen oder Überladungen von Zellen führen. Dadurch kann die Funktionsweise und die Lebensdauer des Systems beeinflusst werden. Das BMS verhindert diese Prozesse durch die sogenannte Balancing-Funktion, optimiert die nutzbare Kapazität und erhöht die Lebensdauer des Systems (Wen 2009). Des Weiteren steuert das BMS das Temperaturmanagement, da die Alterung und Leistungsfähigkeit der Zelle und somit des Systems stark von der Temperatur abhängig ist. Bei erhöhten Temperaturen degradieren die Materialien schneller, was zu einer schnelleren Alterung der Batterie führt. Tiefe Temperaturen führen zu einer Behinderung des Stromflusses, da die Leitfähigkeit des Elektrolyten mit sinkender Temperatur abnimmt. Daher wird das System bei Bedarf gekühlt bzw. geheizt, um eine optimale Leistungsabgabe und Lebensdauer zu gewährleisten. Dadurch kann der Gesamtverbrauch und somit die rein elektrische Reichweite eines Elektrofahrzeugs beeinträchtigt werden (Dorn et al. 2013).

Das Batteriepack muss vor mechanischen Schäden, die durch Erschütterungen und/oder Steinschlägen verursacht werden können sowie vor schädlichen Umwelteinflüssen, wie Wasser, Staub etc. geschützt werden. Diese Aufgabe übernimmt das Batteriegehäuse. Das Batteriepack zusammen mit dem BMS und dem Batteriegehäuse wird als Batteriesystem bezeichnet. Abb. 1.3 zeigt eine schematische Darstellung eines solchen Batteriesystems.

1.3 Alterungsverhalten, Umwidmung und Weiterverwendung von Traktionsbatterien

Batterien altern mit der Zeit sowie mit der Dauer und Art ihrer Benutzung. Durch diese Alterung verlieren sie kontinuierlich an verfügbarer Kapazität und an Leistungsfähigkeit. Allgemein lässt sich die Alterung einteilen in kalendarische Alterung und zyklische Alterung. Die kalendarische Alterung wird durch hohe Temperaturen und hohe Ladezustände der Batterie beschleunigt. Sie hat einen wurzelförmigen Verlauf in Abhängigkeit der Zeit. Die zyklische Alterung wird durch hohe Ströme (besonders während des Ladens), sehr niedrige Ladezustände und eine hohe Temperatur beschleunigt. Sie ist linear abhängig vom Ladungsdurchsatz (Pinson und Bazant 2013; Schmalstieg et al. 2014; Ecker et al. 2014; Grolleau et al. 2014; Wang et al. 2014). Der State-of-Health einer Batterie spiegelt den Alterungsverlauf einer Batterie über die Laufzeit wieder. Aufgrund der verschiedenen Alterungseffekte kann der ursprüngliche Wert von 100 % im Verlauf der Lebensdauer nicht mehr erreicht werden. Ein State-of-Health von unter 80 % wird momentan als Ausschlusskriterium für eine Verwendung in Elektrofahrzeugen betrachtet.

Wird der Verlauf der Kapazität der Batterie über der Zyklenzahl betrachtet, ergibt sich zum Ende der Lebensdauer hin ein charakteristischer Knick und eine anschließende, schnelle Abnahme (Abb. 1.4). Ziel der Second-Life-Verwendung ist es, eine Verwendung für die Batterie zu finden, die bis zum Erreichen dieses Knicks wirtschaftlich sinnvoll ist. Da das Alterungsverhalten jedoch maßgeblich von der Art der Nutzung abhängt, ist für eine Beurteilung der Restzyklenzahl und Restlebensdauer der Batterie die Kenntnis über das bisherige Nutzungsverhalten wichtig. Die Ursachen für die denkbaren Alterungsverläufe sind komplex und werden detailliert in Kap. 3 beschrieben.

Die Optionen zum weiteren Umgang mit gebrauchten Traktionsbatterien hängen sehr stark von dem Zustand einer aus dem Elektrofahrzeug ausgebauten Traktionsbatterie ab (siehe Abschn. 2.2 für Details). Wird die Traktionsbatterie bereits nach kurzer Laufzeit aus dem Elektrofahrzeug ausgebaut und weist sie keine Defekte auf, kann sie *wiederverwendet* werden, d. h. sie wird im gleichen Szenario (d. h. in einem anderen Elektrofahrzeug) erneut eingesetzt. Lässt der Zustand der Traktionsbatterie eine automobile Anwendung nicht mehr zu, die Batterie weist aber keinerlei Defekte auf, kann sie für die *Weiterverwendung* in einem anderen, weniger anspruchsvollen Szenario umgewidmet werden. Kommen beide Optionen nicht infrage, so wird die Traktionsbatterie der Demontage zugeführt. Einzelne intakte Komponenten können als Ersatzteile für andere Traktionsbatterien verwendet werden (*Kannibalisierung*). Alternativ werden die Komponenten einem fachgerechten *Verwertung* zugeführt, um so die Materialien und Wertstoffe zu sichern und sie für die Herstellung gleicher oder anderer Produkte zu verwenden (siehe Abschn. 2.2 für Details).

Weiterverwendungsszenarien für gebrauchten Traktionsbatterien können etwa entsprechend des Grades der Mobilität des Zielbatteriesystems in die drei Kategorien stationär, semi-stationär, und mobil unterteilt werden (siehe Abschn. 2.5.2 für Details). Innerhalb der Weiterverwendungsszenarien beschreiben diverse Anwendungsfälle die konkrete Anwendung und Zielsetzung des Speichersystems. Ein Solarspeicher zur Erhöhung des Ei-

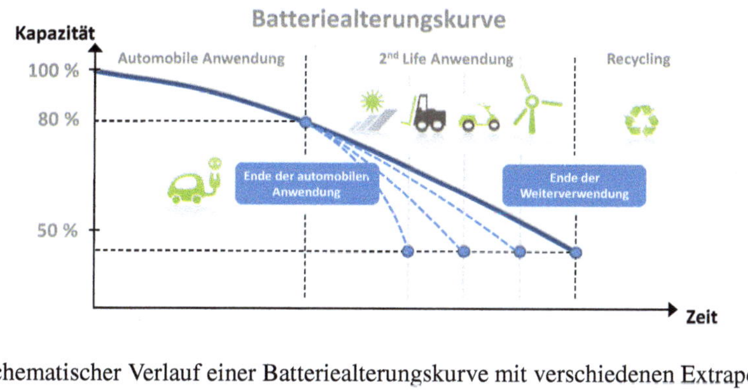

Abb. 1.4 Schematischer Verlauf einer Batteriealterungskurve mit verschiedenen Extrapolationen

genverbrauchs der Photovoltaik-Anlage (PV-Anlage) stellt ein Beispiel für ein stationäres Weiterverwendungsszenario dar. Ein Anwendungsfall in einem semi-stationären Weiterverwendungsszenario ist beispielsweise die Versorgung einer Baustellenbeleuchtung; hier kann der betriebene Scheinwerfer von einer Baustelle zu einer anderen bewegt werden. Beispielhafte Anwendungsfälle in einem mobilen Weiterverwendungsszenario sind die Nutzung des Speichersystems als Antrieb für einen Elektro-Scooter oder für ein Flurförderzeug oder einen Gabelstapler. Insbesondere stationäre Weiterverwendungsszenarien wurden bereits in industriellen Pilotprojekten realisiert und evaluiert. So erproben Vattenfall und BWM seit 2016 einen Speicher aus gebrauchten Traktionsbatterien zur Netzstabilisierung an einer Schnellladestation für Elektrofahrzeuge in der Hamburger Hafencity. Ebenfalls zur Netzstabilisierung hat ein Konsortium um die Daimler AG ca. 1000 gebrauchte Traktionsbatterien in Lünen (Nordrhein-Westfalen) zu einem Großspeicher mit einer Kapazität von 13 MWh zusammengeschlossen.

1.4 Das EOL-IS-Konzept

Als Verbundforschungsprojekt zwischen Unternehmen und Forschungseinrichtungen betrachtete EOL-IS chemische, technische, betriebswirtschaftliche und informationstechnische Herausforderungen der Umwidmung und Weiterverwendung von Traktionsbatterien aus Elektrofahrzeugen und entwickelte vor diesem Hintergrund innovative Lösungsansätze und Software-Werkzeuge, um *die beste Batterie für jedes Weiterverwendungsszenario* bereitstellen zu können. Hierzu fokussierte EOL-IS ein gestaltungsorientiertes Forschungsparadigma (z. B. Hevner et al. 2004), in dessen Rahmen neben einem generellen Erkenntnisgewinn über das Themenfeld vor allem die Entwicklung und Evaluation neuer Lösungen den Schwerpunkt der Untersuchungen bildete.

Die durch das EOL-IS-Projekt entwickelte Lösung umfasst mehrere Komponenten, vom Ausbau einer Traktionsbatterie aus einem Elektrofahrzeug bis zur Inbetriebnahme einer umgewidmeten Traktionsbatterie in einem entsprechenden Weiterverwendungsszenario (Abb. 1.5). Dieser Prozess wird im Folgenden kurz erläutert, bevor die nachfolgenden Kapitel dieses Buches die Phasen in größerer Detaillierung darlegen.

Zunächst wird eine gealterte Traktionsbatterie aus einem Elektrofahrzeug ausgebaut. Da Traktionsbatterien als Hochvoltspeicher Gefahrgüter sind, erfolgt der Ausbau durch qualifiziertes Personal in einer entsprechend zertifizierten Vertragswerkstatt (siehe Abschn. 3.4 für Details). Die Batterie wird identifiziert, z. B. anhand eines QR-Codes oder eines anderen Identifikationsmechanismus, so dass auf ihre technischen und chemischen Eigenschaften zurückgeschlossen werden kann. Bedingt durch technische Abweichungen bei der Herstellung der in der Traktionsbatterie verbauten Zellen sowie ihre ggf. unterschiedlich starke Beanspruchung während der Nutzung des Packs im Elektrofahrzeug ist zu erwarten, dass die Zellen in einem Pack einen unterschiedlich guten Zustand aufweisen – und somit auch der Zustand des Packs insgesamt individuell unterschiedlich ausfällt.

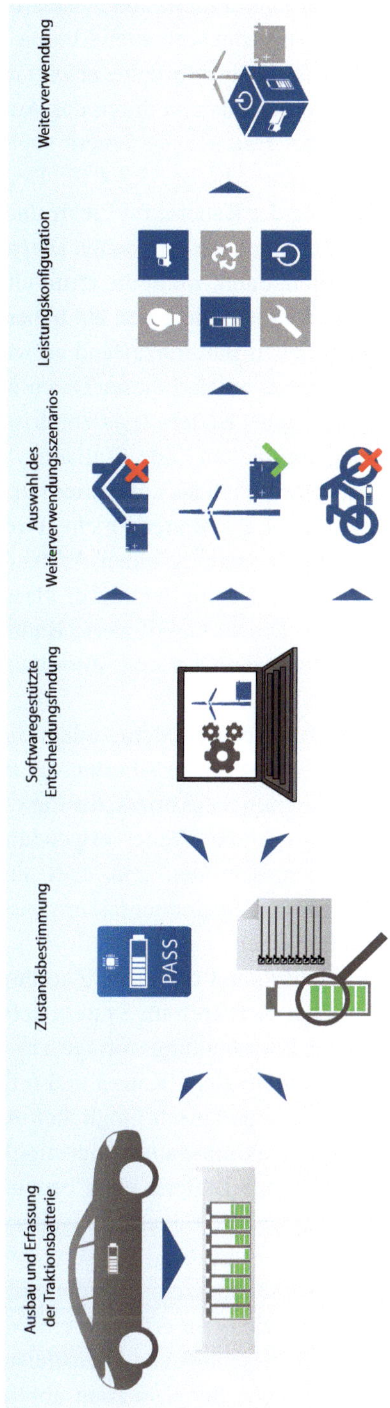

Abb. 1.5 Schematischer Ansatz des Projekts EOL-IS zur Umwidmung und Weiterverwendung von Traktionsbatterien aus Elektrofahrzeugen

Aus diesem Grund ist es zunächst erforderlich, den Zustand des Batteriespeichers – und zwar auf allen Ebenen, vom Pack über die verbauten Module bis zur Ebene einzelner Batteriezellen – zu bestimmen. Die Zustandsbestimmung erfolgt im EOL-IS-Konzept mithilfe zweier Methoden. Zunächst wird der Zustand durch das Auslesen des Aufbaus, der Nutzungshistorie und des Zustands der Batterie aus einem sogenannten elektronischen Batteriepass (eEOL-Pass) ermittelt (siehe Abschn. 3.3.4 für Details). Der elektronische Batteriepass wird während der Nutzung der Batterie im Elektrofahrzeug automatisch fortgeschrieben und kann daher, je nach Umfang der erhobenen Daten, eine Einschätzung des Batteriezustands ermöglichen, vor allem dann, wenn die ermittelten Daten mit Daten bereits bewerteter Batterien verglichen werden, die einen ähnlichen Aufbau, eine ähnliche Nutzungshistorie und/oder einen ähnlichen Batteriezustand aufweisen. Sollte eine zuverlässige Einschätzung des Batteriezustands anhand dieser Daten nicht möglich sein, kann der Batteriezustand auch im Rahmen eines Batterietests empirisch ermittelt werden. Da dieser Test jedoch mindestens einen kompletten Lade-/Entladezyklus umfassen muss und sehr teures Equipment für den Test erforderlich ist, sollte dies nur dann durchgeführt werden, falls eine automatische Klassifikation der Batterie nicht zu realistischen Ergebnissen führt (etwa wenn die zu klassifizierende Batterie einen Aufbau, eine Nutzungshistorie und/oder einen Batteriezustand aufweist, der mit den bisher klassifizierten Batterien keine hinlängliche Ähnlichkeit aufweist). Die so klassifizierte Batterie wird nachfolgend in einem Softwaresystem erfasst und steht somit für eine Zuordnung zu einem geeigneten Weiterverwendungsszenario zur Verfügung.

Auf der Nachfrageseite werden im Softwaresystem zudem die Anforderungen spezifischer Weiterverwendungsszenarien erfasst (siehe Abschn. 4.4 für Details). Dies erfolgt anhand eines im EOL-IS-Projekt definierten Steckbriefs, der die wesentlichen Eigenschaften des erforderlichen Batteriesystems umfasst. Weiterverwendungsszenarien können auf die Dimensionierung ganzer Packs zugeschnitten sein, aber auch eine Dekomposition eines Packs in seine Module oder aber die Zusammenfassung mehrerer Batterien zu größeren Batteriespeichern erforderlich machen.

Das Softwaresystem ermittelt nachfolgend die beste Zuordnung zwischen Batterien und Weiterverwendungsszenarien unter mehreren im System definierten Optimalitätskriterien und bietet dem Benutzer eine Entscheidungsvorlage an. Daher spricht man von einem Entscheidungsunterstützungssystem (siehe Kap. 5 und 6 für Details). Das System arbeitet zweistufig. Zunächst werden alle technisch möglichen Alternativen für die Umwidmung und Weiterverwendung von Traktionsbatterien ermittelt. Anschließend schlägt das System genau die Lösung vor, die jede Batterie einer bestmöglichen Weiterverwendung zuführt. Hierdurch wird jede individuelle Batterie so weiterverwendet, wie es ihrem Zustand entspricht.

Jedoch reicht es für ein Weiterverwendungsszenario nicht aus, eine geeignete Batterie zu identifizieren oder sie umzuwidmen. Vielmehr erfordert ein Weiterverwendungsszenario eine Kombination der Batterie mit verschiedenen Dienstleistungen zu einer Lösung, die in ihrer Gesamtheit die Anforderungen der Szenarien abbilden kann (siehe Kap. 6 für Details). So ist zur Bereitstellung des neuen Energiespeichers mindestens ein geeigneter Transport zum neuen Bestimmungsort und dort eine sachkundige Inbetriebnahme erforderlich. Zudem sind je nach Art des betrachteten Szenarios viele weitere Dienstleistungen denkbar, z. B. die Abnahme und Zertifizierung des Batteriespeichers, die Etablierung eines Wartungsvertrags oder ein nach dem Nutzungsende erforderlicher Austausch und eine Entsorgung des Batteriespeichers. Darüber hinaus kann die Bereitstellung des Batteriespeichers auch als Dienstleistung (*as-a-service*) geschehen; der Nutzer würde in einem solchen Geschäftsmodell den gebrauchten Batteriespeicher nicht kaufen, sondern ein nutzungsabhängiges Entgelt (z. B. eine Gebühr pro Lade-/Entladezyklus) zahlen. Solche Geschäftsmodelle kommen vor allem auch den Eigenschaften von Traktionsbatterien als Gebrauchtgütern entgegen, wie noch aufgezeigt werden wird. Das EOL-IS-Konzept sieht daher nach der Zuordnung einer Batterie zu einem Weiterverwendungsszenario einen weiteren Arbeitsschritt vor, in dessen Rahmen der Batteriespeicher mit Dienstleistungen zu einem marktfähigen Lösungsangebot konfiguriert wird. Nachfolgend wird die so konfigurierte Lösung in dem gewählten Weiterverwendungsszenario eingesetzt, optimalerweise bis das Ende des Lebenszyklus der Batteriezellen erreicht wird und die Batterie ausgetauscht und einem Recycling zugeführt werden muss. Dazu passend spezifiziert das EOL-IS-Konzept auch Prozesse und Entscheidungsparameter für die Verwertung von Traktionsbatterien (siehe Abschn. 2.6 für Details).

1.5 Struktur des Herausgeberbandes

Alle Schritte des zuvor überblicksartig beschriebenen Prozesses sowie deren theoretische Fundierung und die entwickelten Konzepte und Informationssysteme werden in den nachfolgenden sieben Kapiteln im Detail beschrieben.

In Kap. 2 werden die Rechercheergebnisse zur Anwendung ausgewählter End-of-Life-Strategien für aus Elektroautos ausgebaute Traktionsbatterien beschrieben. Im Rahmen des Kapitels werden insbesondere die Strategien der Wiederinstandsetzung für die Wiederverwendung, der Umwidmung für die Weiterverwendung und der Wieder- und Weiterverwertung ausführlich behandelt. Zunächst wird dafür ein grober Entscheidungsprozess skizziert, der die verschiedenen Strategien miteinander in Verbindung setzt und mögliche Übergänge zwischen dem erstem automobilen Leben und potentiellen weiteren Leben der Batterie kenntlich macht. Zudem werden ausgewählte rechtliche Rahmenbedingungen, die bei der Auswahl und Implementierung entsprechender Strategien potentiell zu berücksichtigen sind, überblicksartig betrachtet. Anschließend erfolgt eine detaillierte Aufbereitung der in der Literatur dokumentierten Erkenntnisse zu den drei genannten Strategien. Hierbei stehen insbesondere die Vermittlung eines grundlegenden Begriffsverständnisses, die Gegenüberstellung grobprozessualer Ausprägungen der Strategieimplementierungen und mit den Strategien einhergehende und bei ihrer Kommerzialisierung zu adressierende Herausforderungen im Vordergrund. Damit wird der nach dem Ausbau bevorstehende zweite Lebenszyklus einer Traktionsbatterie in diesem Buch vollständig beschrieben.

In Kap. 3 wird die Strategie der Umwidmung und Weiterverwendung gebrauchter Traktionsbatterien ausführlicher aus der Perspektive des EOL-IS-Projektes betrachtet. Hierzu werden zunächst das Alterungsverhalten von Traktionsbatterien und die für die Alterung maßgeblichen Einflussfaktoren im Detail präsentiert. Darauf aufbauend werden verschiedene Methoden vorgestellt, mit denen der Zustand gebrauchter Traktionsbatterien festgestellt werden kann. Präferiert wird hierbei eine elektronische Identifikation individueller Traktionsbatterien sowie das Auslesen digitaler Batterieparameter. Damit die erforderlichen Daten bereits während des automobilen Ersteinsatzes der Traktionsbatterie im Fahrzeug erfasst werden, wird weiterhin die Spezifikation eines elektronischen Batteriepasses (sog. eEOL-Pass) vorgebracht. Für den Fall, dass diese Daten nicht verfügbar sind, werden auch Prüfkonzepte zur empirischen Messung von Batterieparametern diskutiert, vor allem auch im Hinblick auf eine betriebswirtschaftlich effiziente Bestimmung des Batteriezustands mithilfe von Schnelltestverfahren. Hierauf aufbauend werden Prozesse für die Entgegenahme, den Transport sowie die Bewertung von Traktionsbatterien präsentiert. Hierbei nimmt auch eine überblicksartige Diskussion der rechtlichen Vorschriften für den Transport von und für den Umgang mit Traktionsbatterien als Gefahrgütern eine wichtige Stellung ein.

In Kap. 4 werden verschiedene Weiterverwendungsszenarien, in denen gebrauchte Traktionsbatterien eingesetzt werden könnten, systematisiert sowie die Vermarktungspotenziale, Wertschöpfungssysteme und Geschäftsmodelle der Weiterverwendung diskutiert. Den Ausgangspunkt der Darstellung bildet eine Analyse des heutigen und des zu erwartenden Marktvolumens für gebrauchte Traktionsbatterien. Aufbauend auf einer Betrachtung von Traktionsbatterien als Gebrauchtgüter wird untersucht, welche Akteure die für die Umwidmung und Weiterverwendung erforderlichen Aktivitäten durchführen können und durchführen sollten, resultierend in der Erarbeitung eines Wertschöpfungssystems für die Weiterverwendung von Traktionsbatterien. Im Rahmen einer Erhebung aktueller Vorarbeiten werden Pilotprojekte gewürdigt, die in der Industrie durchgeführt werden bzw. wurden; hierbei werden auch die in diesen Projekten verwendeten Batteriespeicher und ihre Eigenschaften (soweit bekannt) vorgestellt. Zudem werden verschiedene Geschäftsmodelle für die Weiterverwendung exploriert und betriebswirtschaftliche und volkswirtschaftliche Einflussfaktoren der Weiterverwendung von Traktionsbatterien als Gebrauchtgüter betrachtet. Hierauf aufbauend wird ein Geschäftsmodell für die Umwidmung und Weiterverwendung von Traktionsbatterien für Second-Life-Solarspeicher in Privathaushalten vorgeschlagen. Im Rahmen einer Zahlungsbereitschaftsanalyse wird nachfolgend empirisch ermittelt, welche Zahlungsbereitschaft Kunden für diese Energiespeicherlösungen – auch im Vergleich zu fabrikneuen Speichern – haben. Die Analyse zeigt, dass Energiespeicherlösungen aus gebrauchten Traktionsbatterien durchaus mit fabrikneuen Energiespeichern mithalten können, sofern sie zusammen mit geeigneten Dienstleistungen angeboten werden. Ein wichtiger Faktor ist hier auch der geringere Anschaffungspreis gebrauchter Energiespeicher. Eine abschließende ökonomische und ökologische Analyse zeigt, dass die Umwidmung und Weiterverwendung von Traktionsbatterien in Zukunft kostendeckend oder sogar profitabel sein wird, während die

Weiterverwendung ca. 10–25 % Treibhausgase einsparen kann, sofern die Batterie mit Energie aus erneuerbaren Quellen geladen wird.

In Kap. 5 wird das im EOL-IS-Projekt entwickelte Entscheidungsunterstützungskonzept sowie das konzipierte Entscheidungsunterstützungssystem vorgestellt. Ausgehend von der Konzeption als ein bipartites Zuordnungsproblem (engl. *bipartite matching problem*) werden Entscheidungsmodelle gestaltet und der Entscheidungsfindungsprozess modelliert. Da die Entscheidungsfindung in einem industriellen Maßstab erfolgen muss und viele tausend Batterien und dutzende Weiternutzungsszenarien betrachten muss, ist die Entscheidungsfindung nur mithilfe eines implementierten Entscheidungsunterstützungssystems realistisch durchzuführen. Ergebnis jedes Planungslaufs ist eine 1:1 Zuordnung von Batterien zu Weiterverwendungsszenarien (oder auch umgekehrt), wobei die Zuordnung die Anzahl der wiederzuverwendenden Batterien maximiert, ohne technische Rahmenbedingungen der Umwidmung und Weiterverwendung zu verletzen.

In Kap. 6 werden Konzepte und Informationssysteme vorgestellt, mit denen die Konfiguration eines hybriden Leistungsbündels aus dem Energiespeicher und individuell auf die Bedürfnisse des Kunden abgestimmten Dienstleistungen vorgenommen werden können. Aufbauend auf der Zuordnung von Traktionsbatterien zu Weiterverwendungsszenarien werden so Leistungsbündel für komplette Energiespeicherlösungen konfiguriert. Die Konfiguration erfolgt auf der Grundlage vordefinierter Dienstleistungen und Konfigurationsregeln (teil-)automatisiert, zunächst um Dienstleistungen in das Leistungsbündel aufzunehmen, die mit dem Batteriespeicher angeboten werden müssen. Ergänzend wurde ein Empfehlungssystem implementiert, das auf der Grundlage vergangener Angebote mehrere Varianten erzeugt, die auch optionale Dienstleistungen enthalten. Kunden können so aus mehreren Varianten das für sie passende Angebot auswählen.

In Kap. 7 werden die implementierten Konzepte und Software-Lösungen anhand eines Beispiels anwendungsnah erläutert. Hierzu werden auch die Benutzeroberflächen der implementierten Entscheidungsunterstützungssysteme vorgestellt. Auch die Datenmodellierung von Energiespeichern und Dienstleistungen sowie der Konfigurationsregeln wird im Detail betrachtet. Somit veranschaulicht das Kapitel die im Rahmen des Gesamtkonzepts implementierte Software-Lösung.

Kap. 8 schließt mit einer Übersicht der entwickelten Ergebnisse. Zudem werden wichtige Limitationen der Ergebnisse erläutert. Zu beachten ist insbesondere, dass die hier vorgestellten Ergebnisse notwendigerweise einen vorwettbewerblichen Charakter haben und im Rahmen einer realistischen industriellen Anwendung getestet und erweitert werden müssen. Auch werden nachfolgende Forschungs- und Entwicklungspotenziale thematisiert.

1.6 Zusammenfassung

In diesem Kapitel wurde motiviert, warum eine Umwidmung und Weiterverwendung gebrauchter Traktionsbatterien ökologisch geboten und wirtschaftlich sinnvoll ist. Insbesondere kann die Weiterverwendung der Batterien zusätzliche Einzahlungen generieren, die eine Nutzung von Traktionsbatterien wirtschaftlicher gestalten und somit Elektrofahrzeuge gegenüber Fahrzeugen mit Verbrennungsmotor attraktiver als bisher darstellen. Zudem wurde eine Einführung in Traktionsbatterien und ihre Komponenten sowie in wichtige Systemparameter, die sich auf die Umwidmung und Weiterverwendung von Traktionsbatterien auswirken, gegeben. Anhand einer Übersicht des Lösungsansatzes und der Struktur dieses Herausgeberbandes wurden zudem die Hauptergebnisse des Forschungsprojekts EOL-IS zusammengefasst und in einen einheitlichen Bezugsrahmen eingebettet.

Literatur

Backhaus K, Becker J, Beverungen D, Frohs M, Knackstedt R, Müller O, Steiner M, Weddeling M (2010) Vermarktung hybrider Leistungsbündel – Das ServPay-Konzept. Springer-Verlag, Berlin Heidelberg.

Becker J, Beverungen D, Knackstedt R (2008) Wertschöpfungsnetzwerke von Produzenten und Dienstleistern als Option zur Organisation der Erstellung hybrider Leistungsbündel. In: Becker J, Knackstedt R, Pfeiffer D (Hrsg), Wertschöpfungsnetzwerke – Konzepte für das Netzwerkmanagement und Potenziale aktueller Informationstechnologien. Physica-Verlag HD, Heidelberg, 3–31.

Bundesministerium für Wirtschaft und Energie (2016) Bekanntmachung Richtlinie zur Förderung des Absatzes von Elektrisch Betriebenen Fahrzeugen. https://www.bmwi.de/Redaktion/DE/Downloads/B/bekanntmachung-richtlinie-zur-foerderung-des-absatzes-von-elektrisch-betriebenen-fahrzeugen.pdf. Zugegriffen: 1. März 2017.

Bundesregierung (2011) Regierungsprogramm Elektromobilität. https://www.bmbf.de/files/programm_elektromobilitaet(1).pdf. Zugegriffen: 1. März 2017.

Deutsches Institut für Normung (DIN) (2010) PAS 1094: Hybride Wertschöpfung – Integration von Produktion und Dienstleistung. Beuth Verlag, Berlin.

Dorn R, Schwartz R, Steurich B (2013) Batteriemanagementsystem. In: Korthauer R (Hrsg), Handbuch Lithium-Ionen-Batterien. Springer Vieweg, Berlin Heidelberg, 177–187.

Ecker M, Nieto N, Käbitz S, Schmalstieg J, Blanke H, Warnecke A, Sauer DU (2014) Calendar and cycle life study of Li(NiMnCo)O2-based 18650 lithium-ion batteries. Journal of Power Sources 248:839–851.

Eckl-Dorna W (2017) E-Autos werden zum Wahlkampfthema. In: manager magazin. http://www.manager-magazin.de/unternehmen/autoindustrie/elektroautos-spd-chef-schulz-fordert-verbindliche-quote-in-europa-a-1162439.html. Zugegriffen: 23. August 2017.

Floemer A (2017) EU-Kommission erwägt Elektroauto-Quote. In: t3n. http://t3n.de/news/elektroauto-quote-eu-kommission-833361/. Zugegriffen: 23. August 2017.

Govindswamy K, Eisele G (2011) Sound Character of Electric Vehicles. SAE International.

Grolleau S, Delaille A, Gualous H, Gyan P, Revel R, Bernard J, Redondo-Iglesias E, Peter J (2014) Calendar aging of commercial graphite/LiFePO4 cell – Predicting capacity fade under time dependent storage conditions. Journal of Power Sources 255:450–458.

Hagman J, Ritzén S, Stier JJ, Susilo Y (2016) Total cost of ownership and its potential implications for battery electric vehicle diffusion. Research in Transportation Business & Management 18: 1–7.

Handelsblatt (2017) Nur 9000 Anträge für E-Auto-Kaufprämie. http://www.handelsblatt.com/impressum/nutzungshinweise/blocker/?callback=%2Funternehmen%2Findustrie%2Fpraemicfuer-elektroautos-floppt-nur-9000-antraege-fuer-e-auto-kaufpraemie%2F19199008.html. Zugegriffen: 28. März 2017.

Hartnig C, Michael Schmidt (2013) Elektrolyte und Leitsalze. In: Korthauer R (Hrsg), Handbuch Lithium-Ionen-Batterien. Springer Vieweg, Berlin Heidelberg, 61–77.

Hevner AR, March ST, Park J, Ram S (2004) Design Science in Information Systems Research. MIS Quarterly 28:75–105.

King C, Griggs W, Wirth F, Quinn K, Shorten R (2014) Alleviating a form of electric vehicle range anxiety through on-demand vehicle access. International Journal of Control 88:717–728.

Köhkler U (2013) Aufbau von Lithium-Ionen-Batteriesystemen. In: Korthauer R (Hrsg), Handbuch Lithium-Ionen-Batterien. Springer Vieweg, Heidelberg, 95–106.

Kraftfahrt-Bundesamt (2018) Jahresbilanz des Fahrzeugbestandes am 1. Januar 2018. https://www.kba.de/DE/Statistik/Fahrzeuge/Bestand/b_jahresbilanz.html. Zugegriffen: 22. Juli 2018.

Marx P (2015) Wirkungsgrad-Vergleich zwischen Fahrzeugen mit Verbrennungsmotor und Fahrzeugen mit Elektromotor. Der Elektro-Fachmann 62:5–10.

Michael M, Shirouzu N (2017) China upholds strict electric car sales quotas despite industry protests. In: Reuters. http://www.reuters.com/article/us-china-autos-electric-idUSKBN1941V5. Zugegriffen: 23. August 2017.

Nationale Plattform Elektromobilität (2014) Fortschrittsbericht 2014 – Bilanz der Marktvorbereitung. Nationale Plattform Elektromobilität, Berlin.

Nykvist B, Nilsson M (2015) Rapidly falling costs of battery packs for electric vehicles. Nature Climate Change 5:329–332.

Pankaj Arora, Zhang Z (John) (2004) Battery Separators. Chemical Reviews 10:4419–4462.

Pedersen JS, Tsang F, Wooding S, Potoglou D (2012) Bringing the Electric Vehicle to the Mass Market a Review of Barriers, Facilitators and Policy Interventions. RAND Europe working paper series. RAND Corporation, Santa Monica, CA Cambridge, UK.

Pinson MB, Bazant MZ (2013) Theory of SEI Formation in Rechargeable Batteries: Capacity Fade, Accelerated Aging and Lifetime Prediction. Journal of The Electrochemical Society 160:A243–A250.

Rahimzei E, Sann K, Vogel DM (2015) Kompendium: Li-Ionen-Batterien – Grundlagen, Bewertungskriterien, Gesetze und Normen. VDE Verband der Elektrotechnik, Frankfurt am Main.

rp-online (2017) Tesla übergibt erste Model 3. http://www.rp-online.de/leben/auto/news/tesla-model-3-bereits-500000-vorbestellungen-liegen-vor-aid-1.6982483. Zugegriffen: 23. August 2017.

Schmalstieg J, Käbitz S, Ecker M, Sauer DU (2014) A holistic aging model for Li(NiMnCo)O2 based 18650 lithium-ion batteries. Journal of Power Sources 257:325–334.

Schwarzer CM (2014) So sauber ist das Elektroauto. In: Zeit Online. http://www.zeit.de/mobilitaet/2014-01/elektroauto-energiebilanz. Zugegriffen: 28. März 2017.

Strom-Report (2016) Der Deutsche Strommix 2007–2016. https://1-stromvergleich.com/strom-report/strom/#deutscher-strommix-entwicklung. Zugegriffen: 28. März 2017.

Vetter P (2017) 2019 beendet Volvo die Ära des Verbrennungsmotors. In: Welt. https://www.welt.de/wirtschaft/article166287285/2019-beendet-Volvo-die-Aera-des-Verbrennungsmotors.html. Zugegriffen: 23. August 2017.

Wachter W (2009) Schallpegelmessungen an Elektrofahrzeugen („VLOTTE"). Amt der Voralberger Landesregierung, Bregenz, Österreich.

Wang J, Purewal J, Liu P, Hicks-Garner J, Soukazian S, Sherman E, Sorenson A, Vu L, Tataria H, Verbrugge MW (2014) Degradation of lithium ion batteries employing graphite negatives and nickel–cobalt–manganese oxide + spinel manganese oxide positives: Part 1, aging mechanisms and life estimation. Journal of Power Sources 269:937–948.

Wen S (2009) Cell balancing buys extra run time and battery life. Analog Applications Journal 10:1–42.

Wurm C, Öttinger O, Wittkämper S, Zauter R, Vuorilehto K (2013) Anodenmaterialien für Lithium-Ionen-Batterien. In: Korthauer R (Hrsg), Handbuch Lithium-Ionen-Batterien. Springer Vieweg, Berlin Heidelberg, 45–60.

Zeit Online (2017) Maut und mehr Elektroautos sollen Klimaziele ermöglichen. In: Zeit Online. http://www.zeit.de/mobilitaet/2017-06/umweltbundesamt-pariser-klimaabkommen-maut-elektroautos. Zugegriffen: 23. August 2017.

End-of-Life-Strategien für Traktionsbatterien 2

Sebastian Bräuer und Alexander Stieger

2.1 Übersicht

Traktionsbatterien kommen in Elektrofahrzeugen in unterschiedlichen Formen und Größen vor und unterscheiden sich etwa entsprechend ihres Einsatzes in vollelektrischen Fahrzeugen, Plugin-Hybrid-Fahrzeugen und Hybrid-Fahrzeugen (vgl. Kap. 1). Sie stellen komplexe Systeme dar, die neben den Batteriemodulen und den in diesen enthaltenen Batteriezellen vor allem aus einem Batteriemanagementsystem zum Monitoring und zur Steuerung der Lade- und Entladezyklen, einem System zur Regelung der Temperatur und dem Gehäuse zum Schutz gegen Außeneinwirkung bestehen. Diese Komponenten müssen entsprechend des Einsatzzweckes des Batteriesystems aufeinander abgestimmt werden. Da Batterien sowohl über die Zeit als auch durch Zyklisierung (d. h. Lade- und Entladevorgänge) altern, nimmt ihre Leistungsfähigkeit zunehmend ab und ihr automobiles Leben ist begrenzt.

Erreicht eine Batterie das Ende ihres automobilen Lebens, ergeben sich verschiedene Optionen, um mit der Batterie weiter zu verfahren (Beverungen et al. 2017; Bräuer 2018). Im Rahmen dieser so genannten End-of-Life-Strategien (EOL-Strategien) werden etwa die Instandsetzung der Batterien und ihre Wiederverwendung in einem automobilen Anwendungsszenario, die Umwidmung der Batterien und ihre Weiterverwendung außerhalb

S. Bräuer (✉)
Institut für Betriebswirtschaft und Wirtschaftsinformatik, Abteilung Informationssysteme und Unternehmensmodellierung, Universität Hildesheim
Hildesheim, Deutschland
E-Mail: sebastian.braeuer@uni-hildesheim.de

A. Stieger
Lehrstuhl für Wirtschaftsinformatik und Informationsmanagement, Westfälische Wilhelms-Universität Münster
Münster, Deutschland
E-Mail: alexanderstieger@gmail.com

J. Becker et al. (Hrsg.), *Umwidmung und Weiterverwendung von Traktionsbatterien*,
https://doi.org/10.1007/978-3-658-21021-2_2

von Automobilen (das heißt für eine vom Erstzweck abweichende Verwendung (Martens und Goldmann 2016)) sowie die Rückgewinnung von Werkstoffen im Sinne einer Wiederverwertung oder Weiterverwertung diskutiert. Motiviert wird die Entwicklung und Verfolgung entsprechender Strategien sowohl durch gesetzliche Auflagen als auch durch finanzielle Anreize (Martens und Goldmann 2016). So postuliert etwas das Kreislaufwirtschaftsgesetz die Vermeidung und Verwertung von Abfällen (Bundesministerium der Justiz und für Verbraucherschutz 2016a).

Für einzelne Produktgruppen wie etwa Computerhardware und Autoteile wurden die Potentiale einer mehrfachen Nutzung und dadurch bedingt einer möglichen Aufbereitung gebrauchter Produkte und eines Weiterverkaufs bereits vor einigen Jahren erkannt (Knemeyer et al. 2002; Gerrard und Kandlikar 2007; Williams et al. 2008; z. B. Carrasco-Gallego et al. 2012) und entsprechende Absatzmärkte und Handelsplattformen sind mittlerweile fest etabliert (z. B. US Census Bureau 2017)[1]. In Bezug auf die Umwidmung und Weiterverwendung sind kommerzielle Lösungen jedoch bislang eher selten. So sind etwa die Verwendung von Senfgläsern nach ihrer Leerung und Reinigung als Trinkgläser oder die Nutzung von Einkaufstaschen als Müllbeutel (Posch 2012) zwar in der Allgemeinheit verbreitete Konzepte, auf komplexere Technologieprodukte bezogene Ansätze, wie etwa die Umwidmung und Weiterverwendung von gebrauchten Smartphones als Autoparkuhren (Zink et al. 2014), sind in vielen Branchen zwar grundsätzlich bekannt, jedoch nur eingeschränkt hinsichtlich ökonomischer, ökologischer und sozialer Auswirkungen erforscht. Ein auf der Wieder- und Weiterverwertung aufbauendes Konzept wird durch den Begriff des *Upcycling*[2] (Wegener 2016) umschrieben. Hierzu zählen der Entwurf neuer Kleidung auf Basis von Textilabfällen und -Resten (Han et al. 2017) oder auch das Umnähen von ausgedienten Hemden zu Boxershorts (Shirt in. Short out. 2018).

Im Rahmen des vorliegenden Kapitels steht vor allem die Gegenüberstellung verschiedener EOL-Strategien für gebrauchte Traktionsbatterien im Vordergrund. Angelehnt an die akademische Literatur zur Behandlung von gebrauchten Produkten im Allgemeinen, die etwa aus den Forschungsfeldern des Product-Recovery-Managements (Thierry et al. 1995; Ayres et al. 1997) und Supply-Chain-Managements (Rogers und Tibben-Lembke 1998; Jun et al. 2007; Lambert et al. 2011) stammt, werden die verschiedenen EOL-Strategien zunächst allgemein voneinander abgegrenzt und im weiteren Verlauf explizit auf

[1] Beispiele für entsprechende Plattformen sind ebay und ebay Kleinanzeigen, zahlreiche Onlineshops für PC-Hardware wie etwa alternate.de (Alternate Outlet) oder amazon.de (Amazon Renewed) bieten neben neuer Ware auch generalüberholte Hardware an und speziell für KFZ-Teile existieren Vermittlungsplattformen wie gebrauchte-autoersatzteile.de und partsmarket.com.

[2] Upcycling stellt ein Wortkompositum da, das bedeutungstechnisch etwa auf die Begriffe *upgrade* und *recycling* zurückgeführt werden kann (Wegener 2016). Entsprechend beschreibt es einen Prozess, bei dem gebrauchte Produkte oder Materialien, Reste oder Abfälle meist durch kreative Arbeitsschritte vollständig oder in Teilen in neue Materialien oder neue Produkte umgewandelt werden, die eine höhere Qualität aufweisen, als die ursprünglichen Inputs. Im Gegensatz hierzu wird das klassische Recycling (d. h. die Wieder- oder Weiterverwertung) teils auch als *Downcycling* im Sinne einer wert- und funktionsreduzierenden Maßnahme bezeichnet (Vadicherla und Saravanan 2014; Magazin für Restkultur 2015).

Traktionsbatterien bezogen (Abschn. 2.2). Im Anschluss erfolgt eine grobe Darstellung ausgewählter, die Anwendung der EOL-Strategien auf Traktionsbatterien beeinflussender Gesetzestexte und Regularien sowie eine kurze Erörterung einzelner ausgewählter rechtlicher Herausforderungen für die Umsetzung einer Umwidmung und Weiterverwendung von Traktionsbatterien (Abschn. 2.3). Auf den rechtlichen Grundlagen aufbauend folgt die Detaillierung ausgewählter EOL-Strategien. Den Anfang bildet die Strategie der Wiederinstandsetzung und Wiederverwendung für Traktionsbatterien aus Elektroautos. Im Anschluss an eine kurze Motivation wird eine Arbeitsdefinition für die Strategie hergeleitet und auf Basis einer Literatur- und Patentrecherche werden zentrale Prozessschritte sowie umfangreichere Prozessmodelle mittels BPMN-Diagrammen vorgestellt. Zudem wird auf mit der Strategie der Wiederinstandsetzung und Wiederverwendung einhergehende Herausforderungen eingegangen (Abschn. 2.4). Einem analogen Aufbau folgt die Detaillierung der Strategie der Umwidmung und Weiterverwendung von Traktionsbatterien (Abschn. 2.5). Im Rahmen der darauf folgenden Betrachtung der Strategie der Wieder- und Weiterverwertung stehen vor allem eine Detaillierung der Grundoperationen der Aufbereitung, eine vergleichende Gegenüberstellung von insgesamt acht Recyclingverfahren mittels BPMN-Diagrammen und ein allgemeiner Vergleich von pyrometallurgischen und hydrometallurgischen Verfahren im Vordergrund (Abschn. 2.6). Das Kapitel schließt mit einer kurzen Zusammenfassung (Abschn. 2.7).

In Bezug auf das gesamte Buch legt das vorliegende Kapitel den Grundstein für ein konsistentes Begriffsverständnis. So herrscht im alltäglichen Sprachgebrauch häufig keine Einigkeit über die Bedeutung der Silben *Weiter-* und *Wieder-* sowie *Verwendung* und *Verwertung* (Martens und Goldmann 2016). Zudem werden Vorarbeiten zu der im Rahmen dieses Buches und des dem Buch zugrundeliegenden Verbundprojektes EOL-IS schwerpunktmäßig behandelten EOL-Strategie der Umwidmung und Weiterverwendung von Traktionsbatterien zusammengefasst und zu alternativen Strategien in Beziehung gesetzt. Das vorliegende Kapitel sei somit all denen empfohlen, die einen Überblick über die Gesamtproblemstellung der Behandlung gebrauchter Traktionsbatterien nach dem Ausscheiden aus der automobilen Erstverwendung wünschen oder die an einer ersten Einführung in einzelne Strategien interessiert sind.

2.2 Einführung in End-of-Life-Strategien

Das End-of-Life bezeichnet im weiteren Verlauf dieses Kapitels den Zeitpunkt, zudem die Nutzung eines Produktes, im vorliegenden Zusammenhang einer gebrauchten Traktionsbatterie, endet. Für das Ende der Nutzung können dabei zahlreiche Gründe aufgeführt werden, die sich grob wie folgt unterteilen lassen. Zum einen kann das Ende der Nutzung dadurch begründet sein, dass das Produkt den Anforderungen des Nutzers nicht mehr genügt (Rosc 2000; Pigosso et al. 2010), aber noch grundsätzlich funktionsfähig ist. So können sich die Nutzerpräferenzen geändert haben (ein Elektroauto ersetzt ein Auto mit Verbrennungsmotor aufgrund einer geänderten Umweltwahrnehmung), das Produkt entspricht nicht mehr dem *State-of-the-Art* (Kleidung wird aufgrund ihres Schnittes und der Farbgebung aussortiert) oder durch Weiterentwicklung des Produktumfeldes ist die Kompatibilität des Produktes zu weiteren Produkten oder Dienstleistungen nicht mehr im vollen Umfang gegeben (auf einem Smartphone mit veraltetem Betriebssystem lassen sich neue Apps nicht mehr installieren). Zum anderen kann das Ende der Produktnutzung auch durch Einschränkungen in der Funktionsweise begründet sein, etwa durch Verschleiß oder Beschädigung des Produktes (Rose 2000; Pigosso et al. 2010).

Aufbauend auf dieser groben Definition des EOL bezeichnen EOL-Strategien im Weiteren Maßnahmen, die direkt nach dem Ausrangieren des Produktes ergriffen werden können und der Abfallvermeidung dienen. Der Begriff EOL-Strategie wurde dabei beispielsweise durch Rose (2000) bzw. Rose et al. (1999) im Rahmen des Design for Environment-Konzeptes geprägt[3]. Thierry et al. (1995) bezeichnen die Behandlung gebrauchter und ausrangierter Produkte, Komponenten und Materialien als *Product Recovery Management*. In der deutschsprachigen Literatur werden die EOL-Strategien teilweise unter dem Oberbegriff *Recycling* (im weiteren Sinne) zusammengefasst (Verein Deutscher Ingenieure 2002; Martens und Goldmann 2016)[4]. Im angrenzenden Forschungsgebiet der Rückwärtslogistik werden die mit der Rücknahme der Produkte und der Anwendung der Strategien einhergehenden Aktivitäten wie die Netzwerkplanung, der Transport, die Lagerung und die Materialbehandlung untersucht (Ferguson und Browne 2001; Fleischmann et al. 2004).

Die Motivationen für die Anwendung der EOL-Strategien sind vielfältig (z. B. Seitz 2007; Martens und Goldmann 2016). Martens und Goldmann (2016) unterscheiden etwa fünf zentrale Motive, die auf unterschiedliche Bereiche der Gesellschaft abzielen:

1. **Ausnutzung der Restwerte**: Sowohl die Produkte an sich, als auch ihre Komponenten und Materialien besitzen einen Wert, der durch die Anwendung der EOL-Strategien ausgeschöpft werden kann.
2. **Ressourcenschonung**: Durch die Wieder- und Weiterverwendung von Produkten sowie die Wieder- und Weiterverwertung der Materialien lassen sich die für die Herstellung neuer Produkte oder Materialien notwendigen Ressourcen wie Arbeit, Kapital, Rohstoffe und Energie ganz oder teilweise einsparen.
3. **Verminderung des Schadstoffeintrages in die Natur**: Enthalten die Produkte Stoffe mit human- und ökotoxischen Eigenschaften lässt sich durch Anwendung der EOL-

[3] Die Berücksichtigung von in späteren Produktlebenszyklusphasen anfallenden Umweltauswirkungen bereits bei der Produktentwicklung wird etwa auch in der Norm ISO/TR 14062:2002 (Umweltmanagement – Integration von Umweltaspekten in Produktdesign und -entwicklung) behandelt.

[4] Vorweg sei festzuhalten, dass sich der Begriff des Recyclings (im engeren Sinne) eigentlich auf die Rückgewinnung von Rohstoffen aus Abfällen und die Rückführung der Rohstoffe in den Stoffkreislauf bezieht (so genanntes Materialrecycling oder Werkstoffrecycling). Dennoch wird der Begriff im weiteren Sinne auch als Oberbegriff für das Produktrecycling gebraucht, bei dem das Produkt mit dem ursprünglichen Einsatzzweck oder angepasst für einen neuen Einsatzzweck erhalten bleibt. Siehe hierzu auch Martens und Goldmann (2016).

Strategien die Verschmutzung der Umwelt durch diese Schadstoffe verzögern, reduzieren oder vollständig vermeiden.

4. **Schutz der Landschaft**: Durch die Anwendung der EOL-Strategien kann die Menge der zu deponierenden Produkte und Materialien reduziert werden, so dass weniger Flächen für die Endlagerung erschlossen werden müssen.
5. **Vermeidung von Deponiekosten und Einleitgebühren**: Gelingt eine Senkung der zusätzlich zu erschließenden Flächen für Deponien lassen sich auch die zusätzlichen an die Größe der Deponien geknüpften Kosten (z. B. Abwassergebühren) reduzieren.

Durch von der Europäischen Union und der Bundesrepublik Deutschland verabschiedete Richtlinien und Gesetze, wie etwa die Abfallrahmenrichtlinie (2008/98/EG) oder das Kreislaufwirtschaftsgesetz (KrWG), bestimmen diese Motivationen Betriebsabläufe und unseren Alltag. Grobe Auszüge aus ausgewählten weiteren, speziell für die Anwendung der EOL-Strategien auf Traktionsbatterien relevanten Gesetzen werden in Abschn. 2.3 vorgestellt.

2.2.1 EOL-Strategien in der Literatur

Unter Berücksichtigung dieser Motivationen werden in der Literatur verschiedene EOL-Strategien diskutiert. Allerdings ist festzustellen, dass die Bezeichnungen für die EOL-Strategien nicht einheitlich gebraucht werden. In Anlehnung an Thierry et al. (1995) und García-Rodríguez et al. (2013) sowie Martens und Goldmann (2016) werden für dieses Buch die verschiedenen EOL-Strategien wie folgt definiert[5,6]:

- **Wiederverwendung (engl. reuse):** Erneute Nutzung des Produktes für den ursprünglichen Einsatzzweck, wobei das Produkt ggf. gesäubert und kleineren Reparaturen unterzogen wird.
- **Weiterverwendung (engl. further use[7]):** Erneute Nutzung des Produktes in einer vom ursprünglichen Einsatzzweck abweichenden Funktion. Auch können eine Säuberung des Produktes sowie die Durchführung kleinerer Reparaturen vorgesehen sein.
- **Reparatur (engl. repair):** Wiederherstellung der Einsatzbereitschaft des Produktes, etwa durch begrenztes Zerlegen des Produktes und die Instandsetzung bzw. den Austausch einzelner Komponenten.

[5] Siehe hier und im Folgenden auch Bräuer (2018).

[6] In diesem Zusammenhang sei auch auf die Übersetzungsmatrix der Automotive Parts Remanufacturers Association (APRA) verwiesen, die als Referenz für die Übersetzung verschiedener Fachbegriffe verwendet werden kann. Siehe APRA Europe (2013).

[7] In Anlehnung an Williams et al. (2012).

- **Wiederaufbereitung (engl. refurbishing oder reconditioning[8]):** Durchführung von Tätigkeiten, um das Produkt wieder auf ein definiertes Qualitätsniveau zu bringen. Aufgrund von Aktivitäten wie der Inspektion, dem Austausch oder der Reparatur von Kernkomponenten bewegt sich die Wiederaufbereitung hinsichtlich des Aufwandes zwischen Reparatur und Wiederinstandsetzung.
- **Umwidmung (engl. repurposing):** Begrenzte Zerlegung und erneute Zusammensetzung des Produktes mit dem Ziel der Weiterverwendung. Dafür können Komponenten weggelassen oder ergänzt werden und auch eine Integration in weitere Produkte oder Systeme ist möglich. Analog zur Wiederaufbereitung kann die Umwidmung Aktivitäten wie die Inspektion sowie den Austausch oder die Reparatur von Kernkomponenten umfassen.
- **Wiederinstandsetzung oder Refabrikation (engl. remanufacturing):** Aufbereitung des Produktes, so dass dieses das Qualitätsniveau eines Neuproduktes erreicht. Dies schließt eine vollständige Zerlegung und umfassende Inspektion der Einzelkomponenten sowie deren Reparatur oder Austausch gegen neue oder wiederaufbereitete Komponenten ein. Das wiederinstandgesetzte Produkt erhält analog zum Neuprodukt eine Garantie.
- **Kannibalisierung (engl. cannibalization):** Ausbau einzelner Komponenten aus einem gebrauchten Produkt und Aufgabe dessen Funktionsfähigkeit zur Nutzung der Komponenten im Rahmen von anderen Strategien.
- **Wiederverwertung (engl. recycling)[9]:** Auflösung der Produktgestalt und Rückführung der Materialien und Werkstoffe bei der Herstellung des ursprünglichen Produktes (Martens 2011).
- **Weiterverwertung (engl. recycling):** Auflösung der Produktgestalt und Verwendung der Materialien und Werkstoffe für die Herstellung anderer Produkte oder Komponenten (Martens 2011).

Als weitere Optionen sind zudem noch die **Zwischenlagerung** (engl. storage) sowie die **Entsorgung oder Deponierung** (engl. disposal) der Produkte oder Materialien zu nennen. Diese stellen jedoch entsprechend der oben verwendeten Definition keine EOL-Strategien dar, da sie nicht der Abfallvermeidung dienen.

Ein Hauptaugenmerk bei der Bezeichnung der EOL-Strategien liegt auf den Silbenpaaren *Wieder* und *Weiter* sowie *Verwendung* und *Verwertung*. Während die Silbe *Wieder* darauf hinweist, dass das Produkt erneut für den ursprünglichen Zweck zum Einsatz gebracht wird bzw. die Materialien und Werkstoffe erneut bei der Herstellung des Produktes zum Einsatz kommen, impliziert die Silbe *Weiter*, dass das Produkt einem neuen Einsatzzweck zugeführt wird bzw. die Materialien und Werkstoffe für die Herstellung anderer

[8] Es sei an dieser Stelle angemerkt, dass die *refurbishing* und *reconditioning* in der englischsprachigen Literatur auch teilweise unterschiedlich definiert werden. Siehe hierzu etwa Hartwell und Marco (2016).

[9] In der englischsprachigen Literatur wird häufig nicht zwischen den Begriffen Wiederverwertung und Weiterverwertung unterschieden. Stattdessen wird oft lediglich der Begriff *recycling* verwendet.

Produkte oder für andere Zwecke gebraucht werden. Das Silbenpaar ist somit ein Indikator für die Unterscheidung des für das Produkt angedachten Einsatzzweckes. Im Gegensatz dazu gibt das Silbenpaar *Verwendung* und *Verwertung* an, ob das Produkt in seiner Gestalt erhalten bleibt. Während die Silbe *Verwendung* den Erhalt der Produktgestalt signalisiert – entweder mit der ursprünglichen oder einer neuen Funktion – lässt die Silbe *Verwertung* darauf schließen, dass das Produkt seine Gestalt verliert und in seine Materialien oder Werkstoffe zerlegt wird, damit diese dem Stoffkreislauf zugeführt werden können – entweder dem Stoffkreislauf des ursprünglichen Produktes oder eines anderen Produktes.

Die vorliegenden End-of-Life-Strategien lassen sich nach verschiedenen Kriterien klassifizieren und strukturieren. In der deutschsprachigen Literatur wird in der Regel etwa zwischen dem Produktrecycling und dem Werkstoff- bzw. Materialrecycling unterschieden (Martens und Goldmann 2016; siehe Abb. 2.1 oben-links). Auch eine Klassifizierung der Ansätze entsprechend des Grades der Demontage ist möglich (Thierry et al. 1995; siehe Abb. 2.1 oben-rechts). Unter der Zielsetzung einer Maximierung der *ökologisch-ökonomischen Wertschöpfung* (Verein Deutscher Ingenieure 2002, S. 10) wird in der VDI-Richtlinie 2243 zudem eine Kaskadierung der EOL-Strategien vorgeschlagen (so genannte *Recycling-Kaskade*) (siehe Abb. 2.1 unten). Hierbei stehen drei ökologische Ziele im Vordergrund, (1) die effiziente Nutzung von Ressourcen, (2) die Vermeidung, Verminderung oder Verwertung von Reststoffen und die (3) Vermeidung und Reduzierung von Emissionen (Verein Deutscher Ingenieure 2002, S. 10).

Die Anwendbarkeit der aufgeführten EOL-Strategien hängt stark vom jeweiligen Produkt ab und muss für dieses individuell analysiert und bewertet werden. Die VDI-Richtlinie 2243 führt in diesem Zusammenhang etwa Kriterien aus insgesamt vier Kategorien auf, nach denen sich die Eignung von Produkten für ein Recycling im weiteren Sinne bewerten lässt (Verein Deutscher Ingenieure 2002). Hierzu zählen etwa auf das *Umfeld* bezogene Einflussfaktoren wie Gesetze, Kundenanforderungen, Wettbewerbseinfluss und Trends. In Bezug auf die *Produkte* (in der Richtlinie als Technologie bezeichnet) werden für Materialien etwa die Identifizierbarkeit der Materialien, die Verwertungskompatibilität in Materialverbünden, für die Demontierbarkeit die Zugänglichkeit, Lösbarkeit und die Demontage- und Zerlegzeit und für Recycling-Technologien die Existenz optimierter Prozesse für Produkte, Komponenten und Materialien als Kriterien aufgeführt. Auf die *Ökologie* bezogen werden etwa der Rohstoffverbrauch und der kumulierte Energieaufwand aufgeführt. In Bezug auf die *Ökonomie* werden der Vergleich der Beseitigung und Neubeschaffung mit der stofflichen Verwertung und der Vergleich einer Beseitigung und Neubeschaffung mit der Aufbereitung einer Komponente als Bewertungskriterien genannt.

Ein spezieller Bewertungskatalog, um die Eignung eines Produktes für eine der hier aufgeführten EOL-Strategien festzustellen, existiert zurzeit jedoch nicht. Festzuhalten ist allerdings, dass die Anwendbarkeit der EOL-Strategien generell dadurch erleichtert werden kann, dass bereits bei der Produktentwicklung Anforderungen der individuell angedachten EOL-Strategien berücksichtigt werden. Dies wird etwa im Zusammenhang mit den Konzepten Design for X (z. B. Design for Environment (Ayres et al. 1997; Rose

EOL-Strategie	Einordnung
Wiederverwendung	Produktrecycling
Weiterverwendung	
Wiederverwertung	Werkstoff-/ Materialrecycling
Weiterverwertung	

EOL-Strategie	Grad der Demontage
Reparatur	Bis auf Produktebene
Wiederaufbereitung	Bis auf Modulebene
Wiederinstand-setzung	Bis auf Komponentenebene
Kannibalisierung	Auswahl einzelner Komponenten
Wieder- und Weiterverwertung	Bis auf Materialebene

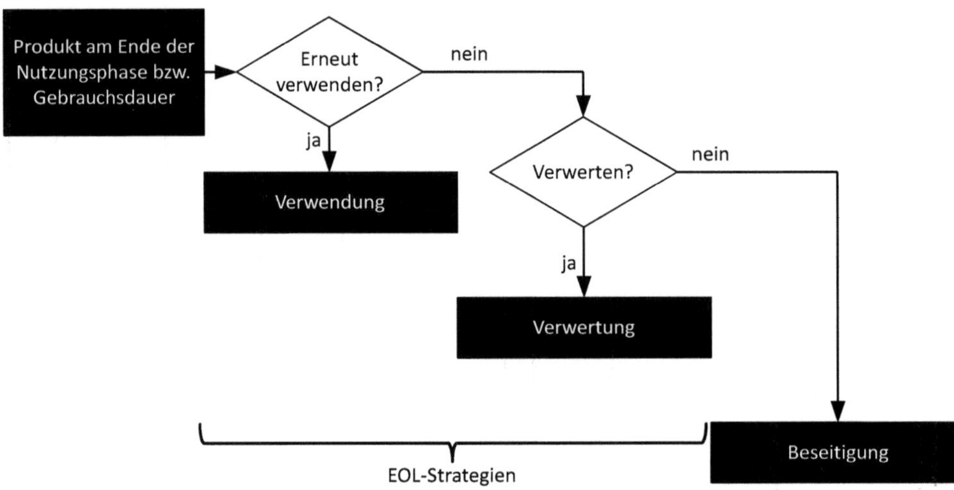

Abb. 2.1 Klassifizierung von EOL-Strategien (*oben*) und Recycling-Kaskade (*unten*). (In Anlehnung an Martens und Goldmann 2016 bzw. Thierry et al. 1995 sowie Verein Deutscher Ingenieure 2002)

2000), Design for Disassembly (Tornow et al. 2015) oder Design for Remanufacture (Bras und McIntosh 1999; Hatcher et al. 2011)) erforscht. Gemeinsamkeiten zwischen den Strategien bestehen etwa hinsichtlich zentraler Aktivitäten wie der Sammlung, der Zustandsbewertung, dem (Rück-)Transport und der Neuverteilung (Thierry et al. 1995), die auf intra- oder inter-organisationaler Ebene geplant und durchgeführt werden müssen und die es gemeinsam mit den eigentlichen EOL-Strategien durch geeignete Informationssysteme zu unterstützen gilt (Lambert et al. 2011)[10].

[10] Eine Übersicht mit zentralen im Zuge der Rückwärtslogistik und damit auch für die Anwendung der EOL-Strategien zu treffenden Entscheidungen mit strategischem, taktischem und operativem Zeithorizont und unter Kennzeichnung des Einflusses der Entscheidungen auf zentrale Prozessschritte oder (Informations-)Systeme findet sich in Lambert et al. (2011).

2.2.2 EOL-Strategien für Traktionsbatterien

In Bezug auf Traktionsbatterien können zwei zentrale Motivationen für die Umsetzung der aufgeführten EOL-Strategien und die bereits während der Entwicklung der Batterien zu erfolgende Berücksichtigung der Strategien aufgeführt werden. Zum einen sind EU-Richtlinien wie die End-of-Life-Vehicle-Direktive (umgesetzt in Deutschland in der Altfahrzeug-Verordnung) und die Batteriedirektive (umgesetzt in Deutschland im Batterie-Gesetz) zu nennen. Diese nehmen Automobilhersteller oder delegierte Dritte nicht nur beispielsweise hinsichtlich der Rücknahme und EOL-Behandlung von Elektrofahrzeugen und insbesondere ihrer Traktionsbatterien in die Pflicht, sondern schreiben auch konkrete Quoten für die Wiederverwendung und Verwertung der Fahrzeugkomponenten vor. So müssen laut Richtlinie 2000/53/EG über Altfahrzeuge seit Januar 2015 mindestens 95 % des durchschnittlichen Fahrzeuggewichtes eines Altfahrzeuges wiederverwendet werden (Artikel 7 (2) b)[11].

Zum anderen besitzen Traktionsbatterien nach dem Ende ihres automobilen Lebens in der Regel noch ausreichend Leistung, um für einige weitere Jahre in alternativen Anwendungen zum Einsatz zu kommen[12]. Gleichzeitig bestehen aufgrund des in der Regel modularen Aufbaus der Traktionsbatterien zahlreiche Möglichkeiten, einzelne Zellen oder Module zu ersetzen oder zu reparieren und somit die Funktionsfähigkeit über längere Zeiträume sicherzustellen oder auch wiederherzustellen sowie die Leistungseigenschaften an die Anforderungen alternativer (nicht automobiler) Anwendungen anzupassen. Die Zahl potentieller alternativer Anwendungsbereiche für Traktionsbatterien nach ihrem ersten automobilen Leben ist groß und erstreckt sich etwa über den Einsatz beim Stromerzeuger oder Netzbetreiber zur Sicherstellung einer hohen Versorgungssicherheit und Versorgungsqualität über Letztverbraucher von Energie zur Ausnutzung variabler Stromtarife und Absicherung der Verfügbarkeit bis hin zu Dienstleistern, die durch den Einsatz von Traktionsbatterien etwa die Schnellladefähigkeit von Ladesäulen ohne zusätzliche Netzbelastung sicherstellen können oder Speicherpools betreiben, die Gruppen von Verbrauchern flexibel mit Strom aus erneuerbaren Quellen versorgen (Fischhaber et al. 2016; Reid und Julve 2016). Entsprechend stellen gebrauchte Traktionsbatterien potentiell ein lukratives Handelsgut dar. So schätzen Hoyer et al. (2011), dass mit Beginn der 2020er Jahre

[11] Die Entsprechung im nationalen Recht findet sich in Deutschland in der Verordnung über die Überlassung, Rücknahme und umweltverträgliche Entsorgung von Altfahrzeugen § 5 (1) 2 wieder. Im Gegensatz zur Wiederverwendung wird die Weiterverwendung dort nicht explizit genannt.

[12] Die Bestimmung des idealen Zeitpunktes für das Ende des ersten automobilen Lebens ist dabei ein vieldiskutierter Forschungsgegenstand (vgl. z. B. Cready et al. 2003; Saxena et al. 2015; Viswanathan und Kintner-Meyer 2015). Vereinfachend wird im Rahmen dieses Buches davon ausgegangen, dass das Ende des automobilen Lebens einer Traktionsbatterie bei dem Erreichen einer alterungsbedingten Restkapazität von 85 bis 75 % oder beim Eintreten bestimmter Ereignisse (z. B. Verunfallen des Fahrzeuges) erreicht wird. Dieser Korridor kann sich aufgrund von Einflussfaktoren wie etwa einer verbesserten Batterietechnologie, Schwankungen im Angebot und der Nachfrage neuer und gebrauchter Batterien und einer Wandlung der Kundenerwartungen bezüglich der Leistungsfähigkeit von Traktionsbatterien verändern (vgl. auch Abschn. 3.4.4 für weitere Details).

jährlich einige zehntausend gebrauchte Traktionsbatterien in Deutschland für eine Anwendung der EOL-Strategien zur Verfügung stehen werden. Foster et al. (2014) rechnen darüber hinaus ab dem Jahr 2035 mit weltweit jährlich zwischen 1,376 und 6,759 Mio. verfügbaren gebrauchten Traktionsbatterien.

Allerdings existieren zahlreiche Barrieren, die die Etablierung eines Absatzmarktes für gebrauchte Traktionsbatterien erschweren. Hierzu zählen etwa der mengenmäßig aktuell noch unsichere Zugang zu ausreichend gebrauchten Traktionsbatterien, welche die (erste) automobile Nutzungsphase verlassen, Herausforderungen bei der Bestimmung des Restwertes gebrauchter Traktionsbatterien, fehlende Daten über die Beanspruchung der Batterien in ihrem ersten Leben oder ein eingeschränkter Zugriff auf diese für Nicht-Vertragshändler und Unsicherheiten bezüglich der Produkthaftung und der möglichen Verletzung des geistigen Eigentums des Batterieherstellers bei der Weiterverarbeitung der Batterien durch Drittparteien (vgl. Abschn. 2.4.4 und 2.5.4 für Details).

Herausforderungen bestehen allerdings auch auf terminologischer Ebene. So hat sich in Forschung und Praxis für die Übertragung der oben genannten EOL-Strategien auf die Handhabung gebrauchter Traktionsbatterien kein einheitliches Begriffsverständnis herausgebildet (RECHARGE aisbl 2014). Beispielsweise wird häufig der Begriff *reuse* (Wiederverwendung) fälschlicherweise synonym zu *further use* (Weiterverwendung) gebraucht, auch wenn keine erneute Verwendung der gebrauchten Traktionsbatterien im Automobil angestrebt wird (z. B. Ahmadi et al. 2014a; Martinez-Laserna et al. 2018; Gur et al. 2018). Daher werden im Folgenden zunächst die Definitionen für die oben aufgeführten allgemeinen EOL-Strategien aufgegriffen und, in Anlehnung an Arbeiten von Ramoni und Zhang (2013), Foster et al. (2014) sowie Strandridge und Corneal (2014), für gebrauchte Traktionsbatterien zur Anwendung gebracht. Die resultierenden Zusammenhänge sind in Abb. 2.2 dargestellt und bilden die Grundlage für dieses Buch[13].

Im Rahmen der Beschaffung gelangen Materialien in das Gesamtproduktionssystem für Lithium-Ionen-Batteriesysteme. Aus den Materialien werden zunächst Einzelkomponenten (z. B. Batteriezellen) gefertigt. Werden diese Komponenten zu Batteriesystemen für die automobile Verwendung zusammengesetzt, durchlaufen die Einzelkomponenten zunächst den in Abb. 2.2 dargestellten unteren Pfad. Nach der Fertigung der Batteriesysteme folgt ihr erstes, automobiles Leben. Kleinere Defekte, wie beispielsweise einzelne defekte Zellen oder Module oder ein fehlerhaft operierendes Batteriemanagementsystem, lassen sich hier durch Reparaturen beheben. Endet die automobile Verwendung eines Batteriesystems, ist zu prüfen, in welchem Zustand sich das System befindet. Weist das Fahrzeug etwa bereits nach kurzer Betriebszeit einen Defekt in nicht dem Batteriesystem zugehörigen Komponenten auf oder ist das Fahrzeug an einem Unfall beteiligt gewesen, der dazu geführt hat, dass die Reparatur des Fahrzeuges nicht mehr wirtschaftlich war, kommt ein unbeschädigtes und kaum gealtertes Batteriesystem für eine direkte Wiederverwendung in Frage. Eignet sich das Batteriesystem aufgrund der Alterung der Komponenten nicht mehr unmittelbar für eine automobile Verwendung, kann das Batteriesystem

[13] Siehe hier und im Folgenden auch Bräuer (2018).

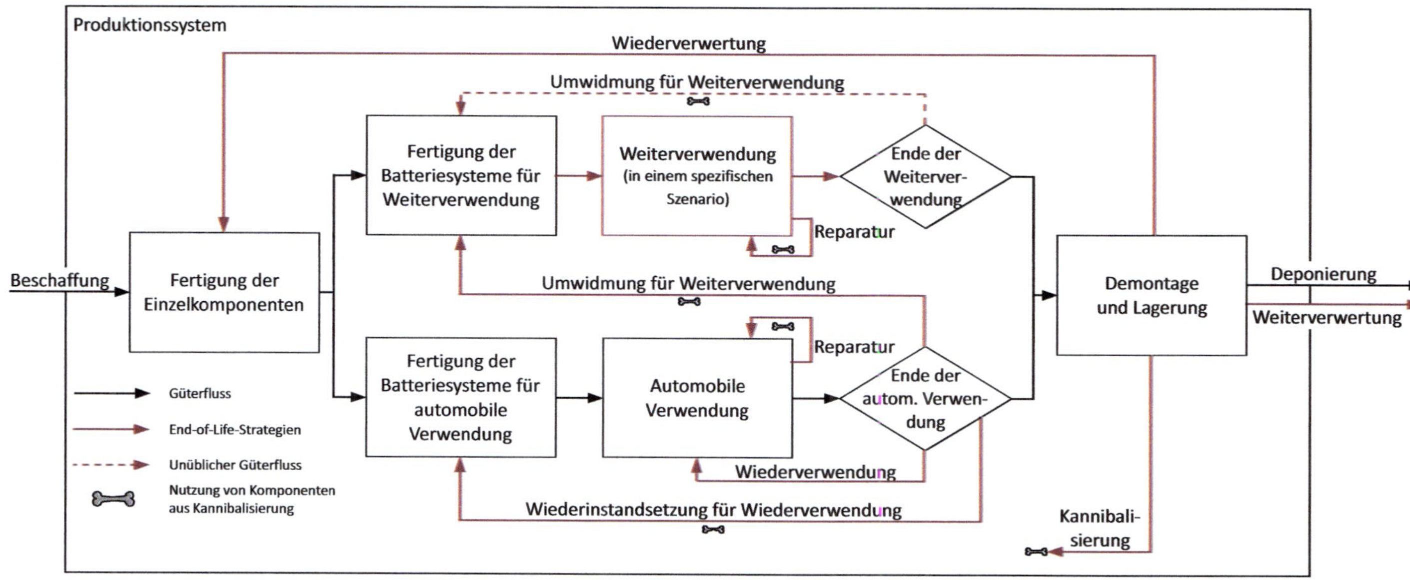

Abb. 2.2 End-of-Life-Strategien für Traktionsbatterien in der Übersicht. (In Anlehnung an Bräuer 2018)

ggf. für eine Wiederverwendung wiederinstandgesetzt werden oder kann für eine sich anschließende Weiterverwendung umgewidmet werden. Erst wenn diese beiden Optionen nicht mehr in Frage kommen, wird das Batteriesystem in seine Komponenten zerlegt und gelagert. Die Vollständigkeit der Komponenten eines Batteriesystems kann dabei für die Anwendung der Kannibalisierungsstrategie geopfert werden, so dass Einzelkomponenten im Rahmen anderer Strategien als Ersatz für defekte Komponenten anderer Batteriesysteme zum Einsatz kommen können. Eignen sich Komponenten nicht mehr als Ersatz, bietet die Wiederverwertung die Möglichkeit, die Materialien und Wertstoffe im Produktionssystem zu halten und der Fertigung der Einzelkomponenten zuzuführen. Fällt nach der Zerlegung der Komponenten die Entscheidung gegen eine weitere Verwendung oder Verwertung im vorliegenden Produktionssystem, kann sich alternativ noch die Weiterverwertung der Batteriekomponenten im Rahmen anderer Produktionssysteme anschließen. Im Falle einer Entscheidung gegen die Weiterverwertung bleibt nur noch die Deponierung der Komponenten.

Wird dem Batteriesystem nach dem Ende der automobilen Verwendung eine Eignung für die Umwidmung und Weiterverwendung in einem Weiterverwendungsszenario attestiert, wird der in Abb. 2.2 dargestellte obere Pfad durchlaufen. Dort findet zunächst die Fertigung oder Rekonfiguration des Batteriesystems entsprechend der Anforderungen eines spezifischen Weiterverwendungsszenarios statt. Hierbei können auch weitere Komponenten ergänzt werden, die zuvor nicht Bestandteil des Batteriesystems waren. Während der sich anschließenden Weiterverwendung können Reparaturen durchgeführt werden, um die Funktionstüchtigkeit des Batteriesystems im Falle des Defektes einzelner Komponenten wiederherzustellen. Genügt das Batteriesystem nicht mehr den Anforderungen des Weiterverwendungsszenarios oder lohnt sich eine Reparatur im Falle eines Defektes nicht mehr, endet die Weiterverwendung. Falls sich das Batteriesystem anschließend noch für eine Verwendung in einem weniger anspruchsvollen Weiterverwendungsszenario eignet, kann eine erneute Umwidmung des Batteriesystems erfolgen. Ansonsten wird das Batteriesystem in seine Komponenten zerlegt, die dann für sich anschließende EOL-Strategien (zwischen-)gelagert werden.

2.3 Rechtlicher Rahmen für die Anwendung der End-of-Life-Strategien auf Traktionsbatterien

Verschiedene ökonomische und ökologische Faktoren motivieren die Entwicklung und Ausgestaltung von EOL-Strategien für Traktionsbatterien. Den Rahmen für die Anwendung dieser Strategien beschreibt eine große Bandbreite verschiedener Gesetze, Richtlinien und Normen, die sich etwa aus den Klimaschutzzielen der Europäischen Union ober beispielsweise auch dem Schutz Beteiligter motivieren. So wurde beispielsweise auf europäischer Ebene das ambitionierte Ziel ausgesprochen, die Treibhausgasemissionen bis 2050 um 80–95 % zu reduzieren (European Environment Agency 2015). Die Elektromobilität stellt dabei einen Faktor da, auf den zur Reduzierung der CO_2-Emissionen im Straßenverkehr gesetzt wird (European Environment Agency 2016). Gleichzeitig ist zur Vermeidung von Abfällen vorgesehen, dass motorisierte Fahrzeuge zunehmend weniger schädliche Substanzen in Bauteilen besitzen dürfen und sich diese Bauteile für die Wiederverwendung bzw. die Wieder- bzw. Weiterverwertung eignen müssen (Richtlinie 2000/53/EG des Europäischen Parlaments und des Rates über Altfahrzeuge). Die Elektromobilität darf dabei jedoch nicht nur als Heilsbringer bezeichnet werden, sondern es gehen auch neue Herausforderungen mit einer zunehmenden Verbreitung an Elektrofahrzeugen einher. So stellen etwa die in Elektrofahrzeugen eingesetzten Traktionsbatterien ein Gefahrengut der Klasse 9 dar und obliegen hohen Auflagen für den Transport und die Handhabung (UNECE 2016). In diesem Spannungsfeld bewegt sich der im Nachfolgenden vorgestellte grobe rechtliche Rahmen für die Anwendung der EOL-Strategien für Traktionsbatterien.

Reinhardt et al. (2016) haben in diesem Zusammenhang skizziert, dass auf europäischer Ebene mehr als 170 Gesetze und Richtlinien für den Automobilsektor existieren, die sich direkt oder indirekt auf Elektroautos und Traktionsbatterien beziehen. Bezugnehmend zur Umwidmung und Weiterverwendung der Traktionsbatterien als Energiespeicher haben Reinhardt et al. (2016) zudem mehr als 230 potentiell einflussnehmende Gesetze im Energiesektor identifiziert. Diese und weitere Gesetze prägen potentiell die Ausgestaltung der EOL-Strategien. Da jedoch eine detaillierte Auseinandersetzung mit dieser Fülle an Gesetzen und Richtlinien an dieser Stelle nicht möglich ist, erfolgt hier lediglich eine grobe Beschreibung zentraler die Rücknahme von Traktionsbatterien und deren weitere Behandlung beeinflussender Gesetze. Eine Vorstellung weiterer Richtlinien und Normen erfolgt an geeigneten Stellen im Rahmen der Detaillierung der EOL-Strategien im weiteren Verlauf dieses Kapitels sowie an späteren Stellen in diesem Buch, etwa bei der Detaillierung der Weiterverwendungsszenarien. Eine Übersicht über die in diesem Kapitel schwerpunktmäßig aufgegriffenen Gesetze findet sich in Tab. 2.1.

2.3.1 Auswahl deutscher Gesetze und europäischer Richtlinien

Im Folgenden werden grob ausgewählte Passagen aus bestehenden deutschen Gesetzen und Richtlinien ausschnittsweise wiedergegeben, die im Rahmen der Bearbeitung des Forschungsprojektes EOL-IS als hilfreich empfunden wurden[14].

[14] Aufgrund des fehlenden juristischen Hintergrundes der Autoren weisen wir ausdrücklich darauf hin, dass die folgenden Passagen nur einem allgemeinen Überblick dienen und nicht den Anspruch erheben, vollständig, richtig, oder aktuell zu sein. Entsprechend ersetzen die Ausführungen keine rechtliche oder sonstige Beratung zur Ausgestaltung der EOL-Strategien, die im Einzelfall unter Einbezug juristischer Experten zu erfolgen hat. Eine Haftung des Verlages, der Herausgeber und der Autoren ist ausgeschlossen.

Tab. 2.1 Übersicht im Weiteren adressierter Gesetze und Übereinkommen

Bezeichnung	Bezug zur EU-Richtlinie	Bedeutung für Traktionsbatterien
Kreislaufwirtschaftsgesetz (KrWG)	2008/98/EG	Definiert den Abfallbegriff und priorisiert Verwertungsverfahren
Batteriegesetz (BattG)	2006/66/EG	Klassifiziert Traktionsbatterien als Industriebatterien und definiert Rücknahmepflichten der Hersteller
Altfahrzeug-Verordnung (AltfahrzeugV)	2000/53/EG	Definiert auf Altfahrzeuge bezogene Zielvorgaben für Wiederverwendung und Verwertung sowie weitere Pflichten
Gefahrgutverordnung Straße, Eisenbahn und Binnenschifffahrt (GGVSEB)	2008/68/EG	Regelt den nationalen und internationalen Transport von Gefahrgut (wie etwa Lithium-basierten Traktionsbatterien) und bestimmt Rollen und Pflichten der Beteiligten
Europäisches Übereinkommen über die internationale Beförderung gefährlicher Güter auf der Straße (ADR)	2008/68/EG	Detailliert Anforderungen an den nationalen und internationalen Transport und verweist auf zu erfüllende Testanforderungen

2.3.1.1 Kreislaufwirtschaftsgesetz

Das Kreislaufwirtschaftsgesetz (KrWG) umfasst eine Reihe von Vorschriften, die die Schonung natürlicher Ressourcen durch die Förderung der Kreislaufwirtschaft und die Sicherung der umweltverträglichen Erzeugung und Bewirtschaftung von Abfällen zum Ziel haben (Bundesministerium der Justiz und für Verbraucherschutz 2016a). Die Neufassung des KrWG vom 24. Februar 2012 löst das von 1996 bis zu diesem Zeitpunkt geltende Kreislaufwirtschafts- und Abfallgesetz ab und setzt insbesondere auch die EU-Abfallrahmenrichtlinie (2008/98/EG) in deutsches Recht um.

Die im KrWG enthaltenen Verordnungen gelten zunächst einmal allgemein für jegliche Form von Abfällen mit einigen im § 2 (2) aufgeführten Ausnahmen, wie etwa Lebensmitteln, Futtermitteln, tierischen Nebenprodukten, Tierkadavern oder radioaktiven Stoffen, für die gesonderte Gesetze existieren. Das KrWG definiert in § 3 Abs. 1 Abfälle dabei als „*alle Stoffe oder Gegenstände, derer sich ihr Besitzer entledigt, entledigen will oder entledigen muss*" (Bundesministerium der Justiz und für Verbraucherschutz 2016a). Folgt man der Definition, bezieht sich das KrWG auf den ersten Blick vor allem auf die Entledigung im Sinne der Verwertung von Abfällen und im Sinne der Entsorgung bzw. Beseitigung von Abfällen. Allerdings schreibt das KrWG auch die Abfallvermeidung, etwa durch Wiederverwendung vor. Das KrWG definiert Wiederverwendung dabei in § 3 Abs. 21 als „*Verfahren, bei dem Erzeugnisse oder Bestandteile, die keine Abfälle sind, wieder für denselben Zweck verwendet werden, für den sie ursprünglich bestimmt waren*" (Bundesministerium der Justiz und für Verbraucherschutz 2016a). Sind für die Wiederverwendung weitere Maßnahmen zu ergreifen, fallen diese entsprechend § 3 Abs. 24 unter die Bezeichnung Vorbereitung zur Wiederverwendung: „*Vorbereitung zur Wiederverwendung im Sinne dieses Gesetzes ist jedes Verwertungsverfahren der Prüfung, Reinigung oder Reparatur, bei dem Erzeugnisse oder Bestandteile von Erzeugnissen, die zu Abfällen geworden sind, so vorbereitet werden, dass sie ohne weitere Vorbehandlung wieder für denselben Zweck verwendet werden können, für den sie ursprünglich bestimmt waren*" (Bundesministerium der Justiz und für Verbraucherschutz 2016a).

Im Gegensatz zu den oben definierten EOL-Strategien unterscheidet das KrWG nicht explizit zwischen der Wiederverwendung, Refabrikation und Kannibalisierung, deckt diese Strategien aber sehr wohl durch die aufgeführten Definitionen ab. Zudem findet sich im KrWG im § 3 Abs. 25 eine Definition für den Begriff Recycling: „*Recycling im Sinne dieses Gesetzes ist jedes Verwertungsverfahren, durch das Abfälle zu Erzeugnissen, Materialien oder Stoffen entweder für den ursprünglichen Zweck oder für andere Zwecke aufbereitet werden; es schließt die Aufbereitung organischer Materialien ein, nicht aber die energetische Verwertung und die Aufbereitung zu Materialien, die für die Verwendung als Brennstoff oder zur Verfüllung bestimmt sind*" (Bundesministerium der Justiz und für Verbraucherschutz 2016a). Anders ausgedrückt beschreibt Recycling somit Verfahren zur stofflichen Rückführung in den Wirtschaftskreislauf des ursprünglichen oder eines anderen Produktes im Sinne einer Wiederverwertung und Weiterverwertung, deckt jedoch nicht die Entsorgung ab (siehe auch Martens und Goldmann 2016).

Das KrWG enthält in Bezug auf die oben definierten EOL-Strategien für Traktionsbatterien weitere Vorgaben. So legt § 6 Abs. 1 in der so genannten *Abfallhierarchie* die Rangfolge der bei der Abfallvermeidung und -bewirtschaftung zu verfolgenden Maßnahmen fest: (1) Vermeidung, (2) Vorbereitung zur Wiederverwendung, (3) Recycling, (4) sonstige Verwertung, insbesondere energetische Verwertung und Verfüllung, (5) Beseitigung (Bundesministerium der Justiz und für Verbraucherschutz 2016a). Zudem wird in § 6 Abs. 2 darauf hingewiesen, dass für die Wahl der Maßnahmen eine Bewertung dieser in Bezug auf den gesamten Lebenszyklus des Abfalles und etwa unter Berücksichtigung der zu erwartenden Emissionen und der durch die Maßnahmen erreichten Schonung der natürlichen Ressourcen zu erfolgen hat (Bundesministerium der Justiz und für Verbraucherschutz 2016a). Nach § 7 Abs. 2 liegt die Pflicht zur Ergreifung der Maßnahmen dabei beim „Erzeuger oder Besitzer von Abfällen" (Bundesministerium der Justiz und für Verbraucherschutz 2016a), wobei hierfür nach § 22 auch Dritte beauftragt werden können (Bundesministerium der Justiz und für Verbraucherschutz 2016a).

Hervorzuheben ist außerdem, dass § 23 des KrWG explizite Vorgaben hinsichtlich der Produktverantwortung der Hersteller bestimmt. Diese schließen etwa ein, dass Produkte nach § 23 Abs. 2 Nr. 1 so gestaltet werden sollen, dass diese „*mehrfach verwendbar, technisch langlebig und nach Gebrauch zur ordnungsgemäßen, schadlosen und hochwertigen Verwertung sowie zur umweltverträglichen Beseitigung geeignet sind*" (Bundesministerium der Justiz und für Verbraucherschutz 2016a). Das in der VDI Richtlinie 2243:2002 als „recyclingorientierte Produktentwicklung" beschriebene und im DIN-Fachbericht ISO/TR 14062:2002 als *Integration von Umweltaspekten in Produktdesign und*

-entwicklung bezeichnete ökologische Design von Produkten ist somit fest im deutschen Recht verankert.

Weiterhin wird im KrWG der Begriff des Entsorgungsfachbetriebs definiert und es werden grobe Anforderungen an diesen festgelegt. So ist laut § 56 Abs. 2 ein Entsorgungsfachbetrieb „*ein Betrieb, der*

1. *gewerbsmäßig, im Rahmen wirtschaftlicher Unternehmen oder öffentlicher Einrichtungen Abfälle sammelt, befördert, lagert, behandelt, verwertet, beseitigt, mit diesen handelt oder makelt und*
2. *in Bezug auf eine oder mehrere der in Nummer 1 genannten Tätigkeiten durch eine technische Überwachungsorganisation oder eine Entsorgergemeinschaft als Entsorgungsfachbetrieb zertifiziert ist*“ (Bundesministerium der Justiz und für Verbraucherschutz 2016a).

Weiterführende Bestimmungen können §§ 56 f. des KrWG sowie der Verordnung über Entsorgungsfachbetriebe (Entsorgungsfachbetriebeverordnung – EfbV) entnommen werden. Festzuhalten ist jedoch, dass für die Durchführung von Verwertungsverfahren im Sinne des KrWG eine Zertifizierung des durchführenden Unternehmens speziell für diese Verfahren notwendig ist.

Während die hier aufgeführten Verordnungen für zahlreiche Produkte und Stoffe gelten, existieren mit dem im Folgenden vorgestelltem Batteriegesetz und mit der Altfahrzeug-Verordnung weitere Gesetze, die speziell für Traktionsbatterien und gebrauchte Fahrzeuge anwendbar sind und die die Vorgaben des KrWG ergänzen.

2.3.1.2 Batteriegesetz

Die zentrale Rechtsgrundlage zur Rücknahme, zur Sammlung und zum Recycling von Altbatterien wurde durch das Batteriegesetz (BattG) am 30. Juni 2009 verkündet. Hierdurch wurde die europäische Altbatterierichtlinie (Richtlinie 2006/66/EG geändert durch die RL 2008/12/EG) in deutsches Recht umgesetzt.

Das BattG gilt hierbei für alle Arten von Batterien, unabhängig von Form, Größe, Masse, stofflicher Zusammensetzung oder Verwendung (Bundesministerium der Justiz und für Verbraucherschutz 2015a). Es gilt auch für Batterien, die in andere Produkte eingebaut oder anderen Produkten beigefügt sind. Neben Gerätebatterien oder Knopfzellen welche im Wesentlichen als Consumer-Zellen (z. B. zur Energieversorgung von Elektrokleingeräten wie Uhren, Radios, Spielzeug, Taschenlampen u. Ä.) verstanden werden können, werden Batterien für den Einsatz in Fahrzeugen im BattG von diesen abweichend kategorisiert. So gelten Fahrzeugbatterien laut § 2 Abs. 4 als Batterien, „*die für den Anlasser, die Beleuchtung oder für die Zündung von Fahrzeugen bestimmt sind*“ (Bundesministerium der Justiz und für Verbraucherschutz 2015a). In diesem Sinne sind Fahrzeuge „*Landfahrzeuge, die durch Maschinenkraft bewegt werden, ohne an Bahngleise gebunden zu sein*“ (Bundesministerium der Justiz und für Verbraucherschutz 2015a). Ein Beispiel stellen entsprechende PKW-Starterbatterien (z. B. wiederaufladbare Blei-Säure Batterien) dar.

Traktionsbatterien, welche für den direkten Antrieb von Elektrofahrzeugen eingesetzt werden, fallen nach § 2 Abs. 5 in die Kategorie Industriebatterien: *„Industriebatterien' sind Batterien, die ausschließlich für industrielle, gewerbliche oder landwirtschaftliche Zwecke, für Elektrofahrzeuge jeder Art oder zum Vortrieb von Hybridfahrzeugen bestimmt sind*" (Bundesministerium der Justiz und für Verbraucherschutz 2015a). Hierbei wird deutlich hervorgehoben, dass Fahrzeugbatterien keine Industriebatterien sind. Auf Batterien, die keine Fahrzeug-, Industrie- oder Gerätebatterien sind, sind nach § 2 Abs. 5 die Vorschriften des BattG über Industriebatterien anzuwenden, wodurch etwaige Nischenprodukte, die sich nicht einer der genannten Kategorien zuordnen lassen, ebenfalls erfasst werden.

Die Begriffsverwendung, welche im BattG die einzelnen Verantwortungsbereiche für Rücknahme bzw. Rückgabe und Recycling in Bezug auf Hersteller bzw. Kunde abgrenzt, soll nun im Folgenden aufgezeigt werden. Hierbei wird entsprechend § 2 Abs. 13 ff. zwischen Hersteller, Vertreiber und Endkunde differenziert:

- *„Hersteller' ist jeder, der unabhängig von der Vertriebsmethode, gewerblich Batterien im Geltungsbereich des BattG erstmals in den Verkehr bringt. Vertreiber und Zwischenhändler, die vorsätzlich oder fahrlässig Batterien von Herstellern anbieten, die sich nicht oder nicht ordnungsgemäß nach § 4 Absatz 1 Satz 1 (BattG) in Verbindung mit einer Rechtsverordnung nach § 20 Nummer 1 (BattG) angezeigt haben, gelten als Hersteller im Sinne dieses Gesetzes*" (Bundesministerium der Justiz und für Verbraucherschutz 2015a). Hierbei verpflichtet § 4 Absatz 1 Satz 1 den Hersteller, bevor er Batterien im Geltungsbereich dieses Gesetzes in den Verkehr bringt (entsprechend § 2 Abs. 16 BattG), dies gegenüber dem Umweltbundesamt unter Angabe der durch Rechtsverordnung nach § 20 Nummer 1 festgelegten Daten (Daten über die Identität und eindeutige Identifizierungsmerkmale des Anzeigenden, Kontaktdaten des Anzeigenden sowie Daten über die Wahrnehmung der Produktverantwortung durch den Anzeigenden) anzuzeigen.
- *„Vertreiber' ist, wer Batterien gewerblich für den Endnutzer anbietet. Anbieten von Batterien [...] ist das auf den Abschluss eines Kaufvertrages gerichtete Präsentieren oder öffentliche Zugänglichmachen von Batterien; dies umfasst auch die Aufforderung, ein Angebot abzugeben*" (Bundesministerium der Justiz und für Verbraucherschutz 2015a).
- *„Endnutzer' ist derjenige, der Batterien oder Produkte mit eingebauten Batterien nutzt und in der an ihn gelieferten Form nicht mehr weiterveräußert*" (Bundesministerium der Justiz und für Verbraucherschutz 2015a).

Eine weitere beteiligte Partei stellt der Recycler bzw. der gewerbliche Altbatterieentsorger dar, welcher ein für den Umgang mit Altbatterien zertifizierter Entsorgungsfachbetrieb im Sinne des § 56 des Kreislaufwirtschaftsgesetzes sein muss.

Das BattG verpflichtet Hersteller nach § 5 Abs. 1 die von den Vertreibern zurückgenommenen Altbatterien und die von öffentlich-rechtlichen Entsorgungsträgern erfassten

Geräte-Altbatterien unentgeltlich zurückzunehmen und zu verwerten. Altbatterien, die sich nicht verwerten lassen, müssen beseitigt werden. § 5 Abs. 2 weitet diese Vorgaben auch auf Altbatterien in Altgeräten (entsprechend des Elektro- und Elektronikgerätegesetzes) und Altbatterien in Altfahrzeugen (entsprechend der Altfahrzeug-Verordnung) aus. Nach § 14 Abs. 1 sind alle „*gesammelten und identifizierbaren Altbatterien nach dem Stand der Technik zu behandeln und stofflich zu verwerten. [...] Nicht identifizierbare Altbatterien sowie Rückstände von zuvor ordnungsgemäß behandelten und stofflich verwerteten Altbatterien sind nach dem Stand der Technik gemeinwohlverträglich zu beseitigen*" (Bundesministerium der Justiz und für Verbraucherschutz 2015a). Allerdings untersagt § 14 Abs. 2 das Verbrennen oder Deponieren von Fahrzeug- und Industrie-Altbatterien, mit Ausnahme von entstandenen Rückständen durch zuvor erfolgte ordnungsgemäße Behandlung und stoffliche Verwertung (Bundesministerium der Justiz und für Verbraucherschutz 2015a).

Entsprechend § 6 Abs. 1 kann die Sicherstellung der herstellerseitigen Rücknahmepflichten durch die Einrichtung und Beteiligung an einem nicht gewinnorientierten und flächendeckend tätigen Rücknahmesystem für Geräte-Altbatterien (Gemeinsames Rücknahmesystem) erfolgen (Bundesministerium der Justiz und für Verbraucherschutz 2015a). In Deutschland wurde hierfür die Stiftung Gemeinsames Rücknahmesystem Batterien (GRS Batterien) im Jahre 1998 gegründet. Alternativ kann nach § 6 Abs. 5 und § 7 ein genehmigtes herstellereigenes Rücknahmesystem betrieben werden.

Im Falle von Fahrzeug- und Industriebatterien erfolgt die Sicherstellung der Rücknahmepflichten nach § 8 Abs. 1 indem die Hersteller sowohl Vertreibern als auch Behandlungseinrichtungen (z. B. Demontageeinrichtungen zur Vorbereitung der Verwertung) „*eine zumutbare und kostenfreie Möglichkeit der Rückgabe anbieten und die zurückgenommenen Altbatterien [...] verwerten*" (Bundesministerium der Justiz und für Verbraucherschutz 2015a). Weiterhin wird darauf hingewiesen, dass keine Verpflichtung seitens der Vertreiber oder Behandlungseinrichtungen zur Überlassung der gebrauchten Batterien an die Hersteller besteht. Entsprechend gilt nach § 8 Abs. 3 die Pflicht der Hersteller ebenfalls dann als erfüllt, wenn die Verwertung durch „*Vertreiber, Behandlungseinrichtungen, öffentlich-rechtliche Entsorgungsträger oder gewerbliche Altbatterieentsorger*" stattfindet (Bundesministerium der Justiz und für Verbraucherschutz 2015a).

Die im § 16 des Batteriegesetzes festgelegten Sammelziele für Altbatterien beziehen sich ausschließlich auf Geräte-Altbatterien, nicht jedoch auf die in vollelektrischen Fahrzeugen und Hybridfahrzeugen verbauten Industriebatterien. Für diese kann die Altfahrzeug-Verordnung herangezogen werden, wobei darin festgelegte Entsorgungspflichten und -Quoten auf das Fahrzeugleergewicht bezogen werden. Allerdings existiert mit der Verordnung zur Durchführung des Batteriegesetzes (BattGDV) eine weitere seit 1. Dezember 2009 in Kraft befindliche und das BattG ergänzende Verordnung, die die in der EU-Richtlinie 2006/66/EG im Anhang III Teil B definierten Mindesteffizienzen für Recyclingverfahren auch im deutschen Recht verankert. Da Lithium-basierte Batterien dort jedoch nicht explizit aufgeführt werden, gilt entsprechend § 3 Abs. 3 Nr. 3 für die Mindesteffizienz der auf entsprechende Traktionsbatterien anzuwendende Recyclingverfahren eine „*stoffliche Verwertung von 50 % der durchschnittlichen Masse*“ (Bundesministerium der Justiz und für Verbraucherschutz 2009).

2.3.1.3 Altfahrzeug-Verordnung

Die Altfahrzeug-Verordnung (AltfahrzeugV) regelt die Überlassung, Rücknahme und umweltverträgliche Entsorgung von Altfahrzeugen gemäß der Richtlinie 2000/53/EG über Altfahrzeuge. Entsprechend § 1 Abs. 1 wird in der AltfahrzeugV nicht zwischen Altfahrzeugen mit Verbrennungsmotor und elektrisch angetriebenen Fahrzeugen unterschieden (Bundesministerium der Justiz und für Verbraucherschutz 2015b). Die in der AltfahrzeugV aufgeführten Vorgaben gelten somit auch für Fahrzeuge mit Elektroantrieb und Traktionsbatterien, die für die Beförderung von bis zu acht weiteren Personen eingesetzt werden, oder die der Güterbeförderung bis zu einem Gewicht von 3,5 t dienen (siehe § 2 Abs. 1 Nr. 1).

Grundsätzlich verpflichtet die AltfahrzeugV entsprechend § 3 Abs. 1 f. die Hersteller, Fahrzeuge ihrer Marke etwa vom Letzthalter oder einem öffentlich-rechtlichen Entsorgungsträger zurückzunehmen. Außerdem sind flächendeckende Rückgabemöglichkeiten für Altfahrzeuge durch die Hersteller zu gewährleisten (siehe § 3 Abs. 3) (Bundesministerium der Justiz und für Verbraucherschutz 2015b). Gleichsam sind Fahrzeugbesitzer nach § 4 Abs. 1 dazu verpflichtet, ihre Fahrzeuge ausschließlich an anerkannte An- oder Rücknahmestellen sowie Demontagebetriebe abzugeben.

Analog zum KrWG postuliert auch die AltfahrzeugV in § 8 die Abfallvermeidung, etwa durch die Begrenzung der Verwendung gefährlicher Stoffe sowie die Berücksichtigung einer späteren Demontage, Wiederverwendung und Verwertung bereits bei der Konstruktion und Produktion der Fahrzeuge (Bundesministerium der Justiz und für Verbraucherschutz 2015b). In diesem Zusammenhang ist insbesondere die in § 5 Abs. 1 Nr. 2 aufgeführte Zielvorgabe für alle Wirtschaftsbeteiligte (und somit auch die Hersteller) „*bezogen auf das durchschnittliche Fahrzeugleergewicht aller pro Jahr überlassenen Altfahrzeuge*“ zu nennen. Demnach müssen seit Januar 2015 mindestens 95 % des Leergewichtes wiederverwendet und verwertet werden oder mindestens 85 % einer Wiederverwendung und stofflichen Verwertung zugeführt werden. Der Begriff der Verwertung ist dabei nach § 2 Abs. 1 Nr. 11 analog zum Kreislaufwirtschaftsgesetz zu verwenden.

Weiterhin zentral für die AltfahrzeugV ist die Unterscheidung zwischen den Begriffen Annahmestelle, Rücknahmestelle und Demontagebetrieb (siehe § 2 Abs. 1 Nr. 14 ff.). *Annahmestellen* und *Rücknahmestellen* sind lediglich für die Annahme der Altfahrzeuge und deren Weiterleitung an Demontagebetriebe zuständig. Im Sinne des § 2 Abs. 1 Nr. 5 findet in diesen Betriebstypen keine Behandlung der Altfahrzeuge (Demontage, Schreddern Verwertung etc.) statt. Eine *Rücknahmestelle* unterscheidet sich von einer Annahmestelle dahingehend, dass die Rücknahmestelle durch den Hersteller oder von diesem beauftragte Dritte betrieben wird. In einem *Demontagebetrieb* steht die Behandlung der Altfahrzeuge zur weiteren Verwertung im Vordergrund, der Betrieb kann aber auch für die Rücknahme verantwortlich sein. Die genannten Stellen und Betriebe müssen nach § 2 Abs. 2 anerkannt sein, beispielsweise in dem sie als Entsorgungsfachbetrieb zertifiziert sind (siehe KrWG).

Zudem verweist § 5 Abs. 2 auf weitere Anforderungen an entsprechende Einrichtungen, die im Anhang der AltfahrzeugV genauer definiert sind.

Entsprechend der oben aufgeführten Maßgabe der antriebsunabhängigen Gültigkeit der AltfahrzeugV lassen sich die im Anhang der Altfahrzeug-Verordnung unter dem Punkt 3.2 *Anforderungen an den Betrieb* aufgeführten Vorgaben hinsichtlich der Ausgestaltung der Demontagebetriebe sowie Durchführung zentraler Prozesse in Bezug auf die Vorbehandlung, Demontage sowie Wiederverwendung, Verwertung und Beseitigung auch für Elektrofahrzeuge anwenden. So schreibt etwa Punkt 3.2.2.1 im Rahmen der Vorbehandlung den nach der Anlieferung des Altfahrzeuges unverzüglich zu erfolgenden Ausbau der Batterien vor. In Punkt 3.2.4.1 werden Wiederverwendung und Verwertung als für aus dem Altfahrzeug gewonnene Bauteile und Stoffe primär anzustrebende Strategien genannt. Zudem ist entsprechend Punkt 3.3 eine umfassende Dokumentation der erfolgten Arbeiten zu leisten. Auch für die Wiederverwendung und stoffliche und energetische Verwertung ist dabei ein Nachweis über den Verbleib der Stoffe, Materialien und Teile zu führen.

2.3.1.4 Gefahrgutverordnung Straße, Eisenbahn und Binnenschifffahrt

In der Gefahrgutverordnung Straße, Eisenbahn und Binnenschifffahrt (GGVSEB) werden Vorgaben für den nationalen und internationalen Transport von Gefahrgut definiert (Bundesministerium der Justiz und für Verbraucherschutz 2016b). Sie baut dabei auf dem nationalen und internationalen Gefahrgutrecht auf und setzt insbesondere die Richtlinie 2008/68/EG über die Beförderung gefährlicher Güter im Binnenland in deutsches Recht um. Hinsichtlich des Gefahrgutrechtes sind in Bezug auf den Transport auf Straßen insbesondere die Modellvorschriften der Vereinten Nationen für den Gefahrguttransport (UN Recommendations on the Transport of Dangerous Goods – Model Regulations) und das im Weiteren noch behandelte europäische Übereinkommen über die internationale Beförderung gefährlicher Güter auf der Straße (ADR) zu nennen.

Die GGVSEB definiert in § 2 Nr. 7 gefährliche Güter bezugnehmend zum ADR als all solche Stoffe und Gegenstände deren Beförderung nach ADR verboten oder nur unter Auflagen des ADR gestattet ist (Bundesministerium der Justiz und für Verbraucherschutz 2016b). Eine Beförderungsbeschränkung gilt auch für Traktionsbatterien auf Lithium-Ionen-Basis, wie sie in Elektrofahrzeugen vornehmlich zum Einsatz kommen. Das ADR klassifiziert Lithium-Ionen-Batterien als Gefahrgut der Klasse 9 und führt sie unter den UN Nummern 3480 (nur Batterien) und 3481 (Batterien in oder mit Gerät).

Zentral für die GGVSEB ist die Unterteilung der am Verpackungs- und Transportprozess beteiligten Rollen (siehe § 2) und die Definition von rollenspezifischen Pflichten (Bundesministerium der Justiz und für Verbraucherschutz 2016b). Im Weiteren wird der Schwerpunkt dabei auf den Auftraggeber des Absenders, den Absender, den Beförderer und den Empfänger gelegt.

- **Auftraggeber des Absenders:** Beauftragt einen Absender zum Versand und ist etwa für die Feststellung der Gefahrstoffklassifizierung des Transportgutes und die Angabe grundlegender Informationen für die Transportdokumentation verantwortlich und muss den Absender über das Gefahrgut und Einschränkungen im Fahrweg (nach § 35) detailliert (schriftlich) in Kenntnis setzen (siehe § 17).

- **Absender:** Versendet das Gefahrgut und hat etwa den Beförderer schriftlich über das Gefahrgut und Einschränkungen im Fahrweg mitzuteilen. Zudem verantwortet der Absender die Übergabe der Beförderungspapiere und möglicher Begleitpapiere sowie die Bereitstellung für den Transport des Gutes geeigneter Verpackungen (siehe § 18).
- **Beförderer:** Verantwortet den Transport und ist etwa zur Unterweisung des Beförderungspersonals, zur ordnungsgemäßen Ausrüstung der Transporteinheit und zur Übergabe der Begleitpapiere an den (entsprechend zertifizierten) Fahrzeugführer verpflichtet (siehe § 19).
- **Empfänger:** Nimmt das Gefahrgut in Empfang, darf die Annahme nicht ohne zwingende Gründe verzögern und hat etwa die Einhaltung der ihn betreffenden Vorgaben des ADR zu prüfen (siehe § 20).

Weitere im vorliegenden Kontext relevante Rollen im Sinne des § 2 GGVSEB sowie § 17 ff. umfassen etwa den **Verlader**, den **Verpacker**, den **Entlader** und den **Fahrzeugführer**.

Hinsichtlich weiterer Anforderungen an den Transport und bezüglich der Zulassung zur Beförderung verweist die GGVSEB vornehmlich auf die Vorschriften des ADR (siehe § 3) (Bundesministerium der Justiz und für Verbraucherschutz 2016b), die im Weiteren kurz aufgegriffen werden.

2.3.1.5 Europäisches Übereinkommen über die internationale Beförderung gefährlicher Güter auf der Straße

Das Europäisches Übereinkommen über die internationale Beförderung gefährlicher Güter auf der Straße (ADR) sieht Vorschriften für die Verpackung, Kennzeichnung und Beförderung von Gefahrgut vor (UNECE 2016). Die erste Fassung des ADR ist bereits am 30. September 1957 in Kraft getreten. Seit Januar 2017 gilt das ADR 2017. Im Abstand von zwei Jahren werden die Vorschriften überarbeitet.

Wie zuvor aufgeführt klassifiziert das ADR Lithium-Ionen-Traktionsbatterien als Gefahrgut der Klasse 9 und sieht die UN Nummern 3480 und 3481 zur Kennzeichnung der Batterien vor (UNECE 2016, Abschn. 2.2.9.1.7). Entsprechend Abschn. 2.2.9.1.7 ADR ist der Transport unbeschädigter und nicht prototypischer Lithium-basierter Batterien unter Auflagen gestattet. Die in diesem Abschnitt aufgeführten Auflagen verlangen von den Batterien und ihren Zellen etwa die Erfüllung von Testauflagen sowie die Ausstattung der Zellen mit Sicherheitsventilen zum Druckabbau. Außerdem ist ein Qualitätsmanagementprogramm für die Fertigung der Zellen und Batterien im Produktionsbetrieb vorzusehen. Die von Lithium-basierten Zellen und Batterien für die Feststellung einer grundsätzlichen Transporteignung zu durchlaufenden Tests werden im UN-Handbuch Prüfungen und Kriterien, Teil III, Abschn. 38.3 detailliert erläutert (United Nations 2015). Entsprechend sind die Anforderungen des ADR und des UN-Handbuchs bereits bei der Entwicklung und Fertigung der Zellen sowie der Konfiguration der Batteriesysteme zu berücksichtigen. Mehrere Sondervorschriften (SV) regeln Ausnahmen von diesen Auflagen.

Für Zellen und Batterien, die geringe Lithium-Mengen beinhalten sowie deren Energiegehalt 20 Wh bzw. 100 Wh nicht überschreitet regelt die SV 188 Ausnahmen mit speziellen Auflagen, die diese Zellen und Batterien von weiteren Auflagen des ADR befreit (UNECE 2016)[15]. Weitere Sondervorschriften regeln den Transport von Zellen und Batterien aus einer Kleinserienfertigung oder die als Prototypen entstanden sind (SV 310) sowie von beschädigten Batterien oder Zellen (SV 376). So entfallen nach SV 310 beispielsweise die umfassenden Testauflagen des UN Handbuchs für Tests und Kriterien (UN Manual of Tests and Criteria) für Zellen und Batterien, die in Produktionsserien von weniger als 100 Zellen oder Batterien gefertigt wurden. Für beschädigte oder defekte Lithium-Ionen-Zellen oder -Batterien gestattet die SV 376 den Transport unter speziellen Auflagen (Kennzeichnung der Transportverpackung, besondere Anforderungen an Verpackung). Stellen die defekten oder beschädigten Zellen oder Batterien jedoch eine unmittelbare Gefahr dar, ist ein Transport grundsätzlich verboten und nur unter Genehmigung der zuständigen nationalen Behörden möglich. In Deutschland ist dies etwa die Bundesanstalt für Materialforschung und Prüfung (siehe dazu auch § 8 GGVSEB). Auch für Batterien und Zellen, die für das Recycling vorgesehen sind, gelten entsprechend SV 377 spezielle Ausnahmen, die etwa eine Befreiung von den Auflagen des Abschn. 2.2.9.1.7 ADR (wie etwa der Entsprechung der Testauflagen) vorsehen. Erfüllt eine Lithium-Batterie die Anforderungen der Sondervorschriften 188, 230 (verweist auf 2.2.9.1.7 ADR), 310 oder 636 (u. a. Ausnahmen für Zellen und Batterien in für private Haushalte vorgesehenen Geräten) nicht, so ist ein Transport nicht möglich (siehe Abschn. 2.2.9.2 ADR).

Eine tabellarische Darstellung aller relevanten Informationen für Lithium-basierte Batterien, die etwa die Klassifizierung sowie Verweise auf die Kennzeichnung, die anwendbaren Sondervorschriften und Verpackungsanforderungen enthält, befindet sich in der als Tabelle A gekennzeichneten Gesamtliste der Gefahrgüter im ADR (siehe UNECE 2016, S. 512 f. für Lithium-Ionen-Batterien).

2.3.2 Erörterung von rechtlichen Herausforderungen für die Umwidmung und Weiterverwendung von Traktionsbatterien

Unter Berücksichtigung der in Abschn. 2.2.2 für Traktionsbatterien aufgeführten EOL-Strategien und entsprechend der zuvor skizzierten Gesetzestexte wird deutlich, dass der Gesetzgeber aktuell die Umwidmung und Weiterverwendung von Gütern im Allgemeinen und insbesondere von Traktionsbatterien nicht explizit adressiert. So sieht das Kreislaufwirtschaftsgesetz unter den Prämissen der Vermeidung und Verwertung von Abfällen

[15] Zur Orientierung: Typische Smartphone-Akkus besitzen einen Energiegehalt im Bereich von 10 Wh. Große 9-Zellen-Akkus von Notebooks weisen häufig einen Energiegehalt von knapp unter 100 Wh auf. Die Grundversion des BMW i3 (mit 60 Ah Batterie) besitzt einen Energiegehalt von 21.600 Wh.

zwar die Wiederverwendung (inklusive vorbereitender Maßnahmen) von Produkten sowie deren Recycling im Sinne einer Wiederverwertung oder Weiterverwertung vor, die Umwidmung und Weiterverwendung werden jedoch nicht explizit in den Gesetzestexten adressiert (Bundesministerium der Justiz und für Verbraucherschutz 2016a). Für den juristischen Laien ist in diesen Zusammenhang unklar, ob eine Umwidmung und Weiterverwendung, die der Verlängerung der Produktlebensdauer dient, aus eben diesem Grund entsprechend der Definition von Vermeidung nach § 3 Abs. 20 KrWG als Maßnahme zur Abfallvermeidung im geltenden Recht bereits indirekt erfasst ist. Entsprechend ist ebenfalls fraglich, ob eine Weiterverwendung ähnlich zu bewerten ist wie eine Wiederverwendung und ob die Weiterverwendung der Traktionsbatterien somit der Erfüllung der in der Altfahrzeug-Verordnung im § 5 Abs. 1 Nr. 2 aufgeführten Zielvorgaben dient. Zu bedenken ist dabei, dass die Traktionsbatterie häufig einen nicht unerheblichen Anteil am Gesamtgewicht des Fahrzeuges hat. So Besitzt der Renault ZOE R90 beispielsweise ein Leergewicht inklusive Fahrergewicht von 1545 kg von denen die Batterie 290 kg ausmacht (ca. 19 %) (Renault Österreich GmbH 2017). Bei einem nicht näher spezifizierten Tesla Model S lag das Gewicht 2013 bei 2108 kg von denen 600 kg auf die Batterie entfallen (ca. 28 %) (Teslarati Network 2013). In diesem Zusammenhang wäre eine Aufnahme des Begriffes der Weiterverwendung in das KrWG sowie in die AltfahrzeugV wünschenswert und würde mehr Klarheit schaffen.

In Verbindung mit dem KrWG ist zudem aktuell nicht klar, ob aus Fahrzeugen ausgebaute und für die Umwidmung und Weiterverwendung vorgesehene Traktionsbatterien überhaupt als Abfall entsprechend des § 3 Abs. 1 KrWG gelten. Das KrWG bindet dabei entsprechend § 3 Abs. 3 den für die Bestimmung als Abfall vorzuliegenden Willen zur Entledigung etwa an das Wegfallen oder Aufgeben der ursprünglichen Zweckbestimmung eines Gegenstandes, „*[...] ohne dass ein neuer Verwendungszweck unmittelbar an deren Stelle tritt*“ (Bundesministerium der Justiz und für Verbraucherschutz 2016a). Weiterhin heißt es in § 3 Abs. 3: „*Für die Beurteilung der Zweckbestimmung ist die Auffassung des Erzeugers oder Besitzers unter Berücksichtigung der Verkehrsanschauung zugrunde zu legen*“ (Bundesministerium der Justiz und für Verbraucherschutz 2016a). Nach § 5 KrWG ist lediglich klar, dass die Abfalleigenschaft der Traktionsbatterien etwa nach dem Durchlaufen eines definierten Verwertungsverfahrens, wie der Vorbereitung zur Wiederverwendung (§ 3 Abs. 24 KrWG), dann endet, wenn der Stoff oder Gegenstand anschließend „*so beschaffen ist, dass:*

1. *er üblicherweise für bestimmte Zwecke verwendet wird,*
2. *ein Markt für ihn oder eine Nachfrage nach ihm besteht,*
3. *er alle für seine jeweilige Zweckbestimmung geltenden technischen Anforderungen sowie alle Rechtsvorschriften und anwendbaren Normen für Erzeugnisse erfüllt sowie*
4. *seine Verwendung insgesamt nicht zu schädlichen Auswirkungen auf Mensch oder Umwelt führt*“ (Bundesministerium der Justiz und für Verbraucherschutz 2016a).

Die Feststellung, ob für die Umwidmung und Weiterverwendung vorgesehene Traktionsbatterien als Abfall gelten oder nicht, beeinflusst etwa die Notwendigkeit der an der Umwidmung Beteiligten, sich als Entsorgungsfachbetriebe (nach §§ 56 f. KrWG) zertifizieren zu lassen und löst damit verbundene Zusatzkosten aus.

In Bezug auf die im ADR definierten und über die GGVSEB im deutschen Recht verankerten von Lithium-basierten Batterien vor einer Freigabe für den Transport zu erfüllenden Testanforderungen stellt sich die Frage, ob ein aus gebrauchten Traktionsbatterien bestehendes und für einen alternativen Einsatzzweck umgewidmetes Batteriesystem ein entsprechend der Vorgaben des ADR Abschn. 2.2.9.1.7 neu zu testendes Batteriesystem darstellt oder nicht (UNECE 2016). Zwar sollten die Zelltypen bzw. Modultypen der ursprünglichen Traktionsbatterie diese Tests bereits vor dem automobilen Leben durchlaufen haben, durch die individuelle, von der Beanspruchung im automobilen Leben abhängige, Alterung der Zellen und Module sowie die Rekonfiguration der Bestandteile zu einem neuen Batteriesystem haben sich die Eigenschaften der Komponenten sowie des Systems im Ganzen jedoch geändert. Während aktuell in vielen Second-Use-Projekten zum Einsatz kommenden Batteriesystemen vermutlich unter die Bedingungen der SV 310 fallen und von den Tests des UN-Handbuchs Prüfungen und Kriterien befreit sind, erscheint die Anwendbarkeit der Sondervorschrift bei der kommerziellen Serienfertigung von Second-Use-Speichern fraglich. Auch in diesem Zusammenhang sind somit weitere Prüfungen der gesetzlichen Vorgaben notwendig. Abhängig von möglichen Prüfauflagen können sich die Kosten von Second-Use-Speichern erheblich erhöhen.

Ein weiteres in der Literatur in Verbindung mit der Umwidmung und Weiterverwendung diskutiertes Thema betrifft die Produkthaftung für die umgewidmeten Traktionsbatterien (Elkind 2014). So schlägt Elkind (2014) die Entwicklung von Performance- und Sicherheitsstandards für umgewidmete Traktionsbatterien vor. Diese könnten nicht nur Herstellern und Vertreibern eine größere Handlungssicherheit hinsichtlich der Haftung bieten, sondern würden auch Kunden als Orientierung dienen und bestehenden Informationsasymmetrien zwischen Hersteller/Vertreiber und Kunde in Bezug auf die Qualität der gebrauchten Batterien vorbeugen. In Deutschland regelt das die EG-Richtlinie 85/374/EWG umsetzende Produkthaftungsgesetz (Gesetz über die Haftung für fehlerhafte Produkte – ProdHaftG) die Haftung eines Herstellers von Produkten für Fehler in diesen Produkten und aus diesen Fehlern entstandene Schäden (Bundesministerium der Justiz und für Verbraucherschutz 2015c). Da als Hersteller nach § 4 Abs. 1 ProdHaftG u. a. jeder gilt, „*der das Endprodukt, einen Grundstoff oder ein Teilprodukt hergestellt hat*“ oder „*der sich durch das Anbringen seines Namens, seiner Marke oder eines anderen unterscheidungskräftigen Kennzeichens als Hersteller ausgibt*“ (Bundesministerium der Justiz und für Verbraucherschutz 2015c) und zudem nach § 5 ProdHaftG potentiell eine Haftung aller in der Produktionskette beteiligten Hersteller als Gesamtschuldner gegenüber dem Geschädigten besteht, können von Seiten der an der Produktionskette potentiell Beteiligten (Zellhersteller, Batteriesystemhersteller, Automobilkonzerne) Vorbehalte gegenüber der Fertigung und dem Vertrieb umgewidmeter gebrauchter Traktionsbatterien bestehen. Durch industrieweite Qualitäts- und Sicherheitsstandards für gebrauchte Batterien lässt sich das dem Fehlerbegriff in § 3 Abs. 1 ProdHaftG zugrunde gelegte erforderliche Maß an Sicherheit genauer spezifizieren und somit die Handlungssicherheit von an der Umwidmung und Weiterverwendung direkt oder indirekt Beteiligter erhöhen.

2.4 Wiederinstandsetzung von Traktionsbatterien für die Wiederverwendung

Im Folgenden wird die EOL-Strategie der Wiederinstandsetzung für die Wiederverwendung (engl. remanufacturing for reuse) für gebrauchte Traktionsbatterien detailliert. Aufbauend auf Literatur zur Wiederinstandsetzung von Produkten im Allgemeinen sowie bisherigen Forschungsarbeiten zur Wiederinstandsetzung von Traktionsbatterien im Speziellen werden zunächst potentielle Beweggründe für die Wiederinstandsetzung und Wiederverwendung aufgeführt. Anschließend erfolgt eine Gegenüberstellung vorhandener Definitionen und die Festlegung einer Arbeitsdefinition. Auf Basis vorhandener Literatur und ausgewählter Patente werden darauffolgend zentrale Prozessschritte für die Wiederinstandsetzung skizziert. Abschließend erfolgt eine Auflistung ausgewählter im Rahmen der Wiederinstandsetzung für die Wiederverwendung zu adressierender Herausforderungen.

2.4.1 Motivation

Allgemein wird die Wiederinstandsetzung häufig durch ökologische Faktoren motiviert. So darf unterstellt werden, dass für die Wiederinstandsetzung im Vergleich zur Herstellung eines Produktes weniger Rohmaterialien und Energie benötigt werden (Hatcher et al. 2011) und sich Kundenbedarfe potentiell durch eine längere Nutzungsdauer des Produktes insgesamt mit einem verringerten Ressourceneinsatz erfüllen lassen (Pigosso et al. 2010). Aus ökonomischer Sicht lockt die Wiederinstandsetzung von Produkten mit zusätzlichen Einnahmen, die sich aus dem Verkauf nahezu neuwertiger Produkte erzielen lassen. In Bezug auf die Qualität des Produktes sind wiederinstandgesetzte Produkte zudem in der Regel reparierten oder wiederaufbereiteten Produkten überlegen (Hatcher et al. 2011).

In Bezug auf Traktionsbatterien lassen sich durch den Einsatz wiederinstandgesetzter Batterien in Elektrofahrzeugen potentiell die Anschaffungspreise für selbige reduzieren (Foster et al. 2014; Strandridge und Corneal 2014), da der Neubatterie ein Anteil von bis zu 30 % an den Gesamtkosten eines Elektrofahrzeuges beigemessen wird. Gleichzeitig ermöglichen die Wiederinstandsetzung und die damit einhergehende längere Verwendung die momentan noch erheblichen Kosten für die Wiederverwertung oder Weiterverwertung von Traktionsbatterien zu verschieben und mit potentiell erzielbaren zusätzlichen Einnahmen aufzuwiegen (Groenewald et al. 2016). Analog zu den Ausführungen von Seitz (2007) zur Automobilbranche im Allgemeinen dienen wiederinstandgesetzte Traktionsbatterien zudem der Absicherung der Verfügbarkeit geeigneter und kostengünstiger

Ersatzteile für Elektrofahrzeuge. Aus ökologischer Sicht sind, ergänzend zu den oben aufgeführten Punkten, etwa Einsparungen hinsichtlich den mit der Herstellung von Traktionsbatterien in Verbindung stehenden CO_2-Emissionen zu nennen (Groenewald et al. 2016). Weiterhin wird die Wiederinstandsetzung und Wiederverwendung von Traktionsbatterien auch durch den oben beschriebenen gesetzlichen Rahmen und dabei insbesondere die Altfahrzeug-Verordnung motiviert. Allerdings kritisiert Seitz (2007) diesbezüglich, dass die der AltfahrzeugV auf europäischer Ebene als Grundlage dienende Direktive 2000/53/EG keine Angaben zu Einzelkomponenten mache und offenlasse, wie eine Wiederinstandsetzung und Wiederverwertung von Einzelkomponenten (insbesondere wenn dies durch ein unabhängiges Unternehmen erfolge) dem Originalhersteller zu Gute gehalten werde.

2.4.2 Begriffsdefinition

In der Literatur besteht bisher keine Einigkeit hinsichtlich einer allgemeinen Definition des Wiederinstandsetzungsbegriffes (engl. remanufacturing). Ein Teil der Definitionen betont lediglich die Notwendigkeit zur Aufbereitung des Produktes in einer Art und Weise, dass dieses (mindestens) das Qualitätsniveau eines Neuproduktes erreiche. So schreibt etwa Seitz: „*[Remanufacturing] is defined as the transformation of an end-of-life product into a product with an ‚as good as new‘ condition*“ (Seitz 2007, S. 1147). Andere sehen zusätzlich die Ausstellung einer Garantie durch den Hersteller bzw. den für die Wiederinstandsetzung verantwortlichen Betrieb als Bestandteil der Definition (z. B. Thierry et al. 1995; Hatcher et al. 2011). So definiert etwa die Automotive Parts Remanufacturers Association Europe das Ziel der Wiederinstandsetzung wie folgt: „*Return a used product to at least its original performance with a warranty that is equivalent or better than that of the newly manufactured product*“ (Automotive Parts Remanufacturers Association Europe 2012, S. 7). Sundin und Bras (2005) sowie Hartwell und Marco (2016) weisen darauf hin, dass die Abgrenzung der Begriffe Wiederinstandsetzung und Wiederaufbereitung häufig nur unzureichend erfolge, was insbesondere auch auf eine fehlende rechtlich bindende Definition zurückzuführen sei. Laut Sundin und Bras (2005) könne dabei etwa der Grad der Instandsetzung als Unterscheidungsmerkmal dienen, da für eine Wiederinstandsetzung mindestens das Qualitätsniveau des Originalproduktes erreicht werden müsse, während sich die Wiederaufbereitung auf oberflächliche Tätigkeiten wie Schönheitskorrekturen und die Sicherstellung eines zufriedenstellenden Qualitätsniveaus beziehe.

Auch in der Batteriedomäne findet sich keine einheitliche Definition des Wiederinstandsetzungsbegriffes. Insbesondere sind hier Abschwächungen zur allgemeinen Definition zu beobachten. So definieren Ramoni und Zhang den Begriff wie folgt: „*Remanufacturing will involve processes of restoring EV battery to like-new condition (in terms of product functions) with only a modest investment*“ (Ramoni und Zhang 2013, S. 885). Strandridge und Corneal schreiben: „*Remanufacturing has to do with replacing cells within a battery that can no longer hold sufficient charge to meet the standards for use in a vehicle*“ (Strandridge und Corneal 2014, S. 11). Foster et al. (2014) schließen sich dieser Definition an. Groenewald et al. definieren den Begriff als „*the repair and replacement of some parts to be as good as usual, including the replacement of individual components and entire modules*“ (Groenewald et al. 2016, S. 2). In den entsprechenden Definitionen ist somit weder davon die Rede, die Batterie mindestens auf das Qualitätsniveau des Originalproduktes zu bringen (höchstens hinsichtlich der Funktionsweise), noch ist eine Garantie expliziter Bestandteil der Definitionen.

Dem entgegenzusetzen ist das Begriffsverständnis von Hartwell und Marco (2016), die auch für Traktionsbatterien eine Wiederherstellung der ursprünglichen oder einer höheren Leistungsfähigkeit sowie die Dreingabe einer passenden Garantie fordern: „*A series of manufacturing steps acting on an end of life part or product to return it to a like new or better performance with a warranty to match*“ (Hartwell und Marco 2016, S. 14). Wieder andere Verwenden den Begriff (fälschlicherweise) auch als Synonym für die im Rahmen der Umwidmung und Weiterverwendung durchzuführenden Schritte der Aufbereitung (z. B. Törkler 2014; Ahmadi et al. 2017).

Die vorliegenden Ausführungen folgen einem im Vergleich zu den gebräuchlichen allgemeinen Definitionen weiter gefassten Begriffsverständnis der Wiederinstandsetzung, das Facetten der aufgeführten Definitionen aufgreift:

► Die Wiederinstandsetzung einer Traktionsbatterie umfasst eine Reihe von Arbeitsschritten, die dazu dienen, die gebrauchte Traktionsbatterie als Ganzes in einen Zustand zu bringen, in dem sie funktional einer neuen Traktionsbatterie entspricht. Nach erfolgter Wiederinstandsetzung erfüllt die Traktionsbatterie sämtliche mit der erneuten (automobilen) Anwendung einhergehenden Anforderungen und kann somit in der ursprünglichen Anwendung wiederverwendet werden. Die wiederinstandgesetzte Batterie kann aus Vermarktungsgründen um eine Garantie ergänzt werden.

Mit der in der vorliegenden Definition erfolgten Distanzierung von der Wiederherstellung der ursprünglichen oder sogar einer höheren Leistungsfähigkeit der gebrauchten Traktionsbatterie wird der Beschaffenheit von Traktionsbatterien Rechnung getragen. So ist die Abnahme der Leistungsfähigkeit der Traktionsbatterien vor allem auf Alterungsprozesse in den Batteriezellen zurückzuführen. Den Auswirkungen der Zellalterung entgegen gerichtete Verfahren, die einzelne Zellen in einen nahezu ursprünglichen Zustand zurückführen, sind aktuell für ganze Batteriepacks nicht ökonomisch realisierbar und bislang für in Traktionsbatterien verwendete Zelltypen nicht ausreichend erprobt. So schlagen etwa Ramoni und Zhang (2013), Ramoni et al. (2017) sowie Liu et al. (2016) die Reduzierung der so genannten Solid-Electrolyte Interphase (SEI), einer sich im Rahmen der Zyklisierung der Zellen insbesondere auf den negativen Elektroden bildenden und die chemischen Reaktionen in der Zelle und somit deren Leistungsfähigkeit hemmenden Schicht, mittels Laser vor. Zwar deuten erste Experimente Erfolge mit Lithium-basierten Knopfzellen an (Ramoni et al. 2017), eine Erprobung des Verfahrens mit in Elektrofahrzeugen eingesetzten Zellen sowie dessen Operationalisierung für Module oder ganze Packs stehen jedoch noch aus.

Da ein alternativer umfassender Austausch vorhandener Zellen mit hohen Kosten in Verbindung steht und keine weiteren Alternativen zur vollständigen Wiederherstellung der Leistungsfähigkeit existieren, wird im Folgenden im Rahmen der Wiederinstandsetzung lediglich auf eine Wiederherstellung der ursprünglichen Funktionsweise sowie eine vollständige Erfüllung der automobilen Anforderungen abgezielt. Von der Berücksichtigung einer Garantie als Pflichtbestandteil der Definition wird ebenfalls abgesehen, da die Bereitstellung der Garantie kein durch den Wiederinstandsetzungsprozess erreichbares Kriterium darstellt, sondern vom Geschäftsmodell der aufbereitenden Institution abhängig ist. Da neben einem Kauf potentiell weitere Geschäftsmodelltypen in Frage kommen, die alternative Konzepte zu einer Garantie verfolgen[16], würde die Aufnahme der Garantie in die Definition als verpflichtender Bestandteil die Anwendbarkeit des Begriffes der Wiederinstandsetzung nur unnötig limitieren.

2.4.3 Zentrale Prozessschritte

Im Rahmen generischer Prozesse für die Wiederinstandsetzung von Produkten werden in der Literatur schwerpunktmäßig die folgenden acht Prozessschritte genannt (z. B. Sundin 2004; Zwolinski et al. 2006; Gray und Charter 2008; Pigosso et al. 2010; Hatcher et al. 2011). Abhängig von Parametern wie dem Produkttyp, den Produkteigenschaften und dem Gesamtvolumen können einzelne Schritte auch ausgelassen oder in alternativen Reihenfolgen durchgeführt werden (Sundin 2004).

1. Einsammeln des Produktes
2. Inspektion des Produktes und Identifikation von Fehlern
3. Zerlegen des Produktes
4. Säuberung der Einzelkomponenten (und Zwischenlagerung)
5. Inspektion der Einzelkomponenten (und Sortieren)
6. Instandsetzung der Einzelkomponenten und, falls notwendig, Ersetzen von nicht für die Instandsetzung geeigneten Komponenten
7. Wiederzusammenbau des Produktes
8. Tests zur Sicherstellung der Funktionsfähigkeit und Qualität

Ergänzend zur Qualitätskontrolle am Ende der Wiederinstandsetzung sind in jedem Schritt geeignete Maßnahmen zur Qualitätssicherung zu ergreifen (Zwolinski et al. 2006). Zudem weisen Pigosso et al. (2010) in ihren Ausführungen darauf hin, dass im Rahmen der Instandsetzung bzw. des Komponentenaustausches auch ein Upgrade der Komponenten durchgeführt werden kann. Hierbei können beispielsweise ineffiziente oder aus Erfahrung fehleranfällige Einzelkomponenten ersetzt werden, wodurch das Produkt insgesamt

[16] Siehe hierzu auch die Ausführungen zur Pay-per-Use- oder Pay-per-Success-Geschäftsmodellen in Verbindung mit der Weiterverwendung von gebrauchten Traktionsbatterien in Abschn. 4.4.

aufgewertet wird. Ob eine Inspektion auf Produktebene und/oder Einzelkomponentenebene erfolgt, hängt auch von der Beschaffenheit des Produktes und dem anvisierten Aufwand des Gesamtverfahrens ab. Kerr und Ryan (2001) schlagen etwa eine Inspektion auf Einzelkomponentenebene mit anschließender Sortierung der Komponenten in drei Klassen ((1) direkt wiederverwendbar, (2) wiederverwendbar nach Aufbereitung, (3) nicht wiederverwendbar) vor, wodurch der nachfolgende Prozessschritt beschleunigt werden kann.

Bezugnehmend zur Wiederinstandsetzung gebrauchter Traktionsbatterien existieren in der Literatur aktuell nur wenige Arbeiten, die sich mit einem geeigneten Prozess auseinandersetzen. Eine der Ausnahmen ist ein Beitrag von Ramoni und Zhang (2013). Der von den beiden Forschern vorgeschlagene Prozess ähnelt dem oben bereits vorgestellten generischen Wiederinstandsetzungsprozess und ist grob in sieben in Abb. 2.3 skizzierte Schritte unterteilt.

Wie ebenfalls zuvor detailliert, verfolgen Ramoni und Zhang (2013) das Ziel, einzelne Zellen mittels Laser wiederinstandzusetzen, wofür eine Zerlegung der Batteriepacks bis auf Zellebene notwendig ist. Die erfolgreiche Durchführung der Zerlegung verlangt dabei nicht nur nach Kenntnissen über den individuellen Aufbau des jeweiligen Batterietyps, sondern ist aufgrund der elektrischen Eigenschaften der Batterie auch von qualifiziertem Fachpersonal in einer geeigneten Umgebung durchzuführen. Da sich der Zerlegungsprozess aktuell nur schwer automatisieren lässt und das gebundene Fachpersonal einen großen Kostentreiber darstellt, ist die batterietypindividuelle Planung und optimierte Ausführung des Zerlegungsprozesses ein zentrales Kriterium für die Wirtschaftlichkeit der Wiederinstandsetzung. Ramoni und Zhang (2013) schlagen in diesem Zusammenhang den Einsatz eines nicht näher detaillierten Optimierungsverfahrens vor, das auf Basis von Modellen der Batterie und unter Berücksichtigung von Abhängigkeiten zwischen den Batteriekomponenten eine Auswahl möglicher Zerlegungssequenzen generiert und aus diesen, entsprechend festgelegter Kriterien, wie der benötigten Zeit, der Sicherheit während des Zerlegungsprozesses und der mit dem Vorgehen einhergehenden Gefahr von Beschädigungen, die optimale Zerlegungssequenz auswählt. Hinsichtlich der Ausgestaltung der übrigen Prozessschritte (mit Ausnahme der Wiederinstandsetzung der Zelle mittels Laser) bleiben die Ausführungen von Ramoni und Zhang (2013) jedoch vage.

Bezugnehmend auf die mögliche Adaption des generischen Prozesses bzw. eines Instandsetzungsprozesses für Automotoren merken Groenewald et al. (2016) an, dass die Wiederinstandsetzung einer Traktionsbatterie aufgrund der elektrochemischen Natur des Produktes und des von ihm ausgehenden Gefahrenpotentials besonderer Maßnahmen in Bezug auf die sichere Handhabung, die Lagerung und die Bewertung während des Wie-

Abb. 2.3 Wiederinstandsetzung von Traktionsbatterien. (In Anlehnung an Ramoni und Zhang 2013)

derinstandsetzungsprozesses bedarf und somit eine direkte Übernahme der genannten Prozesse nicht einfach möglich ist. Zudem ist den Tests zur Feststellung des Batteriezustandes und möglicher Fehler, die im Rahmen der Inspektion durchzuführen sind, sowie dem abschließenden Leistungs- und Funktionstest eine hohe Relevanz beizumessen.

Neben den Eigenschaften des Batteriesystems ist die Komplexität des Wiederinstandsetzungsprozesses für gebrauchte Traktionsbatterien vor allem vom angestrebten Grad der Zerlegung der Traktionsbatterie (Packebene, Modulebene, oder Zellebene), von den bereits vorhandenen bzw. im Rahmen der Inspektion zu erhebenden Batteriedaten zur Fundierung der Wiederverwendungs- bzw. Wiederinstandsetzungsentscheidung, vom Umfang der Aufbereitungsmaßnahmen (nur Austausch oder Wiederherstellung von Leistungsfähigkeit) und von den abschließenden Leistungs- und Funktionstest abhängig. Des Weiteren sind für die Abschätzung des batterieindividuellen Aufwandes auch die Gründe aufzuführen, aus denen eine Batterie aus ihrem automobilen Leben ausgeschieden ist. Abhängig von dem Grund für das Ausscheiden kann die individuelle Batterie mehr oder weniger aufwändige Prozesse durchlaufen. In Anlehnung an Groenewald et al. (2016) lassen sich in diesem Zusammenhang drei zentrale Gründe aufführen:

1. Defekt der Leistungselektronik (z. B. BMS, Sensoren, Thermalsystem, Schaltschütz)
2. Abnahme der Leistungsfähigkeit des Batteriepacks bzw. einzelner Module im Zuge der Alterung oder als Folge von Zelldefekten
3. Beschädigung des Batteriepacks, etwa nach Unfallbeteiligung des Fahrzeuges

Groenewald et al. (2016) stellen in ihren Ausführungen auch ein weiteres grobes Prozessmodell vor, das in Abb. 2.5 als BPMN-Modell dokumentiert wurde[17]. Auffallend ist hierbei, dass die EOL-Strategien der Wiederinstandsetzung, der Umwidmung und Weiterverwendung und der Verwertung innerhalb des Modelles eine Berücksichtigung finden. Analog zu den Darstellungen in Abschn. 2.2.2 dieses Buches hat hierbei die Strategie der Umwidmung und Weiterverwendung aufgrund des durch sie potentiell erzielbaren Erlöses Vorrang vor der Verwertung und die Wiederinstandsetzung aus identischem Grund Vorrang vor der Umwidmung und Weiterverwendung. Anzumerken ist zudem, dass die Autoren den Rückgriff auf eine Nutzungshistorie bzw. auf Informationen aus dem Batteriemanagementsystem zur Unterstützung der Entscheidung für oder gegen eine Wiederinstandsetzung ausdrücklich vorsehen. Ob und wie umfassend im Rahmen der Wiederinstandsetzung auf diese Daten zurückgegriffen werden kann, hängt nicht zuletzt auch von der Klassifikation des Batteriepacks oder Batteriemoduls entsprechend der oben genannten zentralen Gründe für das Ausscheiden ab. Entsprechend enthält der Prozess auch direkte Tests zur Feststellung des Batteriezustandes, die jedoch von Groenewald et al.

[17] Für die detaillierte Visualisierung relevanter Prozess wird im weiteren Verlauf dieses Buches auch auf Business Process Model and Notation- (BPMN-)Prozessdiagramme zurückgegriffen (Object Management Group 2011), die mit dem Signavio Process Editor erstellt wurden. Erläuterungen zu den in den Kollaborationsdiagrammen verwendeten Symbolen können Abb. 2.4 entnommen werden.

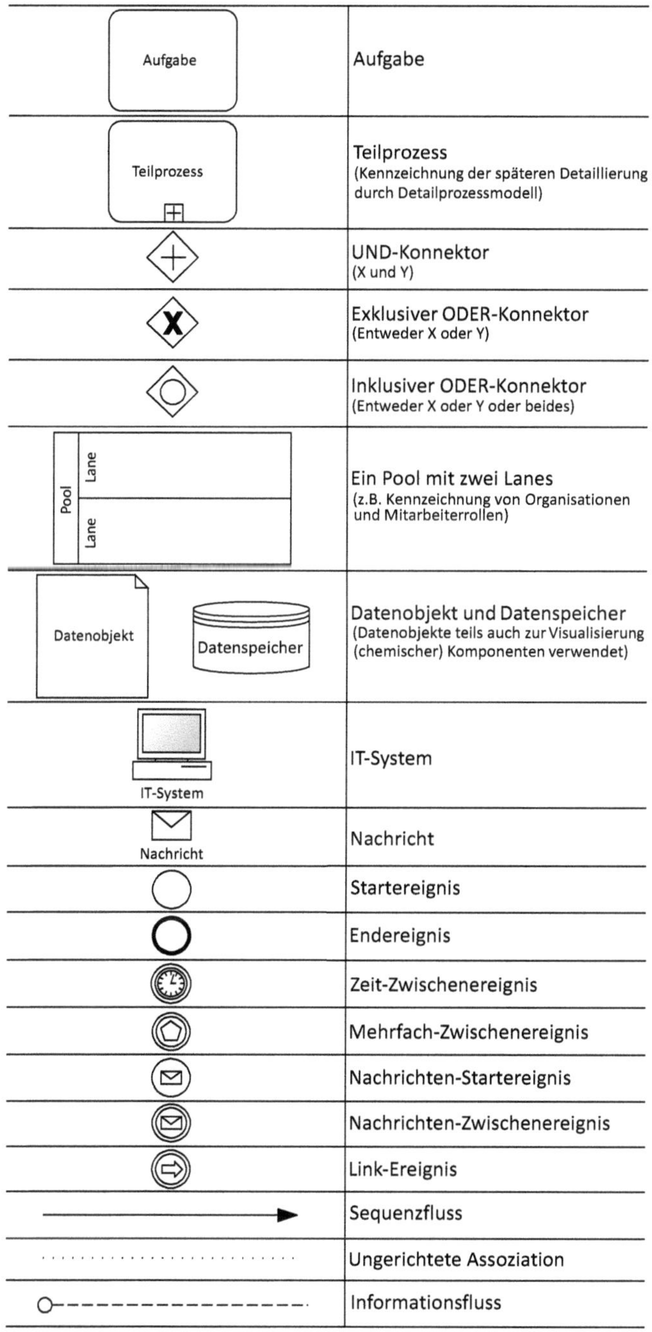

Abb. 2.4 Übersicht ausgewählter Symbole aus BPMN-Prozessdiagrammen

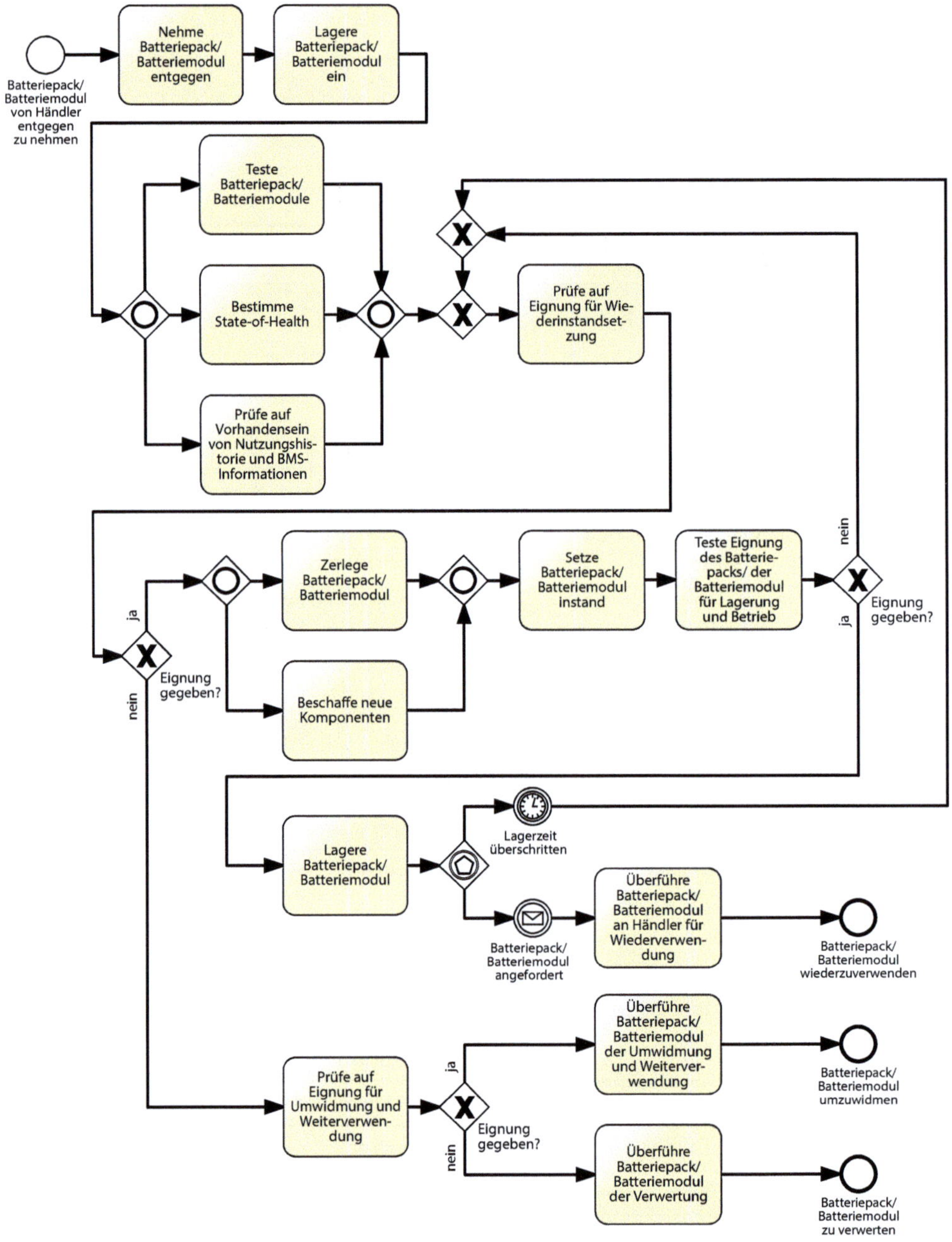

Abb. 2.5 Grobprozess für die Wiederinstandsetzung eines Elektroautobatteriepacks. (In Anlehnung an Groenewald et al. 2016)

(2016) nicht auf Pack- oder Modulebene sondern ausschließlich auf Zellebene diskutiert werden. Mit der Nutzung des eEOL-Passes innerhalb der Prozesse zur Umwidmung wird im Kap. 3 dieses Buches eine Entität vorgeschlagen, die die Nutzungshistorie der Batterie in aggregierter Form bereitstellt und auf die im Rahmen der dort dargestellten Prozesse zur Umwidmung von Traktionsbatterien ebenfalls ergänzend zu detaillierten Tests zurückgegriffen wird.

Weitere Prozessmodelle konnten im Rahmen einer Literaturanalyse nicht identifiziert werden[18]. Dies deckt sich auch mit den Ausführungen von Foster et al. (2014) sowie Hartwell und Marco (2016), die anmerken, dass aktuell in der Literatur noch keine Verfahren für die Wiederinstandsetzung von Traktionsbatterien beschrieben würden, die für ganze Packs sowie größere Batterievolumina geeignet seien. Allerdings konnten während der Recherchen für das vorliegende Kapitel mehrere nationale und internationale Patente in der Online-Datenbank espacenet des europäischen Patentamtes identifiziert werden, die Wiederinstandsetzungsprozesse für Traktionsbatterien betreffen, und die im Folgenden kurz beschrieben werden.

Bereits im Jahr 2012 wurde ein US-Patent von der Toyota Motor Co Ltd beantragt, das unter anderem einen Prozess beschreibt, bei dem noch nutzbare Bestandteile einer ausgedienten Lithium-Ionen-Traktionsbatterie aus dieser entnommen werden und in einer weiteren ausgedienten Lithium-Ionen-Traktionsbatterie nicht mehr funktionstüchtige Bestandteile ersetzen, so dass die zweite Lithium-Ionen-Traktionsbatterie wieder im Elektrofahrzeug zum Einsatz kommen kann (siehe Abb. 2.6; Obata 2015). Auch der Aufbau eines neuen Batteriepacks aus gebrauchten und neuen Bestandteilen wird in dem Patent berücksichtigt. Als Entscheidungsgrößen für die Feststellung der Eignung der als Batteriestacks bezeichneten Bestandteile (Batteriemodul(e) oder Sammlungen einzelner Batteriezellen) aus der Traktionsbatterie dienen dabei der gemessene Widerstand, der unterhalb eines definierten Grenzwertes liegen muss, sowie die gemessene Kapazität, die oberhalb eines definierten Grenzwertes liegen muss. Erfüllt ein Batteriestack die entsprechenden Kriterien nicht, werden die Komponenten für eine Weiterverwendung (hier als *reuse in a different application* bezeichnet) vorgesehen. Im Sinne der in diesem Buch beschriebenen EOL-Strategien beschreibt das Patent vor allem den Prozess für eine Kannibalisierungsstrategie, der durchlaufen werden kann, um Komponenten einer ausgedienten Batterie als Bestandteile einer anderen Batterie wiederzuverwenden oder die Komponenten einer Weiterverwendung zuzuführen.

Ein weiteres internationales Patent wurde 2013 von Johnson Controls Tech beantragt. Es betrifft die Wiederinstandsetzung von Batteriemodulen, die in Elektrofahrzeugen und anderen Energiespeichern genutzt werden (Wyatt und Nguyen 2015). Das Patent umfasst unter anderem die Beschreibung eines Grobprozesses, der sowohl für die Wiederinstandsetzung als auch die Umwidmung von Traktionsbatterien angewendet werden kann. Der Prozess beruht dabei primär auf dem Austausch von Komponenten und sieht nicht etwa die Wiederinstandsetzung einzelner Zellen vor, wie sie etwa von Ramoni und Zhang (2013)

[18] Stand Februar 2017.

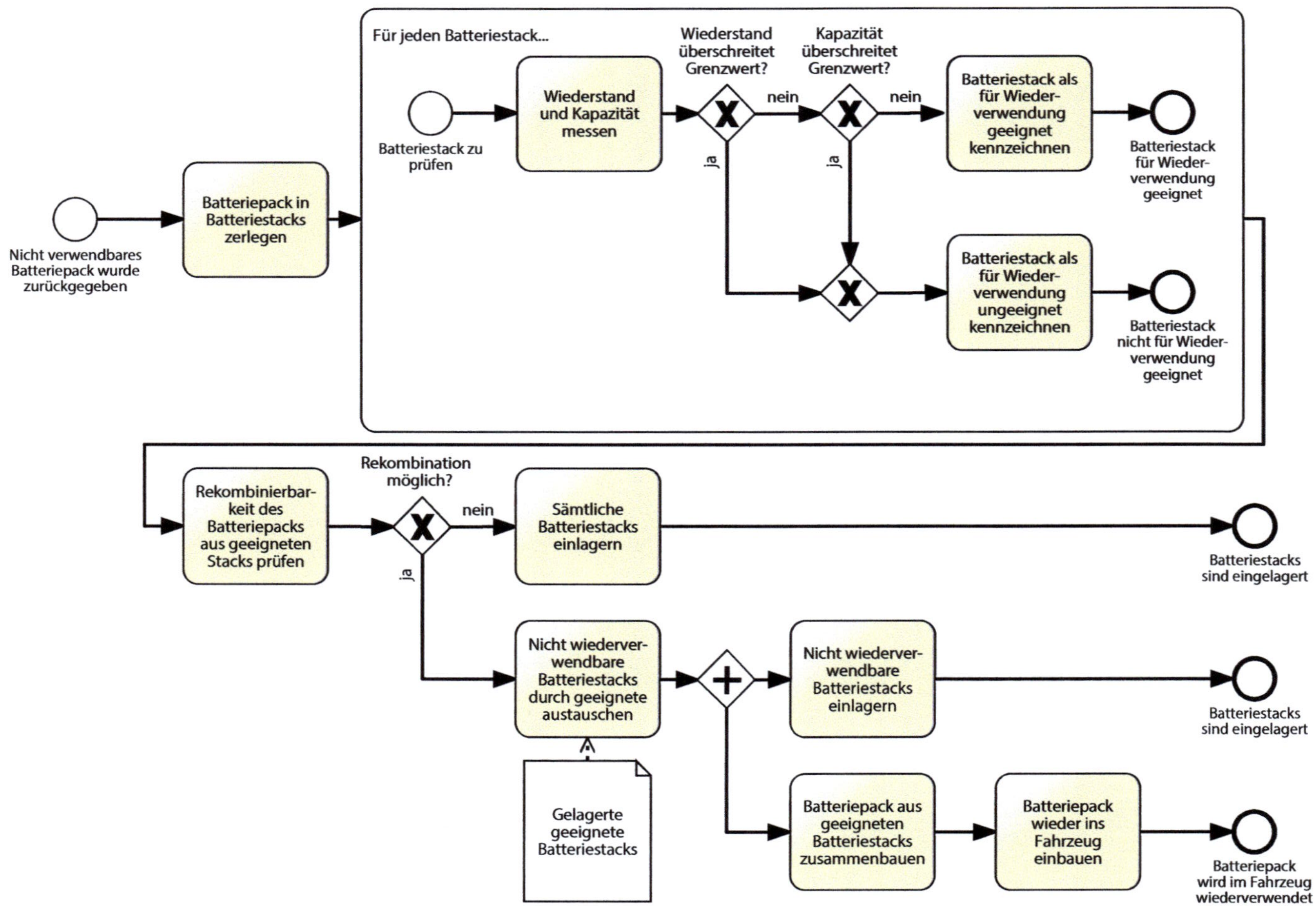

Abb. 2.6 Im Patent von Toyota beschriebener Prozess für die Wiederinstandsetzung. (In Anlehnung an Obata 2015)

beschrieben wird. Im Rahmen des beschriebenen Wiederinstandsetzungsprozesses können dabei sowohl gebrauchte als auch neue Komponenten zum Einsatz kommen. Zudem umfasst das Patent auch das Wiederzusammensetzen von Modulen aus Zellen unterschiedlicher Typen sowie die insbesondere im Rahmen der Umwidmung und Weiterverwendung relevante Neuverschaltung von Zellen, um alternativen Anforderungen zu genügen, und die Änderung der Modulschnittstellen.

In Abb. 2.7 wird der im Patent beschriebene Grobprozess wiedergegeben. Die einzelnen Prozessschritte können dabei von verschiedenen Personen an unterschiedlichen Standorten, wie etwa in einer Produktionsanlage, in einem Service-Center oder bei einem Autohändler durchgeführt werden. Neben dem Grobprozess enthält das Patent auch Beschreibungen von Detailprozessen, die für die Wiederinstandsetzung einzelner Module in Abhängigkeit von den auszutauschenden Komponenten durchlaufen werden können. Das in dem Patent visualisierte Batteriesystem basiert dabei auf Pouch-Zellen. Im Vergleich zum Patent von Toyota enthält das hier aufgeführte Patent auch eine detaillierte Beschreibung von Möglichkeiten zur Feststellung der Eignung eines Batteriemodules für die Wiederinstandsetzung, wobei jedoch keine spezifischen Kriterien genannt werden. So kann die Inspektion abhängig von der Umgebung, in der die Wiederinstandsetzung vorgenommen werden soll, und dem angestrebten Grad der Wiederinstandsetzung im Falle des fehlenden Zugriffs auf elektrisches Testequipment auch nur visuell, etwa zur Feststellung von Abnutzungen durch Vibrationen oder Temperaturschwankungen, erfolgen. Allerdings sind auch detaillierte Tests einzelner Zellen auf ihre Leistungsabnahme vorgesehen.

Ein weiteres Patent baut auf der Nutzungshistorie eines Batteriepacks bzw. seiner Komponenten auf (Kurimoto 2013). Der in dem Patent beschriebene Prozess basiert dabei auf der zentralen Annahme, dass nur solche Batteriepacks wiederinstandgesetzt werden, für die eine Nutzungshistorie verfügbar ist. Batteriepacks, für die das nicht zutrifft, werden in die Wieder- oder Weiterverwertung überführt. Die entsprechenden Daten für die Nutzungshistorie können während der Nutzung des Fahrzeuges auf unterschiedlichen Wegen erfasst und in regelmäßigen Abständen (z. B. einmal alle drei Monate) an eine zentrale

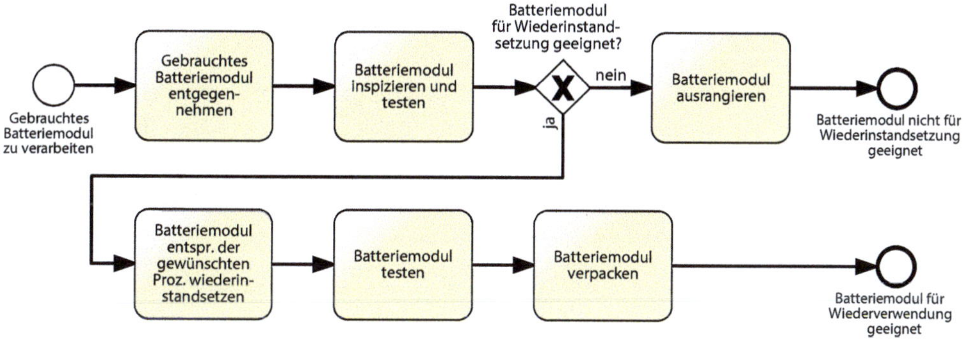

Abb. 2.7 Im Patent von Johnson Controls Tech beschriebener Grobprozess zur Wiederinstandsetzung. (In Anlehnung an Wyatt und Nguyen 2015)

Data Station übertragen werden, wo sie dann nach der Nutzung für die Wiederinstandsetzungsentscheidung bereitgestellt werden:

1. Die Erfassung und Übertragung erfolgt an Ladevorrichtungen.
2. Die Übertragung erfolgt ortsungebunden durch einen Transmitter.
3. Die Daten werden in einem batterie- oder fahrzeuginternen Speicher erfasst und durch einen Transmitter übertragen.

Die erfassten Daten umfassen mindestens die Identität der Batterie und einen Zeitstempel. Zudem werden die folgenden drei Parameter zur alleinigen oder gemeinsamen Erfassung und Entscheidungsfundierung vorgeschlagen:

1. Die jeweils noch erreichbare Kapazität einzelner Batteriestacks des Batteriepacks (hier benannt als *full charge capacity*)
2. Die unter verschiedenen Temperatur- und Ladezuständen erfassten Innenwiderstände
3. Die Anzahl der Überschreitungen einer definierten Spannungsgrenze

Die Entscheidungen für die Wiederverwendbarkeit des Batteriepacks bzw. einzelner Batteriestacks kann somit auf Basis einer Vielzahl einzeln zu berücksichtigender oder gemeinsam zu berücksichtigender Kennzahlen getroffen werden, wie etwa auf Basis der noch erreichbaren Kapazität, der Kapazitätsänderung innerhalb eines vorgesehenen Zeitraumes, der Kapazitätsänderung im Vergleich zum Ursprungszustand, des aktuellen Innenwiederstandes oder der Innenwiderstandsänderung sowie der Spannungsgrenzenüberschreitungen. Der in dem Patent skizzierte Grobprozess wird in Abb. 2.8 wiedergegeben. Im Rahmen der hier nicht visualisierten Wiederinstandsetzung im engeren Sinne (bezeichnet als *rebuilding*) wird entweder ein neues Pack auf Basis noch als geeignet beurteilter Batteriestacks mehrerer gebrauchter Batteriepacks aufgebaut oder in einem vorhandenen Batteriepack werden nur die ungeeigneten Batteriestacks durch als geeignet beurteilte ersetzt.

In einem weiteren Patent von Toyota wird ein Gesamtsystem für die Rücknahme, Instandsetzung und Wiederaufbereitung gebrauchter Traktionsbatterien skizziert und beschrieben (siehe Abb. 2.9; Kurimoto und Tojima 2015). Analog zum vorherigen Patent von Kurimoto (2013) werden die direkte Wiederverwendung (reuse), die Wiederaufbereitung (rebuild) und die Wieder- bzw. Weiterverwertung (recycle) unterschieden. Die Entscheidungen für eine der drei Optionen wird dabei erneut auf Basis gesammelter Batteriedaten getroffen, die entweder vor dem EOL oder im Rahmen der Rücknahme erhoben werden. Diese Entscheidung wird dabei innerhalb der so genannten *Sortiereinrichtung* von einem als *Controller* bezeichnetem System unterstützt, das, mit dem Ziel der Kostenreduzierung, unter anderem für die folgenden Aufgaben zuständig ist:

- Sammeln von Daten über die Batterie
- Feststellung der Eignung der Batterie für Wiederinstandsetzung

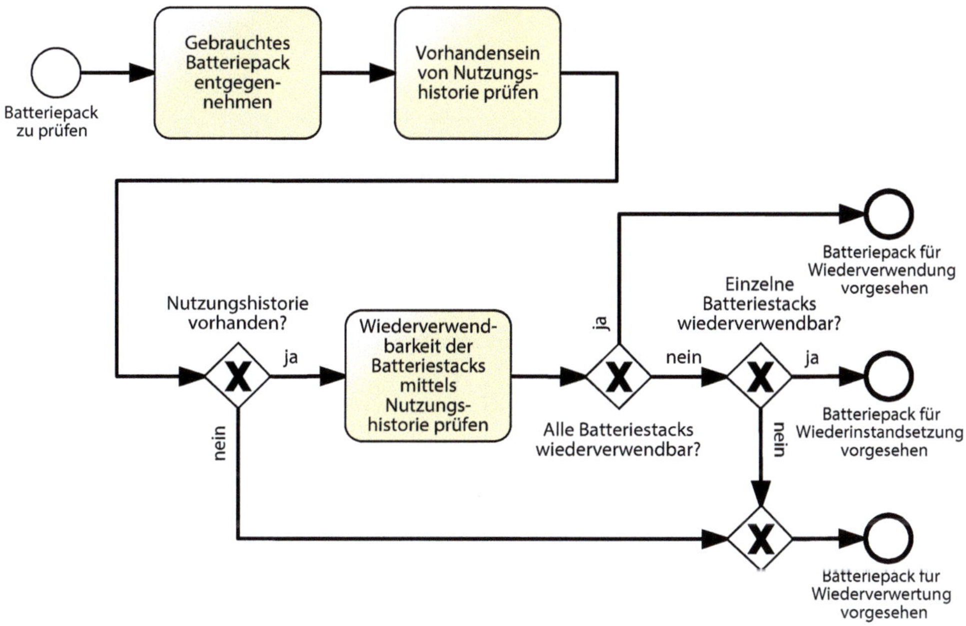

Abb. 2.8 Im Patent von Kurimoto (2013) beschriebener Grobprozess zur Wiederinstandsetzung

- Feststellung der Anzahl der in der Batterie integrierten Zellen, die sich für die Wiederinstandsetzung eignen
- Feststellung der Anzahl zusätzlich benötigter Zellen, um die Wiederinstandsetzung durchzuführen (und Sammeln dieser Zellen)
- Bewertung der Eignung der Batterie für die Wiederinstandsetzung auf Basis der festgestellten Anzahl geeigneter und zu ersetzender Zellen

Tab. 2.2 detailliert, welche Batteriedaten auf unterschiedlichen Ebenen erhoben werden und in die Entscheidung einfließen.

Abb. 2.10 skizziert den Grobprozess sowie den Detailprozess für die Wiederinstandsetzung[19]. Hervorzuheben ist in diesem Prozess das Vorgehen, Batteriepacks nur dann einer Wiederinstandsetzung zuzuführen, wenn die Batteriedaten die Packs grundsätzlich als geeignet ausweisen und ein tatsächlicher Bedarf an wiederinstandgesetzten Packs besteht. Der kostspielige Wiederinstandsetzungsprozess wird somit nur bedarfsgerecht für eine minimale Anzahl an Packs durchlaufen. Batteriepacks mit einer größeren Anzahl wiederverwendbarer Zellen werden dabei bevorzugt behandelt, so dass auch in Bezug auf den Materialaufwand eine Kostenminimierung angestrebt wird. Der im Patent beschriebene Prozess sieht zudem eine Zwischenlagerung der Batteriepacks vor, etwa vor der eigentli-

[19] Das * kennzeichnet aus Gründen der Konsistenz ergänzte Schritte, die in dem im Patent visualisierten Modell nicht enthalten sind, jedoch den textuellen Beschreibungen entnommen werden können.

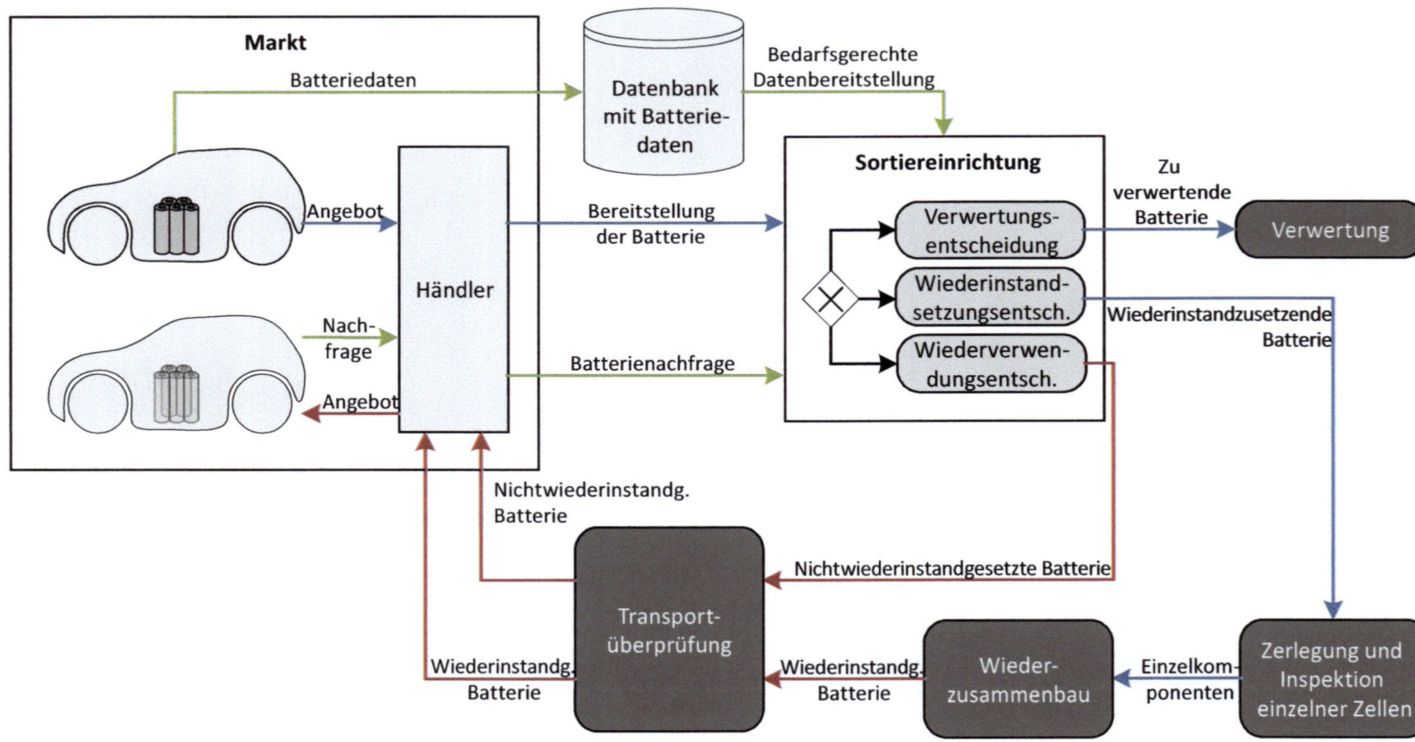

Abb. 2.9 In Anlehnung an das im Patent von Kurimoto und Tojima (2015) skizziertes Gesamtsystem

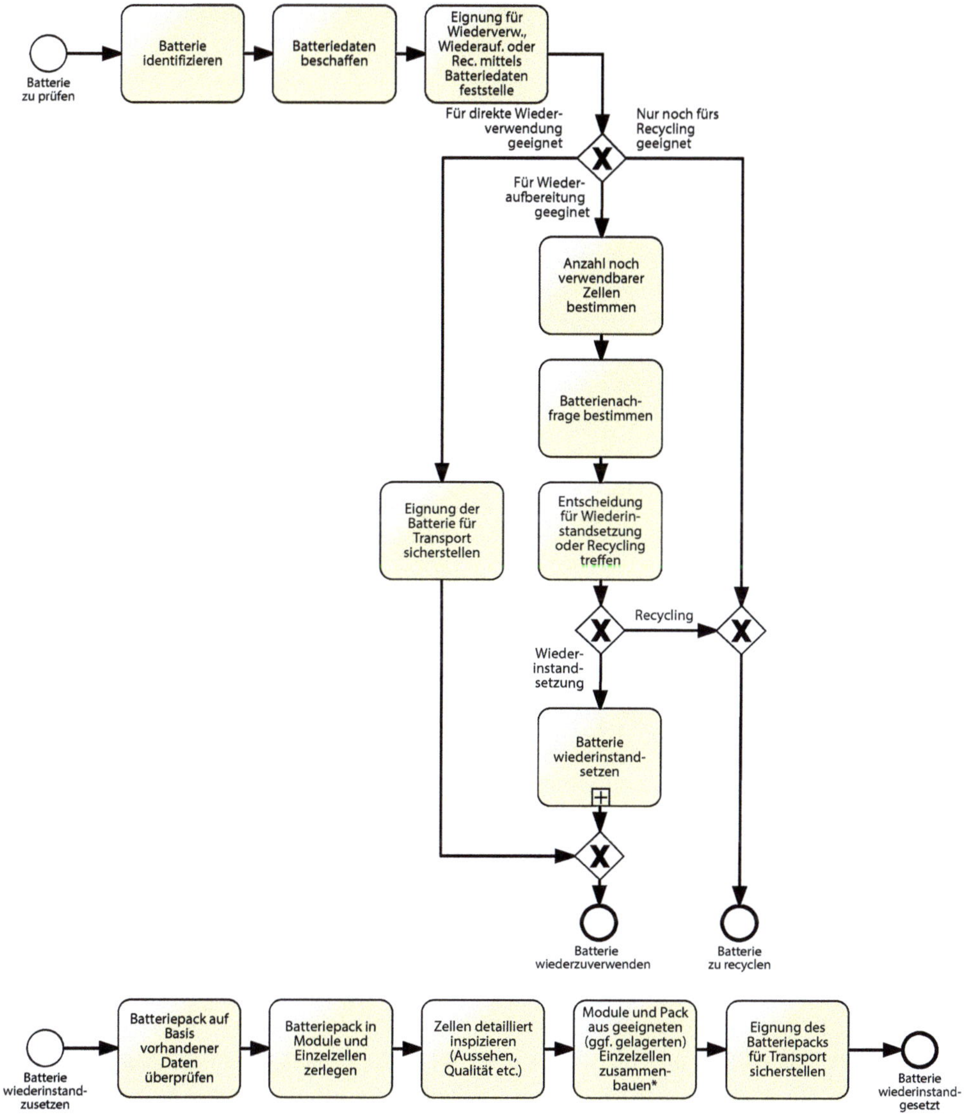

Abb. 2.10 In Anlehnung an Kurimoto und Tojima (2015) visualisierter Gesamtprozess (*oben*) und Detailprozess für die Wiederinstandsetzung (*unten*)

Tab. 2.2 Übersicht der im Patent von Kurimoto und Tojima (2015) beschriebenen und als Entscheidungsgrundlage dienenden Batteriedaten

Erfassungsebene	Daten
Batteriesystem (über das Batteriepack)	Zurückgelegte Strecke
	Kumulierter Entladestrom
	Häufigkeitsverteilung der Batterietemperaturen
Batteriemodul (über die Batteriezellen)	Spannung Innenwiderstand
	Unterschiede in den Spannungen zwischen einzelnen Zellen
	Unterschiede im Innenwiderstand zwischen einzelnen Zellen
Sonstiges	Z. B. Erfassung der Anzahl der Zeitpunkte zu denen eine Temperaturüberlastung vorlag (Betrieb oberhalb eines empfohlenen Temperaturkorridors)

chen Wiederinstandsetzung. In Bezug auf die Sammlung von Batteriedaten während der automobilen Nutzung und die Auswertung dieser Daten kann auch auf ein weiteres Patent von Toyota verwiesen werden, das eine Methode bzw. ein System zur Erfassung dieser Daten beschreibt und insbesondere auch den Austausch von Komponenten dokumentiert (siehe US 2013/0015982 A1).

Koba et al. (2016) betonen in einem weiteren Patent die Notwendigkeit, die Wiederinstandsetzungs- und Wiederverwendungsentscheidung von Batteriemodulen auf Basis jeweils batteriespezifischer Toleranzbereiche (*relative tolerable range*) für die Kapazität, den Innenwiderstand, die Entladeschlussspannung und das Batteriegewicht zu treffen, nicht jedoch auf Basis von batterie(typ)unabhängig festgelegten Grenzwerten (*absolute tolerable range*). Dieser Ansatz soll sicherstellen, dass Batteriemodule nicht zu Unrecht aussortiert werden. Der in diesem Patent beschriebene Grobprozess unterscheidet sich nicht signifikant von den zuvor skizzierten und sieht zunächst die Feststellung der direkten Wiederverwendbarkeit der Batterie anhand von Batterieparametern auf Pack- oder Modulebene vor, ehe eine Zerlegung der Batterie in Module und eine Detailprüfung vorgenommen wird. Im Gegensatz zum Patent von Koba et al. (2016) werden im Patent von Ibi et al. (2015) sowohl die von der individuellen Batterie unabhängige absolute als auch die batteriespezifische relative Abweichung (*absolute acceptable range* und *relative acceptable range*) als Entscheidungskriterien genutzt, wodurch sich die Anzahl der wiederverwendbaren Zellen und ihre Uniformität weiter erhöhen lassen sollen.

Abschließend sei noch auf ein Patent von Panasonic EV Energy Co. Ltd. verwiesen, das eine Klassifikation von Batteriekomponenten entsprechend der Homogenität ihrer Parameter in Gruppen vorsieht (Maegawa et al. 2013). Zur Erhöhung der Leistungsfähigkeit der wiederinstandgesetzten Batterien und zur Reduzierung der Abweichungen zwischen den aus verschiedenen ursprünglichen Batterien stammenden Batteriekomponenten wird während der Wiederinstandsetzung nur auf Komponenten (Module bzw. einzelne Zellen) zurückgegriffen, die der gleichen Gruppe angehören. Zur Klassifikation kann dabei auf verschiedene Parameter zurückgegriffen werden, mindestens jedoch auf das Herstellungsdatum und das Batteriegewicht der Komponenten. Das Patent enthält zwei so genannte *Maps* die die Klassifikation der Komponenten anhand der Änderung des Batteriegewichtes oder der Gewichtsabnahme über die Zeit verdeutlichen.

Zusammenfassend lässt sich festhalten, dass die beschriebenen Patente Prozesse vorsehen, die für Batterien zum Einsatz kommen können, deren Leistungsfähigkeit im Zuge der Alterung oder als Folge von Zelldefekten eingeschränkt ist. Die Verfahren basieren dabei allesamt auf einem Austausch der Zellen bzw. der Rekombination geeigneter Zellen zu neuen Batteriemodulen und Batteriepacks. In den beschriebenen Prozessen lassen sich keine Details zu ergänzenden Verfahren finden, die eine Wiederaufbereitung der Zellen, der Verbinder oder der Leistungselektronik vorsehen. Auch lassen sich in Bezug auf die in Anlehnung an Groenewald et al. (2016) beschriebenen weiteren Gründe für das Ende des automobilen Lebens einer Batterie (Defekt der Leistungselektronik, Beschädigung des Batteriepacks) keine Prozessbeschreibungen auffinden.

Allerdings finden sich in der Datenbank des europäischen Patentamtes weitere potentiell relevante Patente bzw. Patentanträge. Teilweise wurden diese jedoch bisher nicht veröffentlicht (z. B. LG Chemical Ltd.: KR20150049557 (A); Toyota Motor Corp.: JP2014082120 (A); Primearth EV Energy Co Ltd.: JP2012138295 (A)) oder die Beschreibungen stehen aktuell nicht in englischer Sprache zur Verfügung (z. B. Primearth EV Energy Co Ltd.: JP2011216328 (A), JP2011216329 (A)). Die in diesem Kapitel aufgeführten Informationen sind somit nur als eine erste grobe Zusammenfassung zentraler Prozesse zu verstehen.

2.4.4 Herausforderungen

Eine zentrale Anforderung für die Etablierung der Wiederinstandsetzung von Produkten ist die ökonomische und ökologische Sinnhaftigkeit der Verfahren. Die Beschaffenheit des Produktes, dessen Eignung für die Wiederinstandsetzung und der für die Wiederinstandsetzung zu bewältigende Aufwand hängen dabei maßgeblich von den im Rahmen der Entwicklung getroffenen Design-Entscheidungen ab (Hatcher et al. 2011). Bestimmte Produkteigenschaften, wie etwa nicht zerstörungsfrei lösbare Schweißnähte, können einzelne Prozessschritte, wie die Zerlegung oder den Wiederzusammenbau, erheblich beeinträchtigen. So weisen etwa Sundin und Bras (2005) sowie Pigosso et al. (2010) in ihren Ausführungen darauf hin, dass viele Produkte zwar für einen schnellen Zusammenbau, nicht jedoch für eine leichte Zerlegung konzipiert sind und auf die Wiederinstandsetzbarkeit des Produktes idealerweise bereits bei der Produktentwicklung Wert gelegt werden sollte.

Das Forschungsfeld *Design for Remanufacture* (kurz DfRem) setzt sich mit aus dem Produktdesign entstehenden Herausforderungen für die Wiederinstandsetzung auseinander und erarbeitet Methoden und Werkzeuge, um für die Wiederinstandsetzung günstige Produkteigenschaften frühzeitig während der Produktentwicklung zu berücksichtigen (Bras und McIntosh 1999; Hatcher et al. 2011). Im Forschungsfeld des DfREM wurden dabei auch verschiedene Kriterien erarbeitet, die ein Produkt erfüllen sollte, um erfolgreich wiederinstandgesetzt und verkauft werden zu können. In Anlehnung an die Ausführungen von Gray und Charter (2008) sowie Sundin (2004) können etwa die folgenden Kriterien aufgeführt werden:

1. Der (zuverlässige) Zugang zu gebrauchten Produkten, welche die (erste) Nutzungsphase verlassen, ist gewährleistet.
2. Es existiert Technologie, die die Wiederinstandsetzung unterstützt.
3. Das Produkt besteht aus Bauteilen, die standardisiert und austauschbar sind.
4. Im Vergleich zu den durch die Wiederverwendung erzielbaren Einsparungen sind die Kosten für die Wiederinstandsetzung des Produktes gering.
5. Die dem Produkt zugrundeliegende Technologie ist auch über die (übliche) Produktlebensdauer hinaus stabil.
6. Es existiert eine ausreichende Nachfrage am Markt für das (wiederinstandgesetzte) Produkt.

Bei Anwendung der Kriterien auf gebrauchte Traktionsbatterien lässt sich feststellen, dass die Mehrzahl der Kriterien zum jetzigen Zeitpunkt entweder als nicht erfüllt angesehen werden muss oder die Entwicklungen noch nicht so weit fortgeschritten sind, als dass gesicherte Aussagen möglich sind. So lässt sich in Bezug auf den Zugang zu gebrauchten Traktionsbatterien zwar auf den ersten Blick festhalten, dass, durch stetig wachsende Absatzzahlen von Elektroautos, ein zeitlich verzögerter aber ebenfalls stetig wachsender Strom an gebrauchten Traktionsbatterien zu erwarten ist, so dass Prozesse mit hohen Durchlaufzahlen in Aussicht gestellt werden können (Hartwell und Marco 2016). Allerdings besteht zum jetzigen Zeitpunkt noch keine Sicherheit darüber, durch welche Institutionen die gebrauchten Batterien eingesammelt werden (Casals und García 2016) und wie dann weiter mit den Batterien bis zur potentiellen Wiederinstandsetzung verfahren wird. Gleichzeitig kommen in den verschiedenen Elektrofahrzeugen und Elektrofahrzeugklassen (BEV, PHEV, HEV) der verschiedenen Hersteller auf die individuellen Fahrzeuganforderungen abgestimmte Batteriekomponenten zum Einsatz, die untereinander in der Regel nicht kompatibel sind. Unterschiede bestehen etwa hinsichtlich der eingesetzten Zelltypen, Abmessungen der Zellen, Zellchemien, Leistungsdaten der Zellen, Form, Größe und Leistung der Module, Thermalsysteme, Algorithmen der BMS, Kommunikationsprotokolle und hinsichtlich der finalen Aufmachung des Batteriesystems (Casals und García 2016; Groenewald et al. 2016). Auch aufgrund der sensiblen Daten, die die gebrauchten Batterien potentiell mit sich bringen, ist es wahrscheinlich, dass die Automobilhersteller individuelle Verträge mit Einrichtungen abschließen, die auf eine geringe Anzahl verschiedener Batterietypen eines einzigen Automobilherstellers spezialisiert sind (Klör et al. 2015).

Ob die technologische Unterstützung für die Wiederinstandsetzung von Traktionsbatterien ausreichend ist, kann auf Basis der vorliegenden Informationen nicht beantwortet werden. So wurden im vorherigen Kapitel zwar einzelne Prozesse grob skizziert und die vorhandenen Beschreibungen in den Patenten enthalten etwa Hinweise auf unterstützende Informationssysteme und Technologien, Erfahrungsberichte zur Anwendung der Prozesse oder detaillierte ökonomische oder ökologische Evaluationen fehlen jedoch noch. Gleichzeitig ist nicht geklärt, ob der für manche Prozesse als Voraussetzung beschriebene Zugriff auf Batteriedaten bzw. die Nutzungshistorie zum jetzigen Zeitpunkt herstellerübergreifend in einem ausreichenden Umfang sichergestellt ist (Groenewald et al. 2016).

Aufgrund der Variabilität der Batteriesysteme kann bisher nicht von einer herstellerübergreifenden Standardisierung der Batteriekomponenten gesprochen werden. Hersteller- oder batteriesystemspezifisch kann jedoch eine Standardisierung der Komponenten unterstellt werden, so dass sich Bauteile unterschiedlicher Batteriepacks des gleichen Typs gegeneinander tauschen lassen. Im Zuge des Aufbaus neuer Batteriepacks aus Komponenten unterschiedlicher Ursprungsbatteriesysteme ist die Sicherstellung der Homogenität der Komponenten (bisherige Degradierung der Zellen, verbleibende Leistungsfähigkeit) jedoch eine zentrale Herausforderung. Sollen Einzelkomponenten hier nicht kostspielig getestet werden, müssen ausreichend detaillierte Daten bereits während der Erstverwendung der Komponenten aufgezeichnet und im Rahmen der Wiederinstandsetzung zur Verfügung gestellt werden. Ahmadi et al. (2014b) merken in ihren Ausführungen zudem an, dass viele Automobilhersteller nicht auf die Prinzipien des *Design for Disassembly* in Bezug auf die Traktionsbatterien setzen und Module oder Packs versiegelt oder verschweißt sind. Die Austauschbarkeit von Komponenten wird dadurch behindert (siehe auch Ramoni und Zhang 2013).

Zu den Kosten für die Wiederinstandsetzung von gebrauchten Traktionsbatterien kann zum jetzigen Zeitpunkt aufgrund fehlender etablierter Prozesse noch keine Aussage getroffen werden. Insbesondere die an verschiedenen Stellen im Rahmen der Teilprozesse durchzuführenden Tests zur Feststellung des Zustandes oder zur Sicherstellung der Funktionstüchtigkeit sind dabei als zentrale Kostentreiber zu sehen (Groenewald et al. 2016). Kann die Anzahl der durchzuführenden Tests nicht reduziert werden bzw. kann der Aufwand für die Durchführung der Tests nicht verringert werden, lassen sich kaum wirtschaftliche Wiederinstandsetzungsprozesse für gebrauchte Traktionsbatterien etablieren. Gleichzeitig müssen die Tests ausreichend detaillierte sein und akkurate Ergebnisse liefern, um zentrale Entscheidungen fundieren und die Funktionstüchtigkeit der Batteriesysteme gewährleisten zu können (Groenewald et al. 2016).

Auch die Stabilität der den Batteriesystemen zugrundeliegenden Technologie über einen Zeitraum von etwa 15–20 Jahren kann schwer eingeschätzt werden, da sich die zurzeit eingesetzten Technologien noch in frühen Entwicklungsphasen befinden und langfristige Erfahrungen mit den Technologien fehlen (Hartwell und Marco 2016). Gleichzeitig werden Alternativen zu Lithium-Ionen-Zellen bereits intensiv diskutiert (Thackeray et al. 2012; z. B. Hassoun und Scrosati 2015; Peng et al. 2016) und könnten innerhalb der nächsten 5 bis 10 Jahre den Weg in Elektroautos finden.

Ebenfalls schwer abzuschätzen ist die Nachfrage nach wiederinstandgesetzten Traktionsbatterien. Vereinfachend kann angenommen werden, dass die wiederinstandgesetzten Traktionsbatterien überall dort eingesetzt werden können, wo aktuell fabrikneue Traktionsbatterien zum Einsatz kommen. In welchen Fällen sich der Einsatz wiederinstandgesetzter Traktionsbatterien jedoch lohnen wird, wird von der Leistungsfähigkeit und Lebenserwartung der wiederinstandgesetzten Batterien im Vergleich zu fabrikneuen Batterien, von ihrem Preis und nicht zuletzt von der Verfügbarkeit fabrikneuer Batterien abhängen. Zu diesen Kriterien fehlen jedoch bislang Erfahrungswerte.

Ergänzend zu den aufgeführten Herausforderungen wird in der Literatur zudem der optimale Zeitpunkt diskutiert, zu dem Traktionsbatterien das erste automobile Leben verlassen und einer EOL-Strategie zugeführt werden sollten (z. B. Zhang et al. 2014). Es könnte für die Alterung von Traktionsbatterien eine Art Point of no Return geben, nach dessen Überschreitung die Abnahme der Leistungsfähigkeit der Batterie (Abnahme der Kapazität, Zunahme des Innenwiderstandes) bei gleichbleibenden Zeit- oder Zyklenintervallen erheblich steigt und eine Wiederinstandsetzung durch noch weiter zunehmende Aufwände für den Tausch von Komponenten oder deren Instandsetzung (noch) unwirtschaftlicher erscheinen lässt. Abschließend sei zudem noch auf rechtliche Unklarheiten verwiesen. Laut Hartwell und Marco (2016) kommen neben den oben skizzierten rechtlichen Rahmenbedingungen insbesondere auch Fragestellungen auf die die Batterie wiederinstandsetzenden Unternehmen zu, die das geistige Eigentum der ursprünglichen Hersteller des Batteriesystems und dessen Komponenten und deren Schutz (etwa durch Patente) betreffen. In Verbindung mit der uneinheitlichen Definition des Wiederinstandsetzungsbegriffes behindern entsprechende rechtliche Unklarheiten die Etablierung der Wiederinstandsetzung gebrauchter Traktionsbatterien zusätzlich.

2.5 Umwidmung von Traktionsbatterien für die Weiterverwendung

Im Folgenden wird die EOL-Strategie der Umwidmung für die Weiterverwendung (engl. repurposing for further use) für gebrauchte Traktionsbatterien detailliert. Aufbauend auf Literatur zum so genannten *Second Life* von Traktionsbatterien werden zunächst potentielle Beweggründe für die Umwidmung und Weiterverwendung aufgeführt. Anschließend folgt eine Gegenüberstellung vorhandener Definitionen und die Festlegung einer Arbeitsdefinition. Auf Basis vorhandener Literatur werden anschließend zentrale Prozessschritte für die Umwidmung von gebrauchten Traktionsbatterien skizziert. Abschließend erfolgt eine Auflistung ausgewählter Herausforderungen, die im Rahmen der Umwidmung für die Weiterverwendung zu adressieren sind. Auch aufbauend auf diesen Grundlagen wurden im Rahmen des Verbundprojektes EOL-IS Prozesse für die Umwidmung und Artefakte zur Unterstützung der Umwidmung entwickelt, die in den weiteren Kapiteln dieses Buches beschrieben werden.

2.5.1 Motivation

Im Gegensatz zur Wiederinstandsetzung von Traktionsbatterien für die Wiederverwendung, bei der der erneute Einsatz der gebrauchten Batterie in einer automobilen Anwendung angestrebt wird, zielt die Umwidmung darauf ab, die Batterie für eine Weiterverwendung in einer alternativen und weniger anspruchsvollen Anwendung vorzubereiten. Die Motive für die Umwidmung und Weiterverwendung einer gebrauchten Traktionsbatterie sind aus ökologischer und ökonomischer Sicht jedoch sehr ähnlich zu der im Abschn. 2.4.1 geschilderten Motivation für die Instandsetzung und Wiederverwendung.

Aus ökonomischer Sicht kann das Argument aufgeführt werden, dass sich durch den Verkauf gebrauchter Traktionsbatterien zusätzliche Einnahmen erzielen lassen, die etwa, unter Annahme dieser Einnahmen als garantierte Zahlungsströme für den Automobil- und Batteriebesitzer, die im Vergleich zu Fahrzeugen mit konventionellen Motoren hohen Anschaffungsauszahlungen teilweise aufwiegen können und somit das Potential haben, die Total Cost of Ownership für Automobil und Batterie insgesamt zu reduzieren (Elkind 2014; Hou et al. 2014; Richa et al. 2017a; Letmathe und Suares 2017). Verbleiben die Traktionsbatterien auch beim Verkauf eines Fahrzeuges im Besitz der Automobilisten, können die mit dem Verkauf der umgewidmeten Batterie zu erwartenden Zahlungsströmungen auch potentiell zu einer Senkung der Verkaufspreise für Elektroautos genutzt werden. Unberücksichtigt bleiben in diesem Zusammenhang in der Literatur jedoch teilweise die potentiellen Kosten für die Umwidmung der Batteriesysteme (sowohl Materialkosten als auch die Kosten für notwendige Aktivitäten) sowie der Wettbewerbsdruck durch neuwertige Batteriesysteme, deren Technologie den gebrauchten, beispielsweise ca. 7–8 Jahre alten, Systemen potentiell überlegen ist und deren Kosten zunehmend sinken und weiterhin als sinkend prognostiziert werden (Nykvist und Nilsson 2015).

Ergänzend kann die Umwidmung und Weiterverwendung von gebrauchten Traktionsbatterien aus ökologischer Sicht etwa zu CO_2-Einsparungen führen, da ein Teil der Anwendungsfälle für neue Batteriesysteme auch mit umgewidmeten Batterien bedient werden kann und somit eine geringere Zahl neuer Batteriesysteme hergestellt werden muss (Richa et al. 2017a). Die Ausführungen von Casals et al. (2017b) unterstützen diese These durch die Bereitstellung konkreter Zahlen. So zeigen die Autoren auf, dass die Herstellung von Elektroautobatterien in Bezug auf den regulären Lebenszyklus von Elektrofahrzeugen (d. h. ohne Wieder- oder Weiterverwendung) unter Annahme eines durchschnittlichen EU-Energie-Mixes mehr als 14 % des gesamten CO_2-Ausstoßes verursacht (5060 kg CO_2-Äquivalent in Relation zu 35.000 kg CO_2-Äquivalent). Bei zunehmendem Rückgriff auf CO_2-arme bzw. CO_2-lose Energieträger während der Nutzung des Elektrofahrzeuges steigt der Anteil des produktionsbedingten CO_2-Ausstoßes auf bis zu rund 42 % an (5060 kg CO_2-Äquivalent in Relation zu 12.050 kg CO_2-Äquivalent). Allerdings sind die durch die Umwidmung entstehenden CO_2-Emissionen hierbei noch unberücksichtigt. Diese hängen maßgeblich von den zu durchlaufenden Aktivitäten (Transport, Tests, Zerlegen der Batterie in Module oder Zellen etc.) und der verwendeten Elektrizität (Kim et al. 2015) sowie vom zusätzlichen Materialbedarf (neues Gehäuse, alternative

Verkabelung, neue Sicherheitsmechanismen und Leistungselektronik) ab, die wiederum durch den Zustand der Batterie und die Anforderungen der anvisierten anschließenden Zweitverwendung der Batterie bestimmt werden. Fallen im Rahmen der Umwidmung durch aufwandsärmere Prozesse oder weniger zusätzlichen Materialbedarf geringere CO_2-Emissionen an oder kann die Nutzungsdauer der Batterie durch die Umwidmung und Weiterverwendung signifikant verlängert werden, so können die im Rahmen der Produktion und Umwidmung anfallenden CO_2-Emissionen einer längeren Gesamtbatterielebensdauer gegenübergestellt werden und der relative CO_2-Ausstoß verringert sich[20].

Auch Ellingsen et al. (2014) zeigen in ihren Ausführungen auf, dass eine längere Verwendung der Batterie, d. h. eine höhere Anzahl erreichbarer Lade- und Entladezyklen vor einer Wieder- oder Weiterverwertung, zu einer Verringerung des Treibhauspotentials (engl. *global warming potential*), d. h. einer Senkung des relativen Beitrages der Traktionsbatterie zum Treibhauseffekt, führen kann. In einem weiteren Beitrag berücksichtigen Kim et al. (2015) in ihren Ausführungen zum möglichen Umweltnutzen von gebäudeintegrierten Second-Life-Stromspeichersystemen insbesondere auch verschleißbedingte Minderungen der zur Verfügung stehenden Kapazität, der Entladetiefe und der verbleibenden Entladezyklen sowie alterungsbedingte Ausfälle während der Weiterverwendung, kommen jedoch ebenfalls auf einen signifikanten Umweltnutzen, der durch die Substitution von herkömmlichen durch gebrauchte Traktionsbatterien als gebäudeintegrierte Speichersysteme potentiell erreicht werden kann.

2.5.2 Begriffsdefinition

Im Vergleich zur Wiederverwendung von Traktionsbatterien lassen sich in der englischsprachigen Literatur für die Umwidmung und Weiterverwendung von Traktionsbatterien vielfältige Begriffe finden. Vor allem in Bezug auf die Weiterverwendung werden die Begriffe teilweise so unglücklich gewählt, dass eine Abgrenzung zur EOL-Strategie der Wiederverwendung nur schwer möglich ist. So zählen etwa die Termini *second use* und *second life* zu den häufigsten in der Literatur verwandten Begriffen. Allerdings ist beim Gebrauch dieser Begriffe nicht eindeutig, ob es sich bei der sich an das erste automobile Leben der Traktionsbatterie anschließenden Verwendung um eine Wieder- oder Weiterverwendung handelt. Auch der Begriff *reuse* kann nicht eindeutig auf die Weiterverwendung bezogen werden, da *reuse* im europäischen Recht zur Kennzeichnung der Wiederverwendung eingesetzt wird (siehe etwa die englischen Sprachfassungen der Direktive 2000/53/EG Artikel 2 Nr. 6 (Altfahrzeuge) oder Direktive 2008/98/EG Artikel 3 Nr. 13 (Abfallrahmenrichtlinie)). Zur deutlicheren Unterscheidung der EOL-Strategien

[20] Casals et al. (2017b) stellen hier die Relation aus CO_2-Ausstoß in kg CO_2-Äquivalent und funktionaler Kapazität der Batterie in kWh der Nutzungsdauer gegenüber. Weiterhin betrachten die Autoren die CO_2-Emissionen, die in verschiedenen stationären Anwendungen anfallen und nehmen diese und die anwendungsspezifischen erwarteten Lebensdauern in die Betrachtung mit auf.

der Wieder- und der Weiterverwendung sprechen Richa et al. (2017a) alternativ von einem *direct reuse*, wenn sie die Wiederverwendung adressieren, und von einem *cascaded (re)use*, wenn die Weiterverwendung beschrieben wird. Vor dem Hintergrund der bereits im Abschn. 2.2.1 aufgeführten Recyclingkaskade nach VDI-Richtlinie 2243 (Verein Deutscher Ingenieure 2002) ist allerdings auch diese Begriffsverwendung nicht (vollständig) eindeutig. Entsprechend der Ausführungen in Abschn. 2.2.1 schließt sich diese Arbeit der Begriffsverwendung von Williams et al. (2012) an, die in Bezug auf die Weiterverwendung, analog zum deutschen Begriff der Weiterverwendung, im Englischen von *further use* sprechen.

Wie bereits grob in Abschn. 2.2.2 sowie in Verbindung mit der Wiederinstandsetzung dargestellt, hängen der Umfang der an der Batterie durchzuführenden Arbeiten und somit der Aufwand der Umwidmung unter anderem von der Beschaffenheit der Batterie in Bezug auf ihre Leistungsdaten und Größe, vom aktuellen Zustand der Batterie und ihrer Komponenten sowie von den Anforderungen der neuen Zielanwendung ab. In der englischsprachigen Literatur wird diesen Aufwänden jedoch häufig nicht in ausreichendem Maße durch die Bezeichnung der EOL-Strategien Rechnung getragen. So erfolgt eine Unterscheidung von Wiederaufbereitung (engl. refurbishing oder reconditioning) und Umwidmung (engl. repurposing) in vielen englischsprachigen Quellen zu Traktionsbatterien nicht vollumfänglich, obwohl hier, entsprechend der Darstellungen in Abschn. 2.2.1, durchaus Unterschiede bestehen. Zurückzuführen ist die Verwendung des Begriffes *refurbishing* in diesem Zusammenhang vermutlich auf den Beitrag von Cready et al. (2003). Hier werden die Tätigkeiten in der *refurbishing facility* wie folgt beschrieben:

> Used EV battery modules, after arrival at a refurbishing facility, will be visually examined to separate out modules with obvious physical damage, leaks, or other signs of abuse. The initial inspection will also include determination of the module's manufacturer specifications and age from labels or bar codes. Voltage and resistance measurements will be performed to identify modules that have failed (due to short circuits or dried-out separators, for example). Physically sound modules that have not surpassed their calendar lives will then be subjected to limited cycle testing to determine their capacity and their power capability, and to make some prediction of their expected life in the second application. (Cready et al. 2003, S. 26)

Weiterhin sehen Cready et al. (2003) nicht nur einen erneuten Zusammenbau des Batteriepacks nach dem Testen und Sortieren der Komponenten entsprechend ihres Zustandes vor, sondern auch eine Rekonfiguration der Batteriekomponenten. Gerade der Rekonfiguration wird in vielen den Beitrag von Cready zitierenden Publikationen nur selten Rechnung getragen. So unterscheiden Richa et al. (2017a, b) etwa lediglich einen *cascaded use* und einen *cascaded use with refurbishment* beim Übergang einer Traktionsbatterie aus dem Elektrofahrzeug in eine stationäre Anwendung und definieren *refurbishment* dabei wie folgt:

> This stage includes the transport of EV LIBs to a refurbishment facility, testing of LIB cells to assess electrical performance for feasibility in stationary application, and repackaging cells into stationary battery modules (Cready et al. 2003). Apart from cells, some module

> components are assumed to be reused while additional components are added during refurbishment, such as copper connectors, battery cabinet, and a new BMS. (Richa et al. 2017b, S. 6)

Die aufwändige Bestimmung der Anforderungen einer Zielanwendung an die gebrauchte Traktionsbatterie und die Anpassung der Batterie an diese Anforderungen (unter Umständen auch durch den Zusammenschluss mit anderen Batterien) bleiben hierbei unberücksichtigt.

Um jedoch dem nachfolgenden Einsatz der Batterie in einer zur automobilen Verwendung abweichenden Anwendung Rechnung zu tragen, dabei auch die Bedeutung der Rekonfiguration nicht zu vernachlässigen und eine klare Unterscheidung zu einem *refurbishment* im Sinne einer Wiederaufbereitung eines Produktes zur Sicherstellung eines definierten Qualitätsniveaus zu erreichen, wird in diesem Buch der Begriff des *repurposing*, d. h. der Umwidmung, bevorzugt. Nach Standridge und Hasan (2015) zeichnet sich der Arbeitsschritt durch ein *reengineering* der Batterie für die neue Anwendung aus: „This usually means reconfiguring the cells comprising the battery and developing a different control system as well as repairing any damage as in remanufacturing" (Standridge und Hasan 2015, S. 825). Einem ähnlichen Begriffsverständnis folgen etwa auch Neubauer et al. (2015a), Catton et al. (2017) oder Ahmadi et al. (2014a):

> Re-purposing involves a limited level of disassembly, testing for degradation and failure, packaging the batteries for second use, and adding electrical hardware, control systems, and safety systems to the re-purposed packs. [...] In the second use, safety systems and packaging have to be added to account for potential moisture exposure, fire protection and other risks or hazards that vary from the vehicle use. (Ahmadi et al. 2014a, S. 11)

In Anlehnung an die aufgeführten Definitionen zum Begriff des *repurposing* wird den weiteren Ausführungen das folgende Begriffsverständnis zugrunde gelegt:

► Die Umwidmung einer Traktionsbatterie umfasst eine Reihe von Arbeitsschritten, die dazu dienen, die gebrauchte Traktionsbatterie als Ganzes oder in Teilen und unter möglicher Verwendung neuer Teile oder gebrauchter Teile weiterer Traktionsbatterien oder Produkte und Systeme für eine von der ursprünglichen Verwendung abweichende Zielanwendung umzugestalten und in dieser weiterzuverwenden. Die zu ergreifenden Arbeitsschritte und ihr Umfang richten sich nach dem Zustand der jeweiligen Traktionsbatterie sowie nach dem jeweiligen zukünftigen Einsatzzweck und -kontext. Der zukünftige Einsatzzweck und -kontext der umgewidmeten Traktionsbatterie werden unter dem Begriff des Weiterverwendungsszenarios zusammengefasst.

Mit der vorliegenden Definition erfolgt eine strikte Abgrenzung von dem Begriff der *Wiederinstandsetzung*, bei der die Traktionsbatterie erneut in einen Zustand versetzt wird, bei dem sie funktional dem einer neuen Batterie entspricht. Während die Batterie bei der Wiederinstandsetzung zudem hinsichtlich ihrer Konfiguration, d. h. ihrer zentralen

Parameter, unverändert bleibt, so dass erneut eine automobile Anwendung analog zum Ersteinsatz erfolgen kann, sieht die Umwidmung eine mögliche Zerlegung, einen Wiederaufbau und eine Rekonfiguration der Traktionsbatterie, insbesondere auch vor dem Hintergrund der Integration fremder Komponenten, vor, die auf die Anforderungen eines konkreten Weiterverwendungsszenarios ausgerichtet sind. Eine Wiederaufbereitung, d. h. eine Durchführung von Tätigkeiten, um die Traktionsbatterie erneut auf ein definiertes Qualitätsniveau zu bringen, erfolgt dabei nicht zwangsweise. Die Umwidmung zielt darauf ab, die Traktionsbatterie in einem konkreten Weiterverwendungsszenario zum Einsatz zu bringen.

Für gebrauchte Traktionsbatterien ergeben sich Möglichkeiten für vielfältige Weiterverwendungsszenarien. In Anlehnung an Bräuer (2018) können Weiterverwendungsszenarien etwa nach dem geforderten *Grad der Mobilität des Batteriesystems* in stationäre, semi-stationäre und mobile Szenarien unterschieden werden. Während in stationären Szenarien das Batteriespeichersystem fest an einem spezifischen Ort installiert wird, etwa als Hausspeicher für Solarstrom oder als Stabilisierungsspeicher im Umfeld eines Windparks, dient das Batteriesystem in mobilen Szenarien dem Betrieb eines großen Elektrowerkzeuges (z. B. Druckluftkompressor, Rüttelplatte, Kabelzugwinde) oder eines im Vergleich zum Elektrofahrzeug weniger anspruchsvollen Fahrzeuges, wie etwa eines light electric vehicle (LEV). LEV wie Elektroscooter, elektrische Rollstühle oder Golfcarts zeichnen sich im Vergleich zu vielen stationären Anwendungen durch stärkere Begrenzungen in Bezug auf die maximale Größe und das Gewicht des Batteriesystems aus. Semi-stationäre Szenarien vereinen teilweise die Eigenschaften von stationären und mobilen Szenarien, werden temporär an spezifischen Orten installiert und sind dafür in bewegliche Systeme integriert. In Frage kommen beispielsweise in 20- oder 40-Fuß-Containern installierte Batteriesysteme zur Stromversorgung von Festivals oder von Katastrophenregionen, wie auch kleinere mobile elektrische Generatoren, etwa für den Baustellenbetrieb.

Weiterhin können sich die angedachten Weiterverwendungsszenarien auch anhand ihrer *Anforderungen an die Leistungseigenschaften des Batteriesystems* unterschieden werden, also etwa danach, ob eher hohe Ströme oder eine hohe Kapazität im Rahmen der Weiterverwendungsszenarien bereitgestellt werden müssen (Bräuer 2018). Für den stationären Bereich sprechen Stan et al. (2014) dann von *power applications* (hier Leistungsfokus), wenn der Energiespeicher seine gesamte Leistung in sehr kurzen Leistungsperioden (Sekunden bis Minuten) stoßartig bereitstellen oder Leistung aufnehmen muss. Im Gegensatz hierzu zeichnen sich *energy applications* (hier Energiefokus) durch eine relative gleichmäßige Be- oder Entladung über einen Zeitraum von mehreren Stunden aus. Beispiele für Weiterverwendungsszenarien mit sehr kurzen Entladelängen von unter zwei Minuten sind der Einsatz der Batteriespeicher als Großspeicher beim Stromerzeuger zum Zweck der Frequenzregulierung oder als Hausspeicher beim Endverbraucher zur Verbesserung der Spannungsqualität (Rittershausen und McDonagh 2011). Im Gegensatz hierzu zählen der Einsatz gebrauchter Traktionsbatterien als Großspeicher für Solaranlagen oder Windparks zur Stabilisierung des Ertrages dieser erneuerbaren Energieträger auf Seiten der Stromerzeuger oder die Sicherstellung einer unterbrechungsfreien Stromversorgung beim Endkunden durch einen entsprechenden Hausspeicher zu Anwendungen, die eher eine Entladung der Batterien über einen Zeitraum von mehreren Stunden vorsehen (Rittershausen und McDonagh 2011).

Als weiteres Kriterium lassen sich Weiterverwendungsszenarien nach dem den Batteriespeicher einsetzenden Akteur, d. h. genauer nach der Position und Rolle des Energiespeichers innerhalb des Stromnetzes, unterscheiden. Auf hoher Abstraktionsebene differenzieren Reid und Julve (2016) etwa zwischen (stationären) Anwendungen auf Seiten der industriellen, geschäftlichen und privaten Verbraucher, Anwendungen bei Energieversorgungsunternehmen und Off-Grid-Anwendungen. Aufbauend auf einer Stakeholder-Analyse ordnen Fischhaber et al. (2016) in einer noch detaillierteren Sichtweise Batteriespeicher etwa Stromerzeugern, Netzbetreibern, Unternehmen mit Beteiligung am Stromhandel, allgemeinen Dienstleistern wie Ladesäulenbetreibern oder Betreibern von Speicherpools, Fahrzeugnutzern und Letztverbrauchern zu.

In Hinblick auf die Umwidmung ist zudem eine Unterscheidung gemäß der *Basiseinheit der Umwidmung* möglich, d. h. ob ein Weiterverwendungsszenario typischerweise

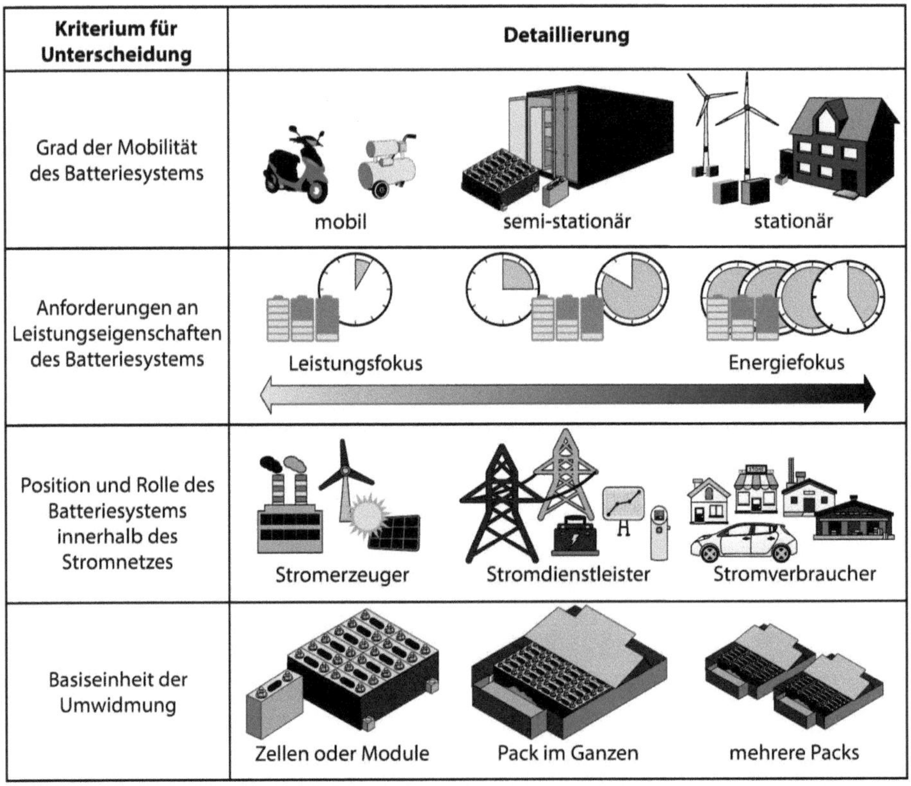

Abb. 2.11 Gegenüberstellung von Klassifikationsansätzen für Weiterverwendungsszenarien. (Einzelne enthaltene Grafiken wurden von Macrovector bzw. Freepik auf Freepik.com bereitgestellt)

durch eine einzelne gebrauchte Traktionsbatterie bedient werden kann, Teile eines Batteriesystems (z. B. einzelne Module) ausreichend sind, oder mehrere Batteriesysteme miteinander verschaltet werden müssen, um den Anforderungen des Szenarios zu genügen. Da diese Unterscheidung jedoch stark vom jeweils zugrundeliegenden Batteriesystem und dessen Leistungsdaten abhängig ist, bietet sich eine entsprechende Klassifikation nur dann an, wenn sehr homogene Batteriesysteme im Rahmen der Umwidmung verarbeitet werden. Die vorgestellten Ansätze zur groben Klassifikation von Weiterverwendungsszenarien sind in Abb. 2.11 zusammenfassend dargestellt.

2.5.3 Zentrale Prozessschritte

Im Gegensatz zum im Abschn. 2.4.3 beschriebenen generischen Prozess für die Wiederinstandsetzung von Produkten findet sich in der Literatur kein entsprechender anerkannter generischer Prozess für die Umwidmung. Speziell in Bezug auf die Umwidmung von gebrauchten Traktionsbatterien lassen sich in der Literatur jedoch Grobprozessmodelle finden, von denen vier ausgewählte im Folgenden beschrieben werden. Hierbei werden sowohl die Gemeinsamkeiten und Unterschiede der Prozessmodelle für die Umwidmung als auch einzelne Unterschiede zu den bereits vorgestellten Prozessen der Wiederinstandsetzung dargestellt. Die Ausführungen bilden den Ausgangspunkt für die Entwicklung eigener Detailprozessmodelle zur Umwidmung, die in Kap. 3 dieses Buches vorgestellt werden.

Eines der ersten Grobprozessmodelle für die Umwidmung von Traktionsbatterien wurde von Cready et al. (2003) dokumentiert. Eine Adaption des entsprechenden Grobprozesses als BPMN-Prozessdiagramm findet sich in Abb. 2.12.

Cready et al. legen ihrem Prozess die Annahme zugrunde, dass die zentralen Prozessschritte der Umwidmung auf Modul- und nicht auf Zell- oder Packebene stattfinden. Die Autoren gehen davon aus, dass im Rahmen einer Fahrzeuginspektion bei Händlern oder Werkstätten eher einzelne Batteriemodule als ganze Batteriepacks ausgetauscht werden und somit für die Umwidmung und Weiterverwendung zur Verfügung stehen. Entsprechend kann im vorliegenden Prozess nicht auf eine große Anzahl relativ homogen gealterter Batteriekomponenten aus einem einzelnen Batteriepack zurückgegriffen werden, wodurch zusätzliche Anforderungen hinsichtlich der Identifikation ähnlicher Module für eine spätere Rekombination innerhalb des Prozesses entstehen. Während in den im Abschn. 2.4.3 dokumentierten Prozessen zur Wiederinstandsetzung nach Groenewald et al. (2016) oder Kurimoto (2013) potentiell auf detaillierte Daten für jedes Batteriepack bzw. Batteriemodul hinsichtlich dessen Leistungsfähigkeit oder Nutzungshistorie zurückgegriffen werden kann, gehen Cready et al. (2003) im vorliegenden Modell lediglich davon aus, dass mittels der Aufschriften und Barcodes der Batteriemodule (und entsprechender Produktdatenbanken) eine Erstbestimmung zentraler Batterieparameter möglich ist. Zur genaueren Klassifikation der Module müssen darüber hinaus zeit- und ressourcenaufwändige Einzeltests durchgeführt werden, die die Bestimmung der Spannung, des

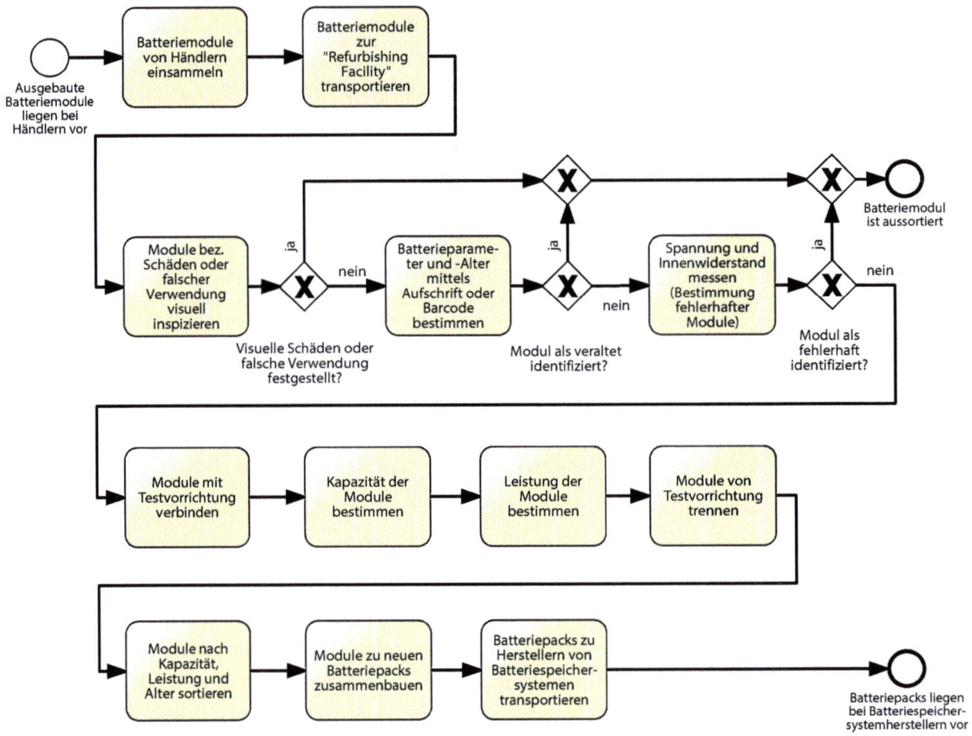

Abb. 2.12 In Anlehnung an die Ausführungen von Cready et al. (2003) erstelltes Prozessdiagramm zur Umwidmung von Traktionsbatterien

Innenwiederstandes, der Kapazität und der Leistung zum Ziel haben. Ohne direkten Rückgriff auf die Nutzungshistorie der Batterie und etwa die letzten im BMS gespeicherten Parameter zum jeweiligen Modul lässt sich nur so sicherstellen, dass die ausgebauten Module zu möglichst homogenen Batteriepacks rekombiniert werden.

Die Homogenität der Module eines *Second-Life-Batteriepacks* (bzw. auch der Zellen innerhalb eines Moduls) ist dabei in der Literatur als zentrales Erfolgskriterium für einen stabilen Betrieb anerkannt (z. B. Danzer et al. 2015; Gohla-Neudecker et al. 2015; Swierczynski et al. 2016). Mit steigender Heterogenität der Module (oder Zellen) sinkt u. a. die Leistungsfähigkeit des gesamten Systems, da die Kapazität von Zellen in Reihenschaltungen durch das schwächste Glied bestimmt wird und somit mögliche End-of-Life-Kriterien (z. B. verwendbare Kapazität des Batteriesystems von $\leq 80\,\%$) früher erreicht werden (Danzer et al. 2015). Auch ein leistungsfähigeres Batteriemanagementsystem kann hier nur bedingt entgegenwirken und Temperatur- oder Spannungsschwankungen zwischen Modulen (oder Zellen) erkennen, kontrollieren und etwa durch Lastverschiebungen ausgleichen, so dass einer heterogen fortschreitenden Alterung der Komponenten oder vorzeitigen Defekten entgegengewirkt wird.

Gegen eine Umwidmung auf Zellebene sprechen laut Cready et al. (2003) vor allem die Aufwände für das manuelle Zerlegen der Module in Zellen, für das Sortieren und Auswählen der Zellen und für den Zusammenbau der Zellen zu möglichst homogenen Modulen. Überträgt man den Prozess auf die Gegenwart, wären für die Umwidmung der Traktionsbatterie eines BMW i3, die beispielsweise aus 8 Modulen mit je 12 Zellen besteht, beim Umwidmen des gesamten Batteriepacks auf Zellebene 96 Durchläufe der Arbeitsschritte zur Bestimmung der Parameter und zum Sortieren notwendig, während auf Modulebene eben nur 8 Durchläufe anfielen. Gleichzeitig kann das Ersetzen einer einzelnen defekten Zelle innerhalb eines gealterten Batteriemodules oder Batteriepacks durch eine neue Zelle aufgrund der fehlenden Einheitlichkeit leicht zum Defekt des gesamten Modules oder Packs führen (Danzer et al. 2015), so dass der Austausch einzelner Zellen aus Batteriepacks während des automobilen Lebens und somit die Freigabe einzelner Zellen für die Weiterverwendung durch Händler oder Werkstätten unwahrscheinlich ist.

Cready et al. (2003) halten zudem in ihren Ausführungen fest, dass die Größe des Zielbatteriepacks nicht allein von den reinen Leistungsanforderungen des jeweiligen Weiterverwendungsszenarios abhängt, sondern nach einer Abwägung des durch die Packgröße beeinflussten Aufwandes für Transport, Handhabung und Installation verlangt. So reduziert sich mit kleineren Batteriepacks zwar unter Umständen der Aufwand für Transport und Handhabung (z. B. durch reduzierte gesetzliche oder auf den Arbeitsschutz bezogene Auflagen, ein geringeres Gewicht, oder eine höhere Flexibilität bei der Anordnung), gleichzeitig können sich jedoch auch leicht die Installationskosten erhöhen, da mehrere Packs am Installationsort miteinander verbunden und ggf. noch vor Ort aufeinander abgestimmt werden müssen und auch der Materialbedarf mit der Anzahl der Packs steigt (zusätzliche Verbinder, Leistungselektronik, Gehäuse etc.). Sowohl die Bestimmung der Zielgröße eines Batteriepacks als auch die Zuordnung konkreter Module zu einem für ein spezifisches Weiterverwendungsszenario vorgesehenen Batteriepack verlangen nach zusätzlichen Entscheidungsschritten. Ein entsprechender expliziter Prozessschritt der Entscheidungsfindung fehlt in diesem Grobprozess jedoch.

Nach eigenen Angaben aufbauend auf den Ausführungen von Cready et al. (2003) schlagen Williams und Lipman (2011) unterschiedliche Szenarien für die Umwidmung von Traktionsbatterien vor, die sich hinsichtlich der zu erwartenden Kosten, aber auch in Bezug auf den Anpassungsaufwand der gebrauchten Batteriesysteme an die Zielanwendung unterscheiden. Die Aktivitäten eines kostenminimalen Szenarios mit stark standardisiertem Output und eines in Bezug auf die Kosten und erreichbare Individualisierung moderaten Szenarios werden nachfolgend grob gegenübergestellt (siehe Tab. 2.3). Im Vergleich zum Modell nach Cready et al. (2003) werden im vorliegenden Prozess Batteriepacks im Ganzen entgegengenommen und verarbeitet. Gleichzeitig gehen Williams und Lipman (2011) von modernen Batteriesystemen aus, die potentiell zusätzliche Daten für die Zustandsbestimmung bereitstellen.

Die beiden Szenarien folgen zunächst einem identischen Prozess und unterscheiden sich erst hinsichtlich des Aufwandes für die Auswahl der Module und für die Rekombination der Module zu einem Zielbatteriesystem. Während im kostenminimalen Szenario von

Tab. 2.3 Szenarien für die Umwidmung. (In Anlehnung an Williams und Lipman 2011)

Kostenminimales Szenario	Moderates Szenario
1. Nehme Batterie entgegen	
2. Untersuche Batterie in Bezug auf physikalische Schäden, Leckstellen oder Anzeichen von falscher Verwendung	
3. Analysiere Daten aus Batteriemanagementsystem (Pack- oder Modulebene) oder von Server	
4. Messe Spannung und Innenwiderstand der Module um fehlerhafte Module oder vom Ausfall bedrohte Module zu identifizieren	
5. Entferne fehlerhafte Module für mögliche Wiederaufbereitung oder Wiederverwertung	
6. Ersetze entfernte Module durch geeignete Module, die zuvor grob nach Kapazität, bereitstellbarem Strom und kalendarischem Alter sortiert wurden	6. Sortiere Module detailliert nach Kapazität, bereitstellbarem Strom und kalendarischem Alter
7. Setze Module entsprechend Vorgaben für Hausspeichersystem zusammen	7. Führe weitere Tests mit Modulen durch, um Zustand zu verifizieren
8. Teste Batteriesystem gegen Kriterien für *gute* Hausspeichersysteme zur Verifizierung des Zustandes	8. Setze möglichst homogene Module entsprechend der Anforderungen eines Weiterverwendungsszenarios individuell zusammen (Rekombination und Rekonfiguration) und ergänze weitere Hardware

einem standardisierten Zielsystem-Design mit standardisierten Komponenten ausgegangen wird, das hinsichtlich der Anforderungen an Hausenergiespeichersysteme optimiert ist, verfolgt das moderate Szenario das Ziel, möglichst homogene und in ihrer Leistung verifizierte Module individuell entsprechend der Anforderungen eines spezifischen Weiterverwendungsszenarios zu rekombinieren und rekonfigurieren. Williams und Lipman (2011) diskutieren zudem kurz ein weiteres kostenmaximales Szenario, bei dem die Batteriesysteme bis hinunter auf Zellebene zerlegt werden und das entsprechend Zelltests und das Ersetzen einzelner Zellen sowie die Rekombination und Rekonfiguration der Zellen zu Modulen vorsieht. Aufgrund begrenzter Absatzmöglichkeiten und eines engen Preisspielraumes halten die Autoren dieses Szenario jedoch für eher unwirtschaftlich.

Ein weiterer Grobprozess für die Umwidmung von Traktionsbatterien wird von Lih et al. (2012) beschrieben (siehe Abb. 2.13). Im Vergleich zum Prozessmodell von Cready et al. (2003) wird hier die Batterie ebenfalls als Pack an die für die Umwidmung zuständige Einrichtung übergeben. Anders als in den Szenarien nach Williams und Lipman (2011) erfolgt hier die Zerlegung des Batteriepacks bis herunter auf die Ebene von Zellen bzw. Zellverbünden. Durch das Vorliegen eines ganzen Batteriepacks ergibt sich ergänzend zum Prozessmodell von Cready et al. (2003) speziell die Notwendigkeit zu prüfen, ob das Batteriemanagementsystem für einen weiteren Betrieb geeignet ist. Hierbei ist zu beachten, dass das Batteriemanagementsystem ebenfalls hierarchisch aufgebaut sein kann und dann etwa die Erhebung von Temperatur oder Spannungsdaten auf Modulebene von mit Sensoren verbundenen Slave-Controllern erledigt wird, die die erhobenen Daten für die Schätzung des Batteriezustandes, Fehlerdiagnosen oder die Temperaturkon-

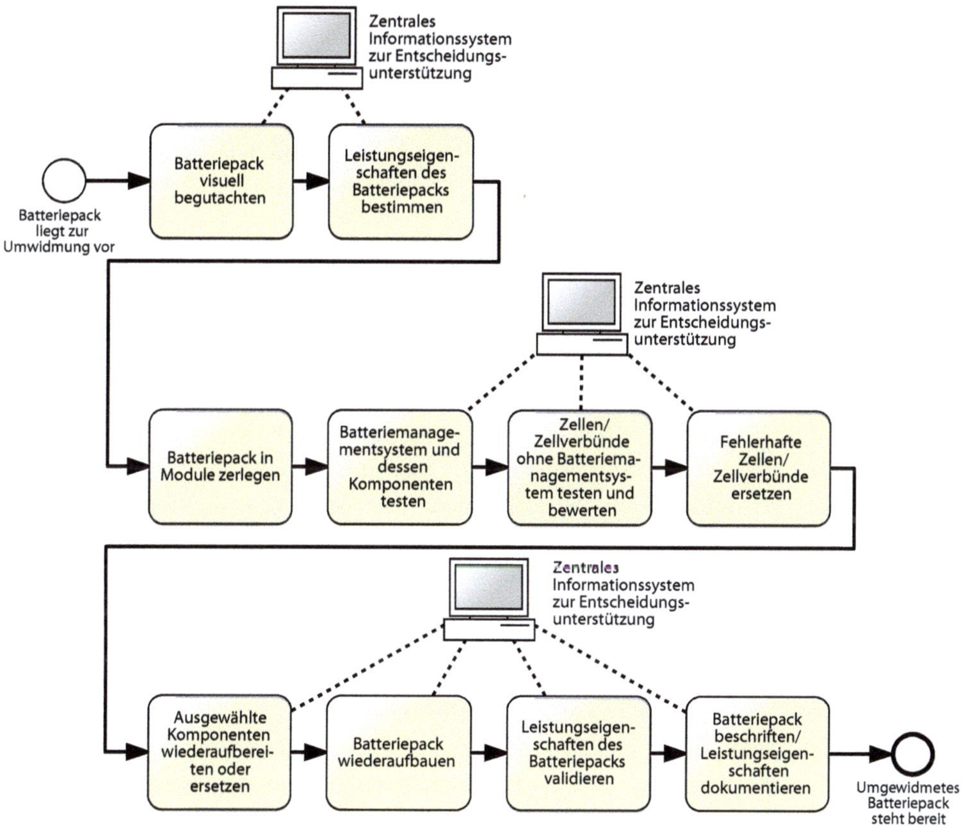

Abb. 2.13 In Anlehnung an die Ausführungen von Lih et al. (2012) erstelltes Prozessdiagramm zur Umwidmung von Traktionsbatterien

trolle an einen Master-Controller weiterleiten (Lu et al. 2013). Entsprechend muss im Rahmen der Umwidmung auch die Funktionalität des Batteriemanagementsystems und seiner Komponenten bis herunter auf die Ebene von Einzelsensoren sichergestellt werden. Die Explikation dieses Prüfschrittes fehlt in den von Williams und Lipman (2011) beschriebenen Szenarien.

Unterstützt wird der gesamte Prozess von einem zentralen Informationssystem, das jedoch in der vorliegenden Publikation nicht im Detail beschrieben wird. So geben Lih et al. (2012) lediglich an, dass der SOH des Batteriepacks und die im Rahmen des Prozessdurchlaufs erhobenen Daten vom Informationssystem dazu genutzt werden, verschiedene Vorschläge zum Wiederaufbau des Batteriepacks zu erzeugen, die sich etwa hinsichtlich der anfallenden Kosten bzw. Aufwände (speziell durch das Ersetzen oder Wiederaufbereiten von Einzelkomponenten) unterscheiden. Hierfür soll das Informationssystem, neben den Leistungsdaten der Batteriekomponenten, auch Zugang zu Batterie(komponenten)preisen und den Kosten der einzelnen Prozessschritte bzw. Aktivitäten erhalten und die Algorithmen zur Generierung der Vorschläge sollen regelmäßig angepasst werden. Anders als im vom Cready et al. (2003) dokumentierten Prozess scheinen sich diese Vorschläge jedoch auf den Aufbau von Batteriepacks zu begrenzen, die schwerpunktmäßig aus den Komponenten eines einzelnen ursprünglichen Packs stammen. Von einem Aufbau von Batteriesystemen aus Komponenten, die aus mehreren verschiedenen ursprünglichen Batteriepacks stammen, ist im Beitrag von Lih et al. (2012) nicht die Rede.

Unter anderem aufbauend auf den Ausführungen von Lih et al. (2012) haben Baumann et al. (2016) bzw. Rohr et al. (2017) einen weiteren Grobprozess für die Umwidmung von Traktionsbatterien vorgeschlagen, der explizit die Verwendung eines so genannten Batteriepasses vorsieht (siehe Abb. 2.14). Im Batteriepass sollen dabei zwei Typen von Daten gespeichert werden. Zum einen soll der Batteriepass vorgefilterte und periodisch übermittelte Zustandsdaten der Batterie enthalten, die etwa die vom BMS gemessenen Parameter wie Zellspannung, Stromstärke und State-of-Charge umfassen. Zum anderen soll die Nutzung der Batterie während der automobilen Erstverwendung etwa in Form von Temperatur- und Stromstärkenhistogrammen dokumentiert werden. Unter Rückgriff auf Modelle zur Batteriealterung könnte mit diesen historischen Daten der Fortschritt der Alterung abgeschätzt werden und noch während der Verwendung der Batterie könnten somit erste Aussagen über die Eignung der Batterie für ein spezifisches Weiterverwendungsszenario getroffen werden. Ein entsprechendes Vorgehen birgt das Potential, die Übergangszeiten zwischen Erst- und Zweitverwendung erheblich zu verkürzen, da sich mittels eines entsprechenden Passes das optimale Ausscheiden aus dem automobilen Leben bestimmen ließe und gleichzeitig langwierige Tests im Rahmen der Umwidmung teilweise entfallen könnten. Im Vergleich zum im Rahmen des EOL-IS Projektes entwickelten und im Kap. 3 dieses Buches vorgestellten eEOL-Pass, der eine direkte Erweiterung des BMS darstellt und eine lokale Speicherung der erhobenen Daten vorsieht, erfolgt die Datenhaltung für den Batteriepass von Baumann et al. (2016) auf einem zentralen Server, mit dessen Hilfe auch die Zustandsbestimmung und die Eignungsbestimmung für Weiterverwendungsszenarien vorgenommen werden können.

Weiterhin ist den Ausführungen der Autoren zu entnehmen, dass der Batteriepass auch die vorgelagerte Entscheidung der zu ergreifenden EOL-Strategie (hier Umwidmung, Wiederinstandsetzung oder Wiederverwertung) unterstützen soll. Durch die Integration der Anknüpfungspunkte zu den weiteren EOL-Strategien wurde diesem Umstand in dem auf Basis der Beiträge der Autoren erstellten BPMN-Prozessdiagramm ebenfalls Rechnung getragen. Als zentrale Entscheidungsparameter führen Rohr et al. (2017) neben der visuellen Unversehrtheit und der generellen Funktionstüchtigkeit des Batteriesystems die Restkapazität und den State-of-Health an.

Neben den aufgeführten Beiträgen existieren weitere Publikationen, die einzelne für die Umwidmung relevante Aktivitäten auflisten und diskutieren. Hierzu zählen etwa die Ausführungen von Bowler (2014, S. 18) (z. B. Demontage des Batteriesystems, Überprüfung der Systemfunktionalität, Screening der Komponenten, Reparatur von Komponenten, Vorbereitung für Systemintegration), von Richa et al. (2017a) (z. B. Demontage, Lage-

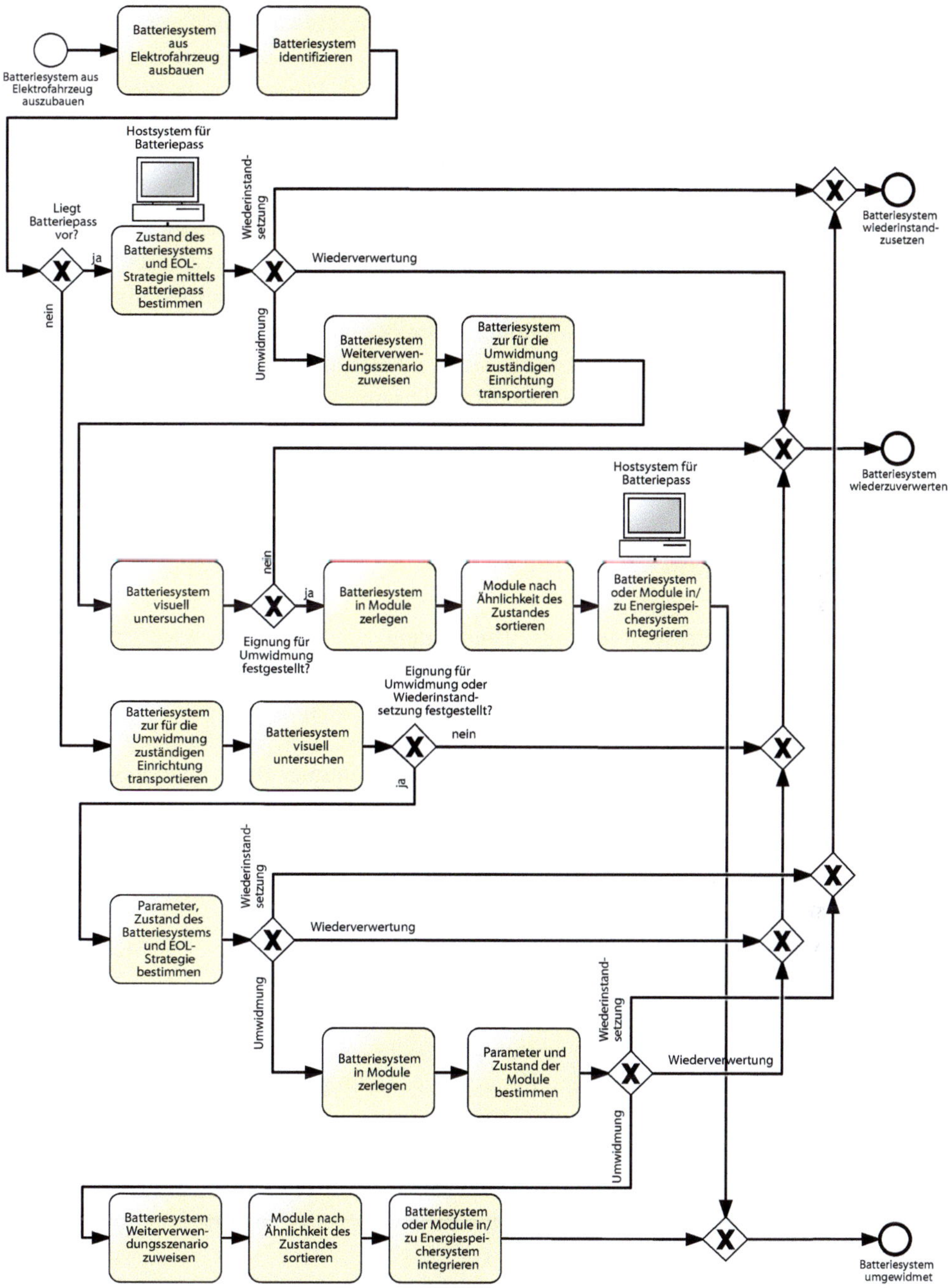

Abb. 2.14 In Anlehnung an die Ausführungen von Baumann et al. (2016) bzw. Rohr et al. (2017) erstelltes Prozessdiagramm zur Umwidmung von Traktionsbatterien

rung, Batterietests, Priorisierung von Weiterverwendungsszenarien basierend auf techno-ökonomischer Analyse) oder von Ahmadi et al. (2014b) (z. B. Ausbau der Batterie, Bezug der Nutzungshistorie, Transport, Sortieren auf Packlevel, Demontage in Module/Zellen, Testen der Module/Zellen, Zusammenbau der Zellen zu Modulen und der Module zu Packs, Installation eines neuen Batteriemanagementsystems, Installation neuer Kommunikationshardware und eines übergreifenden Kontrollsystems).

Aus den Prozessmodellen, den zusammengefassten Aktivitäten und weiteren Analysen (siehe hierzu Bräuer 2016) lassen sich die folgenden zentralen Prozessschritte für die Umwidmung von Traktionsbatterien ableiten. Abhängig von der Zielstellung und organisatorischen Verankerung des Umwidmungsprozesses kann die Reihenfolge der Schritte variieren, einzelne Prozessschritte können sich im Ganzen wiederholen (z. B. Zwischenlagerung), können auf unterschiedlichen Detaillierungsebenen wiederholt werden (z. B. Bestimmung elektrischer Parameter auf Zell-, Modul- und Packebene) oder können gänzliche wegfallen (z. B. Bestimmung der EOL-Strategie, wenn die Bestimmung bereits vorgelagert erfolgt):

1. Einsammeln
2. Zwischenlagern
3. Transport zur weiterverarbeitenden Einrichtung
4. Identifikation und (visuelle) Grobinspektion
5. Bestimmung der EOL-Strategie
6. Zerlegen in Komponenten
7. Zustands- und Funktionsfähigkeitsbestimmung (zentraler Batteriekomponenten wie auch zusätzlicher Hardware, z. B. BMS, Thermalsystem etc.)
8. Sortieren der Komponenten
9. Bestimmung des Weiterverwendungsszenarios
10. Auswahl von Komponenten
11. Reparatur ursprünglicher Komponenten
12. Auswahl zusätzlicher Komponenten
13. Zusammenbau der Komponenten
14. Tests zur Sicherstellung der Funktionsfähigkeit und Qualität
15. Anbringen der Beschriftung und Erstellen der Dokumentation
16. Transport zu nachgelagerter Einrichtung

Weiterhin ist festzuhalten, dass die Komplexität möglicher Prozesse für die Umwidmung von Traktionsbatterien vor allem durch vier zentrale, auf die Traktionsbatterien bezogene Merkmale beeinflusst wird:

1. Den Grad der Verknüpfung der Prozesse der Umwidmung mit den Prozessen der weiteren EOL-Strategien (z. B. Wiederinstandsetzung und Wiederverwertung, aber theoretisch auch Kannibalisierung): Welche Übergänge und in welchem Umfang sind Übergänge im Prozess der Umwidmung zu anderen EOL-Strategien vorgesehen?

2. Den Grad der Zerlegung des Batteriepacks (siehe auch Casals et al. 2017a): Wird eine möglichst direkte Weiterverwendung der Batteriesysteme ohne Demontage und Wiederzusammenbau der Komponenten propagiert (siehe etwa Williams und Lipman (2011)[21]) oder finden die zentralen Aktivitäten (Zerlegung, Tests) bis auf Modulebene oder Zellebene statt?
3. Den Grad der IT-Unterstützung: Kann im Rahmen der Umwidmung ohne zusätzliche Tests auf Zustandsdaten und Informationen zur Nutzungshistorie des Batteriesystems zurückgegriffen werden, in welchem Detaillierungsgrad liegen diese vor (Zellen, Module, Pack) und welche Parameter werden dokumentiert?
4. Den Grad der batteriesystemübergreifenden Integration von Komponenten: Beschränkt sich die Umwidmung auf den Wiederaufbau des Zielbatteriesystems aus Komponenten, die aus einem einzelnen ursprünglichen Pack stammen oder werden Fremd- und Neukomponenten und Komponenten aus weiteren Batteriepacks im bzw. zum Zielsystem integriert?

Die Konzeption konkreter Prozesse für die Umwidmung verlangt dabei stets eine Abwägung der möglichen Ausprägungen der Kriterien. So nehmen etwa mit der Zerlegung des Batteriepacks bis hinunter auf Zellebene die unmittelbaren Aufwände für die Demontage-, Inspektions-, Test-, und Rekombinationsaktivitäten zu. Gleichzeitig lassen sich jedoch durch eine genauere Analyse und den möglichen Austausch von Komponenten mögliche nahende Defekte frühzeitig erkennen und somit Second-Life-Batteriepacks mit einer höheren Zuverlässigkeit produzieren. Zudem kann ein vorliegendes Batteriepack mit ausgeprägten Alterungserscheinungen ohnehin eine Detailanalyse erfordern. Durch den Rückgriff auf Batteriedaten können wiederum Arbeiten auf Zellebene beschleunigt werden. Allerdings setzt dies voraus, dass das Batteriesystem bereits während seines ersten Lebens mit ausreichend Messinstrumenten und Speicherkapazität (oder eben Datenübertragungstechnik) ausgestattet ist, so dass diese Daten überhaupt derart detailliert erhoben und persistiert werden können. Die Fähigkeit zur Bereitstellung entsprechender Daten ist somit unweigerlich mit einem Kostenfaktor im ersten automobilen Leben der Batteriesysteme verbunden.

Entsprechend der Ausführungen von Bräuer (2016, 2018) gliedern sich die aufgeführten Prozessschritte in den Gesamtlebenszyklus einer umgewidmeten Traktionsbatterie ein. Wie der nachfolgenden Abb. 2.15 zu entnehmen ist, unterscheidet der Lebenszyklus grob die Phasen des automobilen Ersteinsatzes und der Weiterverwendung im Rahmen einer Zweitverwendung sowie möglicher sich an die Zweitverwendung anschließender weiterer Verwendungen ehe die Verwertung die Leben einer Batterie beschließt.

[21] Williams und Lipman sprechen sich in ihren Ausführungen ausdrücklich gegen eine entsprechende aufwandsminimale Strategie aus. Als Gründe führen die Autoren die mögliche inhomogene Alterung innerhalb eines Batteriepacks auf, die ohne Austausch stärker gealterter Module die Haltbarkeit des gesamten Second-Life-Batteriesystems beeinflusse und dass erst die Zerlegung des Batteriepacks in Module die an den individuellen Anforderungen der Zielanwendung orientierte Rekombination und Rekonfiguration der Module ermögliche.

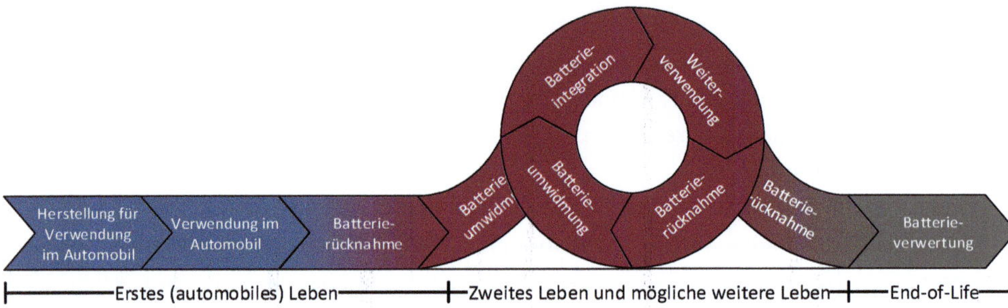

Abb. 2.15 In Anlehnung an Bräuer (2016, 2018) erstelltes Lebenszyklusmodell für umgewidmete Traktionsbatterien

2.5.4 Herausforderungen

Wie der Dokumentation der zentralen Prozessschritte für die Wiederinstandsetzung (siehe Abschn. 2.4.3) und für die Umwidmung (siehe Abschn. 2.5.3) zu entnehmen ist, lassen sich zwischen den beiden Grobprozessen zahlreiche Parallelen feststellen. In beiden Fällen müssen die Traktionsbatterien zunächst eingesammelt und zur weiterverarbeitenden Einrichtung transportiert werden. Zur Vermeidung unnötiger Aufwände erfolgt anschließend in beiden Fällen eine relativ aufwandsarme Grobinspektion der Batterie (in der Regel nach visuellen Gesichtspunkten) und das Aussortieren von für die weiteren Prozessschritte ungeeigneten Batterien. Auch das Zerlegen der Batteriesysteme in ihre Komponenten, die Zustands- und Funktionsfähigkeitsbestimmung und das Sortieren der Komponenten entsprechend der Ergebnisse der Bestimmung ist in den Grobprozessen zu beiden Strategien verankert, wenn auch im Detail unterschiedliche Kriterien zur Bestimmung der Eignung oder Güte zugrunde gelegt werden. Anschließend folgen die für die jeweilige EOL-Strategie spezifischen Prozessschritte. Hierzu zählen die Instandsetzung der Komponenten mit dem Ziel der Rückführung der Batterie in einen Zustand, in dem sie funktional einer neuen Traktionsbatterie entspricht (Wiederinstandsetzung) oder die Auswahl, Rekombination und Rekonfiguration von Batteriekomponenten mit dem Ziel, die Anforderungen eines Weiterverwendungsszenarios zu erfüllen (Umwidmung). In beiden Fällen können wiederum Aktivitäten wie die Säuberung, die Reparatur oder das Ersetzen von Komponenten Bestandteile der jeweiligen Prozesse sein. Gleiches gilt für Tests zur Sicherstellung der Funktionsfähigkeit und der Qualität des wiederinstandgesetzten oder umgewidmeten Batteriesystems, wobei hier ebenfalls potentiell die von den Batteriesystemen zu erfüllenden Anforderungen variieren. Auch die die Komplexität der Umwidmungsprozesse beeinflussenden Kriterien lassen sich auf die Wiederinstandsetzung übertragen, so dass Prozesse der Wiederinstandsetzung (z. B. Zustandsbestimmung, Sortieren) durch die Bereitstellung von Batteriedaten und entsprechend das Wegfallen detaillierter Tests beschleunigt werden können.

Entsprechend bestehen auch hinsichtlich der mit der Realisierung der beiden Strategien einhergehenden Herausforderungen große Parallelen. Die ökonomische und ökologische

Sinnhaftigkeit einer Umwidmung und Weiterverwendung von Traktionsbatterien ist ebenfalls stark davon abhängig, wie aufwändig die für die Umwidmung notwendigen Aktivitäten sind und wie kostspielig ggf. notwendige zusätzliche Materialien und Systeme sind (Elkind 2014; Neubauer et al. 2015b). Diese Faktoren hängen nicht zuletzt vom generellen Aufbau der Batteriesysteme und der Zugänglichkeit sowie der Rekombinierbarkeit der Komponenten ab (Ahmadi et al. 2017)[22].

Auch die in Abschn. 2.4.4 aus den Ausführungen von Gray und Charter (2008) sowie Sundin (2004) herausgearbeiteten generellen Kriterien für eine erfolgreiche Wiederinstandsetzung und Wiederverwendung lassen sich analog auf die Umwidmung und Weiterverwendung übertragen. Dadurch, dass für die gebrauchten Batteriesysteme im Ganzen oder in Teilen ein geeignetes Weiterverwendungsszenario bestimmt werden muss und auch die Kombination von Komponenten aus mehreren unterschiedlichen Batteriesystemen theoretisch möglich ist, bestehen im Rahmen der Umwidmung und Weiterverwendung noch umfassendere Anforderungen an die Bereitstellung von Batteriedaten bzw. an die Verfügbarkeit einer Nutzungshistorie aus dem ersten Leben der Traktionsbatterie, damit tatsächlich fundierte Weiterverwendungsentscheidungen getroffen werden können.

Liegen keine Batteriedaten vor oder bieten diese keine zuverlässige Entscheidungsgrundlage, so müssen die Batteriesystemkomponenten detailliert getestet werden. Groenewald et al. (2017) kritisieren in diesem Zusammenhang, dass in aktuellen Standards beschriebene Testverfahren etwa zur Bestimmung der Zell-, Modul- oder Packkapazitäten zwar eine hohe Genauigkeit aufweisen, aufgrund der hohen Zeitaufwände (z. B. von 11 h für ISO 12405-1 bis zu 75 h für USABC Electric Vehicle Battery Test Procedures) diese Testverfahren jedoch für Prozesse zur massenhaften Umwidmung von Traktionsbatterien ungeeignet sind. Entsprechend stellt die Komplexität und die Dauer aktueller Testverfahren zur Bestimmung zentraler Batterieparameter eine erhebliche Herausforderung im Rahmen der Strategie der Umwidmung und Weiterverwendung dar. Erste wissenschaftliche Beiträge und Berichte zeigen hier jedoch Potentiale für die Realisierung von Schnelltestverfahren auf (Wetzel 2016; Groenewald et al. 2017). Ein hoher zu erwartender Preisdruck durch in den Weiterverwendungsszenarien alternativ einsetzbare neue Batteriesysteme verschiedener Hersteller hebt die Notwendigkeit der Entwicklung von zuverlässigen Schnelltestverfahren für die Strategie der Umwidmung und Weiterverwendung weiter hervor. Durch die Proprietarität der Schnittstellen bzw. Kommunikationsprotokolle innerhalb der Elektroautos besteht ein entsprechender Preisdruck für wiederinstandgesetzte Batterien nicht in dieser Form.

Als für die Umwidmung und Weiterverwendung von Traktionsbatterien spezifische Herausforderungen muss etwa auch die Bestimmung des idealen Zeitpunktes angesehen werden, zu dem die Traktionsbatterie aus dem Automobil ausgebaut und der Umwidmung bzw. letztendlich der Zweitverwendung überführt wird. Während im Großteil der theoreti-

[22] Siehe auch Forschungsarbeiten zum Design for Remanufacturing (Bras und McIntosh 1999; Hatcher et al. 2011) oder auch zum Design for Repurposing (Aguirre 2010) als grundlegende Quellen für Anforderungen an die Produktgestaltung.

schen Überlegungen zur Bestimmung dieses so genannten End-of-Life in der Regel davon gesprochen wird, dass die Batterie beim Erreichen einer verbleibenden Kapazität von 70–80 % aus dem Elektroauto ausgebaut und umgewidmet werden soll (Viswanathan und Kintner-Meyer 2011; Neubauer und Pesaran 2011; Catton et al. 2017), betonen einzelne Wissenschaftlerinnen und Wissenschaftler die Willkürlichkeit dieses Wertes (Saxena et al. 2015) und erhalten teilweise Unterstützung aus ersten Experimenten zum Alterungsverhalten von umgewidmeten Batteriezellen in konkreten Weiterverwendungsszenarien (Martinez-Laserna et al. 2018). So betonen Martinez-Laserna et al. (2018) die große Abhängigkeit des Alterungsverhaltens einer umgewidmeten Batterie in ihrem zweiten Leben von der Beanspruchung der entsprechenden Batteriekomponenten im ersten Leben und kritisieren in ihren Ausführungen die Verwendung des 70–80 %-Grenzwertes als Standard-EOL-Kriterium. Wie bereits in anderen Beiträgen festgestellt tritt bei Lithium-Ionen-Zellen ab einem bestimmten Zeitpunkt eine stark beschleunigte Alterung auf (Bach et al. 2016), die auch durch eine Verschiebung der Zellen in eine weniger anspruchsvolle Zweitverwendung nur bedingt ausgebremst werden kann und eine Vorhersage des weiteren Alterungsverhaltens extrem erschwert (Neubauer et al. 2015a). Soll eine Batterie technisch und ökonomisch sinnvoll weiterverwendet werden, muss somit der Übergang der Batterie vom ersten automobilen Leben in das zweite Leben vor dem Eintreten der beschleunigten Alterung erfolgen. Die individuelle Vorhersage dieses Zeitpunktes ist jedoch ein äußerst komplexes Problem und aktuell noch nicht gelöst.

In Verbindung mit dem voraussichtlichen Alterungsverhalten der umgewidmeten Traktionsbatterien im zweiten Leben bestehen weitere Herausforderungen. So sind die konkreten Anforderungs- und langfristigen Beanspruchungsprofile für den Einsatz der Batterien im zweiten Leben noch weitestgehend unerforscht und neben Simulationen liegen nur wenige Daten aus Experimenten (z. B. Tong et al. 2013; Guo et al. 2014) oder gar Langzeittests vor (z. B. Gohla-Neudecker et al. 2015; Mayer et al. 2015; Gohla-Neudecker et al. 2017). Entsprechend kann zum aktuellen Zeitpunkt kaum davon ausgegangen werden, dass für gebrauchte Traktionsbatterien, selbst wenn alle Daten aus ihrem ersten Leben bekannt sind, fundierte Entscheidungen bezüglich ihrer Eignung für ein konkretes Weiterverwendungsszenario getroffen werden können.

Weiterhin bestehen in Bezug auf die Umwidmung große Unsicherheiten hinsichtlich der durch die umgewidmeten Batterien (ggf. Weiterverwendungsszenario-spezifisch) zu erfüllenden Sicherheitsanforderungen und Standards in Bezug auf den Transport und die Installation vor Ort bzw. in entsprechenden mobilen Geräten (Catton et al. 2017). Auch Fragen der Produkthaftung durch den ursprünglichen Hersteller der Batteriekomponenten und/oder das für die Umwidmung zuständige Unternehmen sind bislang weitestgehend ungeklärt (Elkind 2014). Gleiches gilt für Versicherungsmöglichkeiten von durch umgewidmete Traktionsbatterien in den jeweiligen Weiterverwendungsszenarien im schlechtesten Fall verursachte Schäden.

Weitere Herausforderungen ergeben sich im Rahmen einer möglichen Umsetzung der Strategie der Umwidmung und Weiterverwendung durch die notwendige Koordination der an inter-organisationalen Lieferketten oder Wertschöpfungsnetzwerken Beteiligten, die etwa Zulieferer, die Automobilhersteller, mögliche Unternehmen für die Umwidmung und Vermarktung der Batteriesysteme sowie die Endkunden und die späteren Verwertungsunternehmen umfassen können (vgl. Kap. 4). Abzuwägen sind in diesem Zusammenhang etwa die Risiken, die mit einer Weitergabe möglicherweise sensibler Batterieparameter und Nutzungshistorien einhergehen gegenüber den zusätzlichen Kosten und möglicherweise auch Risiken, die einem für die Umwidmung zuständigen Unternehmen im Falle einer Umwidmung ohne ausreichende Datengrundlage entstehen können.

In Anlehnung an Bräuer (2016, 2018) werden diese und weitere mit der EOL-Strategie der Umwidmung und Weiterverwendung einhergehende Herausforderungen entsprechend des im Abschn. 2.5.3 aufgeführten Lebenszyklus für umgewidmete Traktionsbatterien nachfolgend in Tab. 2.4 zusammengefasst. Die Tabelle enthält zudem eine Übersicht zentraler in den jeweiligen Lebenszyklusphasen anfallender Aktivitäten sowie beteiligter Akteure und ihrer möglichen Rollen.

Tab. 2.4 Übersicht zentraler mit der EOL-Strategie der Umwidmung und Weiterverwendung in Verbindung stehender Aktivitäten, Akteure, Rollen und Herausforderungen

LZ	Aktivitäten	Akteure und Rollen	Herausforderungen
Batterierücknahme	– Identifikation der Batterie – Überprüfung der Gewährleistung bzw. des zugrunde liegenden Vertrages – Ausbau der Batterie – Untersuchung der Batterie auf äußere Schäden – Leistungsbestimmung der Batterie – Bestimmung der EOL-Strategie – möglicher Rückkauf der Batterie (Restwert) – Sammeln und Lagern der Batterien – möglicher Transport der Batterien zur für die Weiterbehandlung verantwortlichen Einrichtung	– Elektrofahrzeugbetreiber als ursprünglicher Nutzer und/oder Besitzer der Batterie – Elektrofahrzeughersteller als (potentieller) Besitzer der Batterie – Batteriehersteller und Elektrofahrzeughersteller als mögliche Rechteinhaber und Datenlieferanten – Händler und/oder Werkstatt als Rücknahme durchführende Einrichtungen und als Bereitsteller für qualifiziertes Personal – Aufsichtsbehörden als mögliche Bestimmer von Anforderungen – Logistiker als für Transport Verantwortlicher	– Fehlen von Infrastruktur, Ausstattung, etablierten Prozessen und qualifizierten Mitarbeitern für Durchführung von Arbeiten – eindeutige Batterieidentifikation teils nicht gegeben – Verfügbarkeit und Rückgreifbarkeit auf Onboard-Diagnosedaten teils nicht gegeben (speziell für Nicht-Vertragswerkstätten) – Detaillierungsgrad vorhandener Daten schränkt Entscheidungsqualität ein – Restwertbestimmung ohne ausreichende Erfahrungswerte

Tab. 2.4 (Fortsetzung)

LZ	Aktivitäten	Akteure und Rollen	Herausforderungen
Batterieumwidmung	– Visuelle Untersuchung der Batterien – Kurzanalyse des Batteriezustandes – Vorsortieren der Batterien – Zerlegen der Batterien – Detailanalyse der Batteriekomponenten – Sortieren der Batteriekomponenten – Bestimmung eines Weiterverwendungsszenarios – Identifikation wiederverwendbarer Komponenten – Reparatur ursprünglicher Komponenten – Auswahl neuer Komponenten – Wiederzusammenbau der Komponenten zu Batteriesystem – Testen des Batteriesystems – Anbringen der Beschriftung und Erstellen der Dokumentation – Lagern der Batteriesysteme – Transport der Batteriesysteme zum Einsatzort/zum Ort des Einbaus	– Umwidmung durchführendes Unternehmen als für Arbeitsschritte Verantwortlicher, als Bereitsteller für qualifiziertes Personal und als möglicher Anbieter des umgewidmeten Batteriesystems – Second-Life-Kunde und zuständige Aufsichtsbehörden als mögliche Bestimmer von Anforderungen – Batteriehersteller und Elektrofahrzeughersteller als mögliche Rechteinhaber und Datenlieferanten – Logistiker als für Transport Verantwortlicher	– Hoher Aufwand für standardisierte Tests und fehlende Verfügbarkeit von Schnelltests – Verfügbarkeit der und direkter Zugriff auf Betriebshistorie und aktuellen Status der Batterie(-komponenten) ungewiss – Fehlende Standards für herstellerübergreifende Festlegung zentraler Batterieparametern – Fehlende hersteller- und teils modellübergreifende Standardisierung von Zell- und Modultypen sowie von Größen und Leistungswerten – Fehlende Standardisierung von im ursprünglichen Batteriesystem verbauten Sensoren – Fehlende Plug-and-Play-Funktionalität von Batteriemanagementsystemen – Versiegelung und Verschweißung von Batteriekomponenten – Teils Notwendigkeit des Rückgriffs auf proprietäre Ausstattung und Werkzeuge – Vielzahl möglicher Weiterverwendungsszenarien und Heterogenität der entsprechenden Anforderungen – Teils unklare rechtliche Grundlagen bezüglich Haftung, zu erfüllender Sicherheits- und Leistungsstandards und Transportvorgaben

Tab. 2.4 (Fortsetzung)

LZ	Aktivitäten	Akteure und Rollen	Herausforderungen
Batterieintegration	– Vorbereitung des Aufstellortes/des Zielsystems – Integration des Batteriesystems in vorhandene Infrastruktur/vorhandenes System – Testen des Gesamtsystems, Inbetriebnahme des Gesamtsystems – Festlegung/Anpassung von Betriebsparametern	– Second-Life-Kunde oder Dienstleister als mögliche Besitzer und Betreiber des Speichers – Umwidmung durchführendes Unternehmen oder Dienstleister als für Installation und Inbetriebnahme Verantwortliche – Second-Life-Kunde und zuständige Aufsichtsbehörden als mögliche Bestimmer von Anforderungen	– Mit Systemgröße wachsende Anforderungen an Sicherheit (z. B. Aufstellort, Brand- und Überspannungsschutz) – Teils noch unklare rechtliche Anforderungen und fehlende Standards für Inbetriebnahme und Betrieb gebrauchter Batteriespeicher – Parametrische Anpassung des individuellen Batteriesystems an Anforderungen des Weiterverwendungsszenarios u. U. komplex
Weiterverwendung	– Betrieb des Batteriesystems – Durchführung laufender und außerplanmäßiger Wartungen – Durchführung von Reparaturen – Ersetzen von Batteriekomponenten – (periodisches) Monitoring – Anpassung der Betriebs- und Überwachungsstrategie	– Second-Life-Kunde oder Dienstleister als mögliche Besitzer und Betreiber des Speichers – Umwidmung durchführendes Unternehmen oder Dienstleister als für Reparaturen, Wartungen etc. Verantwortliche	– Hohe Unsicherheit in Bezug auf Leistungsfähigkeit der Batterie und weiteres Alterungsverhalten – Hoher Wettbewerbsdruck durch immer günstiger werdende neue Batteriesysteme – Geringerer wahrgenommener Wert gebrauchter Produkte – Mögliche kostspielige Garantien, Wartungen und Reparaturen
Batterierücknahme	– Rückbau oder Ausbau des Batteriesystems – visuelle Untersuchung des Batteriesystems – Transport des Batteriesystems zur für die Weiterbehandlung verantwortlichen Einrichtung	– Second-Life-Kunde oder Dienstleister als mögliche Besitzer und Betreiber des Speichers – Umwidmung durchführendes Unternehmen oder Dienstleister als für Rückbau oder Ausbau Verantwortliche – Aufsichtsbehörden als mögliche Bestimmer von Anforderungen – Logistiker als für Transport Verantwortlicher	– Unklarheit in Bezug auf finanziell Verantwortlichkeiten – Teils unklare rechtliche Grundlagen bezüglich Transportvorgaben

2.6 Wieder- und Weiterverwertung von Traktionsbatterien aus Elektroautos

Die Wieder- und Weiterverwertung von Lithium-Ionen-Batterien ist aus technischer Sicht ein komplexer Prozess. In diesem ist das kombinierte Know-how aus klassischer Aufbereitungstechnik, Batteriechemie und Spezialchemie sowie Verfahrenstechnik von Belang. Besonders die beim Werkstoff- oder Materialrecycling (im Folgenden vereinfachend als Recycling bezeichnet) einhergehenden Risiken wie z. B. entzündliche Lösungsmittel, elektrische Gefahren, kanzerogene Inhaltsstoffe (Nickeloxid), Staub-Explosionsgefahr und die mögliche Bildung von Fluorwasserstoff stellen große Herausforderungen dar.

Ein komplettes Batteriesystem lässt sich in mehrere Subsysteme wie z. B. Batteriemodule, welche wiederum aus zusammengeschalteten Batteriezellen bestehen, unterteilen. In der Regel stellt eine Demontage auf Modulebene (nach einem optionalen Entladen/Deaktivieren des Batteriesystems) den ersten Schritt dar, um die Recyclingeffizienz durch das Aussortieren von sortenreinen Materialien zu steigern. Periphere Komponenten des Batteriesystems wie Kabel, Stromleitschienen und Elektronikkomponenten besitzen einen hohen Kupferanteil und können durch solche Demontageschritte zurückgewonnen und etablierten Verwertungswegen zugeführt werden. Gleiches gilt für Gehäusekomponenten aus Aluminium oder Stahl. Die Zellen in Lithium-Ionen-Batterien bestehen aus vielen Schichten von Kathoden und Anoden, welche durch einen permeablen Separator elektrisch voneinander isoliert sind. Zahlreiche dieser Elektroden-Separator-Schichtungen sind in einem Zellgehäuse untergebracht, welches aus Aluminium (hard case) oder aber aus einem flexiblen Aluminium-Kunststoff-Material besteht (soft case oder auch pouch bag). Diese Elektroden stellen aus Rohstoff- und Recyclingsicht die attraktivste Komponente der Batterie dar, da teure Rohstoffe wie Kobalt, Nickel, Kupfer, Aluminium und Mangan in hoher Konzentration eingesetzt werden. Anodenseitig dient Graphit als Elektrodenbeschichtung, während auf der Kathodenseite Lithiummischoxide (z. B. $LiNi_{0,33}Mn_{0,33}Co_{0,33}O_2$, NMC) Stand der Technik sind. Die Zusammensetzung einer Lithium-Ionen-Batterie ist in Tab. 2.5 beispielhaft zusammengefasst.

Das kathodische Aktivmaterial bzw. die Kathodenbeschichtung besteht hierbei aus 7 % Lithium, 20 % Nickel, 21 % Kobalt, 19 % Mangan und 33 % Sauerstoff (jew. Gewichtsprozent). Bezogen auf die Weltmarktpreise (Stand Okt. 2014) für die Materialien Kobalt, Nickel und Mangan ergeben sich für ein solches, auf NMC basierendes Batteriesystem (~ 200 kg Batteriezellen), die folgenden Wertstoffinhalte:

30.500 $/t Co → 366 $/BEV-Batt. System
15.585 $/t Ni → 187 $/BEV-Batt. System
2250 $/t Mn → 23 $/BEV-Batt. System

Um die Rückgewinnung dieser Elektrodenmaterialen zu ermöglichen, kann aus verfahrenstechnischer Sicht auf verschiedene Grundoperationen zurückgegriffen werden. Grundsätzlich lassen sich hierbei *mechanische* (Zerkleinern, Klassieren, Sortieren),

Tab. 2.5 Beispielhafte Zusammensetzung von Lithium-Ionen-Batterien

Systemebene		Zellebene		Elektrodenebene	
50–70 %	Batteriezellen	Ca. 65 %	Elektroden	15 %	Kupferfolie
15–45 %	Gehäuse	10–15 %	Stahl/Aluminium-Gehäuse	8 %	Aluminiumfolie
2–6 %	Kabel	10–20 %	Elektrolyt	46 %	Beschicht. Kathode
2–3 %	Elektronik, Platinen	2–5 %	Weitere Teile	31 %	Beschicht. Anode
0–3 %	Kühlrohre, Gehäuseteile	Ca. 3 %	Separator/Folien		
0–3 %	Stromleitschienen				
1–2 %	Schrauben, Metallteile				
< 1 %	Elastomere, etc.				

pyrometallurgische (thermische Behandlung/Einschmelzen) und *hydrometallurgische* Verfahren (Laugung, Extraktion, Kristallisation, Fällung) unterscheiden bzw. kombinieren. So werden momentan weltweit verschiedene Verfahren bzw. Kombinationen der genannten Grundoperationen zum Recycling großer Lithium-Ionen-Batterien eingesetzt. Im europäischen Raum sind hierbei die Unternehmen Umicore (Belgien), S.N.A.M. (Frankreich) und Accurec (Deutschland) führend.

Es werden jedoch große Anstrengungen unternommen, die teuren Übergangsmetalle Kobalt und Nickel in der Batteriechemie zu substituieren, um die Rohstoffkosten für Batterien zu senken. Beispielsweise werden schon heute Batteriezellen auf Basis von Lithiumeisenphosphat industriell gefertigt und eingesetzt. Somit ist zu erwarten, dass sich ein späterer Recycling-Prozess nicht mehr aus dem Recycling der wertvollen Metalle Kobalt und Nickel finanzieren lässt und somit auch die Rückgewinnung von Lithium oder Elektrolytkomponenten eine immer größere Rolle spielt. Aktuelle Forschungsprojekte (z. B. Lithorec/Lithorec II, BMU) greifen diese Problematik auf und entwickeln Prozesse, die auch die Wiedergewinnung der enthaltenen Lithiumverbindungen ermöglichen. Diese Strategie dient vor allem der Rohstoffsicherung, um dem wachsenden Markt im Bereich der Elektromobilität gerecht zu werden.

Entsprechend dieser Ausführungen und der in Abschn. 2.2.1 an Martens (2011) angelehnten Definition allgemeinen Begriffsbeschreibung wird der Wieder- und Weiterverwertung in Bezug auf Traktionsbatterien im weiteren Verlauf das folgende Begriffsverständnis zugrunde gelegt:

► Die Wiederverwertung oder Weiterverwertung von Traktionsbatterien umfasst eine Reihe von Arbeitsschritten, die dazu dienen, die Produktgestalt der Batterie aufzulösen und anschließend solche Materialien und Werkstoffe zu extrahieren, die entweder wieder in die Herstellung von Batteriekomponenten einfließen können oder für die Herstellung anderer Produkte und Komponenten verwendbar sind. Die einzelnen Arbeitsschritte beruhen dabei vor allem auf Grundoperationen aus den Bereichen der Vorbereitung, der mechanischen Aufbereitung, der hydrometallurgischen Aufbereitung und der pyrometallurgischen Aufbereitung.

2.6.1 Detaillierung der Grundoperationen der Aufbereitung

Wie bereits erwähnt lassen sich die Kernrecyclingprozesse auf die genannten Grundoperationen aus den Bereichen der mechanischen, hydrometallurgischen und der pyrometallurgischen Aufbereitung zurückführen und stellen somit individuelle Kombinationen aus diesen Einzelprozessen dar. Allen voran finden häufig sowohl eine Entladung (bzw. Deaktivierung) als auch eine Demontage des Batteriesystems auf Modul- oder Zellebene statt, welche eine einfachere Verarbeitung in den folgenden Prozessschritten ermöglichen und auch zur Rückgewinnung erster, leicht abtrennbarer Rohstoffkomponenten führen. Für ein besseres Verständnis sollen diese Einzelprozesse zunächst in ihren Grundzügen genauer erläutert werden.

2.6.1.1 Vorbereitung durch Entladung/Deaktivierung

Die Entladung des Batteriesystems besitzt vor allem eine sicherheitstechnische Relevanz, da hierdurch sowohl elektrische Gefahren als auch daraus resultierende chemische Gefahren und Reaktionen, die z. B. durch Funkenflug oder durch thermische Einflüsse durch Kurzschlüsse katalysiert werden, minimiert werden können. Die Tatsache, dass Batteriesysteme den Recyclingdienstleister in verschiedenen Zuständen (z. B. defekt, verformt, verschmolzen, verbrannt) erreichen, stellt eine besondere Herausforderung an die möglichen Prozessoptionen zum Erreichen einer Entladung/Deaktivierung dar.

Eine mögliche Prozessoption stellt die Entladung durch eine elektronische Last (Entladegerät) dar. Hierfür ist allerdings der Zugang zu bzw. das Vorhandensein von intakten Anschlusskontakten notwendig. Somit ist es denkbar, dass der Einsatz bei beschädigten Systemen nicht möglich ist und zunächst Demontageschritte erforderlich sind, um eine Kontaktierung auf Modul- oder Zellebene zu ermöglichen. Da das Batterie-Management-System (BMS), sofern funktionstüchtig, so programmiert ist, dass eine Tiefentladung des Systems verhindert wird, muss dieses umgangen werden. Viele Hersteller von elektronischen Lasten bieten hierbei Varianten mit Netzrückspeisung an, wodurch die gespeicherte Energie der Batteriezellen nicht thermisch umgesetzt, sondern in das öffentliche Stromnetz zurückgespeist werden kann. Somit bietet diese Methode besonders unter dem Aspekt der ökologischen und ökonomischen Nachhaltigkeit Vorteile.

Eine Deaktivierung/Entladung durch Salzlösung stellt eine weitere Option dar. Hierbei handelt es sich um eine Methode, die durch die Bundesanstalt für Materialforschung und -prüfung für einen Transport von bestimmten beschädigten Systemen freigegeben wurde (BAM 2013). Durch die elektrolytischen Vorgänge, die durch die Salzlösung als Leiter zwischen den Batteriepolen hervorgerufen werden (Batteriesystem wird in Salzlösung eingetaucht), findet neben einhergehenden Elektrolysereaktionen eine Entladung der Zellen statt.

Bei der (temporären) Deaktivierung durch Kühlung handelt es sich ebenfalls um eine durch die Bundesanstalt für Materialforschung und -prüfung freigegebene Methode für den Transport defekter Lithium-Ionen-Batterien (BAM 2013). Einerseits wird das galvanische Element deaktiviert indem der Elektrolyt eingefroren wird, andererseits wird die Temperaturdifferenz zur Flamm- und Entzündungstemperatur erhöht. So führt die z. B. durch mechanische Prozesse eingetragene und teilweise in Wärme dissipierte Energie sowie ein potentieller Funkenflug (z. B. während eines Zerkleinerungsprozesses) nicht unweigerlich zu einer Entzündung des Elektrolyten. Als Kältemittel kann hierzu z. B. flüssiger Stickstoff eingesetzt werden.

Bei einer thermischen Deaktivierung (nicht zu verwechseln mit der pyrometallurgischen Aufbereitung, da in diesem Fall deutlich geringere Temperaturen eingesetzt werden) werden die Lithium-Ionen-Batterien langsam auf eine Temperatur von 300 °C erhitzt. Hierbei werden chemische Reaktionen innerhalb der Zellen gezielt herbeigerufen und die Verdampfung des Elektrolyten setzt ein. Durch den resultierenden Druckanstieg öffnet sich das Sicherheitsventil und die gasförmigen Komponenten strömen aus. Aufgrund des Temperatureinflusses findet eine Entzündung und gezielte Zersetzung dieser Komponenten statt. Elektrochemisch betrachtet sind die Zellen nun deaktiviert, da ohne Elektrolyt kein galvanisches Element mehr ausgebildet werden kann (Vezzini 2014).

2.6.1.2 Mechanische Aufbereitung

Eine mechanische Aufbereitung dient zunächst der Zugänglichkeit der Wertstoffe des Batteriesystems gefolgt von aufbereitenden Schritten, die eine Klassierung und Sortierung einzelner Wertstofffraktionen ermöglichen.

Eine Zerkleinerung findet hierbei in Zerkleinerungsmaschinen wie z. B. Brechern oder mechanischen Schreddern statt, wodurch mit Elektrolyt benetzte Batteriefragmente erzeugt werden. Neben der Freisetzung der Wertstoffe durch Öffnen der Batteriezellen erfolgt hier auch eine Überführung des Stoffstromes in eine Form, die das Lagern, Dosieren und eine Förderung als Schüttgut ermöglicht. Es ist zusätzlich ein großer Wert auf eine technische Umsetzung zu legen, welche die Sicherheitsanforderungen dieser Spezialanwendung erfüllt. Neben der Gefahr durch entzündliche und gesundheitsschädliche/kanzerogene Inhaltsstoffe sind die Gefahr der Reaktionsaktivierung durch Kurzschlüsse und das Entstehen von korrosiven Reaktionsprodukten zu berücksichtigen.

Anschließende Prozessschritte die eine Klassierung (z. B. durch Sieben oder Sichten) und/oder eine Sortierung (z. B. Trennung nach physikalischen Eigenschaften wie Magnetismus) umfassen, dienen der Reindarstellung von Wertstofffraktionen wie z. B. Kunststoffen, Metallen (Trennung von Aluminium, Stahl, Kupfer) und von den wertmetallhaltigen und für das Recycling höchst relevanten Beschichtungsmaterialien der Elektroden.

2.6.1.3 Hydrometallurgie

Ziel der hydrometallurgischen Verfahren ist es, die wertvollen Übergangsmetalle der zuvor abgetrennten Elektrodenbeschichtungen zurückzugewinnen. Diese chemisch-wässrigen Verfahren umfassen Prozesse wie Laugung, Extraktion, Kristallisation und Fällung, um die Wertstoffe in hoher Reinheit darzustellen.

Die Laugung stellt prinzipiell einen Lösungsprozess dar, bei welchem durch Wahl des Lösungsmittels (z. B. Säuren) gezielt einzelne Komponenten in die wässrige Phase übergehen und somit von weiteren Bestandteilen abgetrennt werden können. Das Verfahren der Extraktion ist hiermit vergleichbar.

Bei der Kristallisation werden in einer Lösung befindliche Komponenten, z. B. durch Verdampfung des Lösungsmittels als Feststoff, zurückgewonnen. Der grundlegende Mechanismus ist hierbei das Erreichen einer Übersättigung des gelösten Stoffes im Lösungsmittel. Ähnlich verhält es sich bei der Fällung, aus der, z. B. durch Zugabe von Fällungsmitteln, Druck oder Temperaturänderungen oder ebenfalls durch Verdunsten des Lösungsmittels, ein Ausflocken und somit die Ausbildung des gelösten Stoffes als Feststoff resultiert. Eine Trennung der flüssigen und festen Phase kann anschließend durch Filtrationsprozesse realisiert werden.

2.6.1.4 Pyrometallurgie

Pyrometallurgische Prozesse innerhalb des Recyclings werden durch den Einfluss hoher Temperaturen realisiert, bei denen sowohl die thermische Zersetzung einzelner Komponenten stattfindet als auch das Überschreiten der Schmelztemperaturen z. B. metallischer Wertstoffe genutzt wird, um diese aus komplexen Stoffgemischen zurückzugewinnen. Vereinfacht gesagt handelt es sich hierbei um einen Schmelzprozess der beispielsweise in Hochöfen umgesetzt wird.

Die konventionellen Verfahren zum Batterierecycling fokussieren auf die Rückgewinnung der Wertmetalle Kobalt und Nickel durch ein im Wesentlichen pyrometallurgisches Verfahren und müssen zur Rückgewinnung des Lithiums mit hydrometallurgischen Verfahren kombiniert werden. Die Rückgewinnung eines signifikanten Anteils an Lithium ist mit diesen Verfahren nur mit sehr hohem Aufwand möglich (Bernardes et al. 2004; Espinosa et al. 2004; Heegn und Rutz 2008; Xu et al. 2008), so dass heute die aus dem pyrometallurgischen Prozess abfallende lithiumhaltige Schlacke anderen Anwendungen, insbesondere in der Bauindustrie, zugeführt wird. Ähnlich wie bei vielen Elektronikartikeln (z. B. Mobiltelefonen) wird das Lithium dadurch einer Verwertung in neuen Batterien entzogen.

2.6.2 Gegenüberstellung ausgewählter Recyclingverfahren

Im Folgenden werden Recyclingverfahren verschiedener Recyclingdienstleister weltweit aufgezeigt. Neben großtechnischen Verfahren, die bereits eingesetzt werden bzw. sich in der Umsetzung befinden, werden auch in der Entwicklung befindliche Verfahren innerhalb verschiedener Forschungsvorhaben aufgezeigt. Vadenbo (2009), Georgi-Maschler (2009), Vezzini (2014) und Hanisch et al. (2015a) geben hierbei einen umfassenden Überblick über aktuelle Prozesse für das Recycling von Lithium-Ionen Batterien. Tab. 2.6 gibt eine Übersicht über die im Folgenden vorgestellten Prozesse (Vadenbo 2009; Vezzini 2014; vgl. insbes. Hanisch et al. 2015a).

2.6.2.1 Retriev Technologies (ehemals Toxco Inc.)

Retriev Technologies (USA/Kanada) setzt für das Recycling von Lithium-Ionen-Batterien eine Kombination aus mechanischer Behandlung und hydrometallurgischer Aufbereitung ein und entwickelte einen der ersten kommerziell umgesetzten Prozesse für das Recycling von Lithium-Ionen-Batterien (siehe Abb. 2.16). In diesem früheren Prozess wurde flüssiger Stickstoff zur Deaktivierung der Batterien eingesetzt, um somit die Reaktivität bei der Zerkleinerung herabzusetzen (McLaughlin und Adams 1999). Aktuell erfolgt die Zerkleinerung der Lithium-Ionen-Batterien in einer flüssigen Umgebung, um entsprechende Reaktionen und eine Funkenbildung zu unterbinden und somit gefährliche Nebenprodukte direkt abzubinden. Große Batteriesysteme, wie z. B. aus Elektromobilitäts-Anwendungen, werden jedoch demontiert bevor diese der Zerkleinerungsmaschine zugeführt werden (Retriev Technologies 2015).

Die Zerkleinerung erfolgt in einer Hammermühle wobei die flüssige Umgebung (eine Art Salzlösung) im Kreis geführt, und aus einem nachgeschalteten Prozessschritt wiederverwendet wird. Eine in diesem Schritt erzeugte Mischfraktion aus Kunststoff und Stahl (*Li-Ion-Fluff*) wird bereits aus dem Prozess abgeführt. Vor der Entsorgung dieser Mischfraktion kann der enthaltene Stahlanteil in einem nachgeschalteten Prozess zurückgewonnen werden. In dem nächsten Schritt wird die verbleibende Mischfraktion aus der Zerkleinerung über einen Rütteltisch aufgetrennt. Durch die Zugabe von Wasser und die gleichzeitige Bewegung des Tisches können hierbei zwei Fraktionen zurückgewonnen werden: Einerseits eine Mischung aus Kobalt, Kupfer und Aluminium und andererseits eine Schlämme welche aus Lithium, Kobalt und Graphit besteht. Diese Schlämme wird in Lager- und Mischbehälter überführt, in welchen eine Behandlung durch Erwärmung und die Zugabe von Reagenzien erfolgt (hydrometallurgische Behandlung). Anschließend können Kobalt und der enthaltene Graphit durch eine Filterpresse abgetrennt werden. Der dabei entstandene Filterkuchen kann direkt vertrieben werden oder das Kobalt kann durch weitere Aufbereitungsschritte aufgereinigt werden. Die extrahierte Li-Salzlösung kann, wie bereits erwähnt, wiederum der Zerkleinerung zugeführt werden oder dient einem weiteren Prozessschritt, in welchem dieser Salzlösung Natriumcarbonat zugeführt wird. Dies führt zur Ausbildung von unlöslichem Lithiumcarbonat, welches anschließend abfiltriert, gereinigt und getrocknet wird (Vadenbo 2009; Vezzini 2014; Hanisch et al. 2015a).

2.6.2.2 Recupyl SA

Der hier dargestellte Recyclingprozess der Firma Recupyl (Frankreich) ist wie auch der Prozess von Retriev Technologies eine Kombination aus mechanischen und hydrometallurgischen Verfahren und wurde innerhalb des Projektes VALIBAT entwickelt (siehe

Tab. 2.6 Übersicht betrachteter Recyclingverfahren

	Retriev Tec. (ehem. Toxco)	Recupyl	BatRec	Umicore	Accurec	AEA	Mitsubishi Heavy Industries	LithoRec
Standort	Anaheim, Trail, Kanada	Domène, Frankreich	Wimmis, Schweiz	Brüssel, Belgien	Mülheim an der Ruhr, Deutschland	Sutherland, UK	Minato (Tokio), Japan	(Forschungsprojekt) u. a. TU Braunschweig
Verfahren	Mechanisch, Hydrometallurgisch	Mechanisch, Hydrometallurgisch	Mechanisch, (Hydrometallurgisch)	Pyrometallurgisch, (Hydrometallurgisch)	Mechanisch, Pyrometallurgisch, Hydrometallurgisch	Mechanisch, Hydrometallurgisch, Elektrochemisch	Mechanisch, Pyrometallurgisch	Mechanisch, Hydrometallurgisch
Explizite Eignung für Traktionsbatterien	Ja	k. A.	k. A.	Ja	Ja	k. A.	k. A.	Ja
Umsetzungsmaßstab	Industrieller Maßstab	Industrieller Maßstab	Industrieller Maßstab	Industrieller Maßstab	Industrieller Maßstab (neues Werk im Aufbau)	k. A. (keine aktuellen Informationen verfügbar)	k. A.	Demonstrationsanlage
Lithium Rückgewinnung	Ja (Li_2CO_3)	Ja (Li_2CO_3 oder Li_3PO_4)	–	In weiterem Aufbereitungsschritt möglich	Ja (Lithiumcarbonat)	Ja (LiOH)	Ja ($LiCoO_2$)	Ja ($LiOH/Li_2CO_3$)
Weitere Outputs	Co, Ni, Cu, Al	Stahl, Cu, Co	Stahl, Nichteisenmetalle, Co, MnO_2	Legierung (Co, Cu, Ni, Li) Schlacke (Al, Si, CA, Fe, Li)	Al, Fe, Cu, Co, Mn, Ni	Kobaltoxid, Al, Cu, Stahl, Elektrolyt	Al, Cu, Fe	Al, Cu, Co, Ni, Mn

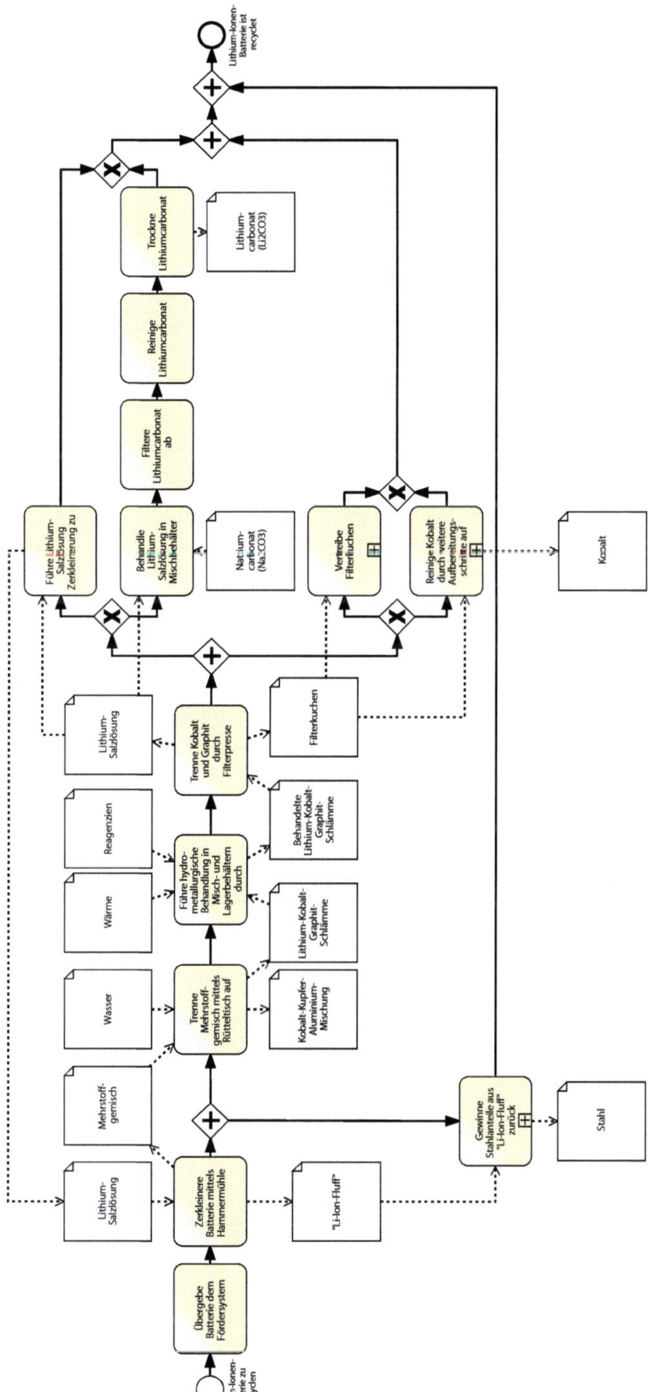

Abb. 2.16 Recyclingprozess Retriev Technologies Inc. (In Anlehnung an Vadenbo 2009)

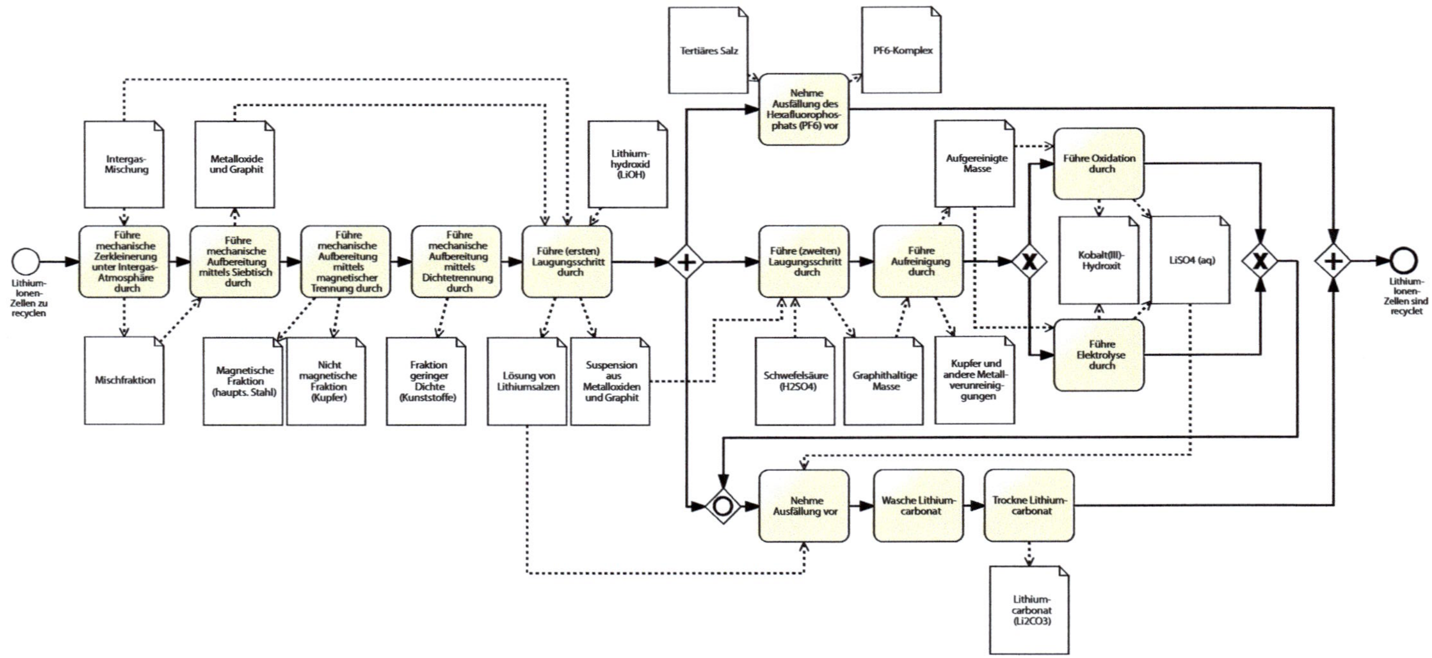

Abb. 2.17 Recyclingprozess Recupyl SA. (In Anlehnung an Tedjar und Foudraz 2007 und Vadenbo 2009)

Abb. 2.17). Das Ziel des Projektes war es hierbei einen speziellen Prozess für das Recycling aller Arten von Lithium-Batterien zu entwickeln und die ganzheitliche Verwertung der in dem Prozess anfallenden Recyclingmaterialien zu gewährleisten. Das dargestellte Prozessschaubild beruht hierbei auf einer Patentanmeldung (Tedjar und Foudraz 2007) und unterscheidet sich z. B. von der Darstellung in (Vezzini 2014). Neben einer industriellen Demonstrationsanlage bei Recupyl wurde das Verfahren auch 2007 in Singapur in industriellem Maßstab realisiert und ermöglicht die Verarbeitung von 320 t Lithium-Ionen-Batterien pro Jahr. Das gegründete Joint Venture zwischen Recupyl und Tes-Amm Singapore Pte Ltd betrieb 2016 nach eigenen Angaben die einzige Recyclinganlage für Lithium-Ionen-Batterien im asiatischen Raum (Tes-Amm Singapore 2016).

Die mechanische Zerkleinerung findet unter einer Inertgas-Atmosphäre, bestehend aus Argon und Kohlenstoffdioxid, statt. Die fein zerkleinerte Mischfraktion wird anschließend in weiteren mechanischen Aufbereitungsstufen in vier unterschiedliche Fraktionen aufgetrennt. Der erste Prozessschritt wird hierbei mit einem vibrierenden Siebtisch ausgeführt, wobei Metalloxide und Graphit die Sieböffnungen passieren und in einem weiteren Siebprozess weiter aufgetrennt werden. Das für die Sieböffnungen zu große Material wird durch Dichtetrennung und magnetische Trennverfahren in eine magnetische Fraktion (hauptsächlich Stahl der Gehäusekomponenten), eine nicht magnetische Fraktion (Kupfer) und eine Fraktion geringer Dichte (Kunststoffe) aufgetrennt. Das Feingut aus den erstgenannten Siebprozessen wird anschließend in die hydrometallurgische Aufbereitung überführt. Durch die Zugabe von Lithiumhydroxid wird ein erster Laugungsschritt durchgeführt, wobei entstehender Wasserstoff durch die Mischung mit dem Inertgas aus dem Zerkleinerungsprozess sicher abgeführt wird. Als Produkte entstehen eine alkalische Lösung von Lithiumsalzen und eine Suspension aus Metalloxiden und Graphit. Das Lithium in der Lösung wird durch einen Fällungsprozess (Reduktion des pH-Wertes) abgeschieden. Das hierbei ausgefällte Lithiumcarbonat wird anschließend gewaschen und getrocknet. Die Metalloxid enthaltende Suspension wird in einem weiteren Laugungsschritt mit warmer Schwefelsäure versetzt, wodurch die Metalloxide in Lösung gehen und eine graphithaltige Masse verbleibt. Ein nachgeschalteter Aufreinigungsschritt ermöglicht die Abscheidung von Kupfer und weiteren metallischen Verunreinigungen. In einem weiteren Schritt (Oxidation) kann Kobalt(III)-Hydroxid zurückgewonnen werden. Alternativ kann dies auch durch eine Elektrolyse erreicht werden (vgl. Vezzini 2014). Das verbleibende Lithium in der Lösung wird wiederum dem oben genannten Fällungsprozess zugeführt (Tedjar und Foudraz 2007; Vadenbo 2009).

2.6.2.3 Batrec

Die Batrec Industrie AG (Schweiz, Veolia-Gruppe) hat sich auf das Recycling von Spezialabfällen spezialisiert, wobei Batterien und Quecksilber die Schwerpunkte darstellen. Bei der Verarbeitung von Lithium-Ionen-Batterien wird ein weitestgehend mechanischer Prozess angewandt (siehe Abb. 2.18). Bezugnehmend auf eine Patentanmeldung (Zenger et al. 2003; vgl. Abbildung) existiert allerdings auch ein hydrometallurgischer Fortsatz der mechanischen Aufbereitungsschritte. Die Zerkleinerung der Batterien erfolgt in einer

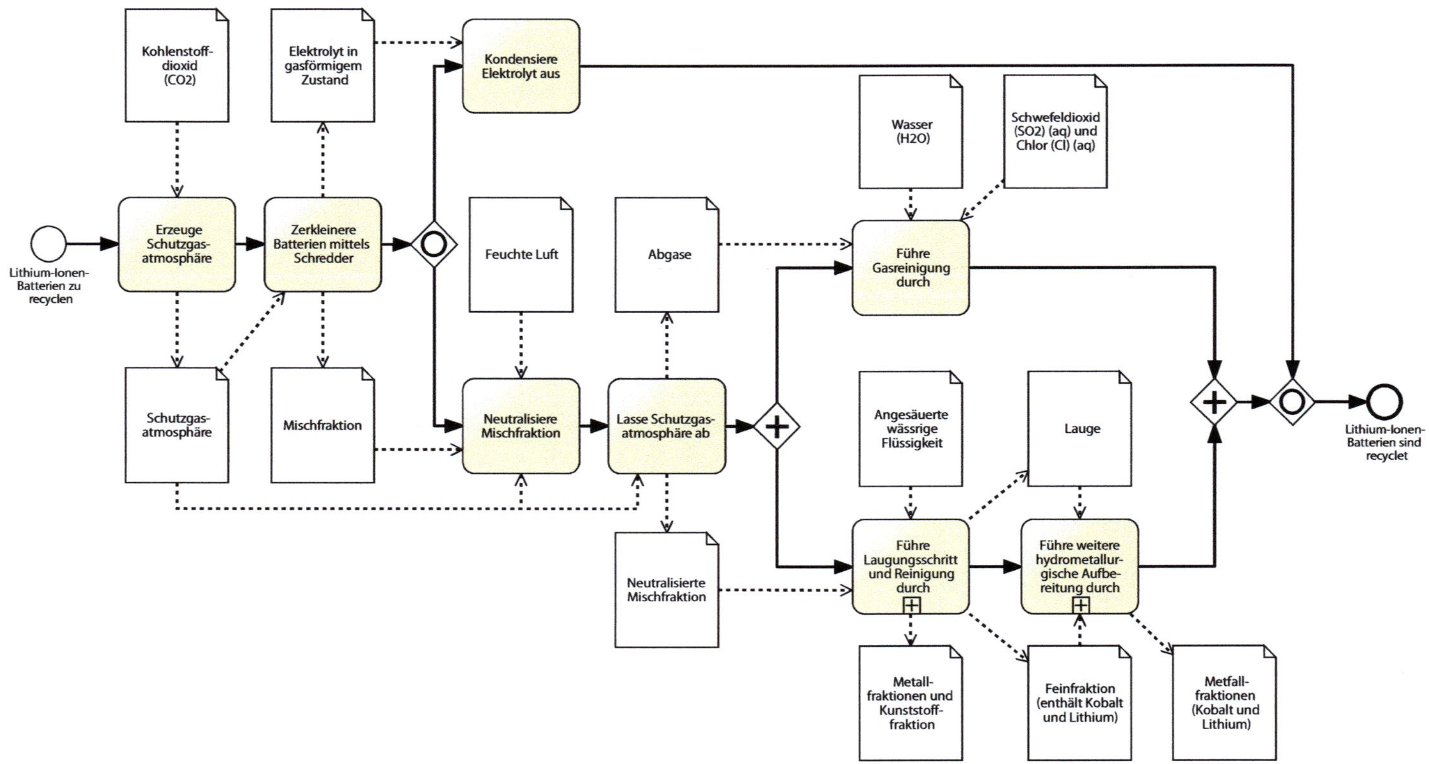

Abb. 2.18 Recyclingprozess Batrec. (In Anlehnung an Zenger et al. 2003)

Kohlenstoffdioxid-Atmosphäre, um die Reaktivität herabzusetzen, wobei Batrec dies als Deaktivierung bezeichnet. Während der Zerkleinerung verdunstet der Elektrolyt und kann in einem nachgeschalteten Schritt auskondensiert werden. Nach der Zerkleinerung wird feuchte Luft zu der CO_2-Atmosphäre gegeben, um eine Neutralisation der Mischfraktion zu gewährleisten. Anschließend wird dieses Gasgemisch einer Gasreinigung zugeführt. In einer nachgeschalteten mechanischen Auftrennung entstehen vier unterschiedliche Fraktionen, zwei Metallfraktionen, eine Kunststofffraktion und eine Feinfraktion, die das Kobalt und Lithium der Elektrodenbeschichtung enthält (Georgi-Maschler et al. 2012). Die Feinfraktion kann anschließend der (optionalen) hydrometallurgischen Aufbereitung zugeführt werden. Durch entsprechende Laugungs- und Reinigungsschritte können die Metallfraktionen zurückgewonnen werden (Zenger et al. 2003; Vadenbo 2009; Hanisch et al. 2015a).

2.6.2.4 Umicore

Umicore (Belgien) entwickelte 2000–2003 ein neues Recyclingverfahren für Batterien mit der Bezeichnung Val'Eas. Dieses Verfahren ist sowohl für NiMH als auch für Lithium-Ionen-Batterien geeignet. Im Vergleich zu anderen Verfahren werden die ausgedienten Batterien direkt einem pyrometallurgischen Prozess zugeführt, welcher in einem vertikalen Schachtofen durchgeführt wird (siehe Abb. 2.19). Somit werden keine vorgelagerten mechanischen Aufbereitungsschritte ausgeführt, mit Ausnahme einer teilweisen Demontage einzelner Komponenten (falls nötig), oder der Zerlegung großer Batteriesysteme auf Modulebene (Cheret 2007). In einem ersten Schritt wird die Charge bestehend aus Batterien, Schlackenbildnern, Sand (SiO_2), Steinkohlenkoks und Kalkstein vorbereitet.

Der Schachtofen lässt sich in drei Zonen einteilen, die Vorheizzone, die Pyrolysezone und die Schmelz- bzw. Reduktionszone (Vezzini 2014). Die vorbereitete Charge wird nun in der Vorheizzone am oberen Ende des Ofens aufgegeben. Hier erreicht die Charge Temperaturen unter 300 °C, wodurch der Innendruck in den Zellen ansteigt und der verdampfte Elektrolyt entweichen kann. Durch diesen gemächlichen Temperaturanstieg kann des Weiteren die Explosionsgefahr reduziert werden. In der nächsten Zone, der Pyrolysezone (bis zu 700 °C), sind die Temperaturen hoch genug um Plastikkomponenten einzuschmelzen. Der hohe Brennwert dieser Komponenten erhitzt hierbei entstehende Gase, die für die Temperaturentwicklung in der Vorheizzone benötigt werden. In der tiefsten Zone finden nun weitere Schmelz- und Reduktionsprozesse statt. Durch die Zugabe von vorgeheizter Luft können hier Temperaturen zwischen 1200 und 1450 °C erreicht werden. Diese hohen Temperaturen führen dazu, dass die verbliebenen Materialien zwei Phasen ausbilden. Eine Phase ist Schlacke, welche Aluminium, Silizium, Calcium, Lithium und etwas Eisen enthält, während die andere Phase eine Legierung aus den Metallen Eisen, Cu, Kobalt und Nickel darstellt. Auftretende Prozessgase verlassen den Prozess bei ca. 450 °C und werden anschließend in einer Nachverbrennung bei 3000 bis 5000 °C gereinigt. Die erhaltene Metalllegierung kann anschließend durch weitere hydrometallurgische Verfahren verarbeitet werden. Kupfer, Eisen, Nickel und Kobalt in Form von Kobaltchlorid können so zurückgewonnen werden. Das Kobaltchlorid kann anschließend durch einen Oxidationsprozess und Zugabe von Lithium zu Lithium-Kobaltoxid umgewandelt werden, welches

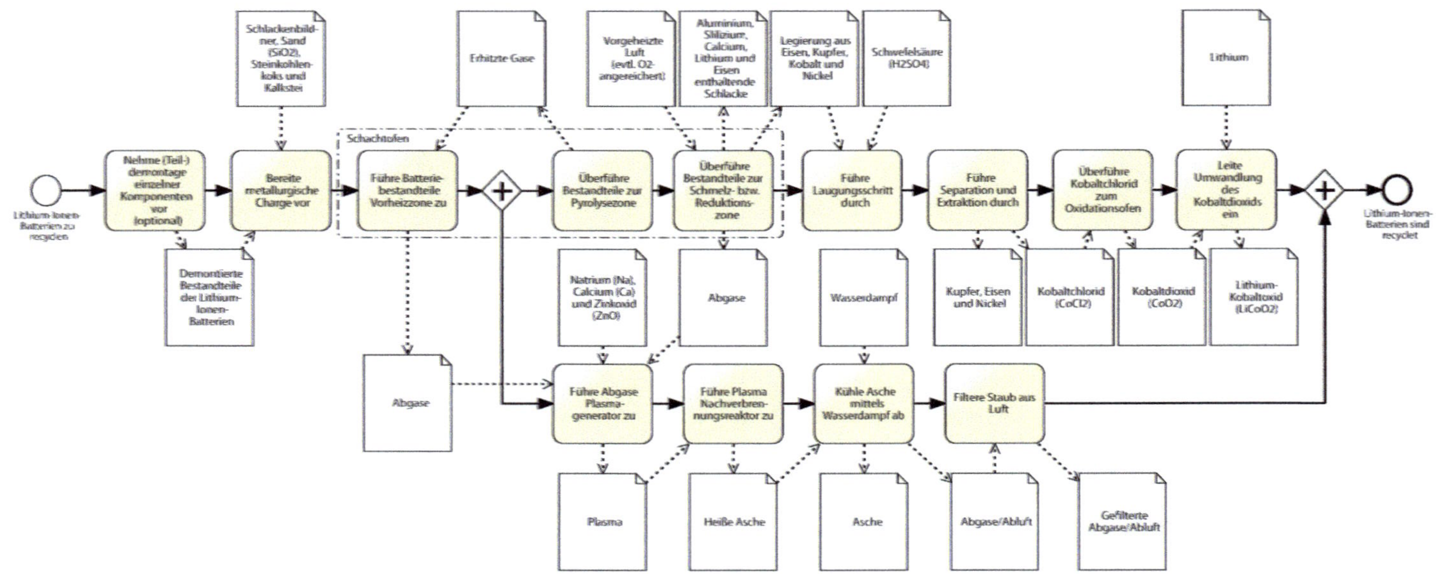

Abb. 2.19 Recyclingprozess Umicore. (In Anlehnung an Cheret und Santen 2007 und Vadenbo 2009)

wieder für die Batterieproduktion eingesetzt werden kann (Vadenbo 2009; Hanisch et al. 2015a). Das Umicore Verfahren stellt des Weiteren den Kernprozess innerhalb des vom Bundesministerium für Umwelt, Naturschutz und nukleare Sicherheit (BMU) geförderten Projektes LiBRi dar, welches in einem späteren Abschnitt einem (ökologischen) Vergleich Lithorec unterzogen wird.

2.6.2.5 Accurec

Das deutsche Recyclingunternehmen Accurec wurde 1995 gegründet und ist in der Lage, alle Arten von portablen und industriellen Batterien zu recyceln. Nach Georgi-Maschler et al. (2012) verbindet der von Accurec, dem Projektpartner UVRFIA GmbH und dem IME (RWTH Aachen) entwickelte Prozess hydro- und pyrometallurgische Verfahrensschritte und bietet ebenfalls die Möglichkeit, Lithium zurückzugewinnen (siehe Abb. 2.20).

Zunächst wird ein Sortierschritt der Batterien vorausgesetzt, um sicherzustellen, dass keine anderen Batteriechemien, wie z. B. NiMH-Batterien, in den Prozess gelangen. Anschließend wird ein Demontageschritt durchgeführt, um einzelne Zellen zu erhalten und um bereits Gehäusematerialien und elektrische Komponenten (kupferhaltig) zurückzugewinnen. Der erste eigentliche Recyclingschritt innerhalb des Prozesses findet in einem Retortenofen bei Temperaturen bis zu 250 °C und einem Vakuum von 650–700 mbar statt (thermische Vakuumbehandlung). Während diesem Pyrolyseschritt werden die Zellen in Folge des verdampfenden Elektrolyten deaktiviert. Dieser kann dann in einem nachgeschalteten Kondensator wieder auskondensiert werden. Ziel dieser Deaktivierung ist es wiederum, sicherere Prozessabläufe für die darauffolgenden Prozessschritte zu ermöglichen. Das wiederaufgefangene Elektrolytkondensat enthält allerdings verschiedene Zersetzungsprodukte, welche eine direkte Wiederverwendung verhindern. In dem folgenden Prozessschritt findet eine Zerkleinerung in einer Hammermühle statt. Durch darauffolgende mechanische Aufbereitungsschritte (Vibrationssiebung, magnetische Separation und Luftstrahlsichtung in einem Zickzack-Sichter) ergeben sich vier unterschiedliche Fraktionen. Eine Feinfraktion, welche die Elektrodenmaterialien enthält, und drei Fraktionen bestehend aus Eisen-Nickel, Aluminium, und Elektrodenfolien. Um nun die Feinfraktion für die pyrometallurgische Aufbereitung vorzubereiten, wird diese in einem Agglomerationsprozess mit einem Binder versehen, was zur Ausbildung von Pellets führt. Wegen des hohen Graphitanteils (Massenanteil von ca. 30 %), wird dieser zunächst durch eine thermische Vorbehandlung bei 800 °C auf ca. 15 % reduziert. Dies verhindert einen negativen Einfluss innerhalb des pyrometallurgischen Verfahrens, in welchem die Pellets durch einen Schmelzprozess zu einer Kobaltlegierung, einer Lithium enthaltende Schlacke und auch zu Lithium enthaltenden Flugstäuben umgesetzt werden. Die Kobaltlegierung kann dann in nachfolgenden hydrometallurgischen Verfahren verarbeitet werden. Hier findet zunächst wiederum das Verfahren der Laugung Anwendung. Durch anschließende Fällung und Filtration kann Lithiumcarbonat als Endprodukt zurückgewonnen werden. Dies findet wiederum Einsatz in der Batterieproduktion oder in der Glasherstellung (Georgi-Maschler 2009; Georgi-Maschler et al. 2012; Hanisch et al. 2015a).

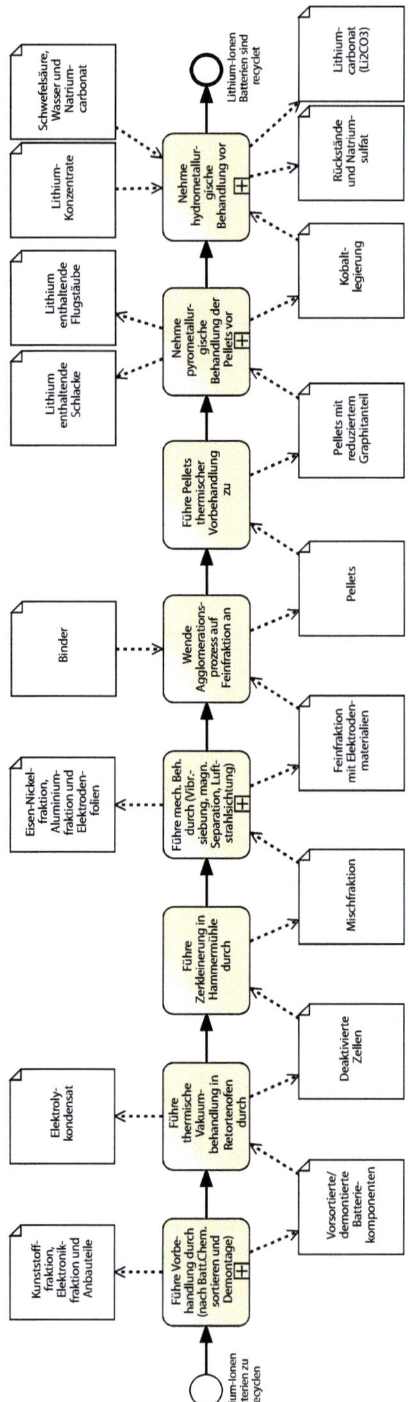

Abb. 2.20 Recyclingprozess Accurec. (In Anlehnung an Georgi-Maschler et al. 2012)

2.6.2.6 AEA

AEA Technology (UK) entwickelte einen hydrometallurgischen Recyclingprozess[23]. Zentrales Ziel war es hierbei, so viel Batteriematerialien wie möglich zurückzugewinnen und dabei gleichzeitig einen sicheren und wirtschaftlichen Betrieb zu ermöglichen (siehe Abb. 2.21). Der in dem Patent US6447669 B1 dargestellte Prozess zeigt die Behandlung von Lithium-Ionen-Batterien mit Stahlgehäuse, wobei die Anode mit einer Graphitbeschichtung und die Kathode mit Lithium-Kobalt und Graphit beschichtet ist (Lain 2002).

Um die Gefahren (z. B. Hydrolyse des Elektrolyten) bei der Zerkleinerung zu reduzieren, wird der erste Verfahrensschritt unter einer trockenen, inerten Gasatmosphäre durchgeführt. Für den Aufschluss der Zellen kann ein Laser oder eine mechanische Schere eingesetzt werden, wobei durch einen nachfolgenden Schredder Fragmente mit einer Größe von rund einem Zentimeter erzeugt werden. Die Fragmente werden anschließend unter Zugabe von Acetonitril in einen Dissolver gegeben. Dieses Lösungsmittel ist in der Lage, den Elektrolyten zu lösen und zu extrahieren. Dieser Behälter wird auf 50 °C erhitzt während das Lösungsmittel für mehrere Stunden im Kreis geführt wird, um eine vollständige Aufnahme des Elektrolyten zu gewährleisten. Die flüssige Phase wird anschließend abgeschieden und durch einen Verdampfungsprozess kann der Elektrolyt zurückgewonnen werden. An diesen ersten Lösungsprozess schließt sich ein zweiter an, wobei das Lösungsmittel N-Methyl-Pyrrolidon (NMP) eingesetzt wird, um den Binder der Elektrodenbeschichtung zu lösen. Durch einen Filtrationsschritt können dann das PVDF enthaltende Lösungsmittel und das partikuläre Beschichtungsmaterial (Lithium-Kobaltoxid und Graphit) voneinander getrennt werden. Die verbleibenden Feststoffe (Aluminium, Kupfer, Stahl und Kunststoffe) können dann anhand ihrer physikalischen Eigenschaften aufgetrennt werden. Das NMP wird wiederum aus dem Filtrat verdampft, kann zurückgewonnen und dem Prozess erneut zugeführt werden. Das partikuläre Beschichtungsmaterial wird durch Auswaschen des Filters zurückgewonnen. Anschließend wird diese Suspension elektrolytisch behandelt. Zusammen mit einem nachfolgenden Reinigungsschritt führt dies zu der Ausbildung von festem Kobalt(III)-oxid und Lithiumhydroxid in wässriger Lösung (Lain 2001, 2002; Vadenbo 2009).

2.6.2.7 Mitsubishi Heavy Industries

Der von Mitsubishi Heavy Industries entwickelte Prozess nutzt eine Kombination aus Tieftemperatur-, thermischer, pyrolytischer und mechanischer Behandlung um Lithium-Kobaltoxid und weitere Wertmetalle zurückzugewinnen. Der Prozess wurde primär für Lithium-Ionen-Batterien (mit Plastikgehäuse) entwickelt, wobei die Anwendung für andere Batterietypen nicht ausgeschlossen wird (siehe Abb. 2.22).

In einem ersten Schritt werden die Batterien auf eine Temperatur von unter −50 °C, z. B. durch den Einsatz von flüssigem Stickstoff, abgekühlt. Durch die Einwirkung von niederfrequenten Vibrationen können Plastikgehäuse zerkleinert werden, während die

[23] Ob der Recyclingprozess industriell eingesetzt wird konnte anhand der Literaturquellen nicht festgestellt werden.

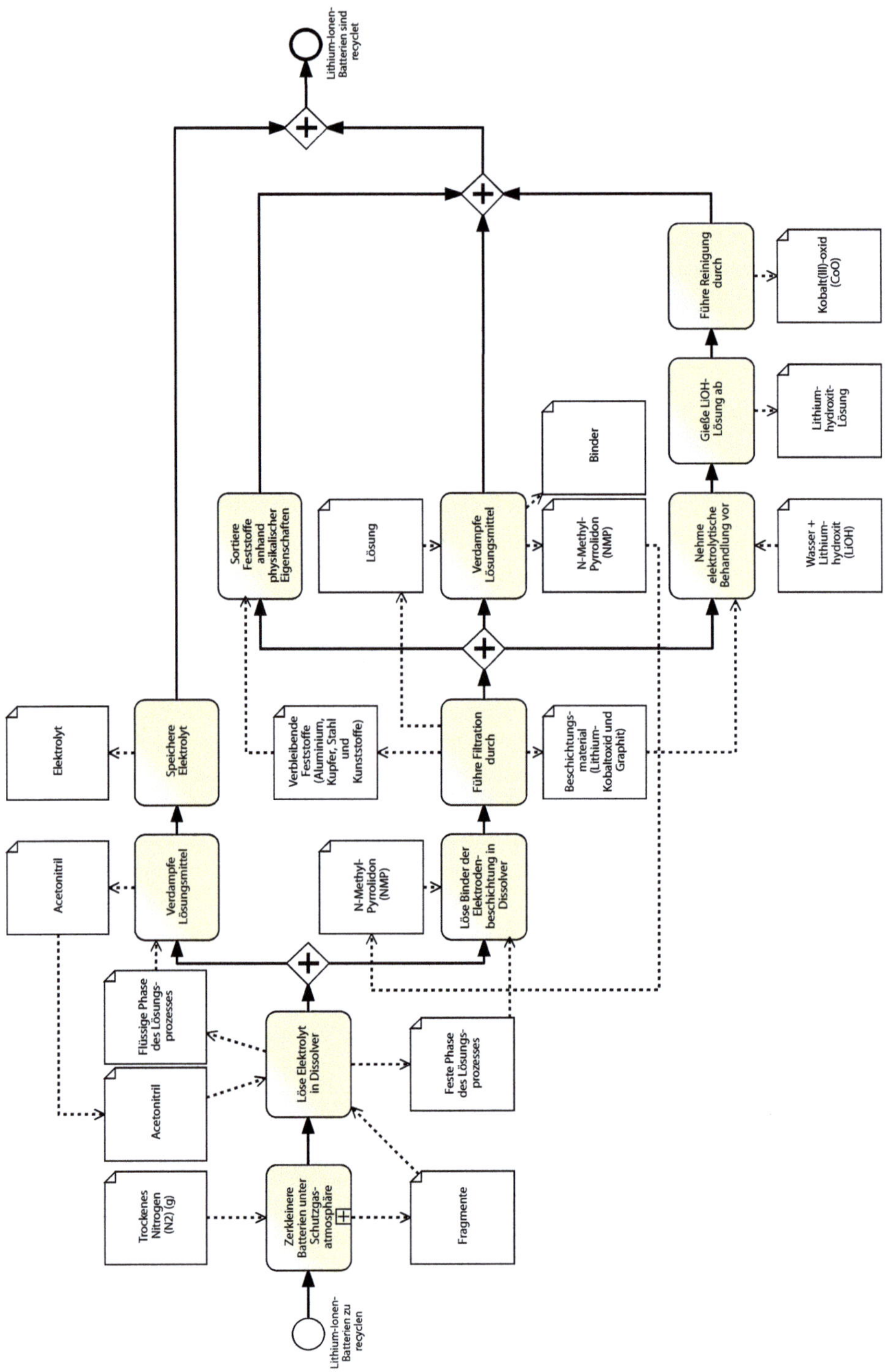

Abb. 2.21 Recyclingprozess AEA. (In Anlehnung an Lain 2002)

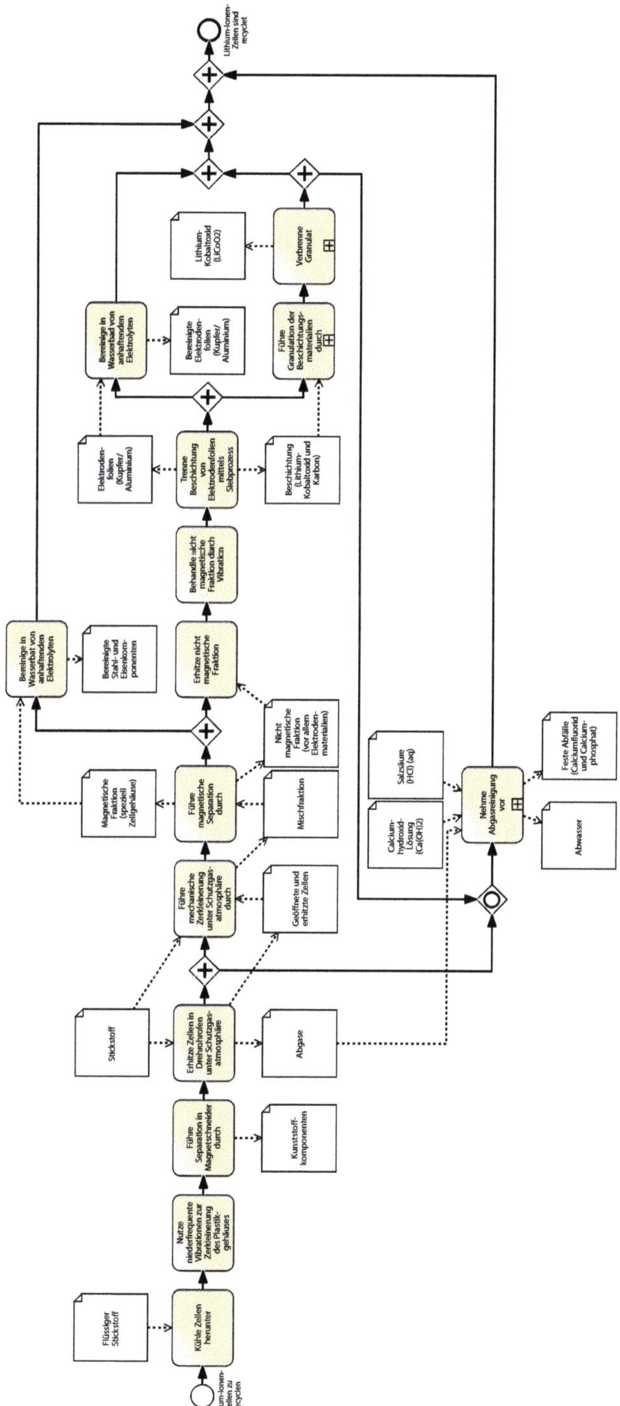

Abb. 2.22 Recyclingprozess Mitsubishi Heavy Industries. (In Anlehnung an Tani et al. 2003)

flüssigen Elektrolytkomponenten der Batterie gefroren bleiben. Die geöffneten Zellen werden anschließend in einen Magnetscheider überführt, in welchem die Abtrennung der Kunststofffragmente erfolgt. In dem darauffolgenden Schritt werden die geöffneten Zellen in einen Drehrohrofen unter inerter Stickstoff-Atmosphäre gegeben und für 10 min auf Temperaturen zwischen 500 und 850 °C erhitzt. Durch diesen Schritt können flüchtige organische Lösungsmittel verdampfen und durch das Sicherheitsventil entweichen. Die Abgase werden gezielt abgeführt und gereinigt (Nachverbrennung). Die im Drehrohrofen verbleibenden Zellen werden nun entnommen und einer mechanischen Zerkleinerung zugeführt. Die Zerkleinerung findet wiederum in einer inerten Stickstoff-Atmosphäre statt, wobei die Fragmente in einem nachgeschalteten Schritt magnetisch aufgetrennt werden. Das magnetische Zellgehäuse wird abgeschieden und in einem Wasserbad gereinigt, um anhaftende Elektrolyten ($LiPF_6$) abzulösen. Die entsprechenden Stahl- und Eisenkomponenten können anschließend zurückgewonnen und recycelt werden. Die nicht magnetische Fraktion besteht weitgehend aus den Elektrodenmaterialien und wird wiederum durch Vibration behandelt. Vorher werden diese allerdings noch auf eine Temperatur von 300 °C erhitzt, um die Effizienz des Trennverfahrens zu erhöhen. Durch die mechanische Einwirkung kann die Beschichtung von den Elektrodenfolien (Kupfer/Aluminium) abgelöst und durch einen Siebprozess abgetrennt werden. Die Elektrodenfolien werden wiederum einem Reinigungsschritt zugeführt um verbleibende Verunreinigungen (Elektrolyt, Lösungsmittel) abzulösen.

Die sehr geringe Partikelgröße der Beschichtungsmaterialien würde den anschließenden thermischen Prozess negativ beeinflussen, weshalb zunächst eine Granulation/Pelettierung durchgeführt wird. In dem thermischen Prozess werden flüchtige und organische Substanzen verdampft oder direkt thermisch zersetzt, sodass nur noch festes $LiCoO_2$ verbleibt und zurückgewonnen werden kann. Entstehende Abgase werden wiederum einer Reinigung unterzogen (Tanii et al. 2003; Vadenbo 2009).

2.6.2.8 Lithorec

In den Forschungsprojekten *LithoRec* und *LithoRec 2* – an denen auch Lion Engineering (nur LithoRec II), die TU Braunschweig und die Volkswagen AG beteiligt waren – konnte im Labormaßstab ein Verfahren entwickelt werden, in dem auf rein mechanischem und hydrometallurgischem Weg, also durch Auslaugen und anschließendes Ausfällen des Lithiums, neben Kobalt und Nickel auch ein Großteil des Lithiums direkt wiedergewonnen werden kann.

Aufgrund der sehr guten Dokumentation dieses Prozesses soll dieser, anders als die anderen dargestellten Prozesse, um geeignete Dienstleistungen (im Vorfeld der Aufbereitung als auch im Nachgang an das Recycling) erweitert und in diesem Abschnitt dargestellt werden.

Das Recycling von Lithium-Ionen-Batterien aus Traktionsanwendungen kann als Bündel verschiedener Dienstleistungen verstanden werden, die sich sowohl vorbereitenden Schritten für das Recycling als auch dem eigentlichen Recycling zuordnen lassen. Das erstellte Prozessmodell (siehe Abb. 2.23) ist in diese Dienstleistungsbereiche unterteilt und

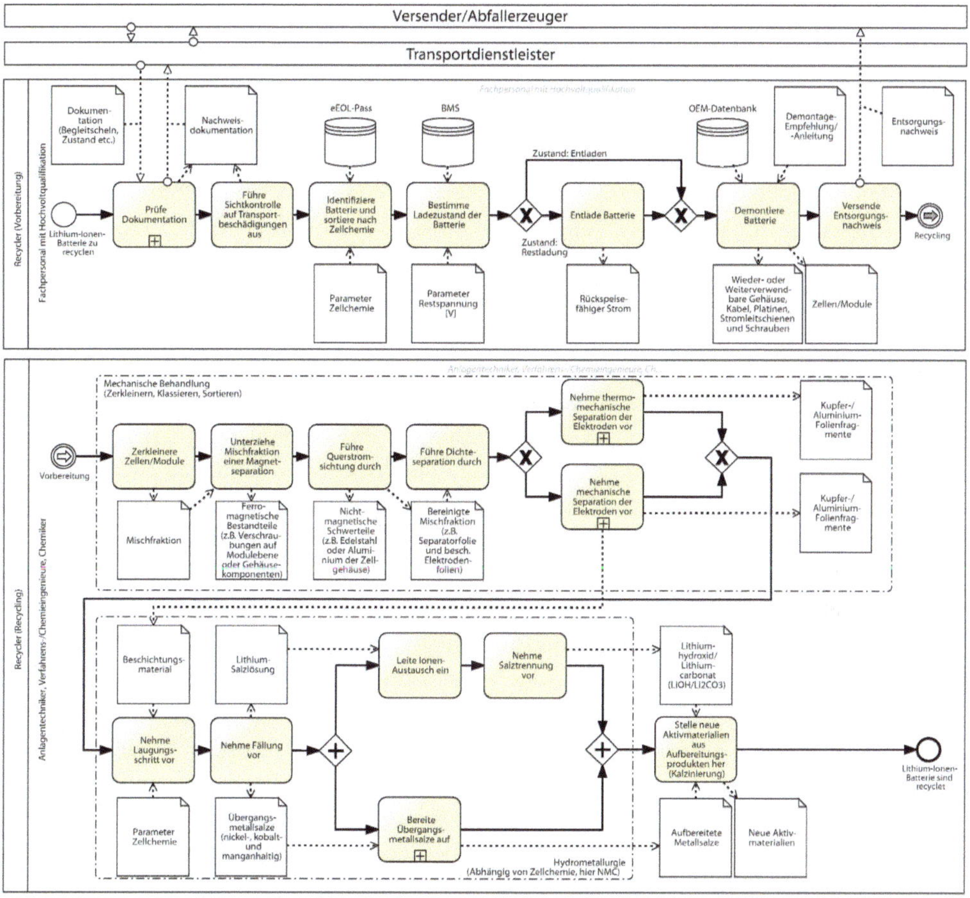

Abb. 2.23 Recyclingprozess Lithorec. (In Anlehnung an Hanisch et al. 2011, 2012, 2014, 2015a; Kwade und Bärwaldt 2012; Kwade et al. 2014)

setzt den abgeschlossenen Transportvorgang von Versender zu Recyclingdienstleister voraus. Die Transportvorbereitung und der eigentliche Transport lassen sich aber auch als mögliche Dienstleistungen des Recyclings eingliedern.

Zunächst sollen die vorbereitenden Schritte des Recyclings genauer betrachtet werden. Trifft das Batteriesystem beim Recyclingdienstleister ein, muss zunächst die beiliegende Dokumentation geprüft werden. Hierzu zählen beispielweise sowohl der Begleitschein als auch Dokumentationen zu dem Zustand des Systems (äußere Beschädigungen, interne Defekte etc.), welcher nachfolgende Prozessschritte, die den direkten Umgang mit dem Batteriesystem voraussetzen, aus sicherheitstechnischer Sicht beeinflusst. Der Transportdienstleister erhält zur Quittierung der Anlieferung die vorgeschriebene Nachweisdokumentation, welche die gesetzlich konforme Anlieferung abschließt.

In dem nachfolgenden Schritt wird eine Sichtkontrolle auf nicht dokumentierte Beschädigungen, die im Rahmen des Transportes aufgetreten sein können, durchgeführt. Anschließend kann anhand des eEOL-Passes eine genaue Identifikation des Systems in Bezug auf die vorliegende Zellchemie durchgeführt werden (siehe dazu insbesondere Abschn. 3.3.4). Dabei ist auch eine Sortierung gemäß der Zellchemie durchzuführen. Der potentiell hohe elektrochemisch gespeicherte Energieinhalt von Lithium-Ionen-Batterien stellt eine direkte Gefahr für Arbeitskräfte (Hochvoltbereich) dar. Des Weiteren können durch die Freisetzung der gespeicherten elektrischen Energie chemische Reaktionen (z. B. durch Kurzschlüsse bei der mechanischen Zerkleinerung) aktiviert werden. Eine vorherige Entladung des Systems ist somit anzustreben. Beim Recyclingdienstleister muss daher zunächst der Ladungszustand des Batteriesystems ermittelt werden. Anschließend kann, sofern das System noch eine Restladung besitzt, eine Entladung zum Beispiel durch eine elektronische Last (optionale Rückspeisung in das Stromnetz möglich) erfolgen. In dem anschließenden Schritt der Demontage auf Modul- beziehungsweise Zellebene können erste Wertkomponenten (Gehäuseteile aus Stahl oder Aluminium, Kabel, Platinen, Stromleitschienen, Schrauben etc.) zurückgewonnen werden. Abhängig vom Zustand des Batteriesystems sind hierbei die Sicherheitsvorkehrungen in Form der persönlichen Schutzausrüstung der Demontagearbeiter anzupassen. Besteht beispielsweise die Gefahr von austretendem Elektrolyt, muss die Demontage bei Abluftabsaugung und mit Atemschutz der Arbeiter erfolgen. Auch eine Selbstentzündung kann in einem solchen Fall nicht ausgeschlossen werden, sodass geeignete Vorkehrungen zur Brandlöschung vorhanden sein müssen. Es ist davon auszugehen, dass die Recyclingvorbereitungen, vor allem aufgrund der elektrischen Gefahren, weitgehend durch Fachkräfte mit Hochvoltqualifikation durchgeführt werden müssen. Im Anschluss an die Demontage und vor der Überführung der Module beziehungsweise Zellen zum eigentlichen Recycling kann der Entsorgungsnachweis an den Versender übermittelt werden.

Einen zentralen Schritt der mechanischen Aufbereitung stellt der Aufschluss der Module und Zellen dar, welcher eine Trennung der in den Zellen enthaltenen Wertstoffe ermöglicht. Maschinell wird dies durch eine Zerkleinerungsmaschine, zum Beispiel in Form einer Rotorschere, erreicht. Die einzelnen Bestandteile wie Zellgehäuse, Elektrodenfolien (Kupfer bzw. Aluminium) mit ihren Beschichtungen und Separatorfolien liegen nach diesem Prozessschritt in einer Mischfraktion vor. Durch einen magnetischen Separationsschritt können ferromagnetische Bestandteile (z. B. Verschraubungen auf Modulebene oder Gehäusekomponenten) dieser Mischfraktion abgeschieden werden. Eine nachgeschaltete Querstromsichtung bietet die Möglichkeit, nicht-magnetische Schwerteile, wie zum Beispiel Edelstahl oder Aluminium, der Zellgehäuse abzutrennen. Die verbleibende Mischfraktion, bestehend aus Separatorfolie und beschichteten Elektrodenfolien, kann durch eine Dichteseparation voneinander getrennt werden. Um nun die Beschichtungsmaterialien, welche wertvolle Übergangsmetalle wie zum Beispiel Kobalt enthalten, von den Substratfolien (Kupfer bzw. Aluminium) abzulösen, können zwei verschiedene Verfahrensoptionen eingesetzt werden. Im Falle der mechanischen Elektrodenseparation wird die Beschichtung in einer Art Nachzerkleinerung (Schneidmühle) durch mechanische Einwirkung von den Substratfolien abgelöst. Bei der thermo-mechanischen Variante wird zunächst die Zersetzung des Binders (funktioneller Bestandteil der Beschichtung zur Haftvermittlung) durch einen Ofenprozess erreicht, woraufhin die mechanische Beanspruchung innerhalb eines Luftstrahlseparators das Ablösen der Beschichtung ermöglicht und gleichzeitig die Trennung von Metallfolien und Beschichtungsmaterial erfolgt (Hanisch et al. 2014, 2015a, 2015b). Bei der mechanischen Elektrodenseparation konnten hierbei Rückgewinnungsquoten von bis zu 91 Gewichtsprozent und bei der thermo-mechanischen Variante von über 99 Gewichtsprozent der zugeführten, auf den Elektroden befindlichen Beschichtungsmasse erreicht werden. Durch diesen letzten Abtrennungsschritt ist die mechanische Aufbereitung abgeschlossen und das Beschichtungsmaterial kann der hydrometallurgischen Aufbereitung zugeführt werden. Hier findet zunächst ein Laugungsschritt statt. Durch eine anschließende Fällung werden die austretenden Stoffströme, einerseits eine Lithium-Salzlösung und andererseits ausgefällte Übergangsmetallsalze (nickel-, kobalt- und manganhaltig), erzeugt. Durch Ionen-Austausch und einen salztrennenden Schritt kann aus der Li-Salzlösung Lithiumhydroxid beziehungsweise Lithiumcarbonat gewonnen werden. Die Übergangsmetallsalze werden in weiteren Schritten aufgearbeitet. Im Anschluss an die Hydrometallurgie sieht der LithoRec-Prozess, im Sinne des Closed-Loop-Recyclings, die Herstellung neuer Aktivmaterialien aus den Produkten der hydrometallurgischen Aufbereitung (Kalzinierungsprozess) vor.

Nach Abschluss des technischen Prozesses können die entstandenen Fraktionen vertrieben werden. Dies kann als eine mögliche nachgeschaltete Dienstleistung des Recyclings angesehen werden. Auch die Einlagerung von zurückgewonnenen Rohstoffen kann eine Art Dienstleistung im Anschluss an das Recycling darstellen. Hierdurch könnten durch einen zeitlich nach hinten verschobenen Verkauf höhere Verkaufserlöse durch steigende Rohstoffpreise erreicht werden.

2.6.3 Vergleich Pyro- und Hydrometallurgie

Ein allgemeiner Vergleich pyrometallurgischer und hydrometallurgischer Verfahren ist in Tab. 2.7 dargestellt.

Darüber hinaus bieten veröffentlichte Ökobilanzen eine weitere Möglichkeit, sowohl technische als auch ökologische Vergleiche aufzustellen. Hierzu werden die in den betrachteten Ökobilanzen der Lithium-Ionen-Batterie-Recyclingverfahren LithoRec und LiBRi (Buchert et al. 2011a, 2011b) vorgestellten Ergebnisse miteinander Verglichen, um etwaige Aussagen über die Unterschiede oder andere Auffälligkeiten, welche sich aus den betrachteten Parametern ableiten lassen, herauszustellen. Das LithoRec repräsentiert hierbei ein Verfahren, das auf hydrometallurgischen Verfahren beruht während das LiBRi-Verfahren weitgehend pyrometallurgische Verfahren einsetzt. Da bei den betrachteten Ökobilanzen mit geringfügig unterschiedlichen Batteriezusammensetzung nach Bauteilen gearbeitet wurde, lassen sich die totalen Outputmassen der Verfahren ohne eine Umrech-

Tab. 2.7 Vergleich Pyrometallurgie und Hydrometallurgie

	Pyrometallurgie	Hydrometallurgie
Vorteile	– Nutzung der unedlen Metalle (Fe, Al, ...) und des Kohlenstoffs als Reduktionsmittel bzw. als Energieträger – Produktion absatzfähiger Metalle bzw. Legierungen	– Wiedergewinnung der unedlen Metalle sowie des Kohlenstoffs möglich – Äußerst geringe Abgasmengen
Nachteile	– Entstehung größerer Abgasmengen – Einbringen großer Mengen an Brennstoffen oder elektrischer Energie – Wiedergewinnung der unedlen Metalle sowie des Kohlenstoffs nicht möglich	– Umgang mit großen Mengen an Chemikalien – Aufwendige, langsame und störanfällige Prozesse

nung nicht Vergleichen. Allerdings können die daraus ermittelbaren Recyclingeffizienzen und die in der Ökobilanz untersuchten Wirkungsparameter verglichen werden.

2.6.3.1 Technischer Vergleich

Um die Recyclingeffizienzen der betrachteten Verfahren LithoRec und LiBRi ermitteln zu können, wurde aus den beiden Kathodentypen NMC und LFP, welche in der Ökobilanz des LithoRec-Verfahrens einzeln betrachtet werden, eine Mischzusammensetzung nach Materialien ermittelt. Diese wurde mit der in der Ökobilanz des LiBRi-Verfahrens angegebenen Batteriemischzusammensetzung nach Materialien verglichen, um eine eventuelle Übereinstimmung der Materialzusammensetzung zu überprüfen (vgl. Abb. 2.24). Da die so ermittelte Mischzusammensetzung aus der Lebenszyklusanalyse (engl. Life Cycle Assessment, LCA) des LithoRec-Verfahrens und die Mischzusammensetzung, welche in der LCA des LiBRi-Verfahrens genutzt wurde, fast identisch sind, lässt sich ein grober Vergleich der Verfahren, bezüglich ihrer Recyclingeffizienzen relativ einfach ermöglichen. Aus den einzelnen Recyclingeffizienten der im LithoRec-Verfahren untersuchten Batterietypen, kann eine gemittelte Recyclingeffizienz ermittelt werden, welche dann Aufgrund der fast identischen Ausgangsmaterialzusammensetzung mit der aus dem LiBRi-Verfahren ermittelten Recyclingeffizienz verglichen werden kann.

Die Recyclingeffizienzen wurden nach folgendem Schema ermittelt:

$$\textbf{Recyclingeff. [\%]} = \frac{\textbf{recycelte Outputmasse [kg]}}{\textbf{Inputmasse [kg]}} \cdot \textbf{100.}$$

Die berechneten und gemittelten Recyclingeffizienten des LithoRec-Verfahrens können so mit den berechneten Recyclingeffizienten für das LiBRi-Verfahren verglichen werden (vgl. Abb. 2.25). Hier muss erwähnt werden, dass die Materialien Kunststoff, Aluminium, Edelstahl und Kupfer alle jeweils im ersten Prozessschritt der beiden Verfahren, der Batterie- und Modulzerlegung, gewonnen wurden. Dieser Schritt ist bei beiden Verfahren annähernd identisch und nur ein Vorschritt zum eigentlichen Recyclingverfahren der beiden Prozesse. Somit sind die in Abb. 2.25 gezeigten Recyclingeffizienten für Lithium,

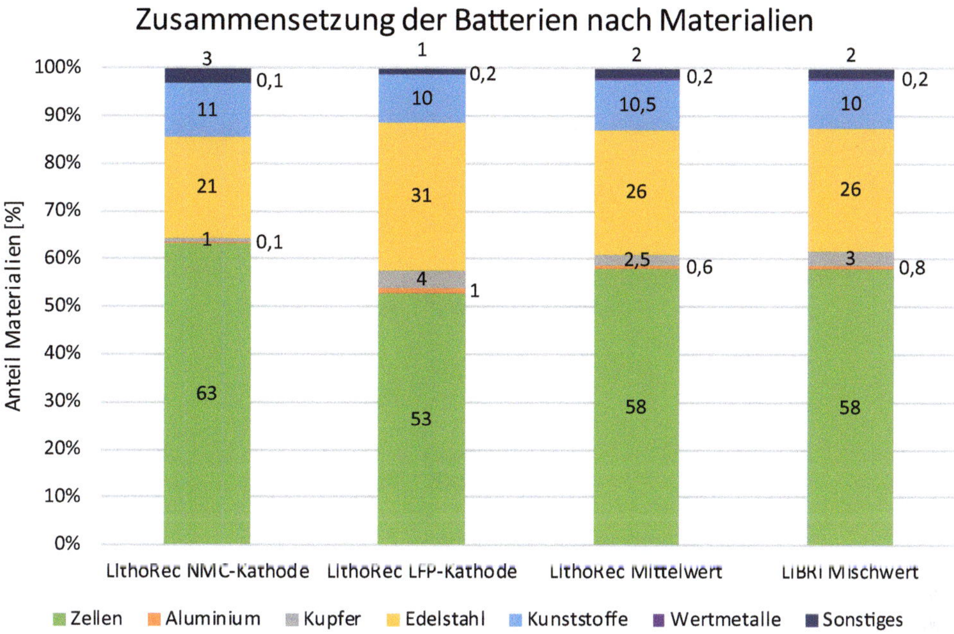

Abb. 2.24 Vergleich der Materialzusammensetzungen der NMC- und LFP-Batterie und der daraus ermittelten Mischzusammensetzung aus der Ökobilanz des LithoRec-Verfahrens sowie der Materialzusammensetzung, die in der Ökobilanz des LiBRi-Verfahrens genutzt wurde

Kobalt, Nickel, Mangan, Aluminium (Kathode), Kupfer (Anode) und Aluminium (Zellgehäuse) die eigentlichen Werte, die zum Vergleich der beiden Verfahren genutzt werden sollten, da diese Substanzen in mindestens einem der Verfahren im eigentlichen Kernprozess wiedergewonnen werden.

Grundsätzlich lässt sich aus Abb. 2.25 erkennen, dass das LithoRec-Verfahren im Vergleich zum LiBRi-Verfahren das Recycling von mehr Materialien ermöglicht (Mangan, Aluminium aus Kathode und Zellgehäuse). Zusätzlich ist es für viele Materialien auch effizienter, da sich mehr Material wiedergewinnen lässt (Lithium, Kobalt und Kupfer aus der Anode).

2.6.3.2 Ökologischer Vergleich

Werden die zuvor gezeigten Ergebnisse auf ihre Bedeutung bezüglich der betrachteten Ökobilanzen hin untersucht, so muss die jeweilige Relevanz des recycelten Materials im Hinblick auf die aus ihr entstehende Gutschrift und deren Einfluss auf die Ökobilanz analysiert werden. Aus der Auswertung der beiden Ökobilanzen geht hervor, dass die Wirkungskategorien, die den größten Einfluss auf das Ergebnis haben die Kategorien $ADP_{elem.}$, AP und GWP sind ($ADP_{elem.}$ Abiotic Depletion Potential (elements), Mineralien und Metalle; AP Acidification Potential, Versauerungspotenzial; GWP Global Warming

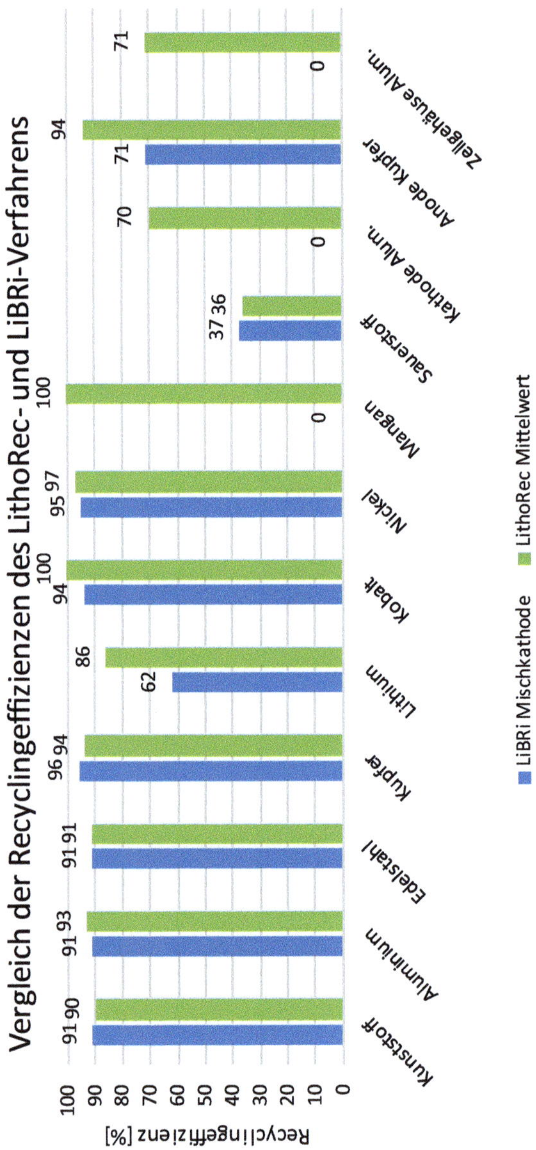

Abb. 2.25 Gegenüberstellung der Recyclingeffizienzen des LithoRec- und des LiBRi-Verfahrens

Potential). Die Materialien, die hier den Großteil der entstehenden Gutschriften ausmachen, sind für:

- $ADP_{elem.}$: Edelstahl, Kupfer, Kupfer (Anode)
- AP: Kunststoff, Edelstahl, Kobalt, Nickel, Kupfer (Anode)
- GWP: Kunststoff, Edelstahl, Kobalt, Nickel, Kupfer (Anode)

Werden die für diese Materialien ermittelten Recyclingeffizienzen aus dem LithoRec- und LiBRi-Verfahren jeweils für die einzelnen Wirkungskategorien miteinander verglichen, so zeigt sich das in den nachfolgenden Grafiken dargestelle Bild (siehe Abb. 2.26, 2.27 und 2.28).

Auch für diese Betrachtung gilt, dass die Materialien Edelstahl, Kupfer und Kunststoff aus dem Vorbereitungsschritt der Batterie- und Modulzerlegung stammen. Die im Kernprozess der beiden Verfahren wiederaufbereiteten Materialien sind hier Kobalt, Nickel und Kupfer (Anode).

Allgemein lässt sich sagen, dass dieser identische Vorschritt und die in ihm gewonnen Materialien einen Großteil der gewonnen Gutschriften in den Wirkungskategorien $ADP_{elem.}$ und GWP ausmachen. Nur in der Kategorie der Versauerung (AP) überwiegen die Gutschriften von Nickel und Kupfer (Anode), welche aus dem jeweiligen Kernprozess der betrachteten Recyclingverfahren stammen. Für den Fall, dass ein reiner Vergleich der eigentlichen Kernprozesse des LithoRec- und LiBRi-Verfahrens nach ökologischen Gesichtspunkten durchgeführt werden soll, muss dieser Aspekt berücksichtigt werden, da in den genannten Kategorien sonst die Effekte, bewirkt durch die Gehäusedemontage, das eigentliche Bild verzerren können.

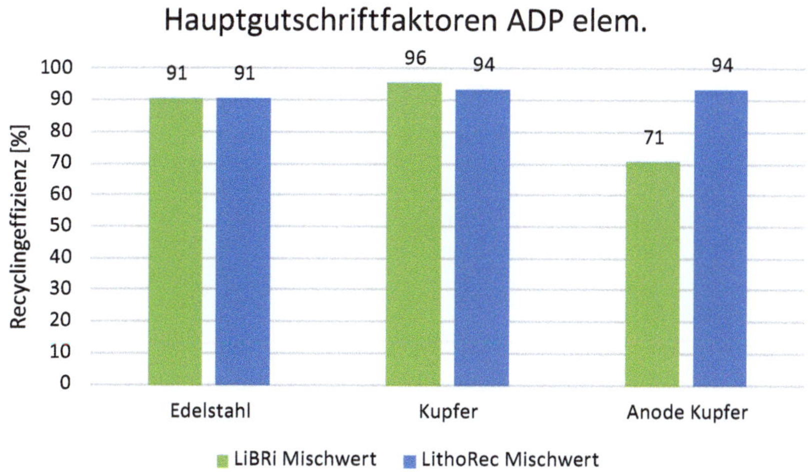

Abb. 2.26 Vergleich der Hauptgutschriftfaktoren der Wirkungskategorie $ADP_{elem.}$ der betrachteten Ökobilanzen des LithoRec- und LiBRi-Verfahrens

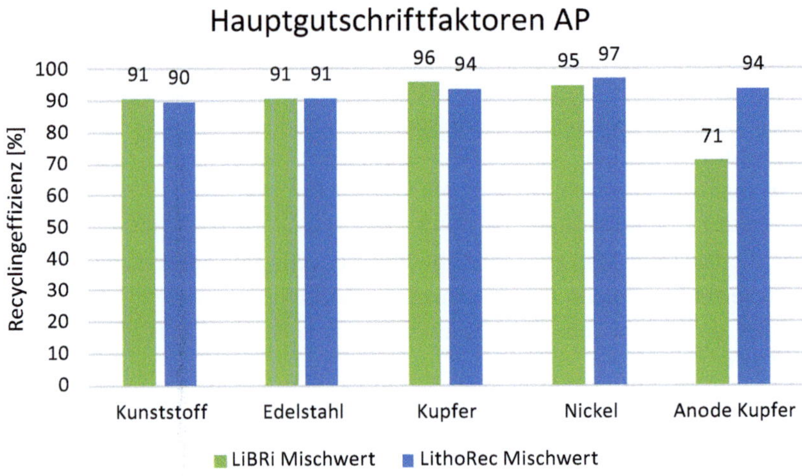

Abb. 2.27 Vergleich der Recyclingeffizienten der Hauptgutschriftfaktoren, der Wirkungskategorie AP der betrachteten Ökobilanzen des LithoRec- und LiBRi-Verfahrens

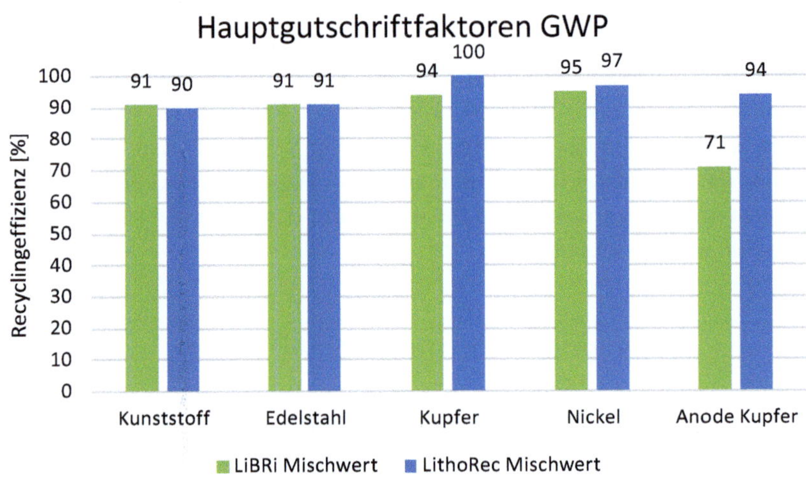

Abb. 2.28 Vergleich der Hauptgutschriftfaktoren der Wirkungskategorie GWP der betrachteten Ökobilanzen des LithoRec- und LiBRi-Verfahrens

2.7 Zusammenfassung

In diesem Kapitel stand die Gegenüberstellung verschiedener Strategien im Vordergrund, die nach dem Ende der fahrzeugbezogenen (Erst-)Nutzung von Traktionsbatterien in Bezug auf die weitere Handhabung der gebrauchten Batterien ergriffen werden können. Diese als End-of-Life-Strategien (EOL-Strategien) bezeichneten möglichen Verfahrensweisen für gebrauchte Traktionsbatterien wurden vor allem aus Vorarbeiten in den

Forschungsfeldern des Product-Recovery-Managements und des Supply-Chain-Managements hergeleitet. Die behandelten Strategien umfassen dabei die Wiederverwendung, die Weiterverwendung, die Reparatur, die Wiederaufbereitung, die Umwidmung, die Wiederinstandsetzung, die Kannibalisierung sowie die Wieder- und die Weiterverwertung von Traktionsbatterien.

Zentrale Motive für die Anwendung der Strategien liegen etwa in der Ausnutzung der Restwerte der gebrauchten Produkte, der Ressourcenschonung, der Verminderung des Schadstoffeintrages in die Natur, der Vermeidung von Deponiekosten und Einleitgebühren sowie in rechtlichen Vorgaben begründet. In Bezug auf die Anwendung von EOL-Strategien wurden zudem ausgewählte europäische und deutsche Gesetze und Richtlinien untersucht und speziell vor dem Hintergrund der Umwidmung und Weiterverwendung von Traktionsbatterien laienhaft erörtert.

Neben einer allgemeinen Abgrenzung der verschiedenen EOL-Strategien lag der Fokus dieses Kapitels vor allem auf der detaillierten Auseinandersetzung mit den Hybridstrategien der Wiederinstandsetzung von Traktionsbatterien für die Wiederverwendung, der Umwidmung von Traktionsbatterien für die Weiterverwendung und der Wieder- und Weiterverwertung von Traktionsbatterien. Aufbauend auf bestehenden Forschungsarbeiten und Patenten wurde die Anwendung der Strategien dafür jeweils kurz motiviert, die Strategien wurden für Traktionsbatterien definiert, zentrale Prozessbausteine und ausgewählte Prozessmodelle für die Umsetzung der jeweiligen Strategien wurden präsentiert und ausgewählte mit der Umsetzung der jeweiligen Strategien einhergehende Herausforderungen wurden erläutert.

So wurde die Wiederinstandsetzung einer Traktionsbatterie als Tätigkeit definiert, die das Ziel besitzt, eine Traktionsbatterie erneut in einen Zustand zu versetzen, in dem sie funktional einer neuen Traktionsbatterie entspricht und somit die an sie von der ursprünglichen Anwendung gestellten Anforderungen erneut erfüllen und entsprechend wiederverwendet werden kann. Im Gegensatz dazu zielt die Umwidmung einer Traktionsbatterie darauf ab, die gebrauchte Batterie als Ganzes oder in Teilen so umzugestalten, dass sie die Anforderungen einer Anwendung erfüllt, die weniger anspruchsvoll ist, als die ursprüngliche Verwendung im Fahrzeug, und somit in dieser Anwendung weiterverwendet werden kann. Die entsprechenden Anwendungen für die Weiterverwendung von Traktionsbatterien wurden dabei als Weiterverwendungsszenarien bezeichnet und fassen die sich aus dem jeweiligen Einsatzzweck- und -Kontext ergebenden individuellen Anforderungen zusammen. Wieder- und Weiterverwertung bezeichnen jeweils Verfahren, deren Ziel es ist, die Produktgestalt aufzulösen und die Materialien und Werkstoffe entweder der Herstellung der Batteriekomponenten wiederzuzuführen oder die Materialien und Werkstoffe für die Herstellung anderer Produkte und Komponenten weiter zu verwerten.

In Bezug auf die zentralen Prozessschritte und die Herausforderungen bestehen zwischen den Strategien der Wiederinstandsetzung für die Wiederverwendung und der Umwidmung für die Weiterverwendung Parallelen. So enthalten die Grobprozesse jeweils identische Schritte wie das Einsammeln und Lagern der Batterien, den Transport zur weiterverarbeitenden Einrichtung, die Identifikation und Grobinspektion, die detaillierte Zustandsbestimmung, die Demontage, Reparatur, oder das Ersetzen von Komponenten, die Wiederzusammensetzung der Komponenten und das Testen der Komponenten. Entsprechend der abweichenden Zielsetzungen der Strategien bestehen Unterschiede vor allem in der konkreten Ausgestaltung dieser groben Prozessschritte, so dass im Rahmen der Umwidmung und Weiterverwendung die Bestimmung eines Weiterverwendungsszenarios sowie die Rekombination und Konfiguration der Komponenten entsprechend der Anforderungen dieses Weiterverwendungsszenarios vorgenommen werden muss.

Auch die Herausforderungen betreffend bestehen Analogien bei den Strategien. So hängt die Wirtschaftlichkeit der Umsetzung beider Strategien etwa vom zuverlässigen Zugang zu gebrauchten Traktionsbatterien ab, sie wird beeinträchtigt durch eine fehlende Standardisierung von Bauteilen und deren mangelnder Modularität oder flexible Austauschbarkeit, eine über die übliche Produktlebensdauer hinaus reichende Stabilität der den Traktionsbatterien zugrunde liegenden Technologien ist vorauszusetzen und es muss eine ausreichende Nachfrage nach wiederinstandgesetzten und umgewidmeten Batterien am Markt bestehen. Die Wirtschaftlichkeit der Wiederinstandsetzungsprozesse und der Umwidmungsprozesse wird zudem vor allem durch die Fähigkeit der für die entsprechenden Prozesse zuständigen Einrichtung beeinflusst, aufwandsarm und präzise Aussagen über die bisherige Nutzungshistorie und Beanspruchung sowie den aktuellen Zustand der Batterie und ihrer Komponenten treffen zu können. Fehlt eine entsprechende Datengrundlage oder steht diese der zuständigen Einrichtung nicht zur Verfügung, so bleibt nur die Anwendung aktuell noch sehr aufwändiger Testverfahren, durch die die Kosten für die Wiederinstandsetzung und Umwidmung jedoch so stark ansteigen, dass die Strategien Gefahr laufen, nicht mehr wirtschaftlich zu sein, da die gebrauchten Produkte jeweils mit Neuprodukten im Wettbewerb stehen. Im Rahmen der Umwidmung ist zudem noch der Aufwand für die Bestimmung eines batterieindividuellen Weiterverwendungsszenarios zu berücksichtigen.

Einige ausgewählte Herausforderungen werden im weiteren Verlauf dieses Buches adressiert. Mit dem eEOL-Pass wird im nachfolgenden Kap. 3 ein Vorschlag unterbreitet, sowohl für die Umwidmung als auch die Wiederinstandsetzung relevante Daten bereits während des ersten Lebens der Traktionsbatterien aufwandsarm zu dokumentieren. Die in Kap. 5 detaillierten Entscheidungsmodelle erlauben in Verbindung mit dem in Kap. 7 skizzierten Entscheidungsunterstützungssystem eine erhebliche Reduzierung des Aufwandes für die batterieindividuelle Bestimmung von Weiterverwendungsszenarien. Entsprechend der Ausführungen im Kap. 4 und im Kap. 6 werden durch die individuelle Komplementierung der umgewidmeten Batterien um Dienstleistungen oder die Vermarktung der umgewidmeten Batterien mittels Dienstleistungsgeschäftsmodellen zudem Maßnahmen und Werkzeuge vorgeschlagen, mit denen die gebrauchten Batterien im Wettbewerb mit Neubatterien besser bestehen können.

Literatur

Aguirre D (2010) Design for Repurposing: A sustainable design strategy for product life and beyond. In: Industrial Designers Society of America 2010 Conference. Portland, Oregon, USA.

Ahmadi L, Fowler M, Young SB, Fraser RA, Gaffney B, Walker SB (2014a) Energy efficiency of Li-ion battery packs re-used in stationary power applications. Sustainable Energy Technologies and Assessments 8:9–17.

Ahmadi L, Yip A, Fowler M, Young SB, Fraser RA (2014b) Environmental feasibility of re-use of electric vehicle batteries. Sustainable Energy Technologies and Assessments 6:64–74.

Ahmadi L, Young SB, Fowler M, Fraser RA, Achachlouei MA (2017) A cascaded life cycle: re-use of electric vehicle lithium-ion battery packs in energy storage systems. The International Journal of Life Cycle Assessment 22:111–124.

APRA Europe (2013) APRAs Remanufacturing Translation Matrix. http://www.apra-europe.org/dateien/downloads/Reman_Terms_and_Definitions_Translations_Final.pdf. Zugegriffen: 22. Februar 2017.

Automotive Parts Remanufacturers Association Europe (2012) Remanufacturing Terminology – Remanufacturing Term Guideline. http://www.apra-europe.org/dateien/downloads/Reman_Term_Guideline_2012-03-06.pdf. Zugegriffen: 4. März 2017.

Ayres R, Ferrer G, Van Leynseele T (1997) Eco-efficiency, asset recovery and remanufacturing. European Management Journal 15:557–574.

Bach TC, Schuster SF, Fleder E, Müller J, Brand MJ, Lorrmann H, Jossen A, Sextl G (2016) Nonlinear aging of cylindrical lithium-ion cells linked to heterogeneous compression. Journal of Energy Storage 5:212–223.

BAM (2013) Amtliche Bekanntmachungen Band 43 2/2013.

Baumann M, Rohr S, Lienkamp M (2016) Development and Investigation of a modular stationary Second Life Storage System. In: Conference on Future Automotive Technology. Fürstenfeld.

Bernardes A., Espinosa DC., Tenório JA. (2004) Recycling of batteries: a review of current processes and technologies. Journal of Power Sources 130:291–298.

Beverungen D, Bräuer S, Plenter F, Klör B, Monhof M (2017) Ensembles of context and form for repurposing electric vehicle batteries: an exploratory study. Computer Science – Research and Development 32:195–209.

Bowler M (2014) Battery Second Use: A Framework for Evaluating the Combination of Two Value Chains. Dissertation, Clemson University, Clemson, South Carolina, USA.

Bras B, McIntosh MW (1999) Product, process, and organizational design for remanufacture – an overview of research. Robotics and Computer-Integrated Manufacturing 15:167–178.

Bräuer S (2016) They Not Only Live Once – Towards Product-Service Systems for Repurposed Electric Vehicle Batteries. In: Nissen V, Stelzer D, Straßburger S, Fischer D (Hrsg), Proceedings of the Multikonferenz Wirtschaftsinformatik (MKWI 2016). Ilmenau, 1299–1310.

Bräuer S (2018) Electric Vehicle Battery Second Use – Future Trade, Business Models, and Information Systems Design. Dissertation, Westfälische Wilhelms-Universität Münster, Münster.

Buchert M, Jenseit W, Merz C, Schüler D (2011a) Ökobilanz zum „Recycling von Lithium-Ionene-Batterien" (LithoRec). Öko-Institut e.V. Institut für angewandte Ökologie, Darmstadt.

Buchert M, Jenseit W, Merz C, Schüler D (2011b) Verbundprojekt: Entwicklung eines realisierbaren Recyclingkonzeptes für die Hochleistungsbatterien zukünftiger Elektrofahrzeuge – LiBRi Teliprojekt: LCA der Recyclingverfahren. Öko-Institut e.V. Institut für angewandte Ökologie, Darmstadt.

Bundesministerium der Justiz und für Verbraucherschutz (2009) Verordnung zur Durchführung des Batteriegesetzes vom 12. November 2009 (BGBl. I S. 3783). http://www.gesetze-im-internet.de/bundesrecht/battgdv/gesamt.pdf. Zugegriffen: 1. März 2017.

Bundesministerium der Justiz und für Verbraucherschutz (2015a) Batteriegesetz vom 25. Juni 2009 (BGBl. I S. 1582), das zuletzt durch Artikel 1 des Gesetzes vom 20. November 2015 (BGBl. I S. 2071) geändert worden ist. In: Der Dtsch. Bundestag. http://www.gesetze-im-internet.de/bundesrecht/battg/gesamt.pdf. Zugegriffen: 1. März 2017.

Bundesministerium der Justiz und für Verbraucherschutz (2015b) Altfahrzeug-Verordnung in der Fassung der Bekanntmachung vom 21. Juni 2002 (BGBl. I S. 2214), die durch Artikel 3 der Verordnung vom 2. Dezember 2016 (BGBl. I S. 2770) geändert worden ist. https://www.gesetze-im-internet.de/bundesrecht/altautov/gesamt.pdf. Zugegriffen: 1. März 2017.

Bundesministerium der Justiz und für Verbraucherschutz (2015c) Produkthaftungsgesetz vom 15. Dezember 1989 (BGBl. I S. 2198), das zuletzt durch Artikel 180 der Verordnung vom 31. August 2015 (BGBl. I S. 1474) geändert worden ist. https://www.gesetze-im-internet.de/bundesrecht/prodhaftg/gesamt.pdf. Zugegriffen: 1. März 2017.

Bundesministerium der Justiz und für Verbraucherschutz (2016a) Kreislaufwirtschaftsgesetz vom 24. Februar 2012 (BGBl. I S. 212), das zuletzt durch Artikel 4 des Gesetzes vom 4. April 2016 (BGBl. I S. 569) geändert worden ist. http://www.gesetze-im-internet.de/bundesrecht/krwg/gesamt.pdf. Zugegriffen: 1. März 2017.

Bundesministerium der Justiz und für Verbraucherschutz (2016b) Gefahrgutverordnung Straße, Eisenbahn und Binnenschifffahrt in der Fassung der Bekanntmachung vom 30. März 2015 (BGBl. I S. 366), die zuletzt durch Artikel 6 des Gesetzes vom 26. Juli 2016 (BGBl. I S. 1843) geändert worden ist. http://www.gesetze-im-internet.de/bundesrecht/ggvseb/gesamt.pdf. Zugegriffen: 1. März 2017.

Carrasco-Gallego R, Ponce-Cueto E, Dekker R (2012) Closed-loop supply chains of reusable articles: a typology grounded on case studies. International Journal of Production Research 50:5582–5596.

Casals LC, García BA (2016) Assessing Electric Vehicles Battery Second Life Remanufacture and Management. Journal of Green Engineering 6:77–98.

Casals LC, García BA, Cremades LV (2017a) Electric vehicle battery reuse: Preparing for a second life. Journal of Industrial Engineering and Management 10:266.

Casals LC, García BA, Aguesse F, Iturrondobeitia A (2017b) Second life of electric vehicle batteries: relation between materials degradation and environmental impact. The International Journal of Life Cycle Assessment 22:82–93.

Catton J, Walker SB, McInnis P, Fowler M, Fraser R, Young SB, Gaffney B (2017) Comparative safety risk and the use of repurposed EV batteries for stationary energy storage. In: 2017 IEEE International Conference on Smart Energy Grid Engineering (SEGE). IEEE, Oshawa, Kanada, 200–209.

Cheret D (2007) Battery collection and recycling. In: Industrial Applications of Batteries: From Cars to Aerospace and Energy Storage. Elsevier, Amsterdam, Niederlande, 691–736.

Cheret D, Santen S (2007) Battery recycling. https://worldwide.espacenet.com/publicationDetails/originalDocument?FT=D&date=20070130&DB=&locale=en_EP&CC=US&NR=7169206B2&KC=B2&ND=5. Zugegriffen: 4. März 2017.

Cready E, Lippert J, Pihl J, Weinstock I, Symons P, Jungst RG (2003) Final Report: Technical and Economic Feasibility of Applying Used EV Batteries in Stationary Applications: A Study for the DOE Energy Storage Systems Program. Sandia National Laboratories, Albuquerque, New Mexico, USA.

Danzer MA, Liebau V, Maglia F (2015) Aging of lithium-ion batteries for electric vehicles. In: Scrosati B, Garche J, Tillmetz W (Hrsg), Advances in Battery Technologies for Electric Vehicles. Elsevier, Cambridge, UK, 359–387.

Elkind EN (2014) Reuse and Repower: How to Save Money and Clean the Grid with Second-Life Electric Vehicle Batteries. Berkeley Law, Los Angeles, California, USA.

Ellingsen LA-W, Majeau-Bettez G, Singh B, Srivastava AK, Valøen LO, Strømman AH (2014) Life Cycle Assessment of a Lithium-Ion Battery Vehicle Pack. Journal of Industrial Ecology 18:113–124.

Espinosa DCR, Bernardes AM, Tenório JAS (2004) An overview on the current processes for the recycling of batteries. Journal of Power Sources 135:311–319.

European Environment Agency (2015) Overview of electricity production and use in Europe. http://www.eea.europa.eu/data-and-maps/indicators/primary-energy-consumption-by-fuel-6/assessment. Zugegriffen: 22. April 2016.

European Environment Agency (2016) Electric Vehicles in Europe. European Environment Agency, Kopenhagen, Dänemark.

Ferguson N, Browne J (2001) Issues in end-of-life product recovery and reverse logistics. Production Planning & Control: The Management of Operations 12:534–547.

Fischhaber S, Regett A, Schuster SF, Hesse H (2016) Studie: Second-Life-Konzepte für Lithium-Ionen-Batterien aus Elektrofahrzeugen – Analyse von Nachnutzungsanwendungen, ökonomischen und ökologischen Potenzialen. Deutsches Dialog Institut GmbH, Frankfurt am Main.

Fleischmann M, Bloemhof-Ruwaard JM, Beullens P, Dekker R (2004) Reverse Logistics Network Design. In: Dekker R, Fleischmann M, Inderfurth K, van Wassenhove LN (Hrsg), Reverse Logistics. Springer, Berlin Heidelberg, 65–94.

Foster M, Isely P, Standridge CR, Hasan MM (2014) Feasibility assessment of remanufacturing, repurposing, and recycling of end of vehicle application lithium-ion batteries. Journal of Industrial Engineering and Management 7:698–715.

García-Rodríguez FJ, Castilla-Gutiérrez C, Bustos-Flores C (2013) Implementation of reverse logistics as a sustainable tool for raw material purchasing in developing countries: The case of Venezuela. International Journal of Production Economics 141:582–592.

Georgi-Maschler T (2009) Entwickung eines Recyclingverfahrens für portable Li-Ion-Gerätebatterien. Dissertation, Rheinisch-Westfälische Technische Hochschule Aachen, Aachen.

Georgi-Maschler T, Friedrich B, Weyhe R, Heegn H, Rutz M (2012) Development of a recycling process for Li-ion batteries. Journal of Power Sources 207:173–182.

Gerrard J, Kandlikar M (2007) Is European end-of-life vehicle legislation living up to expectations? Assessing the impact of the ELV Directive on 'green' innovation and vehicle recovery. Journal of Cleaner Production 15:17–27.

Gohla-Neudecker B, Bowler M, Mohr S (2015) Battery 2nd life: Leveraging the sustainability potential of EVs and renewable energy grid integration. In: 2015 International Conference on Clean Electrical Power (ICCEP). Taormina, Italien, 311–318.

Gohla-Neudecker B, Maiyappan VS, Juraschek S, Mohr S (2017) Battery 2nd life: Presenting a benchmark stationary storage system as enabler for the global energy transition. In: 2017 6th International Conference on Clean Electrical Power (ICCEP). Santa Margherita Ligure, Italien, 103–109.

Gray C, Charter M (2008) Remanufacturing and product design. International Journal of Product Development 6:375.

Groenewald J, Marco J, Higgins N, Barai A (2016) In-Service EV Battery Life Extension Through Feasible Remanufacturing. In: SAE 2016 World Congress and Exhibition. Detroit, Michigan, USA.

Groenewald J, Grandjean T, Marco J (2017) Accelerated energy capacity measurement of lithium-ion cells to support future circular economy strategies for electric vehicles. Renewable and Sustainable Energy Reviews 69:98–111.

Guo F, Li H, Yao C, Alsolami M, Lang A, Lu X, Wang J (2014) Residential usage profile optimization and experimental implementation of the retired HEV battery with a hybrid microgrid testbed. In: 2014 IEEE Energy Conversion Congress and Exposition (ECCE). IEEE, Pittsburgh, Pennsylvania, USA, 428–435.

Gur K, Chatzikyriakou D, Baschet C, Salomon M (2018) The reuse of electrified vehicle batteries as a means of integrating renewable energy into the European electricity grid: A policy and market analysis. Energy Policy 113:535–545.

Han SLC, Chan PYL, Venkatraman P, Apeagyei P, Cassidy T, Tyler DJ (2017) Standard vs. Upcycled Fashion Design and Production. Fashion Practice 9:69–94.

Hanisch C, Haselrieder W, Kwade A (2011) Recovery of Active Materials from Spent Lithium-Ion Electrodes and Electrode Production Rejects. In: Glocalized Solutions for Sustainability in Manufacturing. Springer, Berlin, 85–89.

Hanisch C, Haselrieder W, Kwade A (2012) Recycling von Lithium-Ionen-Batterien – das Projekt LithoRec. In: Thomé-Kozmiensky KJ, Goldmann D (Hrsg), Recycling und Rohstoffe. TK Verlag Karl Thomé-Kozmiensky, Neuruppin, 691–698.

Hanisch C, Haselrieder W, Kwade A (2014) Verfahren zum wiedergewinnen von aktivmaterial aus einer galvanischen zelle und aktivmaterial-separationsanlage, insbesondere aktivmetall-separationsanlage.

Hanisch C, Diekmann J, Stieger A, Haselrieder W, Kwade A (2015a) Recycling of Lithium-Ion Batteries. In: Handbook of Clean Energy Systems. John Wiley & Sons, Ltd, Chichester, UK, 1–24.

Hanisch C, Loellhoeffel T, Diekmann J, Markley KJ, Haselrieder W, Kwade A (2015b) Recycling of lithium-ion batteries: a novel method to separate coating and foil of electrodes. Journal of Cleaner Production 108:301–311.

Hartwell I, Marco J (2016) Management of intellectual property uncertainty in a remanufacturing strategy for automotive energy storage systems. Journal of Remanufacturing 6:3.

Hassoun J, Scrosati B (2015) Review – Advances in Anode and Electrolyte Materials for the Progress of Lithium-Ion and beyond Lithium-Ion Batteries. Journal of The Electrochemical Society 162:A2582–A2588.

Hatcher GD, Ijomah WL, Windmill JFC (2011) Design for remanufacture: a literature review and future research needs. Journal of Cleaner Production 19:2004–2014.

Heegn H, Rutz M (2008) Rückgewinnung der Rohstoffe aus Li-Ionen-Akkumulatoren, Teilvorhaben 3: Batterie- und Schlackenaufbereitung. UVR-FIA GmbH, Freiberg.

Hou C, Wang H, Ouyang M (2014) Battery Sizing for Plug-in Hybrid Electric Vehicles in Beijing: A TCO Model Based Analysis. Energies 7:5374–5399.

Hoyer C, Kickhäfer K, Spengler TS (2011) Strategische Planung des Recyclings von Lithium-Ionen-Traktionsbatterien. In: Sucky E, Asdecker B, Dobhan A, u. a. (Hrsg), Logistikmanagement: Herausforderungen, Chancen und Lösungen, Band II, Tagungsband der Logistikmanagement 2011. University of Bamberg Press, Bamberg, 399–419.

Ibi Y, Kanamaru K, Iwamoto M, Matsukawa Y, Ootaguro A (2015) Method for Reusing Secondary Battery – US 9,166,261 B2. https://worldwide.espacenet.com/publicationDetails/originalDocument?FT=D&date=20151020&DB=&locale=en_EP&CC=US&NR=9166261B2. Zugegriffen: 12. März 2017.

Jun HB, Kiritsis D, Xirouchakis P (2007) Research issues on closed-loop PLM. Computers in Industry 58:855–868.

Kerr W, Ryan C (2001) Eco-efficiency gains from remanufacturing. Journal of Cleaner Production 9:75–81.

Kim D, Geissler A, Menn C, Hengevoss D (2015) Quantifizierung des Umweltnutzens von gebrauchten Batterien aus Elektrofahrzeugen als gebäudeintegrierte 2nd-Life-Stromspeichersysteme. Bauphysik 37:213–222.

Klör B, Beverungen D, Bräuer S, Plenter F, Monhof M (2015) A Market for Trading Used Electric Vehicle Batteries - Theoretical Foundations and Informations Systems. In: Proceedings of the 23th European Conference on Information Systems (ECIS 2015). Münster.

Knemeyer AM, Ponzurick TG, Logar CM (2002) A qualitative examination of factors affecting reverse logistics systems for end-of-life computers. International Journal of Physical Distribution & Logistics Management 32:455–479.

Koba D, Ito S, Nakagiri Y, Fukuma T, Ichikawa K, Takahashi Y, Mitsui M (2016) Method for Reusing Vehicle Rechargeable Battery – EP 3 059 113 A2. https://worldwide.espacenet.com/publicationDetails/biblio?II=9&ND=3&adjacent=true&locale=en_EP&FT=D&date=20160818&CC=US&NR=2016240898A1. Zugegriffen: 12. März 2017.

Kurimoto Y (2013) Battery Management System, Battery Management Apparatus, Method of Reusing Battery, and Information Communication Terminal Apparatus. https://worldwide.espacenet.com/publicationDetails/originalDocument?FT=D&date=20130411&DB=&locale=en_EP&CC=US&NR=2013090872A1. Zugegriffen: 11. April 2017.

Kurimoto Y, Tojima K (2015) Assembled Battery Reusing System, and Apparatus for Assembled Battery Reusing System – WO 2015/052561 A1. https://worldwide.espacenet.com/publicationDetails/originalDocument?FT=D&date=20150416&DB=&locale=en_EP&CC=WO&NR=2015052561A1. Zugegriffen: 12. März 2017.

Kwade A, Bärwaldt G (2012) Recycling von Lithium-Ionen-Batterien: Abschlussbericht des Verbundprojektes. TU Braunschweig, Braunschweig.

Kwade A, Hanisch C, Diekmann J (2014) Technologien zum Recycling und zur Wiederverwendung von Materialien gealterter Lithium-Ionen-Batterien. In: Batterieforum Deutschland. Berlin.

Lain MJ (2001) Recycling of lithium ion cells and batteries. Journal of Power Sources 97–98:736–738.

Lain MJ (2002) Recycling of galvanic cells. https://patents.google.com/patent/US6447669. Zugegriffen: 4. März 2017.

Lambert S, Riopel D, Abdul-Kader W (2011) A Reverse Logistics Decisions Conceptual Framework. Computers & Industrial Engineering 61:561–581.

Letmathe P, Suares M (2017) A consumer-oriented total cost of ownership model for different vehicle types in Germany. Transportation Research Part D: Transport and Environment 57:314–335.

Lih W-C, Yen J-H, Shieh F-H, Liao Y-M (2012) Second-use Applications of Lithium-ion Batteries Retired from Electric Vehicles: Challenges, Repurposing Process, Cost Analysis and Optimal Business Model. International Journal of Advancements in Computing Technology 4:518–527.

Liu WW, Zhang H, Liu LH, Qing XC, Tang ZJ, Li MZ, Yin JS, Zhang HC (2016) Remanufacturing cathode from end-of-life of lithium-ion secondary batteries by Nd:YAG laser radiation. Clean Technologies and Environmental Policy 18:231–243.

Lu L, Han X, Li J, Hua J, Ouyang M (2013) A review on the key issues for lithium-ion battery management in electric vehicles. Journal of Power Sources 226:272–288.

Maegawa K, Nakanishi T, Komori K (2013) Method of Reusing Rechargeable Battery – US 8,389,137 B2. https://worldwide.espacenet.com/publicationDetails/originalDocument?FT=D&date=20130305&DB=&locale=en_EP&CC=US&NR=8389137B2. Zugegriffen: 12. März 2017.

Magazin für Restkultur (2015) Fünf Fragen an … Reiner Pilz (Prägte den Begriff »Upcycling«). http://www.magazin-restkultur.de/fuenf-fragen-an-reiner-pilz-upcycling/. Zugegriffen: 2. März 2018.

Object Management Group (2011) Business Process Model and Notation (BPMN): Version 2.0. http://www.omg.org/spec/BPMN/2.0/PDF. Zugegriffen: 23. November 2014.

Martens H (2011) Recyclingtechnik. Spektrum Akademischer Verlag, Heidelberg.

Martens H, Goldmann D (2016) Recyclingtechnik, 2. Aufl. Springer Fachmedien, Wiesbaden.
Martinez-Laserna E, Sarasketa-Zabala E, Villarreal I, Stroe DI, Swierczynski M, Warnecke A, Timmermans J-M, Goutam S, Omar N, Rodriguez P (2018) Technical Viability of Battery Second Life: A Study from the Ageing Perspective. IEEE Transactions on Industry Applications 9994:1–1.
Mayer T, Parschkoff W, Sandurkov B, Brand MJ, Horsche MF, Schuster SF, Jossen A (2015) Evaluierung der Weiterverwendung gebrauchter Lithium-Ionen-Zellen aus Elektromobilität und Marktübersicht Hausbatterien – Evaluation des Stromspeichersystems. LION Smart GmbH, München.
McLaughlin W, Adams TS (1999) Li reclamation process. https://www.google.ch/patents/US5888463.
Neubauer J, Pesaran A (2011) The Ability of Battery Second Use Strategies to Impact Plug-in Electric Vehicle Prices and Serve Utility Energy Storage Applications. Journal of Power Sources 196:10351–10358.
Neubauer J, Smith K, Wood E, Pesaran A (2015a) Identifying and Overcoming Critical Barriers to Widespread Second Use of PEV Batteries. National Renewable Energy Laboratory, Golden, Colorado, USA.
Neubauer JS, Wood E, Pesaran A (2015b) A Second Life for Electric Vehicle Batteries: Answering Questions on Battery Degradation and Value. SAE International Journal of Materials and Manufacturing 8:21–23.
Nykvist B, Nilsson M (2015) Rapidly falling costs of battery packs for electric vehicles. Nature Climate Change 5:329–332.
Obata H (2015) Secondary Battery Reuse Method, Vehicle Drive Power Source, and Vehicle. https://worldwide.espacenet.com/publicationDetails/originalDocument?FT=D&date=20150402&DB=&locale=en_EP&CC=US&NR=2015093611A1. Zugegriffen: 12. März 2017.
Peng L, Zhu Y, Chen D, Ruoff RS, Yu G (2016) Two-Dimensional Materials for Beyond-Lithium-Ion Batteries. Advanced Energy Materials 6:1600025.
Pigosso DCA, Zanette ET, Filho AG, Ometto AR, Rozenfeld H (2010) Ecodesign methods focused on remanufacturing. Journal of Cleaner Production 18:21–31.
Posch A (2012) Zwischenbetriebliche Recyclingnetzwerke aus entscheidungstheoretischer Perspektive. In: Industrial Ecology Management. Gabler Verlag, Wiesbaden, 205–218.
Ramoni MO, Zhang H-C (2013) End-of-life (EOL) issues and options for electric vehicle batteries. Clean Technologies and Environmental Policy 15:881–891.
Ramoni MO, Zhang Y, Zhang H-C, Ghebrab T (2017) Laser ablation of electrodes for Li-ion battery remanufacturing. The International Journal of Advanced Manufacturing Technology 88:3067–3076.
RECHARGE aisbl (2014) Re-use and Second use of Rechargeable Batteries. Brüssel.
Reid G, Julve J (2016) Second Life-Batterien als flexible Speicher für Erneuerbare Energien. Bundesverband Erneuerbare Energie e.V. (BEE), Hannover Messe, Berlin.
Reinhardt R, Garcia BA, Casals LC, Domingo SG (2016) Critical evaluation of European Union legislation on the second use of degraded traction batteries. In: 2016 13th International Conference on the European Energy Market (EEM). Porto, Portugal, 1–5.
Renault Österreich GmbH (2017) Der neue Renault ZOE. https://www.renault.at/content/dam/Renault/AT/downloadcenter/zoe/PL_ZOE.pdf. Zugegriffen: 3. März 2017.
Retriev Technologies (2015) Lithium Ion. www.retrievtech.com/recycling/lithium-ion. Zugegriffen: 21. Oktober 2015.
Richa K, Babbitt CW, Gaustad G (2017a) Eco-Efficiency Analysis of a Lithium-Ion Battery Waste Hierarchy Inspired by Circular Economy. Journal of Industrial Ecology 21:715–730.

Richa K, Babbitt CW, Nenadic NG, Gaustad G (2017b) Environmental trade-offs across cascading lithium-ion battery life cycles. The International Journal of Life Cycle Assessment 22:66–81.
Rittershausen J, McDonagh M (2011) Moving Energy Storage from Concept to Reality: Southern California Edison's Approach to Evaluating Energy Storage. Edison International, Rosemead, California, USA.
Rogers D, Tibben-Lembke R (1998) Going Backwards: Reverse Logistics Trends and Practices. Reverse Logistics Executive Council, Reno, Nevada, USA.
Rohr S, Wagner S, Baumann M, Muller S, Lienkamp M (2017) A techno-economic analysis of end of life value chains for lithium-ion batteries from electric vehicles. In: 2017 Twelfth International Conference on Ecological Vehicles and Renewable Energies (EVER). IEEE, Monte-Carlo, 1–14.
Rose CM (2000) Design for Environment: A Method for Formulating End-of-Life Strategies. Dissertation, Stanford University, Stanford, California, USA.
Rose CM, Beiter KA, Ishii K (1999) Determining end-of-life strategies as a part of product definition. In: Proceedings of the 1999 IEEE International Symposium on Electronics and the Environment. IEEE, Piscataway, New Jersey, USA, 219–224.
Saxena S, Le Floch C, MacDonald J, Moura S (2015) Quantifying EV battery end-of-life through analysis of travel needs with vehicle powertrain models. Journal of Power Sources 282:265–276.
Seitz MA (2007) A Critical Assessment of Motives for Product Recovery: The Case of Engine Remanufacturing. Journal of Cleaner Production 15:1147–1157.
Shirt in. Short out. (2018) www.boxer-shirt.de. https://www.boxer-shirt.de/#!/. Zugegriffen: 3. Februar 2018.
Stan A-I, Swierczynski M, Stroe D-I, Teodorescu R, Andreasen SJ (2014) Lithium ion battery chemistries from renewable energy storage to automotive and back-up power applications – An overview. In: Proceedings of 2014 International Conference on Optimization of Electrical and Electronic Equipment (OPTIM 2014). Brasov, Rumänien, 713–720.
Standridge CR, Hasan M (2015) Post-Vehicle-Application Lithium – Ion Battery Remanufacturing, Repurposing and Recycling Capacity: Modeling and Analysis. 8:823–839.
Strandridge CR, Corneal L (2014) Remanufacturing, Repurposing, and Recycling of Post-Vehicle-Application Lithium-Ion Batteries. College of Business, San José State University, San José, California, USA.
Sundin E (2004) Product and process design for successful remanufacturing. Dissertation, Linköpings Universitet, Linköping, Schweden.
Sundin E, Bras B (2005) Making functional sales environmentally and economically beneficial through product remanufacturing. Journal of Cleaner Production 13:913–925.
Swierczynski M, Stroe DI, Laserna EM, Sarasketa-Zabala E, Timmermans JM, Goutam S, Teodorescu R (2016) The Second Life Ageing of the NMC/C Electric Vehicle Retired Li-Ion Batteries in the Stationary Applications. ECS Transactions 74:55–62.
Tanii T, Tsuzuki S, Honmura S, Kamimura T, Sasaki K, Yabuki M, Nishida K (2003) Method for crushing cell. https://www.google.ch/patents/US6524737. Zugegriffen: 3. April 2017.
Tedjar F, Foudraz JC (2007) Method for the mixed recycling of lithium-based anode batteries and cells. https://www.google.com/patents/US20070196725. Zugegriffen: 3. April 2017.
Tes-Amm Singapore (2016) Internetauftritt Tes-Amm Singapore Pte Ltd. http://www.tes-amm.com/index.php/en/recycling. Zugegriffen: 19. Januar 2016.
Teslarati Network (2013) Tesla Model S Weight Distribution. http://www.teslarati.com/tesla-model-s-weight/. Zugegriffen: 3. März 2017.

Thackeray MM, Wolverton C, Isaacs ED (2012) Electrical energy storage for transportation – approaching the limits of, and going beyond, lithium-ion batteries. Energy & Environmental Science 5:7854.

Thierry M, Salomon M, Van Nunen J, Van Wassenhove L (1995) Strategic Issues in Product Recovery Management. California Management Review 37:114–136.

Tong SJ, Same A, Kootstra MA, Park JW (2013) Off-grid photovoltaic vehicle charge using second life lithium batteries: An experimental and numerical investigation. Applied Energy 104:740–750.

Törkler A (2014) Batteries Refurbishing & Reuse. https://elibama.files.wordpress.com/2014/10/v-c-batteries-reuse.pdf. Zugegriffen: 5. März 2017.

Tornow A, Andrew S, Dietrich F, Dröder K (2015) Impact of multi-material components on the assembly and disassembly of traction batteries. In: The 22nd CIRP Conference on Life Cycle Engineering. Elsevier B.V., Sydney, Australien, 792–797.

UNECE (2016) ADR 2017 – European Agreement Concerning the International Carriage of Dangerous Goods by Road – Volume I. http://www.unece.org/trans/danger/publi/adr/adr_e.html. Zugegriffen: 1. März 2017.

United Nations (2015) Recommendations on the Transport of Dangerous Goods – Manual of Tests and Criteria, 6. Aufl. United Nations, New York City, New York, USA, Genf, Schweiz.

US Census Bureau (2017) Umsatz der Branche Reparatur und Instandhaltung von sonstigen mechanischen und elektrischen Autoteilen in den USA von 2008 bis 2015 und Prognose bis zum Jahr 2020 (in Millionen Euro). https://de.statista.com/prognosen/424104/reparatur-und-instandhaltung-von-sonstigen-autoteilen-in-den-usa---umsatzprognose. Zugegriffen: 2. März 2018.

Vadenbo CO (2009) Prospective Environmental Assessment of Lithium Recovery in Battery Recycling. Dissertation, ETH Zürich, Zürich, Schweiz.

Vadicherla T, Saravanan D (2014) Textiles and Apparel Development Using Recycled and Reclaimed Fibers. In: Muthu SS (Hrsg), Roadmap to Sustainable Textiles and Clothing – Regulatory Aspects and Sustainability Standards of Textiles and the Clothing Supply Chain. Springer Science+Business Media, Singapur, 139–160.

Verein Deutscher Ingenieure (2002) VDI 2243 – Recyclingorientierte Produktentwicklung. Verein Deutscher Ingenieure, Düsseldorf.

Vezzini A (2014) Manufacturers, Materials and Recycling Technologies. In: Pistoia G (Hrsg), Lithium-Ion Batteries. Elsevier, Kidlington, UK, 529–551.

Viswanathan V V, Kintner-Meyer M (2011) Second use of transportation batteries: Maximizing the value of batteries for transportation and grid services. IEEE Transactions on Vehicular Technology 60:2963–2970.

Viswanathan VV, Kintner-Meyer MC (2015) Repurposing of batteries from electric vehicles. In: Scrosati B, Garche J, Tillmetz W (Hrsg), Advances in Battery Technologies for Electric Vehicles. Elsevier, Cambridge, UK, 389–415.

Wegener C (2016) Upcycling. In: Glăveanu VP, Tanggaard L, Wegener C (Hrsg), Creativity – A New Vocabulary. Palgrave Macmillan UK, London, UK, 181–188.

Wetzel J (2016) Weiteres Problem von Elektroautos gelöst. http://www.sueddeutsche.de/muenchen/preisverleihung-die-batterietester-1.2871616. Zugegriffen: 22. April 2017.

Williams B, Lipman T (2011) Analysis of the Combined Vehicle- and Post-Vehicle-Use Value of Lithium-Ion Plug-In-Vehicle Propulsion Batteries. University of California, Berkley – Transportation Sustainability Research Center, Berkeley, California, USA.

Williams DMTJ, Gole AM, Wachal RW (2012) Repurposing used electric vehicle batteries for energy storage of renewable energy in the power system. In: Proceedings of the 25th IEEE Canadian

Conference on Electrical and Computer Engineering: Vision for a Greener Future (CCECE 2012). Montreal, Kanada.

Williams E, Kahhat R, Allenby B, Kavazanjian E, Kim J, Xu M (2008) Environmental, Social, and Economic Implications of Global Reuse and Recycling of Personal Computers. Environmental Science & Technology 42:6446–6454.

Wyatt PM, Nguyen TT (2015) Remanufacturing Methods for Battery Module – WO 2015/016979 A1. https://worldwide.espacenet.com/publicationDetails/originalDocument?FT=D&date=20150205&DB=&locale=en_EP&CC=WO&NR=2015016979A1&KC=A1. Zugegriffen: 13. März 2017.

Xu J, Thomas HR, Francis RW, Lum KR, Wang J, Liang B (2008) A review of processes and technologies for the recycling of lithium-ion secondary batteries. Journal of Power Sources 177:512–527.

Zenger T, Krebs A, Van Deutekom H (2003) Method of and apparatus for dismantling and storage of objects comprising alkali metals, such as alkali metal containing batteries.

Zhang H, Liu W, Dong Y, Zhang H, Chen H (2014) A Method for Pre-determining the Optimal Remanufacturing Point of Lithium ion Batteries. Procedia CIRP 15:218–222.

Zink T, Maker F, Geyer R, Amirtharajah R, Akella V (2014) Comparative life cycle assessment of smartphone reuse: repurposing vs. refurbishment. The International Journal of Life Cycle Assessment 19:1099–1109.

Zwolinski P, Lopez-Ontiveros M-A, Brissaud D (2006) Integrated design of remanufacturable products based on product profiles. Journal of Cleaner Production 14:1333–1345.

Die Umwidmung gebrauchter Traktionsbatterien in der Detailbetrachtung

3

Sebastian Menne, Shamahmood Obeidi, Christoph Hindersmann, Sebastian Bräuer, Markus Monhof und Sascha Nowak

3.1 Übersicht

Nachdem im vorherigen Kapitel zunächst der Grundstein für ein konsistentes Begriffsverständnis geschaffen wurde und Begriffe wie *Weiter-* und *Wieder-* sowie *Verwendung* und *Verwertung* definiert wurden, sind erste EOL-Strategien der Umwidmung und der Weiterverwendung von Traktionsbatterien beschrieben worden. Das Kapitel wurde all denen empfohlen, die einen Überblick über die Gesamtproblemstellung der Behandlung

S. Menne (✉)
P3 Energy & Storage GmbH
Aachen, Deutschland
E-Mail: sebastian.menne@p3-group.com

S. Obeidi · S. Nowak
MEET Batterieforschungszentrum, Westfälische Wilhelms-Universität Münster
Münster, Deutschland
E-Mail: sascha.nowak@uni-muenster.de

C. Hindersmann
Consultant, P3 Energy & Storage GmbH
Aachen, Deutschland
E-Mail: christoph.hindersmann@p3-group.com

S. Bräuer
Institut für Betriebswirtschaft und Wirtschaftsinformatik, Abteilung Informationssysteme und Unternehmensmodellierung, Universität Hildesheim
Hildesheim, Deutschland
E-Mail: sebastian.braeuer@uni-hildesheim.de

M. Monhof
Lehrstuhl für Wirtschaftsinformatik und Informationsmanagement, Westfälische Wilhelms-Universität Münster
Münster, Deutschland
E-Mail: markus.monhof@ercis.uni-muenster.de

J. Becker et al. (Hrsg.), *Umwidmung und Weiterverwendung von Traktionsbatterien*,
https://doi.org/10.1007/978-3-658-21021-2_3

gebrauchter Traktionsbatterien nach ihrem Ausscheiden aus der automobilen Erstverwendung wünschen.

Im vorliegenden Kapitel wird der Fokus nun auf im Rahmen des Verbundprojektes EOL-IS entwickelte Konzepte und Prozesse zur Umwidmung gebrauchter Traktionsbatterien gelegt. Als zentraler Kostentreiber für mögliche auf der EOL-Strategie der Umwidmung für die Weiterverwendung basierender Geschäftsmodelle muss der Gestaltung der Prozesse von der Rücknahme der Batterie über die Prüfung und die Zerlegung der Batterie in Einzelkomponenten bis hin zur Umwidmung, Lagerung und zum Transport der Batterie zum Second-Life-Kunden eine hohe Relevanz beigemessen werden. Im Rahmen des Verbundprojektes entwickelte Konzepte wie der in diesem Kapitel vorgestellte eEOL-Pass oder das in Kap. 5 und 6 detaillierte Entscheidungsunterstützungs- und Produktkonfigurationskonzept, das durch das in Kap. 7 beschriebene Entscheidungsunterstützungs- bzw. Empfehlungssystem realisiert wurde, stellen wichtige Bausteine dar, um die Effizienz und Effektivität dieser Prozesse zu erhöhen. Neben der Vorstellung neuer Konzepte zielt das vorliegende Kapitel auch darauf ab, einen Beitrag zur Etablierung standardisierter Lösungsansätze für die Aufnahme und Verarbeitung von Batteriedaten zu leisten.

Neben einer technischen Beschreibung des Alterungsverhaltens von Traktionsbatterien (Abschn. 3.2) werden in diesem Kapitel Konzepte vorgestellt, die für die Identifikation und Zustandsbestimmung genutzt werden (Abschn. 3.3). Insbesondere wird in diesem Abschnitt der entwickelte eEOL-Pass beschrieben, der hochauflösende Daten während der Batterienutzung sammelt und diese für die Bestimmung des Überganges von First-Life-Anwendung zur Second-Life-Anwendung zur Verfügung stellt. Anschließend (Abschn. 3.4) werden mögliche Prozesse für die Rücknahme (Abschn. 3.4.1), Zustandsanalyse auf Packebene (Abschn. 3.4.2), Zustandsanalyse auf Komponentenebene (Abschn. 3.4.3), Bestimmung der Zweitverwendungsstrategie (Abschn. 3.4.4), Bestimmung des Weiterverwendungsszenarios (Abschn. 3.4.5), Umwidmung (Abschn. 3.4.6) und für weitere unterstützende Aktivitäten (Abschn. 3.4.7) beschrieben. Das Kapitel schließt mit einer kurzen Zusammenfassung (Abschn. 3.5).

In Bezug auf das gesamte Buch legt das vorliegende Kapitel den Grundstein für ein technisches Grundverständnis von Batterien. Dieses wird erweitert durch die Beschreibung von Zustandsbestimmungskonzepten und die Herausforderung der Aufarbeitung der Traktionsbatterien für eine richtige und sichere zweite Anwendung. Das vorliegende Kapitel ist all denen empfohlen, die einen Einblick in die technischen Grundzüge der Batteriealterung, in die Konzepte der Zustandsbestimmung und in zentrale Teilprozesse der Umwidmung gebrauchter Traktionsbatterien wünschen.

3.2 Alterungsverhalten von Traktionsbatterien aus Elektrofahrzeugen

3.2.1 Wichtige Batterieparameter

Im Folgenden werden die wichtigsten Batterieparameter definiert, die bei der Beschreibung des Alterungsverhaltens benötigt werden[1]. Die Batteriekapazität entspricht oft nicht der Nennkapazität, daher wird die Anfangskapazität im Neuzustand C_N definiert, die die Batterie unmittelbar nach der Installation entsprechend den Bedingungen zur Bestimmung der Nennkapazität liefert. Der *Ladezustand* SOC (engl. State-of-Charge) ist wie folgt definiert:

$$\mathrm{SOC} = \frac{1}{C_{\mathrm{akt.}}} \cdot \int_{t_0}^{t_1} I(t)\mathrm{d}t.$$

Dabei ist $C_{\mathrm{akt.}}$ die aktuelle Kapazität und I (t) die Stromstärke. Diese Formel beschreibt das Verhältnis der aktuell eingeladenen Ampere-Stunden (Ah)-Menge zur aktuell verfügbaren Kapazität. Der SOC ist somit einheitslos und nimmt Werte zwischen 0 % (vollständig entladen) und 100 % (vollständig geladen) an. Für neue Zellen wird $C_{\mathrm{akt.}}$ durch C_N ersetzt. Mit der Alterung müssen diese Werte entsprechend angepasst werden. Die *Entladetiefe* DOD (engl. Depth-of-Discharge) ist definiert als

$$\mathrm{DOD}\,(t) = 100\,\% - \mathrm{SOC}\,(t)$$

und nimmt ebenfalls Werte zwischen 0 und 100 % an. Wird der Entladevorgang nicht aus dem vollständig geladenen Zustand begonnen, so ist DOD $(t) = \mathrm{SOC}_{\mathrm{Start}} - \mathrm{SOC}$ (t), wobei DOD nur positive Werte annehmen kann. Zweckmäßigerweise wird zusätzlich zur DOD ein mittlerer SOC angegeben, um die obere und untere SOC-Grenze schlussfolgern zu können. So bedeutet etwa eine DOD von 60 % um den mittleren SOC-Wert von 50 %, dass die Zelle zwischen 20 % SOC und 80 % SOC zyklisiert wird. Der *Gesundheitszustand* SOH (engl. State-of-Health) einer Batterie wird definiert als

$$\mathrm{SOH} = \frac{C_{\mathrm{akt.}}}{C_N}$$

und beschreibt den Alterungszustand der Batterie. Dabei bezieht sich $C_{\mathrm{akt.}}$ auf den vollgeladenen Zustand der Batterie. Oft wird als Indikator für das Lebensende EOL (engl. End-of-Life) einer Batterie der SOH verwendet. Sinkt der SOH unter einen bestimmten Wert, muss die Batterie ersetzt werden. Ein typischer Wert ist ein SOH von 80 %. Dieser Wert basiert auf der Angabe des United States Advanced Battery Consortium, wurde im

[1] Da es sich um grundlegendes Basiswissen handelt, wird hier lediglich auf Standardliteratur verwiesen, inkl. Informationen zu Untersuchungen der Alterung von Lithium-Ionen-Batterien mittels Elektroanalytik und elektrochemischer Impedanzspektroskopie (vgl. etwa Käbitz 2016).

Jahr 1996 im *Electric Vehicle Battery Test Procedures Manual* als grober Richtwert festgelegt und wird seither in vielen Publikationen als gegeben angenommen (Battery Test Procedure (BTP) Working Group 1996).

Eine weitere Größe, die zur Untersuchung des Batteriezustands herangezogen wird, ist die *Impedanz* Z. Die Impedanz ist ein verallgemeinerter Begriff des elektrischen Widerstands. Sie wird als eine komplexe Größe dargestellt und ist gleich dem komplexen Quotienten aus der Wechselspannung u und dem Wechselstrom i. Sie hat einen *Realteil* R und einen *Imaginärteil* X:

$$Z = R + jX = \frac{u}{i}.$$

Dabei ist Z die komplexe Impedanz oder der komplexe Scheinwiderstand, R ist der Wirkwiderstand und X ist der Blindwiderstand. Die Impedanz ist frequenzabhängig und wird daher bei unterschiedlichen Frequenzen gemessen. Man spricht dann von der Impedanzspektroskopie. Die grafische Darstellung kann in einem sogenannten Nyquist-Diagramm erfolgen, in dem die Wirkwerte auf der Abszisse und die Blindwerte auf der Ordinate eingetragen werden. Auf eine detaillierte Beschreibung der Impedanzspektroskopie wird an dieser Stelle verzichtet.[2] Stattdessen werden im Folgenden die im Rahmen des Verbundprojektes EOL-IS erzielten Ergebnisse beschrieben.

3.2.2 Alterungsverhalten

Die aus der Alterung resultierende Abnahme der Kapazität wird durch den Verlust des Aktivmaterials und des Lithiums verursacht, während die Erhöhung der Impedanz von einer abnehmenden Ionenleitfähigkeit herrührt (Kassem et al. 2012).

Eine entscheidende Rolle bei der Alterung von Lithiumzellen (LIZ) spielt die sogenannte SEI (engl. Solid-Elektrolyte Interphase) (Balbueana und Wang 2004). Diese sehr dünne Passivschicht entsteht im ersten Lade- und Entladezyklus, dem sogenannten Formierungszyklus, auf der Graphitanode. Sie ist für den Einsatz von LIZ essentiell, weil sie zum einen die Graphitanode vor dem korrodierenden Elektrolyten schützt und zum anderen idealerweise eine weitere Zersetzung des Elektrolyten in der Grenzschicht zwischen Elektrolyt und Anode verhindert. Allerdings kommt es im Laufe der Zeit, insbesondere bei hohen SOCs und/oder Temperaturen, zu einer Verdickung dieser Schicht. Des Weiteren können zu hohe C-Raten oder eine hohe DOD zum Aufplatzen der SEI führen, so dass sie neu gebildet werden muss (Vetter et al. 2005; Agubra und Fergus 2013). Sowohl die Verdickung der SEI-Schicht als auch deren Neubildung infolge des Aufplatzens ist mit einem Verbrauch von aktivem Lithium verbunden und führt somit zu einem Kapazitätsverlust (Ploehn et al. 2004; Broussely et al. 2005; Kim et al. 2011; Röder et al. 2014; Sarasketa-Zabala et al. 2014). Außerdem führt eine Verdickung dieser Schicht zur Erhöhung der Impedanz der Zelle.

[2] Details zur Impedanzspektroskopie finden sich in den Arbeiten von Irvine et al. (1990), Ende und Mangold (1993) sowie von Barsoukov und Macdonald (2005).

Die Alterung von LIZ ist sehr komplex und vielschichtig und es gibt neben der Entwicklung der SEI weitere Alterungsmechanismen, die im Folgenden kurz beschrieben werden. So entsteht in der Grenzschicht zwischen Kathode und Elektrolyt ebenfalls eine Passivschicht, die sogenannte SPI (engl. Solid-Permeable Interphase). Sie ist ähnlich gebaut wie die SEI, aber nicht vollständig elektrisch isolierend (Balbueana und Wang 2004), so dass es fortan zur Oxidation des Elektrolyten in der Grenzschicht zur Kathode kommt. Außerdem können hohe SOC irreversible Strukturumwandlungen im Aktivmaterial der Kathode hervorrufen (Wohlfahrt-Mehrens et al. 2004; Choi und Manthiram 2005). Die dabei in Lösung gehenden Oxidationsprodukte haben eine katalytische Wirkung auf das SEI-Wachstum (Bodenes et al. 2013; Wang et al. 2013; Grolleau et al. 2014; Stiaszny et al. 2014; Waldmann et al. 2014). Durch die Interkalations- und Deinterkalationsvorgänge kommt es zu Volumenausdehnungen. Im Falle von Graphit betragen diese 10,2 % und bei Lithium-Nickel-Mangan-Kobalt-Oxid-Kathoden 3,4 % (Ohzuku 1993; Yoon et al. 2006; Woodford et al. 2012). Als Folge dieser Volumenänderungen können Mikrorisse entstehen oder der Kontakt der Aktivmaterialien zu den Stromsammlern kann verloren gehen.

Das Laden der LIZ mit hohen C-Raten und bei tiefen Temperaturen kann anodenseitig zur Ausscheidung von metallischem Lithium führen. Dieses sogenannte *Lithium Plating* tritt ein, wenn die Transportrate der sich im Elektrolyt befindlichen Li^+-Ionen größer ist als die Einlagerungsrate dieser Ionen in die Graphitschichten der Anode. Dadurch ändert sich die Potentialdifferenz zwischen der Graphit-Anode und den freien Li^+-Ionen. Sobald die Potentialdifferenz negativ wird, fällt metallisches Lithium aus (Bitzer und Gruhle 2014; Waldmann et al. 2014). Es kann die Hitzeentwicklung während eines thermischen Durchgehens (Thermal Runaway) erhöhen und stellt daher ein Sicherheitsrisiko dar. Unter thermischem Durchgehen ist die Überhitzung einer exothermen chemischen Reaktion aufgrund eines sich selbst verstärkenden, Wärme produzierenden Prozesses gemeint. Deswegen sollten zu hohe Laderaten vermieden und geeignete Betriebstemperaturen sichergestellt werden (Fleischhammer et al. 2015).

In einigen Fällen wird ein abrupter Abfall der Kapazität in der Nähe des EOL beobachtet. Dieses nichtlineare Verhalten wurde bei LIZ mit graphitbasierten Anoden und unterschiedlichen Kathodenmaterialien, wie z. B. NMC (Ecker et al. 2014), LFP (Klett et al. 2014), NCA (Smith et al. 2013) oder einer Mischung aus LMO und NCM (Stevens et al. 2014), beobachtet. Daher wird die Ursache dieser nichtlinearen Alterung auf der Anodenseite vermutet. Abb. 3.1 (oben) zeigt den Verlauf der Kapazität einer LIZ in Abhängigkeit von der Zyklenzahl. Ein Zyklus stellt einen zusammenhängenden vollständigen Lade- und Entladevorgang dar. In Abb. 3.1 (unten) sind die Impedanzkurven dieser Zelle im Neuzustand, am Ende des linearen Bereichs und danach in einem Nyquist-Plot zu sehen. Hierbei ist deutlich zu erkennen, dass die Zunahme der Impedanz aufgrund des nichtlinearen Alterungsverhaltens verhältnismäßig höher ist als die Impedanzzunahme zum Ende des linearen Bereichs, was dem Verlauf aus Abb. 3.1 (oben) entspricht.

Als Ursache für das lineare Alterungsverhalten wird der Wachstum der SEI und der damit verbundene Verlust von Lithium sowie der Verlust an Graphit-Aktivmaterial gesehen (Dubarry et al. 2011; Smith et al. 2013; Burns et al. 2013; Baumhöfer et al. 2014; Ecker

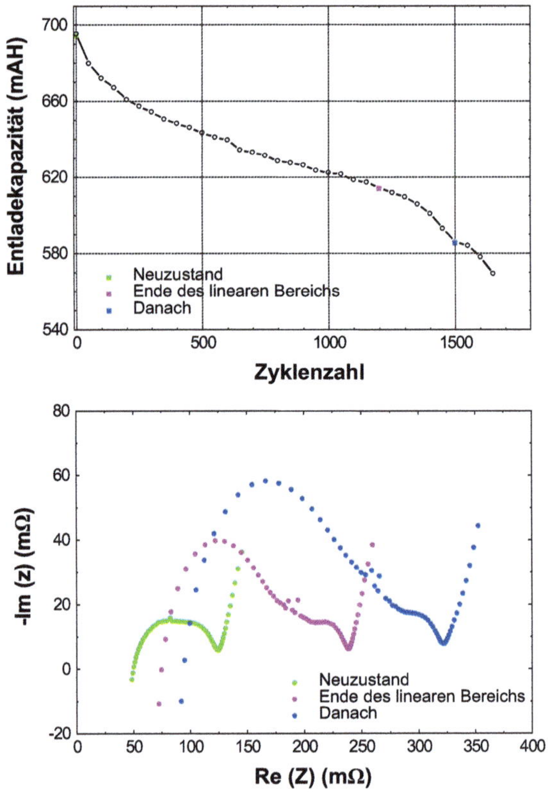

Abb. 3.1 *Oben* Verlauf der Kapazität über Zyklenzahl. *Unten* Impedanzkurven zu den charakteristischen Bereichen

et al. 2014; Klett et al. 2014; Wang et al. 2014) und für das nichtlineare Verhalten wird Lithium-Plating verantwortlich gemacht (Ohzuku 1993; Broussely et al. 2005; Smith et al. 2013; Ecker et al. 2014; Klett et al. 2014). In Bach et al. (2016) wurde gezeigt, dass für das Auftreten des nichtlinearen Verhaltens hohe Laderaten oder Entladetiefen und tiefe Temperaturen besonders kritisch sind, aber auch zu hohe Temperaturen zu den ungünstigen Faktoren zählen. So konnte der abrupte Abfall der Kapazität (bei einem bestimmten Zelltyp) mit niedrigen Laderaten gänzlich vermieden und mit niedrigen Entladetiefen und optimierten Temperaturen zumindest hinausgezögert werden. Laut Bach et al. (2016) deutet das Lithium-Plating auf heterogenes Altern hin, verursacht durch Unterschiede in der lokalen Kompression. Daher muss nicht nur bei der Herstellung der einzelnen Zellkomponenten, sondern auch beim Zusammenbau der Zellen sowie deren Zusammenschluss zu einem Modul bzw. Pack mit größter Sorgfalt gearbeitet werden.

Unabhängig davon, welche Ursachen zum Auftreten des nichtlinearen Kapazitätsabfalls im Allgemeinen sowie im Einzelnen führen, für die Verwirklichung eines Second-Life-Konzeptes müssen die Lithium-Ionen-Traktionsbatterien (LITB) so optimiert sein, dass der Knick in der Kapazitätskurve (Abb. 3.1 oben) zumindest durch Wechsel auf eine mildere Anwendung (z. B. stationäre Speicher) in einem wirtschaftlich akzeptablen Maße hinausgezögert wird.

3.3 Konzepte für die Identifikation und Zustandsbestimmung

Zum aktuellen Zeitpunkt haben sich noch keine einheitlichen Konzepte für die Identifikation und Zustandsbestimmung von Traktionsbatterien etabliert. Speziell in Bezug auf die Zustandsbestimmung müssen heute überwiegend noch aufwändige manuelle Tests durchgeführt werden, die viel Zeit in Anspruch nehmen und deren Ergebnisse für einen Zelltyp sich in der Regel nicht auf einen anderen Zelltyp übertragen lassen. Hier kann der ebenfalls im weiteren vorgestellte eEOL-Pass gewinnbringend eingesetzt werden. Durch die platzsparende Dokumentation zentraler den Batteriezustand und die Batterienutzungshistorie betreffender Parameter, lassen sich durch den Einsatz des Passes aufwändige manuelle Tests vermeiden. Die wachsenden Kenntnisse über das Alterungsverhalten der Batterie in ihrem ersten automobilen Leben ermöglichen zudem auch erste Prognosen bezüglich einer weiteren Alterung in ihrem möglichen zweiten Leben. Im Weiteren werden Konzepte zur Identifikation gebrauchter Traktionsbatterien und zum Auslesen zentraler Batterieparameter, Verfahren zur testbasierten manuellen Prüfung der Batteriezustände und mit dem eEOL-Pass ein Ansatz zur speicherplatzminimalen Erfassung zentraler Batterieparameter und -Nutzungsdaten vorgestellt.

3.3.1 Identifikation gebrauchter Traktionsbatterien

Eine Identifikation gebrauchter Traktionsbatterien ist notwendig, damit ein zukünftiger Dienstleister, welcher z. B. Batterien von einem OEM abkauft, um diese für die Weiterverwendung aufzubereiten, entscheiden kann, ob die Batterien sich für eine Umwidmung eignen und in welchem Rahmen die Batterien noch eingesetzt werden können.

Es ist notwendig, dass die Identifikation möglichst schnell und einfach gestaltet ist, damit Batterien, die nicht weiter behandelt werden können, ohne großen Aufwand erkannt und gegebenenfalls zurückgegeben oder direkt zur Verwertung weitergeleitet werden können. Nur so kann eine kosteneffiziente Abwicklung sichergestellt werden.

Vor diesem Hintergrund sollen Traktionsbatterien mit einer Identifikationsnummer versehen werden, die Rückschlüsse auf die folgenden Daten zulässt:

- Hersteller
- Nennspannung
- Zelltechnologie
- Herstellungsdatum
- Nennleistung

Die im Folgenden vorgeschlagene Identifikationsnummer besteht aus 5 Gruppen mit je 3 alphanumerischen Zeichen. Jede dieser Gruppen bietet somit 46.656 Kombinationsmöglichkeiten. Für die Nennleistung, die Technologie und die Nennspannung werden weit

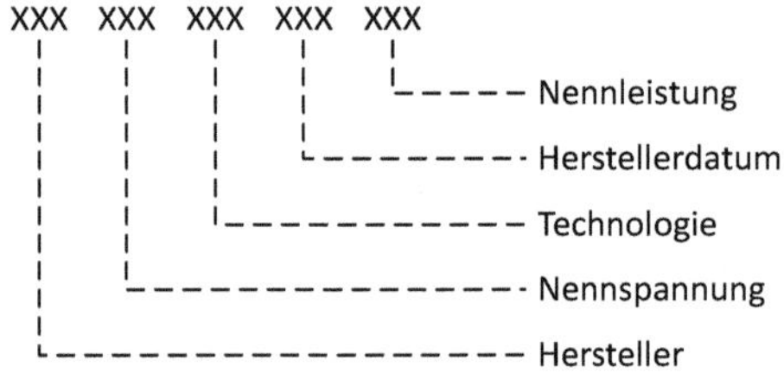

Abb. 3.2 Muster einer Identifikationsnummer für Traktionsbatterien

weniger Möglichkeiten benötigt. Auch die Zahl möglicher Hersteller wird deutlich geringer eingeschätzt. Bei tageweiser Auflösung des Herstellungsdatums reicht die Codierung für 127 Jahre. Abb. 3.2 zeigt exemplarisch den Aufbau einer Identifikationsnummer.

Über einen festgelegten Schlüssel lassen sich aus den Gruppen die jeweiligen Informationen entnehmen. Zudem können in dieses Identifikationssystem auch konventionelle oder noch in der Entwicklung befindliche Zelltechnologien aufgenommen werden.

Damit eine schnelle Identifikation erfolgen kann, sollte die Identifikationsnummer sowohl außen auf dem Batteriegehäuse zu sehen sein als auch über eine der im Folgenden beschriebenen Schnittstellen auslesbar sein.

3.3.2 Auslesen digitaler Batterieparameter

Um die Batteriedaten mit dem Ziel der Zuordnung zu einem Nachnutzungsszenario auslesen zu können, wird eine Hardware-Schnittstelle benötigt. Allerdings besitzen die meisten der zurzeit am Markt verfügbaren Traktionsbatterien keine standardisierten Schnittstellen. Im Rahmen des EOL-IS-Projektes wurde anhand einer Marktrecherche festgestellt, welche Schnittstellentechnologien zurzeit eingesetzt werden. Die Ergebnisse der Recherche sind in Tab. 3.1 dargestellt.

Bei der Analyse der verfügbaren Schnittstellentechnologien fällt auf, dass für gleiche Anwendungen unterschiedliche Technologien genutzt werden und dass sich theoretische alle am Markt befindlichen Technologien für den Einsatz in Elektroautobatterien eignen.

Um das Auslesen der Batterieparameter beim Dienstleister zu vereinfachen, könnte neben den bereits vorgestellten Ansätzen auch ein Anschluss der Batterie an das in Autos standardisierte On-Board-Diagnose (OBD) II System erfolgen. Die Kommunikation zwischen OBD II und der Batterie erfolgt über CANbus. Die Daten könnten, genau wie bisher beim Auslesen der Fehlercodes des Motormanagementsystems, über den standardisierten Data Link Connector (DLC)-Anschluss ausgelesen werden. Die Problematik besteht dabei in der Trennung der Daten und dem Zugriff auf die Daten, da das OBD II neben den auszulesenden Daten auch sensible Herstellerdaten zur Motorsteuerung enthält, die nicht der Öffentlichkeit zugänglich gemacht werden sollten. Eine eventuelle Umprogrammierung des OBD II ist also unter Umständen notwendig und nur unter Zusammenarbeit mit den OEMs möglich.

Tab. 3.1 Herstellerübergreifende beispielhafte Übersicht von am Markt verfügbaren und in Batterien genutzten Kommunikationsschnittstellen. (ResearchInChina 2017)

Hersteller	Anwendung	Zelltechnologie	Max. Zellen	Schnittstelle
Maxim Integrated	Handy, Digitalkamera, E-Bikes	Li-Ionen, NiMH	10	1-Wire
Texas Instruments	Mobile Messtechnik, Handy, Laptop	Alle Li-Technologien	10	I2C
Hitachi Automotive Systems	Elektrofahrzeug, Hybridfahrzeug	Alle Li-Technologien	14	CAN-bus
Johnson Controls	Elektrofahrzeug, Hybridfahrzeug	NMC	6	Seriell, CAN-bus
Lithium Balance	Motorräder, PKW, Wohnwagen, Boote	Alle Li-Technologien	8	CAN
Rimac Automobili	Elektrofahrzeug	LFP	10	CAN, RS485, RS232
Clayton Power	Wohnwagen, Reg. Energieerzeugung, Starterbatterien	NMC	10	CAN
BYD	Micro-Grid, Windkraftanlagen, PV-Anlagen, Netzunterstützung	LFP	5	Ethernet

3.3.3 Prüfkonzepte zur Zustandsbewertung gebrauchter Traktionsbatterien

Bevor eine gebrauchte LITB einer möglichen Zweitnutzung zugeführt werden kann, muss unter anderem ihr Zustand geprüft werden. Dazu gehört neben der optischen Überprüfung vor allem die Bestimmung der Kapazität. Die Bestimmung der Kapazität kann dabei auf Pack-, Modul- und Zellebene vorgenommen werden. Empfehlungen zur Erhebung technischer Kennwerte wie der Kapazität und der Leistung von Neuzellen werden z. B. in den Normen DIN EN 62660-1 (für Zellen) und ISO 12405-1/2 (für Packs und Systeme) gegeben. Hierbei kann ein Zyklisierer zum Einsatz kommen. So wird z. B. in der DIN EN 62660-1 empfohlen, die Kapazität einer Lithium-Ionen-Zelle für den Antrieb von Elektrostraßenfahrzeugen mit einer Stromrate von 1/3 C zu bestimmen, was einen Zeitaufwand von etwa 6 h pro Zyklus und Zelle bedeuten würde. Hinzu kommen Wartezeiten von mindestens 12 h für die Vorkonditionierung der Batterien, da für vergleichbare Messungen definierte Temperaturen in der Zelle vorherrschen müssen. Noch aufwändiger gestaltet sich ein entsprechender Test für gesamte Batteriepacks bzw. -Systeme. Für gebrauchte LITB wäre eine solche Prüfung mit verhältnismäßig hohen Kosten verbunden und daher betriebswirtschaftlich nicht vertretbar.

Eine alternative Möglichkeit, die verbleibende Kapazität (bzw. den SOH) von gebrauchten LITB zu bestimmen, besteht in der Ermittlung des Innenwiederstandes der

Zellen und in der Herstellung eines funktionellen Zusammenhanges zwischen dem Innenwiederstand und dem SOH. Die Bestimmung des Innenwiederstandes ist dabei mit vergleichsweise geringem Zeitaufwand möglich. Im Rahmen des Vorgehens muss eine große Anzahl an Zellen gealtert werden und in regelmäßigen Abständen müssen der Innenwiderstand und der SOH der Zellen bestimmt werden. Dabei wird ein kurzer Strompuls (ΔI) von der Dauer einiger Sekunden auf die Zelle gegeben und aus der dadurch erzeugten Spannungsdifferenz (ΔU) der Innerwiderstand Ri der Zelle über $R_i = \Delta U / \Delta I$ bestimmt.

In Schuster et al. (2016) wurden Lithium-Ionen-Zellen im Labor unter verschiedenen Bedingungen gealtert und dabei die Innenwiderstände in Abhängigkeit der SOHs im Bereich $100\,\% \geq \text{SOH} \geq 80\,\%$ bestimmt. Allerdings ist der ermittelte Datensatz mit einer relativ großen Streuung behaftet, so dass die Erstellung eines funktionellen Zusammenhangs durch lineare Regression keine hinreichend genaue Bestimmung der Kapazität aus den Innenwiderstandsdaten ermöglicht.

Im Rahmen des Verbundprojektes EOL-IS wurden LIZ von der Firma Enertech (Model: SPB463048) unter gleichen Bedingungen im Labor bis zu einer Restkapazität von 80 % gealtert und in regelmäßigen Abständen wurde bei einem SOC von 50 % der Innenwiderstand in Abhängigkeit von der Kapazität bestimmt. Abb. 3.3 ist zu entnehmen, dass, unabhängig von einem möglichen funktionellen Zusammenhang, auch dieser Datensatz eine relative große Streuung aufweist, insbesondere zum Ende der Alterung. Daher ist mit diesem Verfahren eine hinreichend genaue Bestimmung der Kapazität von gebrauchten Lithium-Ionen-Zellen nicht möglich. Es eignet sich lediglich zu einer Abschätzung.

Es sei an dieser Stelle angemerkt, dass die Messdauer des Innenwiderstands nicht nur der Strompulsdauer entspricht, sondern die Zellen auch für die Messungen vorkonditioniert werden müssen, um zwischen den Zellen vergleichbare Ergebnisse erzielen zu können. Außerdem muss für die Bestimmung des Innenwiderstands unter Umständen eine SOC Einstellung vorgenommen werden, welche einen zusätzlichen Zeitaufwand mit sich bringt. So zeigt Abb. 3.4, dass der Innenwiderstand SOC-abhängig sein kann.

Eine weitere Möglichkeit für die Bestimmung der Kapazität kann die Impedanzspektroskopie bieten. Ähnlich, wie beim Innenwiderstand kann auch hier während der Al-

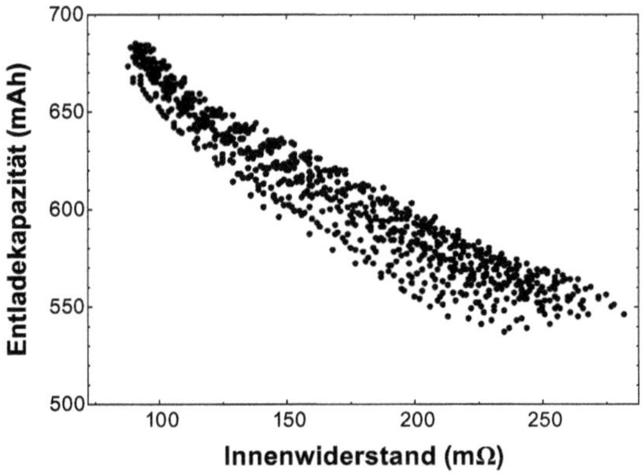

Abb. 3.3 Zusammenhang zwischen Kapazität und Innenwiderstand von unter gleichen Bedingungen im Labor gealterten LIZ

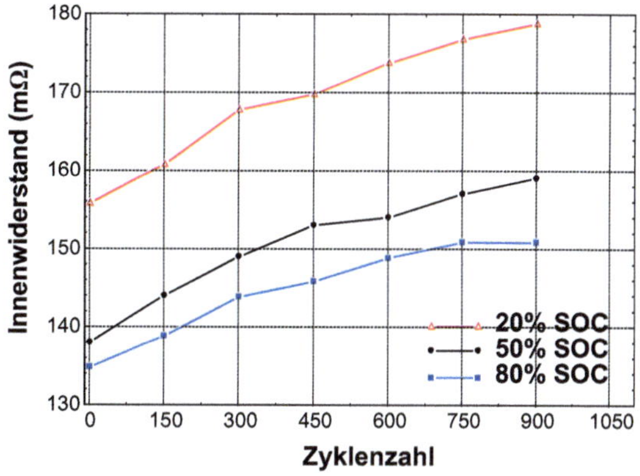

Abb. 3.4 Vergleich des Innenwiderstands von LIZ bei verschiedenen SOC

terung von Zellen in bestimmten Abständen die Kapazität und die Impedanz bestimmt werden, um dann zu versuchen, einen funktionellen Zusammenhang zwischen der Kapazität und dem bei hohen Frequenzen bestimmten ohmschen Widerstand herzustellen. Abb. 3.5 zeigt die Kapazität von vier ähnlichen LIZ in Abhängigkeit von der Zyklenzahl. Bei diesen Zellen wurde alle 150 Zyklen die Impedanz gemessen.

In Abb. 3.6 ist ein Nyquist-Plot zu sehen, in dem das Impedanzspektrum einer LIZ aus Abb. 3.5 (im unzyklisierten Zustand) dargestellt ist. Dabei repräsentiert R_{el} den Ohmschen Widerstand, der vom Elektrolyten, Stromsammler, Aktivmaterial und Separator herrührt. R_{pl+ct} steht für den Beitrag der Passivschicht und des Ladungsübertritts und Z_{total} steht für die Gesamtimpedanz. Ohne das Impedanzspektrum bzw. den Halbkreis durch ein entsprechendes Ersatzschaltbild zu fitten wurde für die Auswertung der Realteil von Z_{total} also $R_{total} = R_{el} + R_{pl+ct}$ herangezogen. So ist in Abb. 3.6 die Kapazität gegen R_{total} in den verschiedenen Alterungsstadien für die vier Zellen aus Abb. 3.5 aufgetragen. Das Herstellen eines funktionellen Zusammenhangs durch eine lineare Regression liefert folgende Funktion zwischen der Kapazität C und dem Gesamtwiderstand R_{total}: $C = 760\,\text{mAh} - 0{,}602\,\text{A}^2\text{hv}^{-1}\,R_{total}$ (Abb. 3.7).

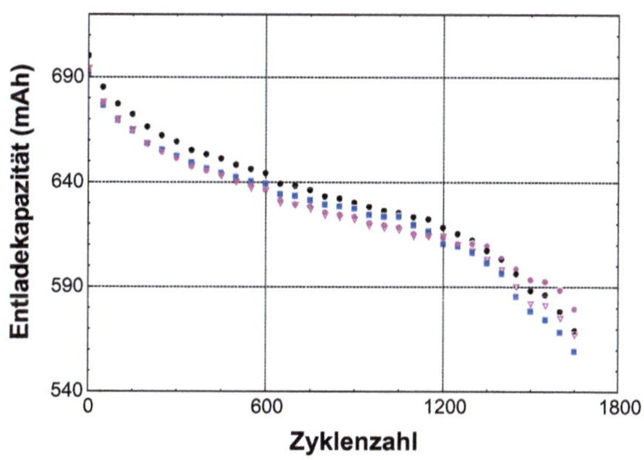

Abb. 3.5 Kapazitätsverlauf in Abhängigkeit von der Zyklenzahl

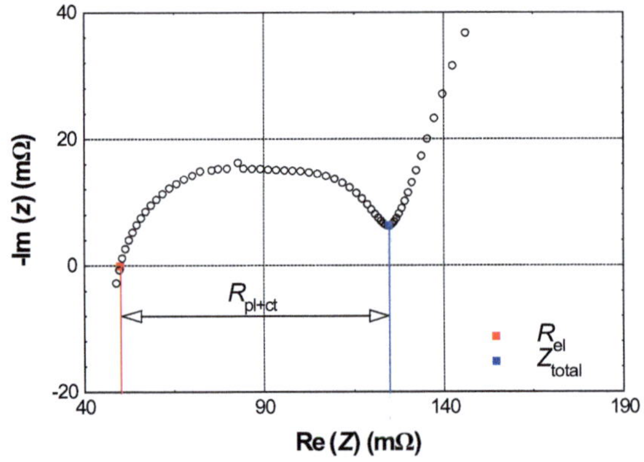

Abb. 3.6 Impedanzspektrum einer LIZ mit den charakteristischen Punkten

An sich erfordern Impedanzmessungen einen erheblich geringeren Zeitaufwand als Kapazitätsmessungen, allerdings sind sie sehr temperaturempfindlich. Daher müssen auch in diesem Fall die Zellen vorkonditioniert werden, wodurch der Zeitfaktor wieder relativiert wird.

Beide Verfahren, d. h. sowohl die Bestimmung des Innenwiderstandes als auch die Bestimmung der Impedanz können lediglich zu einer Abschätzung der Kapazität führen und nicht zu einer exakten Bestimmung und weisen somit Schwächen auf. Außerdem müssen bei beiden Herangehensweisen für jeden Zelltyp eine große Anzahl an Zellen vorgealtert werden, um einen funktionellen Zusammenhang zwischen Kapazität und Widerstand zu bestimmen, was neben einem sehr hohen experimentellen Aufwand auch einen großen Zeitaufwand mit sich zieht. Daher sollten idealerweise sämtliche Daten über den Zustand einer LITB bereits im BMS gespeichert sein und diese auch vor einer möglichen Zweitverwendung zugänglich gemacht werden.

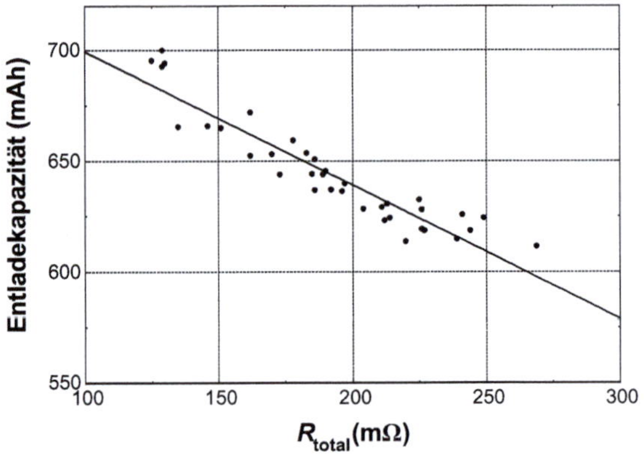

Abb. 3.7 Zusammenhang zwischen Kapazität und dem ohmschen Widerstand aus Impedanzmessungen

3.3.4 Konzeption innovativer Batteriemanagementsysteme: Der eEOL-Pass

Im Folgenden wird ein konkretes Konzept für den so genannten eEOL-Pass (elektronischer End-Of-Life-Pass) vorgestellt. Der im EOL-IS-Projekt entwickelte eEOL-Pass stellt ein erweitertes Batterie-Management-System (BMS) dar und umfasst elektronische Messsysteme zum Bestimmen der elektrischen Ströme der Traktionsbatterie, Hard- und Software zur Datenverarbeitung und -speicherung und eine Schnittstelle zum Auslesen der gespeicherten Daten. Das Auslesen der Daten aus einer Batterie ist im Normalfall dem OEM vorenthalten, der für das Produkt verantwortlich ist und folglich Eigner der Daten ist. Um auf die gesammelten Daten zurückgreifen zu können, werden diese im eEOL-Pass zur Verfügung gestellt. Des Weiteren ist eine äußere Erkennung vorgesehen, die den Anwender auf das Vorhandensein des eEOL-Passes hinweist. Ein klassisches BMS hat die Aufgaben, den Lade- und Entladevorgang der Batterie zu steuern, schädigende Tiefenentladungen und Überladungen zu verhindern und somit insgesamt eine optimale Energienutzung sowie einen sicheren, die Lebensdauer der Batterie maximierenden, Betrieb zu gewährleisten. Das Funktionsprinzip eines klassischen BMS ist in Abb. 3.8 schematisch dargestellt.

Zusätzlich zu den Funktionen eines klassischen BMS sieht der eEOL-Pass eine Aufnahme und Speicherung ausgewählter Nutzungs- und Batterieparameter während der Laufzeit vor, um somit eine fortwährende Überwachung der Funktionsfähigkeit der Batterie und vor allem ihrer Zellen zu gewährleisten. Mit der Aufnahme und Aufzeichnung weiterer Parameter werden dabei drei zentrale Ziele verfolgt:

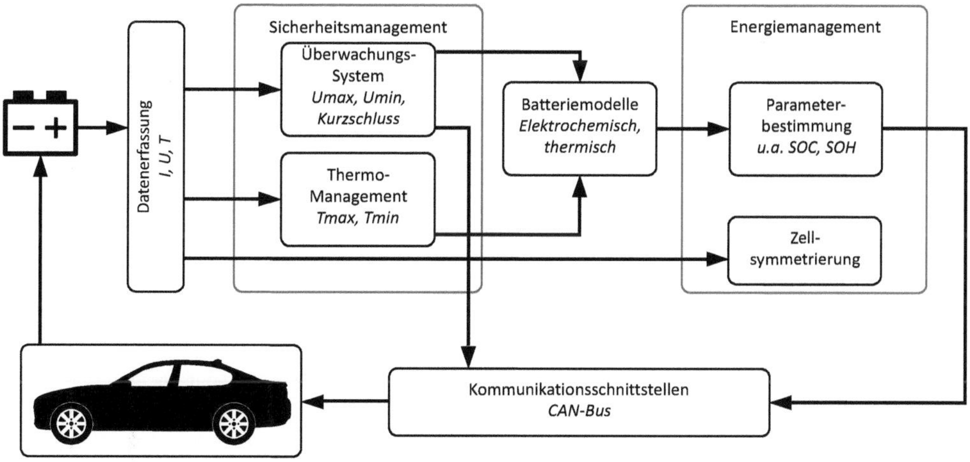

Abb. 3.8 Klassisches Batteriemanagementsystem eines Fahrzeugs

1. Die aufgezeichneten und abgespeicherten Parameter sollen nach dem Ausbau der Batterie aus dem Fahrzeug zur batterieindividuellen Bestimmung der Second-Life-Eignung sowie einer potentiellen Second-Life-Anwendung dienen.
2. Mit der Erweiterung der klassischen Parameter soll eine verbesserte Steuerung der Lade- und Entladevorgänge während des Erstbetriebes erreicht werden.
3. Die zusätzlichen Parameter sollen eine präzisere fortwährende Überwachung während des Erstbetriebes ermöglichen und somit zur Erhöhung der Zuverlässigkeit der Batterie im Erstbetrieb beitragen.

Wie diese Ziele konkret durch das Konzept des eEOL-Passes adressiert werden, wird im Folgenden erläutert.

3.3.4.1 Aufnehmen und Abspeichern der Nutzungs- und Batterieparameter

Für eine zufriedenstellende Charakterisierung der Traktionsbatterien werden insgesamt acht Parameter benötigt. Die Nutzungs- und Batterieparameter teilen sich dabei wie in Tab. 3.2 dargestellt auf. Alle acht Parameter werden anhand des eEOL-Passes sowohl auf Packebene als auch auf Modulebene aufgenommen und gespeichert.

Die Abnahme der Kapazität mit der Betriebszeit ist auf die interne Abnutzung zurückzuführen. Dadurch kann mit der Zeit immer weniger Ladung gespeichert bzw. von den Elektroden abgegeben werden (Bach et al. 2016).

Der Innenwiderstand einer Batterie ist zu Beginn noch vergleichsweise gering. Somit sind die Lade- und Entladeleistung mit minimalen Verlusten behaftet und die Batterie ist in der Lage, hohe Ströme zu liefern. Nimmt der Innenwiderstand mit der Zeit zu, ändert sich die darüber anfallende Spannung. Dies kann dazu führen, dass bei hohen Strömen die Entladeschlussspannung erreicht wird, obwohl die Batterie einen hohen Ladezustand aufweist. Wird die Entladeschlussspannung erreicht, wird die Batterie als leer eingestuft und nicht weiter belastet. Zudem führt ein großer Innenwiderstand bei hohen Strömen zu einer vermehrten Wärmeentwicklung innerhalb der Batterie, wodurch diese zu Schaden kommen kann.

Die Selbstentladungsrate ist über die Dauer der Betriebszeit annähernd konstant. Somit ist die Bestimmung der Selbstentladungsrate deutlich einfacher als die Bestimmung der Kapazität und des Innenwiderstandes und kann während der Stillstandzeiten des Elek-

Tab. 3.2 Wichtige Nutzungs- und Batterieparameter

	Batterieparameter	Nutzungsparameter
Quasi-kontinuierlich	Kapazität	Betriebszeit
	Innenwiderstand	
Ereignisbasiert	Selbstentladungsrate	Strombelastung
		Zyklentiefe
		Betriebstemperatur
		Vollzyklen

trofahrzeugs erfolgen. Auch wenn Batterien auf Lithium-Basis in der Regel eine geringe Selbstsentladungsrate besitzen, kann auch dieser Parameter etwa bei Anwendungsfällen, die eine Speicherung großer Energiemengen über lange Zeiträume vorsehen, eine hohe Relevanz für die Weiterverwendungsentscheidung besitzen.

Die Zyklentiefe hat große Auswirkungen auf die Zyklenfestigkeit. So gibt die Zyklenfestigkeit an, wie häufig eine Batterie ge- und entladen werden kann, bevor ihre maximal erreichbare Kapazität einen bestimmten Wert unterschreitet. Wie in Abb. 3.9 exemplarisch für einen Lithium-Ionen-Akkumulator auf Lithium-Eisenphosphat-Basis dargestellt, hängt die Zyklenfestigkeit sowohl von der Zyklentiefe (hier Depth of Discharge) als auch von der Lade- bzw. Entladerate ab. Dabei kann den Traktionsbatterien keine eindeutige Zyklentiefe zugesprochen werden. So beträgt die Zyklentiefe einer Traktionsbatterie eines reinen Elektrofahrzeugs bis zu 100 %, während die Zyklentiefe einer Batterie eines Hybridfahrzeugs üblicherweise zwischen 10 und 25 % liegt.

Sowohl die Änderung der Kapazität als auch die Änderung des Innenwiderstandes verlaufen nicht linear. Insbesondere der Innenwiderstand ist stark von der Nutzung in der näheren Vergangenheit abhängig und kann daher kurzfristig schwanken. Um eine

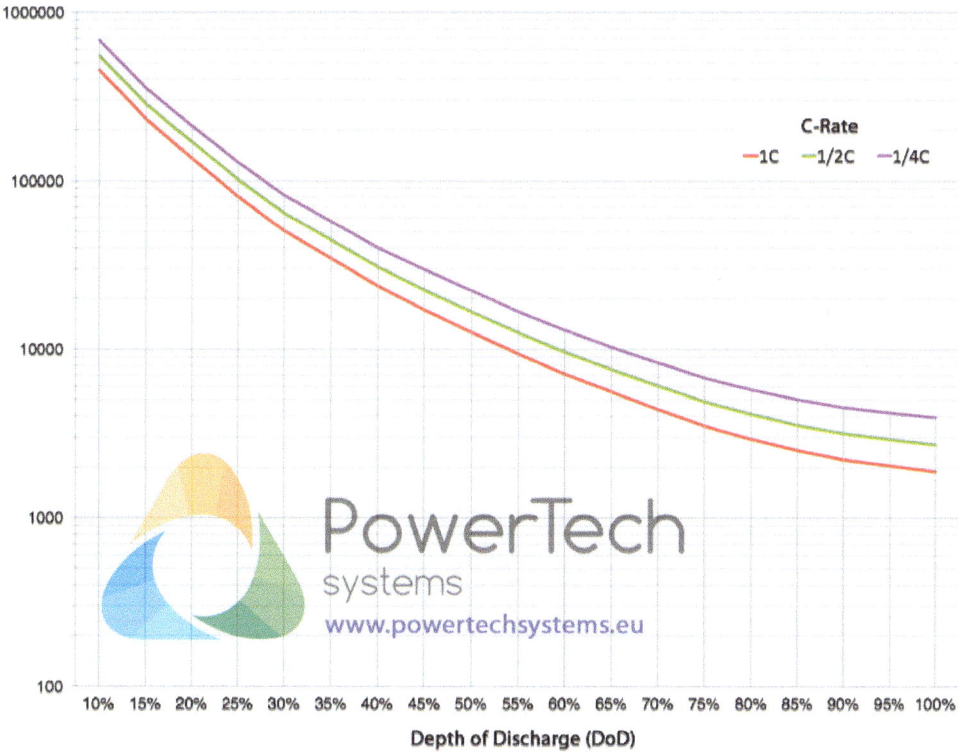

Abb. 3.9 Zyklenfestigkeit eines exemplarischen Lithium-Ionen-Akkumulators auf Lithium-Eisenphosphat-Basis der Firma PowerTech Systems. (In Anlehnung an PowerTech Systems 2015)

Aussage über die zukünftigen Verläufe treffen zu können, findet optimaler Weise eine Aufzeichnung dieser Parameter über die gesamte Betriebszeit statt. Somit können anhand gemittelter Werte die Verläufe ohne große Schwingungen dargestellt werden.

Zur Aufnahme dieser Parameter existieren zwei zentrale Möglichkeiten. Zum einen werden die Kapazität, der Innenwiderstand, die Betriebszeit und die Vollzyklen quasikontinuierlich gemessen. Dabei wird jedem Messwert des Innenwiderstandes der zugehörige (gleichzeitige) Messwert der Kapazität zugeordnet und zusammen mit dem genauen Messdatum abgespeichert. Zum Ermitteln einer Trendkurve werden diese Werte anschließend iterativ gemittelt, wobei die Mittelung jeweils zwischen zwei zeitlich aufeinanderfolgenden Messwerten erfolgt. Somit halbiert sich die Anzahl der Werte mit jedem Schritt solange, bis eine Trendkurve mit ausreichend geringem Rauschen entsteht. Diese Methode ist in Abb. 3.10 dargestellt.

Zum anderen werden die Strombelastung, die Betriebstemperatur und die Zyklentiefe ereignisbasiert gemessen. Tritt ein bestimmtes Ereignis ein (z. B. Anfahren an einer Ampel, wodurch ein Stromimpuls nach einer Ruhezeit entsteht), wird zu diesem Zeitpunkt die Temperatur der Batterie, der Entladestrom und der SOC bestimmt und abgespeichert.

Die ereignisbasierten Parameter lassen sich erneut in drei Kategorien einteilen:

1. Basisdaten
2. Mikrozyklen
3. Strombereiche

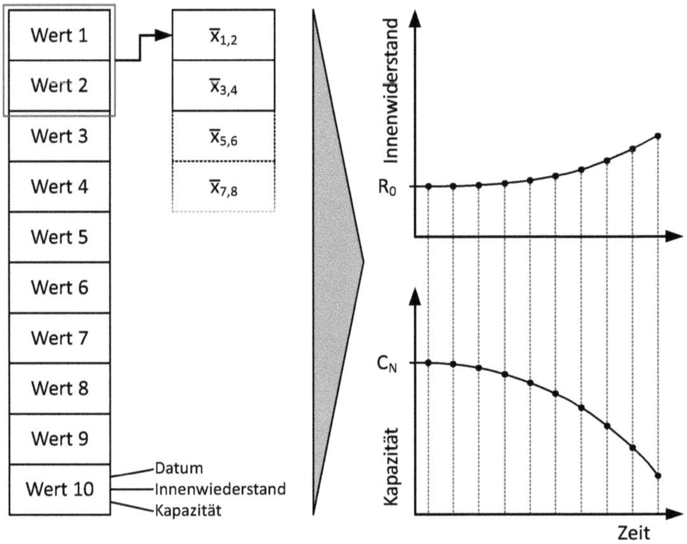

Abb. 3.10 Iteratives Mittelwertverfahren zur quasikontinuierlichen Messung von Innenwiderstand und Kapazität in Abhängigkeit der Zeit

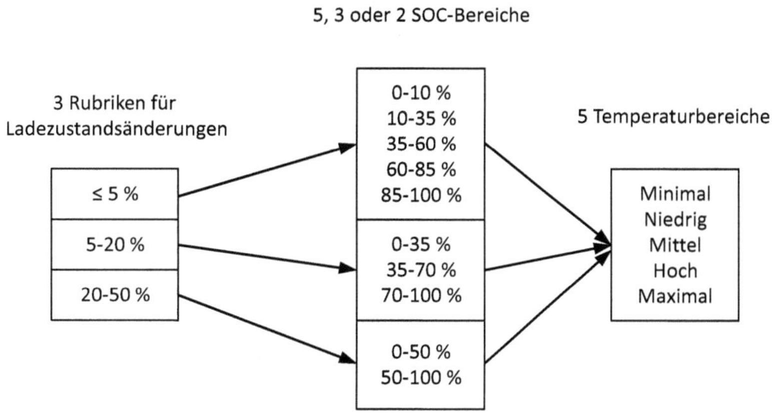

Abb. 3.11 Darstellung der Bereiche, in die die Messungen für die Mikrozyklen unterteilt werden

Die Basisdaten beinhalten die geladenen und die entladenen Amperestunden (Ah) über die gesamte Nutzungsdauer der Batterie.

Die Mikrozyklen beschreiben eine im Vergleich zur Kapazität geringe Ladezustandsänderung. Für diese Ladezustandsänderung werden die Rubriken (1) $\leq 5\,\%$, (2) 5–20 % und (3) 20–50 % auf Basis von Erfahrungswerten definiert. Für die erste Rubrik bedeutet dies, dass eine Änderung des Ladezustands geteilt durch die Nennkapazität kleiner oder gleich 5 % ist. Für jede dieser Rubriken werden nun SOC-Bereiche definiert, innerhalb derer diese Ladezustandsänderung stattfindet. Weiterhin werden wiederum für jeden SOC-Bereich fünf Temperaturbereiche definiert, in denen die Ladezustandsänderung stattfindet. Die Messbereiche sind schematisch in Abb. 3.11 dargestellt.

Die resultierenden Messdaten werden jeweils für den Lade- und den Entladevorgang getrennt erfasst. Somit ergibt sich für die Mikrozyklen eine Gesamtanzahl von 100 Messwerten. Die Berechnung der Anzahl der Messwerte ist in Tab. 3.3 veranschaulicht.

Die Strombereiche beschreiben die unterschiedlich hohen Ströme, die beim Laden und beim Entladen der Traktionsbatterie auftreten können. Dazu werden 5 Rubriken an Strömen definiert: Standby, geringe Last, mittlere Last, hohe Last und Überlast. Es werden dann 5 SOC-Bereiche, 5 Temperaturbereiche (ebenso wie bei den Mikrozyklen in der Rubrik $\leq 5\,\%$) definiert und für alle Rubriken außer dem Standby festgehalten, ob es sich um einen Lade- oder einen Entladevorgang handelt. Somit ergibt sich für die Strombereiche eine Gesamtanzahl von 225 Messwerten.

Tab. 3.3 Berechnung der Anzahl der Messwerte

	Laden/Entladen	SOC-Bereiche	Temperatur-Bereiche	Produkt (Anzahl)
$\leq 5\,\%$	2	5	5	50
5–20 %	2	3	5	30
20–50 %	2	2	5	20

Um die Messwerte abzuspeichern, wird ein Zähl-(Timer)Register verwendet, das sowohl die Erfassung in regelmäßigen Abständen als auch basierend auf speziellen Ereignissen unterstützt. Die Timer können hardwaregesteuert um 1 inkrementiert oder dekrementiert werden. Für alle Messwerte können dabei 32-bit Speicher verwendet werden, da diese bei sekundengenauer Aufzeichnung Speicherplatz für einen Zeitraum von 136 Jahre bieten, was mehr als ausreichend ist. Bei Zusammenrechnung aller Speicher für eine Zelle ist ein Gesamtspeicherbedarf von weniger als 2 kByte erforderlich, das unter heutigen Bedingungen zu keinerlei Einschränkungen in Bezug auf die Verwendung in handelsüblichen BMS führen sollte.

3.3.4.2 Steuerung des Lade- und Entladevorgangs

Die Steuerung der Lade- und Entladevorgänge soll allgemein eine Fehlbehandlung der Batterie verhindern. Der Begriff Fehlbehandlung fasst dabei sowohl die Überladung und Tiefenentladung einer Batterie als auch die Überbeanspruchung der Batterie mit zu hohen Strömen, mit zu hohen oder zu niedrigen Spannungen und mit zu hohen oder zu niedrigen Temperaturen zusammen.

Eine Fehlbehandlung kann sowohl im Bereich der (kleineren) Heimspeicher, als auch bei industriellen Großspeichern vorkommen. Tritt eine Fehlbehandlung auf, kann es im schlimmsten Fall zu einem Thermal Runaway kommen, bei dem eine exotherme chemische Reaktion ein Feuer auslösen oder sogar die Batterie zum Explodieren bringen kann. Dies kann sowohl für Anwender als auch für die Umwelt schwerwiegende Folgen haben.

Doch auch wenn ein Thermal Runaway ausbleibt, kann die Batterie durch Fehlbehandlung irreversibel geschädigt werden, so dass sie nicht weiter oder nur mit vermindertem Leistungsumfang genutzt werden kann. Ein Beispiel hierfür ist das Lithium-Plating. Hierbei wird aufgrund eines zu hohen Ladestroms metallisches Lithium an der negativen Elektrodenoberfläche abgeschieden. Die betroffenen Zellen werden dadurch irreversibel geschädigt und verlieren ihre Funktionalität.

Neben der Überbeanspruchung mit zu hohen Strömen kann eine unpassende Zellspannung oder Temperatur ebenfalls zu Schäden führen. Der enge Betriebskorridor ist in Abb. 3.12 beispielhaft für eine Lithium-Ionen-Zelle (NMC) mit Graphit-Anode dargestellt. Die angegebenen Werte können von realen Grenzen abweichen.

Um die Energie der Batterie optimal zu nutzen, muss das BMS die einzelnen Zellen sowohl beim Laden als auch beim Entladen zudem möglichst gleichmäßig belasten. Dieser Vorgang wird Zellsymmetrierung oder Balancing genannt.

Neben dem Balancing der Batteriezellen sind die Lade- und Entladeströme entscheidend für den nutzbaren Energiegehalt der Batterie. Um eine batterieunspezifische Darstellung dieser Ströme zu erreichen, werden diese in C-Raten angegeben. 1 C ist dabei der Lade- bzw. Entladestrom im Verhältnis zur Nennkapazität. Der Zusammenhang der C-Belastung bei einer Entladung und der damit erzielbaren Energie ist in Abb. 3.13 dargestellt. Es wird deutlich, dass höhere C-Raten eine geringere nutzbare Energie zur Folge haben.

Die Temperatur der Batterie hat ebenso wie das Balancing und die C-Raten einen großen Einfluss auf die nutzbare Energie. So führen höhere Temperaturen zu einer Ver-

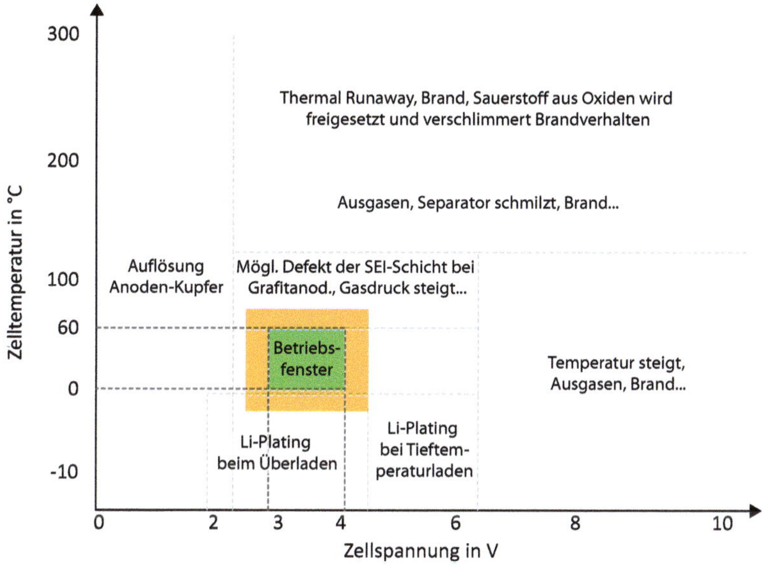

Abb. 3.12 Betriebsfenster einer Lithium-Ionen-Zelle für unterschiedliche Zelltemperaturen und -Spannungen. (In Anlehnung an Timke 2016)

ringerung der nutzbaren Energie, wie in Abb. 3.14 dargestellt. Gleichzeitig führen hohe Temperaturen jedoch zu einer Verstärkung der irreversiblen Reduzierung der Batteriekapazität über die Betriebszeit. Daher ist es wichtig, ein Optimum zu finden und die Temperaturdaten über die gesamte Betriebslaufzeit zu kennen.

Die Steuerung der Lade- und Entladevorgänge einer Batteriezelle ist eine der Hauptaufgaben des BMS, da etwa aus einer Tiefenentladung entstandene irreversible Schäden

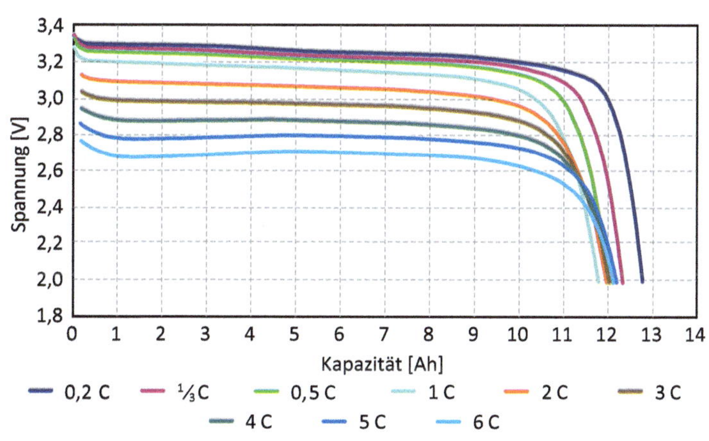

Abb. 3.13 Nutzbare Kapazität von Lithiumbatterien für unterschiedliche C-Raten. (Nach Vezzini 2009)

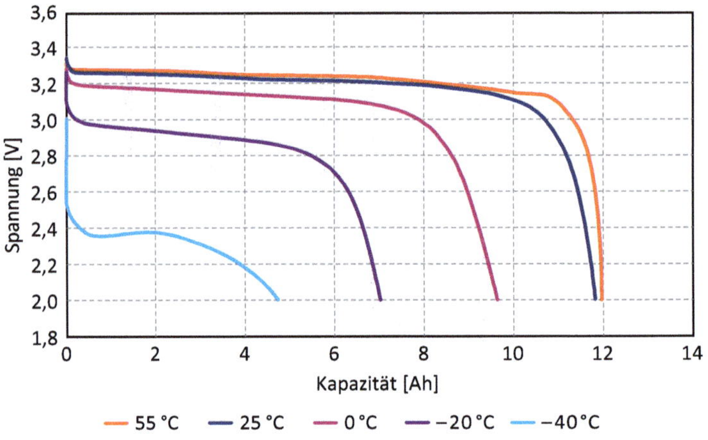

Abb. 3.14 Nutzbare Kapazität von Lithiumbatterien bei unterschiedlichen Temperaturen. (Nach Vezzini 2009)

die Leistung einer Zelle einschränken können oder dazu führen können, dass die Zelle gar nicht mehr genutzt werden kann. Der entwickelte eEOL-Pass hat keine grundsätzlichen Änderungen auf die Grundfunktionen, kann jedoch durch eine höhere Auflösung und das Tracken mehrerer Batterieparameter eingespeicherte Muster erkennen und dann durch Maßnahmen vermeiden.

3.3.4.3 Fortwährende Überwachung der Funktionsfähigkeit der Batterie

Mit den zuvor dargestellten Daten können mittels des On-Board-Diagnose II Systems (OBD II System) bereits während der Erstnutzung der Traktionsbatterie Schäden und Fehlfunktionen von einzelnen Zellen schnell aufgedeckt und eine zielgerichtete Behebung initiiert werden. Wenn z. B. einzelne Zellen in der Batterie Produktionsfehler aufweisen und schneller altern, können diese bei einer Diagnose ausgetauscht werden. Würde dies nicht geschehen, kann die Leistung der gesamten Batterie abnehmen, da diese von der schlechtesten Zelle im System abhängt.

Mit der Datenaufnahme auf Zellebene geht der Vorteil einher, dass ein mögliches Versagen auf Zellebene leichter identifiziert und entsprechend darauf reagiert werden kann. Batteriesysteme, die im Zellverbund gemessen werden (häufig getrieben durch Platz- oder Budgetbeschränkungen), können schlechter gewartet werden, da z. B. der Anstieg des Innenwiderstands einer einzelnen Zelle im Verbund nicht direkt festgestellt werden kann.

3.3.4.4 Auslesen der abgespeicherten Daten

Um die Problematik des begrenzten Zugriffs auf die Datenbank des OEM zu umgehen, kann das Auslesen der abgespeicherten Daten über das Ladekabel des Elektrofahrzeugs durchgeführt werden. Der Vorteil dieses Vorgehens besteht darin, dass die Kontaktanschlüsse des Ladekabels durch die Norm ISO 15118 herstellerübergreifend vereinheitlicht und an jedem Elektrofahrzeug installiert sind. Ursprünglich wurde die zugrunde liegende Technologie entwickelt, um im Rahmen des Smart Charging eine Kommunikation zwischen dem Elektrofahrzeug (sowohl Batterie als auch Bordnetz) und der Ladesäule herzustellen. Für die Datenübertragung wird die Power-Line Communication (PLC) Technologie genutzt. Dabei werden die Kabel, die in erster Linie zum Übertragen der Energie von der Ladesäule zur Traktionsbatterie dienen, gleichzeitig als Datenkabel verwendet. Somit können zusätzliche Datenkabel eingespart werden.

Der Nachteil dieser Technologie ist, dass die Kabel zur Leistungsübertragung normalerweise nicht gegen fremde Funksignale abgeschirmt sind. Somit wirken sie wie Antennen und nehmen Störsignale auf. Um dennoch Daten übertragen zu können, müssen unter Umständen weitere Installationen am Bordnetz durchgeführt oder die Leistungskabel abgeschirmt werden.

Es wurden verschiedene BMS entwickelt, die die PLC Technologie nutzen. So sieht das vom Fraunhofer-Institut für Produktionstechnik und Automatisierung (IPA) entwickelte BMS eine integrierte Schaltung für jede einzelne Zelle der Batterie vor (Pizzolante 2014). Dadurch wird ein zentrales, übergeordnetes System überflüssig was Kostentechnische Vorteile mit sich bringt und aber vor allem keine Nachteile bei der Datenverfügbarkeit darstellt. Jede Schaltung speichert die Daten für die jeweils zugeordnete Zelle und kann diese bei einem Fehler vom Anwender lokalisieren lassen. Der Aufbau ist dabei Herstellerunabhängig.

Das Karlsruher Institut für Technologie hat ein BMS entwickelt (Blank 2013), welches auf einem kaskadierbaren Master-Slave System basiert. Die Kommunikation läuft über ein Master-Board, welches die Batterieparameter wie Zellspannung, Zellströme und Zelltemperaturen überwacht und steuert. Ein Slave-Board übernimmt die Überwachung von bis zu 12 Zellen. Die Daten werden von den Slave-Boards über eine CANbus-Schnittstelle zum Master-Board übertragen. Durch die kaskadische Verschaltung können Batterien mit einer Spannung von bis zu 1000 V überwacht werden.

Eine Herausforderung bei der PLC Technologie ist eine ausreichend genaue Messung der Spannung. Bei einer Gesamtspannung der Zellstapel von mehreren hundert Volt müssen die einzelnen Zellspannungen im Millivolt-Bereich erfasst werden, um ein zuverlässiges Balancing zu gewährleisten. Die Firma dSPACE GmbH hat dazu ein BMS entwickelt (o.A. 2013), welches dieses Problem löst und sich direkt ins Fahrzeug integrieren lässt. Die Spannungen der Einzelzellen werden dabei mit einer Genauigkeit von 3 mV gemessen. Die Messgeräte kommunizieren über eine Ethernet-Verbindung mit dem Steuergerät.

Die Integration des eEOL-Passes ist unabhängig von der Wahl der Kommunikationstechnologie, die genutzt wird, um die Daten auszulesen. Es ist lediglich darauf zu verweisen, dass die Daten separat gespeichert werden und dann über eine Schnittstelle nach dem Ende des First Lifes ausgelesen werden. Hierbei ist, wie bereits zum Kapiteleingang erwähnt, wichtig, dass der OEM Dateneigner ist, solange keine abweichende Vereinbarung getroffen wurde.

3.4 Prozesse für die Umwidmung und Weiterverwendung

Wie in Abschn. 2.2 dargestellt, ergeben sich für Traktionsbatterien nach dem Erstgebrauch im Elektrofahrzeug sieben zentrale Möglichkeiten für die weitere Handhabung: (1) Direkte Wiederverwendung, (2) Instandsetzung für die Wiederverwendung, (3) Umwidmung für die Weiterverwendung, (4) Kannibalisierung, (5) Wieder- oder Weiterverwertung, (6) Zwischenlagerung und (7) Entsorgung.

Unter Berücksichtigung der EOL-Strategien 1–5 sowie der Zwischenlagerung und der Entsorgung wird im Folgenden aufgezeigt, welche Pfade eine gebrauchte Batterie potentiell von ihrer Rücknahme in einer Automobilwerkstatt bis hin zur Bestimmung einer geeigneten EOL-Strategie und der Vorbereitung der Batterie für diese durchlaufen kann. Der Schwerpunkt liegt dabei auf der Detaillierung der für die Umwidmung und Weiterverwendung potentiell benötigten Prozesse und Ressourcen (Sollzustand unter Berücksichtigung des eEOL-Passes). Hierbei wird ein hierarchisches Vorgehen gewählt, bei dem zunächst der Gesamtprozess der Bestimmung einer geeigneten EOL-Strategie skizziert wird und anschließend stufenweise die für umzuwidmende und weiterzuverwendende Traktionsbatterien zu durchlaufenden Teilprozesse detailliert werden.

Wie in Abschn. 2.4.3 dargestellt, werden in diesem Buch BPMN-Prozessdiagramme zur Prozessvisualisierung verwendet. Informationen zu den verwendeten Symbolen können der nachfolgenden Abb. 3.15 entnommen werden.

Entsprechend der aufgeführten EOL-Strategien visualisiert Abb. 3.16 den Grobprozess für die Umwidmung einer gebrauchten Traktionsbatterie für die Weiterverwendung. Der Prozess ist in mehrere Teilprozesse aufgeteilt und startet mit einem Rücknahmegesuch für eine gebrauchte Traktionsbatterie, die zunächst aus dem Elektrofahrzeug ausgebaut werden muss. Anschließend erfolgen beispielsweise die Zustandsanalyse der Batterie und die Feststellung einer Eignung für ein zweites Leben, die Zuweisung der Batterie zur Wieder- oder Weiterverwendung, die Bestimmung eines Weiterverwendungsszenarios und, falls notwendig, die Umwidmung der Batterie, um den Anforderungen des Weiterverwendungsszenarios zu genügen. Der Prozess endet damit, dass die Batterie für eine konkrete EOL-Strategie vorgesehen ist. Im Falle der Wieder- und Weiterverwendung ist die Batterie nach Durchlaufen des Prozesses grundsätzlich einsatzfähig und muss nur noch in die vorhandene Infrastruktur oder das Gesamtsystem eingebaut werden. Im Folgenden weiter detaillierte Teilprozesse werden durch ein Plus-Symbol in den Aufgaben-Modellelementen gekennzeichnet.

Die Teilprozesse können von einem einzigen oder von mehreren unterschiedlichen Akteuren durchgeführt werden. Ein Vorschlag für eine konkrete Ausgestaltung einer entsprechenden Wertschöpfungskette zur Rücknahme von gebrauchten Traktionsbatterien wird in Abschn. 4.3.3 unterbreitet. Von zwischen den Teilprozessen zusätzlich auftretenden Transporten und der Lagerung der Batterien bzw. der Einzelkomponenten, die von der konkreten Ausgestaltung der Wertschöpfungskette abhängig sind, wird in den vorliegenden Prozessmodellen abstrahiert. Eine grobe Beschreibung ausgewählter unterstützender Prozesse und ihrer rechtlichen Hintergründe findet sich in Abschn. 3.4.7.

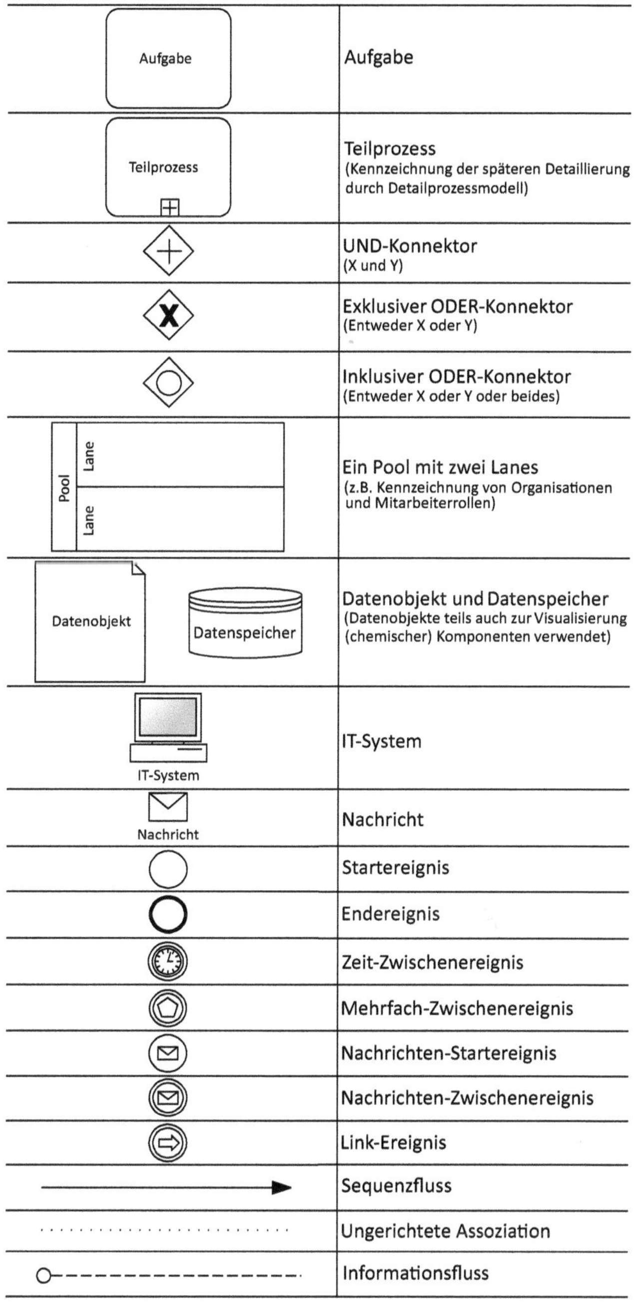

Abb. 3.15 Übersicht der Symbole aus BPMN-Prozessdiagrammen

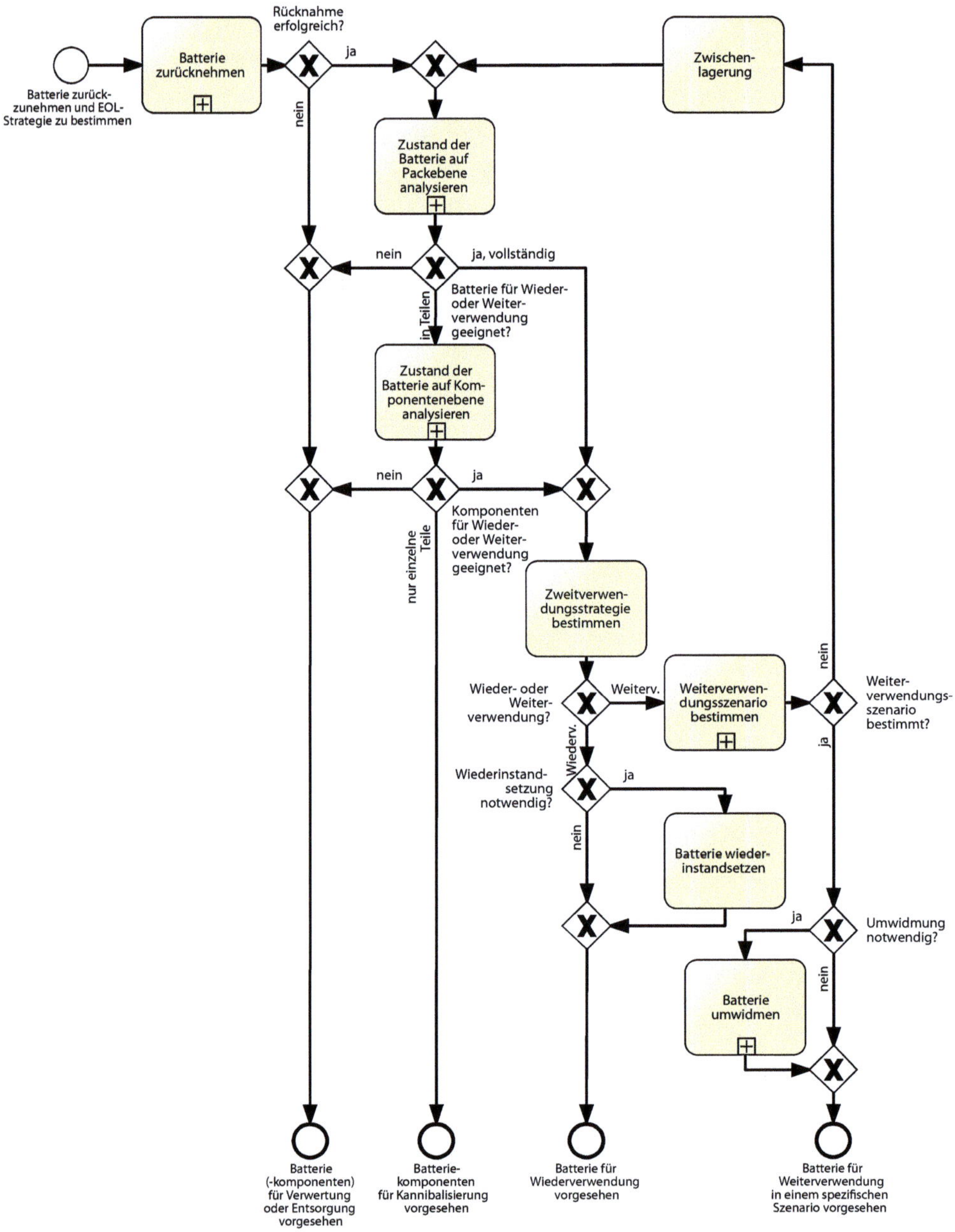

Abb. 3.16 Darstellung des Grobprozesses der Umwidmung für die Weiterverwendung von gebrauchten Traktionsbatterien

3.4.1 Rücknahme gebrauchter Traktionsbatterien

Der erste zentrale Detailprozessschritt für die Bestimmung einer batteriespezifischen EOL-Strategie ist der Rücknahmeprozess. Hierbei ist insbesondere zu beachten, dass, aufgrund des in der Regel enthaltenden Lithiums, Traktionsbatterien aus Elektroautos kennzeichnungspflichtig und als Gefahrgut zu deklarieren sind (UNECE 2012). Der Grobprozess für die Rücknahme allgemeiner Güter teilt sich in vier grobe Prozessschritte auf (vgl. de Brito und Dekker 2003):

1. Die Sammlung und Konsolidierung der rückführbaren Güter
2. Die Inspektion und Prüfung der Güter
3. Die Bestimmung des Zielorts für die rückzuführenden Güter
4. Die Umarbeitung/Aufarbeitung/Wiederaufbereitung der rückgeführten Güter

Dieser grobgranulare Prozess muss für Traktionsbatterien aus Elektroautos um Logistikprozesse für den Gefahrgutfall ergänzt werden und dabei insbesondere die wesentlichen Aufgaben der involvierten Stakeholder (Absender, Transporteur, Behörde und Empfänger) abdecken. So sollten beispielsweise insbesondere die Prozesschritte *Spezifikation der Transportbedingungen*, *Vorbereitung des Transports*, *Behördliche Genehmigung*, *Durchführung des Transports* und *Durchführung der Anlieferung* zum Grobprozess für die Rücknahme allgemeiner Güter hinzugefügt werden (vgl. Klör et al. 2014).

Entsprechend den Ausführungen von Klör et al. (2014) sollten die Sammlung und Konsolidierung der Traktionsbatterien und die Vorbereitung des Versandes zu einem nachgelagerten Dienstleister unter Berücksichtigung der geltenden gesetzlichen Bestimmungen für den Transport von Lithium-Ionen-Akkumulatoren in drei verschiedenen Szenarien betrachtet werden. Das erste Szenario beschreibt den Prozess der Sammlung und Versandvorbereitung für eine intakte und damit nicht defekte Batterie. Hierbei gelten die spezifischen Anforderungen beim Transport von Lithiumbatterien. Das zweite Szenario geht von einer defekten Batterie aus. Jedoch wird in diesem Szenario aufgrund des Schweregrads der Beschädigung eine Gefahr der chemischen Reaktion während des Transportes oder der Lagerung ausgeschlossen. Im dritten Szenario wird ebenfalls eine beschädigte Batterie angenommen. In diesem Fall wird jedoch ein so hoher Beschädigungsgrad der Batterie unterstellt, dass die Gefahr einer Reaktion des Lithiums während des Transportes als wahrscheinlich gilt. Mögliche Reaktionen des Lithiums haben u. a. eine hohe Wärmeentwicklung und dadurch eine erhöhte Brandgefahr zur Folge. Ein vereinfachtes Prozessmodell für die Transportvorbereitung und den Versand an eine für die Umwidmung zuständigen Dienstleister findet sich in Abschn. 3.4.7.1. Für ein detailliertes Prozessmodell mit Angaben zu zentralen einflussnehmenden Gesetzen und szenariobasierten Prozesspfaden sei auf die Ausführungen von Klör et al. (2014) verwiesen.

Für die Entgegennahme der Batterie bei dem für die Umwidmung zuständigen Dienstleister können allgemein zwei Fälle unterschieden werden:

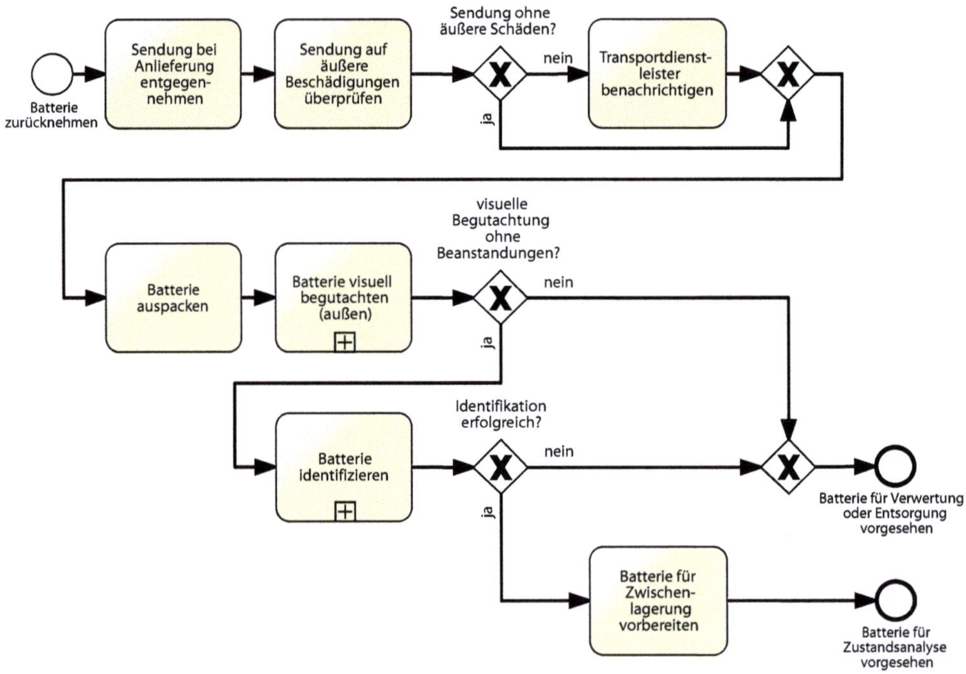

Abb. 3.17 Teildetailprozess für die Rücknahme von gebrauchten Traktionsbatterien. (Verfeinerungen für die visuelle Begutachtung und die Identifikation finden sich in Abschn. 3.4.2)

1. Die Batterie ist noch im Auto verbaut und muss entsprechend zunächst ausgebaut werden.
2. Die Batterie wurde bereits von einer vorgelagerten Einrichtung aus dem Fahrzeug ausgebaut und durch einen Logistikdienstleister zu der für die Umwidmung zuständigen Einrichtung transportiert.

Maßgeblich für das im Folgenden dargestellte Detailprozessmodell ist der zweite Fall, d. h. dass die Batterie bereits bei einem Kraftfahrzeug-Recycler oder einer Autowerkstatt aus dem Auto ausgebaut wurde und in einer geeigneten Verpackung zu dem für die Umwidmung für die Weiterverwendung zuständigen Dienstleister transportiert worden ist.

Dieser Teil des Rücknahmeprozesses lässt sich somit in die folgenden Schritte unterteilen (siehe auch Abb. 3.17):

1. Anlieferung der Traktionsbatterie

Die Batterie wird mit einem gültigen und rechtlich korrekten Transportverfahren an den Dienstleister versandt und von diesem entgegengenommen. Hierbei muss je nach Art der Batterie unterschiedliches Gerät zur Verfügung stehen, da die Batteriepacks aufgrund ihrer Größe und ihres Gewichts in der Regel nicht manuell bewegt werden können. Bei der Handhabung der Batteriepacks ist dabei höchste Vorsicht zu walten, da bereits durch den

Fall aus geringen Höhen oder durch das Anstoßen an Gehäuseecken der Batterie irreversible Schäden zugefügt werden können.

2. Kontrolle der Sendung auf äußere Beschädigungen
Die angelieferte Sendung muss direkt auf äußere Beschädigungen kontrolliert werden, da etwaige Beschädigungen der Verpackung auf eine unsachgemäße Handhabung hindeuten, die direkt beim Transportdienstleister zu deklarieren sind. Eine Annahme sollte dann abgelehnt werden, da dann von Schäden an der Batterie auszugehen ist, die von geschulten Experten bzw. vom Batteriehersteller vor der weiteren Handhabung begutachtet werden sollten.

3. Entnahme der Batterie aus Transportverpackung
Nach der positiven Begutachtung der Transportverpackung kann diese entfernt werden, sodass die Traktionsbatterie als ganzes Pack vorliegt. Hierbei ist zu beachten, dass bei dem Herausnehmen aus der Sendung bzw. beim Entfernen der Verpackung weder Kabel oder Schläuche abgerissen noch abstehende Batterieteile eingedrückt oder verbogen werden. Ungewollte äußerliche Beschädigungen haben zur Folge, dass der Batteriehersteller zur Begutachtung herangezogen werden muss, falls kein Batterieexperte mit notwendigem Fachwissen vorhanden ist.

4. Sichtkontrolle der Traktionsbatterie
Die Sichtkontrolle der Traktionsbatterie hat das Ziel sicherzustellen, dass keine äußerlichen Beschädigungen vorhanden sind. Die von außen einzuschätzende Unversehrtheit kann anhand der folgenden Punkte eingegrenzt werden:

- Keine Dellen/Beschädigungen der Abdeckungsbleche
- Kein loses/halbfestes Kleinmaterial (Schrauben, Abdeckungen, Stecker, Kabelstränge)
- Keine austretenden Gase oder andere Flüssigkeiten
- Fixierte und gesicherte Kabel
- Einwandfrei lesbare Sicherheitsaufkleber (u. a. HV-Kabel)

Die Berücksichtigung der aufgeführten Punkte bei der Sichtkontrolle garantiert keine funktionstüchtige Fahrzeugbatterie, kann jedoch das Risiko von Zwischenfällen oder Verletzungen minimieren.

Falls ein gravierender Mangel festgestellt wird (z. B. starke Beschädigung der Abdeckung) und die Entscheidung getroffen wird, dass die Batterie nicht instandgesetzt oder repariert werden soll, verlässt die Batterie den Rücknahmeprozess und wird für die Verwertung bzw. Entsorgung vorbereitet. Je nach Grad der Beschädigung kann die mangelbehaftete Batterie etwa bei geringen Schäden ohne zu erwartende akute Gefährdung regulär gelagert werden oder muss, im Falle von Gas- oder Flüssigkeitsverlust gesondert in einer Wanne und unter einem gefilterten Dampfabzug positioniert, ehe die Batterie dem für die Verwertung oder Entsorgung zuständigem Dienstleister übergeben wird.

5. Identifikation der Batterie
Im Anschluss an die positive Sichtkontrolle wird die Batterie identifiziert. Hierfür kann auf die bereits oben beschriebenen Parameter (Batterietyp, Kapazität, Innenwiderstand und mögliche weitere Parameter des eEOL-Passes) zurückgegriffen werden. Die bestimmten Werte haben wiederum darauf Einfluss, wie mit der Batterie weiter verfahren wird, da etwa Parameterkonstellationen mit einem hohen Innenwiderstand auf einen Defekt hinweisen In diesem Fall muss die Entscheidung getroffen werden, ob die Batterie den Prozess weiter durchlaufen kann, oder für die Verwertung oder Entsorgung vorbereitet werden soll.

6. Vorbereitung der Batterie für Zwischenlagerung (falls die Zustandsanalyse nicht direkt stattfindet)
Nach einer einwandfreien Identifikation der Batterie wird diese, falls keine im Anschluss stattfindende Zustandsanalyse geplant ist, für die Zwischenlagerung vorbereitet. Die Vorbereitung unterteilt sich in die folgenden Teilschritte und variiert je nach Batteriemodell und -größe:

- Zuweisung eines Lagerplatzes
- Parametrierung der Ladevorrichtung
- Anschluss der Batterie an die Ladevorrichtung
- Eventuelle Maßnahmen bzgl. externer Kühlung (Überprüfung von Kühlflüssigkeit, Ansteuerung von Ventilatoren)

7. Zwischenlagerung der Batterie
Die Zwischenlagerung hat das primäre Ziel, die Batterie für einen unbestimmten Zeitraum sicher einzulagern. Die größte Gefahr, die es zu verhindern gilt, ist die der Tiefenentladung der Batterie. Durch die Selbstentladung und eventuell noch angeschlossene Verbraucher (internes BMS) wird jede Batterie stetig belastet und muss aus diesem Grund während der Zwischenlagerung weiter geladen werden.

Die Zwischenlagerung muss folglich garantieren, dass die Batterie permanent mit einer Stromversorgung verbunden ist. Darüber hinaus gilt es folgende Punkte einzuhalten, die im weiteren Kapitel näher erläutert werden (Gesamtverband der deutschen Versicherungswirtschaft e. V. 2016):

- Vorgabeneinhaltung der Hersteller und Sicherheitsdatenblätter
- Verhinderung äußerer Kurzschlüsse
- Verhinderung innerer Kurzschlüsse
- Vermeidung von dauerhaft hohen Temperaturen
- Bei der Lagerung in nicht durch automatische Löschanlagen geschützten Bereichen bauliche oder räumliche Trennung von mindestens 2,5 m zu anderen brennbaren Materialien einhalten

- Beschädigte oder defekte Batterien aus Lager- und Produktionsbereichen entfernen und bis zur Entsorgung in einem sichern Abstand oder in einem brandschutztechnisch abgetrenntem Bereich zwischenlagern

3.4.2 Zustandsanalyse auf Packebene

Da die Zustandsanalyse mit hohen Ressourcen und Zeitaufwänden in Verbindung steht, ist die Zustandsanalyse im Gesamtmodell in zwei grobe Schritte unterteilt worden. Während jedes Batteriepack die Zustandsanalyse auf Packebene durchläuft, findet die sich anschließende, mit hohen Aufwänden einhergehende, Zustandsanalyse auf Komponentenebene nur für die Batteriepacks statt, für die mittels der vorgelagerten Zustandsanalyse auf Packebene keine eindeutige Aussage über die Eignung für eine Zweitverwendung getroffen werden konnte (vgl. Abb. 3.18).

Auch die beiden Teilprozesse sind so ausgestaltet, dass aufwandsärmere Prüfschritte solchen Prüfschritten vorgelagert sind, die potentiell einen höheren Aufwand verursachen. Dabei wird in jedem Prüfschritt festgestellt, ob die Batterie den Prozess weiter durchlaufen kann, oder die Batterie der Verwertung zugeführt werden muss. Durch entsprechende Prozessvorgaben lassen sich die Prüfaufwände so gering wie möglich halten, da für eine Zweitverwendung ungeeignete Batterien bereits frühzeitig aussortiert werden und nicht sämtliche Prüfschritte durchlaufen müssen.

Ein besonderes Augenmerk ist auf die Bedeutung des eEOL-Passes zu legen, auf den im Rahmen verschiedener Prüfverfahren zurückgegriffen werden kann. Bei Fehlen des eEOL-Passes müssen die Batterie- und Komponentendaten zunächst aufwändig mit elektrischen Prüfungen generiert werden. Entsprechend erlaubt der Einsatz des eEOL-Passes den Prüfaufwand erheblich zu reduzieren.

Der Detailprozess der Zustandsanalyse auf Packebene (siehe Abb. 3.19) beginnt nach der Rücknahme der Batterie durch ein qualifiziertes Unternehmen. Zunächst erfolgt dabei eine Erstbeurteilung mit vergleichsweise geringem Aufwand. Liegt der eEOL-Pass vor,

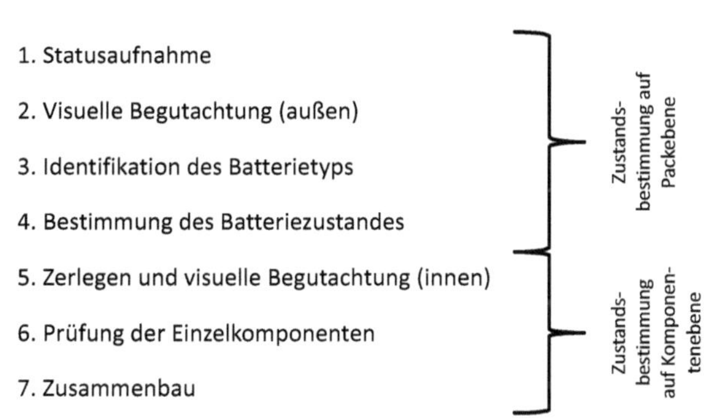

Abb. 3.18 Strukturierung der Prüfschritte der Zustandsanalyse auf Pack- und Komponentenebene

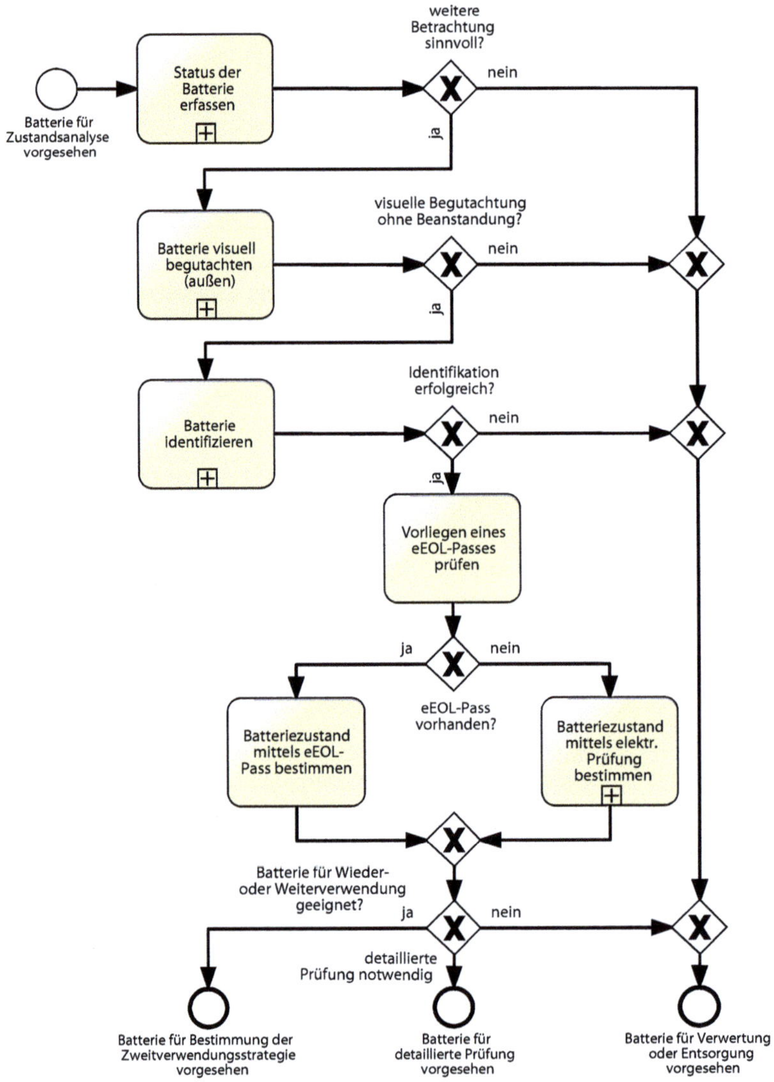

Abb. 3.19 Detailprozess für die Zustandsanalyse auf Packebene von gebrauchten Traktionsbatterien

lässt sich im Rahmen der detaillierten Prüfung auf Packebene der Zustand der Batterie unter Berücksichtigung der bisherigen Nutzungshistorie bestimmen. Fehlt der eEOL-Pass, ist eine aufwändige Bestimmung des Zustandes mittels elektrischer Prüfung notwendig.

Nachfolgend werden die im Prozessmodell der Zustandsanalyse auf Packebene aufgeführten zentralen Teilprozesse weiter detailliert.

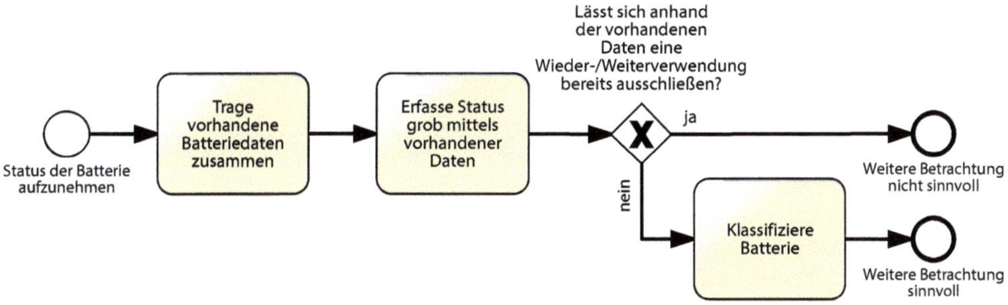

Abb. 3.20 Detailprozess für die Zustandsanalyse auf Packebene. Prozessverfeinerung: Statusaufnahme gebrauchter Traktionsbatterien

3.4.2.1 Statusaufnahme

Um bereits vor einer detaillierten Prüfung eines Batteriepacks möglichst viele Informationen über die Herkunft und den Zustand der Batterie zu erhalten, wird zunächst eine Statusaufnahme durchgeführt (Abb. 3.20). Hierzu werden alle über die bisherige Nutzung der Batterie verfügbaren Daten (Fahrzeug, Batteriemodell, Leistung, Anzahl Module, Zellen, Einsatzland) zusammengetragen und grob ausgewertet.

Aus der Menge an Daten hervorzuheben ist insbesondere der dokumentierte Grund für die Ausmusterung der Batterie aus ihrem ersten Leben (vgl. Abschn. 2.4.3). Hierdurch kann bereits eine Vorauswahl der Batterie erfolgen. Liegt etwa ein schwerwiegender technischer Defekt vor, ist eine weitere Betrachtung der Batterie nicht sinnvoll und die Batterie kann direkt der Verwertung zugeführt werden. Alle weiteren Batterien werden grob nach der vorhandenen Datenlage klassifiziert.

Unter der Annahme einer stetig wachsenden Anzahl an Elektrofahrzeugen und den damit einhergehenden Batteriestückzahlen, die sich potentiell für ein zweites Leben eignen, und aufgrund der Konkurrenz durch Neubatterien (vgl. Abschn. 2.5.4) muss die Sammlung von batterierelevanten Daten in Zukunft automatisiert ablaufen, so dass Personalressourcen an dieser Stelle eingespart werden können und Second Life-Batterien aus ökonomischen Gesichtspunkten wettbewerbsfähig werden.

3.4.2.2 Visuelle Begutachtung (außen)

Im Rahmen der visuellen Begutachtung werden das Batteriepack und seine Komponenten auf offensichtliche äußere Beeinträchtigungen untersucht. Insgesamt wird im Zuge der vorliegenden Zustandsanalyse zwischen einer äußeren und einer inneren visuellen Begutachtung unterschieden. Während im Rahmen der äußeren visuellen Begutachtung das Batteriepack als Ganzes erhalten bleibt und nicht in seine Module oder Einzelkomponenten zerlegt wird, dient die innere visuelle Begutachtung im Rahmen der Statusanalyse auf Komponentenebene der Feststellung von Beeinträchtigungen auf Modul- oder Komponentenebene und verlangt die Zerlegung des Batteriepacks. Insgesamt werden bei der visuellen Begutachtung die in Tab. 3.4 aufgeführten Prüfkriterien zugrunde gelegt.

Tab. 3.4 Prüfkriterien für äußere und innere visuelle Begutachtung

Äußere visuelle Begutachtung	Innere visuelle Begutachtung
Risse im Gehäuse Deformationen im Gehäuse (Hitzeentwicklung)	Schäden an den Kontakten Verfärbungen und Roststellen Austritt von Chemikalien (Elektrolyt)

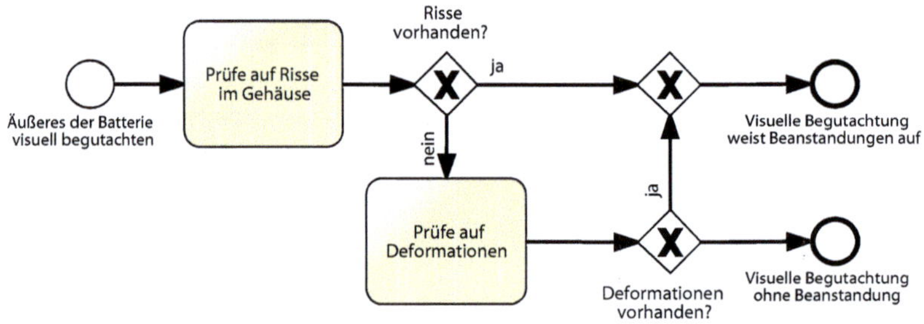

Abb. 3.21 Detailprozess für die Zustandsanalyse auf Packebene. Prozessverfeinerung: Äußere visuelle Begutachtung gebrauchter Traktionsbatterien

Der Ablauf dieses Teilprozesses ist in Abb. 3.21 dargestellt. Das Batteriepack wird dabei zunächst nur im Ganzen untersucht, ohne dass die Batterie zuvor bis auf Modul- oder Zellebene auseinandergebaut wurde.

Durch die äußere visuelle Begutachtung kann erneut auf einfache Weise eine Vorauswahl getroffen werden, welche Batterien, ohne weitere Prozessschritte durchlaufen zu müssen, der Verwertung zugeführt werden und welche Batterien den Umwidmungsprozess weiter durchlaufen.

Aus Felderfahrungen geht hervor, dass dieser Prozessschritt bei Einsatz von Fachpersonal mit einem Zeitaufwand von ca. 15 min je Batteriepack bemessen werden kann. Dabei sind für die Bearbeitung im Rahmen der Sicherheitsbestimmungen lediglich die Transportvorschriften für die begutachteten Batterien und die jeweilige Gebrauchsanweisung zu beachten. Die Aufgaben können bei Raumtemperatur in einem trockenen Raum durchgeführt werden. Das Fachpersonal muss elektrisch unterwiesen sein und über einschlägige Elektrofachkenntnisse verfügen.

3.4.2.3 Identifikation des Batterietyps

Um für die Batterien, die die äußere visuelle Begutachtung bestanden haben, ein aussagekräftiges Urteil über die weitere Nutzbarkeit treffen zu können, ist die Bestimmung des elektrischen Batteriezustandes ausschlaggebend. Die Kriterien für die Zustandserkennung sind (1) Kapazität, (2) Innenwiderstand, (3) Zyklenzahl, (4) Zyklentiefe, (5) Betriebszeit, (6) Kühlleistung, (7) Betriebstemperatur, (8) Strombelastung und (9) Selbstentladung.

Zur Feststellung der entsprechenden Parameter gilt es in einem ersten Schritt jedoch zunächst einmal das Batteriepack mittels einer Datenbank eindeutig zu identifizieren (siehe Abb. 3.22). Dies erfolgt mit Hilfe einer Identifikationsnummer, mit der in der Regel

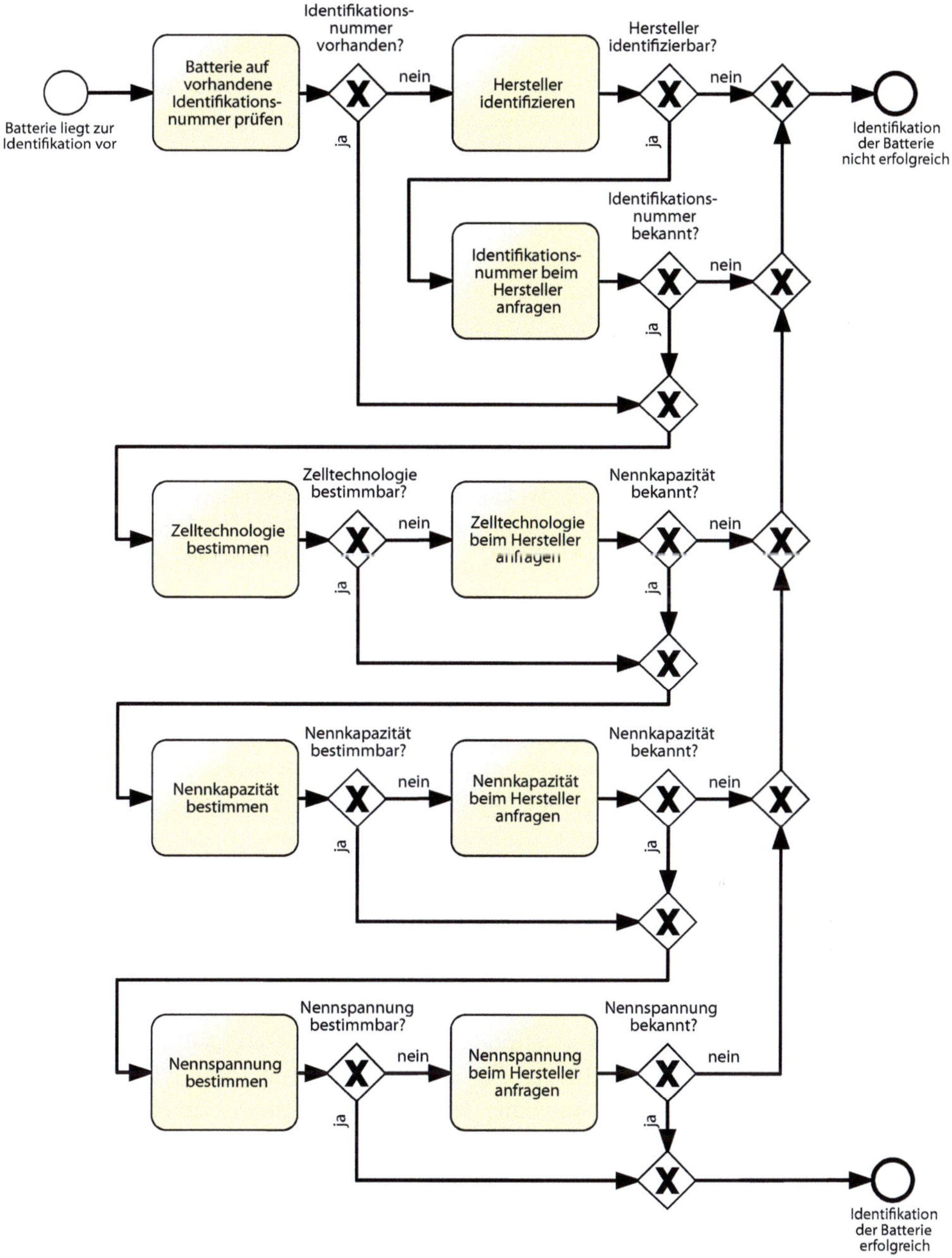

Abb. 3.22 Detailprozess für die Zustandsanalyse auf Packebene. Prozessverfeinerung: Identifikation von gebrauchten Traktionsbatterien

Rückschlüsse auf die Zelltechnologie, Nennkapazität und Nennspannung gezogen werden können. Ist eine entsprechende Identifikationsnummer nicht vorhanden oder sind notwendige Daten nicht in der Datenbank enthalten, muss der Hersteller kontaktiert werden.

In diesem Teilprozess wird davon abgesehen, dass Produktbeschilderungen auf dem Produkt für die Bestimmung der relevanten Daten herangezogen werden, da dies unter Umständen zu schwerwiegenden Fehlern führen kann. Eine Fehlinformation über die verwendete Zelltechnologie kann z. B. dazu führen, dass die Batterie in der Zweitanwendung falsch belastet wird und beschleunigt altert, irreparabel beschädigt wird oder sogar Anlagenteile beschädigt. Nach der Identifikation folgt die Feststellung des Batteriezustandes mittels eEOL-Pass oder elektrischer Prüfung.

3.4.2.4 Zustandsbestimmung mittels eEOL-Pass

Ist das Batteriepack mit dem eEOL-Pass ausgestattet, werden für die beschriebenen Kriterien der Zustandserkennung die entsprechenden Daten aus dem Pass exportiert. Hierfür muss das Batteriepack mit einer standardisierten Hardwareschnittstelle ausgestattet sein, die es ermöglicht, Batteriedaten auf mobile Endgeräte wie z. B. Smartphones, Laptops oder Tablets übertragen zu können. Dies ist u. a. notwendig, um eine Live-Sicht der Batteriesensoren und Messdaten zu erhalten. Ebenfalls ist über die Schnittstelle ein Herunterladen der historischen Daten möglich.

Um ein möglichst einfaches Auslesen zu gewährleisten, bieten sich standardisierte und weitverbreitete Schnittstellen wie z. B. USB oder RS-232 an. Der Vorteil des eEOL-Passes liegt darin, dass neben den aktuellen Batterieparametern ebenfalls historische Daten aufgezeichnet, exportiert und ausgewertet werden können. Eine rechnergestützte Analyse des Batteriezustandes und eine Aussage über die Erstverwendung sind mittels entsprechender Software somit vergleichsweise einfach und schnell realisierbar.

3.4.2.5 Zustandsbestimmung mittels elektrischer Prüfung

Ist das Batteriepack nicht mit dem eEOL-Pass ausgestattet, müssen die Batteriedaten manuell mittels elektrischer Prüfung bestimmt werden. Die elektrische Prüfung erfolgt anhand der vom Hersteller vorgegebenen Spezifikationen des Batteriepacks. Der Prüfablauf umfasst dabei Kapazitätstests bei unterschiedlichen C-Raten (Strömen) sowie Tests zur Bestimmung des Innenwiderstandes und die Aufnahme von Ruhespannungskennlinien.

Der Kapazitätstest und die Bestimmung des Innenwiderstandes können beispielsweise bei Entladeströmen von C/10, C/3, 1C und 3C erfolgen. Die vorgeschlagenen Entladeströme liefern erfahrungsgemäß ausreichende Daten für die Zustandsbestimmung. In Einzelfällen können ergänzende Testreihen notwendig sein.

Für den zuvor beschriebenen Kapazitätstest beträgt der Zeitaufwand bei Durchführung durch Fachpersonal zwischen 20 und 600 Minuten (je nach gewähltem Entladestrom) pro Test. Für die Bestimmung des Innenwiderstandes beträgt der Messaufwand ca. 10 s pro Test, wenn die Batterie bereits in der Messvorrichtung installiert ist. Zur Bestimmung der Ruhespannungskennlinie des Batteriepacks werden insgesamt 20 Entladeimpulse mit einem Entladestrom von je C/10 getestet.

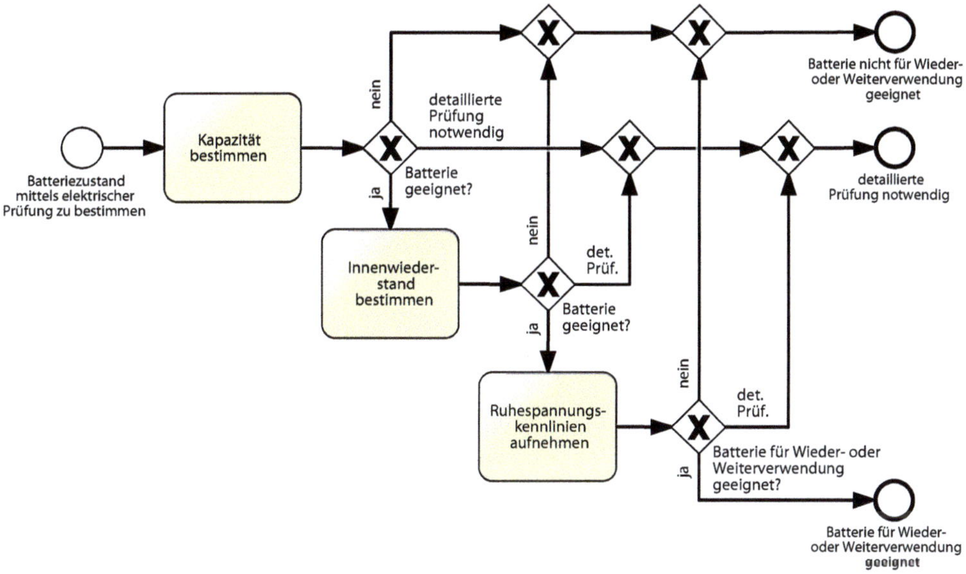

Abb. 3.23 Detailprozess für die Zustandsanalyse auf Packebene. Prozessverfeinerung: Elektrische Prüfung von gebrauchten Traktionsbatterien

Nach jeder (teilweisen) Entladung der Batterie muss eine Ruhepause von 180 Minuten eingehalten und die Batterie anschließend wieder vollständig geladen werden. Es ist daher mit einem Gesamtzeitaufwand für die Tests von ca. einer Woche zu rechnen.

Zudem sind die Tests bei einer vorgegebenen Soll-Temperatur durchzuführen, welche die Verfügbarkeit einer Klimakammer erfordert. Zusätzlich werden ein entsprechender Prüfstand und das dazugehörige Werkzeug zum Ein- und Ausbau der Prüflinge benötigt.

Die Prüfung wird abgebrochen, sobald bei einem der Tests herstellerbedingte Grenzwerte über- oder unterschritten werden. Der Prüfling hat in diesem Fall die Prüfung nicht bestanden und wird anschließend zerlegt, um leicht behebbare Fehler ausfindig zu machen. Die Batteriepacks werden bei Bestehen der Tests dem Zuordnungsprozess zugestellt. Der Teilprozess der elektrischen Prüfung ist in Abb. 3.23 dargestellt.

Neben dem benötigten hohen Zeitaufwand muss die fehlende Rekonstruierbarkeit von historischen Daten als ein zentraler Nachteil einer elektrischen Prüfung aufgeführt werden. Durch diese Datenlücke wird etwa eine spätere Zuordnung zu einem Weiterverwendungsszenario erschwert.

3.4.3 Zustandsanalyse auf Komponentenebene

Die Batteriepacks, welche entweder bei der Analyse der Daten des eEOL-Passes oder bei der elektrischen Prüfung Auffälligkeiten aufgewiesen haben, werden detailliert auf

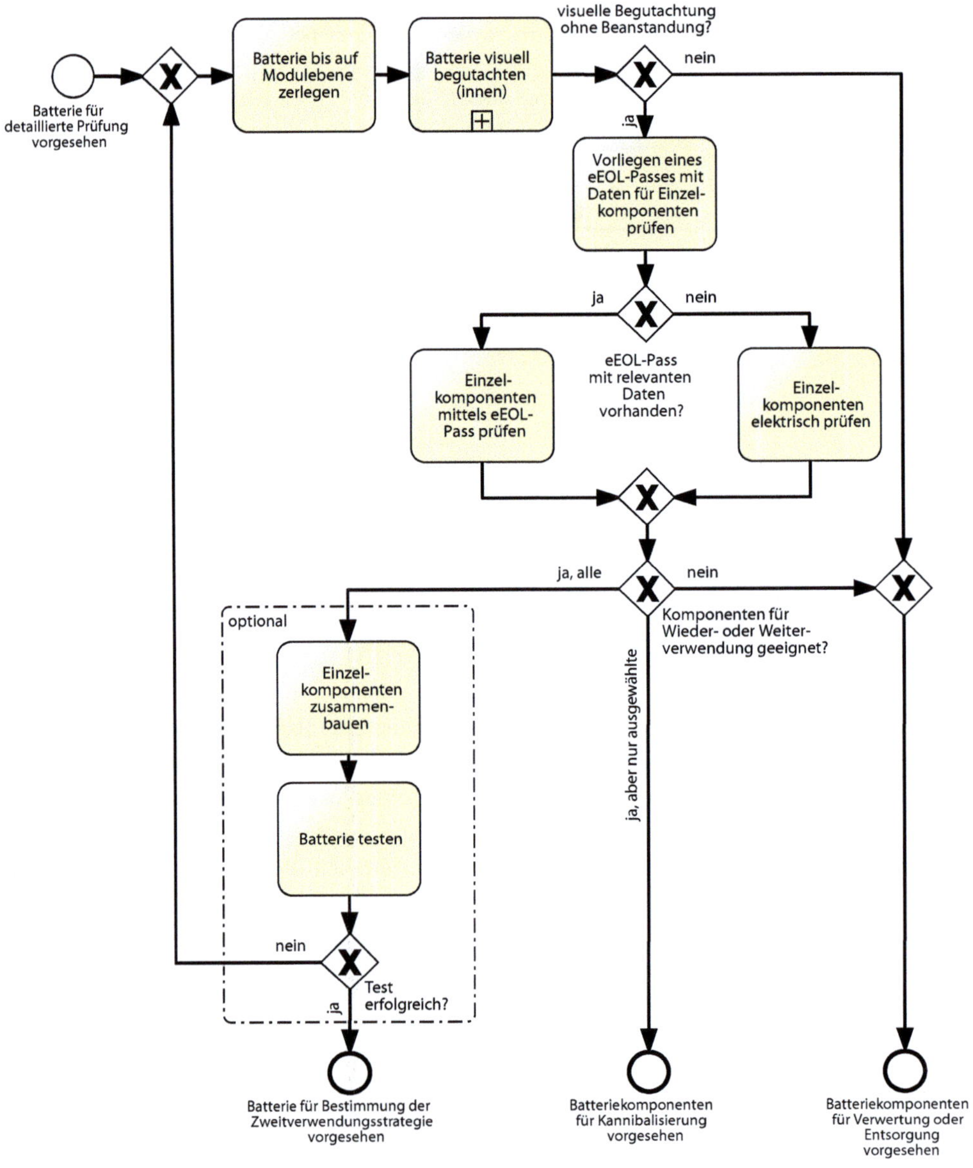

Abb. 3.24 Detailprozess für die Zustandsanalyse auf Komponentenebene von gebrauchten Traktionsbatterien

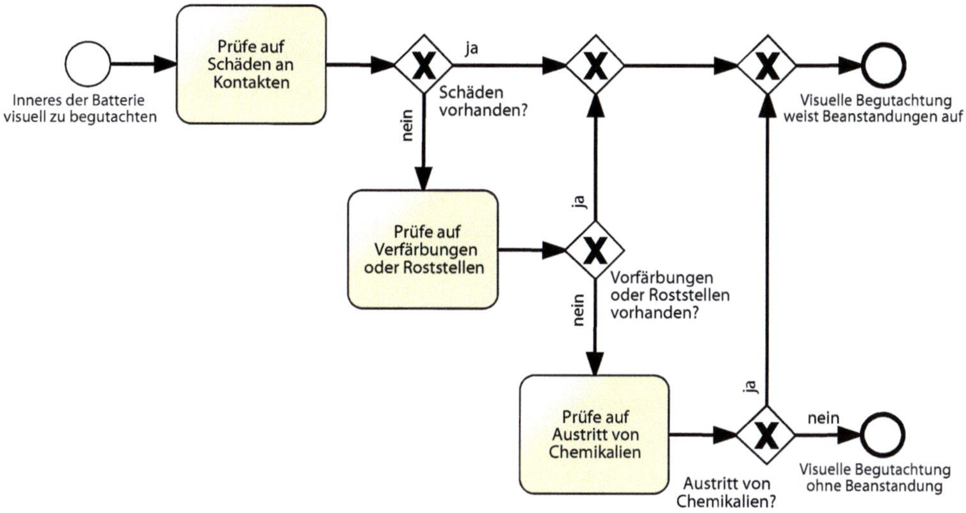

Abb. 3.25 Detailprozess für die Zustandsanalyse auf Komponentenebene. Prozessverfeinerung: Innere visuelle Begutachtung gebrauchter Traktionsbatterien

Modulebene untersucht. Der Prozess hierfür ist in Abb. 3.24 dargestellt. Die einzelnen Teilprozesse werden im Folgenden detailliert beschrieben.

3.4.3.1 Zerlegen und visuelle Begutachtung (innen)

Zunächst werden die Batteriepacks bis auf Modulebene zerlegt. Anschließend findet eine erneute visuelle Begutachtung statt, die dazu dient, eventuelle Schäden an den inneren Kontaktstellen, Verfärbungen, Roststellen oder den Austritt von Chemikalien festzustellen. Sämtliche beschädigte Komponenten werden dem Recycling zugeführt, ohne dass diese die weiteren Prozessschritte durchlaufen. Der Prozess zur inneren visuellen Begutachtung ist in Abb. 3.25 dargestellt.

3.4.3.2 Prüfung der Einzelkomponenten

Die Komponenten, die zu diesem Zeitpunkt noch für eine Wieder- oder Weiterverwendung in Frage kommen, werden in zwei Gruppen aufgeteilt: Die erste Gruppe umfasst Komponenten aus den Batteriepacks, in denen ein eEOL-Pass implementiert war. Die Zweite Gruppe enthält die Komponenten aus den Batteriepacks ohne eEOL-Pass.

Sind in einem eEOL-Pass Daten für die Einzelkomponenten spezifiziert, durch die eine elektrische Prüfung der Einzelkomponenten vermieden werden kann, so reduziert sich der Prüfaufwand erheblich. Andernfalls sind die Einzelkomponenten elektrisch zu prüfen und der Aufwand erhöht sich entsprechend.

3.4.3.3 Zusammenbau

Geprüfte und für eine Zweitverwendung als geeignet befundene Komponenten können darauffolgend zu eigenständigen Batteriepacks zusammengebaut werden. Die neu zusammengefügten Batteriepacks werden anschließend wiederum einer elektrischen Prüfung unterzogen, um den jeweiligen Zustand zu bestimmen.

Für die neu zusammengefügten Batteriepacks gilt, dass die technisch schlechteste Zelle die Leistung eines Moduls und das schlechteste Modul die Leistung des gesamten Batteriepacks bestimmen. Daher sollten beim Zusammenbau nur Batteriekomponenten zusammen verwendet werden, die hinsichtlich der Kapazität, des Innenwiderstandes und der Alterung sehr ähnliche Eigenschaften besitzen, da ansonsten Potentiale (Kapazitäten, Lebenszeiten) vergeudet werden.

Um dies realisieren zu können, ist zum einen sicherzustellen, dass gleichzeitig mehrere Komponenten mit unterschiedlichen Leistungsniveaus zur Verfügung stehen, um stets das geforderte (weder zu niedrige, noch zu hohe) Leistungsniveau durch Zusammenbau sicherstellen zu können. Zum anderen sollten Batteriezellen und -Module aus Batteriepacks bevorzugt werden, zu denen detaillierte historische Daten, etwa in einem mitgelieferten eEOL-Pass, existieren. Nur mit Hilfe dieser Daten lässt sich aufwandsarm eine Abschätzung der bisherigen Batteriealterung durchführen und die zukünftige Alterung unter Berücksichtigung möglicher Beanspruchungsprofile grob prognostizieren. Eine Kombination von Batteriezellen und -Modulen mit und ohne vorliegende historische Daten über die bisherige Nutzung sollte vermieden werden.

Zur Erhöhung der Menge an verfügbaren Komponenten kann im Sinne der Kannibalisierungsstrategie insbesondere auch auf Batteriekomponenten zurückgegriffen werden, die in den vorherigen Prozessschritten mit ihren Batteriepacks aufgrund von Unzulänglichkeiten aussortiert wurden. Auch eine Wiederaufbereitung oder Wiederinstandsetzung von Einzelkomponenten und die Verwendung der Komponenten in Second-Life-Batteriepacks mit definierten Zustandsparametern ist grundsätzlich denkbar. Allerdings ist für diese Schritte die ökonomische Sinnhaftigkeit intensiv zu prüfen, da die entsprechenden Operationen hohe Aufwände verursachen können und damit potentiell die preisliche Attraktivität von Second-Life-Batteriepacks schmälern. Die entsprechenden Optionen werden an dieser Stelle nicht weiter detailliert.

Kommt eine Wiederverwendung in Verbindung mit einer Wiederinstandsetzung oder eine Weiterverwendung in Verbindung mit einer Umwidmung in Frage, kann auch auf den Zusammenbau der Batterie an dieser Stelle verzichtet werden. Stattdessen wird die Batterie mittels der erfassten Daten in dem sich im Gesamtprozess anschließenden Schritt der Bestimmung der Zweitverwendungsstrategie als virtuelles Ganzes betrachtet. Der Zusammenbau der Komponenten erfolgt dann erst im Zuge der Wiederinstandsetzung oder Umwidmung.

Der Prozess der Zustandsanalyse ist nach dem Zusammenbau abgeschlossen. Für die funktionstüchtigen Batterien muss im nächsten Schritt die Zweitverwendungsstrategie bestimmt werden, d. h. es gilt festzulegen, ob die Batterie einer Wieder- oder Weiterverwendung zugeführt wird.

3.4.4 Bestimmung der Zweitverwendungsstrategie

Im Rahmen der folgenden zwei Prozessschritte der Bestimmung der Zweitverwendungsstrategie und der Bestimmung des Weiterverwendungsszenarios gilt es die gebrauchte Traktionsbatterie auf Basis ihrer zentralen Parameter und, falls verfügbar, ihrer Nutzungshistorie entweder der Wiederverwendung oder der Weiterverwendung zuzuführen und ggf. ein geeignetes Weiterverwendungsszenario zu bestimmen. Als zentrale Inputs stehen dabei die Ergebnisse der Zustandsanalyse und die Daten des eEOL-Passes zur Verfügung.

Die Grundvoraussetzung für die Bestimmung der Zweitverwendungsstrategie und des Weiterverwendungsszenarios ist dabei die Feststellung der technischen Eignung der Batterie. Erst wenn eine Batterie, die durch die Wiederverwendung im Automobil oder die durch die Weiterverwendung in einem spezifischen Weiterverwendungsszenario gestellten technischen Anforderungen erfüllen kann, lohnt sich auch eine Berücksichtigung möglicher ökonomischer und ökologischer Faktoren.

Im Rahmen der Bestimmung der Zweitverwendungsstrategie gilt es zunächst zu bestimmen, ob die Batterie sich für eine Wiederverwendung, mit ggf. zu erfolgender Wiederinstandsetzung, eignet oder eher einer Weiterverwendung zugeführt werden sollte. Hierfür werden die aufgenommenen Parameter aus dem eEOl-Pass (Kapazität, Strombereich, Temperaturbereich, Zyklentiefe, Innenwiederstand, Selbstentladungsrate, Vollzyklen und Betriebszeit) ausgewertet und mit den Anforderungen des Anwendungsfalls abgeglichen.

Entsprechend der in Kap. 2 aufgeführten Hierarchie ist dabei die direkte Wiederverwendung der Umwidmung und Weiterverwendung und die Umwidmung und Weiterverwendung einer Instandsetzung und Wiederverwendung vorzuziehen. Die technischen Anforderungen an Traktionsbatterien für die Wiederverwendung und die Verwendung in unterschiedlichen Weiterverwendungsszenarien sind dabei vielfältig.

Im vorliegenden Schritt der Bestimmung der Zweitverwendungsstrategie eignen sich dabei zwei Kriterien für eine erste grobe Feststellung der technischen Eignung für die Wiederverwendung oder Weiterverwendung (Thein und Chang 2014):

1. der State-of-Health der Kapazität (SOH_K) und
2. der State-of-Health der Innenwiderstandsänderung (ΔSOH_{RI}).

Der SOH_K ergibt sich wie folgt aus der zeit- und nutzungsabhängigen Kapazität $C(t)$ und der Nennkapazität C_N der Batterie:

$$SOH_K = \frac{C(t)}{C_N}. \tag{3.1}$$

Tab. 3.5 Beispielkonzepte für die Bestimmung der Zweitverwendung

Konz. Wiederverwendung	Konz. Weiterverwendung 1	Konz. Weiterverwendung 2
Prüflinge mit einer *guten* Restkapazität, d. h. $SOH_K > 85\,\%$, und einer geringen Innenwiderstandsänderung, d. h. $\Delta SOH_{RI} < 50\,\%$, eignen sich theoretisch für einen direkten Rückruf in die mobile Anwendung.	Prüflinge mit einer *schlechten* Restkapazität, d. h. $SOH_K \leq 85\,\%$, und einer geringen Innenwiderstandsänderung, d. h. $\Delta SOH_{\mathrm{RI}} < 50\,\%$, können aufgrund ihrer Leistungsfähigkeit in Weiterverwendungsszenarien mit hohen Peak-Strömen belastet werden.	Prüflinge mit einer *schlechten* Restkapazität, d. h. $SOH_K \leq 85\,\%$, und einer relativ hohen Innenwiderstandsänderung, d. h. $\Delta SOH_{RI} > 50\,\%$, sind für Weiterverwendungsszenarien vorgesehen, bei denen keine hohen Pulslasten zu erwarten sind.

Der ΔSOH_{RI} ergibt sich wie folgt aus dem zeit- und nutzungsabhängigen Innenwiderstand $R_I(t)$ und dem Nenninnenwiderstand $R_{I,N}$ der Batterie:

$$\Delta \boldsymbol{SOH}_{\boldsymbol{RI}} = \frac{\boldsymbol{R}_{\boldsymbol{I}}(\boldsymbol{t}) - \boldsymbol{R}_{\boldsymbol{I},N}}{\boldsymbol{R}_{\boldsymbol{I},N}}. \tag{3.2}$$

Auf Basis der beiden Kenngrößen lassen sich unterschiedliche Konzepte für die Wieder- bzw. Weiterverwendung erarbeiten, die einer ersten groben Klassifikation dienen. Drei Beispielkonzepte sind in Tab. 3.5 dargestellt.

Eine weitere Verfeinerung der Konzepte mit Hilfe zusätzlicher Kenngrößen und unter Berücksichtigung konkreter Weiterverwendungsszenarien ist denkbar. Die hier vorgeschlagene Klassifikation der Batterien ermöglicht u. a. eine effizientere Lagerung und eine leichtere Bestimmung eines möglichen Weiterverwendungsszenarios im folgenden Prozessschritt. Kriterien für die Feststellung der Eignung einer Batterie für die Wiederverwendung nach erfolgter Wiederinstandsetzung werden an dieser Stelle nicht detailliert. Grundvoraussetzungen hierfür sind aber insbesondere eine geeignete Beschaffenheit des Batteriepacks. Ist das Pack als Ganzes bzw. sind einzelne Komponenten versiegelt oder miteinander verschweißt oder sind proprietäre Hilfsmittel für die Wiederinstandsetzung notwendig, wird selbige erheblich erschwert (vgl. Abschn. 2.5.4). Zudem sind bei der Klassifikation auch konkrete Bedarfe von Nachfragern zu berücksichtigen, so dass eigentlich für die direkte Wiederverwendung in Frage kommende Batterien einer Weiterverwendung zugeführt werden könnten.

3.4.5 Bestimmung des Weiterverwendungsszenarios

Im Rahmen der Zuordnung von Batterien zu möglichen Weiterverwendungsszenarien sind neben den Daten aus der Zustandsanalyse insbesondere die konkreten Anforderungen verschiedener Weiterverwendungsszenarien zu berücksichtigen.

Tab. 3.6 zeigt beispielhaft Anforderungen, die ausgewählte Anwendungsfälle von stationären, semi-stationären und mobilen Weiterverwendungsszenarien an gebrauchte Trak-

Tab. 3.6 Auswahl an Anwendungsfällen für die Weiterverwendung in Abhängigkeit der Zustandsparameter von gebrauchten Traktionsbatterien

Anwendungsfall für Weiterverwendung		Kapazität [Ah]	Spannung [V]	Innenwiderstand [mΩ]	Vollzyklen	Betriebszeit [Jahre]	Zyklentiefe [%]	Selbstentladungsrate [%]
Mobil	Elektrorollstuhl	50	12	100	1000	5	70	< 5
	E-Scooter	60	24	50	4000	10	70	< 5
	Gabelstapler	700	80	50	1000	15	70	< 5
	Wohnwagen	85	12	50	3000	10	70	< 2
Semi-stationär	Baustellenbeleuchtung	7–80	6	400	2000	10	80	< 5
Stationär	Parkscheinautomat	75	12	600	1000	10	20	< 5
	Windkraftanlage	100	24	30	1000	10	60	< 5
	Solaranlage	120	24	50	1000	10	80	< 5
	Netzunterstützung	10	12	80	1000	10	30	< 2
	Gartenhaus	140	12	50	1000	10	70	< 2

tionsbatterien stellen. Die aufgeführten Werte sind dabei nur als grobe Richtwerte zu sehen und können, je nach konkreter Ausgestaltung, zum Teil deutlich variieren. Im Rahmen des Zuordnungsprozesses müssen daher auch Prioritäten für die zu berücksichtigenden Paramater vergeben werden, um die tatsächliche Eignung einer Batterie für einen speziellen Anwendungsfall zu überprüfen. Aufgrund der Vielzahl der zu berücksichtigenden Parameter sollte der Prozess der Zuordnung durch ein geeignetes Informationssystem (wie etwa ein Entscheidungsunterstützungssystem) unterstützt werden. Details zu der im Rahmen des Forschungsprojektes EOL-IS erarbeiteten Informationssystemunterstützung finden sich in den Kap. 5 bis 7. Weitere Details zu möglichen Weiterverwendungsszenarien und Anwendungsfällen in diesen Szenarien werden in Kap. 4 aufgeführt.

Wie in Tab. 3.6 dargestellt, ist es sehr wichtig, die Spannung der zu verwendenden Batterie anzugeben. Hieraus lässt sich zusammen mit der Kapazität der Energieinhalt der Batterie bestimmen, der bei allen Anwendungsfällen eine entscheidende Rolle spielt. Zudem ist die Spannung hinsichtlich der in der jeweiligen Anwendung verwendeten Elektrik und Elektronik von großer Bedeutung, da die Peripherie an das vorhandene Spannungsniveau angepasst werden muss. Bei der Missachtung des Spannungsniveaus können Ineffizienzen oder unter Umständen auch Schäden auftreten. Neben den dargestellten Spezifikationen können auch die Abmessungen der Batterien von großer Bedeutung sein. Vor allem im mobilen Bereich ist bei der Zusammenstellung einer Second-Life-Batterie auf die durch den Hersteller vorgeschriebenen Abmessungen zu achten.

Im Rahmen des in Abb. 3.26 dargestellten Prozesses für die Bestimmung des Weiterverwendungsszenarios lassen sich entsprechend der ersten aufgeführten Aktivität verschiedene Arten der Zuordnung von Batterien zu Weiterverwendungsszenarien unterscheiden. So kann die gebrauchte Traktionsbatterie

- im Ganzen einem Szenario zugeordnet werden, das von seinen Anforderungen her in etwa der Leistungsfähigkeit der Batterie entspricht, oder
- gemeinsam mit weiteren Batterien als Ganzes einem Weiterverwendungsszenario zugeordnet werden, dessen Anforderungen nur durch einen Verbund von mehreren Batterien erfüllt werden können, oder
- zerlegt in Einzelkomponenten entweder einem bzw. mehreren weniger fordernden Szenarien als Teilmenge oder einem bzw. mehreren anspruchsvolleren Szenarien im Verbund mit Komponenten weiterer Batterien zugeordnet werden.

Im Rahmen des ersten Prozessschrittes gilt es dabei, aufbauend auf den drei vorgestellten Arten der Zuordnung, mögliche Alternativen für eine Realisierung der Weiterverwendung der Batterie zu identifizieren. Anschließend erfolgt die Auswahl einer oder mehrerer widerspruchsfreier Alternativen und die Prüfung der Notwendigkeit für die Durchführung einer Umwidmung der Batterie.

Besteht aktuell kein Bedarf an einer Traktionsbatterie mit den vorliegenden Eigenschaften oder sprechen ökonomische oder ökologische Gründe gegen eine Realisierung der gewählten Alternative(n), wird die Batterie bzw. werden deren Komponenten für die

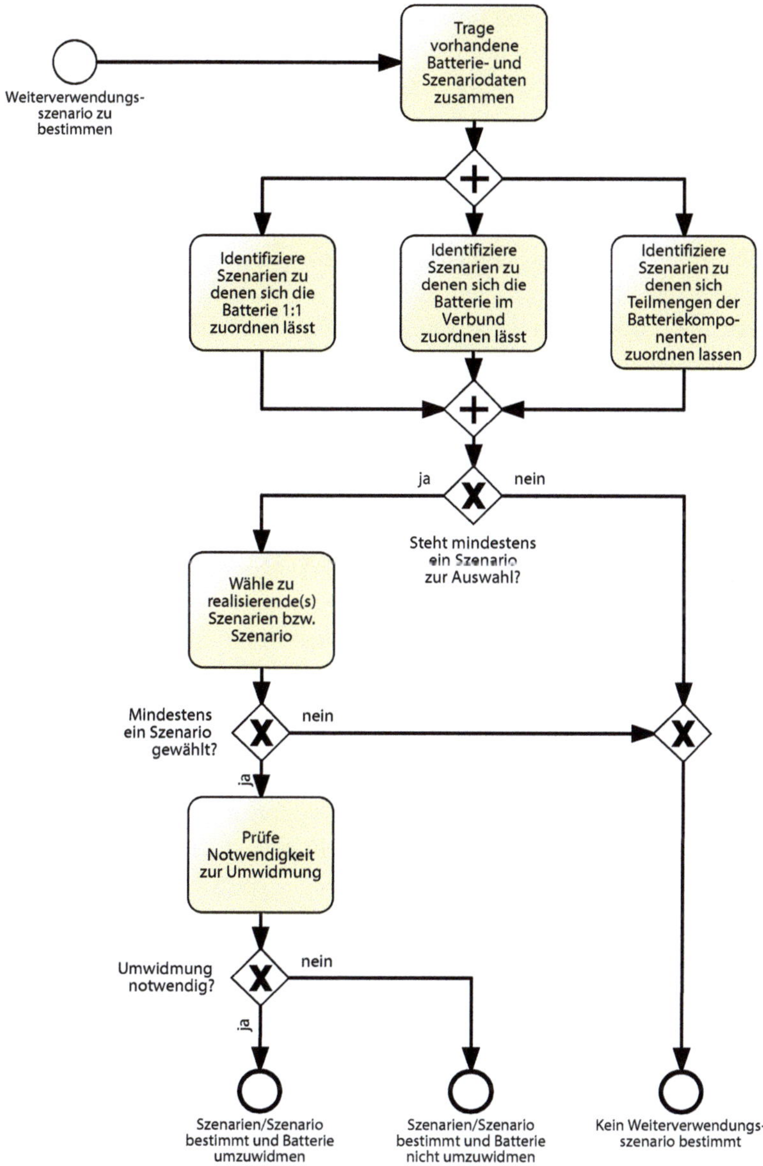

Abb. 3.26 Detailprozess für die Bestimmung des Weiterverwendungsszenarios für gebrauchte Traktionsbatterien

Zwischenlagerung vorgesehen und potentiell im Rahmen eines späteren Zuordnungslaufes erfasst. Aufgrund des Wertes der Batterie bzw. ihrer Komponenten ist hingegen eine Verwertung oder eine Überführung zur Kannibalisierungsstrategie nicht sinnvoll.

3.4.6 Umwidmung

Nachdem ein Weiterverwendungsszenario bestimmt wurde, müssen die zu verwendenden Batterien gegebenenfalls umgewidmet werden. Da die meisten Weiterverwendungsszenarien eine andere Art der Nutzung als beim Einsatz im Elektrofahrzeug vorsehen, müssen die Batteriekomponenten entsprechend angepasst werden. Dazu werden in einem ersten Schritt aus den zuvor geprüften und sortierten Batteriemodulen diejenigen ausgesucht, die für das ausgewählte Weiterverwendungsszenario geeignet sind und unter Einbeziehung der Batterieparameter zusammen in einer Batterie eingesetzt werden können. Diese Batteriemodule werden zu Batteriepacks zusammengeschaltet, welche die erforderliche Kapazität und Leistung aufweisen.

Damit während des Einsatzes in einem Weiterverwendungsszenario auf die Batteriedaten zugegriffen werden und das Laden und Entladen entsprechend gesteuert werden kann, muss ein BMS mit angepasster Kommunikations- und Kontrollfunktionalität in den Batterien installiert werden. Das im Fahrzeug während der Erstverwendung eingesetzte BMS ist in den meisten Fällen nicht zur Steuerung der Batterie in einem Weiterverwendungsszenario verwendbar, da Funktionen genutzt wurden, die sehr speziell für den Anwendungsfall zugeschnitten sind und unter Umständen viel Energie und Platz benötigen. Aus diesem Grund muss ein neues BMS Konzept entsprechend der neuen Anforderungen konzeptioniert und gegebenenfalls, wenn das alte BMS nicht genutzt werden kann, beschafft und eingebaut werden.

Um einen reibungslosen Betrieb der Batterie zu gewährleisten, müssen neben dem BMS auch andere Sicherheitssysteme installiert werden. Dazu gehören das Thermal-System, welches dazu dient die Temperatur in der Batterie zu regeln, und das Batteriegehäuse, welches die Batterie vor externen Einflüssen schützt. Gleichzeitig kann das Gehäuse den Nutzer bei einem auftretenden Fehler vor überhitzten Teilen oder austretenden, giftigen Gasen und Flüssigkeiten schützen.

Abschließend wird die zusammengesetzte Batterie einer finalen Inspektion unterzogen. Dabei werden die elektrischen Kontakte der Batterie und das Gehäuse visuell auf Unversehrtheit geprüft und im Idealfall wird ein Funktionstest durchgeführt. Der Funktionstest kann entweder virtuell (über die Kommunikationsschnittstelle wird die Peripherie simuliert) oder mit Hilfe eines Teststandes durchgeführt werden. Die Überprüfung dient der Funktionskontrolle der Batterie in simulierten Situationen und Umgebungen.

Der Prozess der Umwidmung ist in Abb. 3.27 dargestellt.

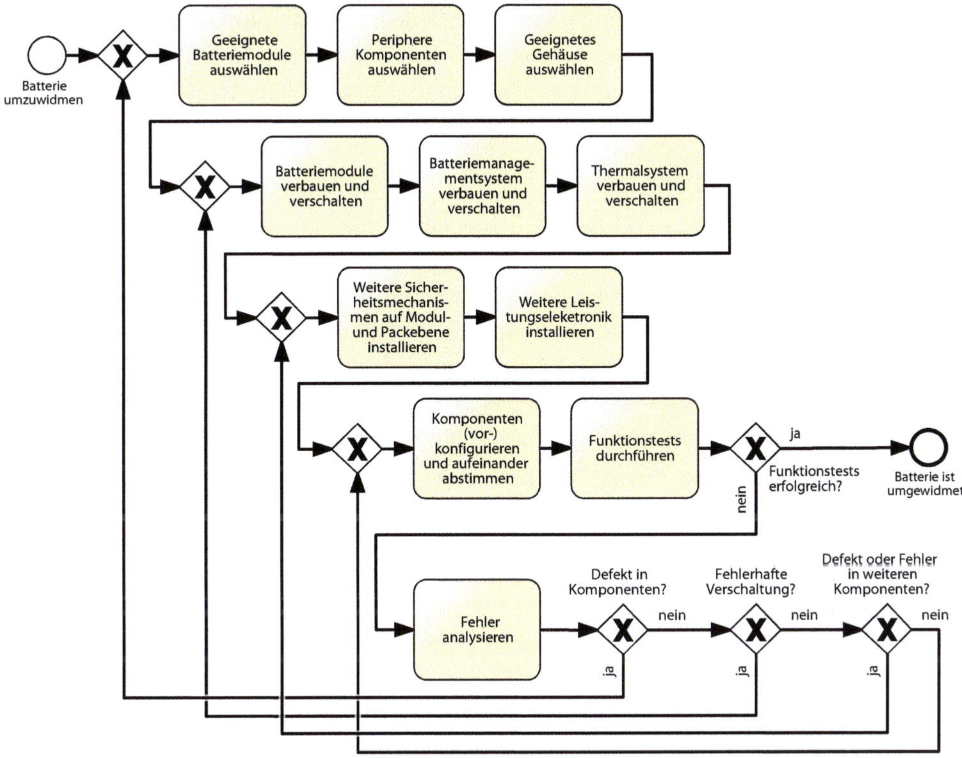

Abb. 3.27 Detailprozess für die Umwidmung von gebrauchten Traktionsbatterien

3.4.7 Weitere unterstützende Prozesse

3.4.7.1 Transportvorbereitung und Transport

Lithium-Ionen-Batterien gelten laut UN-Klassifikation UN 38.3 als gelistetes Gefahrgut. Der Transport sowohl innerhalb Deutschlands als auch international ist daher an die Einhaltung zum Teil strenger Vorschriften gebunden (United Nations 2015)[3].

In Deutschland (Bundesministerium der Justiz und für Verbraucherschutz 2016) gilt für die Beförderung von (defekten) Batterien die Gefahrgutverordnung Straße, Eisenbahn und Binnenschifffahrt (GGVSEB) für die innerstaatliche und grenzüberschreitende Beförderung gefährlicher Güter auf der Straße, mit Eisenbahnen und auf Binnengewässern. Diese basiert auf den Vorgaben zum Transport von Gefahrgut über die Straße und/oder Schiene (Europäisches Übereinkommen über die Beförderung gefährlicher Güter auf der Straße (ADR) (Bundesministerium der Justiz und für Verbraucherschutz 2015) und die Regelung zur Ordnung für die internationale Eisenbahnbeförderung gefährlicher Güter;

[3] Zu verweisen ist hier auf die rechtssichere Rückwärtslogistik von Traktionsbatterien (Klör et al. 2014). Im Vergleich wird der Fokus ergänzt um praktische Schutzmaßnahmen.

RID), über den Seeweg (International Maritime Code for Dangerous Goods; IMDG Code) (Bundesministerium für Verkehr und digitale Infrastruktur 2016) und als Luftfracht (International Air Transport Association; IATA). Allgemein gelten Traktionsbatterien auf Lithium-Ionen-Basis als Gefahrgut der Klasse 9 und müssen entsprechend mit Abb. 3.28 beim Transport gekennzeichnet werden.

Weiterhin muss auf der Verpackung die UN-Kennziffer UN 3480 aufgeführt sein. Je nachdem, in welchem Zustand sich die Batterie zum Zeitpunkt des Transports befindet und auf welchem Weg dieser Transport durchgeführt wird, gelten unterschiedliche Richtlinien. Grundsätzlich muss auf allen Batterien, die nach dem 31.12.2011 hergestellt wurden, die Nennenergie in Wattstunden (Wh) auf dem Außengehäuse angegeben sein.

Ist die Batterie nicht nach UN 38.3 geprüft, muss sie als Prototyp versandt werden. Für den Transport auf der Straße, der Schiene oder dem Seeweg gibt es dabei keine Begrenzung bezüglich einer maximalen Stückzahl oder eines Maximalgewichts. Die Verpackung muss jedoch der Gefahrgutverpackungsgruppe X (hohe Gefahr) angehören, da diese Batterien zur Verpackungsgruppe I zählen. Es können also z. B. Aluminiumkisten verwendet werden. Jede Batterie muss einzeln in einem Plastikbeutel darin verstaut werden. Die Verpackung ist zusätzlich mit Vermikulit auszupolstern und mit Füllstoff gegen Bewegung im Inneren zu sichern. Für den Transport auf dem Luftweg muss eine Genehmigung der Luftfahrtbehörde des Versandlandes eingeholt werden, in der die maximale Stückzahl und das maximale Gewicht festgelegt wird. Werden die Batterien in die USA versendet, ist zusätzlich eine Importgenehmigung der Behörde (Department of Transportation, DOT) notwendig (Pipeline and Hazardous Materials Safety Administration (PHMSA) 2016).

Ist die Batterie zwar UN geprüft, aber defekt oder beschädigt, muss entschieden werden, ob die Batterie als kritisch eingestuft werden muss. Kritisch ist eine Batterie dann, wenn es während des Transports unter normalen Bedingungen zu einer gefährlichen Reaktion, Flammbildung, gefährlicher Wärmeentwicklung oder einem Ausstoß von giftigen, ätzenden oder entzündbaren Gasen kommen kann. In diesem Fall muss eine Genehmigung der Bundesanstalt für Materialforschung und -prüfung (BAM) eingeholt werden.

Bei defekten oder beschädigten, aber nicht kritischen Batterien muss jede Batterie einzeln in einer dichten Innenverpackung (Auslaufschutz und Schutz vor Kurzschluss) verpackt werden. Die äußere Verpackung muss der Gefahrgutverpackungsgruppe Y (mittlere Gefahr) angehören, da diese Batterien zur Verpackungsgruppe II zählen. Dazu zählen z. B. Kisten aus Pappe. Innerhalb der äußeren Verpackung muss durch einen Füllstoff eine

Abb. 3.28 Gefahrgut-Kennzeichnung für Lithium-Batterien entsprechend UNECE (2016)

Sicherung gegen Bewegung erfolgen. Ist die äußere Verpackung luftdicht, muss eine Entlüftungseinrichtung installiert sein. Weiterhin muss durch eine nicht brennbare und nicht leitfähige Wärmedämmung der Baustoffklasse A1 oder A2 sichergestellt sein, dass bei einer Wärmeentwicklung innerhalb der Verpackung äußere Gegenstände keinen Schaden nehmen können. Gegen eventuell austretenden Elektrolyt ist genügend Aufsaugmaterial zu verwenden.

Ist die Batterie nicht defekt oder beschädigt, wird zwischen zwei Gruppen entschieden. Die erste Gruppe umfasst alle Batterien mit einem Energiegehalt von kleiner gleich 100 Wh. Diese Batterien sind für den Transport über die Straße, die Schiene und den Seeweg freigegeben und unterliegen keiner weiteren Richtlinien. Da Traktionsbatterien jedoch im Normalfall deutlich oberhalb dieser Grenze liegen, kommt dieser Fall für aus Elektroautos stammende Batterien in der Praxis nicht vor.

Für intakte Batterien mit einem Energiegehalt von größer als 100 Wh muss ein Beförderungspapier mitgeführt werden. Dieses muss die UN-Nummer, die Benennung der Güter, ein Gefahrzettelmuster, die Verpackungsgruppe, den Tunnelbeschränkungscode und die Anzahl und Gesamtmenge der Güter enthalten. Für den Transport über Straße, Schiene oder Seeweg gibt es keine Begrenzung der Stückzahl, jedoch gilt dies nur bis zu einem Maximalgewicht von bis zu 333 kg pro Transporteinheit (z. B. LKW inkl. Anhänger). Die Batterien müssen durch Innenverpackungen vollständig umschlossen und gegen Kurzschluss gesichert sein. Mit Füllmaterial sind die Batterien gegen Bewegung zu sichern. Auch hier genügt eine UN geprüfte Außenverpackung der Gefahrgutverpackungsgruppe Y.

Beim Transport von Batterien mit einem Gesamtgewicht von über 333 kg pro Transporteinheit gelten zusätzlich folgende Richtlinien (UNECE 2016):

1. Standardisierte, schriftliche Weisung der Fahrzeugbesatzung erforderlich
2. Rückstrahlende, orangefarbene Warntafeln vorne und hinten am Fahrzeug
    a. Zusätzlich Ausrüstung für jedes Fahrzeug:
        I. Ein Unterlegkeil
        II. Zwei selbststehende Warnzeichen
        III. Augenspülflüssigkeit
        IV. Für jedes Mitglied der Fahrgastbesatzung
            A. Eine Warnweste (EN 471)
            B. Ein tragbares Beleuchtungsgerät
            C. Ein Paar Schutzhandschuhe
            D. Einen Augenschutz
        V. 2 kg Feuerlöscher für die Brandklassen A, B und C

Der Transport über den Luftweg ist nur in Frachtflugzeugen gestattet, nicht aber in Personenflugzeugen. Die maximale Gewichtsbeschränkung liegt bei 35 kg netto pro Versandstück. Die Verpackungsrichtlinien sind die gleichen, wie für den Transport über Straße, die Schiene und den Seeweg.

Tab. 3.7 Für den Transport von Lithium-Ionen-Batterien geltende (europäische) Richtlinien

Versand von ...	Vorschriften
Nicht-UN-geprüften Batterien (nach UN Test 38.3) über Straße/Schiene/Seeweg	ADR/RID/IMDG Code SV 310, 348
Nicht-UN-geprüften Batterien (nach UN Test 38.3) als Luftfracht	IATA DGR SV A88
Defekten/beschädigten, nicht kritischen Batterien	ADR/RID/IMDG Code SV 348, 376, P908, LP904
Defekten/beschädigten, kritischen Batterien	Genehmigung durch Bundesanstalt für Materialforschung und -prüfung (BAM)
Nicht beschädigten Batterien zum Recycling	ADR/RID/IMDG Code SV 348, 377, 636b, P909
Kleinen Batterien (≤ 100 Wh) als Luftfracht	IATA VA 965 Teil IB, II
Kleinen Batterien (≤ 100 Wh) über Straße/Schiene/Seeweg	ADR/RID/IMDG Code SV 188
Großen Batterien (> 100 Wh) als Luftfracht	IATA VA 965 Teil IA
Großen Batterien (> 100 Wh) über Straße/Schiene/Seeweg	ADR/RID/IMDG Code SV 230, 348, P903

Zusammenfassend sind nachfolgend in Tab. 3.7 noch einmal die unterschiedlichen Versandszenarien mit den dazugehörigen Vorschriften aufgelistet.

Allgemein ergibt sich für die Transportvorbereitung von gebrauchten Lithium-Ionen-Traktionsbatterien aus den vorausgegangenen Ausführungen der in Abb. 3.29 dargestellte Prozess.

Hierbei ist zu erwähnen, dass die Dokumentation des Transportes umfassend dokumentiert werden muss und ebenso im Vorfeld dem Transporteur alle notwendigen Daten zur Verfügung gestellt werden müssen.

3.4.7.2 Lagerung

Sowohl die erfolgreich zugeordneten Batterien, als auch die beschädigten und dem Recycling zuzuführenden Komponenten müssen bis zur Verwendung bzw. bis zum Abtransport zwischengelagert werden.

Trotz möglicher Gefahren einer Lagerung, besonders bei beschädigten Batterien, existieren bislang kaum spezifische prozessuale Vorschriften für die Lagerung. Daher soll im Folgenden lediglich auf mögliche Gefahren und Maßnahmen zur Schadenverhütung eingegangen und kein einschlägiger Prozess visuell dargestellt werden.

Die Gefahren resultieren vor allem aus fehlerhafter Handhabung und unsachgemäßem Umgang. Dazu zählen mechanische Beschädigungen, thermische Belastung und Überladung, wodurch es zu Undichtigkeiten und somit zum Austreten von giftigen oder brennbaren Gasen oder der Elektrolytflüssigkeit kommen kann. Dies kann sowohl der Gesundheit der damit in Kontakt kommenden Personen als auch der Umwelt schaden. Bei Kontakt mit Feuer kann es zu Explosionen kommen. Zudem können Traktionsbatterien einen hohen Kurzschlussstrom liefern.

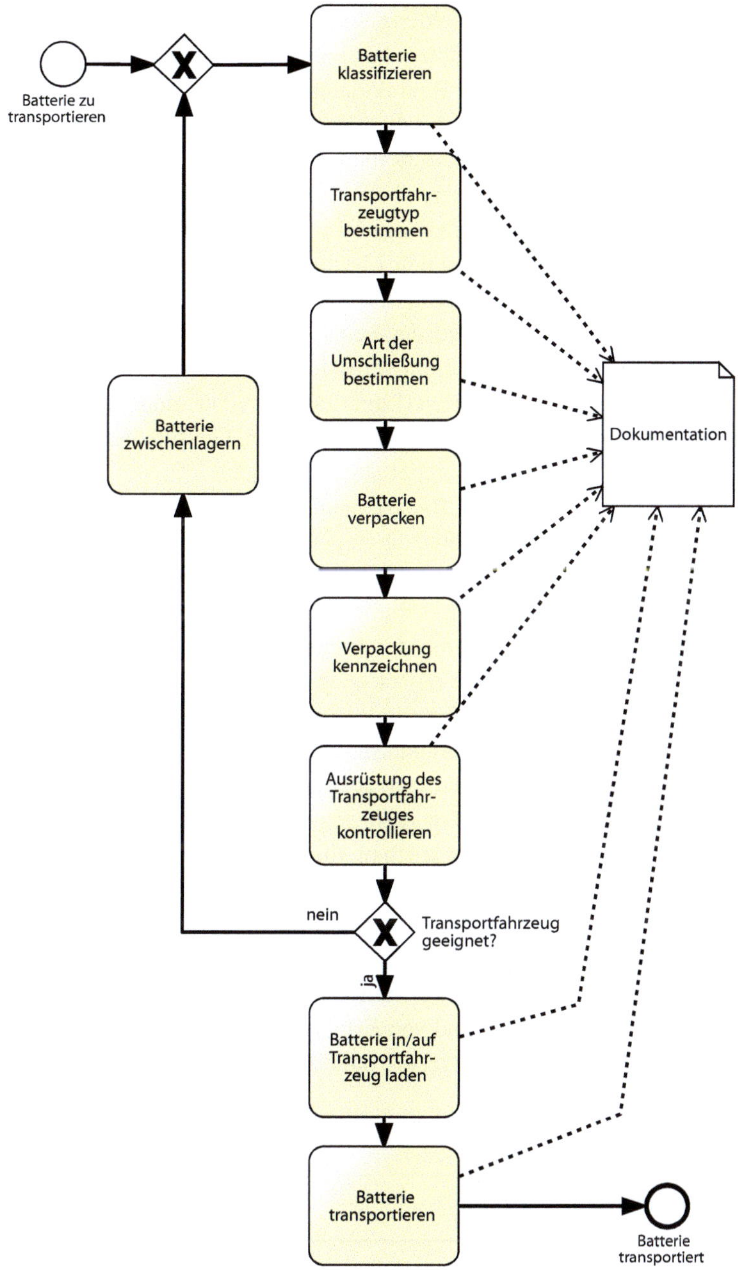

Abb. 3.29 Detailprozess für die Transportvorbereitung und den Transport von gebrauchten Traktionsbatterien

Für eine effektive Schadensvermeidung sollten bei der Lagerung der Traktionsbatterien daher verschiedene Sicherheitsregeln eingehalten werden. Dazu gehört in erster Linie die Einhaltung aller auf dem Produktdatenblatt vermerkten Vorgaben. Weiterhin sollte ein Kurzschluss der Batterie durch z. B. den Einsatz von Polkappen verhindert werden. Besitzt der Lagerraum keine automatische Löschanlage, sollte ein Sicherheitsabstand von mindestens 2,5 m zu anderen brennbaren Materialien eingehalten werden. Im Falle des Vorhandenseins einer Löschanlage ist auf ein nach Herstellerangaben geeignetes Löschmittel zu achten. Zur manuellen Löschung hat sich das Ersticken des Brandes mit z. B. PyroBubbles® als wirkungsvoll erwiesen. Generell sollte für den Brandfall ein Brandschutzkonzept in Absprache mit der Feuerwehr erarbeitet werden, damit diese im Brandfall bereits mit den Räumlichkeiten vertraut ist und schnell reagieren kann. Bei der Lagerung größerer Mengen an Batterien (Lagerfläche > 60 m^2 und/oder Lagerhöhe > 3 m) sollte eine räumliche Separierung vorgenommen werden. Die separierten Bereiche sollten durch feuerbeständige Wände voneinander abgetrennt sein.

Alle defekten oder beschädigten Batterien und Batteriekomponenten sollten bis zur Entsorgung in einem brandschutztechnisch abgesicherten Bereich gelagert werden. Bei einem Batteriebrand hat sich anhand von Brandversuchen eine schnelle und zielgerichtete Brandbekämpfung mit Wasser als wirksam herausgestellt. Dabei ist jedoch im Einzelfall auf die dadurch entstehenden Gefahren durch einen elektrischen Schlag/Kurzschluss zu achten. Da neben den Batteriezellen selbst auch die Verpackungen eine Brandlast darstellen, sollte ein Entstehungsbrand innerhalb der ersten Minuten bekämpft werden. Um Gefahren für Mensch und Umwelt durch austretende Gase vorzubeugen, sollte der Lagerraum mit einer automatischen Abluftanlage ausgestattet sein.

Unabhängig von den Sicherheitsvorkehrungen ist bei den Batterien, die für die Wieder- oder Weiterverwendung vorgesehen sind, eine Tiefenentladung zu vermeiden. Bei längeren Lagerzeiten muss daher eine Ladevorrichtung installiert werden, die den State-of-Charge überprüft und die Batterien gegebenenfalls laden kann.

Da auch die Auswirkungen der kalendarischen Alterung nicht zu vernachlässigen sind, ist eine genaue Dokumentation der Lagerhaltung und eine entsprechende Anpassung der aktuellen Zustandsparameter aufgrund von Erfahrungswerten wichtig, um zu verhindern, dass eine ursprünglich als für die Wieder- oder Weiterverwendung geeignet eingestufte Batterie diese Eignung verliert.

3.5 Zusammenfassung

In diesem Kapitel standen die Vermittlung von Hintergrundwissen zur Alterung und Zustandsbestimmung von Traktionsbatterien aus Elektroautos und die Beschreibung von Konzepten und Prozessmodellen zur Unterstützung und Umsetzung der EOL-Strategie der Umwidmung für die Weiterverwendung im Vordergrund. Die Prozessmodelle wurden mittels BPMN-Prozessdiagrammen visualisiert.

Im Rahmen der Beschreibung des Alterungsverhaltens wurde auf zentrale Batterieparameter wie den Ladezustand (State-of-Charge), die Entladetiefe (Depth-of-Discharge) und den Gesundheitszustand (State-of-Health) sowie die Impedanz zurückgegriffen. Das Alterungsverhalten selbst stellt sich als ein komplexer, aus linearen und nichtlinearen Anteilen bestehender und aufgrund einer Vielzahl von Einflussfaktoren aktuell nur schwer vorhersagbarer Vorgang dar, dessen Ausprägung unter Anderem von Parametern wie der Zelltemperatur, der Strombelastung und der Zyklentiefe der Lade- und Entladevorgänge abhängig ist.

Zur eindeutigen Identifikation von Traktionsbatterien aus Elektroautos für die Umwidmung und Weiterverwendung wurde ein Konzept vorgeschlagen, dass codiert Rückschlüsse auf den Hersteller, die Nennspannung, die Zelltechnologie, das Herstellungsdatum und die Nennleistung erlaubt und gleichzeitig mit lediglich 15 Ziffern in 5 Gruppen zu je 3 Ziffern nur wenig Platz beansprucht. Mit dem eEOL-Pass wurde zudem ein Konzept vorgestellt, mit dem sich für die EOL-Entscheidung und die Bestimmung eines Weiterverwendungsszenarios höchst relevante Batterie- und Nutzungsparameter bei geringem Platzbedarf speichern lassen, so dass an der Umwidmung Beteiligte auch ohne Zugriff auf eine detaillierte Nutzungshistorie der Batterie oder umfassende manuelle Tests fundierte Entscheidungen treffen können. Da bis dato noch keine standardisierte Kommunikationsschnittstelle für das Auslesen entsprechend gespeicherter Daten vorliegt, wurden verschiedene Technologien aufgeführt.

Im letzten Abschnitt des Kapitels wurden zentrale Aktivitäten für die Umwidmung und Weiterverwendung detailliert und mit Hilfe von Prozessmodellen visualisiert. Hervorzuheben ist in diesem Zusammenhang die mögliche Integration des eEOL-Passes in die Prozesse und die Vorstellung eines vereinfachten Konzeptes für die Bestimmung eines Weiterverwendungsszenarios.

Eine weitere Vertiefung der Informationssystemunterstützung für die Umwidmung von Traktionsbatterien und insbesondere für die Bestimmung eines batterieindividuellen Weiterverwendungsszenarios und kundenspezifischer komplementärer Dienstleistungen erfolgt in den weiteren Kapiteln. Die in Kap. 5 detaillierten Entscheidungsmodelle erlauben in Verbindung mit dem in Kap. 7 skizzierten Entscheidungsunterstützungssystem eine weitere Reduzierung des Aufwandes für die batterieindividuelle Bestimmung von Weiterverwendungsszenarien. Entsprechend der Ausführungen im Kap. 4 und im Kap. 6 werden durch die individuelle Komplementierung der umgewidmeten Batterien um Dienstleistungen oder die Vermarktung der umgewidmeten Batterien mittels Dienstleistungsgeschäftsmodellen zudem Maßnahmen und Werkzeuge vorgeschlagen, mit denen die gebrauchten Batterien im Wettbewerb mit Neubatterien besser bestehen können.

Literatur

Agubra V, Fergus J (2013) Lithium Ion Battery Anode Aging Mechanisms. Materials 6:1310–1325.

Bach TC, Schuster SF, Fleder E, Müller J, Brand MJ, Lorrmann H, Jossen A, Sextl G (2016) Nonlinear aging of cylindrical lithium-ion cells linked to heterogeneous compression. Journal of Energy Storage 5:212–223.

Balbueana P, Wang Y (2004) Lithium-ion batteries: solid-electrolyte interphase. Imperial College Press, London, UK.

Barsoukov E, Macdonald JR (Hrsg) (2005) Impedance Spectroscopy: Theory, Experiment, and Applications, Second Edition. John Wiley & Sons, Inc., Hoboken, New Jersey, USA.

Battery Test Procedure (BTP) Working Group (1996) Electric Vehicle Battery Test Procedures Manual Rev. 2. United States Advanced Battery Consortium, Southfield, Michigan, USA.

Baumhöfer T, Brühl M, Rothgang S, Sauer DU (2014) Production caused variation in capacity aging trend and correlation to initial cell performance. Journal of Power Sources 247:332–338.

Bitzer B, Gruhle A (2014) A new method for detecting lithium plating by measuring the cell thickness. Journal of Power Sources 262:297–302.

Blank T (2013) Batterie Management System (BMS) bis 1000 Volt. https://www.competence-e.kit.edu/downloads/Datenblatt_Batterie_Management_System_DE.pdf. Zugegriffen: 4. März 2018.

Bodenes L, Naturel R, Martinez H, Dedryvère R, Menetrier M, Croguennec L, Pérès J-P, Tessier C, Fischer F (2013) Lithium secondary batteries working at very high temperature: Capacity fade and understanding of aging mechanisms. Journal of Power Sources 236:265–275.

de Brito MP, Dekker R (2003) A Framework for Reverse Logistics. Erasmus Research Institute of Management (ERIM), Rotterdam, Niederlande.

Broussely M, Biensan P, Bonhomme F, Blanchard P, Herreyre S, Nechev K, Staniewicz RJ (2005) Main aging mechanisms in Li ion batteries. Journal of Power Sources 146:90–96.

Bundesministerium der Justiz und für Verbraucherschutz (2015) Anlage zur Bekanntmachung der Neufassung der Anlagen A und B des Europäischen Übereinkommens vom 30. September 1957 über die internationale Beförderung gefährlicher Güter auf der Straße (ADR). Bundesanzeiger Verlag, Köln.

Bundesministerium der Justiz und für Verbraucherschutz (2016) Gefahrgutverordnung Straße, Eisenbahn und Binnenschifffahrt in der Fassung der Bekanntmachung vom 30. März 2015 (BGBl. I S. 366), die zuletzt durch Artikel 6 des Gesetzes vom 26. Juli 2016 (BGBl. I S. 1843) geändert worden ist. http://www.gesetze-im-internet.de/bundesrecht/ggvseb/gesamt.pdf. Zugegriffen: 1. März 2017.

Bundesministerium für Verkehr und digitale Infrastruktur (2016) IMDG-Code 2016. Borgmann, Dortmund.

Burns JC, Kassam A, Sinha NN, Downie LE, Solnickova L, Way BM, Dahn JR (2013) Predicting and Extending the Lifetime of Li-Ion Batteries. Journal of the Electrochemical Society 160:A1451–A1456.

Choi J, Manthiram A (2005) Role of Chemical and Structural Stabilities on the Electrochemical Properties of Layered LiNi1 / 3Mn1 / 3Co1 / 3O2 Cathodes. Journal of The Electrochemical Society 152:A1714.

Dubarry M, Truchot C, Cugnet M, Liaw BY, Gering K, Sazhin S, Jamison D, Michelbacher C (2011) Evaluation of commercial lithium-ion cells based on composite positive electrode for plug-in hybrid electric vehicle applications. Part I: Initial characterizations. Journal of Power Sources 196:10328–10335.

Ecker M, Nieto N, Käbitz S, Schmalstieg J, Blanke H, Warnecke A, Sauer DU (2014) Calendar and cycle life study of Li(NiMnCo)O2-based 18650 lithium-ion batteries. Journal of Power Sources 248:839–851.

Ende D, Mangold K-M (1993) Impedanzspektroskopie. Chemie in unserer Zeit 27:134–140.

Fleischhammer M, Waldmann T, Bisle G, Hogg B-I, Wohlfahrt-Mehrens M (2015) Interaction of cyclic ageing at high-rate and low temperatures and safety in lithium-ion batteries. Journal of Power Sources 274:432–439.

Gesamtverband der Deutschen Versicherungswirtschaft e. V. (GDV) (2016) Lithium-Batterien, VdS Schadenverhütung GmbH, Köln.

Grolleau S, Delaille A, Gualous H, Gyan P, Revel R, Bernard J, Redondo-Iglesias E, Peter J (2014) Calendar aging of commercial graphite/LiFePO4 cell – Predicting capacity fade under time dependent storage conditions. Journal of Power Sources 255:450–458.

Irvine JTS, Sinclair DC, West AR (1990) Electroceramics: Characterization by Impedance Spectroscopy. Advanced Materials 2:132–138.

Käbitz SR (2016) Untersuchung der Alterung von Lithium-Ionen-Batterien mittels Elektroanalytik und elektrochemischer Impedanzspektroskopie. Dissertation, Rheinisch-Westfälische Technische Hochschule Aachen, Aachen.

Kassem M, Bernard J, Revel R, Pélissier S, Duclaud F, Delacourt C (2012) Calendar aging of a graphite/LiFePO4 cell. Journal of Power Sources 208:296–305.

Kim S-P, Duin ACT van, Shenoy VB (2011) Effect of electrolytes on the structure and evolution of the solid electrolyte interphase (SEI) in Li-ion batteries: A molecular dynamics study. Journal of Power Sources 196:8590–8597.

Klett M, Eriksson R, Groot J, Svens P, Ciosek Högström K, Lindström RW, Berg H, Gustafson T, Lindbergh G, Edström K (2014) Non-uniform aging of cycled commercial LiFePO4//graphite cylindrical cells revealed by post-mortem analysis. Journal of Power Sources 257:126–137.

Klör B, Bräuer S, Beverungen D (2014) A Business Process Model for the Reverse Logistics of Used Electric Vehicle Batteries. In: 44. Jahrestagung der Gesellschaft für Informatik (INFORMATIK 2014). Stuttgart, 1631–1643.

o.A. (2013) dSPACE Magazine 1/2013. dSPACE Magazine 1:40–43.

Ohzuku T (1993) Formation of Lithium-Graphite Intercalation Compounds in Nonaqueous Electrolytes and Their Application as a Negative Electrode for a Lithium Ion (Shuttlecock) Cell. Journal of The Electrochemical Society 140:2490.

Pipeline and Hazardous Materials Safety Administration (PHMSA) (2016) Hazardous Materials: ICAO Lithium Ion Battery Prohibition Safety Advisory Notice. US Department of Transportation, Washington D.C., USA.

Pizzolante L (2014) Clever patentiert: Intelligenz in die Zelle. Mediendienst Fraunhofer-Institut für Produktionstechnik und Automatisierung, Juli 2014, 2–3.

Ploehn HJ, Ramadass P, White RE (2004) Solvent Diffusion Model for Aging of Lithium-Ion Battery Cells. Journal of The Electrochemical Society 151:A456.

PowerTech Systems (2015) Lithium Iron Phosphate – Expected Cycle life vs DoD and C-Rate. https://www.powertechsystems.eu/wp-content/uploads/2015/12/Cycles-vs-DoD.png. Zugegriffen: 20. November 2018.

ResearchInChina (2017) Global and China Power Battery Management System (BMS) Industry Report. ResearchInChina.

Röder P, Stiaszny B, Ziegler JC, Baba N, Lagaly P, Wiemhöfer H-D (2014) The impact of calendar aging on the thermal stability of a LiMn2O4–Li(Ni1/3Mn1/3Co1/3)O2/graphite lithium-ion cell. Journal of Power Sources 268:315–325.

Sarasketa-Zabala E, Gandiaga I, Rodriguez-Martinez LM, Villarreal I (2014) Calendar ageing analysis of a LiFePO 4 /graphite cell with dynamic model validations: Towards realistic lifetime predictions. Journal of Power Sources 272:45–57.

Schuster SF, Brand MJ, Campestrini C, Gleissenberger M, Jossen A (2016) Correlation between capacity and impedance of lithium-ion cells during calendar and cycle life. Journal of Power Sources 305:191–199.

Smith K, Neubauer J, Wood E, Jun M, Pesaran A (2013) Models for battery reliability and lifetime – Applications in design and health management. http://www.nrel.gov/docs/fy13osti/58550.pdf. Zugegriffen: 1. April 2017.

Stevens DA, Ying RY, Fathi R, Reimers JN, Harlow JE, Dahn JR (2014) Using High Precision Coulometry Measurements to Compare the Degradation Mechanisms of NMC/LMO and NMC-Only Automotive Scale Pouch Cells. The Electrochemical Society 161:A1364–A1370.

Stiaszny B, Ziegler JC, Krauß EE, Zhang M, Schmidt JP, Ivers-Tiffée E (2014) Electrochemical characterization and post-mortem analysis of aged LiMn2O4–NMC/graphite lithium ion batteries part II: Calendar aging. Journal of Power Sources 258:61–75.

Thein S, Chang YS (2014) Decision making model for lifecycle assessment of lithium-ion battery for electric vehicle – A case study for smart electric bus project in Korea. Journal of Power Sources 249:142–147.

Timke T (2016) Sicherheit von (Li-Ionen-)Batteriespeichern in Solaranlagen. Solarwatt GmbH, Dresden.

UNECE (2012) ADR 2013 – European Agreement Concerning the International Carriage of Dangerous Goods by Road – Volume I. http://www.unece.org/trans/danger/publi/adr/adr2013/13contentse.html. Zugegriffen: 16. Juni 2016.

UNECE (2016) ADR 2017 – European Agreement Concerning the International Carriage of Dangerous Goods by Road – Volume I. http://www.unece.org/trans/danger/publi/adr/adr_e.html. Zugegriffen: 1. März 2017.

United Nations (2015) Recommendations on the Transport of Dangerous Goods: Manual of Tests and Criteria, 6. Aufl. United Nations Publication, New York, NY, USA.

Vetter J, Novák P, Wagner MR, Veit C, Möller K-C, Besenhard JO, Winter M, Wohlfahrt-Mehrens M, Vogler C, Hammouche A (2005) Ageing mechanisms in lithium-ion batteries. Journal of Power Sources 147:269–281.

Vezzini A (2009) Lithiumionen-Batterien als Speicher für Elektrofahrzeuge Teil 1: Technische Möglichkeiten heutiger Batterien. Bulletin SEV/AES 100:19–23.

Waldmann T, Wilka M, Kasper M, Fleischhammer M, Wohlfahrt-Mehrens M (2014) Temperature dependent ageing mechanisms in Lithium-ion batteries – A Post-Mortem study. Journal of Power Sources 262:129–135.

Wang J, Tang Y, Yang J, Li R, Liang G, Sun X (2013) Nature of LiFePO4 aging process: Roles of impurity phases. Journal of Power Sources 238:454–463.

Wang J, Purewal J, Liu P, Hicks-Garner J, Soukazian S, Sherman E, Sorenson A, Vu L, Tataria H, Verbrugge MW (2014) Degradation of lithium ion batteries employing graphite negatives and nickel–cobalt–manganese oxide + spinel manganese oxide positives: Part 1, aging mechanisms and life estimation. Journal of Power Sources 269:937–948.

Wohlfahrt-Mehrens M, Vogler C, Garche J (2004) Aging mechanisms of lithium cathode materials. Journal of Power Sources 127:58–64.

Woodford WH, Carter WC, Chiang Y-M (2012) Design criteria for electrochemical shock resistant battery electrodes. Energy & Environmental Science 5:8014.

Yoon W-S, Chung KY, McBreen J, Yang X-Q (2006) A comparative study on structural changes of LiCo1/3Ni1/3Mn1/3O2 and LiNi0.8Co0.15Al0.05O2 during first charge using in situ XRD. Electrochemistry Communications 8:1257–1262.

Szenarien und Geschäftsmodelle für die Vermarktung umgewidmeter Traktionsbatterien 4

Florian Plenter, Sebastian Menne, Christoph Hindersmann, Sebastian Bräuer, Johannes Voscort und Robert Mittmann

4.1 Übersicht

Im bisherigen Verlauf dieses Buches standen zunächst der Vergleich verschiedener End-of-Life-Strategien für gebrauchte Traktionsbatterien und die Erläuterung mit der Strategie der Umwidmung und Weiterverwendung in Verbindung stehender zentraler Konzepte (z. B. des eEOL-Passes) und Prozesse (z. B. für die Zustandsbestimmung gebrauchter

F. Plenter (✉) · J. Voscort
Lehrstuhl für Wirtschaftsinformatik und Informationsmanagement, Westfälische Wilhelms-Universität Münster
Münster, Deutschland
E-Mail: florian.plenter@ercis.uni-muenster.de

J. Voscort
E-Mail: johannes.voscort@uni-muenster.de

S. Menne
P3 Energy & Storage GmbH
Aachen, Deutschland
E-Mail: sebastian.menne@p3-group.com

C. Hindersmann · R. Mittmann
Consultant, P3 Energy & Storage GmbH
Aachen, Deutschland
E-Mail: christoph.hindersmann@p3-group.com

R. Mittmann
E-Mail: robert.mittmann@p3-group.com

S. Bräuer
Institut für Betriebswirtschaft und Wirtschaftsinformatik, Abteilung Informationssysteme und Unternehmensmodellierung, Universität Hildesheim
Hildesheim, Deutschland
E-Mail: sebastian.braeuer@uni-hildesheim.de

J. Becker et al. (Hrsg.), *Umwidmung und Weiterverwendung von Traktionsbatterien*,
https://doi.org/10.1007/978-3-658-21021-2_4

Traktionsbatterien) im Vordergrund. Aufbauend auf diesen Ausführungen fokussiert das vorliegende Kapitel das Aufzeigen von konkreten Potentialen, Szenarien und Geschäftsmodellen für die Vermarktung von umgewidmeten Traktionsbatterien aus Elektroautos.

In Abschn. 4.2 werden zunächst die Vermarktungspotentiale für gebrauchte Traktionsbatterien vorgestellt, indem die erwartete Entwicklung des Marktes für Elektrofahrzeuge und die resultierenden prognostizierten Verfügbarkeitszahlen für gebrauchte Traktionsbatterien skizziert werden. Aufbauend auf ökonomischen Theorien bezogen auf den Handel gebrauchter Güter sowie auf Erkenntnissen bezüglich des Weiterverwendungsprozesses und aus Expertenbefragungen wird in Abschn. 4.3 die Wertschöpfungskette gebrauchter Traktionsbatterien detailliert. Hierbei wird jeweils auf beteiligte Akteure, deren potentielle Interessen sowie mögliche Tätigkeitsfelder der Akteure im Rahmen der der Umwidmung und Weiterverwendung gebrauchter Traktionsbatterien zugrunde liegenden Wertschöpfungskette eingegangen. In Abschn. 4.4 werden Weiterverwendungsszenarien und konkrete Anwendungsfälle für gebrauchte Traktionsbatterien skizziert. Dazu werden weiterhin Geschäftsmodelltypen für die Nutzung gebrauchter Traktionsbatterien wie auch konkrete Anwendungsfälle aus aktuellen Pilotprojekten vorgestellt. Diese Geschäftsmodelltypen weiter konkretisierend wird in Abschn. 4.5 ein Geschäftsmodellentwurf für den Vertrieb von Second-Life-Batteriespeichersystemen für Privathaushalte entwickelt. Hierzu wurde der bestehende Markt für reguläre Batteriespeichersysteme für Privathaushalte analysiert und entsprechend der besonderen Charakteristiken gebrauchter Traktionsbatterien ein Geschäftsmodellentwurf für umgewidmete Traktionsbatterien abgeleitet. In Abschn. 4.6 wird die Zahlungsbereitschaft von Privathaushalten für Solarspeicher aus gebrauchten Traktionsbatterien betrachtet. Weiterhin werden in Abschn. 4.7 aufbauend auf einer Literaturanalyse Erkenntnisse zur ökologischen und ökonomischen Bewertung der Weiterverwendung von Traktionsbatterien präsentiert. Das Kapitel schließt in Abschn. 4.8 mit einer kurzen Zusammenfassung.

4.2 Vermarktungspotentiale für gebrauchte Traktionsbatterien

Die Verfügbarkeit von gebrauchten Traktionsbatterien und damit auch der Einsatz in Second-Life-Anwendungen ist momentan noch stark begrenzt. Dafür sind zum einen die noch recht geringen Absatzzahlen von Elektro-Fahrzeugen verantwortlich. Zum anderen stehen die gebrauchten Traktionsbatterien, je nach Art der Beanspruchung im Fahrzeug, erst 7 bis 8 Jahre nach dem Verkauf des E-Fahrzeuges zur Verfügung. Dementsprechend ist für die Bestimmung des zukünftigen Marktvolumens von gebrauchten Traktionsbatterien die Betrachtung der prognostizierten Absatzzahlen von E-Fahrzeugen unvermeidbar. Da das Wachstum des Marktes noch relativ ungewiss ist, unterscheiden sich aktuelle Prognosen deutlich voneinander (Fischhaber et al. 2016). Deshalb wird nachfolgend eine konsolidierte Version mehrerer Quellen zu Grunde gelegt.

Abb. 4.1 zeigt die konsolidierten Daten. In der Abbildung sind für den Zeitraum von 2012 bis 2020 jährlich die historischen bzw. prognostizierten Absatzzahlen für Europa

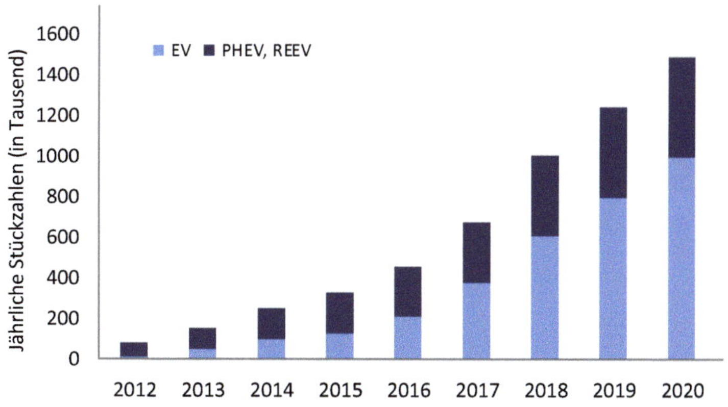

Abb. 4.1 Erwarteter Absatz von elektrischen Fahrzeugen in Europa bis 2020 (P3 Analyse). (Basierend auf Studien von Deutsche Bank, F&S, PSA, CSM)

dargestellt. Insgesamt ist eine Absatzsteigerung von E-Fahrzeugen auf dem europäischen Markt zu erwarten. Gründe hierfür können Anreize wie Kaufprämien für E-Fahrzeuge, gesonderte Straßenverkehrsrechte für E-Fahrzeug-Halter und der kontinuierliche Ausbau der Ladeinfrastruktur sein. Zudem wird in der Abbildung zwischen *Electric Vehicle* (EV) und *Plug-In Hybrid Electric Vehicle* (PHEV) bzw. *Range-Extended Electric Vehicle* (REEV) unterschieden. Erkennbar ist, dass der Anteil der reinen E-Fahrzeuge stetig über die Jahre zunimmt. So wird im Jahr 2020 ein Absatz in Höhe von 1,4 Mio. elektrifizierten Fahrzeuge erwartet. Den Großteil (ca. 1 Mio. Fahrzeuge) stellen die reinen Elektrofahrzeuge dar. Der Rest (ca. 400.000 Fahrzeuge) besteht aus PHEVs und REEVs.

Neben den Absatzzahlen muss die durchschnittliche Kapazität von Traktionsbatterien bei der Berechnung des zukünftigen Marktvolumens berücksichtigt werden. Denn mit dem steigenden Anteil von reinen Elektrofahrzeugen steigt auch die durchschnittliche Kapazität der verfügbaren Traktionsbatterien, da reine Elektrofahrzeuge aufgrund eines fehlenden zusätzlichen Verbrennungsmotors eine größere Kapazität als in einem PHEV oder REEV eingesetzte Batterien benötigen, um eine akzeptable Reichweite sicherzustellen. Ebenso ist eine generelle Zunahme der Kapazität von Traktionsbatterien zu erkennen. Zur Veranschaulichung kann die Entwicklung des BMW i3 herangezogen werden. Bei dem klassischen i3 (ohne Range Extender) handelt es sich um ein rein elektrisches Fahrzeug, dessen Batteriekapazität in der ersten Ausführung 22 kWh betrug (Siebel 2016). Das aktuelle Modell hingegen besitzt eine Batterie mit einer Kapazität von 33 kWh (Siebel 2016). Darüber hinaus verbaut der Elektroautohersteller Tesla bereits Batterien mit einer Kapazität von bis zu 100 kWh (Jahn 2017).

Ein weiterer Punkt, der bei der Berechnung des zukünftigen Marktvolums beachtet werden muss, ist, dass nicht jede Traktionsbatterie nach Ablauf ihrer vorgesehenen automobilen Nutzungsdauer in einer Second-Life-Anwendung eingesetzt werden kann. Gründe hierfür sind beispielsweise ein vorzeitiger Ausfall der Batterie oder der Verbleib der

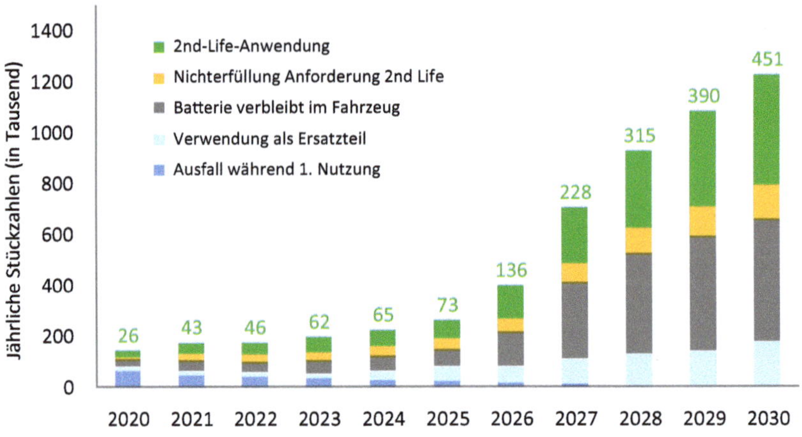

Abb. 4.2 Erwarteter Rücklauf von Batterien in Europa von 2020 bis 2030 (P3 Analyse)

Batterie in dem Fahrzeug. Dies führt dazu, dass von den potentiell verfügbaren Batterien letztendlich nur ein geringerer Anteil in Second-Life-Anwendungen eingesetzt werden kann. Abb. 4.2 unterteilt die jährlich prognostizierten Stückzahlen an gebrauchten Batterien in fünf Kategorien. Nachfolgend werden diese fünf Kategorien näher erläutert.

Second-Life-Anwendung

Die Kategorie Second-Life-Anwendung enthält den Anteil der Batterien, der die Kriterien für eine Second-Life-Anwendung erfüllt und somit tatsächlich dafür zur Verfügung steht. Aufgrund des prognostizierten Markthochlaufs für Elektrofahrzeuge ist bis zum Jahr 2025 mit einer geringen Anzahl an verfügbaren Second-Life-Batterien zu rechnen. Ab 2026 wird die Anzahl an verfügbaren Second-Life-Batterien kontinuierlich ansteigen und einen relevanten Anteil im Vergleich zu First-Life-Batterien am Markt erreichen.

Nicht-Erfüllung der Anforderung an ein Second Life

Die Entwicklung von Traktionsbatterien für den Automobilmarkt dauert bis zu sieben Jahre (Zeit von erster Planung bis zur SOP (*start of production* – Beginn der Serienproduktion)). Die Traktionsbatterien werden in diesem Prozess an jegliche Anforderungen angepasst, die bei der Nutzung im Auto gestellt werden. Die Anforderungen stammen beispielsweise aus Komponenten wie Antriebsstrang, Kommunikationsschnittstelle, Peripherie, Karosserie, aber werden auch durch Sicherheitsvorgaben, speziell für den Fall der Verunfallung des Fahrzeuges, definiert. Somit ist das Batteriesystem u. a. hinsichtlich der Zelleigenschaften, der Leistungsfähigkeit, der Kapazität, des BMS und der (Durch-)Stoßfestigkeit auf die Nutzung im Auto optimiert.

Wenn die Batterie nicht mehr in dem ersten definierten Anwendungsfall genutzt wird, werden neue Anforderungen an die Batterie gestellt. An dieser Stelle kann der Fall auftreten, dass die neuen Anforderungen nicht mehr bedient werden können. Dies kann zwei

Gründe haben: Entweder sind die technischen Eigenschaften der Batterie mit keinen Anforderungen an eine Second-Life-Anwendung vereinbar oder die Batterie kann aufgrund von zu hoher Abnutzung nicht mehr die gestellten Anforderungen erfüllen. Wenn der zweite Fall eintritt, wird die Batterie den EOL-Strategien Wiederverwertung oder Weiterverwertung zugeführt, da eine Vorhaltung nicht wirtschaftlich wäre (siehe Kap. 2).

Batterie verbleibt im Fahrzeug

Die Annahme, die für die Prognose der zukünftig verfügbaren Second-Life-Batterien getroffen wurde, basiert auf der kalendarischen und zyklischen Alterung der Batterie. Nach 7 bis 8 Jahren wird angenommen, dass noch ca. 80 % Restkapazität vorhanden sind. Diese Restkapazität steht somit theoretisch der Second-Life-Anwendung zur Verfügung. Toleriert der Fahrzeugbesitzer die verringerte Kapazität und somit eine verringerte Reichweite und Beschleunigung, kann sich der Austausch der Batterie verzögern oder gänzlich entfallen. Dies bringt zwei Probleme mit sich: Zum einen steht die Batterie nicht wie prognostiziert nach ihrer originär angedachten automobilen Lebensdauer zur Verfügung. Zum anderen kann die Batterie durch die verlängerte Erstverwendung eine so hohe Abnutzung aufweisen, dass sie nicht mehr den Anforderungen einer Second-Life-Anwendungen entspricht. Dieses Szenario wird dadurch bestärkt, dass die Traktionsbatterie momentan den Großteil der Kosten eines E-Fahrzeuges ausmacht. Der Verbleib im Fahrzeug stellt den größten Anteil über die gesamte Betrachtung (2020 bis 2030) dar.

Verwendung als Ersatzteil

Der Anteil an Batterien, die als Ersatzteil verwendet werden, nimmt ebenfalls stetig zu. Statt im Falle eines Defektes die defekte Batterie durch eine fabrikneue Batterie zu ersetzen, wird auf eine gebrauchte, jedoch voll funktionstüchtige Batterie zurückgegriffen (vgl. Kannibalisierungsstrategie in Verbindung mit einer Instandsetzung in Kap. 2). Durch Erhalt des Batterietyps entfallen aufwändige und somit teure Umbaumaßnahmen, die etwa mit dem Einbauen eines neuen Batterietyps in Verbindung stehen würden. Die Lagerung der gebrauchten *Ersatzteilbatterien* muss unter Berücksichtigung umfassender rechtlicher Vorgaben und Vorsichtsmaßnahmen erfolgen. Da die Batterien trotz Lagerung weiterhin kalendarisch altern und somit abhängig von Faktoren wie der Lagertemperatur und dem Ladezustand bei Einlagerung unwiderruflich Kapazität verlieren (vgl. Battery University Group 2017), müssen die Ersatzteilbatterien vor Ihrem Einbau erneut einer Prüfung unterzogen und ggf. der Wieder- oder Weiterverwertung überführt werden.

Ausfall während der ersten Nutzung

Über die betrachteten 10 Jahre ist der kleinste aber ebenfalls nicht zu vernachlässigende Fall der Ausfall während der ersten Nutzung. Hierunter werden sämtliche Defekte, Zerstörungen und Ausfälle zusammengefasst, die an einer Traktionsbatterie auftreten können. Unter der Annahme, dass die Batterieentwicklung stetig voranschreitet und beständigere Batteriesysteme herstellt, verringert sich das Auftreten dieses Falles in der 10-Jahres-Betrachung mit zunehmendem Fortschritt auf ein Minimum.

Zur Verfügung stehende Batteriekapazität im Jahr 2030
Unter der Berücksichtigung der vorher besprochenen Punkte lässt sich für das Jahr 2030 ein Marktvolumen von ca. 451.000 gebrauchten Traktionsbatterien in Europa prognostizieren, die für eine Second-Life-Anwendung zur Verfügung stehen. Diese Batteriesysteme werden bereits in den Jahren 2020–2024 produziert worden sein. Dabei ist mit einem Wachstum der Kapazität von Traktionsbatterien zu rechnen. Aktuelle Modelle für reine Elektrofahrzeuge besitzen Batteriekapazitäten von 33 bis 100 kWh. Somit wird für die Berechnung eine durchschnittliche Batteriekapazität von ca. 55 kWh für die in 2020–2024 produzierten Batterien angenommen. Dies entspricht einer durchschnittlichen Restkapazität von ca. 45 kWh. Basierend auf diesen Annahmen kann von einer Batteriegesamtkapazität von 20 GWh im Jahr 2030 ausgegangen werden.

Die berechnete Gesamtkapazität von 20 GWh ist im Vergleich zu der Studie des Bundesverbands Erneuerbare Energie e. V. (BEE) sogar eine eher konservative Schätzung. Laut der Studie des BEE kann bereits ab dem Jahr 2025 mit einer Gesamtkapazität von 25 GWh gerechnet werden (BEE 2016). Das berechnete Potential von 20 GWh lässt sich anhand folgender Beispielanwendungsfälle veranschaulichen. So entsprechen 20 GWh Kapazität

- 4.000.000 exemplarischen Solarspeichern mit einer Kapazität von je 5 kWh,
- 300.000 exemplarischen Quartier-Speichern mit einer Kapazität von je 67 kWh,
- 40.000 exemplarischen Industriespeichern mit einer Kapazität von je 500 kWh oder
- 1000 exemplarischen Netzspeichern mit einer Kapazität von je 20 MWh.

Praktisch existieren parallel zu den exemplarischen Speichergrößen jedoch auch Batteriespeicher mit einer größeren oder niedrigen Kapazität. Darüber hinaus bedienen stationäre Speicher selten nur einen Anwendungsfall, sondern können für mehrere ausgelegt sein, so dass Kapazitätsbereiche variieren können und sich stark ausweiten lassen. Details zu Anwendungsfällen und wie diese kombiniert werden können folgen in Abschn. 4.5.

4.3 Wertschöpfung mit gebrauchten Traktionsbatterien

Gebrauchte Traktionsbatterien besitzen besondere Eigenschaften, welche sich stark auf das Wertschöpfungssystem auswirken. Im Folgenden wird zunächst der Handel mit gebrauchten Gütern allgemein und anschließend der Handel mit gebrauchten Traktionsbatterien im Speziellen beschrieben, bevor abschließend ein Konzept für eine Wertschöpfungskette des Handels gebrauchter Traktionsbatterien vorgestellt wird.[1]

[1] Die Inhalte der Abschn. 4.3.1 bis 4.3.3 stammen hauptsächlich aus den Publikation von Bräuer (2018) und von Klör et al. (2015).

4.3.1 Handel gebrauchter Güter

Der Handel mit gebrauchten Gütern unterliegt oftmals Informationsasymmetrien zwischen Verkäufer und Käufer. Das klassische Beispiel in der Volkswirtschaftstheorie ist der Gebrauchtwagenmarkt oder auch *Market for Lemons*, wobei eine *Lemon* einen Gebrauchtwagen minderer Qualität bezeichnet (Akerlof 1970). Der nicht fachkundige Käufer hat, abgesehen vom äußeren Eindruck des Fahrzeugs, nur sehr beschränkte Möglichkeiten, auf die Qualität des Fahrzeugs zu schließen, während angenommen wird, dass der Verkäufer die Qualität seiner Fahrzeuge kennt. Folglich bleibt dem Käufer nichts Anderes übrig, als seine Zahlungsbereitschaft der erwarteten, durchschnittlichen Qualität aller Gebrauchtfahrzeuge auf dem Markt anzupassen. Der Verkäufer hingegen ist an dieser Stelle nicht bereit, ein Fahrzeug überdurchschnittlicher Qualität für einen nur durchschnittlichen Preis zu verkaufen, was zur Folge hat, dass Fahrzeuge mit überdurchschnittlicher Qualität aus dem Markt gedrängt werden (*adverse Selektion*), was wiederum in einer reduzierten Zahlungsbereitschaft der Kunden resultiert. Dies kann letztendlich dazu führen, dass nur noch Fahrzeuge mit zunehmend schlechter werdender Qualität angeboten werden (Marktversagen) (Akerlof 1970). Die Theorie hält jedoch einige Instrumente bereit, mit der sowohl Käufer als auch Verkäufer diese vor Vertragsschluss (*ex-ante*) vorherrschende Informationsasymmetrie über die Eigenschaften des Gutes (*hidden characteristics*) abbauen können. Der Verkäufer kann dem Käufer Signale über die Qualität seines Gutes senden, indem er zum Beispiel Markennamen und Gütesiegel nutzt sowie Garantien oder weitere produktbegleitende Dienstleistungen anbietet (Akerlof 1970; Spence 1973). Der Käufer kann den Verkäufer oder das Gut auf Qualität hin untersuchen, indem er zusätzliche Informationen einholt oder das Gut testet (Spremann 1987).

4.3.2 Traktionsbatterien aus Elektroautos als gebrauchtes Handelsgut

Wie in Kap. 1 gezeigt wurde, handelt es sich bei einer Traktionsbatterie um ein äußerst komplexes System, dessen Eigenschaften hinsichtlich der Alterung und hinsichtlich der Identifikation des genauen Zustandes zusätzliche Hürden beim Handel gebrauchter Traktionsbatterien darstellen.

Vor dem Hintergrund der beim Handel gebrauchter Güter bestehenden Informationsasymmetrien sind die Informationen über den Zustand und die Nutzungshistorie wichtig, um die Qualität der gebrauchten Traktionsbatterie gegenüber einem möglichen Käufer zu signalisieren. Alternativ bleibt potentiellen Käufern einer gebrauchten Traktionsbatterie nur die Option, die Batterien unter hohem Aufwand manuell zu testen, was die Profitabilität der Weiterverwendung durch hohe Kosten sehr stark negativ beeinflussen würde.

4.3.3 Wertschöpfungskette gebrauchter Traktionsbatterien

Sowohl in der Literatur als auch in der Praxis werden vor allem stationäre Weiterverwendungsszenarien für gebrauchte Traktionsbatterien, d. h. Szenarien in denen das Batteriespeichersystem fest an einem spezifischen Ort installiert wird (vgl. Abschn. 2.5), intensiv betrachtet. Hierzu zählen etwa Energiespeichersysteme für das Gewerbe oder für Privathaushalte (siehe Abschn. 4.5). Da zum Betrachtungszeitpunkt noch keine etablierten Wertschöpfungskette für gebrauchte Traktionsbatterien existieren, werden die Rollen und Akteure in bestehenden Lieferketten für wiederaufbereitete Autoteile und für reguläre stationäre Energiespeichersysteme als Ausgangspunkt genutzt, um den Handel gebrauchter Traktionsbatterien zu konzeptualisieren.

Den Ausführungen von Seitz (2007) folgend können drei zentrale Akteure Wiederaufbereitungstätigkeiten in Lieferketten für wiederaufbereitete Autoteile übernehmen: der Automobilhersteller (OEM) oder entsprechende Teilezulieferer, unabhängige Wiederaufbereiter oder Subunternehmer, welche die Wiederaufbereitung im Auftrag des OEM durchführen. Weitere zentrale Stakeholder sind der Staat (Vorgaben zur Wiederaufbereitung), Zwischenhändler (Vertrieb wiederaufbereiteter Teile) und Endkunden (Anforderungen und Vorbehalte) (Subramoniam et al. 2009).

Für den stationären Batteriespeichermarkt hat Bowler (2014) die folgenden Rollen identifiziert: *Zulieferer* (Component Suppliers) stellen Einzelkomponenten wie etwa Inverter, Batteriezellen oder die Kühlung her, die vom *Systemintegrator* (System Integrator) zu einem Gesamtsystem zusammengebaut werden. Der Systemintegrator ist für die Entwicklung verschiedener anwendungsfallabhängiger Systemarchitekturen verantwortlich und stellt entsprechende Anforderungen zur Komponentenbeschaffenheit an die Zulieferer, ergänzt potentiell weitere, selbsthergestellte Komponenten wie das Batteriemanagementsystem und integriert speziell das Sicherheitssystem, so dass der Batteriespeicher einsatzfähig ist. Der *Systemanbieter* (System Supplier) übernimmt den Vertrieb des Batteriespeichers und bietet zusätzliche Dienstleistungen wie Garantien, Wartungen und Reparaturen an. Der *Systembetreiber* (System Operator) kauft das System vom Anbieter, kann potentiell den Betrieb mehrerer unterschiedlicher Speicher verantworten und entscheidet über den genauen Einsatz des Batteriespeichers. Der *Endkunde* (End Customer) zahlt für die Bereitstellung der Dienste, die durch den Speicher erbracht werden und profitiert vom Einsatz. Im Rahmen konkreter Lieferketten können die einzelnen Rollen dabei von einem Akteur oder von mehreren Akteuren übernommen werden und gleichzeitig kann ein Akteur auch mehrere Rollen übernehmen.

Als Ausgangspunkt für die Betrachtung der Wertschöpfungskette gebrauchter Traktionsbatterien wurden die Rollen wie folgt adaptiert und aus Vereinfachungsgründen zusammengefasst. *Zulieferer* stellen die notwendigen Materialien wie z. B. das gebrauchte Batteriepack, das BMS oder weitere elektronische Komponenten wie Wechselrichter. Diese Komponenten werden vom *Second-Life-Produzenten* (Second Life Manufacturer) angefordert, die Batteriekomponenten werden entsprechend der Vorgaben eines Weiterverwendungsszenarios umgewidmet und zu seinem gebrauchten Batteriespeichersystem integriert. Zudem übernimmt der Second-Life Produzent den Vertrieb des Batteriespeichersystems und bietet ergänzende Dienstleistungen an. Der *Second-Life-Kunde* (Second Life Customer) erwirbt das Energiespeichersystem und betreibt es. Nach dem endgültigen End-of-Life wird das System einem *Verwerter* (Recycling Company) zugeführt, der wertvolle Rohstoffe wie Cobalt, Nickel, und Lithium wiedergewinnt und die übrigen Abfälle fachgerecht entsorgt (Hoyer et al. 2011; Hanisch et al. 2012). Die Rolle des Verwerters in der Wertschöpfungskette wird im Weiteren aus Vereinfachungsgründen nicht weiter betrachtet.

In einer Reihe von semi-strukturierten Interviews mit Experten auf dem Gebiet von Traktionsbatterien wurden die mit den einzelnen Rollen in Verbindung stehenden Ziele, Aufgaben und Kernkompetenzen erhoben und erfragt, welche Akteure potentiell einzelne oder mehrere Rollen übernehmen könnten. Zusätzlich sind Informationen aus bereits existierenden Pilotprojekten mit Second-Life-Batteriespeichern in die Untersuchungen eingeflossen.

Der Automobilhersteller (OEM) nimmt die Traktionsbatterie zum Ende der automobilen Anwendung von seinem Kunden, dem Besitzer eines Elektrofahrzeugs (EV-Besitzer), wieder zurück. Als derjenige, der die Batterie in den Verkehr gebracht hat, ist der OEM hierzu nach EU-Recht verpflichtet (EUR-Lex (2006), siehe auch Abschn. 2.3). Durch den möglichen Rückkauf der gebrauchten Traktionsbatterie können die Total Cost of Ownership des Elektrofahrzeugs aus Kundensicht gesenkt werden, was wiederum zu einer Stärkung der Marktposition von Elektrofahrzeugen führen kann (Cready et al. 2003; Elkind 2014). Die Rücknahme wird über die angeschlossenen Vertragshändler und -Werkstätten des OEM oder externe Dienstleister stattfinden. Um unautorisierten Zugriff Dritter auf das Batteriesystem zu verhindern, nutzen die OEMs proprietäre Komponenten und Schnittstellen sowie eine Verschlüsselung der Datenströme und gespeicherten Batteriedaten (Klör et al. 2015; Neubauer et al. 2015; Ahmadi et al. 2017). Die Experten in den Interviews waren sich dahingehend einig, dass die Aufbereitung und der Vertrieb zur Weiterverwendung der gebrauchten Traktionsbatterien in großer Stückzahl außerhalb der eigentlichen Kernkompetenzen des OEMs liegen. An dieser Stelle wird angenommen, dass die OEMs die Kerntätigkeiten nach der Rücknahme der gebrauchten Traktionsbatterie an darauf spezialisierte Unternehmen in der Rolle des Second-Life-Produzenten abtreten. Der OEM übernimmt somit nur die Rolle des Zulieferers in der Wertschöpfungskette für gebrauchte Traktionsbatterien. Da der Zustand der gebrauchten Traktionsbatterie und ihre Nutzungshistorie mitsamt den Veränderungen der Batterieparameter jedoch sowohl Rückschlüsse auf die Belastung der Batterie durch das Elektrofahrzeug als auch auf die eigentliche Qualität der Batterie zulassen, stellen entsprechende Batteriedaten für den OEM Geschäftsgeheimnisse da, die er ungern in die Hände Dritter abgibt. Eine enge Kooperation und dadurch entstehendes Vertrauen zwischen OEM und Second-Life-Produzenten wären ein möglicher Weg, diese Daten zu schützen und trotzdem die Transaktion zu ermöglichen. Gleichzeitig tritt der OEM auch Pflichten wie die Rücknahme der gebrauchten Batteriesysteme und deren Recycling an Unternehmen in der Rolle des Second-Life-Produzenten ab.

Für die Ausführung der Rolle des Second-Life-Produzenten eignen sich insbesondere Akteure, die bereits Teil des automobilen Wertschöpfungsnetzwerks sind oder auch Hersteller für Heimspeicher oder Zulieferer für Batteriehersteller, die bereits Erfahrung und Fachwissen im Umgang mit Batterien besitzen. Potentielle Akteure sind zum Beispiel technische Überwachungsvereine und Zertifizierer, wie zum Beispiel der TÜV SÜD, auf die Rückwärtslogistik von Traktionsbatterien spezialisierte Unternehmen oder Recyclingunternehmen.

Der Kern des Aufgabenfeldes eines Second-Life-Produzenten liegt in der Aufbereitung und dem anschließenden Verkauf eines Energiespeichersystems bestehend aus gebrauchten Traktionsbatterien und komplementären Dienstleistungen an den Second-Life-Kunden. Zunächst muss der Second-Life-Produzent die gebrauchten Traktionsbatterien vom OEM akquirieren, um sie dann in verschiedenen Stufen aufzubereiten, wie z. B. durch Demontage des Batteriesystems, Testen der Funktionalitäten, Remontage des Systems oder dem Hinzufügen weiterer Komponenten, um die Anforderungen des entsprechenden Weiterverwendungsszenarios zu erfüllen (vgl. Abschn. 3.4). Um die Batterien des OEM zu testen und weiterzuverarbeiten, benötigt der Second-Life-Produzent, je nach Herkunft der Batterien, OEM-spezifische Werkzeuge und spezifisches Fachwissen. Die Akquise solcher spezifischen Werkzeuge bzw. des spezifischen Fachwissens wird erhebliche Investitionen erfordern und den Second-Life-Produzenten in eine gewisse Abhängigkeit zu dem zuliefernden OEM bringen. Weiterhin ist das manuelle Testen der Batterien nur unter großem Aufwand von Zeit und Ressourcen möglich und würde die Rentabilität der EOL-Strategie der Umwidmung und Weiterverwendung deutlich einschränken. Daher ist der praktikabelste Weg, dass sich Second-Life-Produzent und OEM auf eine Weitergabe der Zustandsdaten und historischen Nutzungsdaten der gelieferten Traktionsbatterien verständigen. Diese Daten ermöglichen es dem Second-Life-Produzenten, die Qualität und Nutzungshistorie der Traktionsbatterie korrekt einzuschätzen und sie so einem geeigneten Weiterverwendungsszenario zuzuführen (Cready et al. 2003; Zhang et al. 2014; Neubauer et al. 2015). Zusätzlich steht der Second-Life-Produzent unter hohem Preisdruck, da seine Produkte im direktem Wettbewerb zu neuen Batteriesystemen stehen, welche in der Regel über eine aktuellere und somit leistungsstärkere oder ausdauerndere Batterietechnologie verfügen und unter Umständen ähnliche Zielgruppen im Markt für Energiespeichersysteme ansprechen (Lih et al. 2012; Nykvist und Nilsson 2015). Analog zum Markt für Energiespeichersysteme bedingen die technische Komplexität der Systeme sowie die Gefahrenpotentiale durch die Auswahl unpassender Batteriesysteme oder die falsche Handhabung, Installation, und Betrieb der Systeme die Notwendigkeit für den Second-Life-Produzenten, ein Netzwerk aus qualifizierten Fachbetrieben als Dienstleister aufzubauen, welche mir ihrer Infrastruktur und ihrem Fachwissen das Bindeglied zum Second-Life-Kunden darstellen (Bräuer et al. 2016).

Der *Second-Life-Kunde* tritt als Nachfrager entsprechender umgewidmeter Energiespeichersysteme auf. Das vom Kunden eingebrachte Anwendungsszenario bzw. der spezifische Anwendungsfall definieren Anforderungen an das umgewidmete Speichersystem, nach denen sich der Second-Life-Produzent richten kann, oder der Kunde wählt ein zu

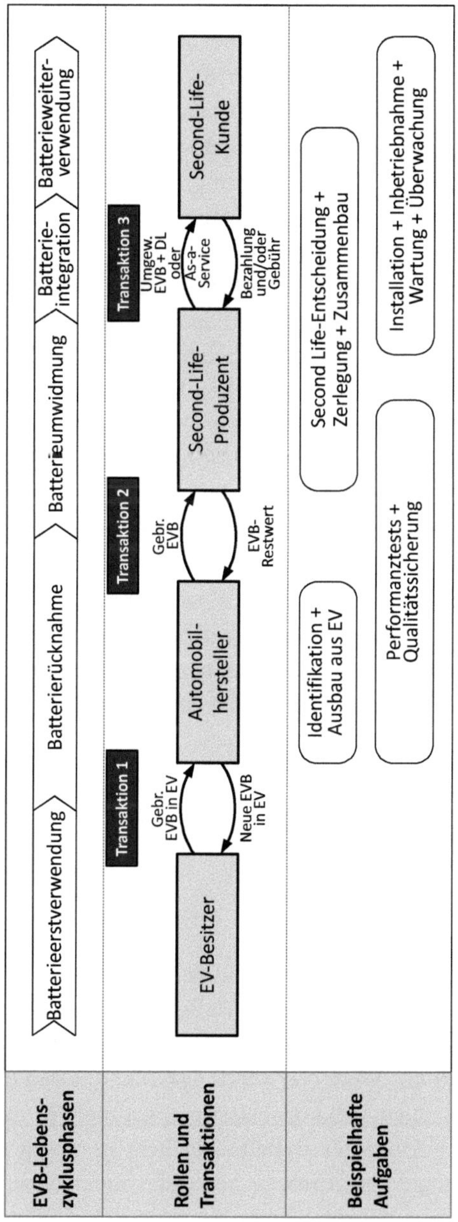

Abb. 4.3 Wertschöpfungskette für den Handel gebrauchter Traktionsbatterien

seinen Anforderungen bestmöglich passendes System aus dem Angebot des Second-Life-Produzenten aus. Ob in einem privaten oder gewerblichen Szenario, das Ziel des Second-Life-Kunden ist es grundsätzlich, durch den Betrieb eines Energiespeichersystems Nutzen zu generieren, z. B. durch Erzielen eines erhöhten Eigenverbrauch von lokal produzierter erneuerbarer Energie oder das Vermeiden von Strombezug aus dem Netz zu tariflich unattraktiven Spitzenlastzeiten (Luthander et al. 2015). Je nach Vertriebsmodells des Second-Life-Produzenten zahlt der Second-Life-Kunde eine einmalige Summe für den Kauf oder jährliche/monatliche Gebühren für die Nutzung des Energiespeichers. Zusätzliche Kosten für Dienstleistungen wie die Installation, Wartung, Instandsetzung und Garantien, die erwartete Lebensdauer des umgewidmeten Energiespeichers und die Preise für den Bezug regulären Stroms prägen die Amortisation der Investition und beeinflussen somit zusätzlich die Kaufentscheidung (Leipziger Institut für Energie GmbH 2014).

Die Wertschöpfungskette für gebrauchte Traktionsbatterien ist zusammen mit den zugehörigen Batterielebenszyklusphasen und beispielhaften Aufgaben in Abb. 4.3 veranschaulicht. Drei zentrale Transaktionen zwischen EV-Besitzer und Automobilhersteller, zwischen Automobilhersteller und Second-Life-Produzent und zwischen Second-Life-Produzent und Second-Life-Kunde prägen die Wertschöpfung. Wie zu Beginn dargestellt, ist jede dieser Transaktionen durch unvollständige und zwischen den Akteuren asymmetrisch verteilte Informationen geprägt, was unter der Annahme des Strebens der Akteure nach individueller Nutzenoptimierung zu opportunistischem Verhalten führen kann. Entsprechend müssen transaktionsspezifisch etwa durch die Etablierung entsprechender Organisationsformen und die Absicherung dieser durch Verträge, durch ergänzende Dienstleistungen und garantiebezogene Risikoübernahmen und durch unterstützende Informationssysteme geeignete Maßnahmen gegen ein potentielles Marktversagen getroffen werden.

4.4 Weiterverwendungsszenarien

4.4.1 Übersicht

Im vorliegenden Abschnitt werden die Potentiale für die Weiterverwendung von Second-Life-Batterien durch die Beschreibung möglicher Weiterverwendungsszenarien und durch die Skizzierung von Anwendungsfällen weiter ausgeführt. Wie in Abschn. 2.5.2 dargestellt, fasst der Begriff des Weiterverwendungsszenarios den Einsatzzweck und Einsatzkontext einer umgewidmeten Traktionsbatterie zusammen. Kommt eine umgewidmete Traktionsbatterie etwa in Form eines Batteriespeichers in einem Privathaushalt in Verbindung mit einer Solaranlage zum Einsatz, kann dies unter dem **Weiterverwendungsszenario** *Solarspeicher privat* zusammengefasst werden. Im Gegensatz dazu beschreiben **Anwendungsfälle** die konkreten Einsatzmöglichkeiten eines Speichers innerhalb eines Szenarios. So kann der Batteriespeicher im Szenario *Solarspeicher privat* beispielsweise dazu genutzt werden, die Eigenverbrauchsquote oder den Autarkiegrad zu erhöhen. Der

Batteriespeicher könnte in Verbindung mit über den Tag variablen Stromtarifen jedoch auch zur Lastverschiebung eingesetzt werden. Ein kommerzieller Second-Life-Speicher könnte in einem Gewerbebetrieb ebenfalls zur Lastverschiebung eingesetzt werden. Entsprechend ergibt sich zwischen Weiterverwendungsszenario und Anwendungsfall eine n:n-Beziehung. Dies bedeutet, dass innerhalb eines Szenarios mehrere Anwendungsfälle (teilweise auch gleichzeitig) realisiert werden können und ein Anwendungsfall in mehreren Weiterverwendungsszenarien umsetzbar ist.

Die Unterteilung der Szenarien erfolgt in drei Kategorien (siehe auch Abschn. 2.5.2):

- **Stationär:** Das Batteriespeichersystem ist an einem festen Platz installiert und kann nur mit erheblichem Aufwand (gegebenenfalls Abmeldung der Standfläche, Deinstallation des elektrischen Anschlusses, Entsicherung des Systems, Abtransport mittels Kran o. ä.) zurückgebaut werden.
- **Semi-stationär:** Das Batteriespeichersystem ist wie das stationäre System fest an einem Standort aufgebaut und bedient meistens eine ähnliche Kategorie von Anwendungsfällen. Der Unterschied liegt darin, dass das Batteriesystem mit vertretbaren Aufwand abgebaut, zu einem anderen Ort transportiert und dort wiederaufgebaut und in Betrieb genommen werden kann.
- **Mobil:** Mobile Batteriespeichersysteme zeichnen sich dadurch aus, dass diese im Vergleich zu den vorherigen Kategorien meistens in Fahrzeugen jeglicher Art verbaut sind und sich während des Betriebs in Bewegung befinden. Zudem kommen mobile Batteriespeichersysteme in Werkzeugen zum Einsatz.

Die Zuordnung vorhandener Batterien zu passenden Weiterverwendungsszenarien geschieht anhand ausgewählter Batterieparameter. Diese Parameter werden in der folgenden Tab. 4.1 mitsamt eines den jeweiligen betrachteten Wertebereich kennzeichnenden Intervalls erläutert[2].

Abb. 4.4 und 4.5 fassen insgesamt zwölf potentielle Weiterverwendungsszenarien zusammen. Die Aufteilung in die drei Szenariokategorien ist in Tab. 4.2 dargestellt.

Die Beschreibung eines Szenarios enthält die acht zuvor beschriebenen Parameter. Hierbei ist zu vermerken, dass die Werte Indikatoren sind und teilweise relativ zueinander betrachtet werden müssen. Eine Unterscheidung innerhalb des Szenarios je nach Anwendungsfall ist hier noch nicht abgebildet.

Für ausgewählte Weiterverwendungsszenarien werden im Folgenden kurze textuelle Beschreibungen und Steckbriefe inklusive einer qualitativen Visualisierung der Parameteranforderungen als Spinnennetzdiagramm präsentiert. Mit der Darstellungsmethode wird (qualitativ) verdeutlicht, ob ein Weiterverwendungsszenario eher hohe oder niedrige Anforderungen an eine Second-Life-Batterie stellt. Je größer die vom Spinnennetzdiagramm eingeschlossene blaue Fläche ausfällt, desto größer ist die Bandbreite der nutzbaren Batterien. Durch Gegenüberstellung des Anforderungsdiagrammes des Szenarios

[2] Die aufgeführten Parameter finden sich auch in dem im Abschn. 3.3.4 vorgestelltem elektronischen End-Of-Life-Pass (eEOL-Pass) wieder.

Betriebsparameter der EOL-Batterie	Weiterverwendungsszenarien					
	Elektrorollstuhl	E-Scooter	Gabelstapler	Notrufsäule	Wohnwagen	Baustellen-beleuchtung
Batteriemanagementsystem – eEOL-Pass						
Kapazität	≥ 80%	≥ 70%	≥ 80%	≥ 50%	≥ 80%	≥ 80%
Innenwiderstand	≤ 1,5	≤ 1,4	≤ 1,4	≤ 1,1	≤ 1,5	≤ 1,5
Betriebszeit	≤ 10 Jahre	≤ 8 Jahre	≤ 8 Jahre	≤ 10 Jahre	≤ 8 Jahre	≤ 10 Jahre
Anzahl Vollzyklen	≤ 5000	≤ 3000	≤ 3000	≤ 5000	≤ 3000	≤ 5000
Zyklentiefe	≤ 30%	≤ 30%	≤ 30%	≤ 80%	≤ 80%	≤ 50%
Selbstentladungsrate	≤ 5%/Monat	≤ 5%/Monat	≤ 2%/Monat	≤ 2%/Monat	≤ 2%/Monat	≤ 5%/Monat
Temperaturbereich	≤ 4	≤ 3	≤ 3	≤ 5	≤ 3	≤ 5
Strombereich	≤ 3	≤ 5	≤ 3	≤ 5	≤ 3	≤ 5

Abb. 4.4 Weiterverwendungsszenarien 1 bis 6

		Betriebsparameter der EOL-Batterie	Weiterverwendungsszenarien					
			Industriespeicher	Windkraft-anlage	Ferienwohnung	Gartenlaube	Solarspeicher	Peak-Shaving Kleinbetrieb
Batteriemanagementsystem	eEOL-Pass	Kapazität	≥ 50%	≥ 60%	≥ 80%	≥ 70%	≥ 80%	≥ 50%
		Innenwiderstand	≤ 1,5	≤ 1,3	≤ 1,1	≤ 1,4	≤ 1,6	≤ 1,1
		Betriebszeit	≤ 10 Jahre	≤ 10 Jahre	≤ 8 Jahre	≤ 10 Jahre	≤ 10 Jahre	≤ 10 Jahre
		Anzahl Vollzyklen	≤ 5000	≤ 5000	≤ 3000	≤ 5000	≤ 3000	≤ 5000
		Zyklentiefe	≤ 50%	≤ 80%	≤ 30%	≤ 80%	≤ 30%	≤ 80%
		Selbstentladungsrate	≤ 5%/Monat	≤ 2%/Monat	≤ 2%/Monat	≤ 5%/Monat	≤ 5%/Monat	≤ 2%/Monat
		Temperaturbereich	≤ 5	≤ 3	≤ 3	≤ 5	≤ 3	≤ 5
		Strombereich	≤ 3	≤ 3	≤ 3	≤ 5	≤ 5	≤ 3

Abb. 4.5 Weiterverwendungsszenarien 7 bis 12

Tab. 4.1 Zentrale Parameter für die Beschreibung der Weiterverwendungsszenarien

Parameter	Wertebereich
Kapazität	[0, 100] in Prozent
Die Angabe der Kapazität verdeutlicht, wie viel Restkapazität der Batterie genutzt werden kann	
Innenwiderstand	[1, 5] als Faktor
Der Innenwiderstand einer Batterie erhöht sich mit zunehmendem Alter und kann mithilfe einer Impedanzspektroskopie ermittelt werden. Je höher der Innenwiderstand ist, desto höher sind die Verluste der Batterie bei Lade- und Entladevorgängen und desto höher ist das Risiko eines Ausfalls, z. B. durch einen internen Kurzschluss. Der Wert wird als Faktor des ursprünglichen Innenwiderstands angegeben	
Betriebszeit	[0, 15] in Jahren
Die Betriebszeit gibt an wie viel Jahre die Batterie bereits im Einsatz war	
Vollzyklen	[0, 10.000] in Anzahl
Die Anzahl der Vollzyklen repräsentiert die bisher getätigten Be- und Entladungen des Batteriesystems	
Zyklentiefe	[0, 100] in Prozent
Die Zyklentiefe gibt an, wie stark die zur Verfügung stehende Batteriekapazität im Mittel genutzt wurde. Die gesamte Nutzung der Kapazität (Zyklentiefe = 100 %) lässt die Batterie stärker altern, als eine Zyklentiefe von nur 80 %. 80 % Zyklentiefe bedeutet, dass z. B. 10 % der Batterieparität am unteren und oberen Kapazitätsrand nicht genutzt wurden	
Selbstentladungsrate	[0, 100] in %/Monat
Die Selbstentladungsrate gibt an, wie stark sich die Batterie ohne angeschlossene Last selbst entlädt. Je höher die Selbstentladungsrate ist, desto höher sind die energetischen Verluste für den Betreiber der Batterie	
Temperaturbereich	$[1, 5] = \{x \in \mathbb{N} \mid 1 \leq x \leq 5\}$
Der Temperaturbereich gibt an, unter welchen Temperaturbedingungen die Batterie betrieben wurde. Hierbei steht der Wert fünf dafür, dass die Temperaturen, denen die Batterie ausgesetzt waren, nahezu vernachlässigbar sind. Der Wert eins bedeutet hingegen, dass die Batterie nur in einem engen Temperaturbereich betrieben werden durfte	
Strombereich	[1, 5]
Der Strombereich gibt an wie stark die Batterie während des Ladens und Entladens belastet wurde. Durch hohe Ströme altert die Batterie schneller. Hierbei repräsentiert der Wert die jeweilige C-Rate, mit der die Batterie während des Ersteinsatzes durchschnittlich betrieben wurde	

und eines im Rahmen der Umwidmung zu erhebenden analogen Statusdiagrammes nach technischer Prüfung der spezifischen Batterie ist eine direkte Bestimmung der Eignung der Batterie für das jeweilige Szenario möglich: Je weniger Anforderungsfläche von der Second-Life-Batterie bedeckt werden kann, desto schlechter passt die Batterie zu dem entsprechenden Weiterverwendungsszenario.

Notrufsäule

Für die Weiterverwendung von gebrauchten Traktionsbatterien im Szenario *Notrufsäule* (vgl. Abb. 4.6) sollte die Restkapazität der Batterie mindestens 80 % der ursprünglichen Kapazität betragen, da die Batterie im Einsatzzeitraum nicht regelmäßig kontrolliert werden kann und ein Austausch nach kurzer Einsatzdauer ökonomisch problematisch ist. Ist die Notrufsäule fest an ein öffentliches Versorgungsnetz angeschlossen, lässt sich dieses Szenario in die Kategorie stationär einteilen. Falls die Notrufsäule netzunabhängig (off-grid) betrieben wird und sich leicht transportieren lässt, kann dieses Szenario auch der Kategorie semi-stationär zugeordnet werden. Speziell der semi-stationäre Betrieb der Notrufsäule setzt einen möglichst geringen Innenwiderstand voraus, um die Selbstentladungsrate möglichst gering zu halten und die Einsatzzeit zu erhöhen. Die Selbstentladungsrate sollte dabei 2 % pro Monat nicht überschreiten. Als Anwendungsort kommen dabei etwa im Bau befindliche Abschnitte einer Autobahnstrecke in Frage, da hier eine Anbindung an das Stromnetz oft unwirtschaftlich wäre. Unter normalen Umständen wird der Standort möglichst monatlich und nicht wöchentlich angefahren, um die Batterie zu kontrollieren oder auszuwechseln. Im Gegensatz hierzu sind die Anforderungen des kalendarischen und zyklischen Alters der Batterie relativ schwach, sodass die Batterie unter Umständen bis zu 10 Jahre alt sein und bereits bis zu 5000 Vollzyklen durchlaufen haben kann. Die Tiefe der vergangenen Lade- und Entladezyklen im Szenario Notrufsäule ist nicht stark eingeschränkt, sodass diese bis zu 80 % betragen haben können. Ebenfalls ist der Strombereich aus der Anwendung im First Life weniger relevant (Stufe 5). Unter Betrachtung des Umfelds im Second Life spielt ebenfalls der Temperaturbereich des First Life eine weniger zentrale Rolle, sodass die Batterie in einem fast uneingeschränkten Temperaturbereich betrieben worden sein konnte. Bei dem Betrieb ist jedoch immer zu beachten, dass die Herstellervorgaben während des First Life eingehalten werden mussten. Zusammenfassend lässt sich die Notrufsäule als robustes Szenario verstehen, das der Batterie Zuverlässigkeit und Langlebigkeit bei moderaten bis geringen Belastungen abverlangt.

Elektrorollstuhl

Das Weiterverwendungsszenario *Elektrorollstuhl* (vgl. Abb. 4.7) zeichnet sich durch eine umgebungsabhängige Leistungsbeanspruchung aus, die aufgrund einer beschränkten Maximalgeschwindigkeit eher gering ist. Die Zyklenfestigkeit hängt stark vom Einsatzzweck ab, da die Elektrorollstühle sowohl für wöchentliche als auch mehrmals tägliche Anwen-

- Batteriespannung: 24 V
- Kapazität: 60 Ah – 240 Ah
- Leistung: 5 W – 25 W

- o Anwendung ohne zusätzliche PV-Stromzufuhr
- o Kapazität abhängig von angestrebter Wechselhäufigkeit (monatlich, zweimonatlich, halbjährlich)
- o Notw. Leistung abh. vom verbauten Freisprecheinsatz

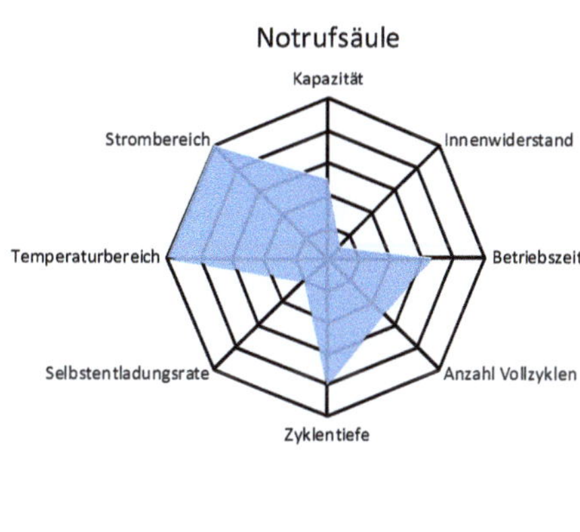

Abb. 4.6 Weiterverwendungsszenario Notrufsäule

- Batteriespannung: 24 V
- Kapazität: 12 Ah – 17 Ah
- Leistung: 110 W – 150 W

- Leistung zusätzlich abhängig von der Umgebung
- Zyklenfestigkeit abhängig von der Zielgruppe
- Geringe Beanspruchung da Höchstgeschwindigkeit begrenzt (6km/h)
- Hohe Leistungsfähigkeit gefordert für schnelle Ladung

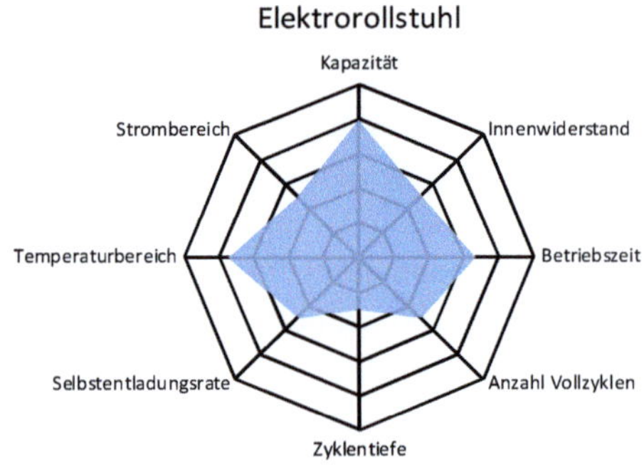

Abb. 4.7 Weiterverwendungsszenario Elektrorollstuhl

dungen genutzt werden können. Im Falle einer mehrmals täglichen Anwendung muss die Batterie über eine Schnellladefähigkeit verfügen.

E-Scooter

Das Weiterverwendungsszenario *E-Scooter* (vgl. Abb. 4.8) ist durch kurze Belastungszeiträume und gleichmäßige Belastungen gekennzeichnet. Die Anwendung ist primär im Freizeitbereich angesiedelt und benötigt die Möglichkeit, schnell geladen zu werden, so dass längere Strecken zurückgelegt werden können oder das Gefährt schnell wieder einsatzbereit ist.

Gabelstapler

Das Weiterverwendungsszenario *Gabelstapler* (vgl. Abb. 4.9) ist vor allem durch eine starke Überdimensionierung der Leistung im Regelbetrieb gekennzeichnet, da die Batterie den Gabelstapler auch in Zeiten hoher Belastung, etwa beim Bewegen oder Heben schwerer Lasten, mit ausreichend Energie versorgen muss. Die Notwendigkeit einer Schnellladefähigkeit hängt vom Schichtsystem des einsetzenden Betriebes ab. Speziell im

- Batteriespannung: 48 V
- Kapazität: 28 Ah – 60 Ah
- Leistung: 1500 W – 3000 W

- ruhige, sparsame Fortbewegung im Nahbereich hauptsächlich in der Freizeit
- In der Regel kurze Distanzen
- Antrieb maßgeblich für Kundenzufriedenheit
- Hohe Leistungsfähigkeit gefordert für schnelle Ladung

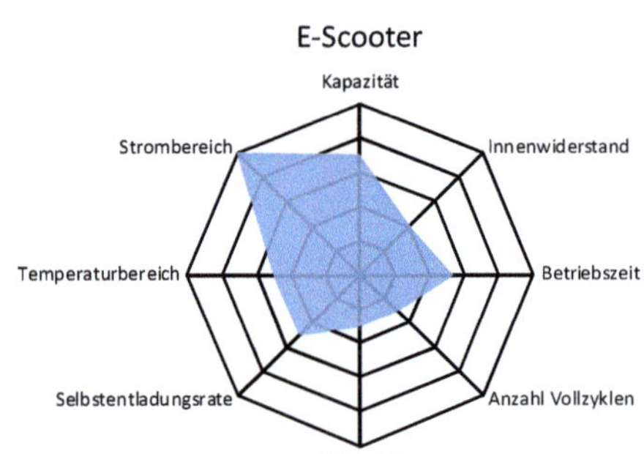

Abb. 4.8 Weiterverwendungsszenario E-Scooter

- Batteriespannung: 80 V
- Kapazität: 560 Ah – 775 Ah
- Leistung: 1500 W – 3000 W

  - Teilweise hoher Leistungsanspruch abhängig von Anwendung und Last
  - Keine hohen Geschwindigkeiten vorgesehen

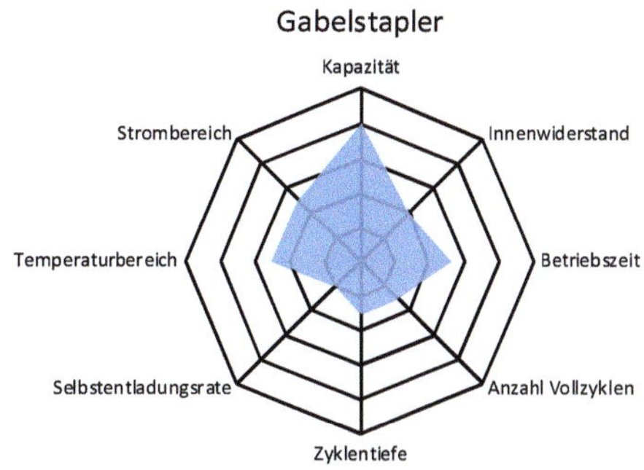

Abb. 4.9 Weiterverwendungsszenario Gabelstapler

Zweischichtbetrieb können entsprechende Fahrzeuge in der Regel nachts über intelligente Systeme geladen werden, so dass sie bei Beginn der Frühschicht wieder zur Verfügung stehen.

Baustellenbeleuchtung

Das Weiterverwendungsszenario *Baustellenbeleuchtung* (vgl. Abb. 4.10) zeichnet sich, ähnlich zur Notrufsäule, durch eine möglichst lange Anwendungszeit und eine stark vom verbauten Leuchtmittel und den Umgebungskonditionen abhängige Belastung aus.

Windkraftanlage

Kennzeichnend im Weiterverwendungsszenario *Windkraftanalage* (vgl. Abb. 4.11) ist eine dissonante und unregelmäßige Energieaufnahme durch die permanent wechselnde Windstärke und -Richtung. Hierdurch entstehen sowohl eine hohe Zyklenbelastung als auch hohe Lade- und Entladepeaks, die durch die Batterie aufgefangen werden müssen.

- Batteriespannung: 12 V
- Kapazität: 50 Ah – 250 Ah
- Leistung: 200 W – 1500 W

  - Anwendung nur bei nicht ausreichendem Tageslicht
  - Beleuchtungsstärke abhängig von Ort der Baustelle (Straßenbau, Tunnelbau)
  - Beleuchtungsstärke abhängig vom Lampentyp

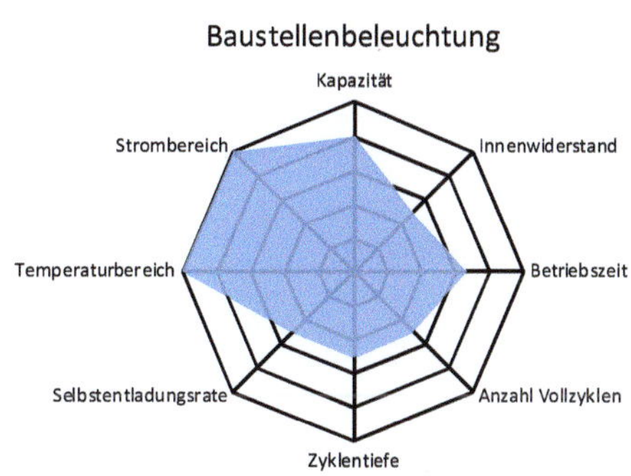

Abb. 4.10 Weiterverwendungsszenario Baustellenbeleuchtung

- Batteriespannung: 12 V – 48 V
- Kapazität: 100 Ah
- Leistung: 90 W – 1300 W

  - Energieaufnahme dissonant und unregelmäßig
  - Permanentes Laden bzw. Entladen beansprucht Zyklenfestigkeit
  - Aufgrund mehrerer Einzelpeaks hoher Anspruch auf verlustfreie Energieübertragung

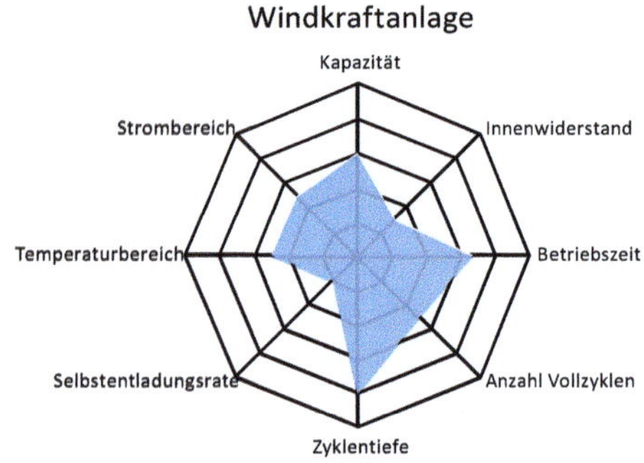

Abb. 4.11 Weiterverwendungsszenario Windkraftanlage

Solarspeicher

Hingegen ist im Weiterverwendungsszenario *Solarspeicher* (Abb. 4.12) mit einer etwas gleichmäßigeren und kontinuierlicheren Energieaufnahme zu rechnen, die jedoch weiterhin aufgrund des Schattenwurfes von Wolken variieren kann. Ebenfalls getrieben durch eine fluktuierende Last (eines Haushalts oder eines Betriebes) kommt es zu einem permanenten Laden und Entladen der Batterie, die hierdurch eine hohe Zyklenfestigkeit aufweisen muss.

Die Zuordnung der Weiterverwendungsszenarien in die drei vorher beschriebenen Szenariokategorien erfolgt in Tab. 4.2.

Innerhalb der aufgeführten Weiterverwendungsszenarien lassen sich teilweise verschiedene Anwendungsfälle für den Batteriespeicher realisieren. Hierzu zählen beispielsweise die Energieverschiebung (Arbitrage), die Eigenverbrauchsoptimierung für Privathaushalte oder gewerbliche Nutzer sowie die Erbringung von Regelleistung (siehe Tab. 4.3).

Nachfolgend werden ausgewählte Pilotprojekte vorgestellt, in denen Weiterverwendungsszenarien für gebrauchte Traktionsbatterien mit Anwendungsfällen kombiniert und an spezifischen Standorten in Deutschland realisiert wurden. Im Vordergrund stehen dabei eine Darstellung der technischen Grundlagen, der an dem Pilotprojekt beteiligten Partner

- Batteriespannung: 12 V
- Kapazität: 50 – 230 Ah
- Leistung: 1500 – 3000 W

  - Energieaufnahme regelmäßig und kontinuierlich
  - Permanentes Laden bzw. Entladen beansprucht Zyklenfestigkeit

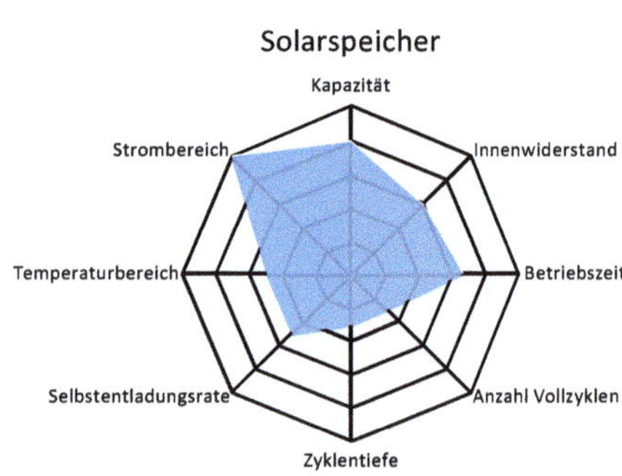

Abb. 4.12 Weiterverwendungsszenario Solarspeicher

Tab. 4.2 Einordnung der Weiterverwendungsszenarien in Szenariokategorien

Weiterverwendungsszenarien	Stationär	Semi-stationär	Mobil
Elektrorollstuhl			x
E-Scooter			x
Gabelstapler			x
Notrufsäule	(x)	(x)	
Wohnwagen		x	
Baustellenbeleuchtung		x	
Industriespeicher	x		
Windkraftanlage	x		
Ferienwohnung	x		
Versorgung Gartenlaube			x
Solarspeicher	x		
Peak-Shaving Kleinbetrieb	x		

und, soweit möglich, eine Skizzierung von Generalisierungspotentialen. Im Abschn. 4.5 wird dann abseits dieser konkreten Beispiele detailliert auf weitere Szenarien, Anwendungsfälle und mit diesen in Verbindung stehende potentielle Geschäftsmodelle eingegangen.

4.4.2 Pilotprojekte

Einige der vorgestellten Nachnutzungsszenarien wurden bereits im Rahmen von Pilotprojekten umgesetzt. Ein Beispiel ist das 13 MWh Batteriespeichersystem in Lünen, das in

Tab. 4.3 Potentielle Anwendungsfälle Batteriespeicher. (In Anlehnung an Eyer und Corey 2010)

Anwendungsfall	Lade-/Entladezeiten		Leistung	
	Gering	Hoch	Gering	Hoch
Energieverschiebung (Arbitrage)	2	8	1 MW	500 MW
Versorgungssicherung	4	6	1 MW	500 MW
Lastanpassung	2	4	1 MW	500 MW
Spannungsregelung	15 min	1	1 MW	10 MW
(PRL-)Regelleistung	2 s	5 min	5 MW	100 MW
Eigenverbrauchsoptimierung (priv.)	4	16	1,5 kW	20 kW
Eigenverbrauchsoptimierung (gew.)	4	16	50 kW	2 MW
Demand Charge Management	5	11	50 kW	10 MW
Spannungszuverlässigkeit/-Qualität	10 s	1	0,2 kW	10 MW
Energieverschiebung (Erneuerbare)	3	5	1 kW	500 MW
Wind Netzeinspeisung (kurz)	10 s	15 min	0,2 kW	500 MW
Wind Netzeinspeisung (lang)	1	6	0,2 kW	500 MW

einer Kooperation der Daimler AG, The Mobility House AG, GETEC und Remondis SE entstanden ist. Das Speichersystem besteht aus mehr als eintausend gebrauchten Batteriemodulen aus dem Smart Fortwo Elektroauto (Deppe 2015; The Mobility House 2015) und stellt Primärregelleistung zur Verfügung.

Im Rahmen des E-STOR Pilotprojektes von Renault S.A. und Connected Energy Ltd. stand zunächst die Ergänzung von Elektroautoladeknoten um 50 kWh große Pufferspeicher aus gebrauchten Traktionsbatterien von Renault im Vordergrund (Renault 2016). Hierdurch sollte die Belastung des öffentlichen Stromnetzes reduziert werden und gleichzeitig können an mehreren Ladestationen Schnellladefunktionen bereitgestellt werden. Mittlerweile wurde das E-STOR-Konzept zu einer modular skalierbaren Architektur ausgebaut, die auch mit Traktionsbatterien anderer Hersteller nutzbar sein soll (Connected Energy 2017).

Aus der Kooperation von Nissan und Eaton ist mit dem XStorage Home ein Heimbatteriespeicher entstanden, der in einer 4,2 kWh- einer 6 kWh- und einer 9,6 kWh-Variante auch mit gebrauchten Traktionsbatterien aus Nissans Elektroautoflotte (aktuell nur bei der 4,2 kWh-Variante) bestückt werden kann (Nissan Europe 2016; Eaton 2017). Weiterhin hat Nissan kürzlich ein Projekt angekündigt, bei dem das Unternehmen gemeinsam mit der 4R Energy Corporation gebrauchte Traktionsbatterien aus dem Nissan Leaf zusammen mit Solarzellen in Off-Grid-Straßenlampen zur Beleuchtung von Parks auf der ganzen Welt integriert (Field 2018; Nissan Motor Corporation 2018).

Mit dem Effizienzhaus Plus, dem Vattenfall Second-Life-Speicher und dem Großspeicher Wendelstein werden im Folgenden drei Pilotprojekte im Detail vorgestellt. In Tab. 4.4 sind die wichtigsten Kennzahlen der drei Pilotprojekte zusammengefasst.

4.4.2.1 Effizienzhaus Plus mit Elektromobilität

Kurzbeschreibung des Projektes

Das Projekt Effizienzhaus Plus mit Elektromobilität in Berlin ist ein Modelhaus, das im Jahr 2011 im Rahmen eines durch die Bundesregierung geförderten Forschungsprojektes im Bereich der erneuerbaren Energien errichtet wurde. Zu Beginn wurde das Projekt unter der Zuständigkeit des Bundesministeriums für Verkehr, Bau und Stadtentwicklung

Tab. 4.4 Gegenüberstellung von Second-Life-Pilotprojekten für Traktionsbatterien

	Effizienzhaus Plus	Vattenfall Second-Life-Speicher	Großspeicher Wendelstein
Anwendungsfall	Eigenverbrauchs-optimierung	Primärregelleistung	Primärregelleistung
Kapazität	43,2 kWh	2 MWh	1 MWh
Batterieursprung	MINI E	i3, Mini E, Active E	Keine genaue Angabe
Standort	Berlin	Hamburg	Wendelstein
Projektstart	2011	2016	2017

(BMVBS) gestartet und im Jahr 2014 an das Bundesministerium für Umwelt, Naturschutz, Bau und Reaktorsicherheit (BMUB) übertragen. Mit einem modernen Design und hoher Nutzerfreundlichkeit wurde das Modellhaus mit Fokus auf nachhaltige und recyclingfähige Materialien gebaut. Das Ziel des Projektes ist neben der Gestaltung eines Hauses mit autarker Energieversorgung unter anderem zu zeigen, dass ein hoher Wohnkomfort auch mit effizientem, sparsamen und vor allem grünem Energieverbrauch realisierbar ist. Durch den Einsatz von PV-Anlagen soll das Haus seinen Energiebedarf eigenständig abdecken und überschüssig generierte Energie für Elektromobilität und Gebäudetechnik bereitstellen (Mayer et al. 2015).

Demnach ist das Modellhaus zum einen mit einer PV-Anlage über eine Fläche von 98,2 m^2 auf dem Dach bestückt. Zum anderen sind an der Südwestfassade amorphe Dünnschichtmodule über eine Fläche von 73,0 m^2 installiert (Erhorn et al. 2013). Diese Dünnschichtmodule kommen zum Einsatz, um auch Strom durch die Lichtreflexion im Bereich der Fassaden zu erzeugen. Die durch die Photovoltaik lokal erzeugte elektrische Energie wird in einem 43,2 kWh Heimspeichersystem zwischengespeichert und hauptsächlich für den Energiebedarf des Hauses verwendet.

In Deutschland verbraucht ein durchschnittlicher Vier-Personen-Haushalt in einem Einfamilienhaus inklusive elektrischer Warmwasseraufbereitung im Jahr 2017 ungefähr 5000 kWh an elektrischer Energie (co2online gemeinnützige Beratungsgesellschaft mbH 2018). Für das Projekt Effizienzhaus Plus wurde ein Energiebedarf von ungefähr 13.000 kWh jährlich vorberechnet (Erhorn et al. 2013). Dieser Bedarf setzt sich aus dem jährlichen Strombedarf von ca. 7000 kWh für alle Anwendungen im Haus sowie dem jährlichen Strombedarf zum Aufladen der Elektrofahrzeuge in Höhe von 6000 kWh zusammen. Um diesen Bedarf zu decken, soll die gesamte PV-Anlage jährlich 16.625 kWh erzeugen, 11.578 kWh durch die PV-Anlage auf dem Dach und 5047 kWh durch die PV-Anlage der Fassade.

Die Besonderheit des hier eingesetzten Heimspeichersystems ist, dass es aus einer Lithium-Ionen-Batterie besteht, die sich aus Second-Life-Fahrzeugbatterien zusammensetzt (vgl. Tab. 4.5). Diese Second-Life-Fahrzeugbatterien stammen aus der Testfahrzeugflotte MINI E der Bayrische Motoren Werke AG (BMW AG) (Mayer et al. 2015). Dabei wurden aus 104 BMW-Batteriemodulen 70 geeignete Module ausgewählt, die nach einer Laufleistung von bis zu 80.500 km sowie einer Betriebszeit von drei bis vier Jahren eine Restkapazität von etwa 90 % aufgewiesen haben. Ein Modul besteht hierbei aus 106 Lithium-Ionen-Zellen (Mayer et al. 2015). Das eingesetzte Multi-Master-Batteriemanagementsystem wurde von einem Elektroboothersteller für den vorliegenden Anwendungsfall adaptiert.

Marktsituation

Das US Marktforschungsinstitut IHS prognostizierte für den globalen Markt netzgekoppelter PV-Anlagen mit Energiespeicher ein zehnfaches Wachstum bis zum Jahr 2018, sodass ein Anstieg bis über 900 Megawatt (MW) zu erwarten ist (Wilkinson 2014). In Deutschland erfährt der Markt für Energiespeicher, speziell bedingt durch die angestreb-

Tab. 4.5 Technische Daten des Batteriepacks. (Entsprechend Mayer et al. 2015)

Parameter	Wert	Parameter	Wert
Länge (x-Richtung)	1600 mm	Lagertemperatur	−3 bis +45 °C
Breite (y-Richtung)	800 mm	Ladespannung	56 V
Tiefe (z-Richtung)	800 mm	Nennspannung	51,8 V
Batteriegewicht	~ 600 kg	Entladeschlussspannung	42 V
Gesamtgewicht	991 kg	Max. Ladestrom	< 360 A
Modul-Konfiguration	10p7s	Max. Entladestrom	< 500 A
Betriebstemperatur (Laden)	−3 bis +45 °C	Nennkapazität/Nennenergieinhalt	1033,4 Ah/53,5 kWh
Betriebstemperatur (Entladen)	−5 bis +45 °C	Nutzbare Kapazität/nutzbarer Energieinhalt	834 Ah/43,2 kWh

te Energiewende und Förderprogramme, eine besonders dynamische Entwicklung. So gab es entsprechend des Jahresberichtes 2018 des wissenschaftlichen Mess- und Evaluierungsprogramm Solarstromspeicher 2.0 Ende 2017 bereits rund 85.000 Solarspeicher in Deutschland (Figgener et al. 2018). Im Jahr 2017 wurde dabei jede zweite Anlage mit einer Leistung unter 30 kWp zusammen mit einem Batteriespeichersystem installiert. Auch wenn die Preise für Solarspeicher in den letzten Jahren kontinuierlich gesunken sind und seit 2016 die Anteile der durch die KfW im Rahmen spezieller Förderprogramme mitfinanzierten Solarspeicher am Gesamtabsatz rückläufig sind (Figgener et al. 2018), warnen erste Experten davor, dass sich eine Anschaffung von Lithium-Ionen-basierten Heimspeichern seit Mitte 2017 ohne entsprechende Förderung basierend auf dem aktuellen Heimspeicherangebot rein ökonomisch nicht mehr lohne (Rutschmann 2018). Geringe Kosten für die Umwidmung vorausgesetzt, könnten Heimspeicherangebote aus gebrauchten Traktionsbatterien eine ökonomisch lohnenswerte, wenn auch nicht staatlich förderbare[3], Alternative zu Heimspeichern auf Basis neuer Lithium-Ionen-Zellen darstellen.

Anforderungen

Spezielle regulatorische, organisatorische und technische Anforderungen für den Einsatz gebrauchter Batteriezellen oder Batteriemodule aus Traktionsbatterien in Heimspeichern liegen zum jetzigen Zeitpunkt nicht vor. Unter der Leitung vom Zentralverband der Deutschen Elektro- und Informationstechnischen Handwerke (ZVEH) und dem Bundesverband Solarwirtschaft e. V. (BSW) wurde jedoch etwa der PV-Speicherpass für in Verbindung mit PV-Anlagen eingesetzte Batteriespeichersysteme erarbeitet, der nicht nur technische Angaben zum Speichersystem und dem Wechselrichter enthält, sondern auch

[3] Die Aussage basiert auf einer E-Mail-Korrespondenz mit der Kreditanstalt für Wiederaufbau (KfW) vom 09.05.2016. Hierin wurde von den zuständigen Mitarbeiterinnen bestätigt, dass auf gebrauchten Batterien aufgebaute Heimspeicher nicht förderfähig sind.

Angaben zum Sicherheitskonzept verlangt und etwa auf den *Sicherheitsleitfaden Li-Ionen-Hausspeicher* (Bundesverband Solarwirtschaft et al. 2014) und die VDE-Anwendungsregel *Stationäre Energiespeichersysteme mit Lithium-Batterien* (VDE-AR-E 2510-50:2017-05) und darüber detailliert auf geltende Gesetze, Richtlinien und Normen verweist. Es ist aktuell davon auszugehen, dass diese Vorgaben mehrheitlich auch für gebrauchte Traktionsbatterien und aus diesen aufgebaute Solarspeicher gelten. In Abb. 4.13 wird das Konzept des Solarspeichers kurz in Form eines Steckbriefes zusammengefasst.

4.4.2.2 Vattenfall Second-Life-Speicher

Vattenfall hat seine Second-Life-Speicher-Aktivitäten am Standort Hamburg in bisher drei Teilprojekte aufgeteilt. Hierbei dienen zwei vergleichsweise kleine Projekte (bestehend aus zwei und acht BMW i3-Modulen) dazu, erste Erfahrungen in Bezug auf Modulumbau, Steuerung, Behausung und Anwendung zu sammeln. Die Speicher werden genutzt, um zum einen den Eigenverbrauch eines Infozentrums (inkl. PV-Anlage) zur optimieren, in dem der tagsüber produzierte Strom eingespeichert und am späten Nachmittag

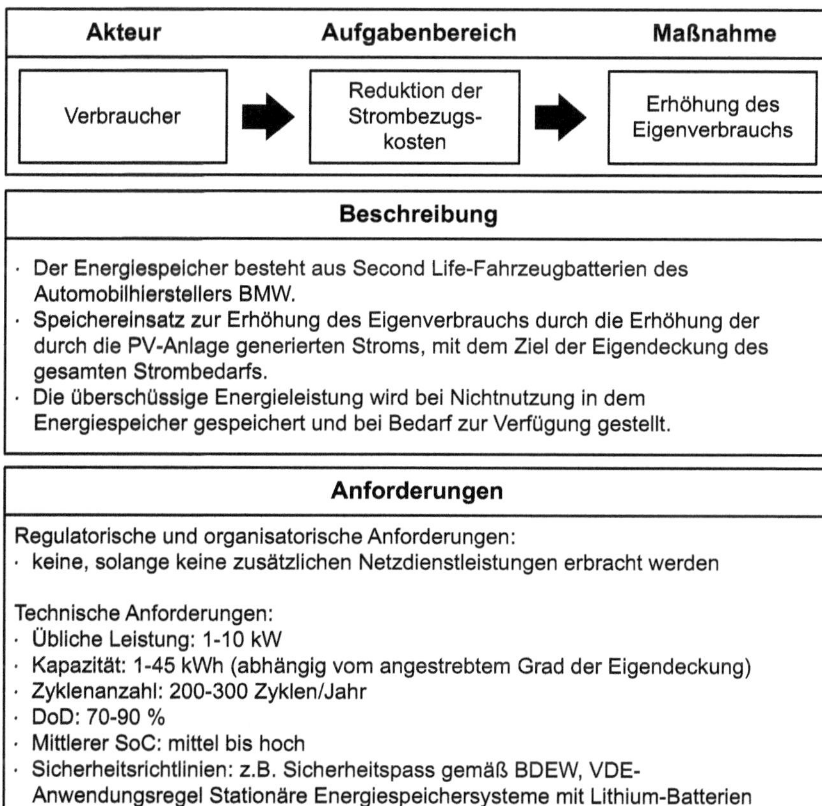

Abb. 4.13 Steckbrief Effizienzhaus Plus mit Elektromobilität

oder Abend wieder selbst genutzt wird. Zum anderen wird der zweite Batteriespeicher genutzt, um Peak-Leistungen von zwei Elektrofahrzeugschnellladestationen zu dämpfen. Die Aufgabe des Speichers ist es, auftretende Lastspitzen zu kappen, sodass das Netz entlastet wird und eine Überbelastung ausgeschlossen werden kann. In Zeiten, zu denen keine Fahrzeugladung stattfindet, wird der Speicher über das Netz aufgeladen.

Die Erfahrungen aus den beiden Projekten sind in den Ende 2016 eröffneten Second-Life-Speicher geflossen, der aus 2600 Batteriemodulen von mehr als 100 Elektrofahrzeugen besteht. Die Module stammen aus BMW i3-, Mini E- und Active E-Fahrzeugen. Der Speicher hat eine Leistung von 2 MW; die verfügbare Kapazität beträgt 2,8 MWh. Das Projekt wurde in Zusammenarbeit mit Bosch als Systemintegrator durchgeführt.

Insgesamt ist das Projekt stark pilotgetrieben, sodass z. B. der Standort beispielsweise lediglich aufgrund der Nähe zu Hamburg, und nicht um weitere Vorteile zu nutzen, gewählt worden ist. Der primäre Anwendungsfall des Speichers ist die Erbringung von Primärregelleistung, wobei dieser nicht eigenständig, sondern im Anlagenpool von Vattenfall vermarket werden soll.

Die Projektkonstellation aus Vattenfall, Bosch und BMW wurde gewählt, um Synergien zu schaffen und Kompetenzen zu vereinen. Hierdurch konnte BMW geeignete Batteriemodule für die einzelnen Vorhaben auswählen und bereitstellen. Aufgrund von Betriebsgeheimnissen ist jedoch nicht bekannt, wie die Auswahl der Module durchgeführt wurde und vor allem wie der Zustand nach dem First Life bewertet wurde.

Für weitere stationäre Batteriespeicher eignen sich aus Sicht von Vattenfall Automobilspeicher sehr gut, da diese ohne größeres Update für die stationäre Verwendung genutzt werden können. Einzig das integrierte BMS muss durch ein geeignetes Softwareupdate für den stationären Speichereinsatz angepasst werden. Ebenso stellt die Möglichkeit der sehr genauen Zellkühlung, mithilfe der für die im Auto zur Kühlung vorgesehenen Technik, einen großen Vorteil dar. In Abb. 4.14 wird das Konzept des von Vattenfall eingesetzten Second-Life-Speichers kurz in Form eines Steckbriefes zusammengefasst.

4.4.2.3 Großspeicher Wendelstein

Kurzbeschreibung des Projektes

Der neuartige Batteriespeicher in Wendelstein, südlich von Nürnberg, gilt als eines der Pionierprojekte im Bereich der erneuerbaren Energien. Die Gemeindewerke Wendelstein Bürgerkraftwerk GmbH, ein Tochterunternehmen der Gemeindewerke Wendelstein, errichtete gemeinsam mit N-ERGIE Regenerativ GmbH und AREVA die Anlage im Netzgebiet der Gemeindewerke Wendelstein. Auf einer Fläche von ungefähr 75 m^2 kommen rund 100 gebrauchte Batteriemodule in zwei vollklimatisierten Containern zusammen. Die Speicherkapazität liegt bei Betriebsbeginn bei ca. 1 MWh und reicht für eine ganztägige Stromversorgung von ca. 100 durchschnittlichen Haushalten.

Die Gemeindewerke Wendelstein Bürgerkraftwerk GmbH fungiert im Projekt als Investor und somit auch Eigentümer des Energiespeichers. Im Rahmen eines Mietvertrags betreibt die N-ERGIE Regenerativ GmbH als Stromerzeuger die Anlage und erzielt ihre

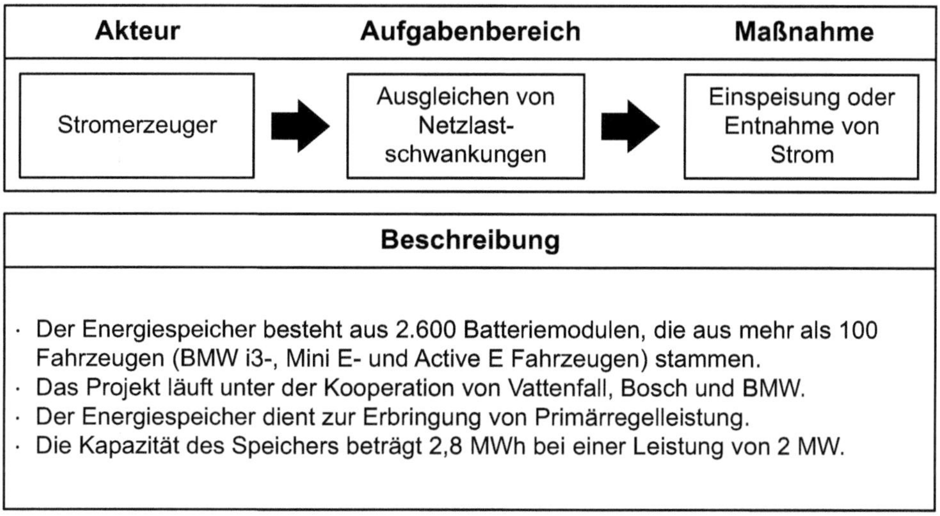

Abb. 4.14 Steckbrief Vattenfall Second-Life-Speicher

Wertschöpfung durch die Erbringung der Primärregelleistung (PRL). Die AREVA ist als Generalunternehmer tätig und liefert die Systemtechnik. Zudem steht sie in voller Verantwortung gegenüber den Kunden und erbringt innerhalb des Projektes die Wartung und Dienstleistung. Als Netzbetreiber sind die Gemeindewerke Wendelstein tätig.

Die Motivation für dieses Projekt fällt bei den Projektpartnern unterschiedlich aus. Für die Gemeindewerke Wendelstein Bürgerkraftwerk GmbH und N-ERGIE spielen sowohl die ökonomischen als auch ökologischen Aspekte eine Rolle. Als Verfechter des regionalen Ansatzes versucht die N-ERGIE AG gegen den Bau von vielen Stromautobahnen quer durch die Bundesrepublik zu wirken und auf eine genaue Analyse und Bestimmung des Energiebedarfes zu drängen, um die Umweltbelastung niedrig zu halten. Demnach ergibt sich die Speicherenergie als Schlüsselelement der Unternehmensstrategie, um mit der Speicheranlage das Potential eigenständigen Energiebeschaffung aus den regionalen Zentren auszuschöpfen. Weiterhin ist die N-ERGIE AG stark im Bereich der Elektromobilität engagiert und stellt über 100 Ladesäulen im Großraum Nürnberg bereit. In diesem Rahmen beschäftigt sich das Unternehmen mit der grundlegen Frage, was mit den Traktionsbatterien aus den Elektroautos nach der Erstanwendung geschehen soll.

Die Entscheidung für den Standort Wendelstein fiel vor allem aufgrund der verfügbaren Grundfläche, die in einem Gewerbegebiet und nahe einer Trafostation liegt. Des Weiteren wird der Speicher durch die Gemeindewerke Wendelstein Bürgerkraftwerke GmbH mit Hilfe von Geldern der Wendelsteiner Bürger finanziert. Somit besitzen sowohl die Bürger als auch die Gemeindewerke Wendelstein ein Interesse daran, den Speicher in ihrer Region zu errichten.

AREVA als französischer Energiekonzern im Bereich der Kerntechnik versucht seit 2011 im deutschen Markt Industrieprojekte zu realisieren. Mit einer langjährigen Erfahrung von über 70 Jahren in der Entwicklung von Batteriespeichern für große Kraftwerke konnte das Unternehmen durch Partnerkooperationen, insbesondere mit Automobilherstellern, Knowhow im Bereich der Lithium-Ionen-Technologie aufbauen. Besonders die strategische Entscheidung bezüglich der Zusammenarbeit mit der Automobilindustrie bringt den Aspekt mit sich, durch die Innovationskraft und sehr schnellen Entwicklungszyklen in der Automobilindustrie günstige Energielösungen für den Kunden bereitzustellen. Wie die N-ERGIE versucht auch AREVA zu beobachten, wie sich das Projekt wirtschaftlich verhält und wie robust die eingesetzte Technik ist. Bedeutend hierbei wird die Frage sein, wie sich die Batterien über die Projektlaufzeit verhalten werden und welche verbesserungsmaßnahmen sich hinsichtlich der Wartung und hinsichtlich weiterer Dienstleistungen ergeben.

Marksituation

Der Bedarf an Primärregelleistung wird seit 2007 durch die deutschen Übertragungsnetzbetreiber (ÜBN) durch eine gemeinsame Ausschreibung über die Internetplattform www.regelleistung.net gedeckt (Berndt et al. 2007). Unter Berücksichtigung verschiedener Einflussfaktoren werden die Angebotsgröße, Kosten und Preise bestimmt. Zu den Einflussfaktoren gehören beispielsweise die Anbieterzahl, die Angebotsmenge wie auch die Kosten der Technologie. Die historische Entwicklung des PRL-Bedarfs für das gesamte Netzgebiet des Verbands Europäischer Übertragungsnetzbetreiber (ENTSO-E) weist einen Anstieg auf. Zurückzuführen ist diese Entwicklung zum einen auf das Jahr 2012, seitdem die Schweiz 24 MW, und zum anderen auf das Jahr 2014, seitdem die Niederlande 67 MW des Bedarfs an PRL über die deutsche Ausschreibungsplattform beziehen (Fischhaber et al. 2016). In Abhängigkeit hierzu entwickelt sich auch der Leistungspreis, über den die Anbieter ihre Vergütung erhalten. Der mittlere wöchentliche PRL-Leistungspreis lag 2015 bei 3464 € pro MW (Stenzel 2016).

Da die Leistungspreise aufgrund sinkender Batteriesystemkosten und neuer Marktteilnehmer in der Vergangenheit kontinuierlich gefallen sind, lassen sich aktuell allenfalls 1:1 dimensionierte (Energie- zu Leistungsverhältnis) Systeme (mit Einschränkungen) wirtschaftlich betreiben (Stenzel 2016). Ein Ansteigen der Leistungspreise ist zudem mittelfristig nicht absehbar. Allerdings sind sowohl N-ERGIE als auch AREVA mit der Marktsituation im Allgemeinen sehr zufrieden und erwarten eine steigende Tendenz bezüglich der Weiterverwendung gebrauchter Lithium-Ionen-Batterien. Mit der steigenden Verbreitung der Elektromobilität ist in den nächsten 10 Jahren mit einer hohen Anzahl an gebrauchten Elektrobatterien zu rechnen, die nach Umwidmung zur Erbringung von PRL eingesetzt werden können.

Regulatorische und organisatorische Anforderungen

Durch die Teilnahme am Markt für Regelleistung gelten in diesem Zusammenhang die an das Ausschreibungsprodukt zu erbringenden Anforderungen. Zu den grundlegendsten Anforderungen gehören hier z. B. eine Ausschreibungsdauer von einer Woche wie auch eine Mindestangebotsgröße sowohl in positiver als auch negativer Richtung von 1 MW (regelleistung.net 2017). Um diese wie auch andere Anforderungen und bestimmte Auflagen sicherzustellen, wird der Batteriespeicher Wendelstein in einem Anlagenpool vermarktet.

Technische Anforderungen

Die Anzahl der in dem Energiespeicher eingesetzten Batteriemodule variiert je nach Batteriestand und -Kapazität. Da die Batteriemodule aktuell aus drei bis vier verschiedenen Fahrzeug- und somit auch Traktionsbatteriemodellen stammen, kann sich die Anzahl der Batterien ändern. Maximal werden es jedoch 100 Batteriemodule sein. Diese verfügen über einen SoH von 80 % und sollen der Erbringung von Einspeise- sowie Ausspeiseleistung von 500 kW genügen. Bei einem SoH-Wert von ca. 60 % werden die Batteriemodule endgültig aus dem Speicher herausgenommen. Es ist an dieser Stelle zu erwähnen, dass nicht ausschließlich gebrauchte Batteriemodule zum Einsatz kommen. Für den Fall, dass die gebrauchten Batteriemodule über keine ausreichende Kapazität verfügen, können auch neue Batteriemodule eingesetzt werden. Weitere Details sind in Tab. 4.6 und in Steckbriefform in Abb. 4.15 dargestellt.

Die Angaben hinsichtlich der Größe, Masse oder des Gewichts sind hierbei unterschiedlich, da die Batteriemodule, wie bereits erwähnt, aus verschiedenen Fahrzeugmodellen stammen. Da es sich aber bei zukünftigen Batteriegenrationen um ein Gewicht von bis zu 700 kg handeln wird, sind die Container flexibel konstruiert worden. Dies erlaubt es, auch Batterien mit unterschiedlicher Masse und/oder Größe uneingeschränkt zu installieren. Hervorzuheben ist in Verbindung mit der Verwendung von gebrauchten Traktionsbatterien, dass aus wirtschaftlichen und sicherheitstechnischen Gründen keine Zerlegung der Batteriesysteme im Rahmen der Umwidmung erfolgt, sondern die Systeme im Ganzen mit ihrer Sicherheitshülle und den Sicherheitsfunktionen in den Großspeicher integriert werden. Demnach entsprechen die hier eingesetzten Batterien den Sicherheitsregelungen nach den Verkehrsvorgaben, die aktuell höher sind, als für stationäre Anwendungen. Zusätzlich ist der Container mit Brandschutzvorrichtungen ausgerüstet und eine Klimaanlage sorgt für temperierte Batterien.

Tab. 4.6 Technische Daten des Speichers Wendelstein

Parameter	Wert
Kapazität (SoH in %) der Batteriemodule	80–60 %
Einspeise- und Ausspeiseleistung	500 kW
Speicherkapazität	~ 1 MWh
SoC	50 und 90 %
DoD	10 und 15 %
Anzahl Mikrozyklen	Ca. 100.000
Batteriegewicht	~ 700 kg

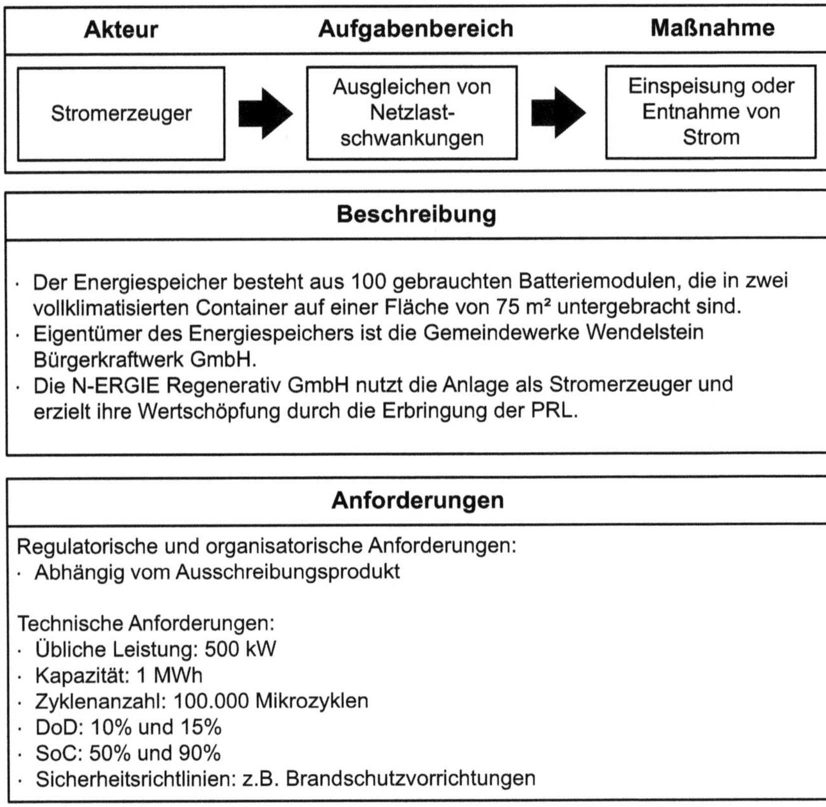

Abb. 4.15 Steckbrief Großspeicher Wendelstein

4.5 Geschäftsmodellentwicklung für stationäre Speicher aus Traktionsbatterien

Die zielgerichtete und strukturierte Entwicklung eines Geschäftsmodells ist ein wichtiger Faktor für den späteren Erfolg des operativen Geschäfts eines Unternehmens oder eines Unternehmensverbundes. Dabei werden der Begriff und die Funktion eines Geschäftsmodells in der Literatur unterschiedlich definiert (Burkhart et al. 2011). Eine der populärsten Definitionen wird von Timmers vorgeschlagen. Timmers definiert das Geschäftsmodell als „eine Architektur für das Produkt, den Service und die Informationsflüsse inklusive einer Beschreibung der verschiedenen Akteure und ihrer Rollen“ (Timmers 1998, S. 4). Weiterhin beinhalten Geschäftsmodelle nach Timmers (1998) Angaben zu den Vorteilen, die für die beteiligten Akteure angestrebt werden und Informationen zu den Einnahmequellen. Ein Geschäftsmodell soll also die logische Funktionalität eines Unternehmens darstellen und als Vorgabe für die durchzuführenden Informations-, Material- und Finanzflüsse dienen.

Die Business Model Canvas (Osterwalder und Pigneur 2011) hat sich als ein einfach anzuwendendes und populäres Werkzeug für die initiale Darstellung und Entwicklung eines Geschäftsmodells etabliert. Im Folgenden wird zunächst das Werkzeug Business Model Canvas inhaltlich vorgestellt, bevor es zur Darstellung unterschiedlicher EVB-Second-Life-Geschäftsmodelle genutzt wird. Abschließend wird auf die Unterschiede zwischen der Verwendung von First-Life- und Second-Life-Batterien eingegangen, da diese wiederum Auswirkungen auf das Geschäftsmodell haben können.

4.5.1 Business Model Canvas

Die den weiteren Ausführungen zugrunde liegende Darstellungsvariante der Business Model Canvas nach Osterwalder und Pigneur (2011) wurde im Vergleich zum Original zusätzlich um Flächen zur Darstellung des zukünftigen Potentials des Geschäftsmodells und beeinflussender makroökonomischer Faktoren erweitert. Der Aufbau der so adaptierten Canvas mitsamt zentraler Leitfragen für die weiteren Untersuchungen ist in Abb. 4.16 dargestellt. Nachfolgend ist eine kurze Erläuterung der insgesamt elf Elemente zu finden.

Kundensegmente
Hier werden die mit dem Leistungsversprechen zu adressierenden Kundengruppen definiert. Dazu können verschiedene Kriterien auf unterschiedlichen Definitionsebenen verwendet werden. So kann eine Gruppe aus privaten oder geschäftlichen Kunden bestehen, es kann eine bestimmte Altersstruktur angegeben sein oder es kann eine bestimmte Region definiert sein, durch die die Kundengruppe definiert wird.

Leistungsversprechen
Dieser Bereich beschreibt den Mehrwert, den Kunden durch den Leistungsaustausch mit dem Anbieter erzielen können. Der Leistungsaustausch kann dabei sowohl einmalig, etwa beim Kauf eines Produktes, als auch wiederholt und begleitet durch eine langfristige Beziehung, etwa durch die regelmäßige Inanspruchnahme von Dienstleistungen, erfolgen. Das Leistungsversprechen kann sich auch auf abstrakte Mehrwerte, wie das Lösen des Problems eines Kunden, beziehen.

Kundenbeziehungen
Hier wird notiert, welche Arten von Beziehungen zwischen dem eigenen Unternehmen und dem Kunden bestehen. Aus Sicht des Unternehmens kann es dabei auch sinnvoll sein, auch solche Arten von Beziehungen aufzuführen, die aktuell noch nicht existent sind, jedoch vom Kunden erwartet oder für sinnvoll erachtet werden.

Abb. 4.16 Business Model Canvas. (In Anlehnung an Osterwalder und Pigneur 2011)

Marketingkanäle
In diesem Bereich werden die unterschiedlichen Möglichkeiten aufgeführt, mit dem Kunden in Kontakt zu treten. Ebenso wie bei den Kundenbeziehungen ist auch hier eine Betrachtung der Kundenerwartungen sinnvoll.

Einnahmequellen
In diesem Bereich werden die zu erwartenden Einnahmequellen aufgeführt. Oft resultieren diese aus dem Verkauf eines Produktes. Erlöse können jedoch auch aus der Erbringung von Dienstleistungen oder durch die Bereitstellung von Lizenzen erzielt werden.

Schlüsselressourcen
In diesem Bereich werden die für die Umsetzung des Geschäftsmodells notwendigen Ressourcen aufgeführt. Diese müssen nicht zwingend materiell sein, sondern können z. B. auch bestimmte Qualifikationen, Wissen, die Teilhabe an einem Netzwerk oder den Einsatz einer bestimmten Software einschließen.

Schlüsselaktivitäten
In diesem Bereich werden die im eigenen Unternehmen durchzuführenden geschäftsmodellbezogenen Kernaktivitäten aufgeführt. Mittels dieser Aktivitäten wird z. B. das Leistungsversprechen umgesetzt.

Schlüsselpartner
In diesem Bereich werden die Partnerunternehmen aufgelistet, die für die Realisierung des Geschäftsmodells zentral sind. Dabei kann es sich z. B. um Hersteller von weiterzuverarbeitenden Produkten, um Logistikpartner für den Transport von Waren oder um Marketingpartner für die Realisierung von Kampagnen handeln. Zudem kann aufgeführt werden, welche Aktivitäten diese Partner für das eigene Unternehmen durchführen und wie sie dabei dem Leistungsversprechen dienen.

Kostenstruktur
Hier werden alle zu erwartenden Kosten aufgeführt. Beispiele für mögliche Kostenquellen sind der Einkauf, die Fertigung, die Montage, die Entsorgung oder die Logistik. Weiterhin können etwa auch Kosten für Lizenzen, die Erbringung von Dienstleistungen oder die Abwicklung von Garantien anfallen.

Potential
Hier wird eine Prognose hinsichtlich der zu erwartenden Entwicklung der einzelnen Bereiche des Geschäftsmodells für die absehbare Zukunft gegeben. Es sollen dabei Entwicklungen identifiziert werden, die einen positiven oder einen negativen Einfluss auf die Wirtschaftlichkeit des Geschäftsmodells haben können. Ist beispielsweise zu erwarten, dass in naher Zukunft eines der Kundensegmente oder auch ein Schlüsselpartner wegfällt, ist genau zu prüfen, ob das Geschäftsmodell weiterhin sinnvoll anwendbar ist. Zudem

kann eine erste Abschätzung erfolgen, welche Parameter einen großen Einfluss auf eine erfolgreiche Umsetzung des Geschäftsmodells haben und welche Parameter weniger entscheidend sind.

Makroökonomie
In diesem Bereich werden Einflussfaktoren gesammelt, auf die das Unternehmen selbst keinen oder nur einen geringen Einfluss hat und die nicht in einem der anderen Elemente der Canvas aufgeführt wurden. Entsprechende Faktoren können erhebliche Auswirkungen auf die Wirtschaftlichkeit und den Erfolg des Unternehmens haben und werden nach dem Gesamtkonzept von Osterwalder et al. (2014) üblicherweise mit Hilfe von *Environment Maps* erfasst. Zu den hier aufzuführenden Punkten zählen vor allem Gesetze, Verordnungen und Richtlinien. Es kann aber auch die wirtschaftliche Entwicklung einer Region analysiert und hier zusammengefasst werden.

4.5.2 Vorstellung von Geschäftsmodellen für Weiterverwendungsszenarien und Anwendungsfälle

In Deutschland ist der Inverkehrbringer von Batterien gesetzlich dazu verpflichtet, diese nach Ende der Nutzung durch den Verbraucher wieder zurückzunehmen und fachgerecht zu entsorgen oder zu verwerten (vgl. Abschn. 2.3.1). Da sowohl Entsorgung als auch Verwertung oft mit Kosten verbunden sind, haben OEMs ein ökonomisches Interesse daran, dass die Traktionsbatterien nach der Erstanwendung im Fahrzeug noch möglichst lange in einer Second-Life-Anwendung genutzt werden. Viele der den Anwendungen zugrunde liegenden Geschäftsmodelle bauen jedoch auf Erwartungen zu hohen Stückzahlen gebrauchter Traktionsbatterien auf, die wohl erst Mitte der 2020er Jahre erfüllt werden können (vgl. Abschn. 4.2). Gleichzeitig hängt die Wirtschaftlichkeit einzelner Geschäftsmodelle stark von geringen Kapitalinvestitionen ab. Ausgewählte im Verbundprojekt EOL-IS detailliert analysierte Geschäftsmodelle werden im Folgenden vorgestellt.

4.5.2.1 Bereitstellung von Primärregelleistung

Das Stromnetz in Deutschland ist bisher hauptsächlich verbrauchsgesteuert gewesen. Das bedeutet, dass die Übertragungsnetzbetreiber (ÜNB), welche die elektrische Energie vom Erzeuger an die Verteilnetzbetreiber (VNB) leiten, die Einspeisung von Strom an den Verbrauch anpassen müssen. Dies geschieht in erster Linie anhand von Verbrauchsprognosen, welche auf Erfahrungswerten basieren. Die Verbraucher, welche die Energie vom VNB beziehen, unterliegen demnach keinerlei Beschränkungen bezüglich der Höhe oder des Zeitpunktes ihres Stromverbrauches. Eine Ausnahme bilden Großkunden, die innerhalb kurzer Anlaufzeiten sehr hohe elektrische Leistungen aus dem Stromnetz beziehen (z. B. elektrische Metallschmelzen).

Da die Verbrauchsprognosen immer einen Fehler beinhalten, muss neben dem geplanten Fahrplan der Erzeuger eine Regelung stattfinden, um sowohl die Spannung als auch die

Frequenz möglichst konstant zu halten. Dies ist notwendig, um Schäden an angeschlossenen Verbrauchern oder Erzeugern zu verhindern. Die Regelung ist in Deutschland in drei Stufen unterteilt: (1) Primärregelung, (2) Sekundärregelung und (3) Tertiärregelung (oder auch Minutenreserve). Für Batteriespeicher setzt die Primärregelleistung (PRL) ein, sobald eine kontinuierliche Frequenzabweichung von ± 50 mHz für länger als 15 min, von ± 100 mHz für länger als 5 min oder von ± 200 mHz festgestellt wurde. Die Vorzeichen deuten darauf hin, dass Regelleistung sowohl positiv (Batterie wird entladen) als auch negativ (Batterie wird geladen) sein kann. Für den Einsatz ist das 30-Minuten-Kriterium einzuhalten. Dieses besagt, dass der Batteriespeicher im Bedarfsfall für mindestens 30 min die für die Erbringung von PRL vorgehaltene Leistung aufnehmen oder abgeben muss.

Da Batterien als Energiespeicher bei einem SOC von z. B. 50 % sowohl positive als auch negative Regelleistung erbringen können und die Anlaufzeit im Vergleich zu anderen Erzeugern sehr kurz ist, eignen sie sich besonders gut für die Erbringung von PRL. Die Bereitstellung von PRL kann dabei entweder von einem Großspeicher oder von einem Verbund aus kleineren Speichern erfolgen. Ein Großspeicher hat üblicherweise eine Leistung von mehreren Megawatt (MW) und eine Kapazität von mehreren Megawattstunden (MWh). Er wird als einzelne Einheit betrieben und ist normalerweise an die Mittelspannungsebene des Stromnetzes angeschlossen (vgl. z. B. Batteriespeicher von Enercity in Hannover).

Ein Verbund kleinerer Speicher benötigt im Gegensatz zu einem Großspeicher ein komplexes Kommunikationssystem. Die Speicher müssen von einem zentralen Punkt aus gesteuert werden können. Die einzelnen Speicher können dabei im Kilowattbereich liegen und somit z. B. in Privathaushalten installiert sein (vgl. z. B. SchwarmSpeicher® von Lichtblick). Der Anwender dieses Geschäftsmodells ist als Dienstleister tätig und betreibt den Batteriespeicher.

Kundensegmente
Hauptkundensegment sind die ÜNB, da diese die Prämien für die Vorhaltung und Erbringung von PRL zahlen. Beim Betrieb von Schwarmspeichern zählen die teilnehmenden Privatkunden jedoch ebenfalls zu den Kunden.

Leistungsversprechen
Das Leistungsversprechen beim Betrieb eines Großspeichers ist die Bereitstellung von Batterieleistung und -Kapazität zur Regelleistungserbringung gegenüber dem ÜNB. Beim Betrieb eines Schwarmspeichers kommt der aus Sicht der Privatkunden gewinnbringende Einsatz jedes einzelnen Speichers hinzu.

Kundenbeziehungen
Da die ÜNB als zentrale Kundengruppe fungiert, welche in Deutschland für die jeweilige Region fest zugeteilt sind, handelt es sich um eine langfristige Kunden- und Geschäftsmodellbindung. Die Kommunikation zwischen Betreiber und ÜNB ist im normalen Betriebsfall weitestgehend automatisiert, da die Rahmenbedingungen klar definiert sind und

keine individuellen Anpassungen im Laufe der Vertragszeit vorgenommen werden müssen. Im Falle des Betriebes eines Schwarmspeichers gelten die privaten Speicherbesitzer als weitere Kundengruppe. Auch in Verbindung mit den privaten Speicherbesitzern ist eine langfristige Kundenbindung zu erwarten, da sich der Betrieb eines privaten Hausspeichersystems, abhängig vom Anwendungsfall, erst nach schätzungsweise 5 bis 15 Jahren amortisiert (siehe auch Abschn. 4.7.1).

Marketingkanäle
Über die Plattform regelleistung.net kann nach erfolgreicher Präqualifikation durch den ÜNB an den Ausschreibungen zur Vorhaltung und Erbringung von PRL teilgenommen werden. Hier werden auch eventuelle Neuerungen bezüglich der Bedingungen für den Betrieb von Speichern veröffentlicht. Besitzer von privaten Hausspeichersystemen lassen sich am ehesten direkt beim Erwerb des Batteriespeichers akquirieren, da mit dem Einsatz als Mitglied eines Schwarmspeichers gewisse hardwarebezogene und infrastrukturelle Anforderungen (z. B. bezüglich externer Steuerung und Netzanschluss) einhergehen.

Einnahmequellen
Einnahmen sind die Erlöse vom ÜNB für die Regelleistungsvorhaltung und -Bereitstellung. Diese Erlöse können volatil sein, da regelmäßig an den Ausschreibungen über die Plattform regelleistung.net teilgenommen werden muss.

Schlüsselressourcen
Die Hauptressource ist der Speicher selbst, wobei dieser entweder im eigenen Besitz ist oder einem Kunden gehört, für den der Speicher betrieben wird. Der Speicher umfasst üblicherweise die Batteriezellen bzw. Batteriemodule, eine interne Verschaltung dieser Zellen bzw. Module, die Leistungselektronik zur Anbindung an das öffentliche Stromnetz, das Batteriemanagementsystem und eine Schnittstelle zur (automatischen) Fernsteuerung des Speichers. Bei einem Zusammenschluss vieler kleinerer Speicher zu einem virtuellen Großspeicher wird zudem eine Software benötigt, die die Steuerung der Einzelanlagen im Verbund übernimmt. Sowohl für die sichere und zuverlässige Kommunikation zwischen Betreiber und Speicher als auch für den Betrieb selbst und die Wartung werden Mitarbeiter benötigt.

Für Schwarmspeicher werden eine Reihe von Anschlusspunkten benötigt. Diese liegen bei Verträgen mit Privatkunden üblicherweise in deren Häusern. Für eigene Großspeicher wird stattdessen ein Grundstück mit Anbindung an das Mittelspannungsnetz und mit einer Datenleitung für die Kommunikation benötigt.

Schlüsselaktivitäten
Zunächst gehören der Aufbau des Großspeichers bzw. der Schwarmspeicher zu den Schlüsselaktivitäten. Hierfür sind, je nach Anwendungsfall, entweder Bauunternehmen für die Errichtung des Großspeichers oder Installateure für die Einrichtung von kleineren Speichern zu beauftragen und zu koordinieren.

Der Betrieb des Speichers ist die zentrale Aufgabe für den Anwender dieses Geschäftsmodells. Dazu zählt das Erstellen von Lade- und Entladekriterien, um innerhalb der vom ÜNB vorgegebenen Grenzen für den Betrieb von Batteriespeichern Effekte von Strompreisschwankungen ausnutzen zu können. Das Ein- und Ausspeichern muss regelmäßig kontrolliert werden, um Fehlfunktionen aufzudecken. Zudem muss die Hardware regelmäßig gewartet werden und fehlerhafte Bauteile müssen ausgetauscht werden.

Nach Ende der geplanten Betriebszeit des Speichers muss dessen Rückbau organisiert werden. Dazu gehören bei Großspeichern der Rückbau des die Batterien umgebenden Gebäudes und die Entsorgung der Elektronik und der Wechselrichter sowie der Batteriezellen.

Bei einem Einsatz von Schwarmspeichern ist die Vernetzung der einzelnen Speicher eine grundlegende Aktivität. Dabei ist neben der Funktionalität auch die IT-Sicherheit ein wichtiger Aspekt. Da Batteriespeicher eine hohe Energiedichte aufweisen, kann ein unautorisierter Zugriff auf die Ladefunktion die Batterie zerstören und eine Gefahr für Mensch und Umwelt darstellen. Dies ist besonders bei in Wohnungen untergebrachten Speichern zu beachten.

Schlüsselpartner

Die Schlüsselpartner für dieses Geschäftsmodell gliedern sich in die Bereiche der Hardware-Beschaffung, des Anschlusses an das Stromnetz und der Vermarktung.

Unter Hardware-Beschaffung ist der Erwerb der für die Errichtung und den Betrieb notwendigen Bauteile zu verstehen. Schlüsselpartner in diesem Bereich sind die Zelllieferanten sowie die Lieferanten für die Elektronik und die Wechselrichter. Der Zelllieferant kann dabei sowohl neue als auch Second-Life-Batterien bereitstellen. Besonders bei der Verwendung von Second-Life-Batterien ist eine frühzeitige Planung und Absprache mit dem Lieferanten und/oder dem Dienstleistungsunternehmen, welches die Batterien umwidmet sinnvoll. So können eventuelle Engpässe bei der Bereitstellung frühzeitig aufgedeckt werden. Für nicht vollständig integrierte Lösungen werden zusätzlich noch Dienstleistungsunternehmen für die interne Verschaltung der Batterien und der Elektronik benötigt.

Für den Anschluss an das Stromnetz ist entweder der ÜNB oder der VNB (anhängig von der Größe des Speichers und dem damit verbundenen Netzanschlusspunkt) verantwortlich. Dieser erstellt die Vorgaben für den Anschluss und führt die dazu notwendige Präqualifizierung der Anlage durch. Bei Schwarmspeichern sind die Eigentümer des Anschlussortes (z. B. Eigenheim) ebenfalls Schlüsselpartner.

Der Schlüsselpartner für die Vermarktung der PRL ist die Plattform regelleistung.net. Über diese werden die Ausschreibungsverfahren für die Erbringung von PRL veröffentlicht und durchgeführt.

Kostenstruktur

Bei einem eigenen Speicher gehören der Aufbau, die Wartung und der Rückbau zu den zentralen Kosten. Diese teilen sich auf in Materialkosten für Gebäude und Ersatzteile und die Kosten für die dafür beauftragten Unternehmen. Bei einem Kundenspeicher fal-

Kurzbeschreibung
Die Erbringung von Primärregelleistung erfolgt mit einem Großspeicher oder im Verbund von kleiner dimensionierten Speichern.

Business-Ready-Level (1-9): 8

Schlüsselpartner

- regelleistung.net
- Übertragungsnetzbetreiber
- Verteilnetzbetreiber
- Zelllieferant
- ggf. Speicherbesitzer
- Wechselrichterlieferant
- Elektroniklieferant

Second Life:

- Lieferant von Second-Life-Batterien

Schlüsselaktivitäten

- Vernetzung von Batteriespeichern zu Schwarmspeichern
- Vermarktung von Speicherkapazität
- Aufbau, Betrieb, Wartung und Rückbau

Schlüsselressourcen

- Eig. Speicher/ Kund. Speicher
- IT-Infrastruktur
- Mitarbeiter (Wartung, Betrieb, IT)
- Grundstück und Erschließung
- Steuerungssoftware

Leistungsversprechen

- Bereitstellung von Batterieleistung und -Kapazität zur Regelleistungserbringung
- ggf. Beteiligung an erzielten Einnahmen

Kundenbeziehungen

- Automatisiert
- Langfristige Geschäftsmodellbindung
- Kundenbindung

Marketingkanäle

- regelleistung.net
- Lokale Anbieter von Hausspeichern (Schwarmspeicher)

Kundensegmente

- Übertragungsnetzbetreiber
- ggf. Privatkunden

Kostenstruktur

- Speicher (-Aufarbeitung), -Aufbau, -Betrieb, -Wartung, -Rückbau
- IT-Infrastruktur, Grundstück, Erschließung
- Lohnkosten, Lizenzgebühren, Nutzungsentgelte für Kundenspeicher

Einnahmequellen

- Erlöse aus der Regelleistungsbereitstellung/ -Vorhaltung (Erlöse können volatil sein)

Potential

- Über 550 MW PRL in Deutschland, 3.000 MW PRL für Kontinentaleuropa
- Batteriespeicher eignen sich ebenfalls in anderen Ländern zur PRL-Erbringung (Frankreich, Italien, etc.)

Makroökonomie

- Regulierung durch Gremien und Verbände
- Gesetzgeber liefert Rahmenbedingungen (Qualität)
- Konkurrenten: Kraftwerksbetreiber (konventionell, Pumpspeicher, Gas, Kernkraft)

Abb. 4.17 Business Model Canvas für das Geschäftsmodell *Erbringung von Primärregelleistung*

len stattdessen Nutzungsgebühren an. Zudem fallen für die Errichtung der internen IT-Infrastruktur Kosten an. Für die angestellten Mitarbeiter für die Bereiche IT, Betrieb und Wartung fallen Lohnkosten an.

Bei einem eigenen Großspeicher fallen Grundstücks- und Erschließungskosten an. Je nach Lage des Grundstücks und nach Entfernung zum nächstgelegenen Anschlusspunkt des Mittelspannungsnetzes können die Erschließungskosten sehr hoch ausfallen. Aus Erfahrungswerten geht hervor, dass als grobe Abschätzung der Kosten für eine Mittelspannungsleitung ein Betrag von etwa 1 Mio. € pro Kilometer angenommen werden kann.

Beim Einsatz von Schwarmspeichern muss, je nach Vertragswerk, dem Privatkunden entweder ein vorher definierter Festbetrag oder eine leistungsabhängige Prämie ausgezahlt werden.

Potential

Das PRL-Potential in Deutschland beträgt ca. 550 MW, in der ENTSO-E Region Continental Europe sogar bis zu 3000 MW (Stenzel 2016). Bei einer sukzessiven Abschaltung von Kern- und Kohlekraftwerken auf mittelfristige Sicht und einem Zubau von volatilen erneuerbaren Energien wird die PRL weiterhin steigen. In Deutschland werden zurzeit Großbatteriespeicher mit einer Leistung zwischen 2 und 10 MW (z. B. Batteriespeicher Feldheim) betrieben. Zudem eignen sich Batteriespeicher auch in anderen europäischen Ländern zur Erbringung von PRL.

Makroökonomie

Konkurrenten für Batteriespeicher sind zum einen alternative Speichertechnologien (u. a. Pumpspeicherkraftwerke und thermische Energiespeicher) sowie Gaskraftwerke, die ebenfalls PRL erbringen können. Auf lange Sicht könnte auch die Power-to-Gas-Technologie den Betrieb solcher Gaskraftwerke wirtschaftlich machen, so dass nicht mit dem Wegfall dieser Konkurrenz gerechnet werden kann.

Das Business-Ready-Level für dieses Geschäftsmodell beträgt 8. Der Einsatz von Batteriespeichern zur Netzregulierung findet in Deutschland seit über 30 Jahren Anwendung. Lediglich der Einsatz von Second-Life-Batterien ist für dieses Geschäftsmodell neu.

Zentrale Aspekte dieses Geschäftsmodells werden in Abb. 4.17 mittels einer Business Model Canvas zusammengefasst.

4.5.2.2 Verschiebung von Lastspitzen

Speziell für Großkunden mit hohen Strombedarfen existieren bereits seit Jahren bedarfsabhängige Stromtarifmodelle. Die Strombezugskosten pro kWh sind dabei flexibel gestaltet und ändern sich abhängig von Faktoren wie der Uhrzeit und dem Gesamtbedarf aller Kunden. In Zeiten mit hoher Nachfrage ist der zu beziehende Strom somit üblicherweise teurer als in Zeiten mit geringer Nachfrage. In den meisten Industrieanlagen ist ein Demand-Side-Management (DSM), also der zeitlich flexible Einsatz von elektrischen Verbrauchern, jedoch unrealistisch, da der wirtschaftliche Einsatz dieser Verbraucher meistens stärker vom Einhalten des Produktionsplans als vom aktuellen Strompreis abhängt.

Dies hat zur Folge, dass die Verbraucher auch bei vergleichsweise hohen Stromkosten laufen müssen.

Mit dem Einsatz eines Batteriespeichers kann der Bezug von teurem Strom umgangen werden, indem zu Zeiten mit niedrigem Strompreis der Speicher geladen wird. Wenn der Produktionsplan vorsieht, dass sich ein hoher Strombedarf mit hohen Stromkosten überlappt, kann der Strom aus dem Speicher anstatt aus dem Netz bezogen werden.

Bei diesem Geschäftsmodell wird die Speicherlösung an den Kunden vertrieben. Dieser ist ab dem Zeitpunkt der Installation der Betreiber des Speichers.

Kundensegmente

Unternehmen mit hohen Lastspitzen beim Stromverbrauch und wenig Flexibilität bei der Verschiebung von Lasten bilden das Kundensegment. Üblicherweise ist dies bei vielen produzierenden Unternehmen der Fall.

Leistungsversprechen

Der Kunde spart beim Einsatz des Batteriespeichers Stromkosten, da der Strom unabhängig vom aktuellen Preis günstig eingekauft werden kann. Das Risiko des Ausfalls des Stromspeichers übernimmt der Anbieter ebenso wie die Wartung des Speichers. Bei einem Ausfall des Speichers werden somit die Kosten, die aufgrund des notwendigen Bezugs von Strom zu erhöhten Preisen entstehen, vom Anbieter übernommen. Im Sinne des Pay-per-Success-Konzeptes bezahlt der Kunden den Anbieter auf Basis des erzielten Erfolges, d. h. anteilig auf Basis der durch den Einsatz des Speichers eingesparten Stromkosten. Zusätzlich fällt ggf. eine erfolgsunabhängige Basisgebühr an. Im Rahmen dieses Geschäftsmodells geht der Kunde somit ein eher geringes finanzielles Risiko ein.

Kundenbeziehungen

Aufgrund der Individualität der Speicherlösungen sind notwendigerweise auch die Kundenbeziehungen individuell. Der Kunde wird für die Dauer des Betriebs des Batteriespeichers an den Anbieter gebunden, da ein Umbau oder eine Wartung durch einen anderen Anbieter nicht vorgesehen sind.

Marketingkanäle

Der Kontakt zu Kunden kann über Fachmessen, TV oder Printmedien sowie den Stromanbieter erfolgen.

Einnahmequellen

Die Einnahmen sind volatil, da sie sich aus dem jeweiligen Erfolg der Speicheranwendung ergeben. Ein Teil der Einsparungen, die der Kunde durch den Betrieb des Speichers hat, wird dem Anbieter ausgezahlt. Zusätzlich erhebt der Anbieter ggf. eine erfolgsunabhängige Basisgebühr.

Schlüsselressourcen

Die wichtigsten Ressourcen für einen Batteriespeicher sind die Batteriezellen und Batteriemodule. Diese können entweder First-Life- oder Second-Life-Batterien entstammen. Abhängig vom Einsatzfall lassen sich mit Second-Life-Batterien zusätzliche Einsparungen erzielen, da diese zunächst im Einkauf günstiger sind. Eine wichtige Anforderung an die Architektur der Batteriespeicher im Ganzen und die Zellen im Besonderen stellt dabei die flexible Kombinierbarkeit der Zellen dar, so dass durch alternative Verschaltungen der Zellen ein möglichst breites Spektrum an unternehmensspezifischen Anwendungsfällen abgedeckt werden kann. Zusätzlich ist die Steuerungssoftware eine zentrale Ressource, ohne die der Speicher nicht wirtschaftlich eingesetzt werden kann.

Schlüsselaktivitäten

Zu den Schlüsselaktivitäten gehören der Aufbau, die Wartung, der Rückbau und die mögliche Verwertung der Batteriezellen und der Elektronik nach Ende der Betriebszeit.

Der Aufbau beinhaltet dabei die Organisation des Gebäudebaus, die Verschaltung der Batteriezellen, die Entwicklung und Implementierung einer Steuerungssoftware für den sicheren und zuverlässigen Betrieb des Speichers und die Verschaltung der elektrischen und elektronischen Komponenten. Da jedes Unternehmen unterschiedliche elektrische Verbraucher und somit Lastspitzen besitzt, muss für jeden Kunden eine individuelle Lösung hinsichtlich der Kapazität und der Leistung des Speichers erarbeitet werden. Zudem sind individuelle Konzepte zur Unterbringung des Speichers auf dem Firmengelände auszugestalten.

Die Wartung sollte regelmäßig stattfinden, um ausfallende Batteriezellen frühzeitig zu erkennen. Dafür ist ein auslesbares Batteriemanagementsystem sinnvoll, das auch historische Daten der verwendeten Batterien speichert und ausgibt. Sammelt der Anbieter kundenübergreifend Daten zur Belastung der Zellen und möglichen Leistungsschwankungen oder Defekten, lassen sich die Daten für die Erstellung von Funktionsfähigkeits- und Austauschprognosen im Sinne von Predictive-Maintenance-Angeboten nutzen, so dass Zellen noch vor einem möglichen Defekt ausgetauscht werden können.

Im Rahmen des Rückbaus des Speichers nach dessen Betriebszeit fallen komponentenabhängige Verwertungsaktivitäten an.

Schlüsselpartner

Da fertige Speicherlösungen angeboten werden, zählen alle Lieferanten von notwendigen Bauteilen zu den Schlüsselpartnern. Dazu gehören Lieferanten von Batteriezellen (entweder First Life oder Second Life), Lieferanten von Wechselrichtern und Elektronikhersteller. Je nach Anwendungsfall gehören auch Bauunternehmen dazu, da u. U. ein eigenes Gebäude für den Speicher auf dem Kundengelände errichtet werden muss.

Kostenstruktur

Kosten fallen speziell für die Beschaffung der Batteriezellen, die Entwicklung einer flexiblen Batteriearchitektur, die Errichtung und den Rückbau des Speichers, die Lagerung der Speicherkomponenten bis zum Kundeneinsatz, Löhne, sowie für den Vertrieb und für die Verwertung der Komponenten an. Weiterhin müssen ausreichend Rückstellungen für etwaige Ansprüche der Kunden gebildet werden.

Für die Errichtung müssen z. T. externe Unternehmen beauftragt werden, die etwa das Batteriegehäuse fertigen und aufstellen. Die Lohnkosten teilen sich auf in die Bereiche IT, Fertigung, Installation, Kundenservice und Entwicklung.

Potential
Individuelle Lastganganalysen für einzelne Unternehmen sind untypisch. Daher wird mit diesem Modell ein vergleichsweise neues Geschäftsfeld betreten.

Makroökonomie
Die Tarife, auf Basis derer der Kunde seinen Strom bezieht, werden mit dem jeweiligen Stromanbieter ausgehandelt. Der Erfolg dieses Geschäftsmodells hängt von der Art dieser Tarife ab. Je volatiler der Strompreis in einem Tarif ist, desto größer ist das Einsparungspotential durch den Einsatz eines Speichers.

Das Business-Ready-Level wird für dieses Geschäftsmodell auf 8 festgelegt. Das Geschäftsmodell wird in Abb. 4.18 mittels der Business Model Canvas zusammengefasst.

4.5.2.3 Optimierung des Eigenverbrauchs

In Deutschland wurde durch das Erneuerbare-Energien-Gesetz (EEG) für viele Hausbesitzer ein Anreiz geschaffen, PV-Anlagen auf dem eigenen Hausdach zu installieren. Für den Hausbesitzer ist die Nutzung des so produzierten Stroms aufgrund der EEG-Umlage kostengünstiger als die Nutzung des Stroms aus dem Stromnetz. Dieser sogenannte Eigenverbrauch funktioniert jedoch nur, wenn sich die Produktion und der Verbrauch zeitlich decken. Wird mehr Strom durch die PV-Anlage produziert als zur gleichen Zeit im Haus verbraucht wird, wird der überschüssige Strom ins Netz eingespeist.

Üblicherweise deckt sich der Lastgang der Verbraucher in einem Privathaushalt nicht gut mit der Produktion von PV-Anlagen: Während diese an einem sonnigen Tag das Produktionsmaximum in der Mittagszeit besitzen, liegen die Verbrauchsspitzen im Haushalt am Morgen und am Abend. Somit muss der Hausbesitzer den größten Anteil des produzierten Stroms ins Netz einspeisen und zu einem späteren Zeitpunkt den herkömmlichen Strom aus dem Netz zu den üblichen Tarifen beziehen. Die Vergütung für den eingespeisten Strom aus PV-Anlagen ist dabei in den meisten Fällen (speziell bei erst kürzlich errichteten PV-Anlagen) erheblich geringer als der Strompreis bei Netzbezug.

Mit der Installation eines Batteriespeichers kann eine Optimierung des Eigenverbrauchs und somit eine Kostensenkung erreicht werden. Dazu wird ein Großteil des über die Mittagszeit produzierten Stroms eingespeichert, um diesen dann am Abend und eventuell auch noch am nächsten Morgen selbst nutzen zu können. Dafür ist eine kostenoptimale Speichergröße für den jeweiligen Haushalt zu wählen. Ist der Speicher zu groß, können die Einsparungen die Investitionskosten nicht decken. Ist der Speicher zu klein, sind der erzielbare Eigenverbrauch und damit die Einsparungen zu gering.

Kurzbeschreibung
Batteriespeicher werden auf Basis von vorliegenden Zellen/ Modulen gefertigt und den Kunden auf Erfolgsbasis zur Verfügung gestellt.

Business-Ready-Level (1-9): 8

Schlüsselpartner

- Verteilnetzbetreiber
- Wechselrichterlieferant
- Zelllieferant

Second Life:
- Vertreiber von Second-Life-Batterien

Schlüsselaktivitäten

- Aufbau, Wartung, Rückbau, Recycling
- Entwicklung der Steuerungssoftware

Schlüsselressourcen

- Batteriezellen/ -Module
- Steuerungssoftware
- Individuell anpassbare Batteriesysteme

Leistungsversprechen

- Kunde spart Kosten beim Strombezug
- Anbieter ist für Wartung zuständig und übernimmt Ausfallkosten
- Der Anbieter übernimmt die Haftung für etwaige Ausfälle oder Schäden
- Der Anbieter wird auf Basis der Erfolge bezahlt (Pay-per-Success-Modell)

Kundenbeziehungen

- Individuell
- Langfristige Geschäftsmodell-bindung
- Kundenbindung

Marketingkanäle

- Stromanbieter
- Messe
- TV/ Printmedien

Kundensegmente

- Industrieunternehmen
- Produzierende Unternehmen

Kostenstruktur

- Kauf von Zellen
- Errichtung, Entwicklung, Aufbau, Lagerung, Recycling
- Lohnkosten (IT, Werkstatt, Monteure, Kundenservice, Entwicklung), Vertrieb

Einnahmequellen

- Beteiligung an Einsparungen beim Kunden
- Mögliche erfolgsunabhängige Basisgebühr

Potential

- Individuelle Lastganganalysen sind aktuell noch untypisch

Makroökonomie

- Tarife werden von Stromanbietern festgelegt

Abb. 4.18 Business Model Canvas für das Geschäftsmodell *Verschiebung von Lastspitzen*

Bei diesem Geschäftsmodell werden fertige Batteriespeicher (*Heimspeicher*) an solche Privatkunden verkauft, die entweder bereits eine PV-Anlage besitzen, oder für die die Anschaffung und der Betrieb einer PV-Anlage speziell in Verbindung mit einem Batteriespeicher attraktiv ist.

Kundensegmente
Sowohl Hausbesitzer mit installierter PV-Anlage ohne Batteriespeicher als auch Hausbesitzer ohne PV-Anlage und Heimspeicher bilden das primäre Kundensegment.

Leistungsversprechen
Durch den optimierten Eigenverbrauch des von der eigenen PV-Anlage produzierten Stroms wird eine Kostensenkung erreicht. Zudem ist der Kunde unabhängiger von den am Markt verfügbaren Tarifen.

Kundenbeziehungen
Die Kundenbeziehungen sind trotz des Betriebszeitraumes von 10 bis 20 Jahren eher oberflächlich. Der Kunde ist mit dem Kauf des Heimspeichers Betreiber und Besitzer. Bei einer standardisierten Produktpalette (z. B. Heimspeicher für 1-, 2-, 3- oder 4-Personenhaushalte) erfolgen vor dem Kauf nur eine kurze Beratung und geringe bis gar keine Individualisierungsgespräche. Nach dem Kauf stellen die Montage des Speichers und die Demontage nach Ende der Betriebszeit weitere unvermeidbare Kundenkontaktpunkte dar. Zudem können im Rahmen der Wartung und möglicher Austausche bei Defekten direkte Kundenkontakte entstehen. Erst durch die Erfassung und Auswertung der Batterienutzung durch den Anbieter entstehen weitere Kenntnisse über den Kunden und somit zusätzliche Dienstleistungspotentiale.

Marketingkanäle
Der Verkauf der Batteriespeicher kann entweder zusammen mit dem Verkauf von PV-Anlagen betrieben werden oder nachträglich über einen eigenen Online-Store erfolgen. Die Privatkunden können über TV und Radio auf diesen Store aufmerksam gemacht werden.

Einnahmequellen
Die zentrale Einnahmequelle bildet der Verkauf der Heimspeicher an Privatkunden. Ergänzend können Einnahmen durch das Angebot von zum Speicher komplementären Dienstleistungen erreicht werden.

Schlüsselressourcen
Die im Heimspeicher eingesetzten Batteriezellen stellen die Kernressource in diesem Geschäftsmodell dar, da sie die Leistung und Haltbarkeit definieren. Für die Bedienung des Speichers im Privathaushalt wird eine Steuerungseinheit inklusive der Steuerungssoftware benötigt, über die z. B. der Speicherstand ablesbar ist. Zudem werden Mitarbeiter für die Bereiche Fertigung, Wartung und IT benötigt.

Kurzbeschreibung
Stromspeicherlösungen werden errichtet und zu einem festen Preis an Kunden verkauft. Der Batteriespeicher optimiert in Kombination z.B. mit einer PV-Anlage den Eigenverbrauch.

Business-Ready-Level (1-9): 7

Schlüsselpartner

- Zelllieferant
- Elektroniklieferant
- Gehäuselieferant
- ggf. lokale Vertriebspartner

Second Life:
- Vertreiber von Second-Life-Batterien

Schlüsselaktivitäten

- Aufbau, Wartung, Recycling
- Vertrieb (falls nicht auf lokale Partner übertragen)
- Entwicklung der Steuerungssoftware

Schlüsselressourcen

- Batteriezellen/ -Module
- Mitarbeiter (Wartung, Betrieb, IT)
- Steuerungssoftware

Leistungsversprechen

- Der Batteriespeicher optimiert den Eigenverbrauch von PV-Strom

Kundenbeziehungen

- Automatisiert
- Kurzfristig

Marketingkanäle

- PV-Verkauf
- Online Store
- TV & Radio

Kundensegmente

- PV-Besitzer
- Potentiell: Eigenheimbesitzer

Kostenstruktur

- Einkauf von Zellen, Elektronik, Gehäuse
- Lohnkosten (Fertigung, Wartung, IT, Vertrieb, Entwicklung)

Einnahmequellen

- Verkauf des Batteriespeichers
- Bereitstellung von komplementären Dienstleistungen

Potential

- Vergleichsweise wenige Speicher bei vielen installierten Anlagen

Makroökonomie

- EEG-Förderung sinkt kontinuierlich, daraus resultiert Bedrohung der Wirtschaftlichkeit der Eigennutzung beim Einsatz aktueller Speicher mit fabrikneuen Zellen

Abb. 4.19 Business Model Canvas für das Geschäftsmodell *Optimierung des Eigenverbrauchs*

Schlüsselaktivitäten

Die eingekauften Zellen und Elektronikbauteile müssen zu einem Speicher zusammenmontiert werden. Dies kann auch automatisiert geschehen, je nach Individualisierungsgrad der Produktpalette und Autonomisierung der Produktion. Es ist nicht davon auszugehen, dass die betreibenden Privatpersonen eine tiefgehende Wartung des Speichers vornehmen können. Daher muss der Speicher entweder wartungsfrei konstruiert werden oder es muss in regelmäßigen Abständen eine Wartung vom Anbieter durchgeführt werden. Bei einem Defekt oder eine Störung müssen u. U. einzelne Module des Speichers ausgetauscht werden. Alte Speicher oder defekte Module müssen dem Recycling zugeführt werden. Für den Betrieb des Speichers muss eine Steuerungssoftware entwickelt werden, die eine optimale Nutzung des durch die PV-Anlage produzierten Stroms erreicht. Idealerweise basiert diese auf einem evolutionären Algorithmus, der sich dem Lastgang des jeweiligen Hauses anpasst. Neben der Fertigung des Heimspeichers stellt dessen Vertrieb eine zentrale Aktivität dar.

Schlüsselpartner

Für die Produktion der Heimspeicher werden in erster Linie die Batteriezellen benötigt. Diese können entweder aus First-Life-Batterien oder Second-Life-Batterien stammen. Schlüsselpartner sind demnach die Lieferanten bzw. die Dienstleister, welche Second-Life-Batterien aufbereiten. Je nach Anschlussart des Speichers an das hausinterne Stromnetz (Gleichstrom der PV-Anlage oder Wechselstrom des Hausnetzes) werden Gleichstromwandler oder Wechselrichter und somit ein entsprechender Lieferant benötigt. Des Weiteren wird ein Lieferant für das Speichergehäuse benötigt. Das Gehäuse soll sowohl empfindliche Teile des Speichers vor äußeren Einwirkungen als auch den Betreiber vor einem elektrischen Schlag schützen.

Kostenstruktur

Die Kosten teilen sich auf in Materialkosten und Lohnkosten. Zu den Materialkosten gehören die Kosten für die Batteriezellen, die Elektronik und das Gehäuse. Die Lohnkosten bestehen aus den Löhnen für die Fertigung, Wartung, IT und Entwicklung der Heimspeicher.

Potential

Bis Ende 2017 waren in Deutschland bereits etwa 85.000 Solarstromspeicher installiert (Figgener et al. 2018). Dabei wurde im Jahr 2017 jede zweite neue PV-Anlage zusammen mit einem Solarstromspeicher installiert. Entsprechend gibt es weiterhin eine wachsende Zahl Haushalte, die zwar eine PV-Anlage besitzen, jedoch nicht über einen Batteriespeicher verfügen.

Makroökonomie

Die Wirtschaftlichkeit eines Heimspeichers hängt maßgeblich von der Vergütung des eingespeisten Solarstroms und den Strombezugskosten ab. Während die Strombezugskosten eher zunehmen, nehmen die Einspeisevergütungen entsprechend des EEG sukzessive ab. Um ihre PV-Anlagen wirtschaftlich zu betreiben, kommen private Hausbesitzer bei Neuanschaffung einer PV-Anlage somit um die Investition in einen Heimspeicher in der Regel nicht herum.

Das Business-Ready-Level beträgt hierbei 7. In Abb. 4.19 werden die zentralen Informationen zu diesem Geschäftsmodell mittels Business Model Canvas zusammengefasst. Eine ausführlichere Betrachtung dieses Geschäftsmodells speziell unter Berücksichtigung der mit dem Einsatz von Second-Life-Batterien einhergehenden Herausforderungen und Optionen für die Adaption des Geschäftsmodells erfolgt in Abschn. 4.5.5.

4.5.2.4 Pufferspeicher zur Netzbezugsreduzierung bei Ladesäulen

Die Betreiber von Ladesäulen für Elektroautos müssen in Abhängigkeit der ans Netz angeschlossenen Ladeleistung ein Netzentgelt zahlen. Da bisher nur vergleichsweise wenige Elektroautos in Deutschland zugelassen sind, sind die meisten Ladesäulen nur schwach frequentiert. Somit kommt es zu extremen Lastschwankungen an den Anschlüssen der Ladesäule, besonders wenn es sich eine schnellladefähige Ladesäule handelt und die Schnellladefunktion genutzt wird. Um die Anschlussleistung am Netz zu verringern und die Lastspitzen zu glätten, können Batteriespeicher an der Ladesäule installiert werden. Diese können in den Zeiten, in denen kein Elektrofahrzeug an der Ladesäule angeschlossen ist, mit geringer Leistung Strom aus dem Netz beziehen. Sobald ein Fahrzeug an die Ladesäule angeschlossen wird, kann der gespeicherte Strom wieder abgegeben werden, ohne dass eine hohe Leistung aus dem Netz gefordert wird. Bei diesem Geschäftsmodell werden Batteriespeicher an Ladesäulenbetreiber verkauft oder vermietet.

Kundensegmente

Ladesäulenbetreiber bilden das einzige Kundensegment für dieses Geschäftsmodell.

Leistungsversprechen

Der Ladesäulenbetreiber kann die Netzanschlussgebühren durch eine geringere angeschlossene Leistung senken, ohne dabei auf eine hohe Leistungsabgabe beim Laden der Fahrzeuge verzichten zu müssen. Beim Einsatz von Second-Life-Batterien kann als Ausgleich für das erhöhte Ausfallrisiko und die verminderte Qualität eine Pay-per-Use-Vereinbarung getroffen werden. Hierbei zahlt der Ladesäulenbetreiber dem Anbieter regelmäßig einen vereinbarten Betrag für die tatsächlich genutzte (bzw. gespeicherte) Energie.

Kundenbeziehungen

Je nachdem, ob die Batteriesysteme vermietet oder verkauft werden, ist die Kundenbeziehung lang- oder kurzfristig. In jedem Fall muss jedoch eine individuelle Auslegung der Batteriesysteme in Abhängigkeit der Anzahl der Ladesäulen an diesem Standort und der Frequentierung durch Elektrofahrzeuge erfolgen.

Marketingkanäle
Zur Kundenakquise bieten sich Fachmessen an, da sich potentielle Kunden ausschließlich in dieser Branche befinden. Auch eine Kaltakquise mit vorhergehender Recherche ist möglich.

Einnahmequellen
Einnahmequellen sind der Verkauf und die Vermietung der gefertigten Batteriespeichersysteme.

Schlüsselressourcen
Schlüsselressourcen sind die Batteriezellen, die verwendete Elektronik, die Steuerungssoftware und die Mitarbeiter zur Fertigung, Installation, Wartung, Entwicklung und für den IT-Bereich. In Absprache mit dem Hersteller der Ladesäulen kann hierbei im Gegensatz zu den anderen Geschäftsmodellen auf den Einsatz eines Batteriegehäuses verzichtet werden, wenn das Batteriesystem konstruktiv in der Ladesäule integriert werden kann.

Schlüsselaktivitäten
Die zu verkaufenden bzw. zu vermieteten Batteriesysteme werden aus den eingekauften Batteriezellen und den Elektronikkomponenten gefertigt. Nach der Installation an der Ladesäule werden die Systeme regelmäßig gewartet, um einen Ausfall und daraus resultierende Schäden vorzubeugen. Nach der Betriebszeit müssen die Komponenten der Verwertung zugeführt werden. Für den sicheren und zuverlässigen Betrieb an der Ladesäule ist eine Steuerungssoftware notwendig, die für den gegebenen Anwendungsfall entwickelt und implementiert werden muss.

Schlüsselpartner
Schlüsselpartner sind Zell- und Elektroniklieferanten und die Ladesäulenbetreiber. Indirekter Partner ist der jeweilige VNB, da dieser für den Anschluss des Systems verantwortlich ist.

Kostenstruktur
Die Kosten teilen sich auf in die Einkaufskosten für die Batteriezellen und die Elektronikkomponenten, die Entwicklung der Steuerungssoftware, die Lohnkosten für die Mitarbeiter und die Logistik.

Potential
Durch die Zwischenspeicherung können hohe Ladeleistungen erbracht werden, ohne das Netz zu belasten. Da die Absatzzahlen von Elektroautos in Deutschland steigen werden, werden mittelfristig mehr Ladesäulen gebaut werden, für die ein Batteriesystem sinnvoll ist. Langfristig kann sich dieser Markt jedoch verändern, da die Frequentierung der Ladesäulen mit weiter zunehmender Zahl an Elektrofahrzeugen zunehmen wird und die

Kurzbeschreibung Ladesäulenbetreiber können stationäre Speicher an Ladesäulen platzieren, um damit den Netzbezug zu minimieren. Die zu bezahlende Anschlussleistung kann verringert werden.				**Business-Ready-Level (1-9): 5**
Schlüsselpartner • Zellhersteller • Ladesäulenbetreiber Second Life: • Vertreiber von Second-Life-Batterien	**Schlüsselaktivitäten** • Produktion, Aufbau, Wartung, Recycling • Entwicklung der Steuerungssoftware **Schlüsselressourcen** • Batteriezellen/ -Module • Mitarbeiter (Entwicklung, Vertrieb, IT) • Steuerungssoftware	**Leistungsversprechen** • Ladesäulenbetreiber spart durch den Batteriespeichereinsatz Kosten beim Netzanschluss • Der Batteriespeicher garantiert die Bereitstellung der maximalen Ladeleistung Second Life: • Erhöhtes Ausfall-Risiko, niedriger Beschaffungspreis, Sicherheit für Kunden durch Pay-per-Use-Modell	**Kundenbeziehungen** • Individuell • Kurz- und langfristig **Marketingkanäle** • B2B-Kanäle (Messen, Kaltakquise etc.)	**Kundensegmente** • Ladesäulenbetreiber

Kostenstruktur • Batteriezellen, Entwicklung, Aufbau, Recycling • Lohnkosten (IT, Kundenservice, Entwicklung, Vertrieb) • Logistik (Lagerung, Transport)	**Einnahmequellen** • Verkauf/ Vermietung von Batteriespeichersystemen
Potential • Ladetechnologie ermöglicht höhere Leistungen • Absatzzahlen von Elektroautos steigen, es werden mehr Ladeeinheiten an gleichen Standorten nötig	**Makroökonomie** • Keine Einschränkung durch Regulierungen (lediglich Klärung der Netzentgelte)

Abb. 4.20 Business Model Canvas für das Geschäftsmodell *Pufferspeicher zur Netzbezugsreduzierung bei Ladesäulen*

Batterien somit anders ausgelegt werden müssen (von der Speicherung weniger Autoladungen zu der Speicherung einer Tageslast an der Ladesäule).

Makroökonomie
Es werden keine Einschränkungen durch gesetzliche Regulierungen erwartet. Ausschlaggebend sind die Netzentgelte der VNB in Abhängigkeit von der Anschlussleistung.

Das Business-Ready-Level wird für dieses Geschäftsmodell auf 5 festgelegt. In Abb. 4.20 wird dieses Geschäftsmodell mittels Business Model Canvas zusammenfassend dargestellt.

4.5.2.5 Off-Grid Anwendungen

Lithium-Ionen-Akkumulatoren eignen sich aufgrund der hohen Energiedichte (sowohl bezogen auf das Volumen als auch auf die Masse) sehr gut als mobile Energiespeicher. Für die Versorgung von Off-Grid Anwendungen, wie beispielsweise eine Baustellenbeleuchtung, werden jedoch zum Teil auch größere Energiemengen benötigt. Hierfür können First-Life- oder Second-Life-Batterien zu semi-stationären Speichern zusammengebaut werden, die eine zuverlässige Stromversorgung dieser Anwendungen gewährleisten. Dazu müssen die Batterien regelmäßig an einen Standort zurückgeführt werden, an dem sie z. B. über das Netz wieder geladen werden können. Alternativ könnte auch eine Aufladung mittels mobiler Speicher analog des Concierge Charging-Konzeptes für Elektrofahrzeuge von FreeWire Technologies erfolgen (FreeWire Technologies 2018).

Kundensegmente
Kunden können Eventveranstalter sein, da diese oft an Orten ohne ausreichende Netzversorgung einen erhöhten Strombedarf haben. Weiterhin sind Unternehmen mit einer großen elektrischen Firmenflotte potentielle Kunden, da diese unabhängig von den öffentlichen Ladesäulen eigene Kunden bedienen müssen. Außerdem kann bei Handwerksbetrieben und Bauunternehmen ein Bedarf an semi-stationären Batterien bestehen etwa wenn Arbeiten auf einer Baustelle anstehen, für die es noch keine Netzanbindung gibt.

Leistungsversprechen
Die semi-stationären Batteriespeicher können von Kunden für Off-Grid-Anwendungen oder zum ortunabhängigen Laden von Elektrofahrzeugen genutzt werden. Bei dem Einsatz von Second-Life-Batterien ist eine Garantie abzugeben, um Vorbehalte gegenüber einem erhöhten Ausfallrisiko und einer verminderten Leistungsfähigkeit und Kapazität vorzubeugen.

Kundenbeziehungen
Die Kundenbeziehungen werden primär automatisiert verwaltet. Der Kunde wählt aus einer Produktpalette das für ihn passende Produkt aus und erwirbt oder mietet dieses z. B. online. Die Kundenbindung ist daher kurz- oder mittelfristig und das Geschäftsmodell ist auf Kundenakquise anstatt auf Kundenbindung ausgelegt.

Marketingkanäle
Das Marketing kann über Messen oder über TV und andere Medien stattfinden.

Einnahmequellen
Einnahmen werden aus der Vermietung oder aus dem Verkauf der semi-stationären Speicher generiert.

Schlüsselressourcen
Neben den Batteriezellen werden Transportmöglichkeiten benötigt. Dies können LKW, kleinere Fahrzeuge mit Ladefläche oder auch Anhänger sein. Im Falle des Aufladens von Off-Grid-Speichern vor Ort, ist ein entsprechend dimensionierter mobiler Speicher notwendig.

Schlüsselaktivitäten
Die Schlüsselaktivitäten beinhalten zum einen die Produktion und die Wartung der Batterien sowie die Übergabe an Verwertungseinrichtungen. Je nach Anwendungsfall kommen die Vermietung, der Transport, der Betrieb oder der Verkauf sowie der Austausch bzw. die Neubeladung hinzu.

Schlüsselpartner
Schlüsselpartner sind zunächst Zelllieferanten (First-Life- oder Second-Life-Batterien). Je nach Anwendungsfall muss entschieden werden, in welchem Umfang eine Partnerschaft zu einem Elektroniklieferanten oder einem Gehäuselieferanten sinnvoll ist. Werden die Batterien z. B. auf der Ladefläche eines Fahrzeugs untergebracht, kann ein Gehäuse wegfallen. Zudem wird u. U. keine Steuerungssoftware benötigt, wenn ein Tiefentladungsschutz bereits in den Batterien implementiert ist.

Kostenstruktur
Die Kosten gliedern sich in die Einkaufskosten für die Batteriezellen und eventuelle Elektronik, die Einkaufs- und Betriebskosten für die Fahrzeuge zum Transport der Batterien, die Entwicklung und Fertigung der Batterien und die Lohnkosten für IT, Fertigung, Montage, Wartung, Kundenservice und Vertrieb.

Potential
Bisher werden Veranstaltungen oft mit auf fossilen Brennstoffen basierenden Generatoren mit Strom versorgt. Je nach Kostenentwicklung kann ein Batteriespeicher auf lange Sicht kostengünstiger sein und kann insbesondere eine ökologischere Alternative darstellen.

Makroökonomie
Der Einsatz von Off-Grid-Anwendungen ist unabhängig von der Gesetzgebung. Lediglich der Transport größerer Batterieeinheiten (> 100 Wh) muss mit den ADR-Richtlinien konform sein (UNECE 2016). Details zu den gesetzlichen Anforderungen finden sich in

Kurzbeschreibung
Batteriespeicher werden zu semi-stationären Speichern umgebaut, die als semi-stationäre Ladestationen für Elektroautos oder als Versorgung für Off-Grid-Anwendungen genutzt werden können. Sie werden verkauft oder vermietet.

Business-Ready-Level (1-9): 7

Schlüsselpartner

- Zelllieferant
- ggf. Elektroniklieferant
- ggf. Gehäuselieferant

Second Life:
- Vertreiber von Second-Life-Batterien

Schlüsselaktivitäten

- Produktion, Wartung, Transport, Recycling
- Betrieb und Verkauf

Schlüsselressourcen

- Batteriezellen/ -Module
- Anhänger/ Fahrzeug

Leistungsversprechen

- Bereitstellung von semi-stationären Batteriespeichern, die entweder zum Laden von Elektroautos oder zur Versorgung von Off-Grid-Anwendungen genutzt werden können

Second Life:
- Erhöhtes Ausfall-Risiko, niedriger Beschaffungspreis, Sicherheit für Kunden durch Garantie

Kundenbeziehungen

- Automatisiert
- Kurz-/ mittelfristige Geschäftsmodellbindung
- Kundenakquise

Marketingkanäle

- Messe
- TV/ Printmedien

Kundensegmente

- Eventveranstalter
- Unternehmen mit elektrischer Firmenflotte
- Handwerksbetriebe

Kostenstruktur

- Zellen, Fahrwerk, Leist. Elektronik, Entwicklung, Recycling, Produktion
- Lohnkosten (Montage, Reparatur, IT, Kundenservice, Vertrieb)
- Weitere Vertriebskosten

Einnahmequellen

- Miet- bzw. Kauferlöse

Potential

- Veranstaltungen werden häufig mit kleinen benzinbetriebenen Generatoren unterstützt, die jedoch eingeschränkt flexibel und wenig nachhaltig sind.

Makroökonomie

- Keine gesetzlichen Richtlinien für den Einsatz als semi-stationärer Speicher
- ADR-Richtlinie für den Transport von Speichern mit > 100 Wh Energiegehalt

Abb. 4.21 Business Model Canvas für das Geschäftsmodell *Off-Grid Anwendungen*

Kap. 2 und 3. Das Business-Ready-Level für dieses Geschäftsmodell wird auf 7 festgelegt. In Abb. 4.21 werden zentrale Faktoren mittels einer Business Model Canvas zusammengefasst.

4.5.3 Vorstellung von Geschäftsmodellentwürfen für neue Anwendungsfälle

Mit der Energiewende in Deutschland von der konventionellen Erzeugung von elektrischer Energie in zentralen Kraftwerken zu einer regenerativen und dezentralen Erzeugung treten netzseitig neue Probleme auf, welche es zu lösen gilt. Das deutsche Stromnetz ist ursprünglich für eine vertikale Verteilung der in den Kraftwerken erzeugten Energie bis hin zu Privathaushalten ausgelegt worden. Mit der zunehmend lokalen und dezentralen Einspeisung aus erneuerbaren Quellen wie Photovoltaik und Windkraft kommt es vor allem im ländlichen Bereich, wo vergleichsweise wenig Verbraucher aber viele Erzeuger angesiedelt sind, zu Netzengpässen und/oder einer Überspannung im Stromnetz (Sauer et al. 2016). Da die meisten PV-Anlagen an das Niederspannungsnetz angeschlossen sind, sind hauptsächlich die Netze des VNB davon betroffen.

Gleichzeitig bieten unterschiedliche Lösungsansätze zu diesem Problem auch neue Geschäftsfelder für die Zukunft. Diese sind zum Teil noch stark abhängig von regulatorischen Bedingungen und können daher in der Praxis kurzfristig noch nicht umgesetzt werden. Mittel- und langfristig gesehen können sie jedoch einen wertvollen Beitrag zur Energiewende bringen.

Im Folgenden werden kurz Geschäftsmodellentwürfe zu einigen durch die Energiewende neu entstehenden Geschäftsfeldern skizziert.

Intraday-Handel

Mit dem Zugang zur EEX Strombörse kann ein Betreiber eines Batteriespeichers direkt am Intraday-Handel teilnehmen. Dies setzt voraus, dass die Preisschwankungen auch in Zukunft genügend hoch sind, um einen wirtschaftlichen Betrieb des Speichers zu ermöglichen. Dafür wird Strom bei niedrigen Preisen eingespeichert bzw. eingekauft und zu einem späteren Zeitpunkt zu höheren Preisen wieder ausgespeichert bzw. verkauft. Je mehr Speicher dabei am Intraday-Handel teilnehmen, desto geringer werden diese Preisschwankungen werden, da auch die Menge an Überschuss und der Mangel von elektrischer Energie geringer werden wird. Es ist also davon auszugehen, dass sich aufgrund der Markteinflüsse automatisch eine wirtschaftlich sinnvolle Menge an Speichern ergibt.

Netzdienlicher Einsatz von Batteriespeichern

Um die zuvor dargestellte Problematik der überlasteten Netze zu lösen, können Batteriespeicher auch direkt zur Netzentlastung eingesetzt werden. Dies muss jedoch gezielt und aufgrund der Datenlage des VNB geschehen, da ein rein marktdienlich betriebener Speicher das Netz sogar zusätzlich belasten kann (Sauer et al. 2016). Um dies zu vermeiden, könnte bei einer Anpassung des derzeitigen regulatorischen Rahmens in Deutschland der VNB der Betreiber eines solchen netzdienlichen Speichers sein. Die Speicher könnten nahe den Erzeugungseinheiten stehen und bei einer drohenden Überlastung des Netzes einen Teil der Energie einspeichern. Bei geringerer Netzauslastung könnte diese Energie wiederum ausgespeichert und somit weiter entfernten Verbrauchern zur Verfügung gestellt werden.

4.5.4 Unterschiede in den Geschäftsmodellen zwischen der Verwendung von First-Life- und Second-Life-Batterien

Die dargestellten Geschäftsmodelle sind prinzipiell sowohl mit First-Life- als auch mit Second-Life-Batterien anwendbar. Dabei ergeben sich jedoch, wie bereits an mehreren Stellen zuvor angemerkt, zum Teil gravierende Unterschiede in der Prozessstruktur zur Behandlung und Verwendung der Batterien. Die wichtigsten Unterschiede werden im Folgenden dargestellt.

Beschaffung der Batterien

Die Beschaffung von Second-Life-Batterien unterscheidet sich grundlegend von der Beschaffung von First-Life-Batterien. First-Life-Batterien werden üblicherweise direkt vom Zellhersteller bzw. einem Zwischenhändler erworben. Um den Installationsaufwand in der konkreten Anwendung gering zu halten, werden die Batterien den Charakteristiken der handelsüblichen Batteriestandards weitgehend angepasst.

Bei Second-Life-Batterien ändert sich der Schlüsselpartner für den Bezug der Batterien vom Zellhersteller zu einem Dienstleister, der die bereits genutzten Batterien aufbereitet (in Abschn. 4.3.3 als Second-Life-Produzent bezeichnet). Je nach dessen Bezugsquelle, Aufbereitungsmethode und Produktpalette kann ein vergleichsweise heterogenes Produktangebot die Folge sein. Bei geringer Verfügbarkeit bestimmter (gleichartiger) Batterien kann es somit vorkommen, dass ein erhöhter Aufwand für die Installation und die Anpassung der Batterien in der Anwendung betrieben werden muss. Diese Problematik wird nur bei geringen Stückzahlen und somit in der Übergangszeit zum Umstieg auf Elektrofahrzeuge zu erwarten sein.

Die Einkaufskosten von Second-Life-Batterien werden deutlich unterhalb der Einkaufskosten für First-Life-Batterien liegen. Dies liegt in verminderten Leistungseigenschaften, in einer im Vergleich zu First-Life-Batterien geringeren erwarteten Lebensdauer und im erhöhten Risiko eines Ausfalls begründet.

Vertrieb von gebrauchten Traktionsbatterien

Für die Vermarktung der fertigen Produkte auf Basis von Second-Life-Batterien muss unter Umständen eine Garantie gegeben werden, um ein Misstrauen potentieller Kunden gegenüber den gebrauchten Batterien zu mindern (vgl. Abschn. 4.3.1). Anstelle einer expliziten Garantie bei Verkauf des Produktes lassen sich auch auf dem Pay-per-Use- oder dem Pay-per-Success-Konzept aufbauende Verträge zwischen Anbieter und Kunde schließen, bei denen der Anbieter einen größeren Teil des Ausfall- oder Wartungsrisikos mitträgt und für die tatsächliche Nutzung des Speichers entlohnt wird oder an den durch die Speichernutzung vom Kunden erzielten Gewinnen oder Einsparungen beteiligt wird. In diesen Fällen steht dann in der Regel nicht mehr der Verkauf des Speichers und somit der Eigentumsübergang im Vordergrund des Geschäftsmodells, sondern eine Art der Vermietung mit Erwerb von Speichernutzungsrechten. Ob und wie die im Rahmen von Pay-per-Use- oder Pay-per-Success-Geschäftsmodellen in der Regel anfallenden detaillierten Daten über die Nutzung des Speichers monetarisiert werden können und ob dies weitere Argumente für entsprechende Geschäftsmodelle liefert, gilt es zukünftig noch zu prüfen.

Rückführung

Aufgrund der verminderten Lebensdauer der Second-Life-Batterien müssen diese ggf. deutlich früher einem Recyclingprozess zugeführt werden. Dadurch entsteht ein Mehraufwand, da der Rückführungsprozess mit einer Zwischenlagerung und dem regulationskonformen Transport verbunden ist. Der Umsatz an zurückgeführten Batterien nach Ende der Second-Life-Nutzung wird doppelt so hoch geschätzt wie der Umsatz bei der Verwendung von First-Life-Batterien, da die erwartete Restlebenszeit nur halb so lang ist (Heuer et al. 2015).

4.5.5 Geschäftsmodellentwurf für Second-Life-Solarspeicher für Privathaushalte

Batteriespeicher für Privathaushalte (so genannte Heimspeicher), die etwa in Kombination mit einer PV-Anlage zur Erhöhung des Eigenverbrauchs eingesetzt werden, sind ein vielversprechendes Weiterverwendungsszenario für gebrauchte Traktionsbatterien. Allerdings sind die mit dem Weiterverwendungsszenario einhergehenden speziellen Anforderungen an die Realisierung des zugrunde liegenden Geschäftsmodells auf Basis von gebrauchten Traktionsbatterien bislang kaum erforscht worden. Während der Markt für reguläre Lithium-Ionen-Batteriespeicher seit etwa 2012 stetig wächst, ist die Einführung erster kommerzieller Speichersysteme auf Basis gebrauchter Traktionsbatterien für den deutschen Markt erst im Laufe des Jahres 2018 geplant (IBC Solar 2018). Den Ausgangspunkt für die Untersuchungen stellte somit der existierende Markt für Lithium-Ionen-Heimspeicher dar. Unter Berücksichtigung der speziellen Eigenschaften gebrauchter Traktionsbatterien und unter Betrachtung der für die Umwidmung notwendigen Prozesse wurde aus existierenden Geschäftsmodellen für reguläre Heimspeicher ein Geschäftsmodellentwurf für Second-Life-Heimspeichern abgeleitet. Die in Bräuer et al. (2016) und Bräuer (2018) detailliert beschriebenen Ergebnisse dieser Untersuchungen werden im Folgenden noch einmal zusammengefasst und dabei wird insbesondere auf mit der Etablierung eines entsprechenden Geschäftsmodells einhergehende Herausforderungen und mögliche Lösungsansätze eingegangen.

Batteriespeicher für Privathaushalte in Deutschland

PV-Anlagen haben sich in den letzten Jahren sowohl durch staatliche Förderung als auch durch einen starken Preisverfall im gewerblichen Bereich wie auch bei Privathaushalten weitverbreitet (Agnew und Dargusch 2015; Muenzel et al. 2015). Durch eine zeitliche Abweichung von Stromproduktion (üblicherweise in der Mittagszeit) und Stromverbrauch, welcher bei Privathaushalten üblicherweise in den Abendstunden liegt, kann die Energie der PV-Anlage nicht immer optimal genutzt werden (Wang et al. 2014). Gleichzeitig hat das Einspeisen des selbstproduzierten Stroms in das öffentliche Netz durch eine stetige Verminderung der staatlichen Subventionen in Deutschland, wie beispielsweise der fixen Einspeisevergütung, weitestgehend an Attraktivität eingebüßt (Muenzel et al. 2015). Durch den Einsatz von Heimspeichern kann die Attraktivität der Anschaffung einer PV-Anlage trotz sinkender Einspeisevergütungen wieder erhöht werden.

Aus Kundensicht hat die Anschaffung eines Heimspeichers in Verbindung mit einer PV-Anlage dabei vor allem folgende Vorteile (Balcombe et al. 2014): Durch die Erhöhung des Eigenverbrauchs können Einsparungen realisiert werden, wodurch sich die Investitionen in PV-Anlage und Heimspeicher schneller bzw. überhaupt amortisieren. Weiterhin führt der Betrieb eines Heimspeichers zu einer höheren Unabhängigkeit vom Stromversorger, welche vor Preiserhöhungen und in Verbindung mit USV-Funktionen vor Stromausfällen schützen kann. Zuletzt wird durch den Eigenverbrauch der aus erneuerbaren Quellen erzeugten Energie der Konsum von Energie aus dem CO_2-lastigen Standard-Energiemix verringert und somit ein Beitrag zum Umweltschutz geleistet.

Fallenden Batteriepreisen zum Trotz sind Heimspeicher, bedingt durch notwendige Hardware und verpflichtende Dienstleistungen, weiterhin relativ teuer, während die durch den Einsatz eines Heimspeichers realisierbaren Ersparnisse eher gering ausfallen (Kantor et al. 2015). Staatliche Förderungsprogramme können die Anschaffungskosten für einen Heimspeicher reduzieren, indem, wie in Deutschland durch das KfW 275 Programm, Kredite zu reduzierten Zinsen und weitere Förderungen für gewissen Anlagen gewährt werden (KfW 2016). Allerdings reicht das vom Staat vorgesehene jährliche Budget längst nur noch aus, um einen kleinen Teil der tatsächlichen Anschaffungen durch Förderung zu unterstützen (Figgener et al. 2018), wodurch die Wirtschaftlichkeit der Anschaffung von Heimspeichern basierend auf den aktuellen Preisen zunehmend hinterfragt wird (Rutschmann 2018). Weitere Probleme aus Kundensicht sind fehlendes Wissen über den korrekten Betrieb der Anlagen, die Auswahl einer zu den individuellen Bedürfnissen passenden Anlage, Ängste und Unsicherheiten aufgrund der Batterietechnologie sowie die geringe Flexibilität bei Umzügen (Balcombe et al. 2014).

Die Analyse des Angebotes von Heimspeichern auf dem deutschen Markt, die im Mai 2016 als Grundlage für die weiteren Untersuchungen diente, basierte auf drei bestehenden Marktübersichten (LION Smart GmbH 2013; C.A.R.M.E.N. e. V. 2015; pv magazine group GmbH & Co. KG 2015), aus denen insgesamt 100 Hersteller und 250 angebotene Heimspeicher identifiziert werden konnten. Dieses Sample wurde durch die Kriterien *Hersteller von Lithium-Ionen-Batterien, nutzbare Kapazität zwischen 4,5 kWh und 15 kWh* und *im Mai 2016 noch bestehendes Angebot* auf 41 Hersteller eingegrenzt, deren Websites nach weiteren Informationen zu den angebotenen Produkten und Dienstleistungen durchsucht wurden.

Bei der Analyse des Wertangebots der Heimspeicherhersteller konnten zahlreiche Gemeinsamkeiten identifiziert werden. Alle Hersteller nutzen einen indirekten Vertriebskanal, indem sie mit lokalen Elektrofachbetrieben zusammenarbeiten. Dies begründet sich sowohl durch komplexe und durch Fachpersonal durchzuführende Prozesse zur Installation und Inbetriebnahme der Speicher als auch durch bestehende Standards und durch rechtliche Anforderungen, die etwa mit der Ausstellung des Photovoltaik-Speicherpasses in Verbindung stehen (Bundesverband Solarwirtschaft et al. 2014; Bundesverband Solarwirtschaft e. V. 2015) und beispielsweise die Anmeldung des Systems beim lokalen Netzbetreiber im Falle eines Netzanschlusses verlangen (DKE/FB.STD Standardisierung 2011). Die Hersteller pflegen insgesamt sehr enge Beziehungen zu ihren Vertriebspartnern und bieten entsprechende Schulungen für ihre Produkte an. Mehr als die Hälfte der Hersteller bietet zusätzlich zum Heimspeicher noch passende Wechselrichter an. Einige Hersteller kooperieren mit Hardwareherstellern, um zusätzliche Dienstleistungen, wie zum Beispiel Firmwareupdates, anzubieten. Bezüglich der Lebenserwartung des Heimspeichers machen die Hersteller unterschiedliche Angaben, die von 5000–8000 Zyklen oder 15–20 Jahren Nutzungsdauer reichen. Weitere Differenzen gibt es bei den gewährten Garantien. Neben der gesetzlich vorgeschriebenen Gewährleistung von 24 Monaten fordert das KfW-Förderprogramm eine Zeitwertersatzgarantie von 10 Jahren, welche jedoch zum Zeitpunkt der Untersuchung nur von einem Drittel der betrachteten Händler erfüllt wurde. Viele Hersteller hatten ihre Informationen noch nicht den neuen Anforderungen des KfW-Programms angepasst oder boten nur unzureichende oder gar keine Informationen zu angebotenen Garantien an. Weitere Eigenschaften sind die modulare Erweiterbarkeit der Heimspeicher und die Fähigkeit zur Notstromversorgung, welche jeweils von ca. drei Viertel der Hersteller angegeben wurden.

Insgesamt wird das Angebot der Hersteller stark vom indirekten Vertriebsmodell beeinflusst, da viele essentielle Dienstleistungen wie Transport, Installation, Inbetriebnahme, Wartung, und Reparatur von lokalen Elektrofachbetrieben durchgeführt werden. Informationen zu diesen Dienstleistungen sind dementsprechend kaum auf den Websites der Hersteller aufzufinden. Dies gilt ebenfalls für Informationen zur Rücknahme der Produkte, zu welcher die Hersteller gesetzlich verpflichtet sind. Mittlerweile bietet die GRS Service GmbH ein Rücknahmesystem für stationäre elektrische Energiespeicher, wie etwa Heimspeicher, an, an dem sich Hersteller und Vertreiber entsprechender Batteriesysteme beteiligen können. GRS übernimmt dann entsprechend der rechtlichen Verpflichtungen der Hersteller und Vertreiber „die Bereitstellung von Transportbehältnissen, die Rücknahme, Behandlung und Verwertung von Industrie-Altbatterien und -Akkumulatoren sowie die Erfüllung der bestehenden Anzeige-, Informations- und Hinweispflichten [...] als beauftragter Dritter“ (GRS Service GmbH 2016).

Weiterhin werden von den Herstellern Heimspeicher-spezifische Dienstleistungen angeboten: In der Phase vor und während des Kaufs sind dies ein Online-System zur Kon-

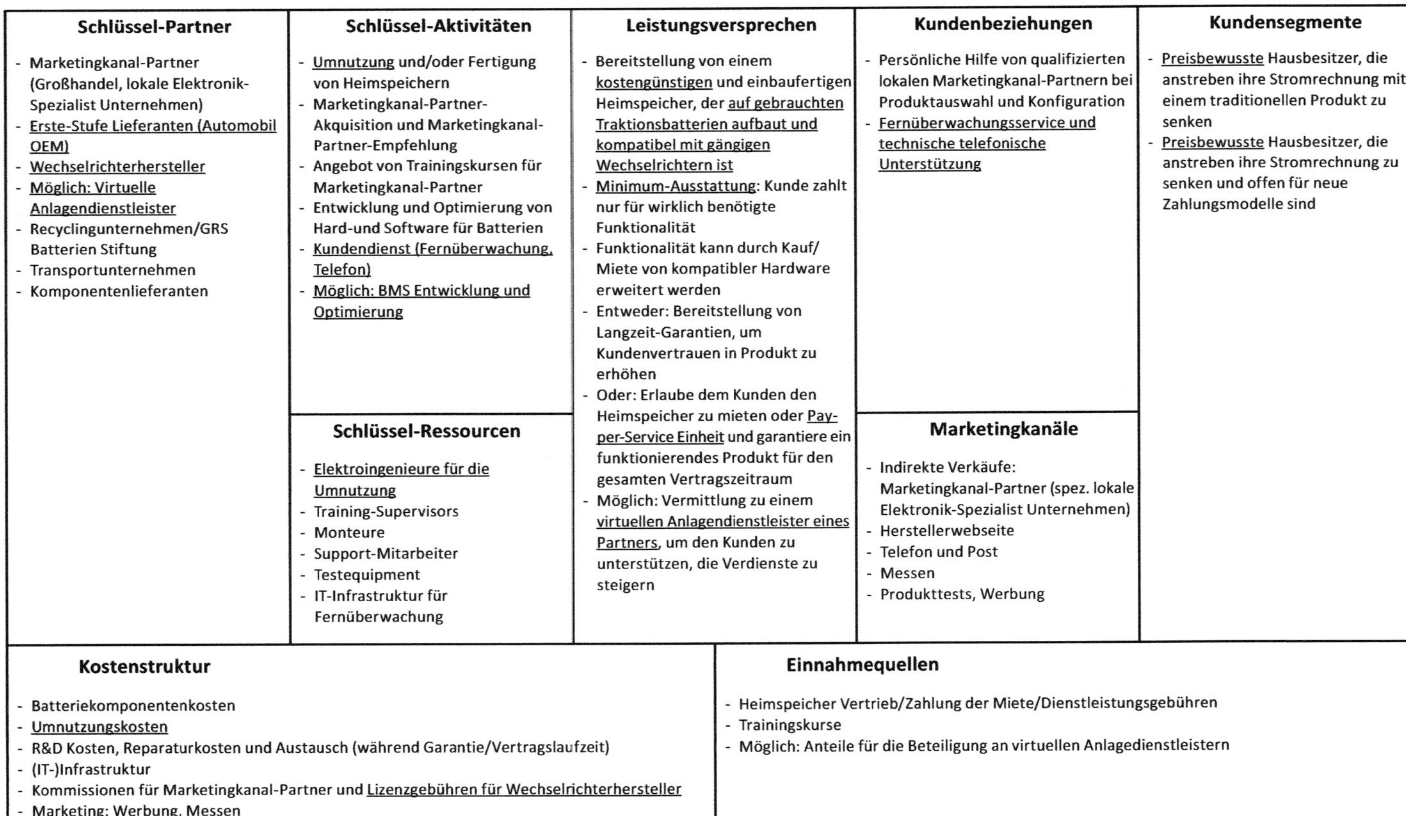

Abb. 4.22 Business Model Canvas für den Verkauf von Second-Life-Heimspeichern. (Bräuer et al. 2016)

Tab. 4.7 Überblick über Herausforderungen bei der Weiterverwendung von gebrauchten Traktionsbatterien in Heimspeichern und mögliche Lösungsvorschläge. (Bräuer 2018)

#	Situation bei der Verwendung von Heimspeichern mit neuen Batterien	Herausforderung bei der Weiterverwendung von gebrauchten Traktionsbatterien	Lösungsvorschlag
1	Verwendung von aktueller Batterietechnologie ohne Leistungseinbußen	Verwendung von Batterie mit 6–8 Jahre alter Technologie und verringerter Leistung	Ausrichtung des Geschäftsmodells auf preisbewusste Kunden
2	Viele Heimspeicherhersteller bieten selbstentwickelte Wechselrichter und weitere Funktionalitäten wie Notstromversorgung oder Demand-Side-Management an. Für einfache Dienstleistungen greifen sie auf ihr Vertriebsnetzwerk zurück	Komplexe Wertangebote, wie z. B. Produkte mit Zusatzfunktionalitäten und Dienstleistungen, passen nicht zum Geschäftsmodell, welches auf niedrige Kosten abzielt	Der Fokus sollte auf den Kernfunktionalitäten des Second-Life-Heimspeichers liegen, während für die Bereitstellung von Dienstleistungen auf ein Vertriebsnetzwerk zurückgegriffen werden sollte
3	Zellhersteller gewähren dem Heimspeicherhersteller Garantien auf die Zellen/Module	Die Frage der Haftung für Zellen/Module ist wichtig, um Informationsasymmetrien zwischen dem Anbieter der gebrauchten Traktionsbatterien und dem Second-Life-Heimspeicherhersteller bezüglich der Qualität der Traktionsbatterien zu vermeiden	Zwei Alternativen: (1) Der OEM gewährt Garantien auf die gebrauchten Zellen/Module (2) Der Second-Life-Heimspeicherhersteller erhält Daten über den Zustand der gelieferten Traktionsbatterien und trägt das Risiko durch die Ausstellung eigener Garantien selber
4	Zellen/Module sind explizit für die spezifische Nutzung in Heimspeichern hergestellt worden und sind nahezu identisch	Die Umwidmung der gebrauchten Zellen/Module verursacht hohe Kosten, speziell bei der Notwendigkeit, heterogen gealterte Zellen/Module packübergreifend zu einem individualisierten Heimspeicher zu integrieren	(1) Zusammenarbeit mit dem OEM um Batteriedaten zu erhalten (2) Ein Modulares, einfach zusammenzubauendes Batteriesystem einsetzen (3) Überdimensionierung des Heimspeichers akzeptieren, um Herstellungskosten zu reduzieren (One-Size-Fits-All-Ansatz)
5	Der Heimspeicherhersteller bietet umfangreiche Garantien an und signalisiert so die Qualität seiner Produkte an den Konsumenten	Der Second-Life-Heimspeicherhersteller muss ebenfalls die Produktqualität signalisieren, aber durch die heterogene Alterung und mögliche Leistungseinbrüche bergen Langzeitgarantien hohe Risiken	Zwei Alternativen: (1) Kürzere, aber ähnliche Garantien wie der Heimspeicherhersteller anbieten (2) Alternativen zum Verkauf wie z. B. Leasing, Miete oder Pay-per-Use-Modelle anbieten

Tab. 4.7 (Fortsetzung)

#	Situation bei der Verwendung von Heimspeichern mit neuen Batterien	Herausforderung bei der Weiterverwendung von gebrauchten Traktionsbatterien	Lösungsvorschlag
6	Die erwartete Alterung der Zellen basiert auf Versprechen der Zellhersteller für die spezifische Verwendung	Das Alterungsverhalten der Zellen und ihre Zuverlässigkeit in Second-Life-Anwendungen sind weitestgehend unbekannt	(1) Ein Modulares, einfach zu wartendes System verwenden (2) Überdimensionierung akzeptieren, um Herstellungskosten zu reduzieren (3) Leistungsdaten sammeln, um zukünftige Entscheidungen zu beeinflussen
7	Teilweise: Werbung mit *sicherer* Zellchemie und internen Kontrollmechanismen	Vorurteil der Kunden bzgl. der Sicherheit gebrauchter Zellen/Module	Vorurteile der Kunden bewusst abbauen, beispielsweise durch Dienstleistungen zur Fernüberwachung, das Anbieten eines 24/7-Service-Telefons bei Rückfragen und die Investition in Zertifizierungsmaßnahmen für sichere gebrauchte Speicher
8	Keine wahrgenommenen Risiken bzgl. Defekten bei neuen Produkten. Zusatzdienstleistungen werden nur selten angeboten	Wahrgenommene Risiken bzgl. Defekten bei gebrauchten Produkten	Den wahrgenommen Risiken mit Zusatzdienstleistungen begegnen, die jedoch nicht zwangsweise auch selbst erbracht werden müssen, sondern etwa Kooperationen mit Wechselrichterherstellern oder Vertriebspartnern entstammen können

figuration des Heimspeichers auf die kundenspezifischen Anforderungen, ein Tool zur Planung der Finanzierung, sowie Versicherungen oder Garantieerweiterungen. Während der Nutzung unterstützen die Hersteller die Kunden durch Zugriff auf ihren Verbrauch und weitere Parameter, welche dem Kunden die Überwachung der Anlage ermöglichen. Einige Hersteller bieten ihren Kunden die Teilnahme in einem virtuellen Kraftwerk an, in welchem die einzelnen Speicherkapazitäten gepoolt werden und die Kunden somit u. a. am Markt für Regelenergie teilnehmen können. Zusammenfassend lässt sich festhalten, dass die Wertangebote der Hersteller von Heimspeichern oftmals noch ausbaufähig sind, insbesondere zusätzliche Dienstleistungen und Angebote für *Demand-Side-Management* bieten weitere Potentiale.

Entwurf eines Geschäftsmodells für Second-Life-Heimspeicher
Unter Berücksichtigung der Unterschiede zwischen neuen und einer gebrauchten Zelle wird ein Geschäftsmodell für Second-Life-Heimspeicher entworfen. Abb. 4.22 zeigt den Geschäftsmodellentwurf für den Vertrieb von Second-Life-Heimspeichern anhand der Business Model Canvas, wobei die unterstrichenen Punkte jeweils für Second-Life-Heimspeicher spezifisch sind. Insgesamt wird auf Basis der Ausführungen empfohlen, preisbewusste Kundensegmente mit einem minimal ausgestatteten Low-Cost-Speicherangebot zu adressieren. Ausschnitte der detaillierten Argumentationen zur Ausgestaltung des Geschäftsmodells lassen sich Tab. 4.7 entnehmen.

Die vorliegenden zusammengefassten Ergebnisse der Marktanalyse für den deutschen Markt für Heimspeicher aus dem Jahr 2016 sowie die auf Basis der spezifischen Eigenschaften gebrauchter Traktionsbatterien ausgesprochenen Empfehlungen für einen Geschäftsmodellentwurf für Second-Life-Heimspeicher sind stark von möglichen Wettbewerbern, vom individuellen rechtlichen Umfeld sowie dem Vorhandensein möglicher Fördermaßnahmen geprägt. Entsprechend ist eine Übertragbarkeit der Ergebnisse auf gewerbliche Kunden, andere Länder und somit andere Märkte nur bedingt möglich.

Insbesondere der aufgeführte Vorschlag, einen Second-Life-Heimspeicher über ein Leasing-, Miet-, oder Pay-per-Use-Modell zu vertreiben, bedarf einer weiterführenden Analyse. Solche Modelle wären hilfreich, um die Informationsasymmetrie und das wahrgenommene Risiko des Kunden gegenüber einem gebrauchten Produkt zu reduzieren (siehe Abschn. 4.3.1). Sie bergen jedoch auch für den Anbieter gewisse Risiken, die individuell abgewogen werden müssen. Erste Auskünfte über die Eignung entsprechender Modelle für den Vertrieb von Second-Life-Heimspeichern liefern die im Folgenden zusammengefassten Ergebnisse einer Studie zur Zahlungsbereitschaft für Second-Life-Solarspeicher.

4.6 Zahlungsbereitschaft für Second-Life-Solarspeicher für Privathaushalte

Die Zahlungsbereitschaft der Konsumenten ist ein kritischer Faktor bei der Einschätzung der Potentiale von Second-Life-Geschäftsmodellen. Obwohl es bereits vereinzelt Pläne gibt, Second-Life-Solarspeicher für Privathaushalte zu verkaufen, existieren bis jetzt keine Informationen über die entsprechenden Zahlungsbereitschaften. Eine im Rahmen des Forschungsprojekts EOL-IS durchgeführte Studie liefert nun erste empirische Ergebnisse zum Thema Zahlungsbereitschaften für Second-Life-Solarspeicher für Privathaushalte. Drei zentrale Fragestellungen standen dabei im Vordergrund: Wie hoch ist die Zahlungsbereitschaft für einen Solarspeicher bestehend aus gebrauchten Traktionsbatterien im Vergleich zu einem fabrikneuen Solarspeicher? Wie hoch ist die Zahlungsbereitschaft für einzelne, produktbegleitende Dienstleistungen? Wie wirkt sich das Angebot des Second-Life-Solarspeichers als ein hybrides Leistungsbündel (Integration des Speichers und ergänzender Dienstleistungen zu einer integrierten Kundenlösung) auf die Zahlungsbereitschaft aus?

Um sowohl den Besonderheiten der Abfrage der Zahlungsbereitschaft hybrider Leistungsbündel als auch den fehlenden Informationen über tatsächliche Kosten und Preise für Second-Life-Solarspeicher Rechnung zu tragen, wurde auf die Methode der Serv-Pay Conjoint-Analyse (SPCA) zurückgegriffen (Backhaus et al. 2010). Die an der WWU Münster entwickelte SPCA kombiniert als hybrides Verfahren kompositionelle und dekompositionelle Verfahren der Präferenzmessung und fragt sowohl Zahlungsbereitschaften für einzelne Dienstleistungen als auch für Dienstleistungsbündel ab (Backhaus et al. 2010). Im Folgenden werden nun erste Ergebnisse präsentiert und deren Implikationen für das oben vorgestellte Geschäftsmodell für Second-Life-Solarspeicher für Privathaushalte kurz diskutiert.

Zahlungsbereitschaft für einen Second-Life-Solarspeicher

Insgesamt wurden 599 Personen befragt. Von den Befragten gaben 471 Personen an, Hausbesitzer zu sein, von denen wiederum 113 ebenfalls angaben, eine PV-Anlage zu besitzen. Die Studie wurde im März 2017 durchgeführt.

Zur Abfrage der Zahlungsbereitschaft für einen Second-Life-Solarspeicher wurde den Befragten ein regulärer fabrikneuer Solarspeicher mit einem von drei möglichen Referenzpreisen von 7500, 10.000 oder 12.500 € präsentiert, in dessen Relation anschließend die absolute Zahlungsbereitschaft für einen Second-Life-Speicher mit vergleichbaren technischen Eigenschaften abgefragt wurde. In Relation zum fabrikneuen Speicher gaben die Befragten durchschnittlich eine Zahlungsbereitschaft für den Second-Life-Speicher von 48 % des entsprechenden Referenzpreises an. Als Gründe für die starke Abwertung nannten die Befragten hauptsächlich eine geringere erwartete Lebensdauer (69,4 %), eine verringerte Energieeffizienz (53,0 %) sowie eine höhere erwartete Fehleranfälligkeit (44,4 %). Nach einer Aufklärung über konkrete Unterschiede zwischen fabrikneuem Speicher und Second-Life-Solarspeicher (längere erwartete Mindestlebensdauer und höhere Energieeffizienz des fabrikneuen Speichers; staatliche Förderung und Finanzierung in Deutschland aktuell nur für fabrikneue Speicher) wurde erneut die absolute Zahlungsbereitschaft für einen Second-Life-Solarspeicher in Relation zu einem fabrikneuen Speicher abgefragt. Die Bereitstellung dieser Informationen reduziert die relative Zahlungsbereitschaft für den Second-Life-Solarspeicher auf ca. 46 % der Referenzpreise. Insgesamt zeigt sich, dass die Befragten potentielle Nachteile eines Second-Life-Speichers im Vergleich zu einem fabrikneuen Speicher schon vor Bereitstellung der zusätzlichen Informationen gut einschätzen konnten. Durch den hohen Anteil von Besitzern von PV-Anlagen ist davon auszugehen, dass sich ein Teil der Befragten bereits vor der Befragung mit dem Thema Solarspeicher auseinandergesetzt hatte und entsprechendes Vorwissen einbringen konnte. So besaßen bereits 41,6 % der 113 Besitzer von PV-Anlagen auch schon einen Solarspeicher und weitere 51,5 % planten eine Anschaffung.

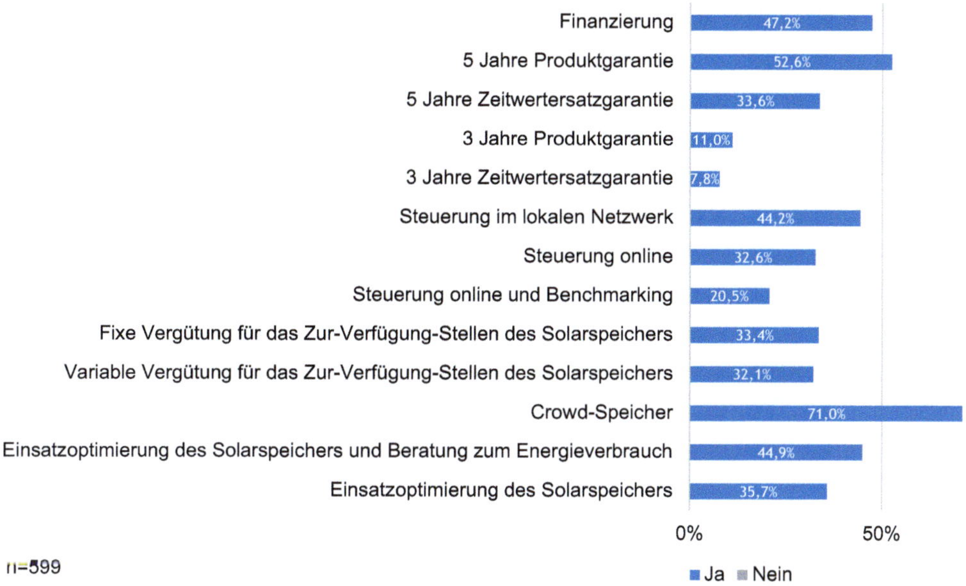

Abb. 4.23 Interesse an produktbegleitenden Dienstleistungen

Zahlungsbereitschaft für produktbegleitende Dienstleistungen

Insgesamt wurden in der Studie dreizehn Dienstleistungen bzw. konkrete Ausprägungen einzelner Dienstleistungen abgefragt. Die Dienstleistungen wurden der in Abschn. 4.5.5 zusammengefassten Analyse des deutschen Marktes für private Lithium-Ionen-basierte Heimspeichersysteme entnommen und in einzelnen Interviews von Experten evaluiert und ergänzt. Tab. 4.8 gibt einen Überblick über alle abgefragten Dienstleistungen sowie deren Beschreibung. Um die Komplexität der Befragung möglichst gering zu halten, wurde zunächst das allgemeine Interesse der Befragten an den vorgestellten Dienstleistungen abgefragt. In einem zweiten Schritt wurden dann nur zu den individuell als interessant eingestuften Dienstleistungen die relative Zahlungsbereitschaft abgefragt. Abb. 4.23 gibt einen Überblick über das Interesse der Befragten an den vorgestellten Dienstleistungen. Das stärkste Interesse bekundeten die Befragten für die Teilnahme an einem Crowd-Speicher (71,0 %) gefolgt von der fünfjährigen Produktgarantie (52,6 %). Für eine Finanzierung (47,2 %), Beratungsangebote zur Einsatzoptimierung und des Energieverbrauchs (44,9 %), sowie zur Bereitstellungen von Funktionalitäten zur Steuerung und zum Monitoring der Anlage im lokalen Netzwerk (44,2 %) wurde ebenfalls ein erhöhtes Interesse festgestellt. Die dreijährige Produktgarantie sowie die dreijährige Zeitwertersatzgarantie fallen beim Interesse mit 11,0 % bzw. 7,8 % im Vergleich zu allen anderen vorgestellten Dienstleistungen deutlich ab.

Zur Abfrage der Zahlungsbereitschaft der Dienstleistungen wurden die Befragten aufgefordert, für jede der Dienstleistungen, für die zuvor Interesse bekundet wurde, den prozentualen Aufschlag in Relation zu der zu in Schritt 1 angegebenen Zahlungsbereitschaft

Tab. 4.8 Übersicht über abgefragte Dienstleistungen

Dienstleistungen und ihre Ausprägungen	Erklärung
Finanzierung ab 1,00 % effektiver Jahreszins	Ab 1,00 % p. a. Effektivzins bei 5 Jahren Laufzeit, ein tilgungsfreies Anlaufjahr und 5 Jahre Zinsbindung
3 Jahre Zeitwertersatzgarantie	Bei einem Garantiefall wird der Zeitwert des Solarspeichers erstattet. Dieser berechnet sich anhand einer über den Zeitraum von 3 Jahren linear angenommenen jährlichen Abschreibung bezogen auf den ursprünglichen Kaufpreis. So würde der Käufer bei einer Zeitwertersatzgarantie über 3 Jahre nach 2 Jahren 1/3 des Kaufpreises erstattet bekommen
5 Jahre Zeitwertersatzgarantie	Bei einem Garantiefall wird der Zeitwert des Solarspeichers erstattet. Dieser berechnet sich anhand einer über den Zeitraum von 5 Jahren linear angenommenen jährlichen Abschreibung bezogen auf den ursprünglichen Kaufpreis. So würde der Käufer bei einer Zeitwertersatzgarantie über 5 Jahre nach 2 Jahren 3/5 des Kaufpreises erstattet bekommen
3 Jahre Produktgarantie	Die Garantie erstreckt sich auf alle Material-, Herstellungs- und Verarbeitungsfehler. Der Hersteller behebt Schäden innerhalb der Garantiezeit durch Austausch oder Reparatur
5 Jahre Produktgarantie	Die Garantie erstreckt sich auf alle Material-, Herstellungs- und Verarbeitungsfehler. Der Hersteller behebt Schäden innerhalb der Garantiezeit durch Austausch oder Reparatur
Steuerung/Monitoring im lokalen Netzwerk	Zugriff auf das System zur Ertrags- und Verbrauchskontrolle und zur Steuerung z. B. über eigenen PC und mobile Geräte im WLAN
Steuerung/Monitoring online	Zugriff von überall, z. B. über das Smartphone, auf das System zur Ertrags- und Verbrauchskontrolle
Steuerung/Monitoring online mit Vergleich zu Referenzkunden/ Benchmarking	Zugriff von überall, z. B. über das Smartphone, auf das System zur Ertrags- und Verbrauchskontrolle. Zusätzlich werden Vergleichsdaten von Referenzkunden angezeigt, um Verbesserungspotentiale zu identifizieren
Fixe Vergütung für das zur Verfügung stellen des Solarspeichers	Der Solarspeicher wird einem zentralen Anbieter zum Zugriff von außen zur Verfügung gestellt, der den Solarspeicher sowohl zur Speicherung überschüssiger als auch zur Entnahme von gespeicherter Energie nutzt. Dies bedeutet eine höhere Belastung für den Solarspeicher und somit auch eine stärkere Alterung. Kunden erhalten eine fixe jährliche Vergütung, unabhängig von der tatsächlichen Nutzung. Um die Nutzung zu ermöglichen, muss vorher zusätzliche Hardware angeschafft und installiert werden
Variable Vergütung für das zur Verfügung stellen des Solarspeichers	Der Solarspeicher wird einem zentralen Anbieter zum Zugriff von außen zur Verfügung gestellt, der den Solarspeicher sowohl zur Speicherung überschüssiger als auch zur Entnahme von gespeicherter Energie nutzt. Dies bedeutet eine höhere Belastung für den Solarspeicher und somit auch eine stärkere Alterung. Kunden erhalten eine variable jährliche Vergütung, abhängig von der tatsächlichen Nutzung. Um die Nutzung zu ermöglichen, muss vorher zusätzliche Hardware angeschafft und installiert werden

Tab. 4.8 (Fortsetzung)

Dienstleistungen und ihre Ausprägungen	Erklärung
Crowd-Speicher	Die Teilnahme ermöglicht es, überschüssigen Strom in einem zentralen Speicher (über den beim Kunden installierten hinaus) zu speichern. Bei erhöhtem Strombedarf können die Kunden Strom in Höhe des vorher eingespeisten Stroms kostenlos beziehen
Einsatzoptimierung des Solarspeichers	Der Solarspeicher wird einmalig an die (jahreszeitabhängigen) individuellen Bedürfnisse des individuellen Haushaltes angepasst. Dies kann zu einer Steigerung des Eigenverbrauchs und zu einer Senkung der Strombezugskosten führen
Einsatzoptimierung des Solarspeichers und Beratung zum Energieverbrauch	Der Solarspeicher wird einmalig an die (jahreszeitabhängigen) individuellen Bedürfnisse des Haushaltes angepasst. Zudem erhalten Kunden eine einmalige Beratung zu Ihrem Energieverbrauch, d. h. beispielsweise hinsichtlich der größten Verbraucher und möglicher Einsparungspotentiale in der Stromnutzung. Dies kann zu einer Steigerung des Eigenverbrauchs und zu einer Senkung der Strombezugskosten führen

für den Second-Life-Solarspeicher anzugeben. Die aus der Befragung resultierten Aufschläge für die jeweiligen Dienstleistungen bewegten sich alle im Bereich zwischen 2,0 % und 3,8 %. Bei einer durchschnittlichen Zahlungsbereitschaft von ca. 4800 € für einen Second-Life-Solarspeicher waren die Befragten bereit, zwischen 96 und 182,40 € für die zusätzlichen Dienstleistungen zu bezahlen. Die höchste relative Zahlungsbereitschaft besaß die dreijährige Produktgarantie (3,8 %), wohingegen die Zahlungsbereitschaften für die alternativen Garantie-Dienstleistungen niedriger ausfielen: fünfjährige Produktgarantie (2,7 %), fünfjährige Zeitwertersatzgarantie (3,5 %), dreijährige Zeitwertersatzgarantie (3,2 %). Im Vergleich zu den meisten übrigen Dienstleistungen sind die Zahlungsbereitschaften für die Garantien jedoch höher, was die Wertschätzung der Kunden für diese Dienstleistungen widerspiegelt.

Kaufentscheidung

In einem dritten Schritt wurde die relative Zahlungsbereitschaft für hybride Leistungsbündel bestehend aus einem Second-Life-Solarspeicher und entsprechenden Dienstleistungen abgefragt. Die hier angegebene Zahlungsbereitschaft wurde dann als festes Merkmal übernommen, um anschließend eine Kaufentscheidung zu simulieren. In einem Adaptive-Choice-Based-Conjoint-Schritt (ACBC) konnten die Befragten zwischen verschiedenen Alternativen mit unterschiedlichen Preisen (Second-Life-Solarspeicher mit Dienstleistungen, Second-Life-Solarspeicher ohne Dienstleistungen, fabrikneuer Solarspeicher, kein Kauf) entscheiden. Abb. 4.24 zeigt das Ergebnis der Abfrage der Kaufentscheidung. Die Befragten zeigen hierbei eine klare Präferenz zum Kauf eines Second-Life-Solarspeichers im Bündel mit Dienstleistungen im Vergleich zu den Alternativen. Dieses Ergebnis unterstreicht die Wirksamkeit und Relevanz der Vermarktung von hybriden Leistungsbündeln und zeigt gleichzeitig, dass Konsumenten bei entsprechend günstigeren Preisen, den Kauf eines Second-Life-Solarspeichers dem eines fabrikneuen Speichers sogar vorziehen.

Auch alternative Vertriebsmethoden zum klassischen Verkauf wie Leasing- oder Pay-per-Use-Modelle wurden abgefragt. Diese alternativen Zahlungsmodelle bieten einige Vorteile, können jedoch über die zu erwartende Lebensdauer des gebrauchten Speichers von 8 bis 10 Jahren gerechnet teurer sein als der Kauf. Ähnlich zu einem Leihwagen bleibt der Anbieter bei diesen Modellen der Eigentümer des Second-Life-Solarspeichers und der Konsument zahlt eine monatliche oder jährliche (ggf. nutzungsabhängige) Rate für die Nutzung des Speichers. Der Vorteil für den Konsumenten liegt darin, dass der Anbieter die Funktionstüchtigkeit und Leistungsfähigkeit des Speichers garantiert und das Risiko für auftretende Defekte oder eine fortschreitende verminderte Leistungsfähigkeit trägt. Sollte es somit während der Nutzung zu Ausfällen kommen oder bringt das Batteriesystem nicht mehr die vertraglich vereinbarte Mindestleistung, zahlt der Anbieter für die Reparatur des Speichers oder stellt einen Ersatzspeicher bereit. Abb. 4.25 zeigt das Ergebnis für die Abfrage der Alternativen zum Kauf. Etwa die Hälfte der Befragten bevorzugt jedoch weiterhin den klassischen Kauf im Vergleich zu den vorgestellten Alternativen. Möglicherweise ist dies durch die Kostensensibilität der Konsumenten zu erklären, die das Risiko auf einen Defekt des Produkts lieber über eine zusätzliche Garantiedienstleistung reduzieren. Eine mögliche Erklärung für den Vorsprung des Pay-per-Use-Modells gegenüber dem Leasing könnte in den Unsicherheiten in Bezug auf die tatsächlichen Einsatzzeiten des Solarspeichers begründet liegen, die stark von der tatsächlichen Sonneneinstrahlung, dem Eigenverbrauch und den Verbrauchszeitpunkten abhängen. Bei entsprechend geringer Inanspruchnahme des Solarspeichers kann der Konsument bei einem Pay-per-Use-Modell Einsparungen gegenüber den anderen Modellen realisieren. An dieser Stelle wäre eine ausführliche Analyse und Beratung der Energieproduktion der PV-Anlage und der Verbräuche sinnvoll, um dem Konsumenten das für ihn optimale Modell anzubieten.

Die hier vorgestellten Ergebnisse zeigen, dass Privatkunden Second-Life-Solarspeicher durchaus als gleichwertige Alternative zu fabrikneuen Speichern ansehen und die Ergeb-

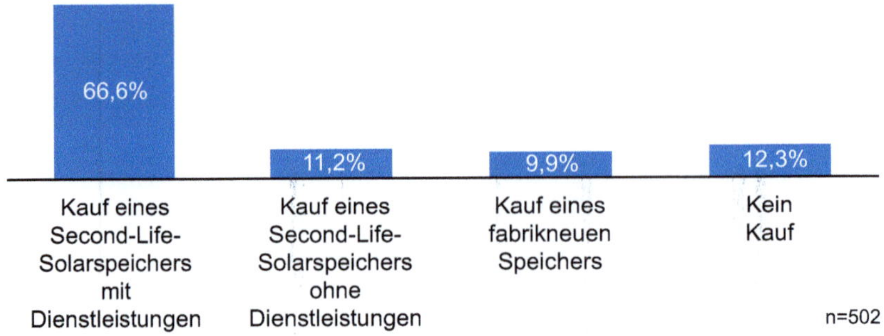

Abb. 4.24 Abfrage der Kaufentscheidung

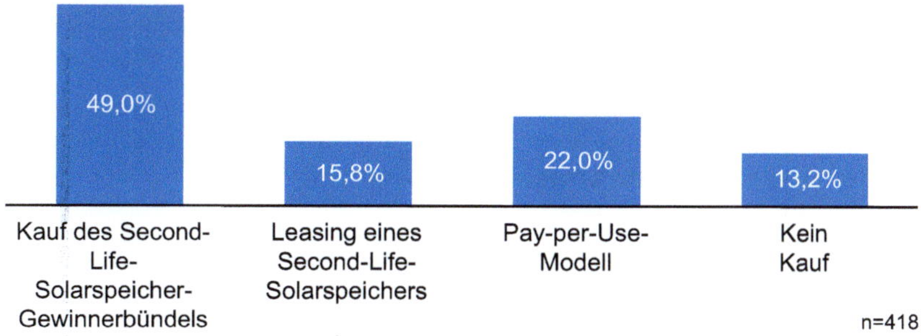

Abb. 4.25 Abfrage der Alternativen zum Kauf

nisse unterstreichen somit die Relevanz der oben vorgestellten Geschäftsmodelle für den Vertrieb von Second-Life-Solarspeichern. Die Zahlungsbereitschaft von ca. 50 % für einen Solarspeicher bestehend aus gebrauchten Traktionsbatterien in Relation zu einem fabrikneuen Solarspeicher spiegelt die höheren Risiken wieder, welche die Konsumenten mit dem gebrauchten Gut *Second-Life-Solarspeicher* assoziieren. An dieser Stelle waren die angebotenen Garantiedienstleistungen von hohem Interesse und erzielten auch eine hohe Zahlungsbereitschaft bei den Befragten. Auch für alle anderen abgefragten Dienstleistungen äußern die Befragten Interesse und eine Zahlungsbereitschaft. Bei der Kaufentscheidung zeigen die Befragten eine deutliche Präferenz für ein Bündel aus Second-Life-Solarspeicher und Dienstleistungen. Der deutlich niedrigere Preis des Second-Life-Solarspeichers sowie das Hinzufügen von produktbegleitenden Dienstleistungen können den Nutzen aus Kundensicht steigern und die Nachteile des gebrauchten gegenüber dem neuen Produkt teilweise kompensieren. Alternative Vertriebsmodelle wie Leasing oder Pay-per-Use sind von mehr als einem Drittel der Befragten präferiert und sollten als Alternativen zum klassischen Kauf in Erwägung gezogen werden, um dadurch noch besser auf individuelle Kundenbedürfnisse eingehen zu können.

4.7 Ökonomische und ökologische Bewertung der Umwidmung und Weiterverwendung von Traktionsbatterien in der Literatur

Nachfolgend werden Ergebnisse einer Literaturrecherche zur ökonomischen und ökologischen Bewertung der Umwidmung und Weiterverwendung von gebrauchten Traktionsbatterien zusammenfassend präsentiert. Für die ökonomische Bewertung wird dazu unter anderem der Restwert einer Traktionsbatterie nach dem First Life herangezogen. Zudem spielen bei der Bewertung Faktoren wie die verkürzte Lebensdauer der Second-Life-Batterien oder der Strompreis eine Rolle. Für die ökologische Bewertung wird in erster Linie die Einsparung an Treibhausgasen als Kennzahl angeführt. Da die Bewertung maßgeblich von dem Weiterverwendungsszenario abhängt, wird die Bewertung anhand der drei Szenarien Primärregelleistung, Hausspeichersystem und Hausspeichersystem ohne erneuerbare Energie durchgeführt.

4.7.1 Ergebnisse zur ökonomischen Bewertung

Nachfolgend werden ausgewählte Literaturfunde zur ökonomischen Bewertung der End-of-Life-Strategie der Umwidmung und Weiterverwendung für gebrauchte Traktionsbatterien zuerst im Allgemeinen und dann bezogen auf die drei Szenarien dargelegt.

Allgemein
Neben dem Einsatz der Second-Life-Batterie in einem Weiterverwendungsszenario steht zudem die Option der Verwertung der Batterie zu Verfügung. Da sich auch die direkte Verwertung als profitabel erweisen könnte, wird diese zuerst auf ökonomische Profitabilität untersucht.

Verwertung: Mittels der Recycling-Kriterien des Vereins Deutscher Ingenieure lassen sich Produkte bzw. Traktionsbatterien bewerten (Verein Deutscher Ingenieure 2002). Insgesamt stehen dazu die vier Kriterien Umfeld, Technologie, Ökologie und Ökonomie zu Verfügung. Unter das Kriterium Umfeld fallen Gesichtspunkte wie Politik, Markt und Gesellschaft. Das Kriterium Technologie enthält Faktoren wie etwa Materialien, Demontierbarkeit und Recyclingtechnologien. Besonders der Faktor Materialien spielt für die Bewertung von Traktionsbatterien eine große Rolle, da beispielsweise die Stoffe einer Nickel-Magnesium-Kobalt Batterie einen vergleichsweise hohen Wert besitzen (Idjis und da Costa 2017). Das ökonomische Kriterium lässt sich durch folgende Gleichung darstellen: Sind die Kosten für das Neuteil plus der Beseitigungskosten größer als die Recycling-Kosten, ist die Komponente wirtschaftlich wiederverwertbar (Verein Deutscher Ingenieure 2002). Das letzte Kriterium, die Ökologie, beinhaltet unter anderem Bewertungen bezüglich des Rohstoffverbrauchs, der Emissionen und der Ökobilanz (engl. *Life Cycle Analysis*). Ebenfalls lässt sich das Kriterium durch eine Gleichung ausdrücken: Sind die Kosten der Neuware plus die Beseitigungskosten größer als die Recycling-Kosten der Sekundärmaterialien, ist die Komponente stofflich wirtschaftlich verwertbar.

Laut Foster et al. (2014) sind die Kosten für das Recyceln einer Lithium-Ionen-Batterie erst ab einem Marktpreis von 98,60 $/kg für Lithium gedeckt. Dies entspricht dem 20-fachen des aktuellen Lithium-Marktpreises. Somit sind momentan die vorhandenen Kosten für das Recycling größer, als der Erlös durch die wiedergewonnenen Edelmetalle.

Auch Idjis und da Costa (2017) haben mittels der System-Dynamics-Methode die Profitabilität der Verwertung von Lithium-Ionen-Batterien bewertet. Für die Bewertung wurden zwei verschiedene Recyclingverfahren ausgewählt, die sich in der Art der Aufbereitung (mechanische vs. pyrometallurgische Aufbereitung, siehe auch Abschn. 2.6) unterscheiden. Zudem sind Traktionsbatterien aus verschiedenen Szenarien und mit unterschiedlichen Charakteristiken gewählt worden. Die Second-Life-Batterien unterscheiden sich beispielsweise durch den State of Health der Batterie. Zudem wurden zwei unterschiedliche Typen von Lithium-Ionen-Batterien ausgewählt: auf Nickel-Magnesium-Kobalt (NMC) und auf Eisenphosphat (LFP) basierende Batterien. Das Ergebnis zeigt, dass mit Kosten zwischen 700 und 5500 $ pro Tonne für das Recycling im Jahre 2020 zu rechnen ist. Bis 2030 sollen sich diese auf 0 $ pro Tonne bis 1250 $ pro Tonne einpendeln. Die große Preisspanne lässt sich unter anderem durch den deutlich höheren Wert der Stoffe der NMC-Batterie erklären. Ein Grund für die in Zukunft sinkenden Kosten ist die steigende Anzahl der verfügbaren Altbatterien, sodass Skaleneffekte es erlauben, die Kosten zu senken (Foster et al. 2014). Da die Kosten ausschließlich die Recyclingkosten enthalten und Kosten für Transport oder ähnliches noch nicht berücksichtigt sind, lässt sich sagen, dass in jedem Fall die Kosten den potentiellen Erlös übersteigen (Idjis und da Costa 2017).

Betrachtet man die aktuellen Recyclingkosten für eine zwei bis vier Kilogramm schwere Lithium-Ionen-Batterie bei GRS-Batterien, dem größten Batterierücknahmesystem in Europa, liegen diese bei 0,34 €/kg (Fischhaber et al. 2016). Wird dies auf einen Tonnenpreis umgerechnet, ergeben sich 340 € (366,70 $[4]) pro Tonne. Dies ist bereits deutlich günstiger als die von Idjis und da Costa berechneten Kosten für das Jahr 2020. Gemäß der Analyse von Fischhaber et al. (2016) soll ungefähr zwischen 2024 und 2026 die Gewinnschwelle für NMC-Batterien überschritten werden. Letztendlich wurden in beiden Beiträgen zukünftig sinkende Kosten für die Verwertung prognostiziert. Die Frage, ob und wann die Verwertung profitabel sein wird, lässt sich jedoch nicht eindeutig beantworten.

Weiterverwendung: In Abschn. 4.4 wurden bereits verschiedene Weiterverwendungsszenarien für Second-Life-Batterien vorgestellt. Ähnlich zur Verwertung gibt es keine einheitlichen Ergebnisse bezüglich der Bewertung der ökonomischen Profitabilität. Laut Casals et al. (2017) ist die direkte Weiterverwendung der gebrauchten Batterien der profitabelste Weg. Dies bedeutet, dass keine Konfigurationsschritte im Rahmen der Umwidmung durchgeführt werden. Ein Konfigurationsschritt könnte beispielsweise darin bestehen, Module verschiedener Batterien zusammen zu schalten, um ein besser auf ein Szenario zugeschnittenes Batteriesystem zu erhalten. Denn nicht nur durch die Rekonfiguration von Batterien sondern auch durch die Entwicklung eines neuen, zu den rekonfigurierten Batterien passenden Batteriemanagementsystems (BMS) entstehen zusätzliche Kosten (Foster et al. 2014).

Damit die nachfolgenden Preise für Second-Life-Batterien pro kWh leichter interpretierbar sind, werden an dieser Stelle die aktuellsten Preise für Neubatterien vorgestellt. Laut einem Report von McKinsey aus dem Jahr 2017 lagen die Neupreise von Traktionsbatterien im Jahr 2010 bei rund 1000 $/kWh und sind bis zum Jahr 2016 auf rund 227 $/kWh gefallen (Knupfer et al. 2017). Zudem wurden in dem Report Preise für Neubatterien von unter 100 $/kWh für das Jahr 2030 prognostiziert.

Laut einer technisch-wirtschaftlichen Analyse von Neubauer et al. (2012) ist mit einem Kaufpreis von 38 $/kWh bis 132 $/kWh für eine Second-Life-Batterie im Jahr 2030 zu rechnen. Der Besitzer einer Second-Life-Batterie soll diese für einen Preis von 20 $/kWh bis 100 $/kWh verkaufen können. In der Analyse ging man von einer Nutzungsdauer von

[4] Wechselkurs vom 04.02.2017.

15 Jahren und einem SOH von 40 % nach dem ersten Einsatz der Batterie aus. Die Kosten für die Umwidmung der Batterie wurden dabei auf 32 $/kWh prognostiziert. Die lange Nutzungsdauer und der geringe SOH stellen jedoch die Verlässlichkeit der Ergebnisse in Frage, da viele andere Forscher einen Austausch der Batterie nach ca. 8 Jahren mit einem SOH von 70 % bis 80 % ihren Ausführungen zugrunde legen (Viswanathan und Kintner-Meyer 2011; Keeli und Sharma 2012; Lih et al. 2012; Ahmadi et al. 2014). Abgesehen von der ungewöhnlich langen Nutzungsdauer in der Analyse, passen die Ergebnisse zu den Prognosen aus dem Report von Knupfer et al. (2017).

In Bezug auf die Profitabilität von Second-Life-Batterien prognostizieren Idjis und da Costa (2017) eine Gewinnmarge von 9,7 €/kWh bis 15,8 €/kWh ab dem Jahr 2030. Diese errechnet sich aus dem Verkaufspreis der Second-Life-Batterie an das Weiternutzungsszenario abzüglich der variablen Kosten für die Umwidmung und abzüglich der Transportkosten.

Laut Fischhaber et al. (2016) wird sich eine maximale theoretische Kostengrenze für Second-Life-Batterien mit einem SOH von 70 % bis 80 % bis 2030 auf ca. 100 €/kWh einpendeln. Dieser Wert berechnet sich aus den Aufbereitungskosten und dem Restwert der Batterie nach ihrem ersten Einsatz. Für Batterien mit einem SOH von 60 % liegt der Wert bei etwa 50 €/kWh. Zudem wird ab dem Jahr 2030 ein stabiler Wert von um die 219 €/kWh für neue Traktionsbatterien angenommen. Dies führt zu der Annahme, dass aufbereitete Batterien nach dem ersten Einsatz zu 50 % des Preises von aktuellen Batterien zu kaufen sein werden (Fischhaber et al. 2016). Vergleicht man auch an dieser Stelle die Werte mit den Zahlen aus dem McKinsey-Report, scheinen die Kosten für eine neue Traktionsbatterie für das Jahr 2030 als etwas zu hoch angesetzt.

Szenarioabhängig

Primärregelleistung (PRL): Bei dem ersten Szenario handelt es sich um einen Primärregelleistungsspeicher in einem konventionellen Anlagenpool (Fischhaber et al. 2016). Verglichen wird eine Neubatterie mit einer Second-Life-Batterie. Für den Vergleich werden für die Abschreibungszeiträume „die (diskontierten) Zahlungsströme bestimmt und der Kapitalwert in Bezug auf das Jahr 2015 berechnet" (Fischhaber et al. 2016, S. 96). Bereits nach fünf Jahren hat sich die Second-Life-Batterie amortisiert, während es bei der neuen Batterie sieben Jahre dauert. Dies lässt sich zum einen durch die niedrigeren Investitionskosten und zum anderen durch den geringeren Kapazitätsverlust der Second-Life-Batterie begründen. Der Kapitalwert konnte um 33 % gesteigert werden.

Hausspeichersystem (HSS): In dem zweiten Szenario wird die Batterie als Hausspeichersystem genutzt und mit einer PV-Anlage gekoppelt (Fischhaber et al. 2016). Ebenfalls werden hier eine neue und eine Second-Life-Batterie miteinander verglichen und jeweils die Kapitalwerte bestimmt. Aufgrund der deutlich höheren Anzahl an Ladezyklen und der Entladetiefe bei dem HSS im Vergleich zu dem PRL-Speicher ist mindestens ein Austausch der Batteriesysteme während des gewählten Zeitraumes von 20 Jahren erforderlich. Die Neubatterie muss nach fünfzehn Jahren ausgetauscht werden und die Second-Life-Batterie bereits nach neun Jahren. Trotz des doppelten Austausches der Second-Life-Batterie innerhalb des Betrachtungszeitraumes von 20 Jahren ist der Einsatz aufgrund der geringeren Anfangsinvestitionen wirtschaftlicher. Nichtsdestotrotz weisen HSS in privaten Haushalten im Gegensatz zu PRL-Speichern keinen betriebswirtschaftlichen Nutzen auf. Trotzdem können durch den Einsatz von Second-Life-Batterien die Verluste um etwa 26 % verringert werden.

Ähnlich zu den Ausführungen von Fischhaber et al. (2016) kommen auch Menn und Geissler (2015) zu dem Ergebnis, dass der Einsatz von Second-Life-Batterien in Hausspeichersystemen noch nicht profitabel ist, Verluste durch den Einsatz von gebrauchten Batterien jedoch verringert werden können. Ein Grund dafür sind die momentan geringen Stromkosten. Laut dem Schweizer Bundesamt für Energie ist bis 2050 mit steigenden Strompreisen zu rechnen (Bundesamt für Energie (BFE) 2012). Dies wird langfristig zu einer höheren Profitabilität von HSS führen. Weiterhin führt der hohe Anteil an erneuerbarer Energie in Zukunft zu Energiespitzen, die durch Speichersysteme ausgeglichen werden müssen. Dezentrale Speicher sollten dabei aus volkswirtschaftlicher Sicht als vermeidlich kostengünstigste Lösung berücksichtigt werden (Kim et al. 2015).

Hausspeichersystem ohne erneuerbare Energie (HSSO): Im Gegensatz zu dem HSS wird die Batterie bei dem HSSO nicht durch erneuerbare Energie geladen, sondern über das Stromnetz. Bei Vorliegen einer variablen Stromtarifstruktur besteht die Idee dieses Ansatzes darin, die Second-Life-Batterie mit günstigem Strom zu laden und diesen dann zu nutzen, wenn der Strom teurer ist. Diese Umsetzung wurde von Zheng et al. (2015) ökonomisch bewertet. In der Simulation wurde eine 100 kWh Second-Life-Batterie genutzt, die kommerziell als Hausspeicher in einem Shoppingcenter eingesetzt wird. Dabei rechneten die Autoren mit Stromkosten von 5,03 ct (0,365 CNY)[5] pro kWh bis zu 20,75 ct (1,5065 CNY) pro kWh in den teuren Zeiten. Da die Batterie in diesem Szenario einer hohen Last ausgesetzt ist, wurde mit einer Lebensdauer von drei bis vier Jahren gerechnet. In dem Fall, dass eine Second-Life-Batterie 137 € (1000 CNY) pro kWh kostet, muss die Batterie vier Jahre genutzt werden können, damit das Szenario profitabel wird. Insgesamt würde so eine jährliche Rendite von 6,7 % für das System hervorgehen. Ist ein Kauf einer Second-Life-Batterie bereits für 110 € pro kWh (800 CNY) möglich, wird der Break-Even-Punkt bereits innerhalb von drei Jahren erreicht. Bei einer Nutzung von vier Jahren würde sich eine jährliche Rendite von 13,2 % ergeben. Da mit steigenden Stromkosten (Bundesamt für Energie (BFE) 2012) und sinkenden Batteriepreisen (Neubauer et al. 2012; Knupfer et al. 2017) zu rechnen ist, kann für die Zukunft eine steigende Rentabilität für dieses Szenario prognostiziert werden.

[5] Wechselkurs vom 21.02.2017.

4.7.2 Ergebnisse zur ökologischen Bewertung

Generell

Grundsätzlich gilt, dass bei der Produktion von Elektroautos eine um etwa 50 % höhere Umweltbelastung entsteht als bei der Produktion von herkömmlichen Autos mit einem Verbrennungsmotor (Casals et al. 2017). Von den Gesamtemissionen bei der Produktion von Elektroautos sind etwa 40 % auf die Herstellung der Batterie zurück zu führen (Casals et al. 2017). Ein Großteil der zusätzlichen Umweltbelastungen entsteht dabei durch den aufwändigen Trocknungsprozess der Lithium-Ionen-Batterien (Hettesheimer et al. 2013). Durch die Umwidmung und Weiterverwendung der Traktionsbatterien nach ihrem Ersteinsatz soll sich die von der Traktionsbatterie ausgehende relative Umweltbelastung verringern lassen, da die im Rahmen der Herstellung anfallenden Emissionen auf einen größeren Einsatzzeitraum bezogen werden können und die umgewidmete Traktionsbatterie potentiell eine für den jeweiligen Einsatzzwack noch zu produzierende Batterie ersetzt (Nealer und Hendrickson 2015). Casals et al. (2017) halten jedoch insgesamt fest, dass durch den Einsatz von Second-Life-Batterien nur dann eine Umweltentlastung möglich ist, wenn die Beladung der Batterie während ihrer Zweitverwendung durch erneuerbare Energien erfolgt.

Szenarioabhängig

Primärregelleistung (PRL): Das bereits vorgestellte Primärregelleistungsszenario wurde von Fischhaber et al. (2016) ebenfalls hinsichtlich der ökologischen Auswirkungen untersucht. Dazu wurden die mit dem Einsatz einer Second-Life-Batterie erzielbaren Einsparungen an Treibhausgasen im Vergleich zum Einsatz einer Neubatterie bestimmt. Der Aufwand für die unter anderem notwendige Aufbereitung einer Second-Life-Batterie floss bei der Untersuchung ebenfalls mit ein. Durch den Einsatz der Second-Life-Batterie konnten je kWh Nennkapazität zwischen 34 kg CO_2 und 106 kg CO_2 eingespart werden.

Ein ähnliches Szenario, in dem Second-Life-Batterien aus Plug-In-Hybriden zum Ausgleich von Netzspitzen eingesetzt wurden, wurde von Cicconi et al. (2012) mittels einer Life-Cycle-Analyse untersucht. Die Batterien wurden mit einem SOH von 80 % für weitere 2000 Zyklen in dem Weiterverwendungsszenario eingesetzt. Durch die Weiterverwendung konnten 25 % Treibhausgase eingespart werden.

Hausspeichersystem (HSS): Auch das HSS wurde wie das PRL-Szenario von Fischhaber et al. (2016) in Bezug auf die ökologisch Profitabilität bewertet. Ähnlich wie bei dem PRL sind auch hier deutliche Einsparungen von 30 kg CO_2 bis 95 kg CO_2 errechnet worden.

Mittels einer Life-Cycle-Analyse wurde das Treibhausgaseinsparungspotential eines ähnlichen Szenarios von Casals et al. (2017) untersucht. Hauptunterschiede zu dem Szenario von Fischhaber et al. (2016) waren die Batteriegröße und die Einsatzdauer. Dazu wurden die folgenden beiden Szenarien miteinander verglichen: Im ersten Szenario wird die Batterie erst 10 Jahre als Traktionsbatterie genutzt und dient dann 20 Jahre als HSS. Im zweiten Szenario wird die Batterie ausschließlich über 10 Jahre als Traktionsbatterie genutzt und die für den Haushalt benötigte Energie wird aus dem Stromnetz entnommen. Für die Berechnung wurde der europäische Energiemix zugrunde gelegt, für den Emissionen in Höhe von 421 g Treibhausgas pro kWh verbrauchtem Strom angenommen wurden. Durch die Weiterverwendung der der Batterie konnten die Treibhausgasemissionen um 10 % verringert werden.

Genikomsakis et al. (2013) untersuchten ein ähnliches, wiederum bezüglich Batteriegröße und Einsatzdauer abweichendes, Szenario mittels einer Life-Cycle-Analyse. Zudem nutzten die Autoren ein drittes Szenario, bei dem eine neue Batterie für den HSS verwendet wird. Dabei kamen die Autoren zu ähnlichen Ergebnissen wie Casals et al. (2017): Durch die Nutzung der gebrauchten Batterie konnten die Treibhausgasemissionen potentiell im Vergleich zum Szenario ohne Batterie um 16,3 % verringert werden und bei der Nutzung der Neubatterie immerhin noch um 9,63 %.

Hausspeichersystem ohne erneuerbare Energie (HSSO): Eine ökologische Bewertung des HSSO-Szenarios wurde von Casals et al. (2017) durchgeführt. Erneut wurde der europäische Energiemix den Berechnungen zugrunde gelegt. Nachdem die Batterie zehn Jahre als Traktionsbatterie gedient hat, wird sie für acht weitere Jahre als Hausspeicher eingesetzt. Die Batterie wird dabei ebenfalls zu Zeiten geringer Strombezugskosten aus dem Stromnetz geladen und zu Zeiten hoher Strombezugskosten wird zunächst der Strom aus der Batterie bezogen. Die Autoren stellen bei diesem Szenario fest, dass der Einsatz des HSSO insgesamt zu 30 % mehr Treibhausgasen führt, als wenn der Strom für die weiteren acht Jahre direkt ohne Pufferung aus dem Stromnetz bezogen wird.

4.7.3 Fazit und Ausblick zur ökonomischen und ökologischen Bewertung

In allen drei aufgeführten Szenarien konnte ein ökonomischer Vorteil durch den Einsatz von Second-Life-Batterien im Vergleich zum Einsatz fabrikneuer Batterien herausgestellt werden. Bedingt durch sinkende Batteriekosten und steigende Strompreise ist der Einsatz von Second-Life-Batterien in allen vorgestellten Szenarien langfristig sogar als profitabel anzunehmen.

Für die Verwertung der Batterien fallen derzeit noch höhere Kosten an als Erlöse entstehen (Foster et al. 2014; Idjis und da Costa 2017). Auch hier können langfristig gesehen die Kosten durch ein höheres Aufkommen von Altbatterien und somit durch die Nutzung von Skaleneffekten gesenkt werden. Zudem erhöhen steigende Edelmetallpreise den Erlös.

Für die ökologische Bewertung konnte herausgearbeitet werden, dass der Einsatz von Second-Life-Batterien den Ausstoß von Treibhausgasen verringern kann (Fischhaber et al. 2016). Dies gilt jedoch nur für Szenarien, in denen die Batterie durch erneuerbare Energien geladen wird (Casals et al. 2017). Einsparungen von 10 bis 25 % an Treibhausgasen werden in diesen Szenarien prognostiziert (Cicconi et al. 2012; Casals et al. 2017).

Eine der momentan größten Hürden für die Entwicklung, Analyse und Bewertung von Nachnutzungsszenarien sind die fehlenden Daten. Da eine Traktionsbatterie in der Regel sechs bis zehn Jahre in einem Elektroauto genutzt wird und der Anteil von Elektrofahrzeugen gemessen am Gesamtfahrzeugaufkommen im Individualverkehr aktuell in Deutschland und auch im Durchschnitt in Europa sehr gering ist, existieren kaum Second-Life-Batterien als Datenlieferanten auf dem Markt. Zudem müssen Automobilhersteller überhaupt bereit sein, die Batterien freizugeben, da Automobilhersteller derzeit selbst nach Beendigung der automobilen Erstanwendung an den Batteriedaten interessiert sind, um beispielsweise die Alterungsprozesse der Batterien besser nachzuvollziehen zu können. Ferner sollen entsprechende Batterien nach ihrer Erstverwendung umgewidmet werden und erneut für mehrere Jahre in einem Weiterverwendungsszenario zum Einsatz kommen. Dies führt dazu, dass es bislang noch unmöglich ist, die vorgestellten Ergebnisse mit realen Zahlen zu vergleichen bzw. durch diese zu bestätigen.

Zudem spielt der Gebrauchtpreis von Traktionsbatterien für die ökonomische Bewertung eine entscheidende Rolle. Da dieser Preis zum einen vom individuellen Zustand der Batterie abhängt, der sich jedoch ohne Zugriff auf die Daten des Automobilherstellers nur mit großem Aufwand bestimmen lässt, und zum anderen durch die Nachfrage nach gebrauchten Traktionsbatterien, etwa durch etablierte Second-Life-Geschäftsmodelle, bestimmt wird, beruht der Gebrauchtpreis aktuell vor allem auf groben Schätzungen und erhöht somit die Unsicherheit der aufgeführten Ergebnisse. Folglich ist es wichtig, die Ergebnisse der verschiedenen Analysen und Simulationen in Zukunft durch reale Zahlen zu validieren.

4.8 Zusammenfassung

In diesem Kapitel wurde zunächst ein Überblick über die kurz- bis mittelfristigen Vermarktungspotentiale von gebrauchten Traktionsbatterien gegeben und die Wertschöpfungskette gebrauchter Traktionsbatterien wurde skizziert, ehe ausgewählte Weiterverwendungsszenarien, Pilotprojekte und mit diesen in Verbindung stehende Geschäftsmodelle detailliert, Ergebnisse einer Studie zur Zahlungsbereitschaft von Privatkunden für einen Second-Life-Solarspeicher präsentiert und Literaturfunde zur ökonomischen und ökologischen Bewertung der Umwidmung und Weiterverwendung von Traktionsbatterien unter besonderer Berücksichtigung von drei Weiterverwendungsszenarien diskutiert wurden.

Festzuhalten bleibt dabei, dass auch wenn nicht jede gebrauchte Traktionsbatterie nach ihrer automobilen Erstverwendung für eine Umwidmung und Weiterverwendung in Frage kommt, die Zahl geeigneter Batterien ab 2026 erheblich ansteigen wird und entsprechend spätestens zu diesem Zeitpunkt ausgereifte Wertschöpfungsketten, Weiterverwendungsszenarien und Geschäftsmodelle existieren müssen. Der Handel mit Traktionsbatterien als gebrauchten Gütern ist dabei vor allem durch die technologische Komplexität der Batterien und die der Allgemeinheit fehlenden Kompetenzen und Mittel zur einfachen Kontrolle des Zustands und der Qualität der Batterien geprägt. Durch entsprechende Informationsasymmetrien bezüglich der Eigenschaften des Gutes zwischen Anbietern und Kunden gebrauchter Traktionsbatterien besteht die Gefahr des Marktversagens, wenn nicht speziell von den Anbietern Gegenmaßnahmen wie umfassende Garantien, Gütesiegel oder das Ausfallrisiko primär bei den Anbietern verortende Geschäftsmodelle, wie etwa nach dem Pay-per-Use- oder Pay-per-Success-Prinzip, etabliert werden. Weiterhin hängt der Erfolg der Vermarktung von gebrauchten Traktionsbatterien auch signifikant von der Bereitschaft der Automobilhersteller ab, während der automobilen Erstverwendung über die Batterien gesammelte Daten, den für die Umwidmung und Vermarktung der Batterien als Second-Life-Speicher zuständigen Unternehmen zur Verfügung zu stellen.

Für die Weiterverwendung ergeben sich vielfältige Potentiale in Form von stationären, semi-stationären und mobilen Weiterverwendungsszenarien und in diesen realisierbaren Anwendungsfällen. So kann ein Batteriespeicher in einem Vier-Personen-Einfamilienhaus etwa dafür genutzt werden, den Eigenverbrauch des selbst generierten Solarstromes zu erhöhen oder im Falle variabler Stromtarife dazu dienen, Strom in günstigen Bezugsphasen einzuspeichern und in Phasen teuren Strombezugs als Alternative zum Netzbezug zur Verfügung zu stellen. Die Szenarien und Anwendungsfälle stellen dabei jeweils individuelle Anforderungen an die einzusetzenden Batterien, etwa in Bezug auf die Restkapazität, den Innenwiderstand, die bisherige Betriebszeit, die Selbstentladungsrate und die Temperaturbereiche, in denen die Batterien in ihrem ersten automobilen Leben zum Einsatz kamen. Ein Abgleich der Eigenschaften und Historie gebrauchter Traktionsbatterien und der szenario- und anwendungsfallspezifischen Anforderungen ist somit für ein reibungsloses Second Life unabdingbar.

In Bezug auf die mit Hilfe der Business Model Canvas visualisierten Geschäftsmodellentwürfe für gebrauchte Traktionsbatterien, etwa für die Bereitstellung von Primärregelleistung, die Verschiebung von Lastspitzen in produzierenden Unternehmen oder Off-Grid-Anwendungen, ist festzuhalten, dass die gebrauchten Traktionsbatterien in jedem Szenario in enger Konkurrenz zu fabrikneuen Batteriesystemen stehen. Speziell in Bezug auf die intensiv untersuchte Möglichkeit, gebrauchte Traktionsbatterien zu Solarspeichern für private Haushalte umzuwidmen, ist festzuhalten, dass ein ausschließliches Aufbauen des Geschäftsmodells auf Kostenvorteile gegenüber Konkurrenten, die auf fabrikneue Batterien setzen, kein erfolgsversprechendes Geschäftsmodell ausmacht. Speziell der Aufbau eines eigenen zuverlässigen Vertriebsnetzes und das Finden einer Balance zwischen einem niedrigpreisigen und durch zusätzliche, für einzelne Zielgruppen relevante, Dienstleistungen differenzierten Geschäftsmodell stellen eine zentrale Herausforderung dar. Dabei zeigen speziell die Ergebnisse der Zahlungsbereitschaftsanalyse für Solarspeicher, dass Kunden im Durchschnitt zwar nur bereit sind für Solarspeicher aus gebrauchten Traktionsbatterien etwa 50 % eines fabrikneuen Produktes zu bezahlen, die Zahlungsbereitschaft für komplementäre Dienstleistungen jedoch hoch ist und rund ein Drittel der Kunden auch offen für Leasing-, Miet- oder Pay-per-Use-Modelle ist. Gerade in Verbindung mit ausdrücklich vorgebrachten Vorbehalten bezüglich der Leistungsfähigkeit und Zuverlässigkeit eines gebrauchten Speichers sollten entsprechende alternative Modelle in der Zukunft intensiver untersucht werden.

Die Analyse aktueller Prognosen zur ökonomischen und ökologischen Bewertung von Weiterverwendungsszenarien zeigt unterdessen, dass die aufwandsarme Umwidmung aktuell der entscheidende Faktor für die Wirtschaftlichkeit vieler Geschäftsmodelle ist und dass sich aus ökologischer Sicht meist nur dann Vorteile durch die Weiterverwendung gebrauchter Traktionsbatterien ergeben, wenn im Rahmen der möglichen Umwidmung und Beladung der Batterien in ihrem zweiten Leben auf erneuerbare Energien gesetzt wird.

Literatur

Agnew S, Dargusch P (2015) Effect of residential solar and storage on centralized electricity supply systems. Nature Climate Change 5:315–318.

Ahmadi L, Yip A, Fowler M, Young SB, Fraser RA (2014) Environmental feasibility of re-use of electric vehicle batteries. Sustainable Energy Technologies and Assessments 6:64–74.

Ahmadi L, Young SB, Fowler M, Fraser RA, Achachlouei MA (2017) A cascaded life cycle: reuse of electric vehicle lithium-ion battery packs in energy storage systems. The International Journal of Life Cycle Assessment 22:111–124.

Akerlof GA (1970) The Market for "Lemons": Quality Uncertainty and the Market Mechanism. The Quarterly Journal of Economics 84:488–500.

Backhaus K, Becker J, Beverungen D, Frohs M, Knackstedt R, Müller O, Steiner M, Weddeling M (2010) Vermarktung hybrider Leistungsbündel – Das ServPay-Konzept. Springer-Verlag, Berlin Heidelberg.

Balcombe P, Rigby D, Azapagic A (2014) Investigating the importance of motivations and barriers related to microgeneration uptake in the UK. Applied Energy 130:403–418.

BEE (2016) BEE-Studie: Alte Akkus bergen gewaltiges Speicherpotenzia. In: Bundesverband Erneuerbare Energ. e.V. https://www.bee-ev.de/home/presse/mitteilungen/detailansicht/bee-studie-alte-akkus-bergen-gewaltiges-speicherpotenzial/. Zugegriffen: 30. Mai 2017.

Berndt H, Hermann M, Kreye HD, Reinisch R, Scherer U, Vanzetta J (2007) Transmission Code 2007 / Netz- und Systemregeln der deutschen Übertragungsnetzbetreiber. Verband der Netzbetreiber, Berlin.

Bowler M (2014) Battery Second Use: A Framework for Evaluating the Combination of Two Value Chains. Dissertation, Clemson University, Clemson, South Carolina, USA.

Bräuer S (2018) Electric Vehicle Battery Second Use – Future Trade, Business Models, and Information Systems Design. Dissertation, Westfälische Wilhelms-Universität Münster, Münster.

Bräuer S, Monhof M, Klör B, Plenter F, Siemen C, Beverungen D (2016) Residential Energy Storage from Repurposed Electric Vehicle Batteries – Market Overview and Development of a Service-Centered Business Model. In: 2016 IEEE 18th Conference on Business Informatics. Paris, Frankreich.

Bundesamt für Energie (BFE) (2012) Die Energieperspektiven für die Schweiz bis 2050 Anhang 3. Prognos, Basel, Schweiz.

Bundesverband Solarwirtschaft e.V. (2015) Der Photovoltaik-Speicherpass. http://www.photovoltaik-anlagenpass.de/der-speicherpass/. Zugegriffen: 22. Mai 2018.

Bundesverband Solarwirtschaft, Deutsche Gesellschaft für Sonnenenergie e.V., Bundesverband Energiespeicher e.V., StoREgio Energiespeichersysteme e.V., Zentralverband der Deutschen Elektro- und Informationstechnischen Handwerke (ZVEH) (2014) Sicherheitsleitfaden: Li-Ionen-Hausspeicher. https://www.solarwirtschaft.de/fileadmin/media/pdf/Sicherheitsleitfaden_Li-Ionen_Hausspeicher.pdf. Zugegriffen: 22. April 2016.

Burkhart T, Krumeich J, Werth D, Loos P (2011) Analyzing the Business Model Concept – A Comprehensive Classification of Literature. In: Proceedings of the 32nd International Conference on Information Systems (ICIS 2011). Shanghai, China.

C.A.R.M.E.N. e.V. (2015) Marktübersicht Batteriespeicher. http://www.carmen-ev.de/files/Sonne_Wind_und_Co/Speicher/Marktübersicht-Batteriespeicher_Web.pdf. Zugegriffen: 14. April 2016.

Casals LC, García BA, Aguesse F, Iturrondobeitia A (2017) Second life of electric vehicle batteries: relation between materials degradation and environmental impact. The International Journal of Life Cycle Assessment 22:82–93.

Cicconi P, Landi D, Morbidoni A, Germani M (2012) Feasibility analysis of second life applications for Li-Ion cells used in electric powertrain using environmental indicators. In: Proceedings of the 2012 IEEE International Energy Conference and Exhibition (ENERGYCON). 985–990.

co2online gemeinnützige Beratungsgesellschaft mbH (2018) Stromverbrauch im 4-Personen-Haushalt. https://www.stromspiegel.de/stromkosten/stromverbrauch-im-haushalt/4-personen-haushalt/. Zugegriffen: 22. Mai 2018.

Connected Energy (2017) E-STOR – Features + Benefits. https://www.c-e-int.com/technology/e-stor-benefits/. Zugegriffen: 22. April 2018.

Cready E, Lippert J, Pihl J, Weinstock I, Symons P, Jungst RG (2003) Final Report: Technical and Economic Feasibility of Applying Used EV Batteries in Stationary Applications: A Study for the DOE Energy Storage Systems Program. Sandia National Laboratories, Albuquerque, New Mexico, USA.

Deppe P (2015) Weltweit grösster 2nd-use-Batteriespeicher geht in Kürze ans Netz. In: mbpassionblog. http://blog.mercedes-benz-passion.com/2015/11/weltweit-groesster-2nd-use-batteriespeicher-geht-in-kuerze-ans-netz. Zugegriffen: 29. Mai 2017.

DKE/FB.STD Standardisierung (2011) VDE-AR-N 4105 Anwendungsregel:2011-08 Erzeugungsanlagen am Niederspannungsnetz. Deutsche Kommission Elektrotechnik Elektronik Informationstechnik in DIN und VDE, Frankfurt am Main.

Eaton (2017) xStorage Home. https://www.ecobility.com/fileadmin/user_files/PDF/Eaton_xStorage_-_Datenblatt.pdf. Zugegriffen: 22. Juni 2018.

Elkind EN (2014) Reuse and Repower: How to Save Money and Clean the Grid with Second-Life Electric Vehicle Batteries. UCLA School of Law, Los Angeles, California, USA.

Erhorn H, Bergmann A, Beckert M, Reiß J, Hegner HD (2013) Messtechnische und energetische Validierung des BMVBS-Effizienzhaus Plus in Berlin – Messperiode März 2012 bis Februar 2013. Bauphysik 35:162–171.

EUR-Lex (2006) Directive 2006/66/EC of the European Parliament and of the Council of 6 September 2006 on batteries and accumulators and waste batteries and accumulators and repealing Directive 91/157/EEC. Official Journal of the European Union L 266:1–14.

Eyer J, Corey G (2010) Energy Storage for the Electricity Grid: Benefits and Market Potential Assessment Guide. Contract 321:232.

Field K (2018) Nissan Pushes Into Energy Storage With Second-Life Battery Initiative. https://cleantechnica.com/2018/03/24/nissan-pushes-energy-storage-second-life-battery-initiative/. Zugegriffen: 22. Juni 2018.

Figgener J, Haberschusz D, Kairies K-P, Wessels O, Tepe B, Sauer DU (2018) Wissenschaftliches Mess- und Evaluierungsprogramm Solarstormspeicher 2.0: Jahresbericht 2018. Institut für Stromrichtertechnik und Elektrische Antriebe der RWTH Aachen, Aachen.

Fischhaber S, Regett A, Schuster SF, Hesse H (2016) Studie: Second-Life-Konzepte für Lithium-Ionen-Batterien aus Elektrofahrzeugen – Analyse von Nachnutzungsanwendungen, ökonomischen und ökologischen Potenzialen. Deutsches Dialog Institut GmbH, Frankfurt am Main.

Foster M, Isely P, Standridge CR, Hasan MM (2014) Feasibility assessment of remanufacturing, repurposing, and recycling of end of vehicle application lithium-ion batteries. Journal of Industrial Engineering and Management 7:698–715.

FreeWire Technologies (2018) Concierge Charging by FreeWire Technologies. https://evcharging.freewiretech.com/. Zugegriffen: 22. Mai 2018.

Genikomsakis KN, Ioakimidis CS, Murillo A, Trifonova A, Simic D (2013) A Life Cycle Assessment of a Li-ion urban electric vehicle battery Parameters Settings for EVs in. In: Proceedings of the 27th International Battery, Hybrid and Fuel Cell Electric Vehicle Symposium (EVS27). Barcelona, Spanien, 1–11.

Hanisch C, Haselrieder W, Kwade A (2012) Recycling von Lithium-Ionen-Batterien – das Projekt LithoRec. In: Thomé-Kozmiensky KJ, Goldmann D (Hrsg), Recycling und Rohstoffe. TK Verlag Karl Thomé-Kozmiensky, Neuruppin, 691–698.

Hettesheimer T, Hummen T, Marscheider-Weidemann F, Schröter M, Lerch C, Stahlberger M, Heussler A (2013) Energiespeicher Monitoring für die Elektromobilität (EMOTOR). Fraunhofer ISI, Karlsruhe.

Heuer A, Heck M, Schmitt J, Lux S, Vetter M (2015) Schlussbericht „StaTrak“ Weiter- und Fremdverwendung (Second Life) von Lithium-Ionen-Traktionsbatterien in mobilen und stationären Anwendungen und Untersuchungen möglicher Geschäftsmodelle. Fraunhofer ISE, Freiburg.

Hoyer C, Kickhäfer K, Spengler TS (2011) Strategische Planung des Recyclings von Lithium-Ionen-Traktionsbatterien. In: Sucky E, Asdecker B, Dobhan A, u. a. (Hrsg), Logistikmanagement: Herausforderungen, Chancen und Lösungen, Band II, Tagungsband der Logistikmanagement 2011. University of Bamberg Press, Bamberg, 399–419.

IBC Solar (2018) IBC SOLAR wird neuer Vertriebspartner für EATON xStorage Home. https://www.ibc-solar.de/unternehmen/presse/presseartikel/news/detail/News/ibc-solar-wird-neuer-vertriebspartner-fuer-eaton-xstorage-home/. Zugegriffen: 22. Mai 2018.

Idjis H, da Costa P (2017) Is Electric Vehicles Battery Recovery a Source of Cost or Profit? In: The Automobile Revolution. Springer International Publishing, Cham, Schweiz, 117–134.

Jahn T (2017) Super-Akku bringt Tesla mehr Speed und Reichweite. https://www.handelsblatt.com/unternehmen/industrie/100-kw-batterie-von-tesla-super-akku-bringt-tesla-mehr-speed-und-reichweite/14447358-all.html. Zugegriffen: 22. Mai 2018.

Kantor I, Rowlands IH, Parker P, Lazowski B (2015) Economic feasibility of residential electricity storage systems in Ontario, Canada considering two policy scenarios. Energy and Buildings 86:222–232.

Keeli A, Sharma RK (2012) Optimal use of second life battery for peak load management and improving the life of the battery. In: Proceedings of the 2012 IEEE International Electric Vehicle Conference. Greenville, South Carolina, USA, 1–6.

KfW (2016) Merkblatt Erneuerbare Energien – KfW-Programm Erneuerbare Energien „Speicher“. https://www.kfw.de/Download-Center/Förderprogramme-%28Inlandsförderung%29/PDF-Dokumente/6000002700_M_275_Speicher.pdf. Zugegriffen: 22. April 2016.

Kim D, Geissler A, Menn C, Hengevoss D (2015) Quantifying environmental benefi ts of used batteries coming from electric vehicles as stationary energy storage systems I Quantifizierung des Umweltnutzens von gebrauchten Batterien aus Elektrofahrzeugen als gebäudeintegrierte 2nd-Life-Stromspeichersyste. Bauphysik 37:213–222.

Klör B, Beverungen D, Bräuer S, Plenter F, Monhof M (2015) A Market for Trading Used Electric Vehicle Batteries – Theoretical Foundations and Informations Systems. In: Proceedings of the 23th European Conference on Information Systems (ECIS 2015). Münster.

Knupfer SM, Hensley R, Hertzke P, Schaufuss P, Laverty N, Kramer N (2017) Electrifying insights: How automakers can drive electrified vehicle sales and profitability. McKinsey.

Leipziger Institut für Energie GmbH (2014) Wirtschaftlichkeit Batteriespeicher: Berechnung der Speicherkosten und Darstellung der Wirtschaftlichkeit ausgewählter Batterie-Speichersysteme. Leipziger Institut für Energie GmbH, Leipzig.

Lih W-C, Yen J-H, Shieh F-H, Liao Y-M, Wen-Chen L, Yen J-H, Shieh F-H, Liao Y-M (2012) Second Use of Retired Lithium-ion Battery Packs from Electric Vehicles: Technological Challenges, Cost Analysis and Optimal Business Model. In: Proceedings of the International Symposium on Computer, Consumer and Control (IS3C 2012). Taichung, Taiwan, 381–384.

Luthander R, Widén J, Nilsson D, Palm J (2015) Photovoltaic self-consumption in buildings: A review. Applied Energy 142:80–94.

Mayer T, Parschkoff W, Sandurkov B, Brand MJ, Horsche MF, Schuster SF, Jossen A (2015) Evaluierung der Weiterverwendung gebrauchter Lithium-Ionen-Zellen aus Elektromobilität und Marktübersicht Hausbatterien – Evaluation des Stromspeichersystems. LION Smart GmbH, München.

Menn C, Geissler A (2015) Electric Vehicle Batteries in Energy Storage Systems : an Economic Analisys for Swiss Residentials. 537–542.

Muenzel V, Mareels I, de Hoog J, Vishwanath A, Kalyanaraman S, Gort A (2015) PV generation and demand mismatch: Evaluating the potential of residential storage. In: Proceedings of 2015 IEEE Power & Energy Society Innovative Smart Grid Technologies Conference (ISGT 2015). Washington, DC, USA.

Nealer R, Hendrickson TP (2015) Review of Recent Lifecycle Assessments of Energy and Greenhouse Gas Emissions for Electric Vehicles. Current Sustainable/Renewable Energy Reports 2:66–73.

Neubauer J, Smith K, Wood E, Pesaran A (2015a) Identifying and Overcoming Critical Barriers to Widespread Second Use of PEV Batteries. National Renewable Energy Laboratory, Golden, Colorado, USA.

Neubauer JS, Pesaran A, Williams B, Ferry M, Eyer J (2012) A Techno-Economic Analysis of PEV Battery Second Use: Repurposed-Battery Selling Price and Commercial and Industrial End-User Value. SAE International, Detroit, Michigan, USA.

Nissan Europe (2016) Bestellstart für xStorage Home: Energiespeicher von Nissan und Eaton für das Eigenheim. http://newsroom.nissan-europe.com/de/de-de/media/pressreleases/426164260/bestellstart-fur-xstorage-home-energiespeicher-von-nissan-und-eaton-fur-das-eigenheim. Zugegriffen: 20. März 2017.

Nissan Motor Corporation (2018) Nissan LEAF batteries to light up Japanese town. https://newsroom.nissan-global.com/releases/180322-01-e?lang=en-US. Zugegriffen: 22. Juni 2018.

Nykvist B, Nilsson M (2015) Rapidly falling costs of battery packs for electric vehicles. Nature Climate Change 5:329–332.

Osterwalder A, Pigneur Y (2011) Business Model Generation: Ein Handbuch für Visionäre, Spielveränderer und Herausforderer. John Wiley & Sons, Inc., Hoboken, New Jersey, USA.

Osterwalder A, Pigneur Y, Bernarda G, Smith A (2014) Value Proposition Design. Wiley, Hoboken, New Jersey, USA.

pv magazine group GmbH & Co. KG (2015) Produktdatenbank Batteriespeichersysteme für Photovoltaikanlagen. http://www.pv-magazine.de/marktuebersichten/batteriespeicher/speicher-2015/. Zugegriffen: 15. April 2016.

regelleistung.net (2017) www.regelleistung.net. https://www.regelleistung.net.

Renault (2016) Connected Energy and Renault to collaborate on energy storage and EV charging technology. In: Media Renault. http://media.renault.com/global/en-gb/renault/Media/PressRelease.aspx?mediaid=75381. Zugegriffen: 29. Mai 2017.

Rutschmann I (2018) Sonnenstrom im Akku speichern. In: http://www.finanztip.de. http://www.finanztip.de/photovoltaik/stromspeicher/. Zugegriffen: 29. Juli 2018.

Sauer DU, Nykamp S, Badela J, Fuchs C, e.a. (2016) Dezentrale Speicher als neue Elemente mit Flexibilisierungspotential für die Netze. Handlungsempfehlungen einer Expertengruppe im Netzwerk Netze und Speicher der EnergieAgentur.NRW im Auftrag des Landes Nordrhein-Westfalen. Düsseldorf.

Seitz MA (2007) A Critical Assessment of Motives for Product Recovery: The Case of Engine Remanufacturing. Journal of Cleaner Production 15:1147–1157.

GRS Service GmbH (2016) Rücknahmesystem für stationäre elektrische Energiespeicher, die in Photovoltaik-Anlagen oder sonstigen Anwendungen im Bereich der erneuerbaren Energien zum Einsatz kommen. http://grs-batterien.de/fileadmin/user_upload/Download/pv-speicher/Info.pdf. Zugegriffen: 22. Mai 2018.

Siebel T (2016) Der Strom und seine Widerstände. ATZ – Automobiltechnische Zeitschrift 118:8–13.

LION Smart GmbH (2013) Marktübersicht Batteriespeicher. LION Smart GmbH, München.

Spence M (1973) Job Market Signaling. The Quarterly Journal of Economics 87:355–374.

Spremann K (1987) Agent and Principal. In: Bamberg G, Spremann K (Hrsg), Agency Theory, Information, and Incentives. Springer, Berlin Heidelberg, 3–37.

Stenzel P (2016) Bereitstellung von Primärregelleistung durch stationäre Großbatteriespeicher. In: LRST Kolloquium Regenerative Energien. Aachen.

Subramoniam R, Huisingh D, Chinnam RB (2009) Remanufacturing for the automotive aftermarket-strategic factors: literature review and future research needs. Journal of Cleaner Production 17:1163–1174.

The Mobility House (2015) Ground-Breaking Ceremony for the World's Largest 2nd-use Stationary Storage in Lünen. In: Mobil. House. http://mobilityhouse.com/en/ground-breaking-ceremony-for-the-worlds-largest-2nd-use-stationary-storage-in-luenen/. Zugegriffen: 29. Mai 2017.

Timmers P (1998) Business Models for Electronic Markets. Electronic Markets 8:3–8.

UNECE (2016) ADR 2017 – European Agreement Concerning the International Carriage of Dangerous Goods by Road – Volume I. http://www.unece.org/trans/danger/publi/adr/adr_e.html. Zugegriffen: 16. Juni 2016.

Battery University Group (2017) BU-702: How to Store Batteries. http://batteryuniversity.com/learn/article/how_to_store_batteries. Zugegriffen: 12. April 2018.

Verein Deutscher Ingenieure (2002) VDI 2243 – Recyclingorientierte Produktentwicklung. Verein Deutscher Ingenieure, Düsseldorf.

Viswanathan V V, Kintner-Meyer M (2011) Second use of transportation batteries: Maximizing the value of batteries for transportation and grid services. IEEE Transactions on Vehicular Technology 60:2963–2970.

Wang Y, Lin X, Pedram M (2014) Adaptive control for energy storage systems in households with photovoltaic modules. IEEE Transactions on Smart Grid 5:992–1001.

Wilkinson S (2014) Residential Solar Energy Storage Market to Grow by Factor of 10 from 2014 to 2018. https://technology.ihs.com/515746/residential-solar-energy-storage-market-to-grow-by-factor-of-10-from-2014-to-2018. Zugegriffen: 1. März 2017.

Zhang C, Jiang J, Zhang W, Wang Y, Sharkh S, Xiong R (2014) A Novel Data-Driven Fast Capacity Estimation of Spent Electric Vehicle Lithium-ion Batteries. Energies 7:8076–8094.

Zheng K, Zheng Z, Esearch AOVR (2015) Economic Analysis of Applying the Used EV Battery to Commercial Electricity Customer. 2100–2103.

Modellgetriebene Entscheidungsunterstützung für die Umwidmung gebrauchter Traktionsbatterien

5

Benjamin Klör und Markus Monhof

5.1 Übersicht

Für künftige Akteure eines Geschäftsmodells mit gebrauchten Traktionsbatterien ist insbesondere die technisch zulässige und ökonomisch erfolgreiche Umwidmung der Batteriesysteme zu geeigneten Weiterverwendungsszenarien als ein komplexes Unterfangen zu bewerten. Mit einer zunehmenden Anzahl gebrauchter Traktionsbatterien, die in den nächsten Jahren ihren Weg zurück aus der Erstanwendung in den Elektroautos finden werden (Hoyer et al. 2011; Foster et al. 2014), wird für menschliche Entscheider sowohl der Entscheidungsaufwand als auch eine zufriedenstellende Entscheidungsqualität mit den bisher zur Verfügung stehenden Hilfsmitteln nicht beherrschbar bzw. erreichbar sein. Dennoch müssen zukünftige Akteure auf dem Markt für gebrauchte Traktionsbatterien effiziente (Aufwand) und effektive (Qualität) Entscheidungen treffen, um geeignete bzw. optimale Dispositionen für die Weiterverwendung von Gebrauchtbatterien zu identifizieren und das Geschäft erfolgreich betreiben zu können.

Als Ausweg aus diesen Problemen stellen modellgetriebene Entscheidungsunterstützungssysteme (EUS) (Power 2004; Power und Sharda 2007) die geeignete Informationssystemklasse dar sowie die geeigneten Hilfsmittel bereit, um zukünftigen Entscheidern die Identifikation von technisch einwandfreien und optimalen Dispositionen für gebrauchte Traktionsbatterien zu ermöglichen. Da künftige Entscheider beschränkt sind in ihren zeitlichen (Sauter 2011) und mentalen (Simon 1955, 1979) Ressourcen und i. d. R. über

B. Klör (✉) · M. Monhof
Lehrstuhl für Wirtschaftsinformatik und Informationsmanagement, Westfälische Wilhelms-Universität Münster
Münster, Deutschland
E-Mail: benjamin.kloer@ercis.uni-muenster.de

M. Monhof
E-Mail: markus.monhof@ercis.uni-muenster.de

J. Becker et al. (Hrsg.), *Umwidmung und Weiterverwendung von Traktionsbatterien*,
https://doi.org/10.1007/978-3-658-21021-2_5

wenig bis keine Erfahrung hinsichtlich der Anwendung und Verwendung mathematischer Optimierungsmodelle und -Methoden verfügen, muss ein modellgetriebenes EUS diesen Problemen durch einfach zu bedienende Funktionalitäten und leicht verständlichen Repräsentationen Rechnung tragen.

Das nachfolgende Kapitel orientiert sich an einem durchgängigen Anwendungsbeispiel (Abschn. 5.2), das aus fiktiven Daten zu gebrauchten Traktionsbatterien und Weiterverwendungsszenarien besteht. Vor dem Hintergrund der mangelhaften bzw. fehlenden automatisierten Entscheidungsunterstützung beschäftigt sich dieses Kapitel nachfolgend zunächst mit den erforderlichen Grundlagen, um ein geeignetes EUS ausgestalten zu können. Zur Konstruktion eines entsprechenden EUS sind Kenntnisse des zugrundeliegenden Entscheidungsproblems notwendig (Abschn. 5.3), um dafür eine geeignete Lösungsstrategie auswählen und umsetzen zu können. Die Erkenntnisse zum Entscheidungsproblem werden folglich genutzt, um Entscheidungsmodelle zu konzipieren, die die Umwidmung von gebrauchten Traktionsbatterien operationalisieren. Zum einen helfen die Entscheidungsmodelle alle technisch möglichen Zuordnungen zwischen verfügbaren Batterien und Szenarien zu identifizieren, zum anderen können optimale Zuordnungen hinsichtlich der besten technischen Passung ermittelt werden (Abschn. 5.4). Die Einbettung dieser Entscheidungsmodelle in einen Entscheidungsfindungsprozess erfolgt durch eine geeignete Interaktionsroutine, die einen künftigen Akteur in die Lage versetzt, das Entscheidungsproblem zur Umwidmung gebrauchter Traktionsbatterien effizient und effektiv zu lösen (Abschn. 5.5). Das Entscheidungsproblem, die Entscheidungsmodelle sowie der Entscheidungsfindungsprozess werden schließlich in einem Softwareprototyp zusammengeführt, der hinsichtlich der entworfenen Softwarearchitektur mitsamt den integrierten (Fremd-)Komponenten beschrieben wird (Abschn. 5.6). Abschließend werden die Ergebnisse konsolidiert und zusammenfassend diskutiert (Abschn. 5.7).

Die Leser dieses Kapitels erhalten einen Überblick über das fundamentale Entscheidungsproblem sowie über die Konstruktion eines modellgetriebenen Entscheidungsunterstützungssystems, das dieses Entscheidungsproblem automatisiert zu lösen vermag. Es sei darauf hingewiesen, dass die Präsentation des Systems nur eine Zusammenfassung der Lösung darstellt, die im Forschungsprojekt EOL-IS erzeugt wurde. Im Folgenden wird der Schwerpunkt auf den Aspekt der Entscheidungsunterstützung durch Entscheidungsmodelle gelegt. Für einen weitaus umfangreicheren Überblick zur Ausgestaltung des Systems sei der Leser an Klör et al. (2017) und Klör (2017) verwiesen. Insbesondere auf letztgenannter Quelle basieren substanzielle Teile dieses Kapitels.

5.2 Anwendungsbeispiel

Zum besseren Verständnis wird nachfolgend ein exemplarischer Fall definiert, der auch über dieses Kapitel hinaus als Anwendungsbeispiel, u. a. für die Dienstleistungskonfiguration im nächsten Kapitel und für die Demonstration des Softwareprototyps im übernächsten Kapitel, herangezogen wird. Das Anwendungsbeispiel umfasst vier Trakti-

Tab. 5.1 Exemplarische technische Eigenschaften von vier Traktionsbatterien

i	Technischer Parameter (TPi)	B1	B2	B3	B4
1	Nennspannung [V]	306,00	316,80	310,08	342,00
2	Kapazität [kWh]	9,18	11,40	9,92	16,42
3	Max. Ladeleistung [kW]	21,25	19,80	5,51	26,72
4	Max. Entladeleistung [kW]	58,65	54,65	51,68	73,74
5	Ladestrom [A]	69,44	62,50	17,78	78,13
6	Entladestrom [A]	191,67	172,50	166,67	215,63
7	Zyklen bis zum Lebensende [#]	200	400	200	1000

onsbatteriesysteme sowie vier Weiterverwendungsszenarien, die jeweils durch die sieben technischen Parameter (1) der Nennspannung, (2) der Kapazität, (3) der maximalen Ladeleistung, (4) der maximalen Entladeleistung, (5) dem Ladestrom, (6) dem Entladestrom sowie (7) den erwarteten Zyklen bis zum Lebensende charakterisiert werden.

Hinsichtlich der Traktionsbatterien werden die in Tab. 5.1 gezeigten technischen Eigenschaften definiert und ausgeprägt. Da es sich bei den Daten um künstlich generierte Werte handelt, die zwar in sich konsistent sind und rechnerisch gemäß dem Ohm'schen Gesetz zusammenpassend sind, muss an dieser Stelle erwähnt werden, dass realweltliche Gebrauchtbatteriesysteme möglicherweise andere Eigenschaften hinsichtlich der technischen Parameter aufweisen können oder werden. Die Daten der Gebrauchtbatteriesysteme wurden auf der Basis von Produktspezifikationen ungebrauchter Batteriesysteme (Neuprodukte) durch Experten geschätzt.

Für die Weiterverwendung von Traktionsbatterien kommen mobile (z. B. Elektro-Postautos), semi-stationäre (z. B. Energiespeicher für Baustellenequipment) und stationäre (z. B. Smart Homes) Weiterverwendungsszenarien in Betracht. Für die Beschreibung des Entscheidungsproblems und zur Demonstration des entwickelten Softwareprototyps werden im Folgenden lediglich exemplarische Smart Home Szenarien betrachtet, da diese zum einen näher durch das EOL-IS Forschungsprojekt beleuchtet wurden und sich zum anderen für die Nachnutzung von *ganzen* Traktionsbatterien, d. h. Batteriesystemen die keine aufwendige Rekonfiguration[1] benötigen, eignen (Heymans et al. 2014; Ahmadi et al. 2014). In der folgenden Tab. 5.2 sind die Anforderungen von vier potentiellen Weiterverwendungsszenarien im Sinne eines Smart Homes aufgezeigt, die sich z. B. in den Spannungs- und Kapazitätsanforderungen voneinander unterscheiden. Ebenfalls wurden die technischen Anforderungen der präsentierten Szenarien künstlich generiert, sodass realweltliche Applikationen davon abweichen können.

Mit dem zuvor präsentierten Anwendungsbeispiel sind zwei Aufgaben verbunden, mit denen zukünftige Entscheider analog umgehen müssen. Erstens müssen zukünftige Entscheider bestimmen, welche Zuordnungen zwischen vorhandenen Batteriesystemen und

[1] Die Umwidmung von rekonfigurierten Traktionsbatterien stellt einen gesonderten Spezialfall dar und ist bis heute Gegenstand der Forschung. Daher wird die Rekonfiguration im Folgenden nicht näher ausgeführt.

Tab. 5.2 Exemplarische technische Anforderungen von vier Smart Homes

i	Technischer Parameter (TPi)	S1	S2	S3	S4
1	Nennspannung [V]	306,00	331,80	306,00	331,80
2	Kapazität [kWh]	6,40	16,00	16,00	6,40
3	Max. Ladeleistung [kW]	7,60	13,00	5,10	13,00
4	Max. Entladeleistung [kW]	4,00	35,00	35,00	4,00
5	Ladestrom [A]	24,96	39,00	16,67	39,00
6	Entladestrom [A]	13,07	105,49	114,38	12,06
7	Zyklen bis zum Lebensende [#]	150	400	200	300

Weiterverwendungsszenarien überhaupt gemacht werden können. Zweitens müssen die Entscheider bestimmen, welche Batterie eindeutig welchem Szenario zugeordnet werden soll. Das Entscheidungsproblem wird in der folgenden Sektion spezifiziert und anhand des Anwendungsbeispiels näher erläutert.

5.3 Entscheidungsproblem

Im Rahmen der Entscheidungsfindung müssen stets die natürlichen (z. B. Naturgesetze) sowie die kulturellen Grenzen (z. B. (inter-)nationales Recht, Normen und Standards), durch die eine Entscheidung beeinflusst wird, berücksichtigt werden.

Im Hinblick auf die Umwidmung und Weiterverwendung von gebrauchten Traktionsbatterien sind diese Begrenzungen in den durch die Natur bestimmten Grundgesetzen der Elektrotechnik und Elektrophysik zu finden, die bestimmen, ob ein gebrauchtes und individuell gealtertes Batteriesystem gemäß seinen technischen Eigenschaften zu den technischen Anforderungen eines Weiterverwendungsszenarios zugeordnet werden kann oder nicht. Die technischen Begrenzungen sind dabei maßgeblich in den drei technischen Parametern der (1) Nennspannung, des (2) Entladestroms sowie der (3) Entladeleistung festgelegt (Klör et al. 2017). Vorangegangene Forschung hat Entscheidungsregeln zu diesen Parametern eruiert, die bei der Zuordnung von Traktionsbatterien zu Weiterverwendungsszenarien zwangsläufig eingehalten und berücksichtigt werden müssen (Klör et al. 2017). Diese Entscheidungsregeln besagen, dass die verfügbare Nennspannung eines Batteriesystems nahezu exakt die entsprechende Anforderung an die Nennspannung eines Szenarios erfüllen muss, was eine Untergrenze sowie Obergrenze hinsichtlich dieses technischen Parameters konstituiert. Lediglich minimale Unter- und Oberabweichungen von ca. 10 % von der definierten Anforderung eines Szenarios sind hier gemäß der europäischen Norm *EN 50160* zulässig (European Committee for Electrotechnical Standardization 2011). Für den Entladestrom und die Entladeleistung gelten dagegen die durch ein Szenario formulierten Anforderungen, die jeweils durch Untergrenzen beschränkt sind. Folglich dürfen die entsprechenden technischen Anforderungen durch die individuellen Eigenschaften eines zugeordneten Batteriesystems nicht unterschritten werden (Tab. 5.3).

Tab. 5.3 Entscheidungsregeln für technisch realisierbare Zuordnungen, die durch den Abgleich von Batterieeigenschaften zu den Szenarioanforderungen hinsichtlich der drei technischen Parameter Nennspannung, Entladestrom und Entladeleistung erzeugt werden können. (In Anlehnung an Klör 2017)

Technischer Parameter	Untergrenze	Obergrenze
Nennspannung	•	•
Entladestrom	•	
Entladeleistung	•	

Des Weiteren unterliegt die Nachnutzung von Traktionsbatterien in Deutschland einem rechtlichen Sachverhalt, der sich vorrangig aus dem derzeitig geltenden Kreislaufwirtschaftsgesetz (KrWG) motivieren lässt. Dort heißt es unter Bestimmung von § 6 (Abfallhierarchie), dass die Abfallvermeidung das übergeordnete Ziel der Kreislaufwirtschaft darstellen sollte. Die Abfallvermeidung erfordert also von künftigen Betreibern eines Geschäfts für gebrauchte Traktionsbatterien die Identifikation der größtmöglichen Anzahl an technisch realisierbaren Zuordnungen zwischen verfügbaren Traktionsbatterien und Weiterverwendungsszenarien. Diese größtmögliche Zuordnungsanzahl erhöht folglich den Durchsatz von verfügbaren Batteriesystemen zu Weiterverwendungsszenarien und kann daher als adäquate Erfüllung des gesetzlich festgeschriebenen Ziels hinsichtlich des Abfallvermeidungsaspekts des KrWG angesehen werden. Folglich sind *technisch realisierbare Zuordnungen* sowie *größtmögliche Zuordnungsanzahlen* zwischen verfügbaren Gebrauchtbatteriesystemen zu Second-Life-Anwendungen von Bedeutung, um ein entsprechendes Geschäft ökonomisch (d. h. zum Vorteil von Kunden und Gewerbetreibenden) und ökologisch (d. h. gemäß den bestehenden Umweltgesetzmäßigkeiten) erfolgreich betreiben zu können.

Das zuvor charakterisierte Entscheidungsproblem, also die eindeutige Zuordnung von Objekten aus zwei unterschiedlichen und disjunkten Teilmengen (in dem hier betrachteten Fall also zwischen Traktionsbatterien und Weiterverwendungsszenarien), klassifiziert sich als das in der Literatur beschriebene *maximum-cardinality bipartite matching problem* (Schrijver 2003). Dieses Problem kann einerseits durch einen bipartiten Graphen modelliert werden und durch zahlreiche graphentheoretische Algorithmen effizient gelöst werden (z. B. Ford und Fulkerson 1956; Edmonds und Karp 1972; Hopcroft und Karp 1973; Alt et al. 1991). Andererseits können solche Probleme als klassische Zuordnungsprobleme (engl. *assignment problem*) (Hillier und Lieberman 2000; Anderson et al. 2009) durch ganzzahlig-binäre lineare Programme formuliert werden (Schrijver 2003; Bondy und Murty 2008).[2]

Unter Berücksichtigung des Anwendungsbeispiels, das in der vorigen Sektion spezifiziert wurde, kann der folgende bipartite Graph als Repräsentation *aller technisch zulässigen Zuordnungen* zwischen den genannten Batterien und Szenarien erzeugt werden (Abb. 5.1). Es können zehn zulässige Zuordnungen gemacht werden, die durch den paar-

[2] Im EUS erfolgt die Problemformulierung durch ganzzahlig-binäre lineare Programmierung.

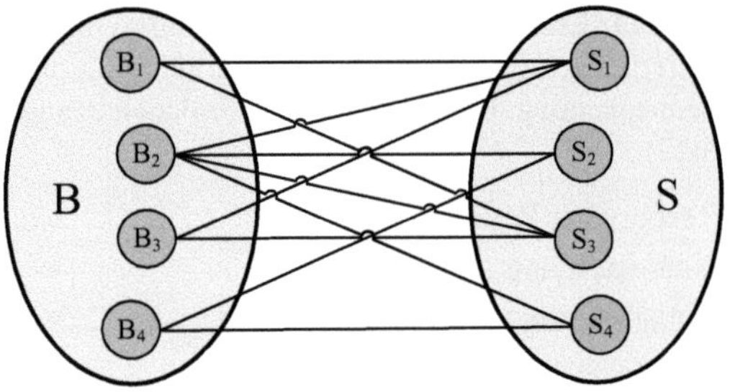

Abb. 5.1 Technisch zulässige Zuordnungen zwischen Traktionsbatterien (*B*) und Weiterverwendungsszenarien (*S*) des Fallbeispiels, modelliert als bipartiter Graph. (Klör et al. 2017)

weisen Abgleich hinsichtlich der drei verantwortlichen Parameter (Nennspannung, Entladeleistung, Entladestrom) sowie den Entscheidungsregeln für die technische Realisierbarkeit identifiziert werden können.

Aus dem Gefüge der zulässigen Zuordnungen, die zwischen den verfügbaren Traktionsbatterien und Weiterverwendungsszenarien gemacht werden können, ist es das Ziel, ein bipartites Matching mit größtmöglicher Zuordnungsanzahl zu generieren. Aus dem o. g. bipartiten Graph können vier unterschiedliche, aber technisch realisierbare, bipartite Matchings erzeugt werden, die jeweils die größtmögliche Zuordnungsanzahl von vier Batterien zu vier Szenarien umfassen. Diese vier zulässigen Matchings mit größtmöglicher Zuordnungsanzahl werden in Abb. 5.2 dargestellt.

Ein künftiger Entscheider muss aus den verfügbaren Handlungsalternativen (zulässige bipartite Matchings), die im Rahmen der technischen Realisierbarkeit von Zuordnungen

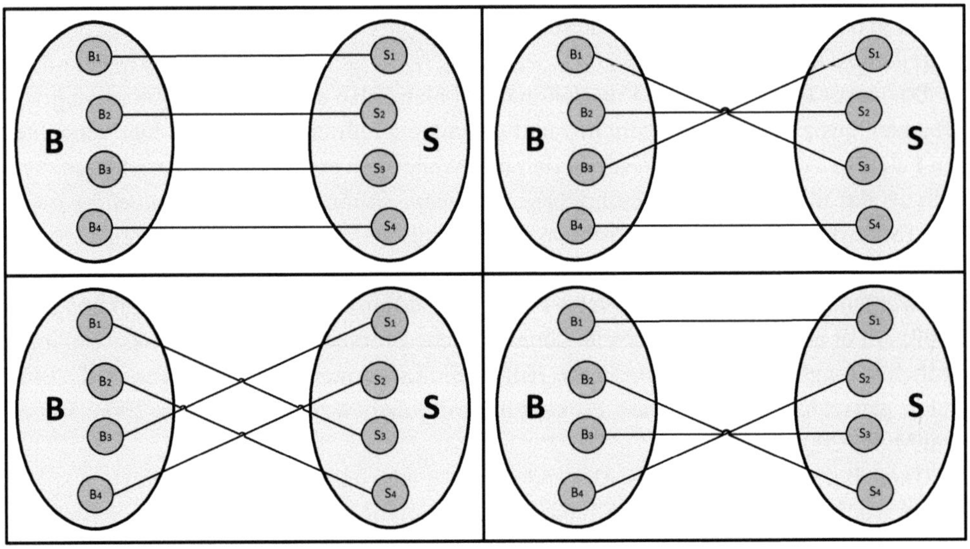

Abb. 5.2 Vier unterschiedliche bipartite Matchings, jeweils mit größtmöglicher Zuordnungsanzahl, die aus dem bipartiten Graphen gemäß der technischen Realisierbarkeit abgeleitet werden können. (Klör 2017)

möglich sind, *eine* Handlungsalternative auswählen, um schließlich eine gültige Entscheidung herbeizuführen. Klassische Ziele für die Auswahl einer Handlungsalternative sind die Minimierung von Kosten, die Maximierung von Profiten oder die Maximierung eines sonstigen Nutzens.

Da die ökonomische Bewertung des finanziellen Restwerts von gebrauchten Traktionsbatterien konkretes Wissen über die Zahlungsbereitschaft potentieller Kunden erfordert, ist die Maximierung des Profits ein zwar sinnvolles, aber derzeit nicht verfolgbares Ziel für Umwidmungsentscheidungen. Dagegen können sinnvollerweise die Kosten, die eine Zuordnung durch erforderliche Dienstleistungen verursacht, minimiert werden, um die Kunden mit einer preislich günstigen Energiespeicherlösung zu versorgen. Darüber hinaus kann die *technische Passung aller möglichen Zuordnungen* maximiert werden, was im Umkehrschluss bedeutet, dass der *relative Abstand zwischen den berücksichtigten technischen Parametern aller möglichen Zuordnungen* minimiert wird. Letztgenanntes Ziel wird im Folgenden näher beleuchtet, da technische Informationen zu Batterieeigenschaften sowie zu Szenarioanforderungen ohnehin für jede wie auch immer geartete Entscheidung verfügbar sein müssen, um die technische Realisierbarkeit zu gewährleisten.

5.4 Entscheidungsmodelle

Aus den limitierten zeitlichen und mentalen Ressourcen von menschlichen Entscheidern (Simon 1955, 1979; Sauter 2011) begründet sich der Bedarf nach einer automatisierten bzw. computerisierten Entscheidungsunterstützung, ohne die ein menschlicher Entscheider das Problem weder effizient noch effektiv lösen kann. Aus dem Forschungsbereich des Operations Research sind grundlegende Optimierungsmodelle und Optimierungsmethoden bekannt, die zur effizienten sowie effektiven Problemlösung herangezogen werden können.

Wie bereits in der vorigen Sektion festgestellt, kann das zugrundeliegende Entscheidungsproblem, das u. a. die Umwidmung von gebrauchten Traktionsbatterien beschreibt, durch Anwendung von ganzzahlig-binärer linearer Programmierung als tradiertes Zuordnungsproblem modelliert und gelöst werden. Optimierungsmodelle, wie z. B. solche zur Repräsentation und Lösung von Zuordnungsproblemen, bestehen aus einer Zielfunktion, mehreren Nebenbedingungen sowie mehreren modellendogenen (Entscheidungsvariablen) und modellexogenen (Koeffizienten) Parametern. Während die Struktur des Modells durch die Zielfunktion, Nebenbedingungen sowie deren mathematische Formulierungen anhand der modellendogenen und -exogenen Parameter bestimmt wird, wird eine Modellinstanz jeweils durch die individuellen Ausprägungen der modellexogenen Parameter bestimmt. Im Folgenden werden daher lediglich die Entscheidungsmodelle strukturell formuliert, ohne jedoch konkrete Instanzen darzustellen.

Tab. 5.4 Angewandte Nomenklatur

Bezeichner	
B	Menge der verfügbaren bzw. betrachteten Batterien
S	Menge der verfügbaren bzw. betrachteten Szenarien
P	Menge der technischen Parameter (z. B. Nennspannung, Entladestrom, Kapazität)
b	b-te Batterie; $b \in B$
s	s-tes Szenario; $s \in S$
p	p-ter technischer Parameter; $p \in P$
Entscheidungsvariablen (modellendogen)	
X_{bs}	Binäre Entscheidungsvariablen, die festlegen, ob ein Matching zwischen der b-ten Batterie und dem s-ten Szenario gewählt wurde (1) oder nicht (0)
Koeffizienten (modellexogen)	
BP_{bp}	Eigenschaft der b-ten Batterie hinsichtlich des p-ten technischen Parameters
k	Größtmögliche Zuordnungsanzahl in einem bipartiten Matching
SL_{sp}	Anforderungsuntergrenze des s-ten Szenarios für den p-ten technischen Parameter
SP_{sp}	Zielanforderung des s-ten Szenarios für den p-ten technischen Parameter
SU_{sp}	Anforderungsobergrenze des s-ten Szenarios für den p-ten technischen Parameter

5.4.1 Nomenklatur für die Entscheidungsmodelle

Zur Formulierung aller Entscheidungsmodelle gilt eine Nomenklatur mit eindeutigen Bezeichnern, Entscheidungsvariablen und Koeffizienten. Die angewandte Nomenklatur wird in der Tab. 5.4 spezifiziert.

5.4.2 Entscheidungsmodell 1: Alle technisch zulässige Zuordnungen

Das erste Entscheidungsmodell identifiziert den bipartiten Graphen zwischen verfügbaren Batterien und Szenarien, da ein aufgespannter bipartiter Graph alle technisch realisierbaren Zuordnungen repräsentiert. Dazu wird ein ganzzahlig-binäres lineares Programm formuliert, das als Zielfunktion die Maximierung aller Zuordnungen im gegebenen Entscheidungsproblem vorsieht (Gl. 5.1), die einen mathematischen Solver dazu anhält, den effizienten Rand zu bestimmen. Der effiziente Rand entspricht letztlich allen Zuordnungen, die zwischen den beiden Bipartitionen *Batterien* und *Szenarien* gemacht werden können. Das lineare Programm ist beschränkt durch zwei Nebenbedingungen (Gln. 5.2 und 5.3), die den paarweisen Abgleich zwischen Batterien und Szenarien hinsichtlich der erlaubten Unter- und Oberabweichungen der drei für die technische Realisierbarkeit zuständigen Parameter (Nennspannung, Entladestrom und Entladeleistung) beschränken. Zuordnungen, die diese Nebenbedingungen nicht erfüllen, können durch den Solver nicht ausgewählt werden. Die letzte Nebenbedingung zwingt den Solver den Entscheidungsvariablen nur binäre Werte, d. h. 0 oder 1, zuzuweisen, was somit das Modell als ein ganzzahlig-binäres Problem definiert (Gl. 5.4). Die letztgenannte Nebenbedingung muss so interpretiert werden, dass Batterien zu Szenarien (und umgekehrt) *ganz oder gar nicht* zugeordnet werden.

$$\max \sum_{b=1}^{B} \sum_{s=1}^{S} X_{bs} \tag{5.1}$$

s. t.

$$X_{bs} \cdot BP_{bp} \geq X_{bs} \cdot SL_{sp}; \forall b, s, p \tag{5.2}$$

$$X_{bs} \cdot BP_{bp} \leq SU_{sp}; \forall b, s, p \tag{5.3}$$

$$X_{bs} \in \{0, 1\}; \forall b, s \tag{5.4}$$

Entscheider können das Entscheidungsmodell nutzen, um beispielsweise für eine Batterie unterschiedliche Dispositionen zu identifizieren, in denen das Batteriesystem betrieben werden könnte. Dasselbe gilt für den umgekehrten Fall – das Entscheidungsmodell erlaubt es ebenfalls, für ein Szenario die infrage kommenden Traktionsbatterien, die aktuell im Lagerbestand verfügbar sind, zu bestimmen. Dennoch ist ein menschlicher Entscheider stets dazu angehalten, aus den präsentierten unterschiedlichen Handlungsalternativen eine Alternative manuell auszuwählen. Da eine Batterie hier nur maximal einem Szenario (und umgekehrt) zugeordnet werden kann, ist die Wahrscheinlichkeit hoch, dass ein menschlicher Entscheider bei größeren Stückzahlen von Batterien und Szenarien, die zugeordnet werden sollen, die rechtliche Anforderung der Abfallvermeidung aus dem Blick verliert und somit nicht erfüllen kann. Um dem Entscheider diese Fähigkeit zu verleihen, ist es erforderlich, das Entscheidungsmodell um das Prinzip des bipartiten Matchings zu ergänzen, was im nachfolgenden Entscheidungsmodell betrachtet wird.

5.4.3 Entscheidungsmodell 2: Bestmögliche technische Passung

Im Vergleich zum ersten Entscheidungsmodell identifiziert das zweite Entscheidungsmodell die eindeutigen sowie optimalen Zuordnungen hinsichtlich des minimalen technischen Abstands, der zwischen den verfügbaren bzw. betrachteten Batterien und Szenarien generiert werden kann. Dazu ist die Zielfunktion als eine Minimierungsfunktion definiert und die möglichen Zuordnungen werden über den euklidischen Abstand gewichtet (Gl. 5.5). Diese Gewichtung wird für jede zulässige Batterie-Szenario-Kombination berechnet und zwar aus den relativen Abweichungen zwischen den technischen Zielanforderungen eines Szenarios zu den technischen Eigenschaften einer Batterie für jeden technischen Parameter.

Die Zulässigkeit der Zuordnungen wird wie im ersten Entscheidungsmodell durch die erlaubten Unter- und Oberabweichungen der drei Parameter bestimmt, die für die technische Realisierbarkeit verantwortlich sind (Gln. 5.6 und 5.7). Ebenso wird dieses Entscheidungsmodell als ganzzahlig-binäres Problem formuliert, um zu gewährleisten, dass eine Batterie immer *ganz oder gar nicht* einem Szenario (und umgekehrt) zugeordnet wird (Gl. 5.8)

Mit den beiden nachfolgenden Nebenbedingungen wird das bipartite Matching realisiert, d. h., dass einem Szenario höchstens nur eine Batterie (Gl. 5.9) bzw. eine Batterie nur zu höchstens einem Szenario (Gl. 5.10) zugeordnet wird. Aufgrund der Tatsache, dass das Entscheidungsmodell als Minimierungsproblem formuliert wird, um den minimalen technischen Abstand bzw. die ideale technische Passung zu identifizieren, würde ein mathematischer Solver die modellendogenen Entscheidungsvariablen auf den Nullvektor setzen, da Null als optimaler Zielwert (Z_{opt}) das globale Optimum des Minimierungsproblems darstellt. Um die rechtliche Anforderung der Abfallvermeidung dennoch zu realisieren, muss der mathematische Solver dazu forciert werden, die größtmögliche Zuordnungsanzahl auszuwählen. Um dies zu realisieren, muss die Summe der Entscheidungsvariablen gleich der größtmöglichen Zuordnungsanzahl (k) sein, die gemäß dem bipartiten Matching erzielt werden kann (Gl. 5.11).

$$\min \sum_{b=1}^{B} \sum_{s=1}^{S} X_{bs} \cdot \sqrt{\sum_{p=1}^{P} \left(\frac{BP_{bp} - SP_{sp}}{SP_{sp}} \right)^2} \tag{5.5}$$

s. t.

$$X_{bs} \cdot BP_{bp} \geq X_{bs} \cdot SL_{sp}; \forall b, s, p \tag{5.6}$$

$$X_{bs} \cdot BP_{bp} \leq SU_{sp}; \forall b, s, p \tag{5.7}$$

$$X_{bs} \in \{0, 1\}; \forall b, s \tag{5.8}$$

$$\sum_{b=1}^{B} X_{bs} \leq 1; \forall s \tag{5.9}$$

$$\sum_{s=1}^{S} X_{bs} \leq 1; \forall b \tag{5.10}$$

$$\sum_{b=1}^{B} \sum_{s=1}^{S} X_{bs} = k \tag{5.11}$$

Um die unbekannte größtmögliche Zuordnungsanzahl (k) zwischen den betrachteten Batteriesystemen und Weiterverwendungsszenarien für das zuvor genannte Entscheidungsmodell zu berechnen, muss dasselbe Modell als Maximierungsproblem und im ungewichteten Fall zunächst formuliert und gelöst werden (Gln. 5.12 bis 5.17). Der Optimalwert (Z_{opt}) dieser Modelllösung entspricht folglich der größtmöglichen Zuordnungsanzahl, die zwischen den betrachteten Batterien und Szenarien im Sinne eines bipartiten Matchings erreicht werden kann. Der berechnete Parameter kann nun für die

o. g. Modellformulierung verwendet werden.

$$k = Z_{opt} = \max \sum_{b=1}^{B} \sum_{s=1}^{S} X_{bs} \tag{5.12}$$

s. t.

$$X_{bs} \cdot BP_{bp} \geq X_{bs} \cdot SL_{sp}; \forall b, s, p \tag{5.13}$$

$$X_{bs} \cdot BP_{bp} \leq SU_{sp}; \forall b, s, p \tag{5.14}$$

$$X_{bs} \in \{0, 1\}; \forall b, s \tag{5.15}$$

$$\sum_{b=1}^{B} X_{bs} \leq 1; \forall s \tag{5.16}$$

$$\sum_{s=1}^{S} X_{bs} \leq 1; \forall b \tag{5.17}$$

Mit zunehmenden Anzahlen von gebrauchten Traktionsbatterien, die in einigen Jahren täglich aus der Erstanwendung für eine potentielle Weiterverwendung zurückkehren (Hoyer et al. 2011; Foster et al. 2014), erhält dieses Entscheidungsmodell eine besondere Bedeutung. Entscheider können das Entscheidungsmodell nutzen, um solch größere Anzahlen von Traktionsbatterien zu Weiterverwendungsszenarien *auf einen Schlag* zuzuordnen, wobei die resultierenden Zuordnungen eine optimale technische Passung aufweisen, die aus der Gesamtmenge aller möglichen Zuordnungen erzielt werden können. Das Modell berücksichtigt nach wie vor die unumstößliche Anforderung der technischen Realisierbarkeit aller Zuordnungen, maximiert dabei aber zugleich den Durchsatz zwischen Batterien und Szenarien (Abfallvermeidung) und sorgt außerdem für eine bestmögliche technische Passung. Das Modell versorgt einen Entscheider mit diesen optimalen Zuordnungen, sodass das Ergebnis dieses Modells keine Handlungsalternative, sondern eher eine (optimale) Handlungsempfehlung für einen Entscheider für die Batterieumwidmung darstellt.

5.5 Entscheidungsfindungsprozess

Der amerikanische Gestaltungs- und Entscheidungsforscher Herbert Alexander Simon hat in seiner mit dem wirtschaftswissenschaftlichen Nobelpreis gewürdigten Forschung zu organisationalen Entscheidungsfindungsprozessen festgestellt, dass menschliche Entscheider jeden ihrer Entscheidungsfindungsprozesse in vier abstrakten Phasen absolvieren (Simon 1977). In der *Intelligence-Phase* identifiziert ein Entscheider das Entscheidungsproblem, mit dem er es zu tun hat und bezieht erforderliche Daten und Informationen, um das Problem besser zu verstehen bzw. um es formulieren und somit lösen zu können. In der *Design-Phase* werden für das identifizierte Entscheidungsproblem geeignete

Handlungsalternativen erstellt, die dazu geeignet sind, das Problem mit unterschiedlichen Ergebnissen zu bewältigen, die aber alle geeignete sowie zulässige Problemlösungen darstellen. In der *Choice-Phase* muss dann eine der zuvor erstellten Handlungsalternativen ausgewählt werden, die gemäß dem Aspirationsniveau des Entscheiders eine zufriedenstellende Lösung (*Satisficing*-Strategie) oder gar ein Ergebnisoptimum (*Maximizing*-Strategie) darstellt (Simon 1956, 1979). In der *Implementation-Phase* wird die ausgewählte Handlungsalternative verwirklicht und in die Tat umgesetzt.

Das von Simon erzeugte Verständnis zu Entscheidungsfindungsprozessen lässt sich nutzen, um einen adäquaten Entscheidungsfindungsprozess für menschliche Entscheider für den Anwendungsfall der Umwidmung von Traktionsbatterien zu erstellen. Dieser Entscheidungsfindungsprozess kann ferner in einem Entscheidungsunterstützungssystem implementiert werden, das künftigen Akteuren für Umwidmungsentscheidungen das notwendige Rüstzeug an die Hand gibt. Hinsichtlich der Umwidmung gebrauchter Traktionsbatterien wurde analog zur o. g. Theorie ein Entscheidungsfindungsprozess erarbeitet, der drei der vier Hauptphasen des organisationalen Entscheidungsfindungsprozesses ermöglicht (Abb. 5.3).

Ein Entscheider muss zunächst in der Intelligence-Phase in der Lage sein, die benötigten Entscheidungsobjekte (Traktionsbatterien und Weiterverwendungsszenarien), die in eine Umwidmungsentscheidung einbezogen werden sollen, mitsamt ihren technischen Daten aus der Datenbank auszuwählen. Ebenso muss der Entscheider die Entscheidungsmodelle auswählen können, auf deren Grundlage dann die Entscheidungsobjekte zugeordnet werden sollen. Da ein Entscheidungsmodell zur Instanziierung der modellexogenen Parameter in der Zielfunktion und in den Nebenbedingungen spezifische Daten als notwendige Eingaben erfordert, muss diese Datenverfügbarkeit verifiziert und sichergestellt werden. Das in der vorherigen Sektion konzipierte Entscheidungsmodell 2 definiert beispielsweise als Optimierungsziel den minimalen relativen technischen Abstand über unterschiedliche technische Parameter, z. B. über die Kapazität. Wurde dieser Parameter für z. B. eine gebrauchte Traktionsbatterie bei der Einlagerung nicht berücksichtigt und erfasst, so kann der technische Abstand für diese Batterie und für diesen Parameter

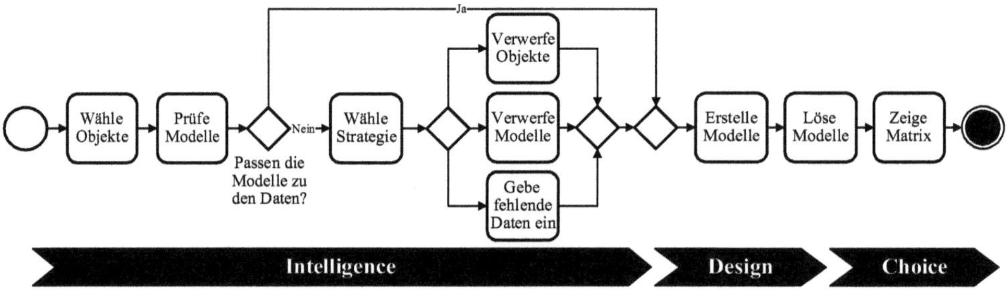

Abb. 5.3 Entscheidungsfindungsprozess für die Umwidmung von Traktionsbatterien. (Klör et al. 2017)

nicht berechnet werden. Aus diesem Grund müssen dem Entscheider adäquate Konsistenzwiederherstellungsstrategien zur Verfügung gestellt werden. Diese Strategien können durch drei Mechanismen realisiert werden: (1) fehlende oder fehlerhafte Daten ergänzen oder korrigieren, (2) inkonsistente Entscheidungsobjekte (z. B. eine ausgewählte Traktionsbatterie) aus dem Entscheidungsfindungsprozess ausschließen oder (3) das komplette Entscheidungsmodell aus dem Entscheidungsfindungsprozess ausschließen, da zu viele erforderliche Daten nicht zur Verfügung stehen und nachträglich nicht beschafft werden können.

Nachdem die Datenverfügbarkeit erfolgreich geprüft wurde und keine Inkonsistenzen vorhanden sind, können in der Design-Phase die ausgewählten Entscheidungsmodelle gemäß der Modelldefinition formuliert und mit den entsprechenden Daten instanziiert werden. Dazu werden die benötigten Daten aus der strukturierten Datenbank des EUS gelesen, um die Koeffizienten der Entscheidungsmodelle zu befüllen. Anschließend können die komplettierten, d. h. instanziierten Modelle, einem mathematischen Solver übergeben werden, der für die Modelle die optimalen Lösungen berechnet.

Die zuvor durch die Ausführung der ausgewählten Entscheidungsmodelle berechneten Modelllösungen sind folglich als die unterschiedlichen Handlungsalternativen zu verstehen, die dem Entscheider durch eine Entscheidungsmatrix angeboten werden. Die Entscheidungsmatrix indiziert, welche Batterie zu welchem Szenario (optimal) zuordenbar ist und welche nicht. Daher schließt der Entscheidungsfindungsprozess hinsichtlich der Choice-Phase mit der Anzeige bzw. der nun möglichen Auswahl aus technisch realisierbaren bzw. optimalen Zuordnungen, die durch den Entscheider anschließend im System festgeschrieben werden können. Obwohl diese Zuordnungen technisch realisierbar sind und de facto im gewählten Weiterverwendungsszenario im Sinne der Implementation-Phase implementiert werden könnten, wurde auf die Modellierung dieser Phase verzichtet, da jede individuelle Zuordnung zunächst die Konfiguration notwendiger und ergänzender Dienstleistungen bedarf. Dieser Dienstleistungskonfigurationsprozess, der die Implementierung der gebrauchten Traktionsbatterie im gewählten Weiterverwendungsszenario gewährleistet, stellt einen Entscheider vor ein weiteres Entscheidungsproblem, das im nächsten Kapitel (Kap. 6) behandelt wird.

5.6 Entscheidungsunterstützungssystem

Da das Entscheidungsproblem der Umwidmung gebrauchter Traktionsbatterien begründbar nach automatisierter Entscheidungsunterstützung durch dedizierte Entscheidungsmodelle verlangt, drängt sich förmlich die Klasse der modellgetriebenen Entscheidungsunterstützungssysteme (Power 2004) – als geeignete Informationssystemklasse – auf. Modellgetriebene EUS stellen eine untergeordnete Klasse von analytischen Informationssystemen (Chamoni und Gluchowski 1999) dar und sind nach wie vor von enormer Wichtigkeit für den unternehmerischen Erfolg, weil sie durch die Anwendung mathematischer Modelle und Methoden u. a. dazu in der Lage sind, einem menschlichen Entscheider eine optimale Handlungsempfehlung zur Lösung eines Entscheidungsproblems auszusprechen. Wie der Name bereits vermuten lässt, haben modellgetriebene EUS einen ausgewiesenen Modellfokus, der einen menschlichen Entscheider dazu befähigt z. B. quantitative Optimierungsmodelle des Operations Research, trotz ihrer hohen Komplexität, zu nutzen, indem diese durch einfache und verständliche Funktionalitäten und Repräsentationen zugänglich und verwendbar gemacht werden (Power und Sharda 2007).

5.6.1 Systemgrundlagen

Entscheidungsunterstützungssysteme werden durch drei übergeordnete Komponenten beschrieben (Abb. 5.4), die jeweils unterschiedliche Aufgaben übernehmen und erforderliche Funktionalitäten realisieren. Ein EUS wird allgemeinhin in eine (1) Datenmanagement-Komponente, in eine (2) Modellmanagement-Komponente sowie in eine (3) Benutzerschnittstellen-Komponente unterteilt (Sprague Jr. 1980; Sprague Jr. und Carlson 1982; Turban et al. 2006; Sharda et al. 2014).

Die *Datenmanagement-Komponente* realisiert die persistente Datenhaltung des EUS. Hauptgegenstand dieser Komponente ist eine domänen- bzw. fachspezifische interne Datenbank. Die interne Datenbank beinhaltet die für einen Entscheidungssachverhalt benötigten Konzepte, zu denen Stamm- und Bewegungsdaten vorgehalten werden. Darüber hinaus realisiert diese Komponente die für ein modellgetriebenes EUS notwendige Speicherung von quantitativen Entscheidungsmodellen in einer dedizierten Modellbank. Außerdem stellt die Komponente umfangreiche Methoden zum Zugriff und zur Manipulation der für die Entscheidungsfindung erforderlichen Datensätze und Entscheidungsmodelle zur Verfügung.

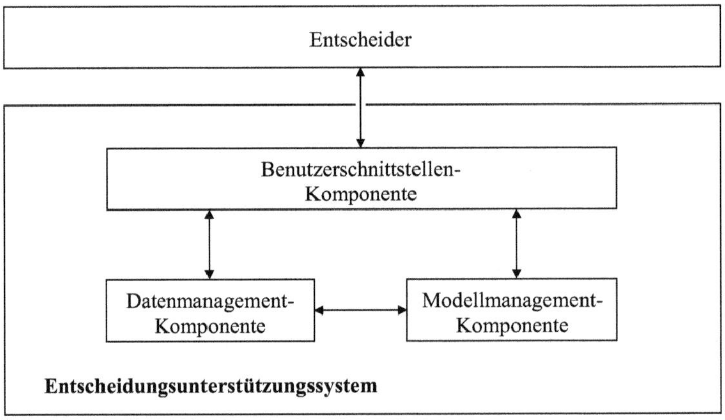

Abb. 5.4 Hauptkomponenten eines Entscheidungsunterstützungssystems. (In Anlehnung an Sprague 1980; Turban et al. 2006; Sauter 2011; Sharda et al. 2014)

Die *Modellmanagement-Komponente* ist das logische Bindeglied zwischen dem menschlichen Entscheider und den in der Datenmanagement-Komponente abgespeicherten Daten und Entscheidungsmodellen, anhand derer das vorherrschende Entscheidungsproblem gelöst werden soll. Diese Komponente ist somit als Hauptkomponente eines modellgetriebenen EUS zu verstehen. Durch sie werden wichtige Funktionalitäten realisiert, die einem Entscheider, ohne tiefgreifendes Verständnis, den Zugang und die zielgerichtete Nutzung von quantitativen Entscheidungsmodellen ermöglichen (Power und Sharda 2007). Die drei wichtigsten Funktionalitäten sind die (1) Modellintegration (engl. Model Integration), die (2) Modellformulierung (engl. Model Building) und die (3) Modellausführung (engl. Model Execution) (Turban et al. 2006). Da Entscheidungsmodelle zur Instanziierung der beinhalteten Koeffizienten die Resultate anderer, vorgelagerter Entscheidungsmodelle als Eingaben benötigen können, erledigt die Modellintegration diesen mitunter komplexen Datenbeschaffungsschritt. Sowohl die Ergebnisse der zuvor integrierten Entscheidungsmodelle als auch die bezogenen strukturierten Daten aus der internen Datenbank werden benutzt, um die Modellformulierung gemäß der Syntax einer algebraischen Modellierungssprache, wie z. B. *A Mathematical Programming Language* (AMPL) (Fourer et al. 1990), anzustoßen. Formulierte Entscheidungsmodelle, die eine Instanz eines Entscheidungsmodells darstellen, können durch einen mathematischen Solver gelesen und ausgeführt werden. Die erzeugten Optimierungsergebnisse können schließlich einem menschlichen Akteur zur Entscheidungsunterstützung zugeführt werden.

Die *Benutzerschnittstellen-Komponente* realisiert den praktischen Zugriff eines menschlichen Entscheiders auf die im EUS hinterlegten Daten und Entscheidungsmodelle. Für die effiziente und effektive Lösung der durch das System unterstützten Entscheidungsprobleme, realisieren und ermöglichen spezifisch entworfene Benutzeroberflächen einen organisationalen Entscheidungsfindungsprozess. Ferner sind klassische Benutzerschnittstellen für Zugriffs- und Manipulationsoperationen zum Anlegen, Löschen und Aktualisieren der relevanten Geschäftsobjekte, d. h. Entitäten zu Entscheidungsmodellen und -Objekten, im Fokus dieser Komponente.

5.6.2 Entwurf eines modellgetriebenen EUS

Vor dem Hintergrund der Entscheidungs- und EUS-Theorie wurde ein Softwareprototyp im Sinne eines modellgetriebenen Entscheidungsunterstützungssystems für den Anwendungsfall der Umwidmung von Traktionsbatterien entworfen. Das EUS ist gemäß der tradierten Dreischichtenarchitektur (Balzert 2000; Sommerville 2010) konzipiert und implementiert worden.

Eine dreischichtige Softwarearchitektur separiert die drei Konzepte Datenhaltung (Geschäftsobjekte), Fachkonzept (Geschäftslogik) und Benutzerschnittstelle (Präsentation) voneinander. Die entworfene Softwarearchitektur realisiert die Funktionalitäten der zuvor beschriebenen drei Hauptkomponenten eines modellgetriebenen EUS (Abb. 5.5). Bei

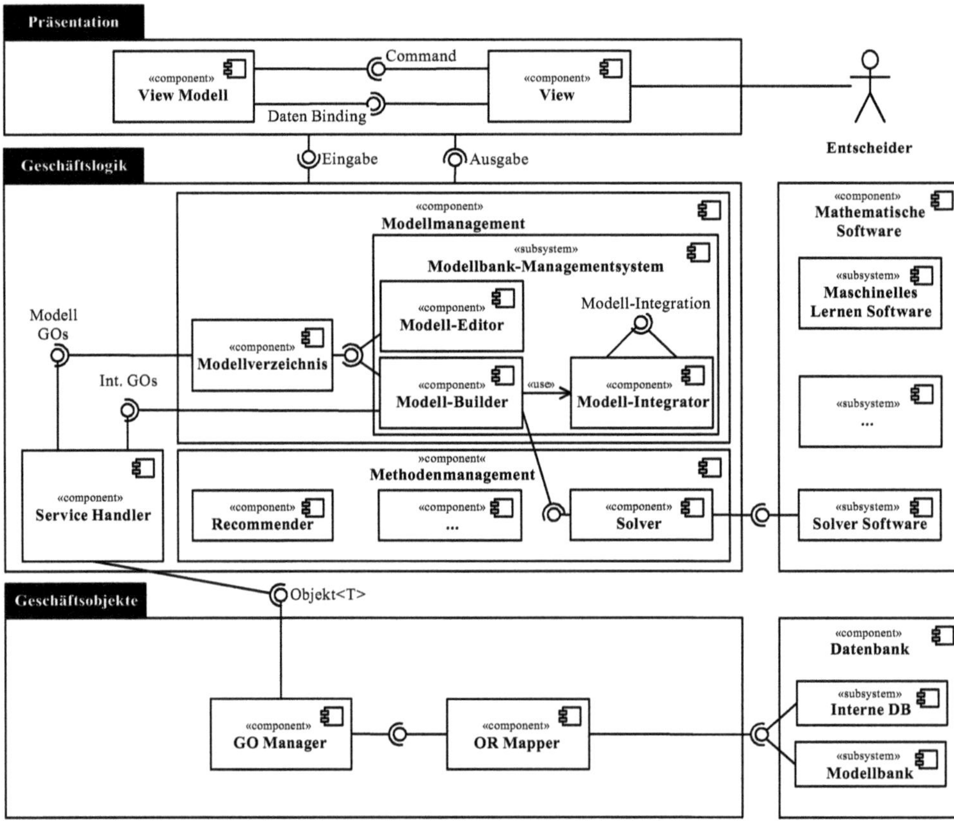

Abb. 5.5 Softwarearchitektur des modellgetriebenen Entscheidungsunterstützungssystems. (In Anlehnung an Klör 2017)

der Konstruktion wird, der Systemklasse entsprechend, ein Schwerpunkt auf die Ausgestaltung der Modellmanagement-Komponente gelegt.

Der Softwareprototyp wird in der Programmiersprache C# entwickelt und setzt auf Microsofts Framework .NET in der Version 4.5 auf. Der Prototyp integriert zahlreiche Fremdkomponenten, so z. B. den mathematischen Solver *GLPK* (Makhorin 2012), der im Paket *Rglpk* (Theussl und Hornik 2010) der Statistiksoftware R verfügbar ist. Der Solver ist in der Lage, instanziierte Entscheidungsmodelle zu lösen, die in der AMPL-Syntax formuliert worden sind. Im Rahmen des präsentierten Softwareprototyps werden Entscheidungsmodelle anhand dieser algebraischen Modellierungssprache instanziiert und formuliert.

Nachfolgend wird die Konzeption des Softwareprototyps für die drei EUS-Hauptkomponenten beschrieben. Die Konzeption jeder Komponente wird auf der Basis der theoretischen Eigenschaften und Prinzipien eines modellgetriebenen EUS für den Anwendungskontext der Nachnutzung von Traktionsbatterien durchgeführt.

Datenmanagement-Komponente

In der folgenden Beschreibung der Datenmanagement-Komponente liegt der Fokus auf der Konzeption der internen Datenbank sowie der Modellbank des EUS.

Zur Realisierung der internen EUS-Datenbank muss eine relationale Datenbank für die domänenspezifischen Entitäten *Traktionsbatterien* und *Weiterverwendungsszenarien* entwickelt werden, die ferner für die Entscheidungsmodelle parametrisiert werden können muss. Außerdem muss eine dedizierte Modellbank konzipiert werden, die die Entscheidungsmodelle zur linearen Optimierung speichern und verwalten kann. Zur Modellierung der benötigten Datenstrukturen werden Entity-Relationship-Modelle verwendet (Chen 1976). Die Modellierung von Traktionsbatterien und Weiterverwendungsszenarien sowie ihrer Parametrisierung ist in Abb. 5.6 dargestellt.

Die Parametrisierung umfasst die drei Entitäten *Parameterwert*, *Parameter* und *Einheit*. Parameter bzw. Parameterwerte können nicht nur für technische Parameter (Kapazität, Entladestrom etc.) zur Beschreibung von Batterien und Szenarien festgelegt und benutzt werden, sondern auch für nicht-technische Parameter (Batteriekenntnis, Mitarbeiteranzahl etc.) zur Beschreibung eines Kunden. Ein Parameterwert kennzeichnet dabei die konkrete Ausprägung eines angeschlossenen Instanz-Objekts (z. B. Batterieinstanz, Szenarioinstanz oder Kundeninstanz). Beispielsweise beschreibt der Parameterwert, der für den nicht-technischen Parameter *Batteriekenntnisse* angelegt und mit *Keine* ausgeprägt wurde, die angeschlossene Kundeninstanz mit der genannten Eigenschaft entsprechend. Durch diesen Modellierungstrick sind flexible Abbildung möglich, um zukünftige Parameter, die z. B. für Umwidmungsentscheidungen benötigt, aber bislang noch nicht berücksichtigt werden, adäquat nachzupflegen.

Traktionsbatterien sind modular aufgebaut und bestehen auf der feingliedrigsten Ebene aus *Batteriezellen*, die miteinander zu einem *Batteriemodul* verschaltet sind. Mehrere Batteriemodule wiederum sind zu einem *Batteriepack* verschaltet. Der strukturelle Aufbau wird in der Modellierung von Traktionsbatterien auf der Typ-Ebene und Instanz-Ebene berücksichtigt. Daten zu gebrauchten Traktionsbatterien, also solche, die u. a. für das Matching benötigt werden, werden auf der Instanz-Ebene abgelegt. Da diese Daten sich über die Zeit ändern können, werden diese in der Entität *Bauteildaten* mit einem Zeitstempel versehen, die der generischen Entität *Bauteil* und somit den beiden speziellen Entitäten Batteriepack und -Modul zugeordnet ist. Um den aktuellsten Wert für z. B. die Spannung für eine Batteriepackinstanz abzufragen, muss eine Abfrage in der Tabelle Bauteildaten nach dem aktuellsten Kapazitätsparameter durchgeführt werden. Auf der Typ-Ebene werden hingegen Daten zu Traktionsbatteriesystemen gemäß ihren Produktspezifikationen abgelegt (Stammdaten) und können dazu verwendet werden, vom Aufbau her strukturell gleiche Systeme auf der Instanz-Ebene zu erzeugen. Diese Modellierung ermöglicht die effiziente Erzeugung von Objekten auf der Instanz-Ebene, da diese i. d. R. im Aufbau nicht verändert wurden. Während die Gesamtstruktur eines Traktionsbatteriesystems auf der Typ-Ebene abgebildet werden kann, ist auf der Instanz-Ebene lediglich die Abbildung der Module und Packs notwendig, da das Matching von einzelnen Bat-

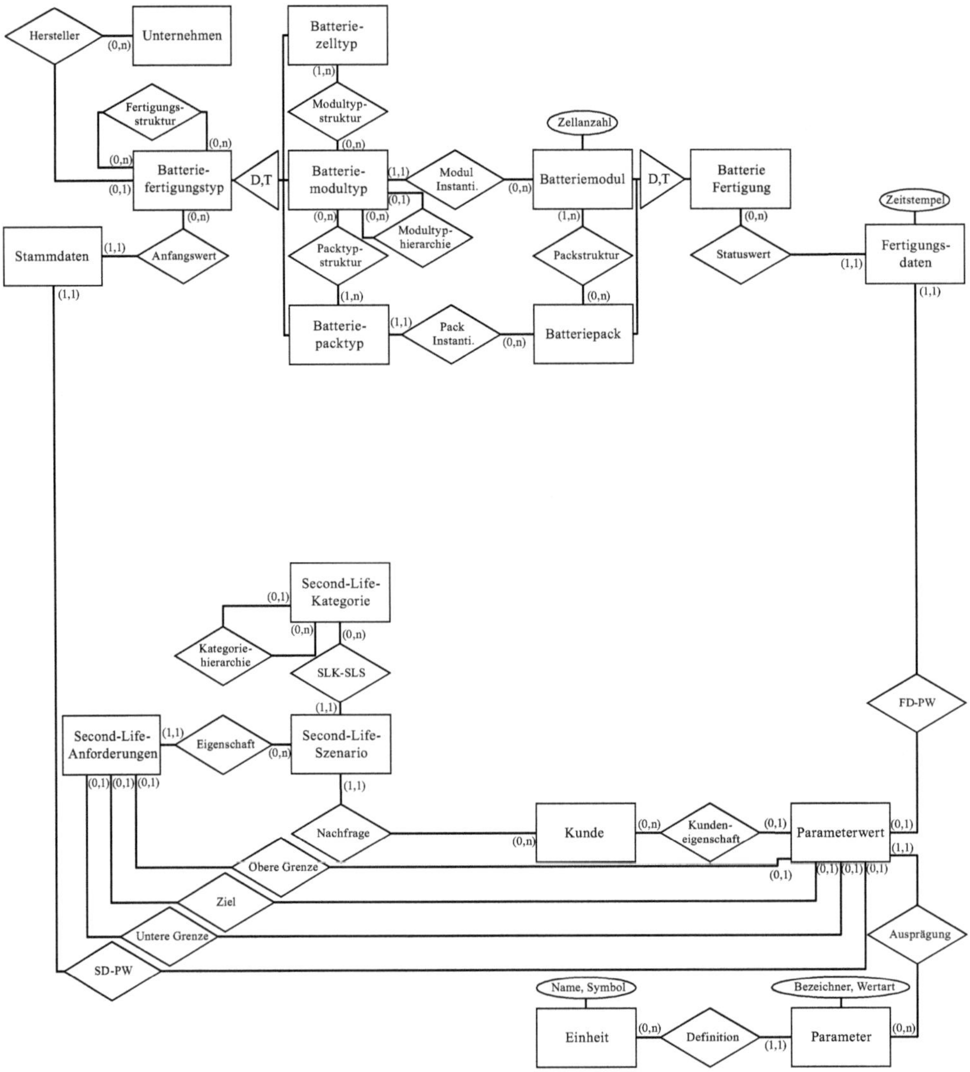

Abb. 5.6 Datenmodell zur Beschreibung von Traktionsbatterien, Weiterverwendungsszenarien sowie ihrer Parametrisierung. (In Anlehnung an Klör 2017)

teriezellen kein wirtschaftliches Potenzial besitzt (Williams und Lipman 2011; Ahmadi et al. 2014). Außerdem hat sich bei Systemtests herausgestellt, dass die Abbildung und Verwaltung von zahlreichen Batteriezellobjekten auf der Instanz-Ebene hinsichtlich der Systemperformance ungünstig ist. Eine detaillierte domänenspezifische Sprache zur Modellierung von Traktionsbatterien wurde im Beitrag von Klör et al. (2015) erarbeitet.

Weiterverwendungsszenarien werden durch die *Szenario-Kategorie*, die *Kundeneigenschaft* und hauptsächlich durch die *Anforderungen* beschrieben. Ein Weiterverwendungsszenario ist genau einer Szenario-Kategorie zugeordnet und ist somit entweder ein stationäres, semi-stationäres oder mobiles Szenario. Ein Szenario wird ferner durch einen Kunden beschrieben, der aber mehrere Szenarien definieren kann. Ein Kunde ist beschrieben hinsichtlich seiner Eigenschaften, die in den Parameterwerten abgelegt sind. Als wichtigstes Konzept für ein Weiterverwendungsszenario sind seine Anforderungen zu nennen, die durch die unterbeschränkten Anforderungen, oberbeschränkten Anforderungen und die Zielanforderungen hinsichtlich der technischen Parameter definiert werden können. Diese Modellierung ermöglicht es, die benötigten technischen Parameter für die Formulierung von Entscheidungsmodellen effizient aus der Datenbank zu extrahieren.

Ebenso wird durch eine relationale Datenbank die erforderliche Modellbank konzipiert (Abb. 5.7). Die Modellbank erlaubt die Speicherung und Versionierung von mathematischen Entscheidungsmodellen gemäß ihrer Struktur (Zielfunktion und Nebenbedingungen) als sogenannte Modellstatements. Ein Modellstatement, das weitestgehend bereits aus AMPL-Code besteht, kann keinen oder mehrere Koeffizienten enthalten. Zur Instanziierung eines Entscheidungsmodells wird jeder Koeffizient entweder aus einer statischen oder einer dynamischen Datenquelle mit Daten gespeist. Eine statische Datenquelle referenziert eine im EUS-Quellcode hartcodierte Routine, die benötigte Daten in der erforderlichen Struktur aus der internen EUS-Datenbank extrahiert. Dagegen referenziert eine dynamische Datenquelle immer ein Entscheidungsmodell, sodass solche Koeffizienten, die Daten aus einer dynamischen Datenquelle beziehen, die zuvor genannte Modellintegration auslösen.

Die Implementierung der internen Datenbank und der Modellbank erfolgt auf einer Microsoft SQL-Server Datenbank. Der Zugriff durch die Datenmanagement-Komponente auf beide Datenbanken wird auf der Geschäftsobjektschicht der Softwarearchitektur durch das Entity Framework (Adya et al. 2007) von Microsoft realisiert. Der objektrelationale Mapper erleichtert die Materialisierung und Dematerialisierung von Geschäftsobjekten der internen EUS-Datenbank, sowie der (versionierten) mathematischen Entscheidungsmodelle, die in der eigens konzipierten Modellbank abgelegt sind.

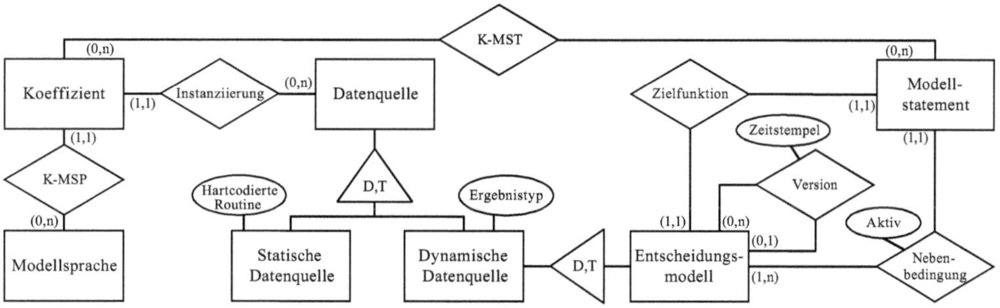

Abb. 5.7 Konzeption und Implementierung der Modellbank. (Klör 2017)

Modellmanagement-Komponente

Der Modellmanagement-Komponente werden zuvor genannte Geschäftsobjekte (d. h. Traktionsbatterien, Weiterverwendungsszenarien sowie Entscheidungsmodelle) zur Verfügung gestellt. Aus diesen Geschäftsobjekten werden mithilfe der Funktionalitäten der Modellmanagement-Komponente, die auf der Geschäftslogikschicht implementiert sind, ausführbare Instanzen von Entscheidungsmodellen (z. B. zu denen, die in Abschn. 5.4.2 und 5.4.3 vorgestellt wurden) erstellt.

Die Entscheidungsmodelle werden im Softwareprototypen durch die algebraische Modellierungssprache AMPL formuliert und instanziiert. Zur Formulierung und zur Ausführung von Entscheidungsmodellen in AMPL-Syntax bezieht das modellgetriebene EUS automatisch die benötigten Daten, um Modellinstanzen beliebiger Größe zu erstellen. Einerseits können die dazu erforderlichen Daten aus der internen Datenbank des EUS bezogen werden (statische Datenquelle). Andererseits erfordern einige Entscheidungsmodelle die vorige Ausführung anderer Entscheidungsmodelle, um deren Ergebnisse (Outputs) als Eingaben (Inputs) zur Instanziierung eines Modells verwenden zu können (dynamische Datenquelle).

Die automatisierte Modellausführung, die durch die beiden untergeordneten Komponenten zur rekursiven Modellintegration (implementiert durch die Komponente *Modell-Integrator*) und zur Modellformulierung (implementiert durch die Komponente *Modell-Builder*) ermöglicht wird, bildet die Hauptfunktionalität des Softwareprototyps. Die Modellmanagement-Komponente kapselt somit die mitunter hohe Komplexität der Modellintegration, Modellformulierung und der Modellausführung, mit denen sich künftigen EUS-Nutzer nicht weiter auskennen bzw. auseinandersetzen müssen.

Um beispielsweise Entscheidungsmodell 2 (Abschn. 5.4.3) für die im Anwendungsbeispiel (Abschn. 5.2) definierten Batterien und Szenarien ausführbar zu machen, müssen zuvor ein weiteres Entscheidungsmodell für den dynamischen Koeffizienten k sowie vier hartcodierte Routinen für die vier statischen Koeffizienten BP, SL, SP und SU integriert werden. Die integrierten Ergebnisse werden folglich als Eingaben verwendet, um eine entsprechende AMPL-Modellinstanz für Entscheidungsmodell 2 zu formulieren, die schließlich ausgeführt werden kann. Die Instanz des Entscheidungsmodells in AMPL-Syntax ist für das Anwendungsbeispiel in Abb. 5.8 dargestellt. Alle integrierten Datenerzeugnisse für die fünf Koeffizienten sind mit roten Pfeilmarkierungen versehen.

Instanziierte Entscheidungsmodelle in AMPL-Code können schließlich an eine mathematische Solver-Software übergeben werden, die für die formulierte Modellinstanz eine optimale Lösung berechnet. Im Softwareprototypen wird dies durch die Integration einer Fremdkomponente realisiert und zwar durch das R-Paket *Rglpk*, das den unter freier Lizenz verfügbaren mathematischen Solver *GLPK* implementiert und zur Verfügung stellt. Für das Anwendungsbeispiel werden die optimalen Zuordnungen, die der bestmöglichen technischen Passung entsprechen ($Z_{opt} = 41{,}25$), zwischen B1-S1, B2-S4, B3-S3 und B4-S2 erreicht (Abb. 5.9).

```
/**********************************/
/***** Entscheidungsmodell 2 *****/
/**********************************/
set B;                                          /* Batterien */
set S;                                          /* Szenarien */
set P;                                          /* Technische Parameter */
param BP {B,P};                                 /* Batterieeigenschaft */
param k;                                        /* Größtmögliche Zuordnungsanzahl */
param SL {S,P};                                 /* Anforderungsuntergrenze */
param SP {S,P};                                 /* Zielanforderung */
param SU {S,P};                                 /* Anforderungsobergrenze */
var X {b in B, s in S} binary;                  /* Entscheidungsvariablen */

                                                /* Zielfunktion */
minimize TechnAbstand : sum {b in B} sum {s in S} X[b,s] *
        sqrt(sum{p in P} (((BP[b,p]-SP[s,p])/SP[s,p])*((BP[b,p]-SP[s,p])/SP[s,p])));
                                                /* Nebenbedingungen ... */
subject to ZeSumme {s in S} : sum {b in B} X[b,s] <= 1;
subject to SpSumme {b in B} : sum {s in S} X[b,s] <= 1;
subject to ObGrenze {b in B, s in S, p in P} : X[b,s] * BP[b,p] <= SU[s,p];
subject to UnGrenze {b in B, s in S, p in P} : X[b,s] * BP[b,p] >= X[b,s] * SL[s,p];
subject to MaxKardinal : sum {b in B} sum {s in S} X[b,s] = k;

/**********************************/
/******** Instanziierung *********/
/**********************************/
data;

set B := B1 B2 B3 B4;
set S := S1 S2 S3 S4;
set P := U C lP eP lI eI zykEOL;

param BP :
        U       C       lP      eP      lI      eI      zykEOL :=
B1      306.0   9.18    21.25   58.65   69.44   191.67  200.00
B2      316.80  11.40   19.80   54.65   62.50   172.50  400.00
B3      310.08  9.920   5.51    51.68   17.78   166.67  200.00
B4      342.00  16.42   26.72   73.74   78.13   215.63  1000.0;

param k := 4;

param SL :
        U       C       lP      eP      lI      eI      zykEOL :=
S1      290.70  0.00    0.00    4.00    0.00    13.07   0.00
S2      315.21  0.00    0.00    35.0    0.00    105.49  0.00
S3      290.70  0.00    0.00    35.0    0.00    114.38  0.00
S4      315.21  0.00    0.00    4.00    0.00    12.06   0.00;

param SP :
        U       C       lP      eP      lI      eI      zykEOL :=
S1      306.00  6.40    7.60    4.00    24.96   13.07   150.00
S2      331.80  16.0    13.0    35.0    39.00   105.49  400.00
S3      306.00  16.0    5.10    35.0    16.67   114.38  200.00
S4      331.80  6.40    13.00   4.00    39.00   12.06   300.00;

param SU :
        U       C       lP      eP      lI      eI      zykEOL :=
S1      321.30  99999   99999   99999   99999   99999   99999
S2      348.39  99999   99999   99999   99999   99999   99999
S3      321.30  99999   99999   99999   99999   99999   99999
S4      348.39  99999   99999   99999   99999   99999   99999;
end;
```

Abb. 5.8 Entscheidungsmodell 2 als Instanz des Anwendungsbeispiels in AMPL-Code

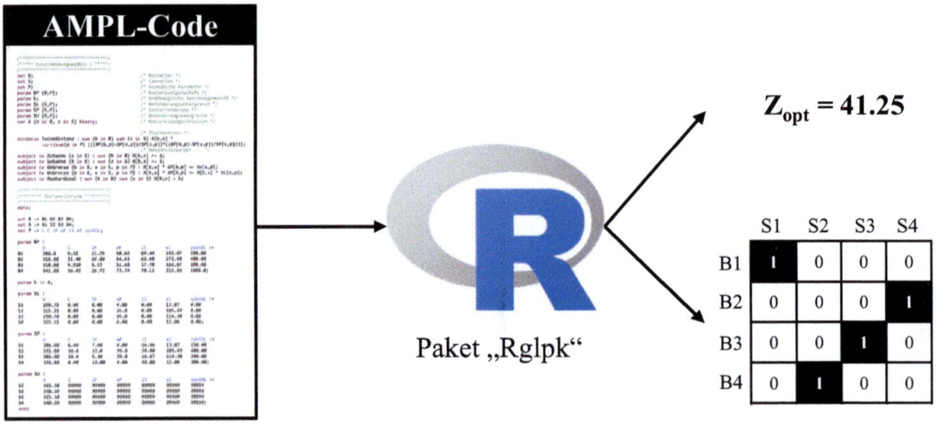

Abb. 5.9 Die Ausführung des AMPL-Codes resultiert in den optimalen Zuordnungen

Darüber hinaus erlaubt die Modellmanagement-Komponente auch eine multi-objektive Optimierung mehrerer Zielfunktionen. Beispielsweise bietet es sich zukünftig an, die realisierbaren Profite der möglichen Zuordnungen zu maximieren. Mehrere ausgewählte single-objektive Entscheidungsmodelle können daher automatisch zu einem multi-objektiven Entscheidungsmodell durch die sogenannte *Weighted-Sum-Methode* (Kim und de Weck 2006; Stanimirovic et al. 2011; Helff et al. 2016) kombiniert und ausgeführt werden. Dieser Ansatz ermöglicht einem Entscheider eine mehrdimensionale Sicht auf den Entscheidungsprozess, indem mehrere Ziele gleichzeitig optimiert werden können. Durch die persönlich gewählte Präferenz (Gewicht pro Zielfunktion) eines Entscheiders kann somit ein Pareto-Optimum erreicht werden. Dieser Fall wurde aufgrund der hohen Komplexität für den hier präsentierten Entwurf des EUS ausgeklammert. Der interessierte Leser findet ein entsprechendes Entscheidungsmodell sowie eine Implementierungsbeschreibung für den multi-objektiven Optimierungsfall in Klör (2017).

Benutzerschnittstellen-Komponente

Für die Benutzerschnittstellen-Komponente wird der in Abschn. 5.5 entwickelte Entscheidungsfindungsprozess zum Matching von Batterien und Szenarien als Richtschnur für die Konzeption von geeigneten Benutzeroberflächen zugrunde gelegt. Für die zielgerichtete Durchführung dieses Entscheidungsfindungsprozesses müssen geeignete Interaktionselemente (engl. User Controls) ausgewählt werden, die einen menschlichen Entscheider akkurat in der Bearbeitung der vorgesehenen Aufgaben unterstützen.

Um Batterien und Szenarien aus der internen Datenbank auszuwählen, müssen die verfügbaren Entscheidungsobjekte in Listen dargestellt werden und z. B. per Drag-and-Drop in eine andere Liste, die die Objektauswahl kennzeichnet, verschoben werden können. Außerdem sind Filter hilfreich, um aus dem Batteriebestand beispielsweise Batterien eines spezifischen Herstellers auswählen zu können.

Nach der erfolgten Objektauswahl muss die Konsistenz der Daten geprüft werden, um festzustellen, ob die Daten der Entscheidungsobjekte zu den Entscheidungsmodellen passen, die im Entscheidungsfindungsprozess berücksichtigt werden sollen. Dazu muss ebenfalls eine eigene Benutzerschnittstelle konzipiert werden, die es dem Entscheider ermöglicht, die drei in Abschn. 5.5 beschriebenen Strategien zur Auflösung von etwaigen Inkonsistenzen durchzuführen. Um Daten zu ergänzen, muss für jede Inkonsistenz, die auf ein fehlendes Datum zurückgeht, ein Eingabefeld angeboten werden, um dem Entscheider die Möglichkeit zu geben, eine entsprechende Ergänzung vorzunehmen. Um Batterien oder Szenarien aus dem Entscheidungsfindungsprozess herauszunehmen, müssen Checkboxen verfügbar sein, die es ermöglichen, ein inkonsistentes Objekt abzuwählen. Selbiges gilt für die Realisierung der Ultima-Ratio-Strategie: Entscheidungsmodelle, die zu viele Inkonsistenzen verursachen, weil nicht genügend Daten für ihre Instanziierung verfügbar sind, müssen ebenfalls durch Checkboxen abgewählt werden können.

Für die Erzeugung der Handlungsalternativen werden im Hintergrund die zuvor beschriebenen Aktionen auf der Geschäftslogikschicht angestoßen, um die Entscheidungsmodelle zu integrieren, zu formulieren und auszuführen. Da ein menschlicher Entscheider von diesen Operationen keine weitere Kenntnis haben muss, diese aber eine gewisse Zeit brauchen, um die erforderlichen Berechnungen durchzuführen und abzuschließen, ist es sinnvoll, den Berechnungsprozess zu visualisieren und die prozentualen Fortschritte an den Entscheider zurückzumelden.

Nach erfolgter Berechnung müssen die Entscheidungsergebnisse, d. h. alle möglichen und die optimalen Zuordnungen, dem menschlichen Entscheider adäquat präsentiert werden. Dazu bietet sich das Konzept der Entscheidungsmatrix an, die durch eine einfache Tabelle realisiert werden kann. Durch Color-Coding können die zulässigen und unzulässigen Zuordnungen visuell voneinander differenziert werden. Die Auswahl von Zuordnungen kann dann durch Anklicken zulässiger (auch nicht optimaler) Zuordnungen geschehen. Ausgewählte Zuordnungen werden schließlich im System abgespeichert und zur weiteren Konfiguration von Dienstleistungen (Kap. 6) auf einer Aufgabenliste dargestellt.

Die Benutzerschnittstellen-Komponente wird auf der Präsentationsschicht der Softwarearchitektur realisiert. Diese Schicht wird im Sinne eines Model-View-ViewModel-Entwurfsmusters (Sørensen und Mihailesc 2010; Garofalo 2011) implementiert, das das Dialogdesign von der Dialoglogik trennt. Die Demonstration der implementierten Dialoge sowie der Ablauf des Entscheidungsfindungsprozesses auf der Benutzeroberfläche des modellgetriebenen EUS wird in Kap. 7 beschrieben.

5.7 Zusammenfassung

In diesem Kapitel wurde für das Entscheidungsproblem der Umwidmung von gebrauchten Traktionsbatterien ein modellgetriebenes Entscheidungsunterstützungssystem, das als geeignete Klasse der analytischen Informationssysteme ausgewählt wurde, konzipiert. Das

System wurde gemäß den in der Literatur benannten wichtigen Systemeigenschaften entworfen.

Das der Umwidmung von Traktionsbatterien zugrundeliegende Entscheidungsproblem wurde als bipartites Matchingproblem charakterisiert, das u. a. durch binäre-ganzzahlige lineare Programmierung gelöst werden kann. Diese Methode wurde schließlich auch bei der Konstruktion des EUS berücksichtigt.

Zur Modellierung des identifizierten Entscheidungsproblems wurden zwei wichtige Entscheidungsmodelle konzipiert, die es einem menschlichen Entscheider erlauben, zwischen gebrauchten Traktionsbatterien und Weiterverwendungsszenarien sowohl alle technisch zulässigen als auch die optimalen Zuordnungen hinsichtlich der besten technischen Passung auszuwählen. Ebenfalls wurde ein geeigneter Entscheidungsfindungsprozess zur Identifikation von Zuordnungen konzipiert, der schließlich im EUS implementiert wurde.

Das EUS wurde anhand dreier wichtiger Hauptkomponenten für modellgetriebene EUS konzipiert und vorgestellt. Diese drei Hauptkomponenten sind die Datenmanagement-Komponente, die Modellmanagement-Komponente und die Benutzerschnittstellen-Komponente. Während die Datenmanagement-Komponente vorrangig durch fach- und domänenspezifische Datenbanken für die Speicherung von relevanten Daten und Entscheidungsmodellen beschrieben wurde, umfasste die Beschreibung der Modellmanagement-Komponente wichtige Funktionalitäten zur automatisierten Integration, Formulierung und Ausführung von Entscheidungsmodellen. Für ein Anwendungsbeispiel, das eingangs des Kapitels eingeführt wurde und in den folgenden beiden Kapiteln ebenfalls von Relevanz sein wird, wurde das wichtige Entscheidungsmodell zur Identifikation der bestmöglichen technischen Passung zwischen den gegebenen Traktionsbatterien und Weiterverwendungsszenarien instanziiert und gelöst. Die Benutzerschnittstellen-Komponente wurde realisiert, um künftige Entscheider operativ zu unterstützen, indem sie den entworfenen Entscheidungsfindungsprozess nahtlos durchführen können.

Obwohl die in diesem Kapitel vorgestellte modellgetriebene Entscheidungsunterstützung in Zuordnungen zwischen gebrauchten Traktionsbatterien und Weiterverwendungsszenarien resultiert, die technisch durchführbar wären, unterliegt die erfolgreiche Implementierung gebrauchter Batteriesysteme in ausgewählten Weiterverwendungsszenarien weiteren Limitationen. Kunden gebrauchter Güter können niemals sicher wissen, wie das Gebrauchtgut in der Erstverwendung benutzt wurde und wie es nach dem Erstgebrauch tatsächlich beschaffen ist, wohingegen der Verkäufer des Gebrauchtguts diese Informationen sehr wohl besitzt. Da den Kunden die erforderlichen Informationen zur Bewertung der Qualität nicht zur Verfügung stehen, kann dies zu einer erheblichen Verunsicherung seitens der Kunden führen, die aus dieser Informationsasymmetrie resultiert. Im schlimmsten Fall kann diese Unsicherheit dazu führen, dass ein Markt für Gebrauchtbatterien sich zersetzt (Akerlof 1970). Hinzu kommt die Tatsache, dass die meisten Kunden von Gebrauchtbatteriesystemen nicht in der Lage sind, diese Batterien in ihrem Szenario selbst in Betrieb zu nehmen bzw. adäquat zu betreiben.

Um den Kunden hinsichtlich ihrer wahrgenommenen Unsicherheit und ihrem operativen Unvermögen gegenüber der Gebrauchtbatterie adäquat zu begegnen, müssen obligatorische und weitere geeignete Dienstleistungen individuell für jeden einzelnen Kunden definiert und konfiguriert werden. Ein menschlicher Entscheider, der ein solches Dienstleistungsbündel für eine Batterie-Szenario-Zuordnung konfigurieren soll, steht also vor einem neuen Entscheidungsproblem, da die akkurate Dienstleistungsauswahl aus dem vielfältigen Dienstleistungsangebot einen Entscheider leicht in seiner Entscheidungsfähigkeit überfordert.

Um die Frage dennoch zu beantworten, welche die für eine Batterie-Szenario-Zuordnung erforderlichen und welche die empfehlenswerten Dienstleistungen sind, wird im nachfolgenden Kapitel (Kap. 6) ein Dienstleistungskonfigurator mit Empfehlungssystem (engl. Recommender System) konzipiert, das einem Entscheider für eine individuelle Batterie-Szenario-Zuordnung aus einem großen Katalog möglicher Dienstleistungen die erforderlichen und die weiteren geeigneten Dienstleistungen empfiehlt. Das Empfehlungssystem, das item-basiertes kollaboratives Filtern realisiert (Herlocker et al. 2000; Sarwar et al. 2001; Linden et al. 2003; Ekstrand et al. 2011), lernt aus der Verkaufshistorie von Traktionsbatterien in Weiterverwendungsszenarien und den damit erfolgreich verkauften Dienstleistungen. Durch diese datengetriebene Entscheidungsunterstützung ist der Entscheider in der Lage, bessere Entscheidungen hinsichtlich der Dienstleistungskonfiguration zu treffen, um dadurch das Kundenproblem besser zu verstehen und zu lösen.

Eine Energiespeicherlösung, die unter Zuhilfenahme des modellgetriebenen Entscheidungsunterstützungssystems sowie anhand des zuvor genannten datengetriebenen Empfehlungssystems konfiguriert wurde, kann schließlich erfolgreich in der Nachnutzung implementiert und betrieben werden.

Literatur

Adya A, Blakeley JA, Melnik S, Muralidhar S (2007) Anatomy of the ADO.NET entity framework. In: Proceedings of the 2007 ACM SIGMOD international conference on Management of data – SIGMOD '07. ACM Press, New York City, New York, USA, 877–888.

Ahmadi L, Fowler M, Young SB, Fraser RA, Gaffney B, Walker SB (2014) Energy efficiency of Li-ion battery packs re-used in stationary power applications. Sustainable Energy Technologies and Assessments 8:9–17.

Akerlof GA (1970) The Market for "Lemons": Quality Uncertainty and the Market Mechanism. The Quarterly Journal of Economics 84:488–500.

Alt H, Blum N, Mehlhorn K, Paul M (1991) Computing a maximum cardinality matching in a bipartite graph in time O(n1.5 m log n). Information Processing Letters 37:237–240.

Anderson DR, Sweeney DJ, Williams TA, Camm JD, Martin K (2009) An introduction to management science: quantitative approaches to decision making, 13. Aufl. South-Western Cengage Learning, Mason, Ohio, USA.

Balzert H (2000) Lehrbuch der Software-Technik: Software-Entwicklung, 2. Aufl. Spektrum Akademischer Verlag, Heidelberg, Berlin.

Bondy JA, Murty USR (2008) Graph Theory. Springer, Berlin Heidelberg.

Chamoni P, Gluchowski P (1999) Analytische Informationssysteme – Einordnung und Überblick. In: Analytische Informationssysteme. Springer, Berlin Heidelberg, 3–22.

Chen PP-S (1976) The entity-relationship model – toward a unified view of data. ACM Transactions on Database Systems 1:9–36.

Edmonds J, Karp RM (1972) Theoretical Improvements in Algorithmic Efficiency for Network Flow Problems. Journal of the ACM 19:248–264.

Ekstrand MD, Riedl JT, Konstan JA (2011) Collaborative Filtering Recommender Systems. Foundations and Trends in Human–Computer Interaction 4:81–173.

European Committee for Electrotechnical Standardization (2011) EN 50160: Voltage characteristics of electricity supplied by public distribution systems.

Ford LR, Fulkerson DR (1956) Maximal flow through a network. Journal canadien de mathématiques 8:399–404.

Foster M, Isely P, Standridge CR, Hasan MM (2014) Feasibility assessment of remanufacturing, repurposing, and recycling of end of vehicle application lithium-ion batteries. Journal of Industrial Engineering and Management 7:698–715.

Fourer R, Gay DM, Hill M, Kernighan BW, Laboratories TB (1990) AMPL: A Mathematical Programming Language. Management Science 36:519–554.

Garofalo R (2011) Building Enterprise Applications with Windows Presentation Foundation and the Model View ViewModel Pattern (Developer Reference). Microsoft Press, Sebastopol, California, USA.

Helff F, Gruenwald L, Orazio L (2016) Weighted Sum Model for Multi-Objective Query Optimization for Mobile-Cloud Database Environments. In: 19th International Conference on Extending Database Technology. Bordeaux, Frankreich, 1–6.

Herlocker JL, Konstan JA, Riedl J (2000) Explaining Collaborative Filtering Recommendations. Proceedings of the 2000 ACM Conference on Computer Supported Cooperative Work 241–250.

Heymans C, Walker SB, Young SB, Fowler M (2014) Economic analysis of second use electric vehicle batteries for residential energy storage and load-levelling. Energy Policy 71:22–30.

Hillier FS, Lieberman GJ (2000) Introduction To Operations Research, 7. Aufl. McGraw-Hill Higher Education, New York City, New York, USA.

Hopcroft JE, Karp RM (1973) A n5/2 Algorithm for Maximum Matchings in Bipartite Graphs. In: SIAM Journal on Computing 2(4):225–231.

Hoyer C, Kickhäfer K, Spengler TS (2011) Strategische Planung des Recyclings von Lithium-Ionen-Traktionsbatterien. In: Sucky E, Asdecker B, Dobhan A, u. a. (Hrsg), Logistikmanagement: Herausforderungen, Chancen und Lösungen, Band II, Tagungsband der Logistikmanagement 2011. University of Bamberg Press, Bamberg, 399–419.

Kim IY, de Weck OL (2006) Adaptive weighted sum method for multiobjective optimization: A new method for Pareto front generation. Structural and Multidisciplinary Optimization 31:105–116.

Klör B (2017) Building a Model-Driven Decision Support System for Repurposing Electric Vehicle Batteries – Design and Evaluation. Dissertation, Westfälische Wilhelms-Universität Münster, Münster.

Klör B, Bräuer S, Beverungen D, Monhof M (2015) A Domain-Specific Modeling Language for Electric Vehicle Batteries. In: Proceedings of the 12th International Conference on Wirtschaftsinformatik (WI 2015). Osnabrück, 1038–1054.

Klör B, Monhof M, Beverungen D, Bräuer S (2017) Design and evaluation of a model-driven decision support system for repurposing electric vehicle batteries. European Journal of Information Systems 27:171–188.

Linden G, Smith B, York J (2003) Amazon.com Recommendations: Item-to-Item Collaborative Filtering. IEEE Internet Computing 7:76–80.

Makhorin A (2012) GLPK (GNU Linear Programming Kit). https://www.gnu.org/software/glpk/. Zugegriffen: 28. Februar 2017.

Power DJ (2004) Specifying An Expanded Framework for Classifying and Describing Decision Support Systems. Communications of the Association for Information Systems Volume 13:158–166.

Power DJ, Sharda R (2007) Model-driven decision support systems: Concepts and research directions. Decision Support Systems 43:1044–1061.

Sarwar B, Karypis G, Konstan JA, Riedl J (2001) Item-based collaborative filtering recommendation algorithms. In: Proceedings of the 10th International Conference on World Wide Web. 285–295.

Sauter VL (2011) Decision Support Systems for Business Intelligence, 2. Aufl. John Wiley & Sons, Ltd, Hoboken, New Jersey, USA.

Schrijver A (2003) Combinatorial Optimization – Polyhedra and Efficiency, 1. Aufl. Springer, Berlin Heidelberg.

Sharda R, Delen D, Turban E (2014) Business Intelligence and Analytics: Systems for Decision Support, 10. Aufl. Pearson Education Limited, Harlow, UK.

Simon HA (1955) A Behavioral Model of Rational Choice. The Quarterly Journal of Economics 69:99–118.

Simon HA (1956) Rational choice and the structure of the environment. Psychological review 63:129–138.

Simon HA (1977) The New Science of Management Decision. Prentice Hall, Englewood Cliffs, New Jersey, USA.

Simon HA (1979) Rational Decision Making in Business Organizations. The American Economic Review 69:493–513.

Sommerville I (2010) Software Engineering, 9. Aufl. Pearson, Boston, Massachusetts, USA.

Sørensen E, Mihailesc MI (2010) Model-View-ViewModel (MVVM) Design Pattern using Windows Presentation Foundation (WPF) Technology. MegaByte Journal 9:1–19.

Sprague Jr. RH (1980) A Framework for the Development of Decision Support Systems. MIS Quarterly 4:1–26.

Sprague Jr. RH, Carlson ED (1982) Building Effective Decision Support Systems. Prentice-Hall, Englewood Cliffs, New Jersey, USA.

Stanimirovic IP, Zlatanovic ML, Petkovic MD (2011) On the Linear Weighted Sum Method for Multi-Objective. Scientific Journal Facta Universitatis Vol. 26:49–63.

Theussl S, Hornik K (2010) Rglpk: R/GNU Linear Programming Kit Interface. https://cran.r-project.org/web/packages/Rglpk/index.%0Ahtml. Zugegriffen: 18. November 2016.

Turban E, Aronson JE, Liang T-P, Sharda R (2006) Decision Support and Business Intelligence Systems, 8. Aufl. Prentice-Hall, Upper Saddle River, New Jersey, USA.

Williams B, Lipman T (2011) Analysis of the Combined Vehicle- and Post-Vehicle-Use Value of Lithium-Ion Plug-In-Vehicle Propulsion Batteries. University of California, Berkley – Transportation Sustainability Research Center, Berkeley, California, USA.

Leistungskonfiguration zur Vermarktung gebrauchter Traktionsbatterien

6

Markus Monhof, Benjamin Klör und Sebastian Bräuer

6.1 Übersicht

Die Umwidmung und Weiterverwendung gebrauchter Traktionsbatterien aus Elektrofahrzeugen unterliegt einigen Hindernissen. Insbesondere der hohe Grad an Unsicherheit hinsichtlich der zukünftigen Alterung der Energiespeicher aus gebrauchten Traktionsbatterien und hinsichtlich des Zustands der Batterie erfordern über die Sicherstellung der technischen Eignung hinaus Maßnahmen, um eine erfolgreiche Vermarktung zu ermöglichen. Insbesondere gilt es, Risiken für den Kunden zu verringern (siehe Kap. 4). Diese ergeben sich zum einen aus den Charakteristiken des gebrauchten Guts (Bräuer et al. 2016), zum anderen aus der Immaterialität sowie der Untrennbarkeit von Erstellung und Konsum von Dienstleistungen (Fließ 2009). Eine Möglichkeit, diese Unsicherheiten und Risiken zu reduzieren, ist die Vermarktung der gebrauchten Traktionsbatterien als kundenindividuelle hybride Leistungsbündel, bestehend aus der Sachleistung Batterie und ergänzenden Dienstleistungen. Ein solches hybrides Leistungsbündel wird auch als Energiespeicherlösung bezeichnet (Beverungen et al. 2017).

M. Monhof (✉) · B. Klör
Lehrstuhl für Wirtschaftsinformatik und Informationsmanagement, Westfälische Wilhelms-Universität Münster
Münster, Deutschland
E-Mail: markus.monhof@ercis.uni-muenster.de

B. Klör
E-Mail: benjamin.kloer@ercis.uni-muenster.de

S. Bräuer
Institut für Betriebswirtschaft und Wirtschaftsinformatik, Abteilung Informationssysteme und Unternehmensmodellierung, Universität Hildesheim
Hildesheim, Deutschland
E-Mail: sebastian.braeuer@uni-hildesheim.de

J. Becker et al. (Hrsg.), *Umwidmung und Weiterverwendung von Traktionsbatterien*,
https://doi.org/10.1007/978-3-658-21021-2_6

Im Folgenden werden das zugehörige Entscheidungsproblem und der Entscheidungsprozess dargestellt (Abschn. 6.2). In Abschn. 6.3 und 6.4 werden Leistungskonfiguratoren und Empfehlungssysteme als Informationssysteme zur Unterstützung bei der Erstellung von Angeboten vorgestellt. Anschließend folgt in Abschn. 6.5 die Beschreibung des im EOL-IS Projekts entwickelten Leistungskonfigurators für Energiespeicherlösungen aus gebrauchten Traktionsbatterien.

6.2 Entscheidungsproblem und Entscheidungsprozess

Die Vermarktung gebrauchter Güter allgemein und gebrauchter Traktionsbatterien im speziellen unterliegt einigen Unsicherheiten. Wie in Abschn. 4.3.1 festgestellt, kann es, in Anlehnung an die Lemon-Market-Theorie von Akerlof (1970), durch Informationsasymmetrien zwischen Anbietern und potenziellen Käufern auf Gebrauchtgütermärkten zu Marktversagen kommen. Der Anbieter eines gebrauchten Gutes kann typischerweise dessen Qualität besser einschätzen als ein Kunde. Um den größtmöglichen Gewinn zu erzielen, hat der Anbieter einen Anreiz, eventuelle Mängel zu verschweigen, welche ansonsten zu einer Preisminderung führen würden. Da eine Überprüfung durch den Kunden mit hohem Aufwand verbunden oder nicht möglich ist, muss dieser davon ausgehen, dass das Gut Mängel aufweist, was zu einer Verringerung der Zahlungsbereitschaft führt. Sofern der Anbieter nicht gegensteuert, kann dies im schlechtesten Fall zu Marktversagen führen, bei dem keine Transaktionen mehr stattfinden können (Akerlof 1970). Typischerweise nutzen Anbieter Signale, wie Garantien oder unabhängige Gutachten und Zertifikate, um potenziellen Kunden die Qualität des Gutes zu bescheinigen (Spence 1973; Spremann 1987).

Der in diesem Buch betrachte Anwendungsfall der gebrauchten Traktionsbatterie könnte sich zu einem solchen *Lemon-Market* entwickeln (Beverungen et al. 2015). Bei Traktionsbatterien handelt es sich um komplexe Güter, deren Qualität im gebrauchten Zustand durch ihre individuelle Alterung nur sehr aufwendig zu ermitteln ist (vgl. Kap. 3). Dennoch ist davon auszugehen, dass die Anbieter von gebrauchten Batterien Kenntnisse über den Zustand der angebotenen Batterien haben, da ansonsten eine Bewertung nicht möglich ist. Für die Kunden ist der Zustand einer gebrauchten Batterie allerdings nicht ersichtlich. Dadurch entwickelt sich für den potenziellen Kunden das Risiko, eine schlechte Batterie angeboten zu bekommen. Dieses Risiko muss der Anbieter verringern, damit das Geschäft zustande kommen kann.

Neben Signalen der Qualität einer zu verkaufenden Batterie können alternative Erlösmodelle, bei denen das Risiko beim Anbieter verbleibt, in Betracht gezogen werden. Bei diesen werden die gebrauchten Traktionsbatterien nicht an den Kunden verkauft, sondern bleiben Eigentum des Anbieters. Dieser rechnet dann beispielsweise je nach Nutzung (z. B. pro Kilowattstunde) oder basierend auf einem vereinbarten Ziel (z. B. Einsparungen bei der Stromrechnung) ab und bleibt für den reibungslosen Betrieb verantwortlich. Denkbar sind auch Mietmodelle, bei denen der Anbieter Eigentümer der Batterie bleibt, oder

Leasingangebote, bei denen eine Instandhaltung als ergänzende Dienstleistung enthalten ist (vgl. Abschn. 4.4 und 4.5).

Darüber hinaus ist in der jüngeren Vergangenheit ein Wandel der Geschäftsmodelle weg vom klassischen Verkauf von Produkten hin zu einer zunehmenden Leistungsorientierung zu erkennen. Bei diesen steht der Kundennutzen im Vordergrund wohingegen der persönliche Besitz eines Gutes für den Kunden in den Hintergrund tritt (Mont 2002). Im Rahmen der sogenannten *hybriden Wertschöpfung* wird von hybriden Leistungsbündeln oder hybriden Produkten gesprochen, bei denen Sachleistungen (Produkte) um zusätzliche Dienstleistungen ergänzt werden, um die individuellen Bedürfnisse der Kunden zu adressieren (Backhaus et al. 2010). Weiterhin wird durch diese Integration von Sach- und Dienstleistungsanteilen zusätzlicher Nutzen für den Kunden geschaffen (Deutsches Institut für Normung (DIN) 2010).

Tukker unterscheidet drei verschiedene Klassen von Geschäftsmodellen mit hybriden Leistungsbündeln: *produkt-orientiert* (engl. product-oriented), *funktions-orientiert* (engl. use-oriented) und *ergebnis-orientiert* (engl. result-oriented) (Tukker 2004). Diese Klassen unterscheiden sich durch den Grad der Integration von Dienstleistungen. Bei produkt-orientierten hybriden Leistungsbündeln wird ein physisches Produkt um produkt-spezifische Dienstleistungen oder Beratungsdienstleistungen ergänzt verkauft. Dabei geht das Produkt, wie bei einem Kauf üblich, in das Eigentum des Käufers über, welcher für den Einsatz des Produktes selbst verantwortlich ist. Anders ist dies bei den funktions- oder ergebnis-orientierten Leistungsbündeln, denen nur der Zugang zu einem Produkt bzw. eine konkrete Leistung aus dem Einsatz dessen vermarket wird. Innerhalb der funktions-orientierten Bündel kann hinsichtlich der Exklusivität des Zugriffs auf ein Produkt unterschieden werden. So hat beim Leasing nur ein Kunde uneingeschränkten und exklusiven Zugriff. Bei der Miete oder dem Sharing eines Produktes hingegen haben mehrere Kunden zeitlich begrenzten und separaten Zugriff auf ein Produkt. Sofern mehrere Kunden ein Produkt gleichzeitig nutzen, wird dies als Pooling bezeichnet (Tukker 2004). Zu den ergebnis-orientierten Leistungsbündeln gehört das Outsourcing, bei dem einzelne Aktivitäten an Dritte ausgelagert werden, die Abrechnung nach Leistungseinheiten (engl. pay per unit) und die Abnahme eines vereinbarten Ergebnisses, bei denen dem Dienstleister keine Vorgaben hinsichtlich der technischen Umsetzung gemacht werden (Tukker 2004).

Für die Weiterverwendung gebrauchter Traktionsbatterien bietet es sich an, die Batterien mit ergänzenden Dienstleistungen als hybride Leistungsbündel zu vermarkten. Solche Leistungsbündel werden im Folgenden auch als Energiespeicherlösungen bezeichnet und sind in Abb. 6.1 schematisch dargestellt. Durch solche Energiespeicherlösungen können zum einen die Nachteile und Risiken die sich aus den Eigenschaften des gebrauchten Gutes ergeben ausgeglichen werden und zum anderen können Kundenanforderungen individuell adressiert werden. Einige mögliche Dienstleistungen mit Energiespeicherlösungen wurden bereits in Kap. 4 genauer beschrieben.

Ziel der Leistungskonfiguration ist es daher, Energiespeicherlösungen bestehend aus gebrauchter Traktionsbatterie und Dienstleistungen zu erstellen, die ein spezifisches Kundenproblem (Weiterverwendungsszenario) lösen. Ein wesentlicher Bestandteil der Kon-

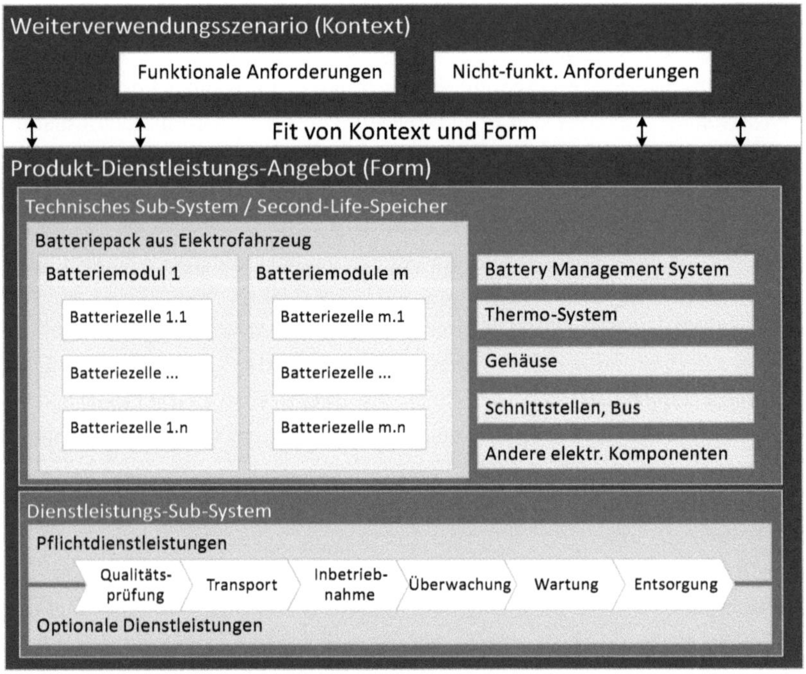

Abb. 6.1 Individuelle Energiespeicherlösungen für spezifische Kundenanforderungen. (Beverungen et al. 2017)

figuration ist die Auswahl und Kombination der produktbegleitenden Dienstleistungen (Backhaus et al. 2010). Der dazugehörige Entscheidungsprozess gestaltet sich wie in Abb. 6.2 dargestellt aus (Klör et al. 2017). Der Prozess beginnt, nachdem eine geeignete Batterie für ein Weiterverwendungsszenario ausgewählt wurde, was durch das in Kap. 5 vorgestellte Entscheidungsunterstützungssystem geschehen kann. Basierend auf dieser Zuordnung müssen zunächst alle Pflichtdienstleistungen ausgewählt werden. Dazu gehören bei Endkundenszenarien beispielsweise der Transport und die Inbetriebnahme der Batterie. Je nach spezifischem Weiterverwendungsszenario und Anwendungsfall können dabei unterschiedliche Dienstleistungen zwingend erforderlich sein. Anschließend können zusätzliche Dienstleistungen ausgewählt werden, die den Kundennutzen erhöhen oder das Risiko senken. Diese Dienstleistungen können erforderlich sein, um die Kaufbereitschaft

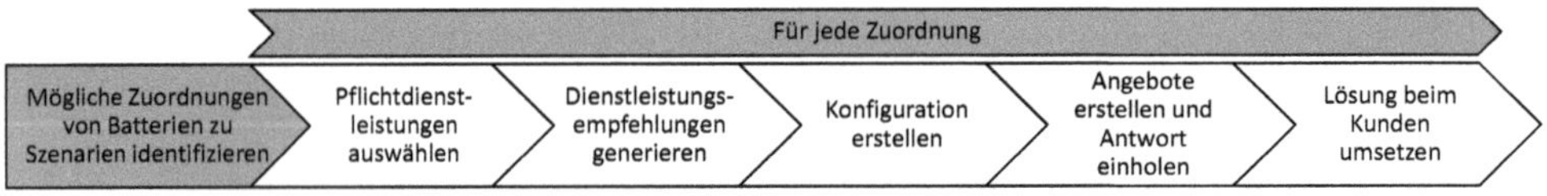

Abb. 6.2 Entscheidungsprozess zur Konfiguration von individuellen Energiespeicherlösungen. (Klör et al. 2017)

des Kunden zu erhöhen oder erst herzustellen. Da ein Anbieter einem Kunden mehrere Alternativen (im Folgenden auch Varianten genannt) anbieten kann, können diese Schritte auch mehrfach durchgeführt werden. Anschließend kann der Kunde dann die für ihn geeignetste Variante auswählen, welche in der Implementierungsphase beim Kunden umgesetzt wird.

6.3 Produkt- und Leistungskonfiguratoren

Die Erstellung und das Angebot von kundenindividuellen Energiespeicherlösungen kann sehr komplex werden. Eine große Anzahl unterschiedlicher Dienstleistungen führt zu einer hohen Zahl möglicher Lösungen. Zur Entlastung des Anbieters bei der Angebotserstellung ist es daher sinnvoll, Informationssysteme zur Unterstützung einzusetzen (Backhaus et al. 2010). Für die vorgestellte Problemstellung eigenen sich insbesondere Produkt- bzw. Leistungskonfiguratoren.

Produktkonfiguratoren sind eine Klasse von Informationssystemen, die u. a. im Rahmen der als *Mass Customization* (auf Deutsch in etwa *kundenindividuelle Massenfertigung*) bezeichneten Fertigungsstrategie eingesetzt werden. Bei dieser können Kunden die Produkte eines Anbieters bis zu einem gewissen Grad selbst nach ihren eigenen Wünschen gestalten (Da Silveira et al. 2001). Dazu werden durch den Anbieter unterschiedliche Komponenten eines Produkts definiert, aus denen der Kunde auswählen kann. Dieser Auswahlprozess wird als *Konfiguration* bezeichnet (Sabin und Weigel 1998). Ein verbreitetes Beispiel sind Produktkonfiguratoren für Autos auf den Webseiten der Hersteller, über die die Kunden ihr Fahrzeug wunschgemäß zusammenstellen können.

Angelehnt an die Produktkonfiguratoren kann der Begriff des Leistungskonfigurators eingeführt werden, welcher in der Literatur allerdings kaum verbreitet ist. Leistungskonfiguratoren unterstützen den Anwender dabei, Dienstleistungen oder Dienstleistungsbündel je nach Kundenwünschen, angepasst anzubieten. Bei der Konfiguration von Dienstleistungsbündeln, werden geeignete Dienstleistungen anstelle von Produktkomponenten ausgewählt. Weiterhin wird in der Literatur die Konfiguration einzelner Dienstleistungen diskutiert (Tiihonen et al. 2014), bei denen wiederum die einzelnen Bestandteile einer Dienstleistung unterschiedlich ausgeprägt sein können. Zu den wenigen existierenden Konfiguratoren für Dienstleistungsbündel gehört der ServPay-Konfigurator (Backhaus et al. 2010).

Aufgrund der geringen Verbreitung von Leistungskonfiguratoren werden im Folgenden vornehmlich Eigenschaften von Produktkonfiguratoren vorgestellt, welche allerdings auf Leistungskonfiguratoren übertragbar sind (Tiihonen et al. 2014). Unterschiede liegen in den Eigenschaften von Dienstleistungen begründet und spielen insbesondere bei konfigurierbaren Dienstleistungen eine Rolle.

In der Praxis existieren unterschiedliche Konfiguratoren für verschiedene Anwendergruppen (Beverungen et al. 2011). Zum einen existieren Produktkonfiguratoren die direkt vom Endkunden bedient werden, wie z. B. Konfiguratoren für Autos auf Anbieterwebseiten. Zum anderen werden Produktkonfiguratoren auch von technischen Mitarbeitern in der Produktentwicklung oder Vertriebsmitarbeitern zur Angebotserstellung eingesetzt.

Ziele beim Einsatz von Produktkonfiguratoren sind u. a. die Reduktion der Komplexität für den Benutzer bei der Konfiguration von Produktvarianten, die Auswahl geeigneter Varianten durch Endkunden und die Stärkung der Möglichkeit des Kunden, Angebote interaktiv zu entdecken (Salvador und Forza 2007). Zu typischen Funktionen von Produktkonfiguratoren gehören die (grafische) Darstellung unterschiedlicher Varianten eines Produkts, die Validierung von Varianten hinsichtlich der technischen Umsetzbarkeit und die Kommunikation der Leistungen einer Variante an den Kunden. Vorteile von Produktkonfiguratoren gegenüber der händischen Konfiguration liegen darin, dass unzulässige Konfigurationen verhindert und so Fehler vermieden werden sowie in einem verringertem Zeitaufwand bei der Konfiguration (Felfernig et al. 2014).

Eine entscheidende Voraussetzung für die Wirksamkeit von Produktkonfiguratoren ist die Spezifikation von Anforderungen seitens der Kunden. Je nach Vorwissen des Anwenders können die Anforderungen an ein Produkt unterschiedlich angegeben werden. Typischerweise wird dabei zwischen bedürfnisbasiert (engl. need-based) und parameterbasiert (engl. parameter-based) unterschieden (Randall et al. 2005). Während der Anwender bei bedürfnisbasierten Systemen kein Fachwissen über das zu konfigurierende Produkt benötigt, werden parameterbasierte Konfiguratoren in der Regel von Experten eingesetzt (Weinmann et al. 2011). Diese können genau einschätzen, welche Auswirkungen die Auswahl einzelner Komponenten hat, und können die unterschiedlichen Alternativen gegeneinander abwägen.

Diese beiden Alternativen werden im Folgenden am Beispiel eines Konfigurators für (Elektro-)Autos verdeutlicht. So könnte der Kunde angeben, dass er ein umweltfreundliches Auto haben möchte, mit dem er 300 km ohne Zwischenstopp fahren kann. Dies entspricht der Beschreibung eines Kundenbedürfnisses. Der Produktkonfigurator muss dies nun in Komponenten oder Produkteigenschaften übersetzten. So kann im Konfigurator entweder für ein Elektrofahrzeug die maximale Reichweite mit einer Ladung angegeben sein oder aber es ist die Batteriekapazität und der durchschnittliche Verbrauch hinterlegt, so dass die zu erwartete Reichweite entsprechend berechnet werden muss. In beiden Fällen muss der Kunde kein technisches Verständnis von Elektrofahrzeugen besitzen und wird trotzdem ein Fahrzeug angeboten bekommen, das seinen Anforderungen entspricht. Häufig tritt der Fall auf, dass Kunden ihre Anforderungen nicht kennen oder diese sich während der Benutzung des Konfigurators ändern, weil dem Kunden die unterschiedlichen Möglichkeiten erst aufgezeigt werden (Felfernig et al. 2014).

Besitzt der Kunde detailliertes Wissen über das zu konfigurierende Produkt, so möchte er evtl. spezielle Komponenten wie zum Beispiel einen bestimmten Motor direkt auswählen können. Dies entspricht der parameterbasierten Konfiguration. Sofern die Konfiguration durch den Kunden selbst geschieht, kann es daher sinnvoll sein, unterschiedliche Konfiguratoren für ein und dasselbe Produkt für die einzelnen Kundengruppen anzubieten (Randall et al. 2005).

Neben den Anforderungen der Kunden müssen auch die Produkte und Produktkomponenten samt ihrer Eigenschaften im Konfigurator abgebildet werden. Insbesondere sind dabei auch eventuelle Abhängigkeiten zwischen Komponenten oder Arten von Komponenten zu beachten. Über die Eigenschaften der ausgewählten Komponenten lässt sich bestimmen, in wie weit die Anforderungen der Kunden umgesetzt wurden.

In der wissenschaftlichen Literatur wird insbesondere im Bereich der Künstlichen Intelligenz unter dem Stichwort *knowledge-based configuration* ausführlich diskutiert, wie konfigurierbare Produkte und Dienstleistungen modelliert werden können. Konfigurationsmodelle dienen dazu, gültige Konfigurationen zu spezifizieren (Hotz et al. 2014). Während in der Vergangenheit häufig regelbasierte Repräsentationen eingesetzt wurden, sind für komplexere Produkte heutzutage constraint-basierte oder grafische Modelle verbreitet (Hotz et al. 2014). Dazu gehört die Formulierung als Constraint-Satisfaction-Problem oder Weiterentwicklungen von diesem. Sofern der Kunde seine Anforderungen an ein Produkt ausdrücken kann, können solche Modelle auch dazu genutzt werden, geeignete Konfigurationen zu ermitteln.

Neben dem originären Ziel, Kunden konfigurierbare Produkte anzubieten, können Produktkonfiguratoren auch dazu genutzt werden, um Kundenbedürfnisse besser zu verstehen. Dazu können Anbieter aufzeichnen, wie Kunden mit dem Konfigurator interagieren und aufbauend auf den so gewonnenen Erkenntnissen gegebenenfalls neue Produktkomponenten oder -Varianten entwickeln (Felfernig et al. 2014).

Der Einsatz von Produktkonfiguratoren durch den Endkunden kann allerdings auch zu Problemen führen, welche sich schlussendlich in einem Verlust potenzieller Kunden widerspiegeln. Damit verbunden wird in der Literatur der Begriff *Mass Confusion* verwendet, der das Phänomen bezeichnet, dass das Angebot einer großen Anzahl unterschiedlicher Varianten eines Produkts den potenziellen Kunden kognitiv überfordert und dieser daher im Endeffekt keins der Angebote annimmt, da ihm ein angemessener Vergleich der Alternativen nicht möglich ist (Felfernig et al. 2014). Eine Möglichkeit ist es daher dem Kunden vorkonfigurierte Varianten anzubieten, welche dieser dann bei Bedarf noch nach seinen Ansprüchen modifizieren kann. Dadurch wird der Angebotsraum für den Kunden zwar etwas eingeschränkt, die Anzahl der Varianten jedoch auf ein handhabbares Maß reduziert. Der Anbieter solcher Varianten kann dabei entscheiden, welche und wie viele Varianten er einem Kunden anbieten möchte. Eine weitere Möglichkeit zur Entlastung des Kunden ist der Einsatz von sogenannten *Empfehlungssystemen* welche einem Kunden Produktvarianten oder -Komponenten vorschlägt, die er mit hoher Wahrscheinlichkeit kaufen wird.

6.4 Empfehlungssysteme

Empfehlungssysteme (engl. Recommender Systems) sind eine Klasse von Informationssystemen, welche zur Entscheidungsunterstützung eingesetzt werden (Xiao und Benbasat 2007). Bekannte Anwendungen im Endkundenbereich liegen im E-Commerce bei der

Empfehlung von Artikeln sowie von Filmen oder Musik bei Streaminganbietern. Ziel ist es, einem Kunden Artikel vorzuschlagen, die ihr oder ihm gefallen könnten und so einen Kauf bzw. den Konsum anzuregen.

Grundsätzlich schlagen Empfehlungssysteme dem Nutzer auf Basis seiner *implizit* oder *explizit* geäußerten Präferenzen sogenannte *Items*, wie z. B. Artikel oder Filme, vor. Implizite Präferenzäußerungen können dabei beispielsweise auf vorherigen Käufen basieren. Zur expliziten Angabe von Präferenzen wird in der Praxis häufig das sogenannte Star-Rating verwendet, bei dem ein Nutzer ein Item mit ein bis typischerweise fünf Sternen bewertet. Größere oder kleinere Intervallskalen sind möglich, allerdings nicht sehr weit verbreitet. Neben dieser Intervallskalierung kommen bi- oder unäre Skalen zur Bewertung von Items in Betracht. Bei Verwendung einer binären Skala drückt der Nutzer lediglich seine Zustimmung oder Ablehnung aus (z. B. *gefällt mir*, *gefällt mir nicht*). Weiterhin werden unäre Skalen verwendet mittels derer der Nutzer lediglich seine Zustimmung, aber keine Ablehnung eines Items ausdrücken kann. Ein bekanntes Beispiel dafür ist das sogenannte *Liken* in sozialen Netzwerken.

Wie die so geäußerten Präferenzen genutzt werden, um für den Nutzer geeignete Artikel zu finden, ist je nach Art des eingesetzten Empfehlungssystems unterschiedlich. Im Wesentlichen können kollaborative, inhaltsbasierte und hybride Systeme unterschieden werden (Adomavicius und Tuzhilin 2005). Zusätzlich existieren weniger verbreitete Ansätze, wie demographische, nutzenbasierte oder wissensbasierte Empfehlungssysteme (Burke 2002).

Bei kollaborativen Systemen (auch kollaboratives Filtern genannt) werden dem Nutzer Artikel auf Basis von Entscheidungen anderer Kunden mit ähnlichen Präferenzen vorgeschlagen. Solche Systeme werden häufig im E-Commerce eingesetzt. Vereinfacht dargestellt werden dabei Kunden ermittelt, die ähnliche Artikel gekauft haben, wie der Kunde für den die Empfehlungen ausgesprochen werden sollen. Vorgeschlagen werden solche Artikel, die von den anderen Kunden häufig gekauft wurden. Kollaborative Empfehlungssysteme eigenen sich daher insbesondere für Items, deren Konsum vom persönlichen Geschmack eines Kunden abhängt. Problematisch ist der Einsatz von kollaborativen Systeme u. a., wenn für neue Items oder Kunden noch kaum Daten vorhanden sind, was dazu führen kann, dass unpassende Empfehlungen gemacht werden. Dies wird als *Cold-Start-Problem* bezeichnet (Aggarwal 2016).

Eine in der Praxis verbreitete Variante ist das item-basierte kollaborative Filtern. Bei diesem werden Ähnlichkeiten zwischen den Items ermittelt und diejenigen Items empfohlen, die den bereits durch den Kunden gekauften Items ähnlich sind. Typische Ähnlichkeitsmaße sind die Kosinus-Ähnlichkeit und die Pearson-Korrelation (Sarwar et al. 2001). Eine Ähnlichkeit der Items ist daher unabhängig von der physischen Ähnlichkeit und wird nur anhand des Kaufverhaltens der Nutzer bestimmt.

Hinsichtlich ihrer technischen Umsetzung können kollaborative Empfehlungssysteme in *speicherbasiert* und *modellbasiert* unterteilt werden (Adomavicius und Tuzhilin 2005). Während bei speicherbasierten Systemen die Empfehlungen direkt anhand der in der Vergangenheit geäußerten Präferenzen berechnet werden, werden bei den modellbasierten

Verfahren zunächst in einem vorgelagerten Schritt (mathematische) Modelle aufgebaut, welche dann zur Empfehlung genutzt werden. Das hat den Vorteil, dass rechenintensive Schritte nicht zur Zeit der Empfehlung ausgeführt werden müssen, was die Antwortzeiten verringert.

Bei inhaltsbasierten Systemen wird hingegen explizites Wissen über die Items mit den dem System bekannten Präferenzen des Nutzers abgeglichen. Dazu müssen Attribute des Items dem Empfehlungssystem bekannt sein. Beispielsweise kann dazu eine textuelle Beschreibung dienen (Aggarwal 2016). Eine weitere verbreitete Möglichkeit ist, die Items mit Stichworten (engl. keywords oder tags) zu versehen (Lops et al. 2011). Nutzer können wiederum implizit oder explizit Präferenzen für oder gegen einzelne Stichworte angeben. Bei der Empfehlung von Filmen könnte beispielsweise ein Film mit dem Stichwort „*Horror*" versehen sein, woraufhin dieser Film den Nutzern, die Horrorfilme mögen, empfohlen werden kann. Schwierigkeiten beim Einsatz von inhaltsbasierten Empfehlungssystemen liegen in der Repräsentation und Verfügbarkeit von Daten über die Items (Burke et al. 2011). Das Cold-Start-Problem wird im Vergleich zu kollaborativen Systemen tendenziell verringert, da keine Bewertungen von anderen Kunden benötigt werden, sondern es ausreicht, wenn die Präferenzen des jeweiligen Nutzers bekannt sind (Aggarwal 2016).

Bei wissensbasierten Empfehlungssystemen werden Items explizit für gegebenen Kundenanforderungen empfohlen. Sie eigenen sich daher für Items die nicht sehr häufig verkauft werden oder für die viele Varianten existieren. Zur Empfehlung wird allerdings eine umfassende Wissensbasis benötigt, über welche die Anforderungen in Eigenschaften der Items übersetzt werden. Wissensbasierte Empfehlungssystemen ähneln damit in ihren Eigenschaften den Produkt- und Leistungskonfiguratoren (siehe Abschn. 6.3). Allerdings besteht ein zentraler Unterschied darin, dass keine neuen Produkt- oder Dienstleistungsvarianten erstellt werden, sondern eine Auswahl aus einem bestehenden Bestand ermittelt und angezeigt wird. Gemeinsamkeiten liegen in der interaktiven Benutzung durch den Anwender und der expliziten Äußerung von Präferenzen für spezifische Produktcharakteristiken. Verbreitete Arten sind constraint-basierte und fallbasierte (engl. case-based) Empfehlungssysteme (Aggarwal 2016).

Bei constraint-basierten Systemen definieren die Benutzer Anforderungen oder Einschränkungen hinsichtlich der Eigenschaften der Items und erhalten passende Items vorgeschlagen (Aggarwal 2016). Bei fallbasierten Systemen werden Items mit Ähnlichkeit zu einem vom Nutzer definierten Fall (z. B. Item) vorgeschlagen, welche sich in einzelnen Eigenschaften unterscheiden können. In beiden Fällen kann der Nutzer die Anforderungen während der Benutzung anpassen und so angepasste Empfehlungen erhalten (Aggarwal 2016).

6.5 Entwurf eines Leistungskonfigurators mit Empfehlungssystem

Für die Umwidmung und Weiterverwendung gebrauchter Traktionsbatterien wurde im Projekt EOL-IS ein Leistungskonfigurator entwickelt, der ein Empfehlungssystem zur

Unterstützung des Nutzers einsetzt. Als Umsetzung des in Abschn. 6.2 vorgestellten Entscheidungsprozesses, wird mittels des Leistungskonfigurators eine Zuordnung von gebrauchter Traktionsbatterie zu Weiterverwendungsszenario zu einer Energiespeicherlösung ergänzt. Als Teil des im EOL-IS Projekts entwickelten Entscheidungsunterstützungssystems wird der Konfigurator nicht durch den Endkunden, sondern durch einen Mitarbeiter des Anbieters der gebrauchten Traktionsbatterie dem Second-Life-Manufacturer (siehe Kap. 4), eingesetzt. Da davon auszugehen ist, dass dieser Mitarbeiter über ein umfassendes Fachwissen im Bereich der Energiespeicherlösungen verfügt, wurde der Leistungskonfigurator parameterbasiert umgesetzt, bei dem die in der Energiespeicherlösung enthaltenen Komponenten direkt durch den Nutzer ausgewählt werden.

Ausgangspunkt für die Leistungskonfiguration ist eine Zuordnung einer gebrauchten Traktionsbatterie zu einem Weiterverwendungsszenario, wie sie durch die in Kap. 5 vorgestellten Entscheidungsmodelle gefunden werden. Der erste Schritt im betrachteten Entscheidungsprozess ist die Auswahl zwingend erforderlicher Dienstleistungen. Diese ergeben sich aus den fachlichen Anforderungen der betrachteten Domäne und können u. a. technisch oder rechtlich begründet sein (Bräuer 2016). Für die Umwidmung und Weiterverwendung gebrauchter Traktionsbatterien bei Privatkunden gehört dazu beispielsweise der Transport, welcher nur von qualifizierten Unternehmen durchgeführt werden darf (siehe rechtliche Grundlagen in Kap. 3) oder die Inbetriebnahme, welche Laien kaum möglich ist. Gespräche mit Anbietern von (neuen) Batteriespeichern und Elektroinstallateuren haben ergeben, dass diese Dienstleistungen in der Regel (derzeit) den Kunden nicht separat in Rechnung gestellt werden können. Dennoch müssen sie bei der Preisgestaltung des Anbieters betrachtet werden. Weiterhin existieren derzeit für die Kunden kaum Auswahlmöglichkeiten bezüglich der konkreten Ausgestaltung der Dienstleistungen. Ein Leistungskonfigurator ermöglicht es dem Anbieter, seinen Kunden individuelle Angebote zu machen und unterschiedliche Leistungsalternativen zur Auswahl zu stellen.

Zur Modellierung der Dienstleistungen wird eine auf der Modellierungssprache H2-ServPay aufbauende Modellierungssprache für Leistungen (Beverungen und Matzner 2017) verwendet. Im Leistungskonfigurator erweitert der Anbieter die Sachleistung der gebrauchten Batterie um ergänzende Dienstleistungen, die er basierend auf den Kundenanforderungen auswählt. Die Dienstleistungen können dabei in unterschiedliche Kategorien eingeordnet werden und sich gegenseitig ausschließen. Zwischen Ausprägungen einzelner Dienstleistungen lässt sich zudem eine Relation definieren, welche angibt, dass eine Ausprägung ein höheres Leistungsversprechen besitzt, als die andere.

Bei der Auswahl der zwingend erforderlichen Dienstleistungen wird der Benutzer des Leistungskonfigurators mithilfe von Konfigurationsregeln unterstützt. Diese ermöglichen die Definition von Abhängigkeiten zwischen unterschiedlichen Dienstleistungen oder von einer Dienstleistung zu einem spezifischen Batterie- oder Szenariotyp. Abhängigkeiten können dabei entweder Dienstleistungen erfordern oder ausschließen. So kann abgebildet werden, dass spezifische Dienstleistungen nicht gemeinsam ausgewählt werden können bzw. eine Auswahl vorgegeben werden. Gleiches gilt auch für Batterie- und

Szenariotypen. So können Dienstleistungen oder Dienstleistungskategorien für bestimmte Batterien oder Szenarien verpflichtend sein.

Eine Einhaltung bzw. Anwendung der Konfigurationsregeln muss während der Dienstleistungskonfiguration sichergestellt werden, um fachlich korrekte Energiespeicherlösungen zu konfigurieren. Dies wird durch den Leistungskonfigurator geprüft. Das Anbieten einer Energiespeicherlösung, bei der Konfigurationsregeln verletzt werden, ist nicht vorgesehen und wird daher durch den Konfigurator nicht unterstützt.

Eine weitere Unterstützung des Benutzers kann über ein Empfehlungssystem erreicht werden. Dazu werden Dienstleistungen vorgeschlagen, welche typischerweise für ähnliche Batterien und Weitverwendungsszenarien verkauft werden. Der dahintersteckende Gedanke ist der, dass Kunden Dienstleistungen aus gewissen Gründen kaufen, welche sich unter anderem aus dem geplanten Einsatzzweck (dem Weiterverwendungsszenario) und den Eigenschaften der Batterie ergeben. So kann der Erwerb von Dienstleistungen beispielsweise erfolgen, um einen Nachteil gegenüber einer neuen Batterie auszugleichen, der sich aus dem gebrauchten Zustand der Batterie ergibt. Daher wird davon ausgegangen, dass anhand bereits getätigter Verkäufe abgeschätzt werden kann, welche Dienstleistungen wahrscheinlich mit einer Batterie und einem Weiterverwendungsszenario zusammen gekauft werden.

Da ein Explizieren des Wissens, warum eine konkrete Dienstleistung mit verkauft wurde, schwierig sein kann und generell eine hohe Unsicherheit über die zukünftige technologische Entwicklung besteht, sind wissensbasierte Empfehlungssysteme, zumindest derzeit, nicht geeignet, da das für die Empfehlung von Dienstleistungen benötigte Wissen noch nicht vorhanden ist. Davon ausgehend, dass in Zukunft viele Batterien und Szenarien behandelt werden, bietet sich ein kollaboratives Empfehlungssystem an. Dabei ist zu beachten, dass der klassische Ansatz von item- oder nutzerbasierten Empfehlungssystemen nicht eins zu eins anwendbar ist. Dies liegt darin bedingt, dass es sich bei den Energiespeicherlösungen bzw. den Zuordnungen von gebrauchten Traktionsbatterien auf spezifische Weiterverwendungsszenarien um individuelle Lösungen handelt. Daher wird jedes Produkt genau einmal verkauft und es kann keine Menge von Kunden ermittelt werden, die das gleiche Produkt gekauft haben, wie es typischerweise bei kollaborativen Empfehlungssystemen im Konsumgütermarkt gemacht wird. Weiterhin werden Dienstleistungen für Zuordnungen von Batterien zu Szenarien empfohlen, wodurch zwei unterschiedliche Arten an Items betrachtet werden müssen.

Das entwickelte Empfehlungssystem ist daher mehrstufig aufgebaut. So werden für in der Vergangenheit verkaufte Batterie-Szenario-Zuordnungen Ähnlichkeiten bestimmt. Als Ähnlichkeitsmaß wird dabei eine Kombination aus Batterietyp, Szenariotyp und relativen Abweichungen einzelner Batterieparameter (maximale Stromstärken, Nominalspannung, Kapazität) von Szenarioanforderungen genutzt (Klör et al. 2017).

Bei der Konfiguration einer neuen Energiespeicherlösung werden darauf basierend ähnliche Zuordnungen gesucht, die bereits in der Vergangenheit vertrieben wurden. Dazu wird ein Clustering-Ansatz verwendet. Die einzelnen Zuordnungen werden mittels des K-Means-Algorithmus (MacQueen 1967) auf eine Menge an Clustern verteilt, so dass jedes

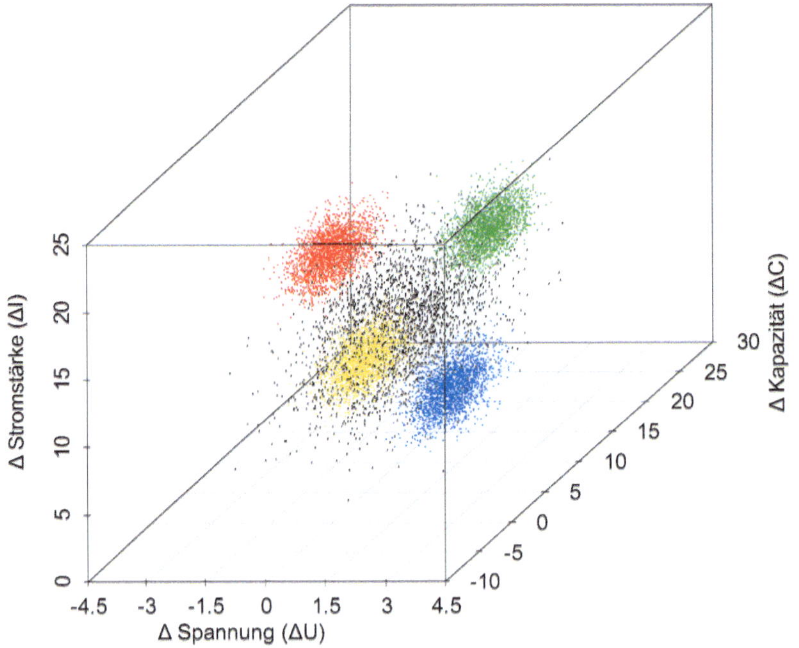

Abb. 6.3 Vier Cluster (*farblich markiert*) basierend auf den Abweichungen der technischen Parametern der Zuordnungen. (Klör et al. 2017)

dieser Cluster ähnliche Zuordnungen enthält (Abb. 6.3). Da Batterie- und Szenariotyp jeweils nominal skalierte Merkmale sind, wird das Clustering jeweils für alle Kombination separat durchgeführt.

Diese so ermittelten Cluster werden genutzt, um Empfehlungen für neue Batterie-Szenario-Zuordnungen zu ermitteln. So wird für eine neue Zuordnung zunächst bestimmt, welchem Cluster sie angehört, indem die Abstände zu den einzelnen Clustern berechnet werden. Anschließend wird das Cluster ausgewählt, zu dem dieser Abstand am geringsten ist. Für jede Dienstleistung bzw. Dienstleistungskategorie wird dann berechnet, wie häufig sie in den Energiespeicherlösungen desselben Clusters enthalten waren. Die relativen Häufigkeiten werden für Dienstleistungen und Dienstleistungskategorien angezeigt. Diese Art der Empfehlung wird auch als *popularity-based* bezeichnet (Falkner et al. 2011). Um den Nutzer zusätzlich zu unterstützen, werden während der Konfiguration die am häufigsten verkauften Dienstleistungen vom Empfehlungssystem farbig hervorgehoben. Da der Clusteringschritt rechenintensiv ist, sollte er periodisch (z. B. jede Nacht) durchgeführt werden. Sind die Cluster bekannt, ist hingegen eine Ermittlung, welchem Cluster eine neue Zuordnung angehört, nicht sehr aufwendig. Der gesamte Prozess zur Empfehlung der Dienstleistungen ist in Abb. 6.4 dargestellt.

Neben dieser manuellen Konfiguration kann das System Energiespeicherlösungen auch komplett automatisiert erstellen. Eine Voraussetzung dafür ist die Verfügbarkeit von aus-

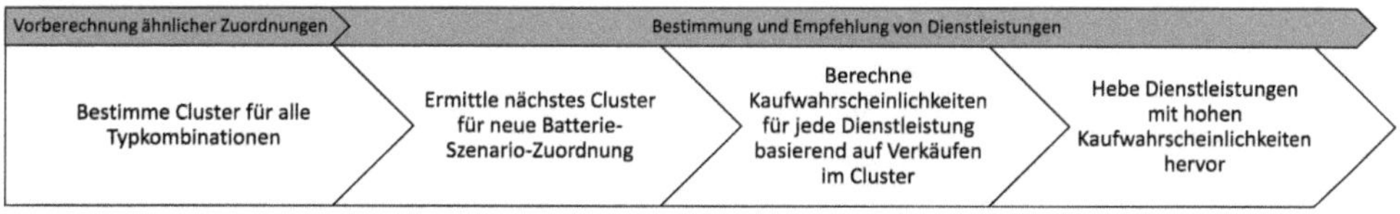

Abb. 6.4 Prozess der Dienstleistungsempfehlung. (In Anlehnung an Klör et al. 2017)

reichend historischer Daten im Empfehlungssystem. Angelehnt an die *Satisficing*- und *Maximizing*-Strategien nach Simon (1956; 1979) werden drei Varianten der automatischen Konfiguration angeboten. Bei der *minimalen* Variante werden ausschließlich die zwingend benötigten Dienstleistungen ausgewählt. Dies entspricht dem *Satisficing* nach Simon und liefert eine Lösung die das Kundenproblem *gerade so* löst. Weiterhin existiert die *empfohlene* Variante, in der alle Dienstleistungen bzw. Dienstleistungskategorien enthalten sind, welche durch das Empfehlungssystem mit einer Häufigkeit von $\geqq 90\,\%$ angegeben werden. Dies ist also eine Lösung, die vom Großteil der bisherigen Kunden für ähnliche Batterie-Szenario-Zuordnungen gekauft wurde. Daher kann angenommen werden, dass diese auch für den aktuellen Kunden in Frage kommt. Die letzte Variante ist die *Premium*-Variante, bei der für alle empfohlenen Dienstleistungskategorien jeweils die Dienstleistung mit dem höchsten Leistungsversprechen ausgewählt wird. Dies kann als Maximierung im Sinne von Simon verstanden werden.

Durch die automatische Dienstleistungskonfiguration ist es möglich, dass große Mengen von Batterien und Szenarien ohne Einbezug eines menschlichen Entscheiders, kundenindividuell angeboten werden können, was in Anbetracht der steigenden Verkaufszahlen von Elektroautos in Zukunft immer wichtiger wird.

Der hier vorgestellte Leistungskonfigurator stellt eine erste Lösung dar, wie die Konfiguration von Dienstleistungsbündeln zur Weiterverwendung gebrauchter Traktionsbatterien durch Informationssysteme unterstützt werden kann. Aufgrund der hohen Unsicherheiten hinsichtlich der zukünftigen Entwicklungen im Bereich der Weiterverwendung von Traktionsbatterien, wird eine Weiterentwicklung unerlässlich sein. Dazu kann insbesondere der Austausch des kollaborativen Empfehlungssystems durch ein wissensbasiertes oder hybrides System und die Ermittlung genauerer Ähnlichkeitsmaße gehören. Die durch das vorgestellte System entstehenden Daten können genutzt werden, um Zusammenhänge zwischen Dienstleistungsverkäufen und den Batterie-Szenario-Zuordnungen herzustellen. Denkbar ist es, dass so aufgedeckt werden kann, welche Dienstleistungen zum Ausgleich welcher Schwächen eines gebrauchten Batteriesystems verkauft wurden. Sind solche Regeln bekannt, können diese in wissensbasierten Empfehlungssystemen verwendet werden. Dadurch können potenziell bessere Empfehlungen getroffen und die Schwächen von kollaborativen Systemen ausgeglichen werden.

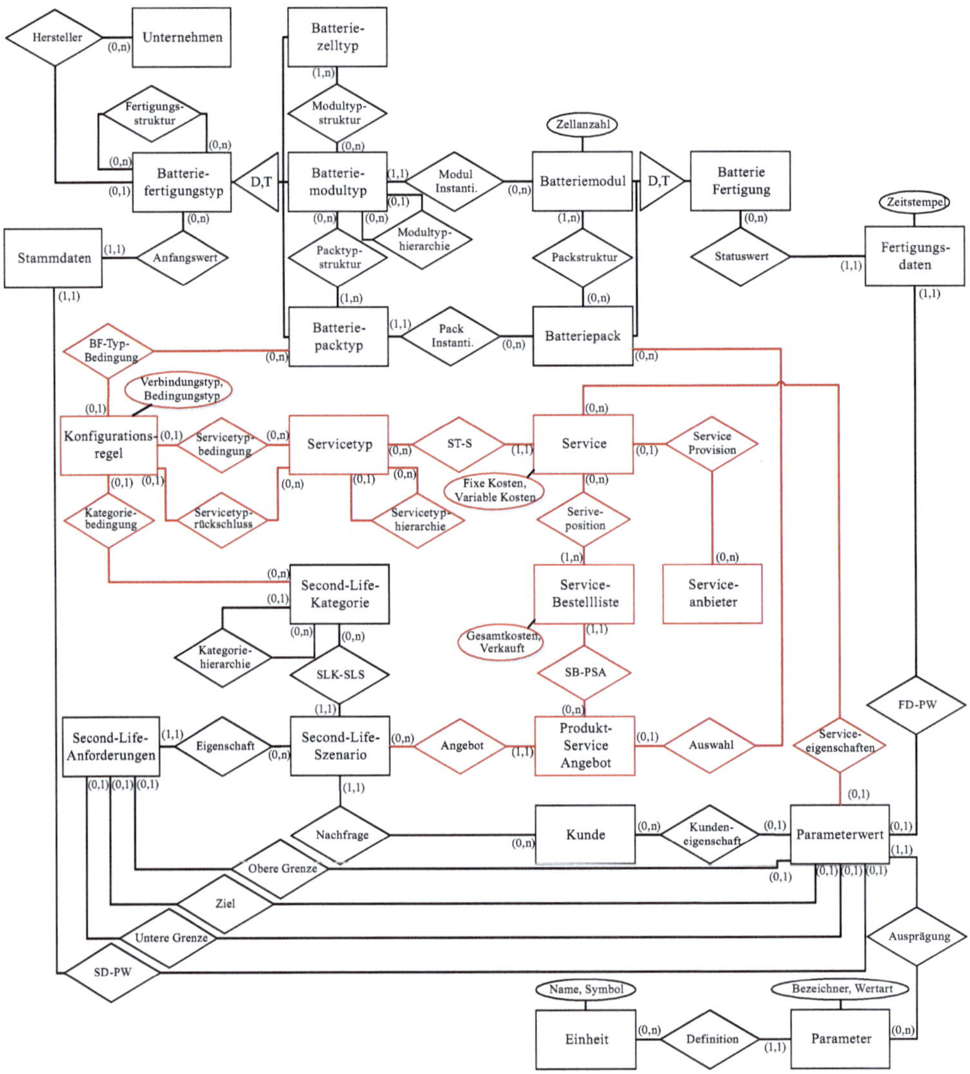

Abb. 6.5 Datenmodell ergänzt um die Modellierung von Konfigurationsregeln, Dienstleistungen und Energiespeicherlösungen (*rot*). (In Anlehnung an Klör et al. 2017)

Modellierung von Dienstleistungen und Energiespeicherlösungen

Um die Dienstleistungen und Energiespeicherlösungen im Entscheidungsunterstützungssystem abzubilden, wird im Folgenden das bereits in Kap. 5 erstelle Datenmodell um diese zusätzlichen Bestandteile ergänzt. Das vollständige Datenmodell in ERM-Notation ist in Abb. 6.5 zu sehen.

Wie zuvor festgestellt, ist eine einfache Zuordnung von Batterien zu Weiterverwendungsszenarien für eine erfolgreiche Vermarktung nicht ausreichend (Becker et al. 2008;

Deutsches Institut für Normung (DIN) 2010). Daher werden die Batterie-Szenario-Zuordnungen um Dienstleistungen zu sogenannten hybriden Leistungsbündeln konfiguriert. Im betrachteten Anwendungsfall handelt es sich bei diesen Leistungsbündeln um Energiespeicherlösungen. Der Vorgang der Erstellung der hybriden Leistungsbündel wird als Dienstleistungskonfiguration bezeichnet.

Das bereits zuvor eingeführte Datenmodell wird daher um die für die Dienstleistungskonfiguration benötigten Entitäten ergänzt (rot gefärbt in Abb. 6.5). Dabei basiert das Datenmodell auf einer bestehenden Modellierungssprache für Leistungen (Beverungen und Matzner 2017).

Da eine Energiespeicherlösung immer für ein konkretes Kundenproblem konfiguriert wird, ist diese immer einem konkreten Weiterverwendungsszenario zugeordnet. Eine Dienstleistung wird hier vereinfacht als Ausprägung einer *Dienstleistungsart* modelliert. Auf eine genauere Beschreibung der verschiedenen Bestandteile einer Dienstleistung (Leistungskomponente, etc.) wird an dieser Stelle verzichtet. Eine Dienstleistung kann von einem *Dienstleistungsanbieter* erbracht werden. Diese Anbieter können als Stammdaten im System gepflegt werden. Einer Dienstleistung können dabei verschiedene Attribute zugeordnet werden, dazu gehören Kosten (fix und variable), welche bei der Erbringung der Dienstleistung anfallen, und Parameter, die die Leistung genauer beschreiben.

Es können hierarchische Beziehungen zwischen den einzelnen Dienstleistungsarten abgebildet werden. Dadurch lassen sich die Dienstleistungen strukturiert anzeigen. Weiterhin sind Abhängigkeiten zwischen Dienstleistungsarten möglich. Insbesondere können sich Dienstleistungsarten gegenseitig ausschließen. Solche Beziehungen werden als Konfigurationsregeln hinterlegt, wobei zwischen *Bedingungen* und *Folgerungen* unterschieden wird. Konfigurationsregeln können entweder durch die Auswahl einer Dienstleistung einer bestimmten Dienstleistungsart aktiv werden oder durch einen Szenario- oder Batterietyp. Folgerungen umfassen stets den Ausschluss einer Dienstleistungsart oder machen die Auswahl einer bestimmten Dienstleistungsart erforderlich. Durch die hierarchische Modellierung lassen sich diese Regeln der Ebene der Dienstleistungsart auf die darunterliegenden Hierarchiestufen anwenden.

Das Ergebnis der Dienstleistungskonfiguration ist eine Auftragsstückliste einer Energiespeicherlösung (*Produkt-Dienstleistungs-Angebot*), die aus einem gebrauchten Batteriesystem und einer Menge von Dienstleistungen besteht. In der Vergangenheit erfolgreich verkaufte Energiespeicherlösungen dienen außerdem, zusammen mit den jeweiligen Batterie- und Szenariodaten, als Grundlage für das Empfehlungssystem, das geeignete Dienstleistungen für eine konkrete Zuordnung einer Batterie zu einem Szenario vorschlägt, um neue Energiespeicherlösungen besser konfigurieren zu können.

6.6 Zusammenfassung

Zur effizienten Konfiguration von Energiespeicherlösungen können Softwaresysteme eingesetzt werden. In diesem Kapitel haben wir den im Rahmen des EOL-IS Projektes entwickelten Leistungskonfigurator vorgestellt. Dieser unterstützt den Benutzer dabei, geeignete Dienstleistungen zu einer Batterie-Szenario-Zuordnung zu finden und bietet die Möglichkeit, diese potenziellen Kunden anzubieten. Der Leistungskonfigurator ergänzt damit die in Kap. 5 vorgestellte Matching-Komponente, welche geeignete Zuordnungen zwischen Batterien und Weiterverwendungsszenarien ermittelt. Der Leistungskonfigurator bietet einem Anbieter die Möglichkeit, Dienstleistungen zusätzlich zur gebrauchten Batterie als Energiespeicherlösung für konkrete Kundenanforderungen zu konfigurieren. Ein Empfehlungssystem bietet dabei Unterstützung, indem Dienstleistungen vorgeschlagen werden, die in Vergangenheit für ähnliche Batterie-Szenario-Zuordnungen mitverkauft wurden.

Das hier vorgestellte System stellt einen Vorschlag im Sinne der gestaltungsorientierten Forschung dar und unterliegt daher noch einigen Limitationen. Da die zukünftige Entwicklung des Umfelds der Weiterverwendung gebrauchter Traktionsbatterien nicht genauer vorhersehbar ist, werden Weiterentwicklungen und Anpassungen des Systems in Zukunft sehr wahrscheinlich benötigt werden. Eine bestehende Einschränkung ist die Begrenzung des Empfehlungssystems auf ergänzenden Dienstleistungen zum Verkauf gebrauchter Traktionsbatterien. Da prinzipiell auch andere Erlösmodelle (wie Pay-per-Use oder Pay-per-Success) denkbar und sinnvoll sind, sollte eine Entscheidungsunterstützung bei der Konfiguration von hybriden Leistungsbündeln mit unterschiedlichen Erlösmodellen Teil zukünftiger Forschung sein. Weiterhin werden in der derzeitigen Form nur einzelne Dienstleistungen empfohlen, wobei es auch sinnvoll sein könnte, Kombinationen von Dienstleistungen zu empfehlen.

Literatur

Adomavicius G, Tuzhilin A (2005) Toward the Next Generation of Recommender Systems: A Survey of the State-of-the-Art and Possible Extensions. IEEE Transactions on Knowledge and Data Engineering 17:734–749.

Aggarwal CC (2016) Recommender Systems. Springer International Publishing, Cham, Schweiz.

Akerlof GA (1970) The Market for "Lemons": Quality Uncertainty and the Market Mechanism. The Quarterly Journal of Economics 84:488–500.

Backhaus K, Becker J, Beverungen D, Frohs M, Knackstedt R, Müller O, Steiner M, Weddeling M (2010) Vermarktung hybrider Leistungsbündel – Das ServPay-Konzept. Springer-Verlag, Berlin Heidelberg.

Becker J, Beverungen D, Knackstedt R (2008) Wertschöpfungsnetzwerke von Produzenten und Dienstleistern als Option zur Organisation der Erstellung hybrider Leistungsbündel. In: Becker J, Knackstedt R, Pfeiffer D (Hrsg), Wertschöpfungsnetzwerke – Konzepte für das Netzwerkmanagement und Potenziale aktueller Informationstechnologien. Physica-Verlag HD, Heidelberg, 3–31.

Beverungen D, Matzner M (2017) Informationsmodellierung in Dienstleistungssystemen. In: Corsten H, Roth S (Hrsg), Handbuch Dienstleistungsmanagement. Verlag Franz Vahlen, München, 519–536.

Beverungen D, Kohlborn T, Fielt E (2011) The Morphology of Service Bundling Settings. In: Proceedings of the 22nd Australian Conference on Information Systems (ACIS 2011). Sydney, Australien.

Beverungen D, Klör B, Bräuer S, Monhof M (2015) Will They Die Another Day? A Decision Support Perspective on Reusing Electric Vehicle Batteries. In: Proceedings of the Twenty-Third European Conference on Information Systems (ECIS 2015). Münster.

Beverungen D, Bräuer S, Plenter F, Klör B, Monhof M (2017) Ensembles of context and form for repurposing electric vehicle batteries: an exploratory study. Computer Science – Research and Development 32:195–209.

Bräuer S (2016) They Not Only Live Once – Towards Product-Service Systems for Repurposed Electric Vehicle Batteries. In: Proceedings of the Multikonferenz Wirtschaftsinformatik (MKWI 2016). Ilmenau, 1299–1310.

Bräuer S, Monhof M, Klör B, Plenter F, Siemen C, Beverungen D (2016) Residential Energy Storage from Repurposed Electric Vehicle Batteries – Market Overview and Development of a Service-Centered Business Model. In: 2016 IEEE 18th Conference on Business Informatics. Paris, Frankreich.

Burke R (2002) Hybrid recommender systems: Survey and experiments. User Modeling and User-Adapted Interaction 12:331–370.

Burke R, Felfernig A, Göker MH (2011) Recommender Systems: An Overview. AI Magazine 32:13–18.

Deutsches Institut für Normung (DIN) (2010) PAS 1094: Hybride Wertschöpfung – Integration von Produktion und Dienstleistung. Beuth Verlag, Berlin.

Falkner A, Felfernig A, Haag A (2011) Recommendation Technologies for Configurable Products. AI Magazine 32:99–108.

Felfernig A, Bagley C, Tiihonen J, Wortley L, Hotz L (2014) Benefits of Configuration Systems. In: Felfernig A, Hotz L, Bagley C, Tiihonen J (Hrsg), Knowledge-Based Configuration: From Research to Business Cases. Morgan Kaufmann, Waltham, MA, USA, 29–33.

Fließ S (2009) Dienstleistungsmanagement – Kundenintegration gestalten und steuern. Gabler, Wiesbaden.

Hotz L, Felfernig A, Stumptner M, Ryabokon A, Bagley C, Wolter K (2014) Configuration Knowledge Representation and Reasoning. In: Felfernig A, Hotz L, Bagley C, Tiihonen J (Hrsg), Knowledge-Based Configuration: From Research to Business Cases. Morgan Kaufmann, Waltham, Massachusetts, USA, 41–72.

Klör B, Monhof M, Beverungen D, Bräuer S (2017) Recommendation and Configuration of Value-Added Services for Repurposing Electric Vehicle Batteries: A Vertical Software Prototype. In: Proceedings of the 19th IEEE Conference on Business Informatics (CBI 2017). Thessaloniki, Griechenland, 13–22.

Lops P, de Gemmis M, Semeraro G (2011) Content-based Recommender Systems: State of the Art and Trends. In: Recommender Systems Handbook. Springer US, Boston, MA, USA, 73–105.

MacQueen J (1967) Some methods for classification and analysis of multivariate observations. In: Proceedings of the 5th Berkeley Symposium on Mathematical Statistics and Probability, Volume 1: Statistics. University of California Press, Berkeley, California, USA, 281–297.

Mont O. (2002) Clarifying the concept of product–service system. Journal of Cleaner Production 10:237–245.

Randall T, Terwiesch C, Ulrich KT (2005) Principles for User Design of Customized Products. California Management Review 47:68–85.

Sabin D, Weigel R (1998) Product configuration frameworks – a survey. IEEE Intelligent Systems 13:42–49.

Salvador F, Forza C (2007) Principles for efficient and effective sales configuration design. International Journal of Mass Customisation 2:2007.

Sarwar B, Karypis G, Konstan JA, Riedl J (2001) Item-based collaborative filtering recommendation algorithms. In: Proceedings of the 10th International Conference on World Wide Web. 285–295.

Da Silveira G, Borenstein D, Fogliatto FS (2001) Mass customization: Literature review and research directions. International Journal of Production Economics 72:1–13.

Simon HA (1956) Rational choice and the structure of the environment. Psychological Review 63:129–138.

Simon HA (1979) Rational Decision Making in Business Organizations. The American Economic Review 69:493–513.

Spence M (1973) Job Market Signaling. The Quarterly Journal of Economics 87:355–374.

Spremann K (1987) Agent and Principal. In: Bamberg G, Spremann K (Hrsg), Agency Theory, Information, and Incentives. Springer, Berlin Heidelberg, 3–37.

Tiihonen J, Mayer W, Stumptner M, Heiskala M (2014) Configuring Services and Processes. In: Felfernig A, Hotz L, Bagley C, Tiihonen J (Hrsg), Knowledge-Based Configuration: From Research to Business Cases. Morgan Kaufmann, Waltham, Massachusetts, USA, 251–260.

Tukker A (2004) Eight types of product–service system: eight ways to sustainability? Experiences from SusProNet. Business Strategy and the Environment 13:246–260.

Weinmann M, Hibbeln M, Robra-Bissantz S (2011) Customer-oriented configuration systems: one type fits all? In: Proceedings of the European Conference on Information Systems (ECIS 2011). Helsinki, Finnland.

Xiao B, Benbasat I (2007) E-Commerce Product Recommendation Agents: Use, Characteristics, and Impact. MIS Quarterly 31:137–209.

7 Demonstration des EOL-IS-Softwaresystems zur Entscheidungsunterstützung

Benjamin Klör und Markus Monhof

7.1 Übersicht

Das Forschungsprojekt EOL-IS wurde im Sinne eines gestaltungsorientierten Forschungsvorgehens (Hevner et al. 2004) durchgeführt. Die gestaltungsorientierte Forschung kennzeichnet sich durch den Nachweis der Nützlichkeit der erstellten Problemlösungen aus, die durch die Konstruktion von innovativen IT-Artefakten (u. a. Softwaresystemen) dokumentiert werden kann. Um die Nützlichkeit gestaltungsorientierter Forschungsergebnisse nachzuweisen, sieht der gestaltungsorientierte Forschungsprozess (Peffers et al. 2007) eine umfangreiche Demonstration und Diskussion der Ergebnisse vor. Für die Dokumentation der Zielerreichung eines Softwaresystems wird dies typischerweise durch die Darstellung und Diskussion der Benutzeroberflächen erreicht. Die Demonstration belegt somit die Anwendbarkeit der Forschungsergebnisse, was einhergeht mit dem Nachweis der Lösbarkeit der anvisierten Problemstellung.

In den vorangegangenen Kap. 5 und 6 wurden die beiden Hauptfunktionalitäten des Softwaresystems zur Entscheidungsunterstützung konzipiert sowie deren konkrete Implementierung vorgestellt. Diese beiden ineinandergreifenden Funktionalitäten ermöglichen es einem menschlichen Entscheider, sowohl technisch zulässige als auch optimale Umwidmungsentscheidungen zu treffen und für jede ausgewählte Batterieumwidmung die erforderliche Dienstleistungskonfiguration vorzunehmen, um das spezifische Kundenproblem zu lösen.

B. Klör (✉) · M. Monhof
Lehrstuhl für Wirtschaftsinformatik und Informationsmanagement, Westfälische Wilhelms-Universität Münster
Münster, Deutschland
E-Mail: benjamin.kloer@ercis.uni-muenster.de

M. Monhof
E-Mail: markus.monhof@ercis.uni-muenster.de

J. Becker et al. (Hrsg.), *Umwidmung und Weiterverwendung von Traktionsbatterien*,
https://doi.org/10.1007/978-3-658-21021-2_7

Das nachfolgende Kapitel zur Demonstration der EOL-IS Software ist wie folgt strukturiert. Zunächst werden die benötigten Geschäftsobjekte fokussiert. Dazu wird die Umsetzung der Datenerfassung für die entscheidungsrelevanten Objekte thematisiert und demonstriert (Abschn. 7.2). Darauffolgend steht die Demonstration der beiden Hauptfunktionalitäten im Vordergrund, die jeweils einen organisationalen Entscheidungsfindungsprozess für die erfolgreiche Umwidmung und Weiterverwendung von gebrauchten Traktionsbatterien realisieren. Zunächst wird der im Softwaresystem abgebildete Entscheidungsfindungsprozess für die Zuordnung von Batteriesystemen zu Weiterverwendungsszenarien ausgeprägt (Abschn. 7.3). Ebenso wird die anschließende Konfiguration von benötigten sowie weiteren empfehlenswerten Dienstleistungen dargestellt (Abschn. 7.4). Das Kapitel schließt mit einer Zusammenfassung der zentralen Beiträge der entwickelten Software (Abschn. 7.5).

Die Leser erfahren in diesem Kapitel, welche Entwurfsentscheidungen getroffen wurden, um die Software zur Umwidmung von gebrauchten Traktionsbatterien auszugestalten. Dabei wird der Fokus auf das Design der Benutzeroberflächen gelegt, die die Schnittstellen zu den Entscheidern darstellen, um die Problemstellung der Batterieumwidmung effizient zu lösen. Das Kapitel basiert in großen Teilen auf der Dissertation von Klör (2017).

7.2 Datenerfassung

Im Rahmen des in Kap. 5 und 6 dargestellten Fachkonzepts wurden bereits die benötigten Datenstrukturen modelliert, um Traktionsbatterien, Weiterverwendungsszenarien, Dienstleistungen und Energiespeicherlösungen abzubilden. An dieser Stelle erfolgt nun die Demonstration der Datenerfassung für die drei maßgeblichen Entitäten, nämlich für die Erfassung von Daten zu Traktionsbatterien, zu den kundenspezifischen Weiterverwendungsszenarien sowie zu den benötigten Dienstleistungen.

7.2.1 Erfassung von Batteriedaten

Jeder Traktionsbatterietyp, der für eine Umwidmung und Weiterverwendung in Betracht kommt, wird gemäß seiner Produktspezifikation in der Datenbank des EOL-IS Softwaresystems eingepflegt. Dazu wird der Batterietyp modular gemäß der in der vorigen Sektion gezeigten Datenstruktur abgebildet. So werden die Batteriezelltypen mitsamt ihren technischen Eigenschaften abgelegt, woraus dann die Batteriemodultypen gebildet werden, die wiederum für die Abbildung des Batteriepacktyps benötigt werden.

Auf der Basis der Struktur eines abgebildeten Batteriesystemtyps können dann entsprechende Batterieinstanzen (z. B. Batteriepacks) abgeleitet werden, wie z. B. für eine der Batteriepackinstanzen, die im Anwendungsbeispiel definiert wurde. Im vorliegenden Beispiel wird in Abb. 7.1 die Batteriepackinstanz vom Typ eines i3 Batteriesystems ge-

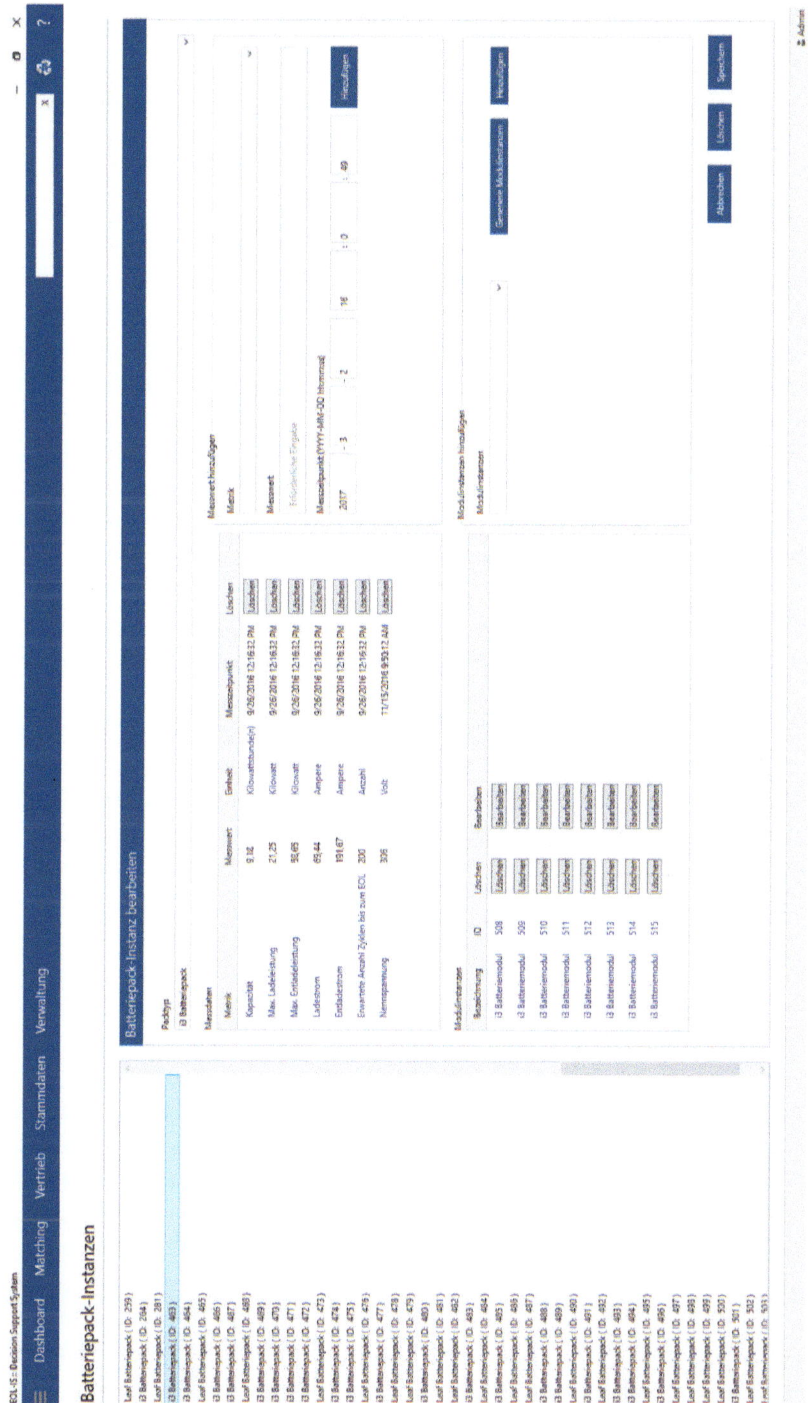

Abb. 7.1 Datenerfassung der Batteriepackinstanz mit der ID 463 (entspricht Batterie *B1* des Anwendungsbeispiels) im EOL-IS-Softwaresystem

zeigt. Dabei entspricht die ausgewählte und gezeigte Batterie mit der ID 463 der Batterie *B1* des Anwendungsbeispiels.

Es ist zu erkennen, dass die Batteriepackinstanz bereits durch unterschiedliche elektrotechnische Messwerte charakterisiert wurde. Solche Messwerte können also u. a. für die benötigten technischen Parameter *Kapazität*, *maximale Ladeleistung*, *maximale Entladeleistung*, *Ladestrom*, *Entladestrom*, *Zyklenanzahl bis zum Lebensende* sowie *Nennspannung* angelegt werden. Außerdem können für jede einzelne der acht inkludierten Batteriemodulinstanzen gesonderte Messwerte erfasst werden. Die Erfassung von Messwerten für die einzelnen Batteriemodule, die in einem Batteriepack verbaut sind, sind insbesondere für den Fall der Rekonfiguration von Interesse, da diese auch auf der Batteriemodulebene erfolgen kann (siehe Kap. 2). Aufgrund der hohen Komplexität wird dieser Spezialfall, der überdies bis heute Gegenstand der Grundlagenforschung ist, im Folgenden aber nicht weiter berücksichtigt.

Auf der linken Seite des Dialogs sind weitere Batteriepackinstanzen aufgelistet, die bereits in die Datenbank aufgenommen und für die bereits Messwerte erfasst wurden. Diese Batteriepacks bilden folglich den Lagerbestand an verfügbaren Traktionsbatterien, für die eine Umwidmung in einem geeigneten Weiterverwendungsszenario gefunden werden soll.

7.2.2 Erfassung von Kunden- und Szenariodaten

Das Entscheidungsunterstützungssystem ermöglicht es, passgenaue Energiespeicherlösungen für unterschiedliche Kunden zu konfigurieren. Damit ein Ingenieur z. B. zu Rückfragen bei der Konfiguration einer Energiespeicherlösung mit den Kunden interagieren kann, müssen Stammdaten über die Kunden und insbesondere über deren Anforderungen hinsichtlich der Weiterverwendungsszenarien im System hinterlegt sein.

Wie im Beispiel dargestellt (Abb. 7.2), lassen sich zum einen allgemeine Daten zum Kunden, wie beispielsweise Kontaktdaten, hinterlegen. Zum anderen können je nach Bedarf auch weitere Eigenschaften hinzugefügt bzw. ergänzt werden, welche prinzipiell in den Entscheidungsmodellen oder bei der Dienstleistungskonfiguration berücksichtigt werden können.

Ausgehend von einem Kunden können über die Kundendetailansicht die Weiterverwendungsszenarien für diesen angelegt werden (Abb. 7.3). Neben einer Bezeichnung und der Auswahl einer Szenariokategorie werden hier die konkreten (beispielsweise technischen) Anforderungen eines Szenarios hinterlegt. Für die dynamischen Parameter können jeweils ein Zielwert sowie eine obere und untere Schranke angegeben werden. Diese Parameterschranken sind essentiell und werden in den Entscheidungsmodellen (siehe Kap. 5) zur Auswahl geeigneter Batterien genutzt. Des Weiteren können Anforderungen bereits auf der Ebene der Szenariokategorie festgelegt werden, um die Verwaltung vieler gleichartiger Szenarien zu vereinfachen, indem die Anforderungen an die untergeordneten, spezifischen Szenarien vererbt werden. Falls notwendig, können weitere technische und nicht-technische Anforderungen hinzugefügt werden oder die geerbten Informationen

Abb. 7.2 Anzeige und Erfassung der Kundenstammdaten im EOL-IS-Softwaresystem

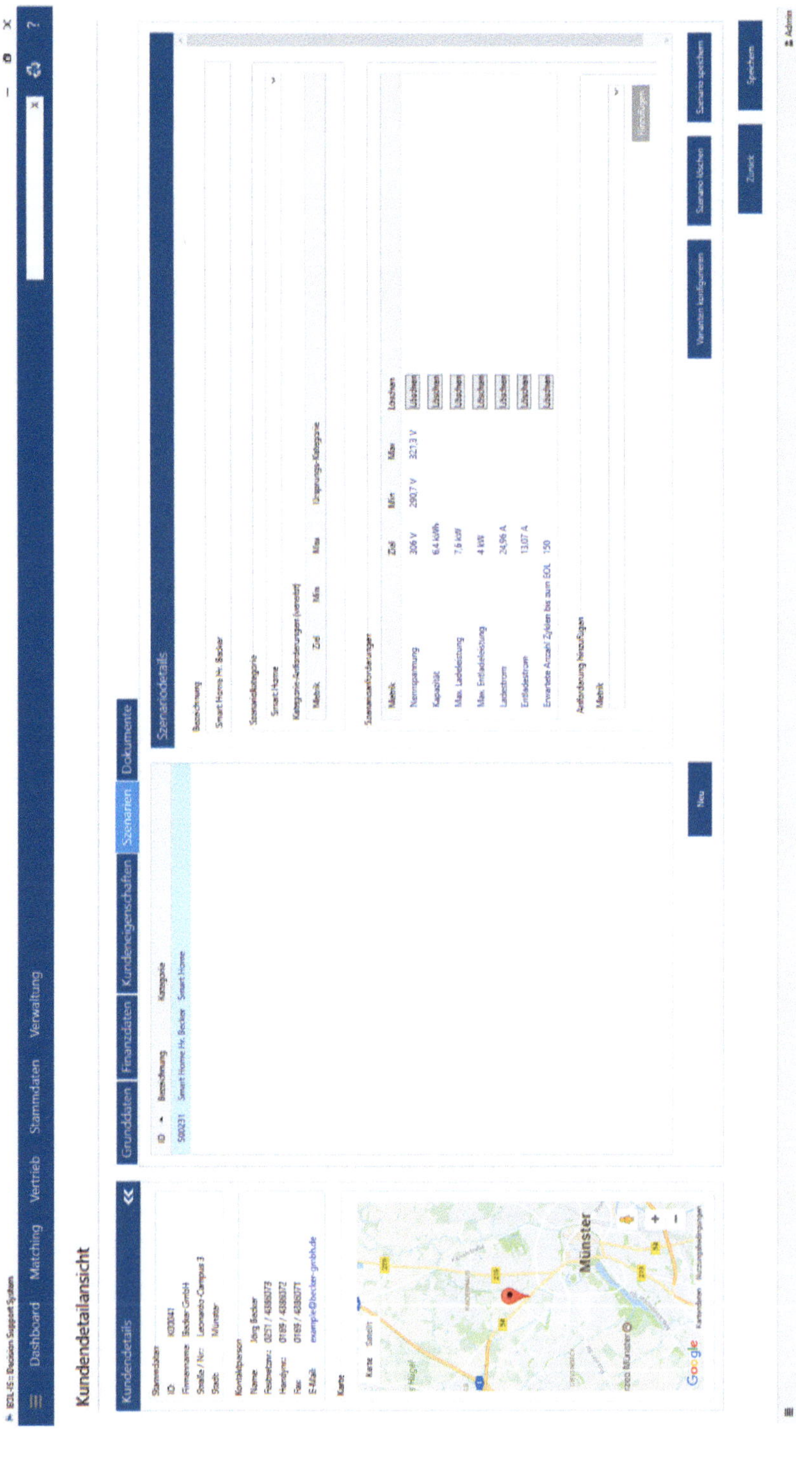

Abb. 7.3 Anzeige und Erfassung der Stammdaten der Szenarien eines Kunden im EOL-IS-Softwaresystem

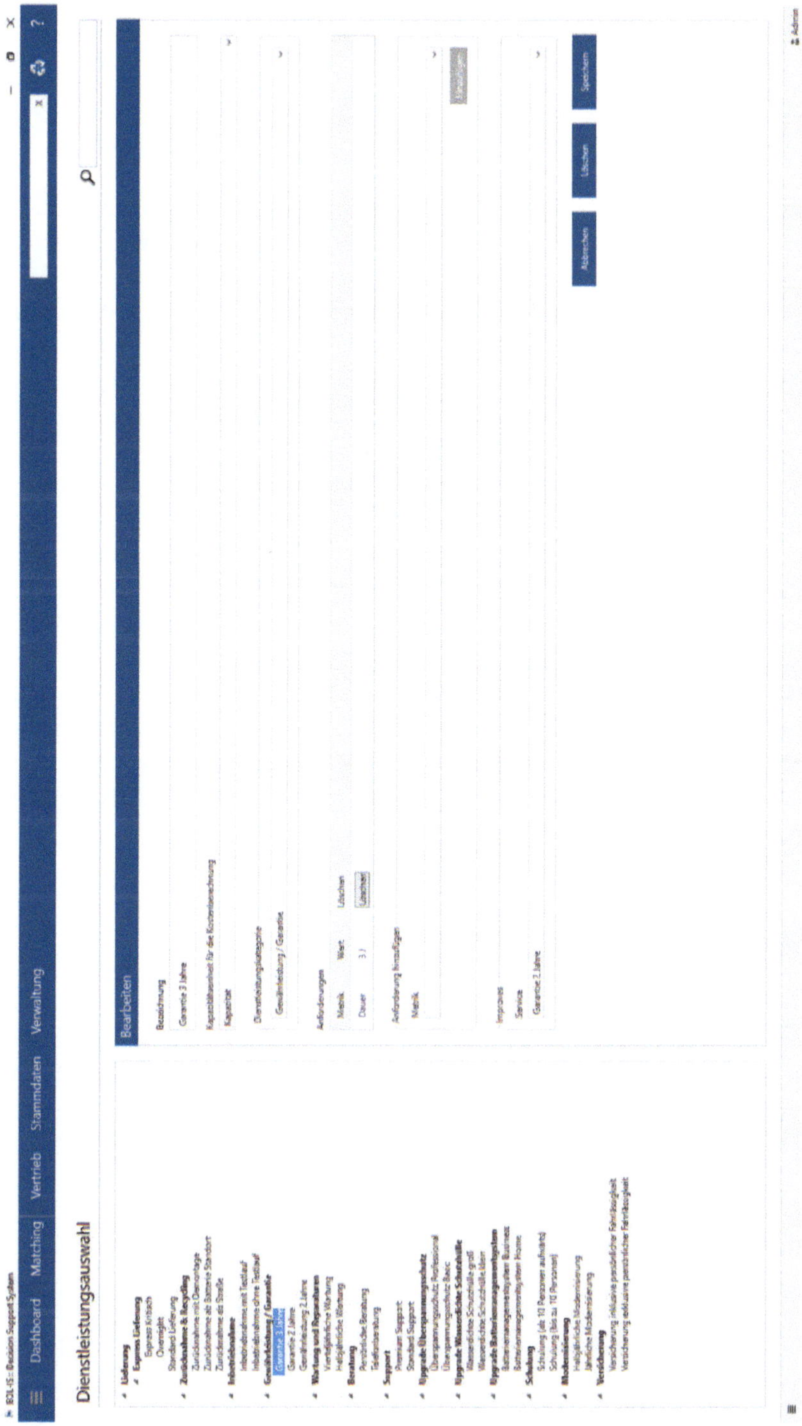

Abb. 7.4 Erfassung von Dienstleistungen im EOL-IS-Softwaresystem

überschrieben werden. Im abgebildeten Beispiel wird eine Energiespeicherlösung für den Einsatz als Solarspeicher in einem Smart Home benötigt.

7.2.3 Erfassung von Dienstleistungen

Gemäß dem in Kap. 6 vorgestellten Datenmodell müssen auch Stammdaten zu Dienstleistungen im Entscheidungsunterstützungssystem verwaltet werden. Wie in Abb. 7.4 zu sehen ist, sind die Dienstleistungsarten hierarchisch angelegt. Für jede Dienstleistung kann dafür eine Dienstleistungskategorie angegeben werden, was der Dienstleistungshierarchie im Datenmodell entspricht.

Weiterhin ist es möglich, eine Beziehung zwischen zwei Dienstleistungsarten derselben Kategorie anzugeben, die aussagt, dass eine Leistung die andere erweitert, d. h. ein höheres Leistungsversprechen beinhaltet (Becker et al. 2009).

Neben diesen Beziehungen zwischen den unterschiedlichen Dienstleistungen und Dienstleistungsarten werden weitere Daten über die Dienstleistungen benötigt. Dazu gehört eine Bezeichnung, welche die Dienstleistung in einer für den Nutzer verständlichen Form kurzbeschreibt (zum Beispiel *Garantie 3 Jahre*). Auf eine tiefergehende Beschreibung der einzelnen Leistungskomponenten einer Dienstleistung wird im System verzichtet. Diese ist daher ggf. über Drittanwendungen zu lösen.

Für die Kostenabschätzung kann zudem eine der Metriken der Batterie bzw. der Szenarioanforderungen hinterlegt werden, deren Ausprägung als Faktor bei der Berechnung der variablen Kostenanteile der Dienstleistung genutzt werden kann (Backhaus et al. 2010). Beispielsweise können Dienstleistungskosten anteilig von der Kapazität der verwendeten Batterie abhängen.

7.3 Entscheidungsprozess für die Umwidmung

Wie bereits in Kap. 5 dargestellt, ermöglicht der im EOL-IS System abgebildete Umwidmungsprozess die ersten drei der vier Hauptphasen organisationaler Entscheidungsfindungsprozesse zur Auswahl von Entscheidungsobjekten, zur Konsistenzprüfung der Entscheidungsmodelle (beide Intelligence-Phase) sowie zur Zuordnung von Traktionsbatterien zu Nachnutzungsszenarien (Design-Phase und Choice-Phase).

7.3.1 Auswahl von Entscheidungsobjekten

Den Einstieg in jeden Prozess für Umwidmungsentscheidungen bildet die Auswahl der Entscheidungsobjekte (Traktionsbatterien und Weiterverwendungsszenarien). Im EOL-IS Softwaresystem wurden hierzu zwei Einstiegspunkte definiert, die es einem Entscheider erlauben, sowohl aus einer Batterieperspektive als auch aus einer Szenarioperspektive zu

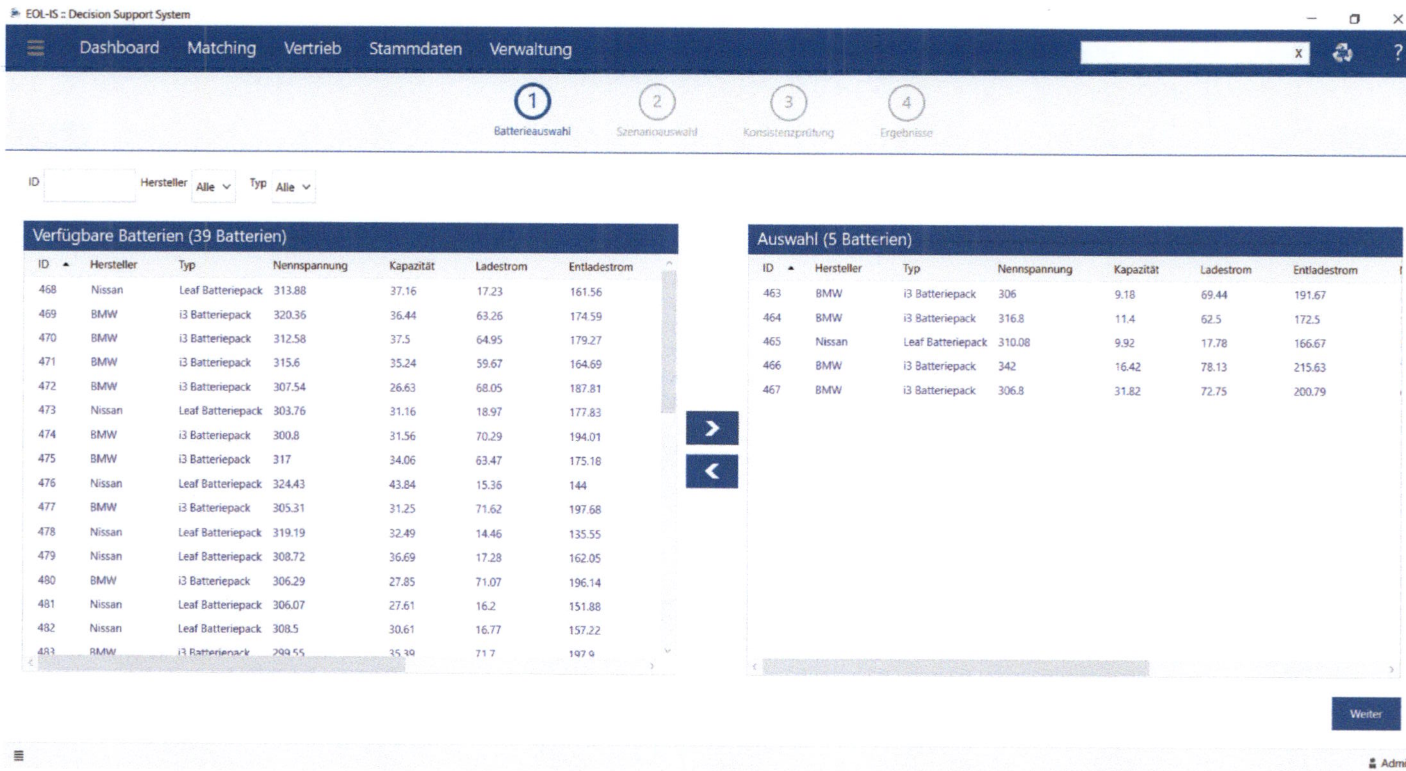

Abb. 7.5 Auswahl von Traktionsbatterien aus dem Lagerbestand des EOL-IS-Softwaresystems, die im Entscheidungsfindungsprozess berücksichtigt werden sollen

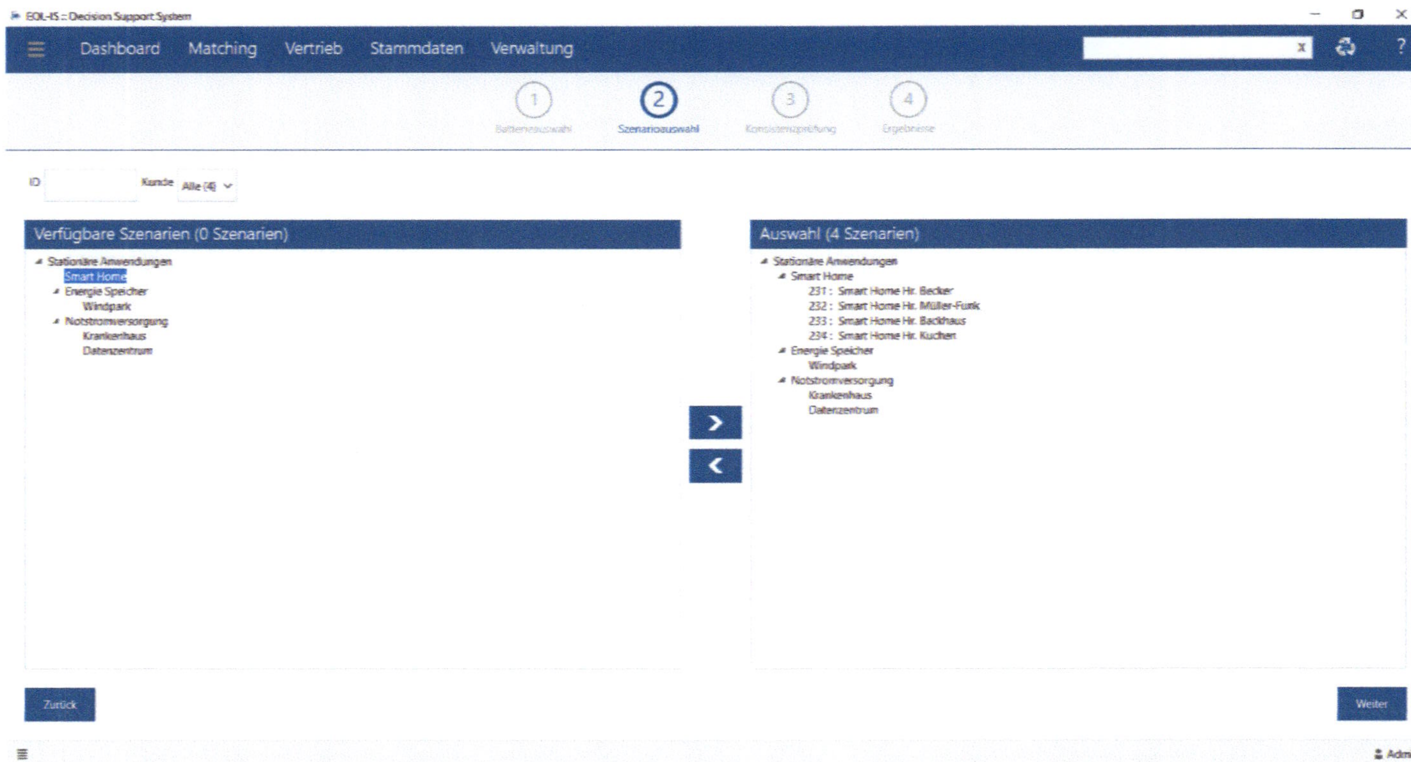

Abb. 7.6 Auswahl von im EOL-IS-Softwaresystem definierten Szenarien aus der Kundenbasis, die im Entscheidungsfindungsprozess berücksichtigt werden sollen

beginnen. Dies ermöglicht einem Entscheider beispielsweise *für eine Batterie oder mehrere Batterien zugleich das passende Szenario oder die passenden Szenarien zu finden* und umgekehrt. Für die folgende Demonstration des Entscheidungsfindungsprozesses ist als Einstiegspunkt die Batterieperspektive vorgesehen.

Aus dem Lagerbestand können einzelne oder alle Traktionsbatterien in eine Auswahlliste verschoben werden, die für den nachfolgenden Entscheidungslauf berücksichtigt werden sollen. Analog kann für die verfügbaren Weiterverwendungsszenarien verfahren werden. Für beide Objektauswahlen stehen Möglichkeiten zur Filterung der verfügbaren Traktionsbatterien und Weiterverwendungsszenarien bereit. Während Batterien u. a. nach ihrem Hersteller gefiltert werden können, können Szenarien nach der ID (entsprechend einer Kundennummer) gefiltert werden, die jedem Szenario eindeutig zugewiesen wird. Die unterschiedlichen Einstiegspunkte sowie die Filtermöglichkeiten ermöglichen einem zukünftigen Entscheider z. B. eine schnelle Identifikation und Auswahl eines Kundenszenarios sowie, darauf aufbauend, eine Auswahl von passenden Batteriesystemen, die für das Szenario technisch zulässig sind und daher in Betracht kommen.

In der dargestellten Demonstration werden fünf Batteriesysteme ausgewählt, darunter die vier Traktionsbatterien, die im Anwendungsbeispiel definiert worden sind (Abb. 7.5).[1] Außerdem werden die im Anwendungsbeispiel charakterisierten vier Weiterverwendungsszenarien ausgewählt (Abb. 7.6). Diese fünf plus vier Entscheidungsobjekte bilden für die nachfolgende Sektion die Eingabedaten, um geeignete sowie optimale Zuordnungen zwischen diesen Objekten zu identifizieren.

7.3.2 Datenverfügbarkeit und Datenkonsistenz prüfen

Die Datengrundlage, die zur Definition und Beschreibung der ausgewählten Entscheidungsobjekte (Traktionsbatterien und Weiterverwendungsszenarien) zur Verfügung steht, muss auf ihre Konsistenz hin untersucht werden. Der Grund hierfür ist, dass der EOL-IS-Software mathematische Optimierungsmodelle zugrunde liegen, die weitere Eingaben benötigen, um sie zu instanziieren. Fehlen beispielsweise Daten, kann das Modell oder können die Modelle nicht akkurat arbeiten, was dazu führt, dass die Entscheidungsunterstützung, die das System anbieten und gewährleisten soll, nicht realisiert werden kann. Um folglich die Konsistenz der ausgewählten Entscheidungsobjekte zu überprüfen, existiert eine eigens konzipierte Maske, die dem Entscheider signalisiert, ob für die nachfolgende Entscheidungsfindung hinsichtlich der verfügbaren Datengrundlage alles in Ordnung ist.

In Abb. 7.7 ist dies zunächst nicht der Fall, was durch die Einträge in der Liste *Ungelöste Inkonsistenzen* sowie durch die roten Tabelleneinträge in der *Batterieauswahl* und *Szenarioauswahl* zu erkennen ist. Das Problem, was an dieser Stelle exemplarisch formuliert wurde, ist, dass eine ausgewählte Traktionsbatterie (ID 467) zur Instanziierung eines

[1] Es wurden fünf Batterien ausgewählt, um die Konsistenzprüfung (nächste Sektion) adäquat präsentieren zu können.

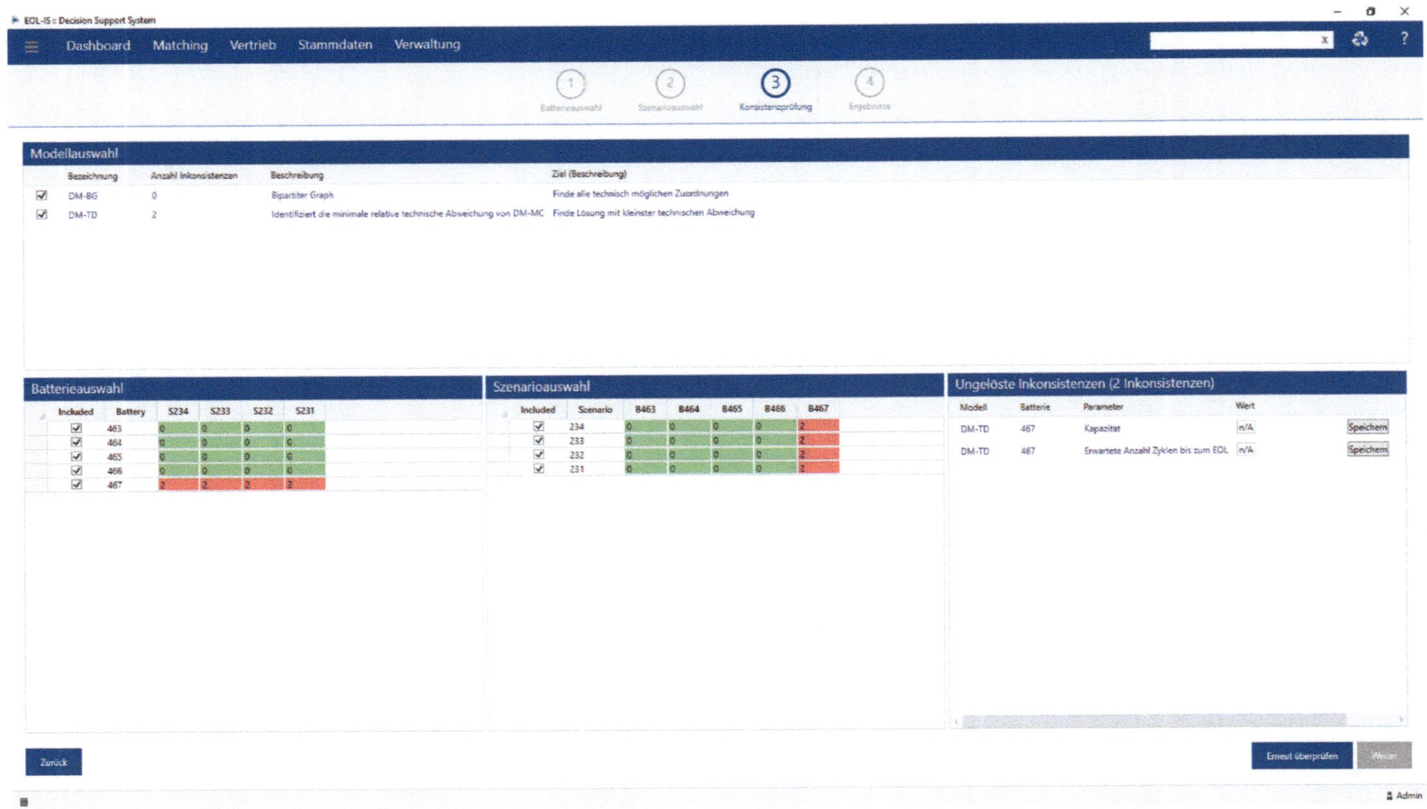

Abb. 7.7 Konsistenzprüfung der Entscheidungsobjekte im EOL-IS-Softwaresystem, die Inkonsistenzen (*rote Zellmarkierungen*) aufgrund fehlender Batteriedaten identifiziert

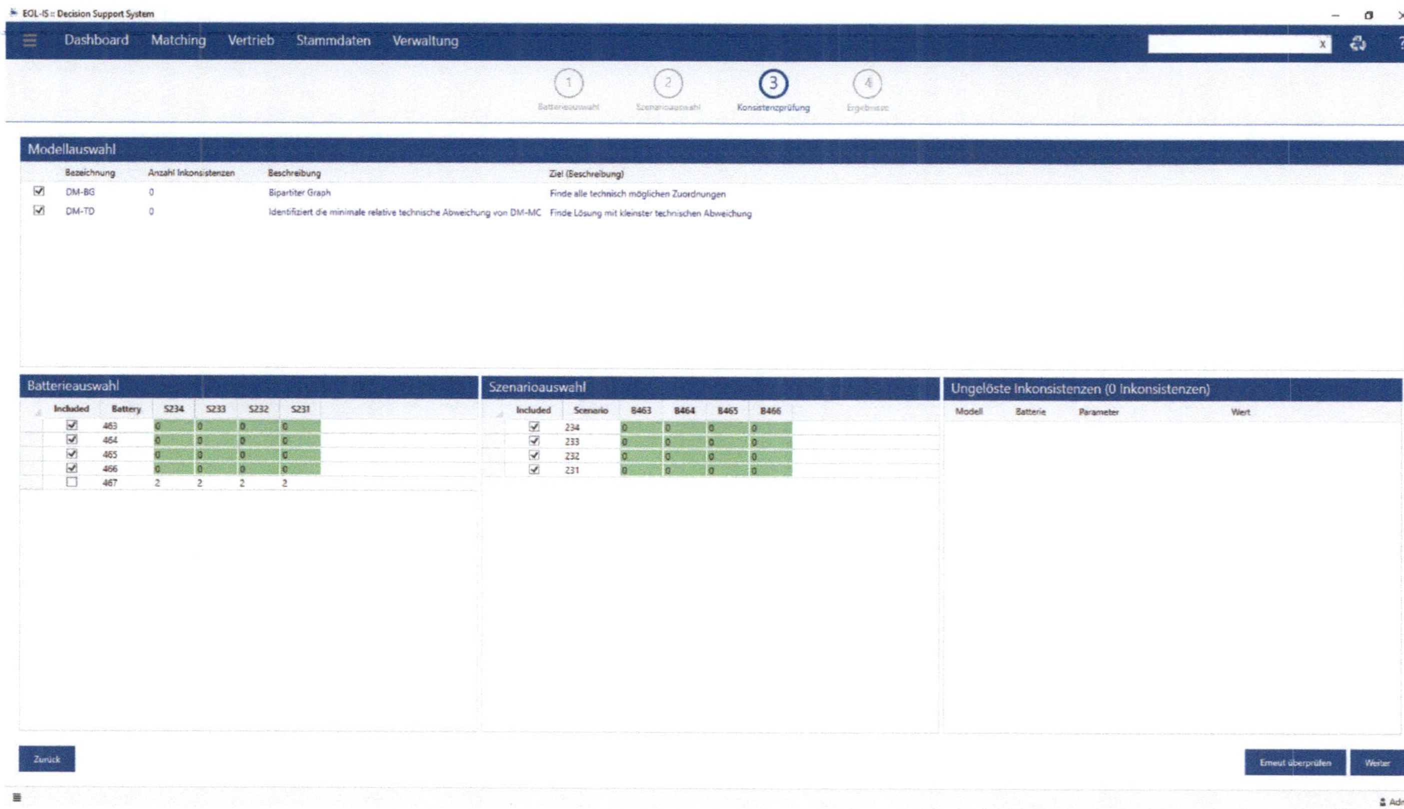

Abb. 7.8 Behebung der Inkonsistenz im EOL-IS-Softwaresystem durch das Abwählen der Traktionsbatterie (ID 467), die keine hinreichende Datengrundlage für den Entscheidungsfindungsprozess hat

Entscheidungsmodells nicht hinreichende Daten besitzt. Es fehlen die beiden Einträge für die (Rest-)Kapazität sowie für die erwartete Anzahl an Zyklen bis zum Lebensende des Batteriesystems. Dieser Fall könnte z. B. auftreten, wenn beim Wareneingang der Traktionsbatterie die entsprechenden Werte nicht aus dem Batteriemanagementsystem ausgelesen werden konnten sowie nicht anderweitig, z. B. durch entsprechende Batteriemessverfahren, erfasst wurden. Wie bereits in Kap. 5 diskutiert hat der Entscheider daher nun die Möglichkeit, die Daten entsprechend zu ergänzen oder die Traktionsbatterie oder das nicht erzeugbare Entscheidungsmodell aus dem Entscheidungslauf herauszunehmen. Fehlende Daten können durch die Eingabefelder in der Sektion *Ungelöste Inkonsistenzen* nachgepflegt und ergänzt werden, wohingegen die Traktionsbatterie oder das Entscheidungsmodell durch die in den jeweiligen Listen erreichbaren Checkboxen abgewählt werden können.

Letztgenannte Operation wurde im Rahmen dieser Demonstration zur Auflösung der Inkonsistenz für die Traktionsbatterie vorgenommen, was in Abb. 7.8 dargestellt ist. Da nun lediglich die vier Traktionsbatterien und die vier Weiterverwendungsszenarien verbleiben, die keine Inkonsistenzen verursachen (nur noch *grüne* Zellen sowie keine verbleibenden Einträge mehr in der Sektion *Ungelöste Inkonsistenzen*), kann der Entscheidungslauf adäquat mit diesen acht Objekten durchgeführt werden.

Es sei angemerkt, dass es sich bei den nun für die Ausführung des weiteren Entscheidungslaufs ausgewählten Entscheidungsobjekten um die vier Traktionsbatterien und vier Weiterverwendungsszenarien des Anwendungsbeispiels aus Kap. 5 handelt. Dieser Fall wird im Folgenden durchgehend berücksichtigt.

7.3.3 Zuordnung von Batterien zu Szenarien

Durch die Sicherstellung der Konsistenz der ausgewählten Entscheidungsobjekte zu den im EOL-IS-Softwaresystem hinterlegten Entscheidungsmodellen, ist es nun möglich, die Entscheidungsmodelle mit den erforderlichen Eingaben zu versehen, die Modelle also in der mathematischen Modellierungssprache *A Mathematical Programming Language* (AMPL) zu formulieren und schließlich an einen mathematischen Solver zu übergeben, der für die Modelle die optimale Lösung berechnet.

Die zuvor benannten Schritte sind, wie bereits in Kap. 5 dargestellt, derart komplex, dass sie von einem durchschnittlichen Anwender des EOL-IS-Softwaresystems zukünftig nicht manuell durchgeführt werden können. Daher kennzeichnet das System sich durch die Kapselung der benötigten Formulierungs- und Berechnungsoperationen aus, indem diese im Hintergrund für den Entscheider ausgeführt werden. Da diese Operationen jedoch eine gewisse Zeit beanspruchen können, weil etwa die Datenzugriffe, die Materialisierung der Entscheidungsobjekte sowie die Formulierung und Lösung der Entscheidungsmodelle zeitlich kostspielig sind, ist es erforderlich, dem Entscheider den prozentualen Fortschritt dieser Prozeduren zurückzumelden (Abb. 7.9). Das führt dazu, dass der Entscheider auf

Abb. 7.9 Wartebildschirm des EOL-IS-Softwaresystems, der während den Berechnungsoperationen die prozentualen Fortschritte anzeigt

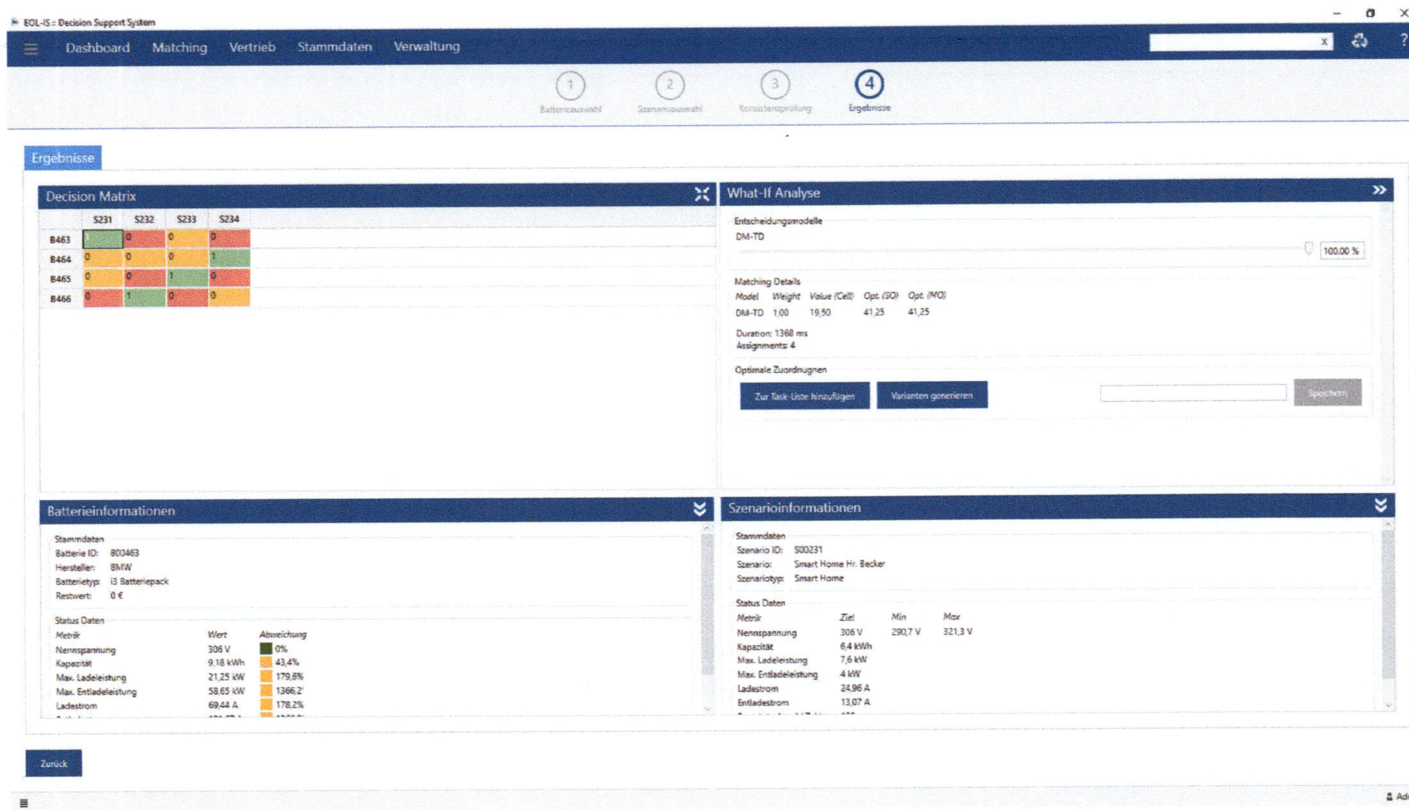

Abb. 7.10 Entscheidungsmatrix des EOL-IS-Softwaresystems, die unzulässige (*rote*), zulässige (*gelbe* und *grüne*) sowie optimale (*grüne*) Zuordnungen visualisiert

Abb. 7.11 Optimale Zuordnung im EOL-IS-Softwaresystem, die auf die Taskliste zur weiteren Dienstleistungskonfiguration geschrieben wurden

das eigentliche Umwidmungsproblem fokussiert bleibt und das Gefühl bekommt, dass das System den Entscheider aktiv im Entscheidungsfindungsprozess unterstützt.

Nachdem alle Operationen abgeschlossen sind und die Entscheidungsmodelle zu einer entsprechenden Lösung berechnet wurden, werden die Ergebnisse dem Entscheider zurückgemeldet. Das Entscheidungsergebnis wird im EOL-IS-Softwaresystem durch eine kolorierte Entscheidungsmatrix dargestellt, die angibt, welche Zuordnungen unzulässig sind (rote Zellmarkierungen), welche Zuordnungen zulässig sind (gelbe und grüne Zellmarkierungen) und welche Zuordnungen optimal hinsichtlich der gewählten Zielfunktion sind (grüne Zellmarkierungen). Diese Form der Ergebnisdarstellung erleichtert Entscheidern wahrzunehmen, welche Zuordnungen erlaubt sind und (auch abweichend von etwaigen Optimalitätskriterien) gewählt werden sollten. Dazu bietet der Dialog ebenfalls die Möglichkeit, jede zulässige Batterie-Szenario-Zuordnung in der Entscheidungsmatrix anzuklicken und die detaillierten Informationen zur gewählten Batterie und zum Szenario zu betrachten. Da jedoch ebenfalls optimale Zuordnungen dem Entscheider vorgeschlagen werden, ist es ratsam, diese Zuordnungen auszuwählen. Dies kann händisch passieren, indem die einzelnen grünen Zellen doppelt angeklickt werden oder automatisch durch die Betätigung der Schaltfläche *Zur Taskliste hinzufügen* (Abb. 7.10).

Eben dieser Schritt führt schließlich dazu, dass die optimalen Zuordnungen auf eine Taskliste geschrieben werden, was gleichbedeutend mit der Speicherung der Zuordnungen in der Datenbank ist. Der Entscheider hat damit die Auswahlphase des Entscheidungsfindungsprozesses für die Zuordnung von Traktionsbatterien zu Weiterverwendungsszenarien erfolgreich komplettiert (Abb. 7.11).

Für alle gewählten und abgespeicherten Zuordnungen müssen nachfolgend individuelle Dienstleistungen konfiguriert werden, um das individuelle Kundenproblem adäquat zu lösen. Dieser Schritt ist nun Gegenstand der folgenden Sektion.

7.4 Entscheidungsprozess für die Dienstleistungskonfiguration

Wie in Kap. 6 ausgeführt, wird über die Zuordnung gebrauchter Traktionsbatterien zu Weiterverwendungsszenarien hinaus, die Konfiguration ergänzender Dienstleistungen benötigt. Dies ist in der EOL-IS-Software über einen eigenen, sich der Zuordnung von Batterien und Szenarien anschließenden, Entscheidungsprozess umgesetzt, der es vorsieht, dass eine Energiespeicherlösung konfiguriert (Intelligence-Phase und Design-Phase) und das generierte Angebot vom Kunden gesichtet und ausgewählt werden kann (Choice-Phase). Die Durchführung dieses Entscheidungsprozesses führt letztlich dazu, dass die konfigurierten und ausgewählten Energiespeicherlösungen in den Nachnutzungsszenarien eingesetzt und verwendet werden können (Implementation-Phase).

7.4.1 Leistungskonfiguration einer Energiespeicherlösung

Der vorgelagerte Entscheidungsprozess endet damit, dass gefundene Zuordnungen auf die sogenannte *Taskliste* geschrieben werden. Diese dient dem Benutzer dazu, eine Übersicht zu erhalten, für welche Zuordnungen noch Dienstleistungsbündel konfiguriert und somit Kundenangebote erstellt werden müssen. Dabei können mehrere Alternativen für eine Zuordnung konfiguriert und dem Kunden angeboten werden.

Die Taskliste ist in Abb. 7.12 am linken Rand zu sehen. Die einzelnen Einträge entsprechen dabei optimalen sowie technisch zulässigen Batterie-Szenario-Zuordnungen. Jeder Eintrag hat dabei einen von drei Zuständen: *Neue Zuordnung*, *In Konfiguration* oder *Abgeschlossen*.

Für neue Zuordnungen wurden noch keine Dienstleistungsbündel konfiguriert, wohingegen für Zuordnungen in Konfiguration mindestens ein Leistungsbündel konfiguriert wurde. Die Anzahl der bereits konfigurierten Leistungsbündel pro Zuordnungen wird auf der Taskliste angegeben. Über die Symbole am rechten Rand der Taskliste lassen sich zum einen Einträge von der Taskliste entfernen, zum Beispiel, falls nachträglich feststellt wird, dass keine weiteren Angebote für eine Zuordnung mehr erforderlich sind. Zum anderen lässt sich der Konfigurationsdialog für die Zuordnung aufrufen.

Der Konfigurationsdialog (Abb. 7.13, 7.14 und 7.15) ist vierspaltig angelegt. Die linke Spalte dient der Information des Nutzers und enthält Daten zum Kunden, dem betrachteten Weiterverwendungsszenario sowie der zugeordneten Batterie. Zur besseren Übersicht lassen sich die einzelnen Bereiche nach Belieben ein- und ausblenden. In der zweiten Spalte von links werden die verfügbaren Dienstleistungen hierarchisch als Baum dargestellt.

Die Dienstleistungen bzw. Dienstleistungskategorien können dabei unterschiedlich eingefärbt sein. Eine rote Färbung steht dabei für eine verpflichtende Auswahl. Für eine solche rote Kategorie wird zudem angegeben, wie viele Dienstleistungen aus dieser Kategorie ausgewählt werden müssen. Die verpflichtenden Dienstleistungen werden aus den im System hinterlegten Konfigurationsregeln abgeleitet, die für bestimmte Batterie- oder Szenariotypen sowie für bereits ausgewählte Dienstleistungen entweder weitere Dienstleistungen als verpflichtend kennzeichnen oder deren Auswahl verbieten. Zudem empfiehlt das Entscheidungsunterstützungssystem Dienstleistungen, die bereits zu ähnlichen Batterie-Szenario-Zuordnungen verkauft wurden. Diese werden in grün (in mehr als 90 % der ähnlichen Zuordnungen mit verkauft) bzw. blau (zwischen 70 % und 90 % der ähnlichen Zuordnungen) dargestellt (Abb. 7.13). Das genaue Vorgehen, wie die Empfehlungen getroffen werden, ist in Kap. 6 beschrieben.

Über die Baumdarstellung können die Dienstleitungen durch den Nutzer ausgewählt werden. Da eine Dienstleistung potenziell von mehreren Anbietern erbracht werden kann, muss ein konkreter Anbieter ausgewählt werden. Zur weiteren Unterstützung des Nutzers können außerdem automatisiert die benötigten und/oder empfohlenen Dienstleistungen ausgewählt werden (Abb. 7.14). Dazu werden derzeit die drei Varianten *minimal*, *empfohlen* und *premium* angeboten (siehe Kap. 6).

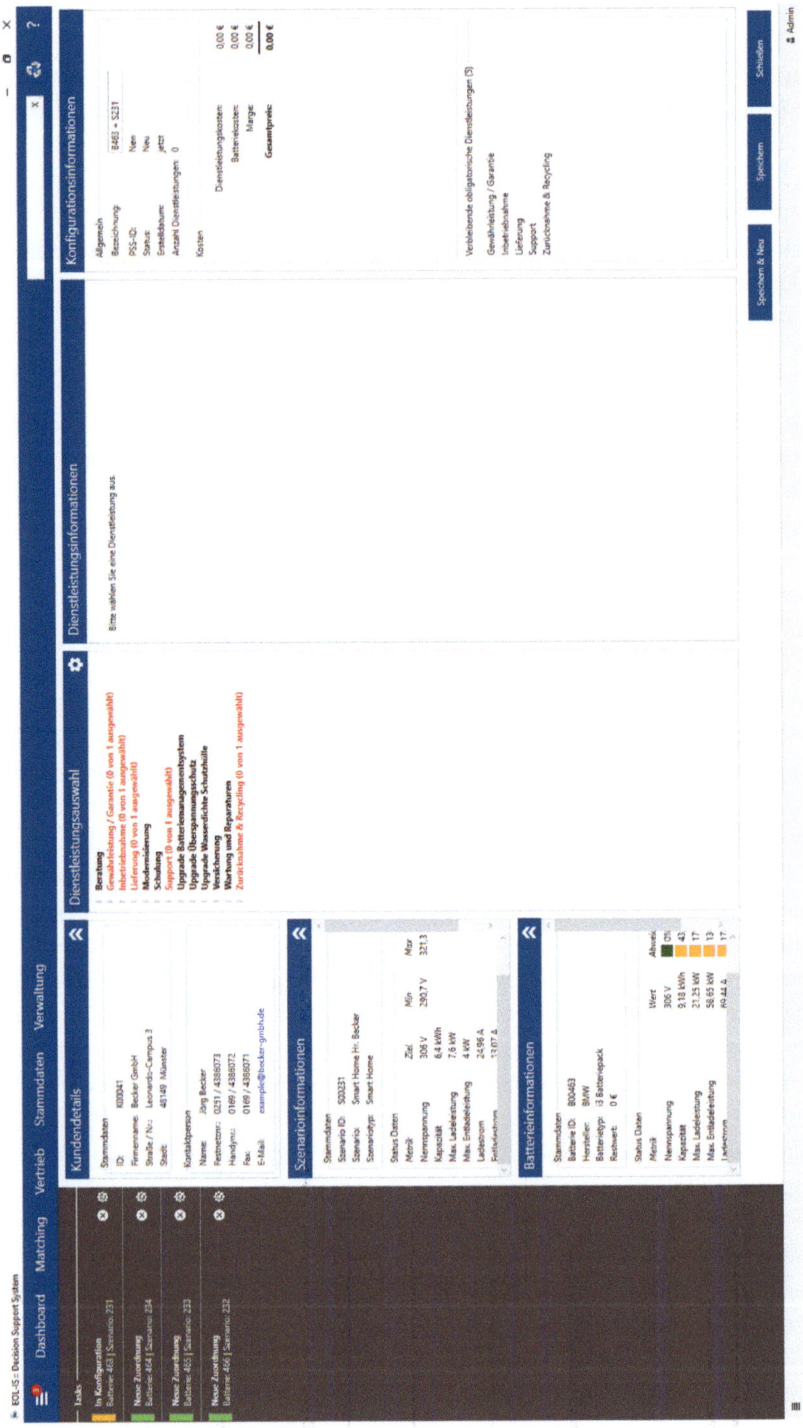

Abb. 7.12 Konfigurator des EOL-IS-Softwaresystems zur Konfiguration von Energiespeicherlösungen bestehend aus Batterie und ergänzenden Dienstleistungen

Abb. 7.13 Farbliche Hervorhebung von empfohlenen und zwingend erforderlichen Dienstleistungen im EOL-IS-Softwaresystem

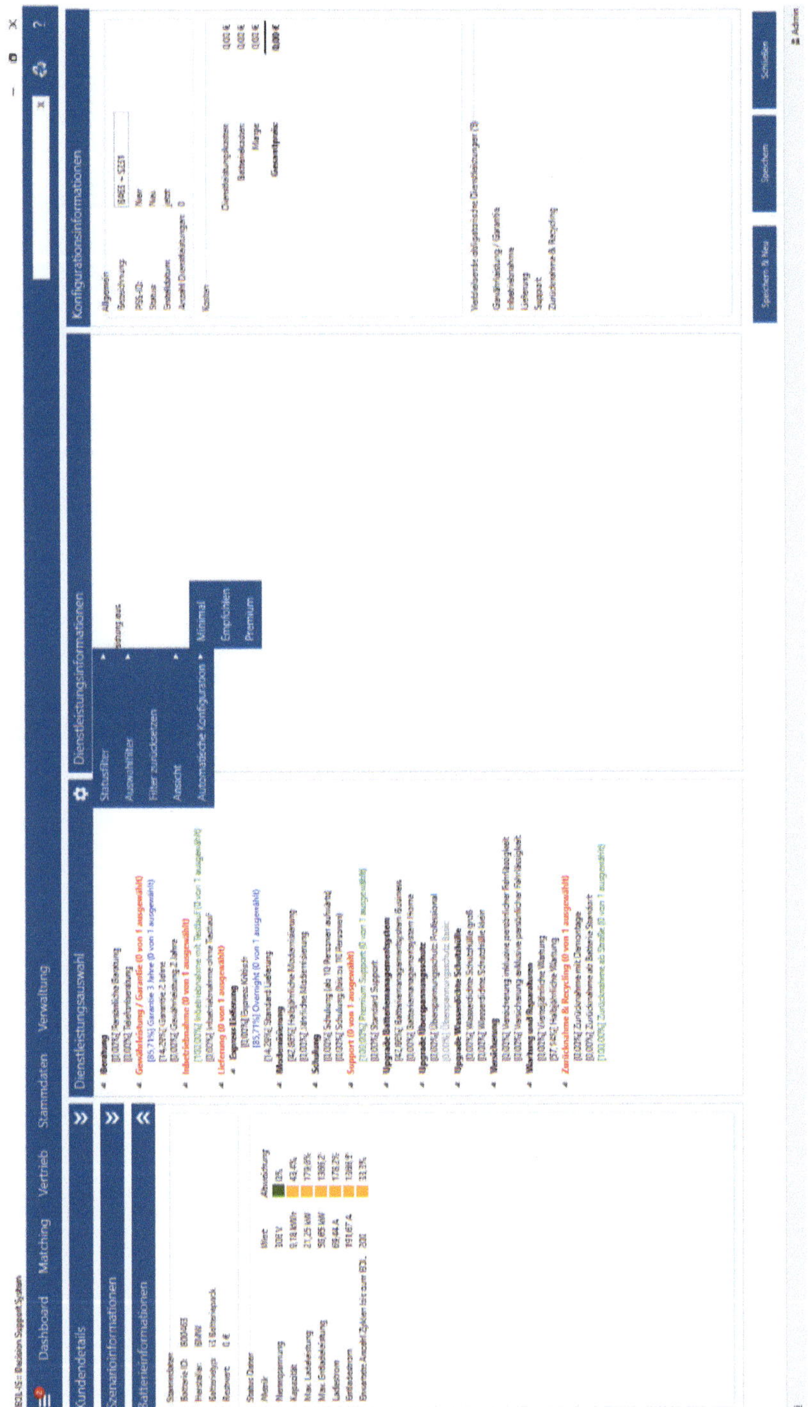

Abb. 7.14 Automatisierte Konfiguration von Lösungen im EOL-IS-Softwaresystem basierend auf den Empfehlungen und erforderlichen Dienstleistungen

Abb. 7.15 Anbietersicht auf fertig konfigurierte Energiespeicherlösung im EOL-IS-Softwaresystem

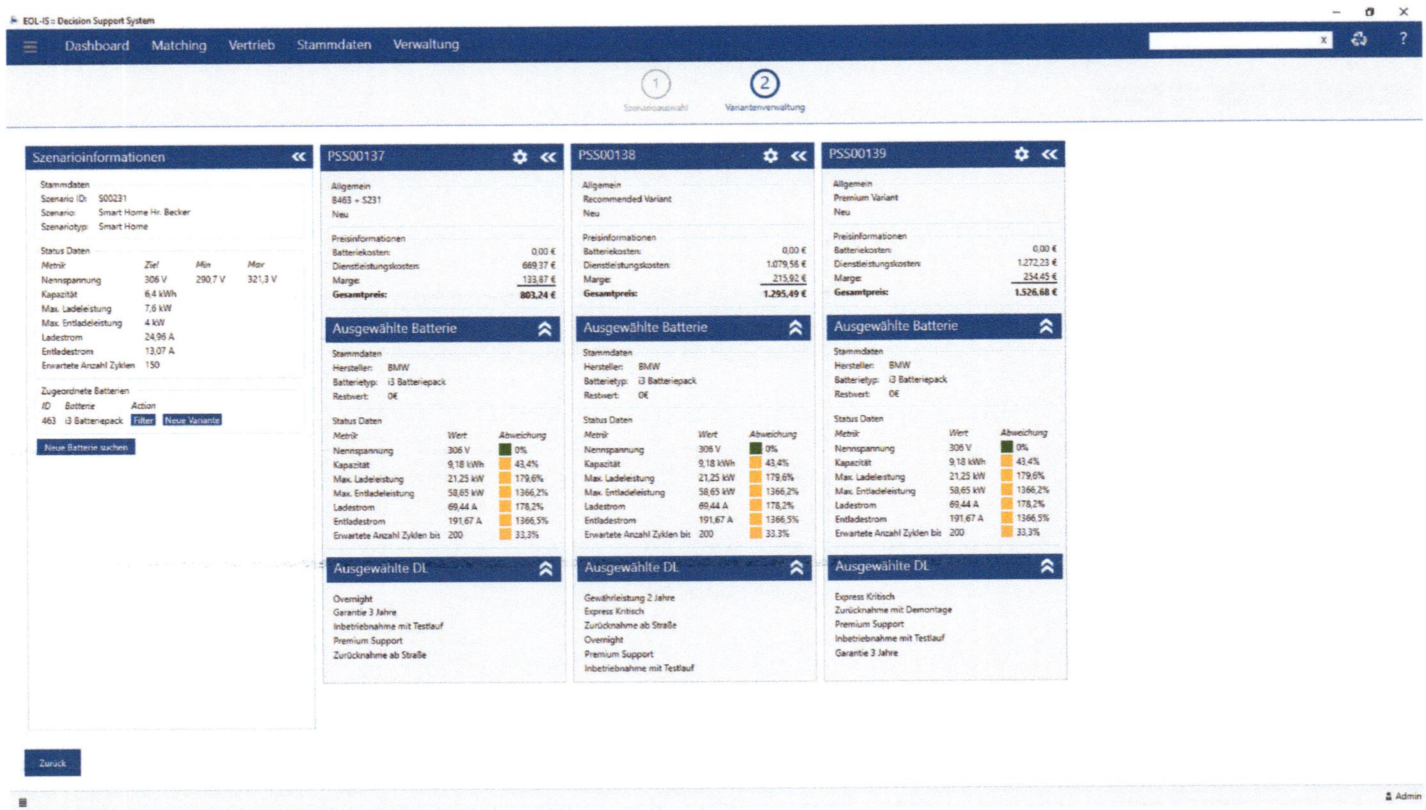

Abb. 7.16 Übersicht aller mittels des EOL-IS-Softwaresystems erstellten Varianten eines Szenarios, die das gesamte Angebot an den Kunden darstellen

In der rechten Spalte befindet sich eine Übersicht der konfigurierten Energiespeicherlösung. Diese wird bei der Auswahl einer Dienstleistung bzw. eines Anbieters zu einer konkreten Dienstleistung aktualisiert. Dort werden die in der Energiespeicherlösung enthaltenen Dienstleistungen aufgelistet und eine Aufstellung der Kosten, die sich aus den Dienstleistungen ergeben, sowie die Gesamtkosten des Bündels angezeigt.

Ist die Energiespeicherlösung vollständig konfiguriert, kann die Konfiguration abgeschlossen und abgespeichert werden (Abb. 7.15). Vollständig konfiguriert bedeutet hier insbesondere, dass alle notwendigen Dienstleistungen, welche sich aus den Konfigurationsregeln ergeben, enthalten sind. Weiterhin sollte der Nutzer darauf achten, dass die Anforderungen des Kunden durch die Energiespeicherlösung erfüllt werden. Anschließend lassen sich weitere Lösungen für dieselbe Batterie-Szenario-Zuordnung anlegen (Schaltfläche *Speichern & Neu*) oder die Zuordnung lässt sich von der Taskliste entfernen (Schaltfläche *Schließen*). Da die Taskliste einen Arbeitsvorrat an noch zu konfigurierenden Energiespeicherlösungen darstellt, bedeutet letzteres, dass keine weiteren Lösungen zu dieser Zuordnung mehr erstellt werden sollen. Dies ist nachträglich allerdings immer noch möglich, indem die Zuordnung im nachgelagerten Variantenmanager zur Bearbeitung ausgewählt wird.

Im Variantenmanager (Abb. 7.16) werden zu einem Weiterverwendungsszenario die konfigurierten Leistungsbündel angezeigt, so dass diese einfach verglichen werden können. Außerdem ist die Konfiguration neuer Leistungsbündel möglich. Dazu kann entweder eine neue Variante zu einer bereits bestehenden Zuordnung angelegt werden oder aber eine neue Batterie gezielt gesucht werden. Dazu wird der in Kap. 5 beschriebene Entscheidungsprozess erneut für das konkrete Weiterverwendungsszenario durchgeführt.

7.4.2 Angebotsverwaltung und -Auswahl

Die konfigurierten Energiespeicherlösungen können den jeweiligen Kunden dann angeboten werden. Dazu wurde im Entscheidungsunterstützungssystem eine Angebotsverwaltungskomponente implementiert, die eine Übersicht über den Zustand der Angebote bietet und es dem Nutzer ermöglicht, den Kunden verschiedene Dienstleistungsbündel anzubieten (Abb. 7.17).

Anhand verschiedener Filtermöglichkeiten auf der linken Seite der Benutzeroberfläche kann der Nutzer die angezeigten Dienstleistungsbündel einschränken, beispielsweise nach Kunde oder Status. Die Dienstleistungsbündel werden daraufhin in einer Liste angezeigt. Neben den Angaben zum Kunden, zur Zuordnung, zu den Varianten und zu den Preisen werden Metainformationen zum Status des Angebots angezeigt.

Der Status *Neu* bedeutet dabei, dass ein Dienstleistungsbündel einem Kunden noch nicht angeboten wurde. Zudem existieren die Status *Wartend*, *Abgelehnt*, *Verkauft* und *Beantwortet*. Sobald ein Dienstleistungsbündel einem Kunden angeboten wird, erhält es den Status *Wartend*. Dies geschieht über die Auswahl des Bündels über die Checkbox in der Liste. Anschließend können alle ausgewählten Bündel über die Schaltfläche *Angebot*

Abb. 7.17 Funktionalitäten für die Abgabe von Angeboten zu Energiespeicherlösungen in der Angebotsverwaltung des EOL-IS-Softwaresystems

senden verschickt werden. Dadurch wird eine E-Mail mit Angeboten an die in den Kundenstammdaten hinterlegte E-Mail-Adresse verschickt. Der Kunde kann dann über einen in der E-Mail enthaltenen Hyperlink auf das Kundeninterface zugreifen.

Das Kundeninterface ist eine webbasierte Schnittstelle, über die die potentiellen Kunden zwischen den ihnen angebotenen Alternativen auswählen können. Dazu werden ihnen diese Angebote für jedes Weiterverwendungsszenario tabellarisch angezeigt, so dass ein Vergleich der einzelnen Bestandteile (Batterie und Dienstleistungen) einfach möglich ist (Abb. 7.18). Der Kunde kann hier eine Auswahl treffen, aber auch einzelne Alternativen explizit ablehnen. Daraufhin ändern sich die Status in der Angebotsverwaltung entsprechend (Abb. 7.19) auf *Beantwortet* bzw. *Abgelehnt*. Der Sinn hinter der Abfrage der Nutzerpräferenzen ist der, dass der implementierte Empfehlungsdienst durch (explizit) abgelehnte Angebote, im Sinne eines lernenden Systems, nachfolgende Dienstleistungsempfehlungen besser generieren kann. Angenommene Angebote müssen anschließend

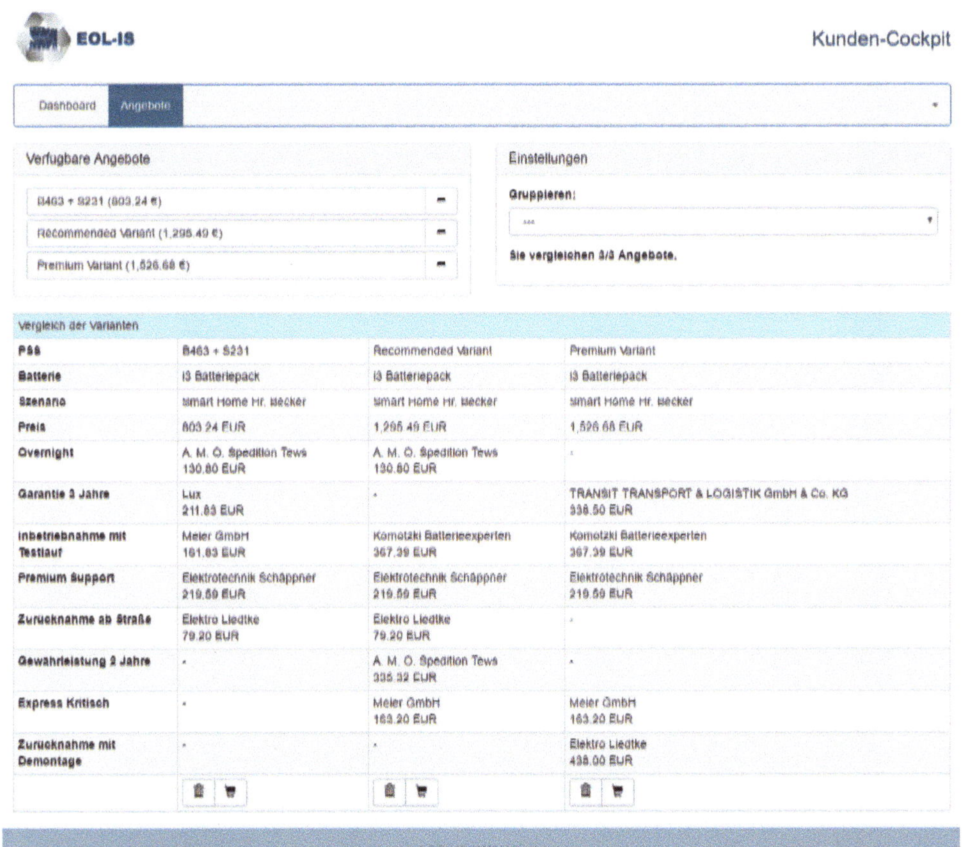

Abb. 7.18 Wahl zwischen unterschiedlich konfigurierten Varianten mittels webbasiertem Kunden-Cockpit des EOL-IS-Softwaresystems

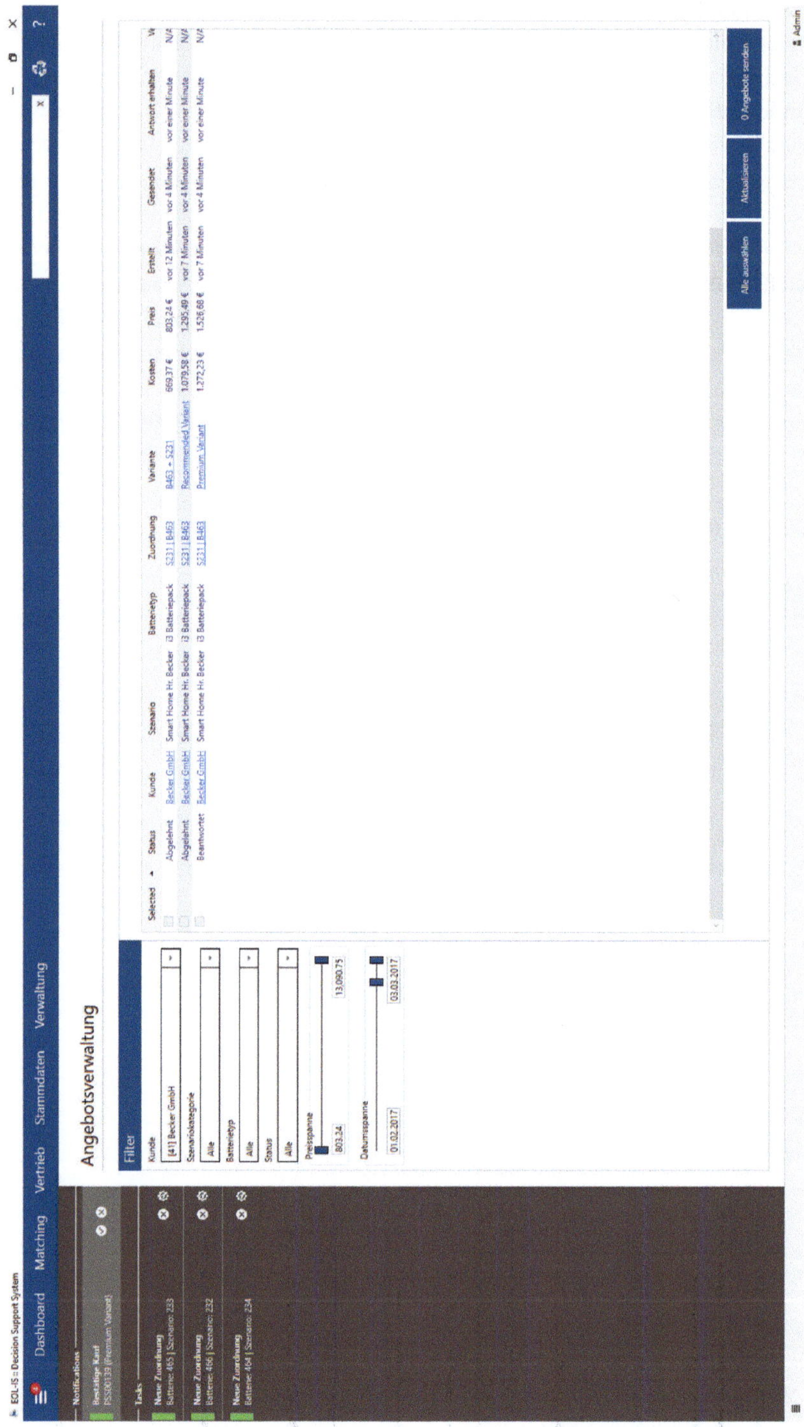

Abb. 7.19 Visualisierung der getroffenen Kundenentscheidungen im EOL-IS-Softwaresystem

noch durch den Anbieter bearbeitet und der Status auf *Verkauft* gesetzt werden. Dies ist für das System relevant, damit keine weiteren Angebote mit derselben Batterie oder für dasselbe Szenario mehr angelegt werden können.

Abschließend folgt die praktische Implementierung bzw. Installation der Energiespeicherlösung beim Kunden, was im Rahmen der Demonstration des Entscheidungsunterstützungssystems nicht berücksichtigt wird.

7.5 Zusammenfassung

In diesem Kapitel wurde das EOL-IS-Softwaresystem für das in Kap. 5 eingeführte Anwendungsbeispiel, bestehend aus vier Traktionsbatterien und vier Weiterverwendungsszenarien, demonstriert. Anhand des Anwendungsbeispiels wurden sowohl die Datenerfassung als auch die beiden Entscheidungsfindungsprozesse, die für die Umwidmung und Weiterverwendung der Traktionsbatterien essentiell sind, dargestellt.

Die in Kap. 5 und 6 vorgestellten Datenmodelle der zentralen Entitäten wurden dazu verwendet, die domänenspezifische Datenbank für das Softwaresystem zu erstellen. Die Modelle umfassen Datenstrukturen für die Darstellung von Traktionsbatterien, Weiterverwendungsszenarien, Dienstleistungen sowie von – aus den zuvor genannten Objekten zusammengesetzten – Energiespeicherlösungen. Mit Ausnahme der Energiespeicherlösung wurde für die zuvor genannten Objekte außerdem die operative Datenerfassung durch das Softwaresystem demonstriert.

Die Software erfüllt die an sie gestellten Anforderungen hinsichtlich der erfolgreichen Umwidmung von gebrauchten Traktionsbatterien in den folgenden fünf Dimensionen: (1) technische Realisierbarkeit, (2) Berücksichtigung von Nachhaltigkeit bzw. Abfallvermeidung, (3) Lösung des Kundenproblems, (4) adäquate Unterstützung menschlicher Entscheider und (5) Erweiterbarkeit der Software. Anhand dieser Kriterien wird die Softwarelösung nun abschließend zusammengefasst.

Erstens gewährleistet das Softwaresystem die technische Realisierbarkeit hinsichtlich der Umwidmung gebrauchter Traktionsbatterien zu Weiterverwendungsszenarien. Dieses Kriterium wird sichergestellt, indem die erforderlichen Funktionalitäten (d. h. Formulierung und Lösung von Entscheidungsmodellen) einem menschlichen Entscheider ohne Vorwissen zur Verfügung gestellt werden. Außerdem werden die notwendigen technischen Parameter (d. h. zur Nennspannung, zum Entladestrom und zur Entladeleistung) strukturiert in einer Datenbank abgespeichert und können zur Formulierung von Entscheidungsmodellen wieder bezogen werden.

Zweitens berücksichtigt das Softwaresystem die Abfallvermeidung, die darüber hinaus als ein übergeordnetes Ziel der Kreislaufwirtschaft im entsprechenden Gesetz verankert ist. Das System ist durch die Verwendung der mathematischen Entscheidungsmodelle in der Lage, die größtmögliche Anzahl an Zuordnungen zu identifizieren, die zwischen vorhandenen Traktionsbatterien und Weiterverwendungsszenarien zulässigerweise generiert werden können. Die größtmögliche Anzahl von Zuordnungen stellt eine adäquate Berücksichtigung der rechtlichen Anforderung zur Abfallvermeidung dar.

Drittens ermöglicht das Softwaresystem die kundenindividuelle Konfiguration von Energiespeicherlösungen. Durch das Angebot von produktbegleitenden Dienstleistungen kann zum einen das Risiko des Kunden, dass sich aus dem gebrauchten Zustand und Komplexität von Traktionsbatterien ergibt, reduziert werden, zum anderen können besondere Anforderungen eines Kunden individuell eingebracht werden.

Viertens unterstützt die Software einen menschlichen Entscheider vollumfänglich im Entscheidungsfindungsprozess hinsichtlich der Umwidmung von gebrauchten Traktionsbatterien. Die beiden miteinander verzahnten Hauptfunktionalitäten des Softwaresystems, die zur optimalen Zuordnung sowie zur Lösung des Kundenproblems angeboten werden, erlauben Entscheidern die Problemstellung fachgerecht zu bewältigen. Insbesondere die automatische und einfache Nutzung und Auswertung der erfassten Daten durch diese beiden Funktionen resultiert in einem hohen Unterstützungsgrad der künftigen Systembenutzer.

Fünftens ist das Softwaresystem entworfen worden, um es flexibel an mögliche Änderungen, die zukünftig notwendig werden können, anpassen zu können. Solche Änderungen können beispielsweise hinsichtlich der Entscheidungsparameter und -Modelle wirksam werden. Wenn sich herausstellt, dass weitere technische Parameter für Umwidmungsentscheidungen benötigt werden, können solche Parameter über die Datenstrukturen zur Parametrisierung des Systems nachgepflegt werden. Ebenso können solche Parameter durch ein dediziertes Modellmanagement in die bereits inkludierten Entscheidungsmodelle aufgenommen werden, indem die Modelle entsprechend geändert werden. Außerdem können gänzlich neue Entscheidungsmodelle für die Entscheidungsfindung konzipiert und ins System eingepflegt werden. Insbesondere diese Funktionalitäten erreichen einen hohen Grad an Flexibilität und erlauben die Erweiterbarkeit des EOL-IS Softwaresystems, um es auch unter geänderten Vorzeichen betreiben zu können.

Literatur

Backhaus K, Becker J, Beverungen D, Frohs M, Knackstedt R, Müller O, Steiner M, Weddeling M (2010) Vermarktung hybrider Leistungsbündel – Das ServPay-Konzept. Springer-Verlag, Berlin Heidelberg.

Becker J, Beverungen D, Knackstedt R, Müller O (2009) Model-Based Decision Support for the Customer-Specific Configuration of Value Bundles. Enterprise Modelling and Information Systems Architectures 4:26–38.

Hevner AR, March ST, Park J, Ram S (2004) Design Science in Information Systems Research. MIS Quarterly 28:75–105.

Klör B (2017) Building a Model-Driven Decision Support System for Repurposing Electric Vehicle Batteries – Design and Evaluation. Dissertation, Westfälische Wilhelms-Universität Münster, Münster.

Peffers K, Tuunanen T, Rothenberger M A., Chatterjee S (2007) A Design Science Research Methodology for Information Systems Research. Journal of Management Information Systems 24:45–77.

8 Forschungsausblick zur Umwidmung und Weiterverwendung von Traktionsbatterien

Daniel Beverungen, Christoph Hindersmann, Sebastian Menne, Sascha Nowak, Shamahmood Obeidi und Florian Plenter

8.1 Zusammenfassung der Kernergebnisse

In den vorangestellten Kapiteln wurden verschiedene Aspekte des EOL-IS-Konzepts zur Umwidmung und Weiterverwendung von Traktionsbatterien aus Elektroautos vorgestellt und erläutert. Diese Ergebnisse sollen im Folgenden nochmals zusammengefassend betrachtet und in den Bezugsrahmen des Projekts gestellt werden, bevor ein Ausblick auf die Implementierung dieser Konzepte in der Industrie dargestellt wird.

D. Beverungen (✉)
Lehrstuhl für Wirtschaftsinformatik, insb. Betriebliche Informationssysteme, Fakultät für Wirtschaftswissenschaften, Universität Paderborn
Paderborn, Deutschland
E-Mail: daniel.beverungen@uni-paderborn.de

C. Hindersmann
Consultant, P3 Energy & Storage GmbH
Aachen, Deutschland
E-Mail: christoph.hindersmann@p3-group.com

S. Menne
P3 Energy & Storage GmbH
Aachen, Deutschland
E-Mail: sebastian.menne@p3-group.com

S. Nowak · S. Obeidi
MEET Batterieforschungszentrum, Westfälische Wilhelms-Universität Münster
Münster, Deutschland
E-Mail: sascha.nowak@uni-muenster.de

F. Plenter
Lehrstuhl für Wirtschaftsinformatik und Informationsmanagement, Westfälische Wilhelms-Universität Münster
Münster, Deutschland
E-Mail: florian.plenter@ercis.uni-muenster.de

J. Becker et al. (Hrsg.), *Umwidmung und Weiterverwendung von Traktionsbatterien*,
https://doi.org/10.1007/978-3-658-21021-2_8

In Kap. 1 wurden die ökologischen sowie ökonomischen Argumente für eine Umwidmung und Weiterverwendung gebrauchter Traktionsbatterien vorgestellt. Weiterhin wurden chemische, technische und ökonomische Eigenschaften der Traktionsbatterie sowie deren Bedeutung für die Umwidmung und Weiterverwendung im Sinne des EOL-IS-Konzepts dargestellt.

In Kap. 2 wurden zentrale Beiträge aus der Literatur zu möglichen End-of-Life-Strategien (EOL-Strategien) für Traktionsbatterien zusammengefasst und Ergebnisse weiterführender Recherchen präsentiert. Dabei wurden insbesondere die Wiederverwendung und Weiterverwendung sowie die Wiederverwertung und Weiterverwertung (die beiden letzteren werden allgemein auch als Recycling bezeichnet) in Bezug auf die Begriffsherkunft, die Anwendbarkeit für Traktionsbatterien, zentrale Prozessschritte und erste Prozessmodelle sowie zentrale Herausforderungen detailliert. Während die Wiederverwendung auf die erneute Nutzung eines Produktes für den ursprünglichen Einsatzzweck abzielt, steht bei der Weiterverwendung die erneute Nutzung eines Produktes in einer vom ursprünglichen Einsatzzweck abweichenden Funktion im Vordergrund. Im Gegensatz zu diesen beiden Strategien wird bei der Wiederverwertung und Weiterverwertung die Produktgestalt aufgelöst und die resultierenden Materialien und Werkstoffe werden entweder dem ursprünglichen Produktionssystem zur Herstellung des ursprünglichen Produktes zugeführt oder für die Herstellung anderer Produkte und Komponenten verwendet. Übertragen auf Traktionsbatterien kommen, speziell gepaart mit der Wieder- und Weiterverwendung, auch weitere EOL-Strategien wie die Reparatur, die Wiederaufbereitung, die Umwidmung, die Wiederinstandsetzung und die Kannibalisierung zum Einsatz. Die in Bezug auf die EOL-Strategien für Traktionsbatterien exemplarisch ausgewählten und ausschnittsweise zusammengefassten deutschen Gesetze und europäischen Richtlinien, wie etwa das Kreislaufwirtschaftsgesetz, das Batteriegesetz, die Altfahrzeug-Verordnung, die Gefahrgutverordnung und das Europäische Übereinkommen über die internationale Beförderung gefährlicher Güter, bieten einerseits strikte bei der Ausgestaltung und Anwendung der EOL-Strategien zu berücksichtigende Vorgaben. Andererseits herrscht speziell in Bezug auf die Hybridstrategie der Umwidmung von Traktionsbatterien und der Weiterverwendung weiterhin große Unsicherheit in Bezug auf die Anwendbarkeit und Auslegung einzelner Gesetzestexte. Speziell die in der Literatur viel diskutierte Produkthaftung für die umgewidmeten Traktionsbatterien muss für eine Etablierung von Batterie-Second-Life-Geschäftsmodellen in Zukunft ausführlicher untersucht werden. Im Rahmen der sich anschließenden Detaillierung der EOL-Strategien der Wiederinstandsetzung für die Wiederverwendung, der Umwidmung für die Weiterverwendung und der Wieder- und Weiterverwertung von Traktionsbatterien wurde, ausgehend von einer grundlegenden Motivierung der jeweiligen Strategien, das in der Literatur vorherrschende sehr heterogene Begriffsverständnis als Ausgangslage für die Herleitung eigener Definitionen für die Strategien der Umwidmung und der Wiederinstandsetzung von Traktionsbatterien herangezogen. Die entsprechenden Begriffsdefinitionen bilden die terminologische Basis für die weiteren Kapitel dieses Buches. Die ebenfalls erfolgte Visualisierung von mehreren, in der Literatur häufig nur textuell beschriebenen Prozessen der Wiederinstandsetzung,

Umwidmung und Weiter- und Wiederverwertung als BPMN-Prozessdiagramme ermöglicht den allgemeinen Vergleich bislang diskutierter grober Abläufe bei der Umsetzung der EOL-Strategien und kann als Ausgangspunkt für die inter-organisationale Abstimmung von Aufgaben und Informationspflichten sowie die Eruierung des Einsatzes von Informationssystemen innerhalb der Wertschöpfungsnetzwerke oder Prozesse zur Etablierung von Second-Life-Geschäftsmodellen gesehen werden. Auffällig ist in Bezug auf die Prozesse vor allem, dass in der Regel zwar die Notwendigkeit einer Dokumentation der Nutzungshistorie während des ersten automobilen Lebens als Entscheidungsgrundlage für die EOL-Strategien identifiziert wurde, jedoch in den meisten Beiträgen weder die Art der Dokumentation, noch deren konkreter Einsatz im Rahmen der Prozesse, etwa in Form von Entscheidungsregeln, dokumentiert wird. Mit genau diesen Aspekten haben sich die weiteren Kapitel dieses Buches detaillierter auseinandergesetzt.

In Kap. 3 wurde zunächst das Alterungsverhalten von Traktionsbatterien beschrieben. Dieses ist maßgeblich von der Art der Nutzung wie dem Lade- und Entladeverhalten und der damit verbundenen C-Rate, aber auch von vereinzelt auftretenden Belastungspeaks und Umgebungsbedingungen (z. B. Temperatur) abhängig. Auf Basis der Erkenntnisse zum Alterungsverhalten wurde das Konzept des eEOL-Passes entwickelt, mit dem sich nach der Erstanwendung im Fahrzeug eine Identifikation durchführen und der individuelle Zustand der Batterien mit geringem Aufwand bestimmen lässt. Eine wichtige Eigenschaft dieses Konzeptes ist, dass die Aufnahme der Nutzungsdaten quasi-kontinuierlich während der Erstnutzung im Fahrzeug erfolgt und die Daten über einen Zeitraum von 10 Jahren gespeichert werden können. Erst die daraus resultierende Datenmenge ermöglicht die detaillierte Analyse der Erstnutzung, wodurch Rückschlüsse auf den aktuellen Batteriestatus gezogen werden können. Ein Problem bei der praktischen Umsetzung des entwickelten Konzeptes ist bisher eine fehlende Standardisierung der Schnittstellen zum Auslesen und die proprietären Rechte der OEMs an den Batterienutzungsdaten. Abschließend wurden die notwendigen Prozessschritte detailliert aufgezeigt, um die gebrauchten Traktionsbatterien einer geeigneten Weiterverwendung zuzuführen.

In Kap. 4 wurden Vermarktungspotenziale für gebrauchte Traktionsbatterien dargelegt sowie entsprechende Geschäftsmodelle und Weiterverwendungsszenarien systematisiert. Dabei wurde auch auf bereits existierende Pilotprojekte der Industrie verwiesen. Das abgeleitete Wertschöpfungssystem für gebrauchte Traktionsbatterien deutet darauf hin, dass die Umwidmung und Weiterverwendung nur durch eine starke Integration des OEM gelingen wird. Aufbauend auf der umfassenden Analyse und Strukturierung potentieller Geschäftsmodelle und Weiterverwendungsszenarien wurde ein Geschäftsmodell für die Umwidmung und Weiterverwendung gebrauchter Traktionsbatterien als Second-Life-Solarspeicher in Privathaushalten detailliert entwickelt. Eine Analyse der Zahlungsbereitschaft von Privathaushalten für einen solchen Second-Life-Solarspeicher evaluiert nicht nur dieses dedizierte Geschäftsmodell, sondern auch das EOL-IS-Konzept als Ganzes. Es konnte gezeigt werden, dass Verbraucher, bei ausreichender Preisdifferenz, einen Second-Life-Solarspeicher im Vergleich zu einem fabrikneuen Speicher akzeptieren. Zudem belegt die Untersuchung auch, dass durch das Hinzufügen von produktbegleitenden Dienstleistungen ein erhöhter Nutzen für den Kunden geschaffen werden kann. Sowohl der ökonomische als auch der ökologische Nutzen der Umwidmung und Weiterverwendung gebrauchter Traktionsbatterien wurde durch eine Literaturanalyse bestätigt, da Kosten und Treibhausgase unter bestimmten Bedingungen eingespart werden können.

In Kap. 5 wurde das Entscheidungsunterstützungskonzept für die Umwidmung gebrauchter Traktionsbatterien, welches für die erfolgreiche Vermarktung notwendig ist, eingeführt. Dabei wurde zunächst das dazugehörige Entscheidungsproblem formuliert, das eine Zuordnung gebrauchter Traktionsbatterien zu Weiterverwendungsszenarien beinhaltet. Das Konzept umfasst einen Prozess, welcher das Vorgehen beschreibt sowie mathematische Entscheidungsmodelle, die eine optimale Zuordnung ermöglichen. Weiterhin wurde das Fachkonzept des implementierten Entscheidungsunterstützungssystems vorgestellt.

In Kap. 6 wurde das Entscheidungsproblem der Dienstleistungskonfiguration vorgestellt, welche sich der Zuordnung von gebrauchter Batterie zu Weiterverwendungsszenario anschließt. Dabei werden die Batterien um Dienstleistungen ergänzt. Beide Komponenten ergänzen sich zu einer Energiespeicherlösung, welche die Anforderungen eines Kunden in einem Weiterverwendungsszenario in geeigneter Form erfüllen. Dazu wurde auch die Herangehensweise an die Konfiguration formuliert sowie der Konfigurationsprozess und seine informationstechnische Unterstützung erläutert. Das Konzept umfasst einen Leistungskonfigurator mit dem für das Weiterverwendungsszenario geeignete Dienstleistungen ausgewählt werden können. Zentraler Bestandteil des Konfigurators ist ein Empfehlungssystem, das Dienstleistungen basierend auf historischen Daten vorschlägt und so den Konfigurationsprozess inhaltlich anleitet. Weiterhin stellt der Konfigurator mittels eines Konfigurationsregelsystems sicher, dass keine unzulässigen Leistungskonfigurationen angeboten werden.

In Kap. 7 wurden die in den Kap. 5 und 6 vorgestellten Entscheidungsunterstützungskomponenten demonstriert. Die Demonstration umfasst sowohl die Kernfunktionalitäten der Zuordnung von Traktionsbatterien und Weiterverwendungsszenarien und der Dienstleistungskonfiguration als auch unterstützende Funktionalitäten wie das Datenmanagement.

8.2 Limitationen des EOL-IS-Konzepts

Wie alle Forschungsergebnisse unterliegt auch das in diesem Herausgeberband vorgestellte EOL-IS-Konzept für die Umwidmung und Weiterverwendung von Traktionsbatterien einer Anzahl von Limitationen. Einige dieser Limitationen sollen hier diskutiert werden, um einerseits die Grenzen der Anwendbarkeit des Konzepts aufzuzeigen, andererseits jedoch vor allem, um nachfolgende Arbeiten im betrachteten Handlungsfeld zu motivieren. Erst durch diese Arbeiten werden das Konzept und die zu seiner Umsetzung erforderliche Informationstechnologie die Umwidmung und Weiterverwendung von Traktionsbatterien in einem industriellen Maßstab ermöglichen, der mit der zu erwartenden Diffusion von Elektrofahrzeugen am Markt Schritt halten kann.

8.2.1 Geringer Durchdringungsgrad und unabsehbare Diffusionsgeschwindigkeit der Elektromobilität und der Energiewende

Als Limitationen des Gesamtkonzepts und seiner Anwendbarkeit in der Praxis sind zunächst der heute noch geringe Durchdringungsgrad und die nur schwer absehbare Diffusionsgeschwindigkeit der Elektromobilität in Deutschland zu nennen. Im Hinblick auf die derzeit noch geringe Anzahl der im Feld befindlichen Elektrofahrzeuge erscheint es heute betriebswirtschaftlich kaum sinnvoll, die Umwidmung und Weiterverwendung von Traktionsbatterien in einem Maßstab zu betreiben, der über eine erste Exploration in Pilotprojekten hinausgeht. Hinzu kommt, dass bislang kaum Traktionsbatterien verfügbar sind, die unter realen Bedingungen mehrere Jahre lang gealtert worden sind. Viele der derzeit weiterverwendeten Batterien stammen zudem aus früheren Produktgenerationen und weisen daher eine weniger ausgereifte Batterietechnologie auf als die Traktionsbatterien, die in dedizierten Elektrofahrzeugen neueren Baujahrs zum Einsatz kommen.

Studien, die sich mit der weiteren Diffusion der Elektromobilität befassen, kommen teilweise zu grob voneinander abweichenden Prognosen in Bezug auf die Marktdurchdringung von Elektrofahrzeugen, da hierfür verschiedene Annahmen zu treffen und entsprechende Szenarien durchzuspielen sind. So stellt eine vielbeachtete Studie des Fraunhofer ISI drei Szenarien mit Bandbreiten zwischen 50.000 bis 300.000 (Contra-EV-Szenario) über 400.000 bis 700.000 (Mittleres Szenario) bis hin zu 1 bis 1,4 Mio. Elektrofahrzeugen (Pro-EV-Szenario) für den Markthochlauf bis 2020 auf (Plötz et al. 2014). Auch ist der Verdacht nicht ganz von der Hand zu weisen, dass die eine oder anderen Studie die Diffusion der Elektromobilität absichtlich besonders positiv oder negativ einschätzt. An der Gesamtsituation ist zu erkennen, dass die Elektromobilität derzeit ein Markt ist, der nicht zuletzt maßgeblich von politischen Entscheidungen, regulatorischen Vorgaben, technischen Entwicklungen und dem Verhalten der dominanten Akteure abhängig ist.

Auf einer feingranularen Detaillierungsebene beeinflussen u. a. die folgenden Entwicklungen, die eng mit der tatsächlich eintretenden Diffusionsgeschwindigkeit der Elektromobilität in Verbindung stehen, die Umsetzbarkeit des in diesem Buch vorgestellten EOL-IS-Konzepts.

Weiterentwicklung der Batterietechnologie: Die Eigenschaften zukünftiger Batteriegenerationen stellen einen dynamischen und daher schwer einzuschätzenden Einflussfaktor für die Etablierung der Umwidmung und Weiterverwendung von Traktionsbatterien dar. Sie beeinflussen u. a. die bereitgestellte Energie und Kapazität, die Herstellungskosten und Betriebskosten, das Alterungsverhalten und die Haltbarkeit der Batterie sowie die Kapazität der Batterien, die für eine Umwidmung und Weiterverwendung zur Verfügung stehen werden.

Kapazität zukünftiger Traktionsbatterien und resultierendes Kundenverhalten: Die Weiterverwendbarkeit von Traktionsbatterien wird in mehrfacher Hinsicht von der Kapazität zukünftiger Batteriegenerationen beeinflusst. Einerseits würde eine höhere Kapazität mit hoher Wahrscheinlichkeit dazu führen, dass Batterien mit einem SOH von 80 % für anspruchsvollere Weiterverwendungsszenarien infrage kommen als die heute verfügbaren Batterien. Andererseits könnte eine erhöhte Kapazität aber auch dazu führen, dass Kunden Batterien erst ab einem geringeren SOH (z. B. 60 %) auswechseln lassen, da die Batterie auch in diesem Zustand noch immer eine für sie zufriedenstellende Reichweite ermöglichen könnte. Die Kapazität wirkt sich daher zu einem großen Teil erst über den Umweg des schwer vorherzusehenden Kundenverhaltens auf die Umsetzbarkeit des hier entwickelten Konzepts aus. Da der Nutzen einer Leistung von den individuellen Präferenzen der Kunden abhängig ist, kann dieser Einflussfaktor besonders schlecht vorhergesagt werden.

Standardisierung von Traktionsbatterien und ihrer Komponenten: Sofern Traktionsbatterien zukünftig standardisierter als bisher sein werden, wird die Datengrundlage zur Bestimmung des Batteriezustands umfänglicher ausfallen und eine genauere Zustandsbestimmung von Packs, Modulen und Zellen ermöglichen. Auch könnten, ausgehend von einem höheren Marktvolumen gleichartiger bzw. ähnlicher Batterien, größere Mengen an Traktionsbatterien weiterverwendet und aufgrund ihrer Homogenität z. B. eher zu größeren Speichereinheiten zusammengefasst werden. Auch würde die Standardisierung von Batteriemodulen und -Zellen andere Strategien, wie die Wiederaufbereitung, die Reparatur und die Kannibalisierung (vgl. Kap. 2) von Traktionsbatterien ermöglichen, so dass das hier vorgestellte Konzept um diese Strategien erweitert werden könnte.

Design von Traktionsbatterien für die Weiterverwendung: Derzeit ist noch nicht absehbar, inwiefern zukünftige Batteriegenerationen explizit so entwickelt werden, dass ihre Umwidmung und Weiterverwendung gefördert wird oder sogar zu einem expliziten Ziel der Automobilindustrie wird. Sollten Traktionsbatterien entwickelt werden, um explizit eine Umwidmung und Weiterverwendung zu ermöglichen, so würde dies zweifellos Einfluss auf die Demontierbarkeit des Batteriepacks, die Erhebung und den (ggf. herstellerübergreifenden) Zugriff auf Daten über die Verwendung, das Alterungsverhalten und den Zustand von Traktionsbatterien haben. Dies würde nachfolgend die Kosten einer Umwidmung und Weiterverwendung der Traktionsbatterien senken und das EOL-IS-Konzept somit anwendbarer machen.

Geschwindigkeit der Energiewende und Beachtung verbindlicher Klimaziele: Die Diffusion der Elektromobilität steht in einem engen Zusammenhang mit der gesamten Energiewende in Deutschland und deren Kurs und Geschwindigkeit. Sollte die Energiewende insgesamt eine hohe Dynamik entwickeln, werden einerseits deutlich ausdifferenziertere Weiterverwendungsszenarien und andererseits auch gleichartige Weiterverwendungsszenarien mit hohem Marktvolumen auftreten, für die sich industrielle Lösungen rechnen, die über Pilotprojekte hinausgehen. Beispielhaft sind hier die Etablierung großer Netzspeicher sowie die flächendeckende Einführung von Haus- oder Quartierspeichern zu nennen. Auch würde sich eine zunehmende Verbreitung grüner Energien positiv auf die Ökobilanz der Weiterverwendung von Traktionsbatterien auswirken und somit wiederum die Ökobilanz von Traktionsbatterien insgesamt sowie der Elektrofahrzeuge verbessern.

Fehlende empirische Datengrundlage: Für eine zuverlässige Einschätzung des Zustands und des Alterungsverhaltens von Traktionsbatterien fehlt nach heutigem Stand noch immer eine solide empirische Datengrundlage über tatsächlich im Feld befindliche (bzw. sogar aus dem Feld zurückkehrende) Traktionsbatterien. Dies umfasst zunächst Daten zur Lebensdauer und zu dem tatsächlichen Alterungsverhalten von Traktionsbatterien, zu dem tatsächlichen Fahrverhalten von Kunden mit Elektrofahrzeugen und zu deren Toleranz gegenüber zunehmenden Leistungseinbußen ihrer Fahrzeuge. Darüber hinaus ist die (öffentlich verfügbare) Datengrundlage zum weiteren Alterungsverhalten gebrauchter Traktionsbatterien in realistischen Weiterverwendungsszenarien nahezu inexistent, da nur wenige privatwirtschaftliche Pilotprojekte existieren, die zudem einen so hohen Neuigkeitsgrad hatten, dass hieraus kaum belastbare Daten für die Weiterverwendung von Traktionsbatterien in einem industriellen Maßstab hervorgehen können.

8.2.2 Ermittlung des tatsächlichen Alterungsverhaltens von Traktionsbatterien und Batteriezellen

Analog zu den NiMH Traktionsbatterien hemmt das schwer vorher zu sagende Alterungsverhalten von Lithium-Ionen-Batterien deren Umwidmung und Weiterverwendung (Burke 2009). Gerade auch die aufkommende Hochvoltanwendung und die damit verbundenen, fortlaufenden Modifikationen an Aktiv- und Inaktivmaterialien verschärfen diese Situation. Allerdings können nur bei ausreichender Vorhersage des Alterungszustandes einer Batterie die Kosten und Preise einer Weiterverwendung kalkuliert werden (Beverungen et al. 2015; Warner 2015). Auch könnte die Weiterverwendung im Bereich der Elektromobilität zu keiner oder nur einer sehr geringen Kostenreduktion bei der Anschaffung führen. Nichtsdestotrotz ist die Anwendung als Speicher für regenerative Energien sinnvoll. Dies kann zu einer Reduktion der Stromkosten führen sowie die Minderung von Treibhausgasemissionen unterstützen (Bowler et al. 2014; Elkind 2014; Neubauer et al. 2015). Ein positiver Effekt zu einer breiteren Akzeptanz von Lithium-Ionen-Batterien kann so zusätzlich erzielt werden.

8.2.3 Beachtung aller relevanten rechtlichen Rahmenbedingungen

Wie in Kap. 2 dargelegt wurde, haben Reinhardt et al. (2016) mehr als 230 potenziell auf die Umwidmung und Weiterverwendung von Traktionsbatterien einflussnehmende Gesetze im Energiesektor identifiziert. Gegenstand des Forschungsprojekts EOL-IS war es jedoch nicht, diese rechtlichen Rahmenbedingungen und ihre Auswirkungen auf die Umwidmung und Weiterverwendung von Traktionsbatterien in Gänze zu explorieren, geschweige denn, diese Einflüsse rechtssicher zu prüfen und sie zur Grundlage des hier vorgestellten Lösungskonzepts zu machen. Auch umfasste das Projektteam trotz der bereits bestehenden multiperspektivischen Ausrichtung keine Juristen. Aus diesem Grund hat sich dieser Herausgeberband auf eine Exploration der wichtigsten rechtlichen Vorgaben durch juristische Laien beschränkt, um diese bereits in ihren Grundzügen im Konzept berücksichtigen zu können. Dies ist auch dem Charakter des Forschungsprojekts als vorwettbewerbliche Maßnahme geschuldet.

Es obliegt daher weiteren Forschungsarbeiten, die zur Anwendung kommenden Vorgaben vollumfänglich zu sichten und Gestaltungsempfehlungen für die Weiterentwicklung des hier vorgestellten Konzepts zu geben. Ohnehin ist dies erforderlich, um das Konzept in eine industrielle Anwendung zu überführen. Gerade die Frage nach der Garantie und Haftung oder auch des entsprechenden Besitzanspruches muss hinsichtlich der verschiedenen Parteien (Käufer, Verkäufer und Anwender) im Rahmen weiterführender Forschungsarbeiten geklärt werden (Beverungen et al. 2015; Warner 2015). Dies geht auch Hand in Hand mit einer Entwicklung und Verbreitung einheitlicher Definitionen der Begrifflichkeiten; hier deutet die derzeit weniger einheitliche Verwendung der Begriffe auf die Neuigkeitsgrad bzw. die noch fehlende Reife des Handlungsfelds hin.

8.2.4 Akzeptanz gebrauchter Energiespeicher durch Kunden

Die Analyse der Zahlungsbereitschaften (siehe Abschn. 4.6) hat gezeigt, dass seitens der Endverbraucher durchaus die Bereitschaft besteht, Energiespeicher aus gebrauchten Traktionsbatterien zu kaufen, sofern diese einen erheblichen Preisvorteil gegenüber fabrikneuen Speichern bieten. Durch das Hinzufügen von passenden Dienstleistungen und durch den Vertrieb als sogenanntes Hybrides Leistungsbündel können Nachteile des Produktes *gebrauchte Traktionsbatterie* ausgeglichen werden.

Energiespeicher in Privathaushalten sind, analog zu Elektrofahrzeugen, ein sehr junges, technisch komplexes Phänomen auf einem Markt mit großem Wachstumspotential. Energiespeicher aus gebrauchten, weiterverwendeten Traktionsbatterien werden zwar in ersten Pilotprojekten untersucht (siehe Abschn. 4.4), sind aber aktuell noch relativ weit vom Massenmarkt und Endkonsumenten entfernt. Eine Befragung jener Endkonsumenten zu einer solchen Thematik birgt selbstverständlich Limitationen. Da das Beobachten realer Markttransaktionen und Kaufentscheidungen jedoch aktuell nicht möglich ist, stellt die hier durchgeführte Befragung der Konsumenten zu theoretischen Kaufentscheidungen die nächstbeste Alternative zur Abfrage der Akzeptanz und der Zahlungsbereitschaft dar. Der Markterfolg gebrauchter Energiespeicher wird letztendlich jedoch auch stark von der Angebotsseite, d. h. von der Bereitschaft der Industrie, solche Produkte anzubieten, abhängen.

8.3 Forschungsausblick

8.3.1 Weiterentwicklung und Standardisierung der Batterietechnik

Die Weiterentwicklung der Lithium-Ionen-Batterie setzt vor allem auf sogenannte Hochenergiematerialien. Darunter fallen neuartige Anoden auf Siliziumbasis- und nickelreiche

Kathodenmaterialien sowie Elektrolytadditive, welche die erhöhten Anforderungen erfüllen. Allerdings werden auch Alternativen zur Lithium-Ionen-Technologie untersucht, darunter die Lithium-Schwefel- und die Metall-Luft-Technologie. Natrium- und Magnesiumbatterien dienen vor allem als zukünftige Alternativen und Absicherungen zu Lithium-Ionen-Batterien, wobei eine „*Lithium Krise*“ nicht abzusehen ist. Allerdings sind die Alternativen bislang noch in der Forschungsphase (Bieker und Winter 2016), so dass belastbare Aussagen über Lebensdauer und Performance noch nicht getroffen werden können.

Der Ausbau der Batterie wird aufgrund der Rücknahmeverpflichtung des Fahrzeugherstellers von diesem durchgeführt, weswegen dieser Schritt bereits im Verkaufspreis von EV einkalkuliert ist. Ein weiteres Zerlegen der Batterie stellt allerdings ein ökonomisches Problem dar, da das notwendige Aufbrechen von Lötstellen und Schweißpunkten einen stark invasiven Schritt bedeuten würde. Auch verschraubte Zellen wären in dieser Hinsicht nicht rentabel. Eine optische Prüfung hingegen stellt einen geringen Aufwand dar, welcher auch schadhafte Batterie für eine Weiterverwendung effizient ausschließen würde. Derzeit ist es jedoch noch nicht umsetzbar, über bestimmte Kenngrößen (z. B. SOH) eine direkte Klassifizierung durchzuführen. Da es diverse herstellerspezifische Ansätze gibt, fehlt eine entsprechende, übergreifende Standardisierung, welche ebenfalls noch nicht absehbar ist (Fischhaber et al. 2016).

8.3.2 Methoden zur Zustandsbestimmung von Traktionsbatterien

Ein Schwerpunkt zur Realisierung der Umwidmung und Weiterverwendung von Traktionsbatterien ist die Erforschung und zuverlässige Einschätzung des tatsächlichen Alterungsgrades einer Lithium-Ionen-Batterie. Gerade bei langlebigen stationären Speichern muss das Degradationsverhalten zuverlässig eingeschätzt werden können, wozu sich Modelle und Simulation eignen. Ein Online-Monitoring setzt die vorherige Festlegung der zu überwachenden Batterie-Parameter voraus. Neben dem linearen Alterungsverhalten, welches annäherungsweise vom Ladungsdurchsatz abhängig ist, gibt es noch ein nichtlineares Alterungsverhalten. Neben einer optischen Prüfung, welche offensichtlich schadhafte Batterie exkludiert werden soll, ist das Auslesen bestimmter Parameter wie Kapazität, Widerstand und Leistung daher essentiell, wenn auch aufwändig. Eine Klassifizierung der Batterien anhand der während des Betriebes mitgeloggten Zustandsgrößen ist bisher nicht möglich.

Zusätzlich lässt sich die Alterung einer Lithium-Ionen-Batterie nicht anhand eines einzelnen Parameters komplett beschreiben. Analog zu den NiMH-Traktionsbatterien hemmt das schwer zu vorhersagende Alterungsverhalten von Lithium-Ionen-Batterien daher deren Weiterverwendung (Burke 2009). Neben der geringen Stückzahl der verfügbaren Traktionsbatterien, verschärft auch die aufkommende Hochvoltanwendung und die damit verbundenen, fortlaufenden Modifikationen an Aktiv- und Inaktivmaterialien die Situation und den erhöhten Forschungsbedarf zur Vereinheitlichung der Weiterverwendungskonzepte.

Nur bei ausreichender Vorhersage des Alterungszustandes einer Batterie können die Kosten und Preise einer Umwidmung und Weiterverwendung kalkuliert werden (Beverungen et al. 2015; Warner 2015). Zwar wird bisher angenommen, dass eine Umwidmung und Weiterverwendung zu keiner oder nur sehr geringen Kostenreduktion bei der Anschaffung führen wird, allerdings erscheint die Anwendung als Speicher für regenerative Energien sinnvoll. Dies könnte zu einer Reduktion der Stromkosten sowie zur Minderung von Treibhausgasemissionen führen (Bowler et al. 2014; Elkind 2014; Neubauer et al. 2015). Eine breitere Akzeptanz von Lithium-Ionen-Batterien wäre ein zusätzlicher, positiver Effekt.

8.3.3 Traktionsbatterien als intelligente Produkte

Unsere digital vernetze Welt ist in zunehmendem Maße von technischen Objekten geprägt, die mit Sensorik, Aktorik/Aktuatorik und Hardware für die Speicherung und Auswertung von Daten ausgestattet sind. Diese *intelligenten Produkte* (engl. *Smart Products*, *Smart Devices* oder *Cyber-Physical Systems*) können Daten über ihre Systemzustände sowie über Vorgänge in ihrer Nähe wahrnehmen, speichern, auswerten sowie mithilfe von Konnektivität Daten an externe Akteure senden und Daten von diesen Empfangen. Beispiele für intelligente Produkte reichen von Produktionstechnologie über vernetze Automobile bis zu Konsumgütern wie Waschmaschinen oder mobilen Applikationen im Smartphone.

Vor diesem Hintergrund erscheint es sehr naheliegend, auch Traktionsbatterien in Elektrofahrzeugen mit elaborierter Sensorik und IT-Hardware auszurüsten, um den Zustand des Batteriepacks, der Module und Zellen im Rahmen der automobilen Erstanwendung genau dokumentieren zu können. In diesem Buch wurde mit dem eEOL-Pass ein erster Vorschlag für ein solches Konzept formuliert, der sich an den traditionell geringen Speicherfähigkeiten eingebetteter Systeme orientiert und dennoch eine wichtige Datengrundlage für die dringend erforderliche Bestimmung des Batteriezustands vor der Auswahl einer geeigneten Weiterverwendungsstrategie bereitzustellen kann.

Um eine solide Datengrundlage für die Auswahl der Weiterverwendungsstrategie und für deren Umsetzung bereitstellen zu können, sind weitere Forschungs- und Entwicklungsarbeiten erforderlich, um die Daten noch feingranularer (z. B. auf der Ebene einzelner Zellen im Batteriepack), lückenloser (z. B. durch die Speicherung oder die Übertragung von Ereignissen statt der Speicherung aggregierter Daten in Histogrammen) und ausdifferenzierter (z. B. durch die Unterscheidung vieler verschiedener Ereignistypen) erheben können. Auf dieser detaillierteren Datengrundlage könnten dann spezielle Verfahren der Datenanalyse (z. B. maschinelles Lernen) (Provost und Fawcett 2013) eingesetzt werden, um den Zustand einer Batterie genauer zu bestimmen und das Alterungsverhalten im Rahmen der gewählten Weiterverwendungsszenarien datenbasiert prognostizieren zu können.

Zwar haben Gespräche mit Automobilkonzernen und weiteren Unternehmen im Rahmen von EOL-IS darauf hingedeutet, dass bereits heute Konzepte und Technologien existieren, um entsprechende Daten aus Traktionsbatterien zu erheben. Jedoch sind diese Daten und Konzepte nicht öffentlich bekannt, so dass der derzeitige Entwicklungsstand unklar ist und weitere Forschung nur in Abstimmung mit OEMs vielversprechend erscheint. Auch fehlen derzeit noch öffentlich verfügbare Standards, die einheitliche Datenfelder für die Datenhaltung in verschiedenen Baureihen von Traktionsbatterien spezifizieren. Daher ist bisher nicht absehbar, inwiefern es gelingen wird, die in einem Entscheidungsunterstützungssystem für die Umwidmung und Weiterverwendung von Traktionsbatterien erforderlichen Daten auch verlässlich und herstellerübergreifend bereitzustellen.

8.3.4 Organisatorische Verankerung der Umwidmung und Weiterverwendung von Traktionsbatterien

Die Rolle des Second-Life-Manufacturers, der die Kernprozesse und Aktivitäten zur Umwidmung und Weiterverwendung durchführt, kann potentiell von einer Vielzahl an Akteuren übernommen werden, welche in der automobilen Wertschöpfungskette angesiedelt sind und anschlussfähige Kompetenzen und Ressourcen im Umgang mit Batterien besitzen. Kritisch ist einzig und allein der Zugang zu den gebrauchten Traktionsbatterien sowie deren Nutzungsdaten, was zwangsläufig über den entsprechenden OEM geschehen muss. Da die Weiterverwendung gebrauchter Traktionsbatterien für die OEMs derzeit noch eine Nische darstellt, sie jedoch weiterhin ein gewisses Maß an Kontrolle über ihre Traktionsbatterien und deren Daten behalten wollen, gehen die von uns befragten Experten aktuell davon aus, dass die Umwidmung und Weiterverwendung von einem Second-Life-Manufacturer in enger Kooperation mit dem entsprechenden OEM durchgeführt wird. Maßnahmen der Normung und Standardisierung hinsichtlich der Traktionsbatterie und insbesondere deren Schnittstellen und Zugriff auf das BMS würde auch dritten Akteuren den Zugang zu diesem Markt erleichtern.

8.3.5 Akzeptanz gebrauchter Batteriespeicher durch Kunden

Das in Abschn. 4.6 ausführlich untersuchte Weiterverwendungsszenario *Solarspeicher* hat exemplarisch die vorhandene Akzeptanz gebrauchter Batteriespeicher durch den Endkunden belegt. In einem nächsten Schritt gälte es nun, die weiteren, in Abschn. 4.4 vorgestellten Weiterverwendungsszenarien intensiv auf die Akzeptanz und Zahlungsbereitschaft potentieller Kunden zu überprüfen.

Es ist nicht nur zu prüfen, ob Kunden eine Zahlungsbereitschaft haben, die die für die Weiterverwendung aufzuwendenden Kosten übersteigt. Vielmehr müssten Kunden für gebrauchte Energiespeicher auch eine Zahlungsbereitschaft haben, die mit der Anschaffung eines fabrikneuen Energiespeichers mithalten kann. Im Sinne der in Kap. 1 vorgestellten Netto-Nutzen-Differenz müssten gebrauchte Energiespeicher somit als eine kaufenswerte Alternative erscheinen. Dies ist insbesondere vor dem Hintergrund stetig sinkender Kosten der Batterieproduktion und aktuell unbekannten Kosten für die Umwidmung und Weiterverwendung gebrauchter Traktionsbatterien relevant.

Es ist zu beachten, dass die Zahlungsbereitschaft von Kunden für hybride Leistungsbündel mithilfe einer geeigneten Nutzenkommunikation ggf. auch ohne eine Veränderung der Leistung erhöht werden kann (Backhaus et al. 2010). Dies ist möglich, da Zahlungsbereitschaften von dem durch Kunden wahrgenommenen Wert einer Leistung abhängen. Sofern ein Kunde also einen Energiespeicher aus gebrauchten Traktionsbatterien als besonders vorteilhaft wahrnimmt, wird er/sie auch eine höhere Nutzendifferenz erfahren, die sich in einer höheren Zahlungsbereitschaft niederschlägt. Es bleibt nachfolgenden Untersuchungen vorbehalten, zu prüfen, inwiefern die Zahlungsbereitschaft von Kunden durch derartige Maßnahmen weiter erhöht werden kann, ohne dass sich aber an der angebotenen Lösung etwas ändert. Hierbei sind auch etwaige Unterschiede zwischen Geschäftskunden und Konsumenten zu betrachten.

Auch könnte ein weiter ausdifferenziertes Empfehlungssystem dazu beitragen, die angebotenen Leistungsbündel genauer auf die Bedürfnisse von Kunden zuzuschneiden, um so deren Akzeptanz und Zahlungsbereitschaft zu erhöhen. Hierzu ist neben einer genaueren Kenntnis der Anforderungen der Kunden auch eine genügend große Datengrundlage für das kollaborative Filtern bzw. für die die Vorschlagsgenerierung anhand von Produktmerkmalen erforderlich, die erst im Rahmen einer tatsächlichen Marktdurchdringung der Umwidmung und Weiterverwendung von Traktionsbatterien vorliegen kann.

8.3.6 Evaluation und Weiterentwicklung des EOL-IS-Konzept gemäß einem gestaltungsorientierten Forschungsparadigma

Die Ergebnisse des Forschungsprojekts EOL-IS wurden auf der Grundlage eines gestaltungsorientierten Forschungsparadigmas entwickelt. Dieses Paradigma fokussiert auf die iterative Entwicklung von Konzepten und Software-Lösungen auf der Grundlage eines fruchtbaren Zusammenspiels zwischen Wissenschaft und betrieblicher Anwendung (Simon 1996; Hevner et al. 2004; Peffers et al. 2007). Im Rahmen des Projekts wurde mithin ein durch Informationstechnologie unterstütztes Konzept für die Umwidmung und Weiterverwendung von Traktionsbatterien entwickelt, das einerseits auf wissenschaftlichen Ergebnissen der beteiligten Disziplinen basiert (z. B. hinsichtlich der Batterietechnologie und ihrer Eigenschaften, der Gestaltung von Entscheidungsunterstützungssystemen und Software allgemein, der Informationsasymmetrien in Gebrauchtgütermärkten sowie der Dienstleistungsforschung); andererseits wurde im Projekt konsequent eine hohe Anwendungsorientierung bei der Entwicklung der Ergebnisse berücksichtigt, indem betriebliche Fachexperten in die Entwicklung der Theorien und Konzepte sowie in deren Evaluation einbezogen wurden.

Die resultierenden Ergebnisse des Projekts werden der Öffentlichkeit im Rahmen dieses Herausgeberbands sowie der darin referenzierten Forschungsbeiträge kommuniziert. Zu beachten ist, dass diese Ergebnisse im Sinne der Projektförderung durch das Bundesministerium für Bildung und Forschung (BMBF) absichtlich einen vorwettbewerblichen Charakter haben. Somit steht es Unternehmen frei, diese Ergebnisse für sich zu nutzen und sie in eine betriebliche Anwendung zu bringen.

Aus wissenschaftlicher Sicht motiviert das gestaltungsorientierte Forschungsparadigma, die Ergebnisse im Zuge einer Zusammenarbeit zwischen Wissenschaft und Praxis weiterhin zu evaluieren und näher auszuarbeiten. Dies wird häufig als ein *Suchprozess* (Hevner et al. 2004) nach der Lösung eines Anwendungsproblems durch passende Konzepte und Software-Lösungen beschrieben. Dieses Vorgehen steht – wie weiter oben referiert – nicht zuletzt auch im Einklang mit der Unabsehbarkeit der weiteren Diffusion der Elektromobilität und deren Auswirkungen.

Daher möchten wir an dieser Stelle auch andere Forschergruppen dazu auffordern, die hier referierten Ergebnisse theoretisch zu erweitern sowie sie im Rahmen betrieblicher Anwendungen zu testen, zu revidieren und zu detaillieren, um die Umwidmung und Weiterverwendung von Traktionsbatterien zukünftig in einem industriellen Maßstab zu ermöglichen.

8.4 Anwendungsausblick

Die Ergebnisse des Forschungsprojektes EOL-IS ermöglichen die Einführung eines branchenübergreifenden Systems zur wirtschaftlichen Verknüpfung des automobilen ersten Lebens einer Traktionsbatterie mit der Weiterverwendung in einem Anschlussszenario. Wie zuvor beschrieben ist aktuell ein branchenübergreifender Ansatz sowohl durch einzelne Marktteilnehmer sowie regulatorische Rahmenbedingungen gehemmt und auch durch den EOL-IS-Ansatz nicht vollständig überwindbar.

Die Ergebnisse des Forschungsprojekts sind unter den gegebenen Umständen daher initial bei Automobilherstellern umsetzbar. Diese verfügen sowohl über Ressourcen, Daten und gegebenenfalls über das Interesse, Batterien in die Zweitverwendung zu überführen. Letzteres ist dabei durch die vorliegende Firmenstrategie begründet. Ist dieses Interesse gegeben, sei es aus Gründen der Nachhaltigkeit oder wirtschaftlicher Motivation (z. B. Vermeidung von Recyclingkosten) genannt, sind für eine erfolgreiche Implementierung folgende Maßnahmen sinnvoll zu ergreifen.

Bereits in der Fahrzeugentwicklung müssen Standards geschaffen werden, die über die diversen Fahrzeugbaureihen die Zweitverwendung der Batterie vorsieht. Dies betrifft zum einen eine Standardisierung der Hardware (z. B. Kommunikationsschnittstellen) als auch der verwendeten Software (z. B. im Batterie-Management-System). Beides sollte nicht allein für das Fahrzeugleben optimiert werden, sondern für Erst- und Zweitverwendung optimal sein. Gleiches gilt für den Verbauraum der Batterie im Fahrzeug und die Ausgestaltung des Gesamtfahrzeugkonzepts. Hier ist der kostengünstige und komponentensichere Ausbau der Batterie vorzusehen und ebenfalls über die verschiedenen Baureihen zu optimieren (Werkzeuge, Gleichteile). Eine Umsetzung erfordert hier ein Umdenken in den Köpfen der Entwickler der entsprechenden Abteilungen.

Wird die Überführung von der Erst- in die Zweitverwendung vollzogen, sind verschiedene zuvor beschriebene Schritte, wie die Qualifizierung der Batterie, der Ausbau aus dem Fahrzeug und die technische Umsetzung zu durchlaufen. In der Unternehmensstruktur eines Automobilherstellers sind die am ehesten geeigneten und bereits bestehenden dezentralen Organisationseinheiten Händler- und Vertragswerkstätten. Diese bieten dezentral die Infrastruktur zur Qualifizierung und Entnahme der Batterien. Stand heute fehlt es dem Händler- und Werkstattnetzwerk jedoch an der technischen Spezialisierung und an den nötigen Prozessen für die Rückführung der Batterien an zentrale Produktionsstätten zur Integration der Zweitverwendungslösung. Hier ist aus dem Konzern ein Befähigungsprogramm (roll-out) aufzusetzen und durchzuführen, welches technische Voraussetzung und prozessuale Sicherheit schafft. Fragen der Anreizregulierung eines solchen Befähigungsprogramms und der operativen Nachhaltigkeit in der einzelnen Organisationseinheit müssen vorgedacht werden und können Umsetzungshürden darstellen.

Ebenfalls sind Lösungen für die Logistik des Gefahrguts Lithiumionenspeicher zu finden. Hier empfiehlt sich auf das bereits bestehende Dienstleisternetzwerk zurückzugreifen und dieses analog zu Werkstätten zu befähigen.

Letztlich ist zur erfolgreichen Implementierung der Projektergebnisse eine neue Organisationseinheit zu schaffen, die mindestens die Produktentwicklungs- und Umsetzungskompetenz für die Zweitverwendung von Lithiumionenbatterien abdeckt. Angrenzende Kompetenzen, wie der Zukauf weitere Komponenten, der Vermarktung sowie der Definition und der Befähigung der Verkaufswege des neuen Produkts können den entsprechenden bestehenden Abteilungen zugeordnet werden. Jedoch sei darauf hingewiesen, dass in der Zweitverwendung ein dem Automobilhersteller unbekanntes Produkt mit unbekannter Marktdynamik in den Händen liegt. Viele der in den Abteilungen etablierten Prozesse und Mechanismen müssen neu gelernt werden und können zur Folge haben, dass spezialisierte Organisationseinheiten für die Zweitverwendung geschaffen werden müssen, welche die gesamte Wertschöpfungskette des Produkts abdecken. Die Entscheidung für den einen oder anderen Weg muss jeder einzelne Hersteller von Automobilen letztlich aus der individuell zugrundeliegenden Struktur und Strategie ableiten.

8.5 Zusammenfassung

In diesem Kapitel wurden die Kernergebnisse des Herausgeberbandes zusammengefasst und in das Gesamtkonzept des EOL-IS-Forschungsprojekts eingeordnet. Zusätzlich wurden Limitationen aufgezeigt, um die Ergebnisse des Forschungsprojekts richtig zu verorten. Die Limitationen sind neben Unsicherheiten über das Alterungsverhalten von Traktionsbatterien und einzelnen Batteriezellen hauptsächlich durch den vorwettbewerblichen Charakter und die somit unklare Entwicklung des Marktes für Elektrofahrzeuge, die zukünftige strategische Ausrichtungen aller involvierten Stakeholder sowie zukünftige Entwicklungen der Batterietechnologie bedingt. Für zukünftige Forschungsarbeiten werden u. a. die Entwicklung neuer Batterietechnologien (z. B. mit sog. Hochenergiematerialien) sowie neue Methoden zur Prognose des Alterungsverhaltens eine wichtige Rolle einnehmen. Weiterhin wird erwartet, dass durch eine stärkere Sensorik und Vernetzung der Traktionsbatterie und des Fahrzeuges mehr Daten gesammelt werden, welche u. a. leichtere Rückschlüsse auf die Alterung ermöglichen. Hinsichtlich der Umwidmung und Weiterverwendung von Traktionsbatterien bestätigen die vielfältigen Pilotprojekte in der Industrie die Relevanz der Thematik. Hier werden Energieversorgungsunternehmen, Automobilhersteller und weitere Unternehmen kurz- bis mittelfristig die technische Machbarkeit, die Skalierbarkeit und auch die Wirtschaftlichkeit verschiedenster Konzepte evaluieren und diese ggf. zur Marktreife bringen.

Literatur

Backhaus K, Becker J, Beverungen D, Frohs M, Knackstedt R, Müller O, Steiner M, Weddeling M (2010) Vermarktung hybrider Leistungsbündel – Das ServPay-Konzept. Springer-Verlag, Berlin Heidelberg.

Beverungen D, Fabry C, Ganz W, Matzner M, Satzger G (2015) Dienstleistungsinnovationen für Elektromobilität: Märkte, Geschäftsmodelle, Kooperationen. Fraunhofer-Verlag, Stuttgart.

Bieker P, Winter M (2016) Lithium-Ionen-Technologie und was danach kommen könnte. Chemie in Unserer Zeit 50:172–186.

Bowler M, Weber J, Bodde D, Taiber J, Kurfess TR (2014) Battery Second Use: Sustainable Life Cycle Design Through the Extension of Tools Used in the Vehicle Development Process. In: Wellnitz J, Subic A, Trufin R (Hrsg), Sustainable Automotive Technologies 2013. Lecture Notes in Mobility. Springer, Cham, Schweiz, 235–241.

Burke AF (2009) Performance, Charging, and Second-use Considerations for Lithium Batteries for Plug-in Electric Vehicles. University of California, Davis, California, USA.

Elkind EN (2014) Reuse and Repower: How to Save Money and Clean the Grid with Second-Life Electric Vehicle Batteries. UCLA School of Law, Los Angeles, California, USA.

Fischhaber S, Regett A, Schuster SF, Hesse HC (2016) Studie: Second-Life-Konzepte für Lithium-Ionen-Batterien aus Elektrofahrzeugen – Analyse von Nachnutzungsanwendungen, ökonomischen und ökologischen Potenzialen. Deutsches Dialog Institut GmbH, Frankfurt am Main.

Hevner AR, March ST, Park J, Ram S (2004) Design Science in Information Systems Research. MIS Quarterly 28:75–105.

Neubauer J, Smith K, Wood E, Pesaran A (2015) Identifying and Overcoming Critical Barriers to Widespread Second Use of PEV Batteries. National Renewable Energy Laboratory, Golden, Colorado, USA.

Peffers K, Tuunanen T, Rothenberger M A., Chatterjee S (2007) A Design Science Research Methodology for Information Systems Research. Journal of Management Information Systems 24:45–77.

Plötz P, Gnann T, Kühn A, Wietschel M (2014) Markthochlaufszenarien für Elektrofahrzeuge. Fraunhofer ISI, Karlsruhe.

Provost F, Fawcett T (2013) Data Science for Business: What you need to know about data mining and data-analytic thinking. O'Reilly Media, Inc, Sebastopol, California, USA.

Reinhardt R, Garcia BA, Casals LC, Domingo SG (2016) Critical evaluation of European Union legislation on the second use of degraded traction batteries. In: 2016 13th International Conference on the European Energy Market (EEM). Porto, Portugal, 1–5.

Simon HA (1996) The Sciences of the Artificial, 3. Aufl. The MIT Press, Cambridge, Massachusetts, USA.

Warner J (2015) The Handbook of Lithium-Ion Battery Pack Design, 1. Aufl. Elsevier Science, Amsterdam, Niederlande.

MIX
Papier aus verantwortungsvollen Quellen
Paper from responsible sources
FSC® C105338

If you have any concerns about our products,
you can contact us on
ProductSafety@springernature.com

In case Publisher is established outside the EU,
the EU authorized representative is:
Springer Nature Customer Service Center GmbH
Europaplatz 3, 69115 Heidelberg, Germany

Printed by Libri Plureos GmbH
in Hamburg, Germany